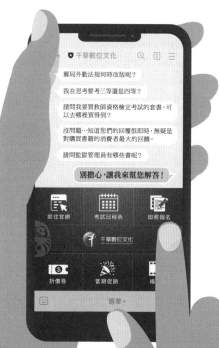

臺灣菸酒(股)公司
從業職員及從業評價職位人員甄試

完整考試資訊

一、報名時間：113年12月（正確日期以正式公告為準）。

二、報名方式：一律採網路報名方式辦理，不受理現場與通訊報名。

三、測驗地點：分台北、台中及高雄三個考區同時舉辦。

四、測驗日期：（正確日期以正式公告為準）

　　(一)第一試（筆試）：113年12月。

　　(二)第二試（口試及體能測驗）：113年12月。

五、遴選說明：

　　(一)共同科目佔第一試（筆試）成績比例請參閱簡章。

　　　1.從業職員：國文（論文）題型為非選擇題，英文題型為四選一單選題。

　　　2.從業評價職位人員：題型為四選一單選題。

　　(二)專業科目測驗內容及佔第一試（筆試）成績比例請參閱簡章。

　　　1.從業職員：題型為非選擇題。

　　　2.從業評價職位人員：題型為四選一單選題。

　　(三)應試科目（節錄）

　　　1.從業職員（第3職等人員）：

甄試類別	共同科目	專業科目 1	專業科目 2	專業科目 3
行銷企劃	國文（論文）、英文	行銷管理	消費者行為	企業管理
地政		民法物權編	都市計畫法與土地法相關法規	不動產投資分析、土地開發及利用
化工		普通化學	分析化學（含儀器分析）	單元操作
機械		工程力學	自動控制	機械設計
電子電機		電力系統（含電路學）	自動控制	電子學
電機冷凍		電力系統（含電路學）	電機機械	冷凍原理及空調設計（含自動控制）
職業安全衛生管理		職業安全衛生相關法規	職業安全衛生計畫及管理	安全工程

甄試類別	共同科目	專業科目 1	專業科目 2	專業科目 3
建築（土木）工程	國文（論文）、英文	施工與估價概要	營建法規概要	工程力學概要
人力資源管理		勞工法令（以勞動基準法、勞工保險條例及性別工作平等法為主）	人力資源管理（含個案分析）	企業管理
事務管理（身心障礙組）		事務管理	初級會計學	政府採購法
電子商務		行銷管理	電子商務	
國際貿易		國際行銷	國際貿易實務	
政風		行政法概要、公職人員利益衝突迴避法及公職人員財產申報法、政府採購法	刑法概要、民法概要、刑事訴訟法概要	
會計		中級會計學	成本與管理會計	

2.從業評價職位人員：

甄試類別	共同科目	專業科目 1	專業科目 2
冷凍電氣	國文、英文	電工原理	冷凍空調原理
環保		環保法規	環工概要、環境水質標準檢驗方法
電子電機		電子學	電工機械
機械		機械製造與機械材料	工程力學
鍋爐		機械材料	工程力學
護理		護理學概要	基礎醫學概要
儲運、儲酒		企業管理概要及倉儲管理概要	作業（含運輸）安全概要
資訊技術		資訊管理	網路管理及資料庫管理
訪銷推廣		企業管理概要	行銷管理學概要
事務管理（原住民組、身心障礙組）		會計學概要與企業管理概要	事務管理

六、本項招考資訊及遴選簡章同時建置於：

(一)臺灣菸酒有限公司(http://www.cht.com.tw)

※詳細資訊請以正式簡章為準！

目次

15 最IN行銷名詞補充 ... 492

16 各類國民營試題解題指引 500

本書特色與上榜技巧

抓住最完整行銷概念・緊扣最夯的出題趨勢
~選擇、填充、問答皆相宜;得心應手不費力~

協助你逐步清楚地掌握「行銷學」(有些考試稱為「行銷管理」或「行銷管理學」)的精義所在,以從容應付考試,獲取高分,爰依行銷理論與學說,並參酌中華電信、郵政、台電、中油、自來水、台糖等各類國營事業考試歷屆試題出題方向及內容,復推估雖尚未出題,但未來有可能出題的行銷理論內容,同時剔除過時或冷僻者,精心扎實地編排本書各章內容,以期完整而毋有遺漏。惟在應付某類公營事業考試時,因其考題可能會出現一、二題以該事業的業務特性為例的考題,此時,請務須仍依行銷學的概念,針對該項業務予以解析,才能獲取高分。

由於某些行銷概念係由單一行銷學者、專家或實務界所提出,且對行銷相關名詞術語(如定價與訂價)及人名翻譯不一,爰以相關地方植入英文原文。

由於「行銷學」概念推陳出新,且考題範圍廣泛,隨時有可能出現一些最新剛出爐尚未普遍化的概念,則其絕非任何單一本坊間教科書或考試用書所能全面涵蓋,故請務須在平時多注意商業性雜誌、報紙等文章,或上網多瀏覽有關行銷的報導,如此將能大幅增強你作答的實力。

敬祝　金榜題名

編者謹識　2024.1

Chapter 01 行銷學的基本概念

依據出題頻率區分，屬：**A** 頻率高

課前提要

本章主要是用以建立行銷學的基礎，重點包括：行銷的意義、行銷理念的演進、行銷的應用、行銷的重要性、行銷管理與行銷管理的程序。

第一節　行銷、市場與銷售的意義

1.1 需要、慾求與需求

需要（Needs）：**個人感覺某些基本滿足被剝奪的狀態**。包括生理、安全、社會、自我表達的需要。

慾求（Wants）：**慾求是一種欲望，是指對於能滿足某一特定需要之物品的欲望**；換言之，慾求係指將上述的需要，轉化成對特定產品引發出欲望的一種形式。

需求（Demands）：**需求是指具有購買能力所支持而得以滿足的慾求**；換言之，需求係指針對特定的欲求，有購買能力及購買意願。

人類是由最基本的需要needs（如食物）而引伸出對特定物品的慾望wants（如漢堡），最後再針對此特定物品之中的某項產品，有了特殊的需求demands（如Burger King的漢堡）。

1.2 供需法則、價格機能與價格彈性

需求法則	係指當所有條件都不變的情況下，**價格變高，需求量就減低；反之價格變便宜，需求量就增加**；也就是一物的價格與需求量呈反向變動關係。
供給法則	如果其他因素不變，則**一物價格越高，廠商的供給量會越多**；也就是一物的價格與供給量呈同向變動關係，這就是供給法則。

價格機能	**亦稱為「市場機能」。由於市場的各種訊息都會反映到價格上，透過價格的運作，市場自然能夠調和供需雙方並達成資源的有效配置。**由供需法則可以了解：某商品的價格提高了，消費者自然減少對它的購買量；而價格提高隱含此物的成本增加了，消費者自然會節省購買使用量，在需求法則下的行為自然也就符合資源配置的效率原則。因此，**價格機能被稱為「一隻看不見的手」。**
需求的價格彈性	在經濟學中一般用來衡量需求的數量隨商品價格的變動而變化的彈性。通常來說，因為財貨價格的下跌會導致需求量的增加，反之商品價格的上升會減少需求量；所以一般情況下價格與需求量成反比，需求的價格彈性係數為負數。價格彈性＝需求量變動的百分比／價格變動的百分比。例如，某物價格變動的幅度是1%，引起需求量變動1.5%，則價格彈性就是1.5。

1.3　價格敏感度

在經濟學理論中，價格敏感度表示為顧客需求彈性函式，即由於價格變動引起的產品需求量的變化。了解消費者價格敏感度的影響因素，能夠使企業在行銷活動中掌握更多的主動權。產品的本身特性影響消費者對價格的感知，名牌、高質和獨特的產品往往具有很強的價格競爭優勢。茲將導致價格敏感高低的因素說明如下：

(1) **替代品的多寡**：替代品係指能夠滿足消費者同樣需要的產品，包括不同類產品、不同品牌的競產品和同一品牌的不同價位的產品。替代品愈多，消費者的價格敏感度愈高，替代品愈少，消費者的價格敏感度愈低。電器用品、手機、電腦的價格大戰，即是因為替代品多的原因。

(2) **產品的獨特性**：產品愈獨特，消費者價格敏感度愈低，產品越大眾化，消費者價格敏感度越高。在IT行業及醫藥行業，即經常發生這種行為。

(3) **產品的轉換成本**：轉換成本高，消費者的價格敏感度低，轉換成本低，消費者價格敏感度高，因為轉換成本低時，消費者可以有更多的產品選擇。

(4) **產品的重要程度**：產品愈重要，消費者的價格敏感度愈低。當產品為非必需品時，則消費者對該產品的價格即不敏感。

(5) **產品本身的用途多寡**：產品用途愈廣，消費者價格敏感度愈高，產品用途越專一，消費者價格敏感度愈低。

(6) **品牌**：品牌定位將直接影響消費者對產品價格的預期及感知，消費者對某一品牌的忠誠度愈高，對這種產品的價格敏感度愈低；再者，消費者往往認為，高檔知名品牌應當會收取高價，因為它是身分和地位的象徵，而且會有更高的產品質量與服務品質。

(7) **產品價格的可比較性**：產品價格越容易與其他產品比較，消費者價格敏感度愈高，比較越困難，消費者價格敏感度愈低。

`1.4` 行銷

什麼是行銷（marketing）？有人誤認為銷售（sales）就是行銷，亦即將貨物運送到市場上去銷售就是在行銷。也有人以為商品的種種促銷活動（Promotion），如打折或週年慶和登廣告吸引消費者就是在行銷，或是對市場（market）的各種研究調查與分析就是行銷。其實這些都只是行銷部分的觀念和活動，若是將其部分視為全部就會對行銷的內容有所誤解。

所謂「行銷」，依據「美國行銷協會」對其下的定義是：「有關企業理念、產品與服務的配銷、推廣、訂價與其他具體概念的落實，並且透過規劃和執行，來創造滿足個體和組織目標的交換活動。」行銷大師柯特勒（Kotler）則將其定義為：**「行銷是一種社會性和管理性的過程，而個人和群體可經由此過程，透過彼此創造與交換產品及價值以滿足其需要與慾望。」**析言之，行銷係指「產品或勞務，從生產者至消費者間之移轉、分配與提供服務的一切經濟活動」。亦即「以生產者的追求利潤與消費者的需求為基礎，將適當的產品或勞務，以適當的價格，方法和場所，提供給消費者的一切企業活動。」

`1.5` 市場

市場（Market）係指行銷活動的靜態場所，而行銷則係指以適當的策略，提供產品或勞務，以滿足消費者的需求，並達成營利目標的「動態活動」。

市場依供需雙方角度不同，可分為下列兩種市場：

消費者市場	生產者市場
係指具有涵蓋面廣、購買次數多、每次購買量小、購買者購買動機非屬營業性之市場。析言之，消費者市場是最終產品的市場，係指以滿足個人生活需要為目的的商品購買者和使用者（即最終消費者）組成的市場。在消費者市場中，消費者個人購買商品的目的是滿足個人的生活消費需要，企事業單位從消費者市場上購買商品，也是直接用於非生產性消費，這是消費者市場區別於其他市場的基本特徵。	**生產者市場是初級產品和中間產品的消費市場。亦即為了滿足加工製造等生產性需要而形成的市場（也稱為生產資料市場）。**生產者市場又可細分為：工業市場、農業市場和服務市場。其他還有中間市場、政府市場、國際市場等。析言之，這個市場上交易的商品是生產資料，參加交易活動的購買者主要是生產企業，購買商品的目的是為了滿足生產過程中的需要。

由於不同結構之市場，將直接影響產業的發展及產品的訂價等，因此經濟學將市場結構依競爭程度區分為：完全競爭市場、完全獨占市場、不完全競爭市場等三大市場。其中不完全競爭市場又可分為寡占市場與獨占性競爭市場。

(1)**完全競爭市場：係指買賣雙方人數眾多，價格無法由個人行為所決定，廠商提供同質產品進行交易，彼此產品間之替代性大，買賣雙方消息靈通，一切生產資源均可充分自由移動的市場類型。例如稻米。**

(2)**完全獨占市場：又稱為「壟斷市場」，係指某項產品市場只有一家廠商或一個消費者（獨家生產），所交易的產品亦沒有類似的替代品（產品獨特），市場資訊十分缺乏，其他廠商要加入或退出市場十分困難，廠商為價格的決定者的一種市場。**

(3)**寡占市場：由少數幾家廠商生產同質或異質的產品，彼此互相競爭又互相依賴，通常需要投入大量資本、技術及專業知識在產業上的一種市場類型，又稱為「寡頭壟斷」，寡占市場又因廠商數目很少，但消費需求龐大，故寡占市場的廠商均有決定價格的能力，且廠商加入或退出市場相當困難，市場消息並不完全靈通，彼此間常採「非價格」策略從事競爭（如廣告、售後服務等進行促銷）。它可分為二類：**

A.產品同質而無差異時稱「同質寡占」或「純粹寡占」，例如水泥業、玻璃業等。

B.產品異質稱「異質寡占」或「差別寡占」,指競爭的產品各見特色。例
如汽車業、電視傳播業等。

以上情形,若是產業結構(industry structure)中只有兩家廠商,則稱為
「完全寡頭壟斷(perfect oligopoly)」,例如我國進行原油提煉以生產汽
油、柴油的企業,只有台灣中油公司、台塑石化公司兩家從事競爭。

(4) **獨占性競爭市場:**介於完全競爭與獨占市場之間,又稱為「壟斷性競爭」
市場,是由於數目相當多的廠商生產類似但不同質(差異化)的產品,且
廠商加入或退出市場十分容易,市場消息靈通但不完全,廠商加入或退出
市場相當容易,雖然可以採「價格」從事競爭,但因產品替代性高,故多
改以「非價格競爭」,為目前日常生活當中最常見的市場類型。例如美容
院、麵包店、小吃店、電器行等即是。

茲為方便記憶起見,綜合整理各方面差異之要點如下:

廠商數目	完全競爭>獨占性競爭>寡占市場>完全獨佔。
進出市場難易	完全競爭>獨占性競爭>寡占市場>完全獨佔。
對價格的影響力	完全獨佔>寡占市場>獨占性競爭>完全競爭。
市場消息	完全競爭>獨占性競爭>寡占市場>完全獨佔。
生產要素	完全競爭>獨占性競爭>寡占市場>完全獨佔。

1.6 銷售

銷售(Sales)與行銷二者在觀念上有很大的區別,**銷售著重在產品的推銷,重
視短期利潤,認為公司的產品需要運用推銷或促銷技巧才能出售,否則消費者
將不會踴躍購買**。因此,銷售的觀念係假設「公司的產品是被賣出去的,而不
是被買走的」;行銷則除了同樣地注重產品的推銷外,尚需強調行銷策略的運
用,「重視市場或消費者需求的長期趨勢和利潤規劃」。

1.7 銷售與行銷的區別

為便利區別起見,茲分項敘述如下:

目標不同	(1)銷售的目標在經由銷售量來達成利潤目標，只在擴大銷售量追求利潤，故重視短期利潤。 (2)行銷的目標在經由顧客滿足以達成最大利潤目標，故在追求利潤時，還顧及顧客的滿足。換言之，行銷重視市場的需求和利潤規劃，提高行銷活動的總效果，達成企業的利潤目標。
著眼點不同	(1)銷售著重產品數量儘快賣出以取得現金，故著重在賣者的需要。 (2)行銷著眼於顧客的需要與慾望，希望給予顧客更多的滿足，故著重在買者的需要，強調顧客導向。
範圍不同	(1)銷售活動僅是行銷系統中的一部分。 (2)行銷則是整體商業活動之整合。
方法不同	(1)銷售講求推銷及推廣技術。 (2)行銷則注重整體的行銷活動，強調行銷策略的運用。

牛刀小試

( )　認為公司的產品需要運用推銷或促銷技巧才能出售，否則消費者將不會踴躍購買，此種觀念，稱為：　(A)行銷　(B)市場 (C)銷售 (D)試銷。　　　　　　　　　　　　　　　　　　　　**答 (C)**

第二節　行銷活動的種類

行銷活動依強調主體內涵的差異，可區分為以下三類：

2.1 產品行銷

產品行銷係以產品為主體，而展開的一連串行銷活動。 例如以強調數位相機功能之廣告；打動消費者而促成交易的企業行銷活動；大賣場中，許多商家提供產品試吃活動來促成交易。諸如此類活動，都屬於企業從事產品行銷活動的一部分。

2.2 服務行銷

服務行銷係以服務為主體,而展開的一連串行銷活動。例如金融機構宣傳使用信用卡之各項優惠;包裹運輸業宣傳其保證時間送達的快遞服務;航空公司透過各種影片、印刷品等,介紹其所提供的高品質旅遊運輸服務,讓消費者動心而利用其所提供的旅運服務等,都屬於服務行銷之案例。

在服務行銷裡,行銷的目標對象不僅應包括付費的最終顧客(稱為「外部顧客」),還應包括服務企業內的員工(稱為「內部顧客」)。針對外部顧客的行銷運作,我們稱之為「外部行銷」;針對內部顧客的行銷運作,則稱之為「內部行銷」。由於隨著員工重要性的日益抬頭,行銷運作已不再只針對外部的顧客,因此也被運用到內部顧客身上。所以**服務行銷包括下列三者:(1)公司與員工間的行銷,稱為「內部行銷」;(2)員工與顧客間的行銷,稱為「互動行銷」;(3)公司與顧客(消費者)間的行銷,稱為「外部行銷」。**

2.3 理念行銷

理念行銷係運用行銷的手法,宣導與說服社會大眾接受某一理念所展開的一連串行銷活動。例如國家公園管理單位透過各種行銷活動宣導自然生態保育的重要性,鼓勵人們一方面接近大自然、一方面也要重視環境保護的工作等,都是屬於促成社會大眾接受某些理念的行銷活動。

不論是產品行銷、服務行銷或理念行銷,本質都是消費者需求滿足的過程,只是滿足需求的標的物不同而已。因而可以進一步推論,任何可以達成需求滿足的系統化過程,皆是行銷的過程。例如,政治人物的行銷、地方名勝古蹟或節慶活動的行銷等。

第三節　行銷觀念的演進

所謂「行銷觀念」(marketing concept)是一種企業經營的哲學,它是企業在體認了所處的環境下,針對目標市場的需求、競爭者態度和公司本身經營策略後的一種作為。以企業的「管理觀念」為例來說明,早期的企業管理觀念是企業的所有者就是管理者,沒有專業經理人的觀念;後來逐漸發現企業必須要有

專業的經理來管理，才能應付各種狀況，於是才將所有權和管理權分開，並且以追求企業所有權人（股東）最大利益為目標。但是現在的管理觀念又有所改變，企業發現真正要讓企業成長，除了照顧股東外，也必須顧及員工、協力廠商、社會大眾和環境品質等層面，因此又將管理觀念作些許的改變。現在所談的「行銷觀念」（亦稱為「經營理念」）有其演進脈絡可依循的，茲將各時代的行銷觀念分述如下（註：「行銷觀念的演進四個階段」通常係指3.1～3.4四個導向）：

3.1　生產導向（production oriented）

在物質較為匱乏的時代裡，由於多數企業無法提供足夠的產能滿足市場需求，因此「**企業營運重心集中在尋求降低成本、大量配銷，而不太注意到產品功能是否真的能滿足消費者的需求**」，遑論多樣化選擇的需求，品質只要在可接受的水準即可，認為「**只要把東西做出來，而且不要做得太爛、太貴，就可以賣得出去**」。對企業而言，大量的標準化產出可以進一步帶動單位生產成本的下降，從而可以吸引更多的消費者採用，此種經營想法，謂之生產導向的經營理念。

3.2　產品導向（product oriented）

接近於生產導向經營理念的是產品導向的想法。此一經營理念**係指廠商「以既有技術導引產品功能的變化，並以優於消費者的技術知識，引領消費者的消費趨勢與方向」。至於消費者的需求究竟為何，並非生產者的重心。**由於技術的變化有限，產品的多樣化並非競爭的重點，**企業主基本上認為「只要產品夠好，就一定會有人買」。**產品導向的企業，深信藉由產品技術便可以展現其產品價值，消費者的實際需求，顯然是較為次要的考慮。例如某手機廠商設計出最高等級產品，他認為消費者喜歡功能特殊、效能高的手機，這種看法即為產品導向的觀念。

公司使命的界定範圍越小、或越「產品導向」，容易陷入「行銷近視症」的陷阱。行銷短視症亦稱為行銷近視症。係西奧多‧李維特（Theodore Levitt）1960年在「哈佛商業評論」發表。它指的是指企業在擬定策略時，過於迷戀自己的產品，多數組織不適當地把注意力放在產品上或技術上，而不是市場。即致力於生產優質產品，並不斷精益求精，卻不太關心產品在市場是否受歡迎，

不關注市場需求變化，過於重視生產，就會忽略行銷。在市場行銷治理中以產品作為導向，而非市場導向，缺乏市場遠見，進而致使企業將市場定義過於狹隘，使得產品銷售每下愈況，企業丟失了市場，降低了競爭力。

在產品觀念下，賣主由於非常滿意自己的產品，而忽略了消費者的需求。 例如鐵路局若認為鐵路是一項極佳的交通服務，因此忽略了航空、公共汽車、卡車與汽車的挑戰；易言之，廠商若抱持產品觀念，通常容易誤以為品質最高、功能最多之產品，必為市場上永遠成功之產品，以致只專注於產品品質、功能的改良，而忽略外在環境與顧客真正需求的變化。

3.3　銷售導向（sales oriented）

當生產與產品導向時代逐漸轉為供需平衡，甚至出現無差異產品供給過剩現象時，企業必須開始思考如何將產品銷售出去。**「東西既然製造出來了，為了賺錢謀利，就要想盡辦法把東西賣出去」這就是銷售導向的理念。在這理念下，顧客的需求與利益是次要的，利用強力推銷的方式出清手上的產品才是主要的營運目的；因此，利潤的創造不是透過顧客需求的滿足，而是產品的銷售。** 換句話說，企業賣的是手上既有的東西，而未必是消費者真正需要的東西，故處此時期，消費者容易產生「認知失調」。簡言之，銷售導向的經營理念，係「認為各式的促銷手法，是將產品順利銷售出去的關鍵」，也可以說是產品導向時代的延續，只是激烈的市場競爭將導引企業以銷售活動為經營的重心。

3.4　行銷導向（marketing oriented）

3.4.1 行銷導向的意義

行銷導向亦稱為「市場導向」或「消費者導向」，係指以消費者為主體，強調消費者的需求與滿足感，亦即先考慮消費者的需求，然後提供符合其利益的產品以創造消費者的滿足感。 析言之，行銷導向係先分析消費者的需求項目，並據以規劃各式產品功能或市場活動，推出各式產品或服務，以期在消費者的需求獲得最大滿足之後，為企業帶來最高的營運效益的經營型態。**標榜行銷導向的企業，往往強調顧客利益、顧客至上、用心服務等。** 歸納言之，現代化的行銷觀念除了強調滿足顧客需求，達成公司利潤外，還包括兼顧各種利害關係人的需求，並需善盡社會責任。

3.4.2 行銷文化

行銷學術界在近年來呼籲，為了更徹底地服務顧客，企業應該走出「行銷部門時代」（marketing department era），進入「行銷公司時代」（marketing company era）。前者意味著行銷只是屬於某個部門的職務；後者則是將行銷導向理念提升到企業文化的層面，也就是，服務顧客不只是行銷部門的責任，而是公司所有部門與員工的責任。

行銷文化係指「在一個企業內，凡是影響該企業如何因應環境、對待顧客及競爭對手與如何執行行銷功能（如產品品質）的共識，包括價值觀、信念、假設、符號象徵等之複雜組合」。 根據這項定義，行銷文化顯然是屬於整個公司的，而不是行銷部門獨有，呼應了「行銷公司時代」的觀念。因此，企業如果要推行行銷文化，在執行「外部行銷」之前，必須執行「內部行銷」。外部行銷是針對市場的行銷（如發展新產品、定價、廣告）；內部行銷則是指慎選、訓練與激勵內部的每一位員工，以便他們能夠切實了解本身的形象與工作如何影響顧客滿意度與企業形象，進而提升他們的工作熱誠、顧客服務水準、甚至是在工作之餘的個人形象。至於培養行銷文化的作法，例如最高主管上行下傚的領導、成立行銷文化團、聘僱與提拔行銷專才、教導並獎勵員工正確的行為等，都是在執行內部行銷。

3.4.3 市場導向（market orientation）

市場導向包含下列三點意義：

(1) **顧名思義，市場導向的著眼點在市場。** 因此，這個觀念除了重視既有的與潛在的顧客之外，還特別強調市場上對顧客有影響力的因素，競爭者是其中一個焦點。

(2) 為了切實了解與因應市場的需求與變化，市場導向注重市場相關資訊（如消費者與競爭者的動態）蒐集、內部傳播與分享以及分析應用。

(3) 市場導向強調跨部門或職能（如行銷、製造、人力資源、研究發展、財務會計）的協調與合作，以便為顧客創造價值。

換句話說，**市場導向重視顧客、消費大眾、競爭者等資訊，將所蒐集的資訊傳遞給企業內部，並藉由組織內的跨職能協調，帶動全體員工投入，運用公司的創新與顧客服務能力，以發揮公司的競爭優勢，滿足顧客的需求。**

3.4.4 行銷4P's

傑羅姆・麥卡錫（E.Jerome McCarthy）於1960年在其《基礎行銷（Basic Marketing）》一書中第一次將企業的行銷要素，包括產品（Product）、價格（Price）、通路（Place）、促銷（Promotion）等四個基本策略的組合（由於這四個詞的英文字頭都是P），合稱為行銷4P；再加上策略（Strategy），故簡稱為4P's。

3.4.5 關係行銷

傳統上，行銷導向理念強調消費者需求的滿足，注重4P（即行銷組合：產品、定價、通路與推廣）的應用，以促成購買及交易的發生。產品利益普遍上被認為是促進購買及滿足消費者最重要的因素之一。然而，**學術界和實務界近年來發現，企業和消費者之間的關係對交易的發生與消費者滿足感也有舉足輕重的影響。**關係行銷的觀念於是形成，並豐富了行銷導向理念的內涵。美國行銷協會於2004年發布的行銷定義中特地納入「顧客關係」的觀念，也可見關係行銷的重要性。

關係行銷（relationship marketing）又稱一對一行銷，係在說明服務組織如何吸引、維持及提升與顧客的關係，透過履行承諾來建立、維繫與加強顧客關係並進而將其商業化，亦代表對於每一個利害關係人進行一對一的雙向溝通，以滿足客戶的需要，進而創造卓越的顧客價值，且與客戶建立長期互利關係，建立顧客對企業的忠誠度與滿意度，它強調「利用多元化、個人化的溝通方式，和個別的消費者發展長期互惠的聯絡網路」。在以往，企業與消費者之間可能只有「一方付款，另一方交貨」的純商業關係，成交之後沒有任何聯繫或接觸，直到下一個交易為止。然而，**關係行銷重視企業與消費者之間的長期關係，要讓消費者信賴企業，進而對企業忠誠，它同時也強調互惠原則。**透過聯繫網路，企業可以更快、更精確地掌握消費者的背景、交易記錄、需求的改變等，進而迅速切實地關注和滿足消費者。另一方面，消費者也可以得到更全面的關注、更具有價值的產品等，從而提升消費者的福利。

為什麼企業界會愈來愈重視關係行銷呢？其主要有下列四點原因：

(1) **開發新客戶比留住舊客戶需要花費更多的成本，而且來自忠誠舊客戶的再次購買是重要的利潤來源。**關係行銷被認為有助於培養、維持，甚至提升顧客忠誠度，以及提高再次購買的機率。而且，忠誠舊客戶的意見有助於

口碑流傳，且往往會左右潛在市場的購買行為。因此，透過忠誠舊客戶的影響力，關係行銷可以間接的開發新客戶。

(2) **大眾傳播媒體的廣告不但越來越昂貴，其效果也因廣告過於擁擠、觀眾能用遙控器自由轉台等因素而令人質疑。**於是，企業界另尋非傳統的溝通管道（包括信件、電話、手冊與雜誌）和消費者接觸，且試圖建立「一對一」的關係。

(3) **許多產品和服務越來越多樣與複雜，消費者比以往更依賴來自企業的教育與服務。**另一方面，消費者的自我意識日益高漲，比以往更主動積極地保護自己的權益，而且也較無顧慮地向大眾媒體公開對企業或產品的不滿。因此，企業界不得不和消費者建立良好的關係，並給予消費者更多的關注、資訊與服務。

(4) **資訊科技的進步使得消費者較能接觸到企業界，同時企業界也能更快、更全面、更精確的掌握消費者資料，並為消費者提供更多、更好的資訊與服務。**企業界於是開始重視雙方日益頻繁的互動所帶來的契機。

簡言之，關係行銷的觀念充實了行銷導向理念的內涵。也就是，企業除了重視4P所提供給顧客的利益之外，也應該注重顧客關係的培養與提升。同時，企業不應該只是注重眼前的交易，更應該致力於後續的交易往來，以便雙方能長期互蒙其利。

3.5　社會行銷導向與綠色行銷

消費者保護主義者指責企業在行銷導向下，操縱了消費者的需求，抓住人性的弱點，過度刺激消費者對物質的慾望，浪費社會資源，產生了許多社會成本。環境保護主義者則指責企業在行銷導向下，造成了嚴重環境污染問題，破壞了自然景觀與生態環境。於是「社會行銷導向」的觀念隨之而起。企業經營者除了要重視消費者的需求及其權益以及企業的利潤外，亦要兼顧到社會的福利。

社會行銷導向（social marketing orientation）**理念強調「在滿足顧客與賺取利潤的同時，企業應該維護整體社會與自然環境的長遠利益」。**也就是企業應講求「利潤、顧客需求、社會利益」三方面的平衡。多年來，不少人士擔心行銷導向可能導致企業界為了賺取利潤與滿足部分消費者的需求，而忽略了整體社會與自然環境的長遠利益。例如，為了講求豪華的包裝而過度使用塑膠與紙張

材料，造成垃圾增量；某些渲染色情與暴力的電視節目雖受部分觀眾喜愛，卻對青少年帶來不良影響等。這些憂慮孕育了社會行銷導向的觀念。

隨著人們對社會及自然環境的重視，標榜社會行銷理念的企業也越來越多。**在社會行銷導向的趨勢下，「綠色行銷」（green marketing），（又稱「環境行銷」（environmental marketing）或生態行銷（ecological marketing）在1990年代開始成了重要的企業理念與研究課題。綠色行銷是因應人們日益關心環保問題而興起的一種行銷方式。企業推動「綠色行銷」必須符合「減量（Reduce）、回收（Recycle）、再利用（Reuse）」的3R原則。**

由於環保意識抬頭，愈來愈多的多國籍企業，正面臨各種環境保護法規的管制。工業污染、危險廢棄物、森林砍伐等問題，已擴展至重視消費性產品的環保措施。「綠色行銷」就在這種情況之下因應而生，其所堅持的基本精神在於將「環保概念」落實於行銷活動中，例如產品的包裝設計、廢棄物管理，以及無污染性的產品製造。簡言之，綠色行銷的焦點在於如何在符合消費者需求與廠商利益的同時，又能維護地球的生態環境。有些學者更認為，隨著關切環保的消費大眾不斷成長，綠色行銷將為廠商帶來新機會與新市場。至於綠色行銷採用的時機及實際的作法有以下幾點：

(1)擴充個人及企業服務範圍。

(2)加強維修服務。

(3)重視物質再利用及循環再生，務使物盡其用。

(4)加強物品的耐用性及可修復力。

(5)生產過程必須將污染及不可再生資源的浪費降至最低。

(6)能源使用務求減少浪費。

(7)提高系統的運作效率。

(8)可再生能源及物質運用，必須充分發揮永續利用的價值。

(9)生產及服務單位的組織及運作，須在最精簡的條件下，最有效的運用資源。

(10)技術的選用條件，必須能提昇人員的技能、無害於使用者，而且符合當地人員的能力。

牛刀小試

( )　以既有技術導引產品功能的變化，並以優於消費者的技術知識，引領消費者的消費趨勢與方向，此種經營理念稱為：　(A)生產導向　(B)產品導向　(C)銷售導向　(D)行銷導向。　　**答 (B)**

第四節　行銷的應用

行銷活動在當今的社會，無所不在。不論是企業、非營利組織，甚或個人（特別是政治人物）都常為了本身的目標、理想或利益，將行銷派上用場。

4.1 企業行銷活動的效用

整體而言，行銷活動包羅萬象，包括行銷研究、市場區隔與選擇、產品發展、定價、推廣、通路與配銷等。由於產業結構的變化，行銷的應用領域也越來越廣，從早期的農業、製造業，到今天的服務業。從1980年代開始，積極應用行銷理念的行業不再限於日常用品、食品、飲料、家電、汽車等，還擴大到航空、銀行、保險、旅館、百貨公司等服務業。同時，許多企業也將行銷應用在國際市場上。就企業而言，<u>行銷活動可以為消費者創造下列六種效用（utility）</u>：

資訊效用 （information utility）	經由產品包裝上的說明、廣告以及人員銷售等，行銷活動將產品資訊傳達給消費者。這些資訊有助於消費者了解產品的功能、如何使用與保養產品、使用者的權益等。
形式效用 （form utility）	係指企業把原料或零件組合在一起，而創造了某種形式供人使用。雖然形式效用主要經由生產活動完成，然而，行銷活動也可以影響形式效用，例如透過對消費者的調查，行銷者可以協助生產者決定保養品的成分、包裝、色系等。
地點效用 （place utility）	行銷活動將產品運送到恰當的地點讓消費者方便購買或使用。
時間效用 （time utility）	行銷活動讓消費者在恰當的時間取得產品。
擁有權效用 （possession utility）	又稱為「占有效用」。當消費者接受某個產品的價格以及付款條件，在購買之後，他們就有了該產品的擁有權，可以合法的占有及使用該產品。
形象效用 （image utility）	指消費者使用或採購產品時，產生個人或社會的認知狀態。

4.2　非營利組織與個人

近來，非營利組織（如政府機構、社會團體、學校等）也開始運用行銷的手法，以建立形象、籌募發展經費、鼓吹觀念，或擴大社會大眾的參與等。透過行銷的力量，非營利組織在減少社會不公的現象、彌補企業界以營利為出發點而產生的偏差、提升生活環境、淨化社會人心等方面，做出極大的貢獻。

然而**非營利組織的行銷活動經常使用「反行銷」（demarketing）【或稱「減銷」】的做法。反行銷是指鼓勵人們減少、避免或戒除某種消費或不良習慣，例如戒食檳榔、避免酒後駕駛、節約能源等。**

牛刀小試

（　）　行銷活動可以消費者創造下列五種效用（utility），不包括下列何者？
　　　　(A)時間效用　(B)地點效用　(C)心理效用　(D)形式效用。　　**答 (C)**

第五節　行銷管理與行銷活動

5.1　行銷管理與管理矩陣

行銷管理（marketing management）係指企業執行行銷功能的過程中，所展開的分析、規劃、執行、與控制等管理活動，以滿足消費者需求，並達成企業獲利目標的系統化過程。 說得具體一些，行銷管理係指根據市場分析、行銷研究、產品研究，對產品訂價和配銷途徑，作適當的策劃，並運用有效的行銷技巧，以拓展企業的銷售業務，爭取最大的利潤。

根據前述定義進一步析言，**行銷管理乃是將「管理」（Management）的內容，包括「規劃、組織、用人、領導、控制」等功能運用在行銷的領域上；若將此一觀念運用在「人事、財務、生產、行銷與研究發展」等領域上，則形成了「管理矩陣」。** 管理矩陣係由「企業功能」與「管理功能」兩類活動構成。企業功能強調企業價值創造之功能性活動；管理功能，則強調有關於「人」與「事」間的搭配運用，以充分發揮協調與整合效益。透過企業與管理功能的配

合，企業得以完成價值創造的任務；而兩類活動的交互關係，形成一個矩陣關係，二個構面的交會點代表一類企業管理活動，例如行銷功能與規劃功能的交點，代表行銷規劃活動；矩陣的全部，則反應企業經營活動的內容，企業管理矩陣如下圖：

	規劃	組織	用人	領導	控制
人事	×	×	×	×	×
財務	×	×	×	×	×
生產	×	×	×	×	×
行銷	×	×	×	×	×
研究發展	×	×	×	×	×

因此，**行銷管理可定義為：「行銷管理」是一種規劃執行的過程，藉此來制定公司策略，並擬定有關產品、訂價、通路、促銷等的活動，以創造價值來滿足買賣雙方的交換活動。**

5.2　行銷管理的程序

行銷管理的程序，有以下五個步驟，茲依序說明如下：

(1) **分析市場機會**：行銷人員的第一個使命就是要不斷地去發掘與分析市場未來潛在的行銷機會；行銷成功的最大的原因常都是因為掌握了市場的機會，成為先知先覺者而不是後知後覺的跟隨者。因此，為了要分析市場機會，掌握先機，在行銷領域中，對行銷外在環境的搜集、研究與分析就變成了極為重要之事。

　　據Igor Ansoff所提出的產品/市場擴張矩陣（product/market expansion grid），**企業或事業單位在追求成長時共有四種策略可運用。**析言之，產品的類別可為新產品亦可為現有的產品；市場的類別，可以區分為目前（舊）的市場和新市場。如此分類可將市場的機會依「產品」與「市場」二個構面加以區分，**主要是以產品的「新」與「舊」，以及市場的「新」與「舊」為依據，區分為市場滲透、市場發展（開發）、產品發展（開發）及多角化四種成長方向。**茲依各種成長方向的內涵，說明如下：

成長方向	內容說明
市場滲透 （market penetration）	**企業在「原有的產品與市場」上，透過市場深耕之做法，例如不斷的進行廣告活動、教育消費者或介紹新用途等，以擴大消費數量或增加產品銷售量，達到擴張營運規模或提高市場占有率，進而提升企業的經營規模，達成企業的成長目標。**例如錄影帶出租店，以現有的影帶向社區居民作推銷。
產品發展 （product development）	**企業在「原有的市場」基礎下，持續推出「新的產品類別」，以達到成長目標。**此種成長原動力，藉由推出新產品，吸引原有消費者，刺激其持續購買，以促成企業營運規模的持續成長。例如錄影帶出租店除了影帶外，也可用VCD或DVD的電影產品來在目前的市場上推出。
市場發展 （market development）	**企業利用「既有的產品項目或產品線」，拓展新的用途，進入「新的市場」，以達成企業成長的目的。**例如影帶出租店不一定要開發新的產品，而是採取另一種選擇，開發新的市場，例如到其他的地區去多開分店，以增加收入。
多角化經營 （diversification）	**企業在「新市場」上同時推出「新產品」，以達成企業成長謂之多角化。** 如果公司的行銷系統內，明顯的缺乏繼續成長的機會，或者行銷系統外，有更佳的機會時，那麼多角化成長應是一種可行的策略。多角化並不意指公司可以利用任何的市場機會，而是仍應就其本身所具有的優點，謹慎的考慮和選擇顯現的機會。多角化有三種型式的成長策略： (1)集中式多角化（Concentric diversification）：集中式多角化意指公司計畫增加新的產品，而此產品和目前的產品線，在生產技術和行銷技術上相類似，可以產生綜效。再者，這些產品通常是針對新的顧客群而設計。 (2)水平式多角化（Horizontal diversification）：水平式多角化意指公司計畫增加新的產品，且此產品係針對目前的顧客而設計，但在生產技術上和原有生產線沒有什麼關聯。

成長方向	內容說明
多角化經營 （diversification）	(3)綜合式多角化（Conglomerated diversification）：綜合式多角化意指公司計畫增加新的產品，而此產品和公司目前的生產技術和市場均沒有任何關聯。這些產品一般係為新的顧客群而設計。例如某公司可能希望進入新的產業，例如個人電腦業、不動產買賣業、速食餐飲業等即是。

以上是由產品與市場二個層面來分析廠商成長，可透過此四種類型加以達成，亦可稱為企業成長的四種策略。其係由密西根大學教授麥卡錫（McCarthy）所提出。

(2)**選定目標市場：在上述分析可能存在的市場機會之後，就必須對市場加以區隔並選出目標市場。**目標市場的選擇可分為幾種方式，「單一區隔、多類區隔、選擇單一市場、選擇單一產品和選擇整個市場」。今以服飾為例，若是只對少女市場生產單一休閒服，即是採取單一區隔；如果同時對少女和職業婦女，生產休閒服和制服則為多類區隔；若是針對少女市場生產休閒、製服和運動服等則為單一市場；若對不同市場皆提供休閒服則是選擇單一產品。

針對是否有作目標市場的區隔來劃分，行銷的方式亦分兩類，一為「無差異行銷」（undifferentiated marketing）即公司不考慮特有的目標市場，而是針對一般性大眾作銷售。另一種方式為「差異化行銷」（differentiated marketing）即是對特殊的目標客戶作行銷，即是「小眾市場」，在此種方式下公司有其特定的目標客戶，並需對此市場內的消費者作較深入之調查，以提出符合他們需求的產品或是服務。

(3)**設計行銷策略：行銷人員針對選定的目標市場可作策略的擬定，並據此來推動實際的各項活動，策略的內容可依據McCarthy的4P加以分析，其內涵包括：「產品策略」（Product strategy）、「價格策略」（Price strategy）、「配銷策略」（Place strategy）和「推廣策略」（Promotion strategy）四者。而另有學者認為，在4P外亦可加入另外2P，即為「公共關係策略」（Public relation strategy）與「權力策略」（Power strategy），成為「行銷6P」。**本書係以傳統行銷4P為基礎所構成的行銷組合（marketing mix）加以探討。茲將行銷組合定義為：「**行銷組合係企業為了要達成經營**

目標所使用一系列行銷策略的組合，**其內容包括有產品、價格、配銷通路和推廣等四項」。**而在不同的環境下差異的顧客和產業環境中，公司可依據自己擁有的資源作不同的排列組合，以爭取商機。

在發展行銷策略之時，應考量以下幾項因素：

A.產品的生命週期：公司的主力產品在產品的生命週期上是處於那一個階段，不同的階段會有不同的策略來加以因應。

B.廠商在市場之地位：公司在現有市場是屬於領導者或挑戰者或跟隨者或利基者，其所處地位之不同將各有不同可行的行銷策略。

C.當前的經濟景氣狀況。

D.正在變動或演變中之全球性市場機會與發展態勢。

(4) **規劃行銷方案**：行銷的策略方針確定之後，接下來就是要研訂行銷方案（戰術）的細節（如執行計畫、預算、目標、方法、時程與控制等），以期依此方案來達成任務目標。而具體的行銷方案，應包括以下六項內容：

A.產品計畫。　　　　B. 價位計畫。　　　　C. 配銷通路計畫。

D.廣告促銷計畫。　　E. 銷售人力組織計畫。　F. 媒體公關報導計畫。

(5) **執行行銷方案**：行銷管理的最後一個階段，就是要將上一階段的行銷方案付諸實施並進行定期考核、管制與評估，以求落實預計之目標與時程。

牛刀小試

( )　企業在原有的產品與市場上，透過市場深耕之做法，達到擴張營運規模或提高市場占有率，進而推升企業的經營規模，達成企業的成長目標。稱為：　(A)市場滲透　(B)產品發展　(C)市場發展　(D)多角化經營。　　　　　　　　　　　　　　　　　　　　　　**答 (A)**

5.3　行銷活動的運作循環

根據行銷與行銷導向的基本觀念與追求消費者滿意等目標之前提下，究竟企業應如何以有系統的運作活動，以創造其價值，建立企業的行銷功能，確保提供消費者滿意的產品或服務，以提升企業的經營績效？茲說明如次。

基本上，**行銷活動是一個有系統的運作循環（如下圖）。其運作邏輯始於行銷研究（marketing research），目的係以系統性的研究方法，解析市場需求結構與**

內涵及影響消費行為的因素；然後，根據行銷研究的結果，依序展開三項重要的策略性決策，包括：「**市場區隔（Segmenting）**」、「**目標市場選擇（Targeting）**」及「**市場定位（Positioning）**」，簡稱為「**STP程序**」。此一程序的主要目的在於進行市場選擇，並為企業所提供的產品或服務，在目標消費者心中建立「獨特銷售主張」（unique selling proposition，簡稱USP）；據以規劃四項「行銷組合」，**分別是產品組合、定價組合、通路組合與推廣組合，簡稱「行銷4P」**，目的在於有效地與目標市場的消費者進行溝通、促成消費者採購、完成實體配送、與提供必要的使用服務等工作。簡言之，企業的行銷活動便是透由STP程序，界定市場範圍與消費者對象，再透由4P規劃與執行，提供產品或服務以滿足消費者的需求，並實現企業價值創造的過程。最後，再根據行銷活動的成效，檢討其結果，俾提供各階段行銷活動的修正參考。

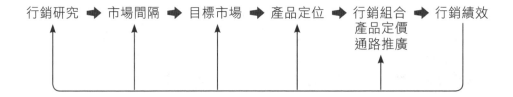

5.4 行銷管理的任務

5.4.1 需求狀況

行銷管理的任務，在於針對市場不同的需求狀況，採取不同的行銷方式來滿足消費者的需求，達成企業的目標。行銷學者柯特勒（P・Kotler）認為：「**行銷管理就是需求管理**」，他提出了下列八種需求狀況，並提出各種狀況的行銷任務及行銷方式。茲列表如下：

需求狀況	行銷任務	行銷方式
負需求	矯正需求	扭轉性行銷
無需求	創造需求	刺激性行銷
潛在需求	開發需求	開發性行銷
衰退需求	恢復需求	再行銷

需求狀況	行銷任務	行銷方式
不規則需求	平衡需求	調和性行銷
飽和需求	維持需求	維持性行銷
過度需求	減低需求	低行銷
病態需求	消滅需求	反行銷

5.4.2行銷任務

由於市場的需求會因其大小、時間及區隔等特性而有所不同，因此，**行銷管理必須依據市場需求的特性，和企業所擁有的資源與能力，而採取可能運用的行銷策略與行銷的任務以為因應**。茲分述其各自的涵義如下：

(1) **扭轉性行銷（負需求）**：扭轉性行銷是在「負需求」情況下產生的。**負需求是「指所有或大部分潛在市場之消費者不喜歡此產品或服務，並寧願花錢去避開此種產品」**。負需求對行銷管理之挑戰，行銷管理者必須分析市場為何不喜歡該產品，並可研究運用產品之重新設計，降低價格及積極的促銷活動等，期發展一種能「使負需求轉為正的需求」，使其最後等於正供給之計畫。因此稱此種行銷任務為「扭轉性行銷」。

(2) **刺激性行銷（無需求；零需求）**：**當市場顧客對本公司所提之產品和其他同業同性質的產品及服務「既無正向感覺亦無負向感覺」（表現無差異看法）時，即為零需求**。此時，行銷管理者應設法把產品的利益和個人的需求與興趣相結合，採取刺激購買的方法，以改變顧客對產品的觀點和評價，以增加其購買的信心，使其對產品由無需求轉變為正需求。

(3) **開發性行銷（潛在需求）**：**當市場的潛在顧客，對本公司的產品存有潛在需求或目前本公司已存在的產品無法滿足消費者強烈的需求時**。此時，行銷管理者應先行估量潛在市場的大小，並開展有效滿足該需要的商品和服務的各種行銷組合策略，使潛在顧客，採取具體的購買行動；使潛在需求成為有效需求，開發成為產品市場最具體的行動。

(4) **再行銷（衰退需求）**：**再行銷的應用是發生在所有的產品、服務、活動、場所、組織及觀念終將沒落而成為「搖晃需求」時（搖晃需求是指產品或服務的需求大不如前，如果不採取補救的措施矯正目標市場、產品及行銷的努力，則需求量會有繼續下降的狀況），解決搖晃需求的方法是使需求復甦**。此時行銷管理者應先分析瞭解市場需求衰退之原因，並研究新市場

開發產品的特色及提供更有效地服務和溝通，以重新刺激需求。當產品的市場需求量節節下降時，在產品生命的衰退時期時，行銷管理者為了再創一個新的生命週期，可以採取下面兩種策略：

A.以現有產品向潛在市場進軍。

B.以經過研發後的新產品向舊有市場進軍。

(5) **調和性行銷（不規則需求／波動需求）：亦稱同步行銷或平衡行銷。當產品的需求因季節性的變動或不規則的變動而形成了有淡、旺季或因時、因地而有不同的變化時。**此時，行銷管理者應設法利用彈性定價策略或促銷方法，以平衡消費者需求（平衡需求），促使消費者改變產品需求的時間，維持一定的銷售額度。

(6) **維持性行銷（飽和需求；過飽和需求）：此時為了保持公司產品銷售績效出於高峰，行銷管理者應努力維持目前的需求數量，保持產品的服務品質，並隨時評量消費者的滿意程度，以防範競爭者的介入，並確保產品的銷售業績。**

(7) **低行銷（過度需求）：亦稱抑制行銷。當市場需求超過企業所能負擔時，行銷管理者可設法減低顧客的需求，如採取高價策略或減少促銷活動和服務，以抑制過多的需求。**一般而言，低行銷即在阻止總需求的增加，如漲價、降低促銷與服務；而選擇性的低行銷則在降低那些利潤較少或較不需要服務的市場需求。

(8) **反行銷（病態需求）：反行銷係指許多產品或服務無論從消費者福利觀點、公眾福利觀點或供給者觀點來看「不但無益，甚且對社會有害」【此稱為「病態需求」，意即指產品或服務具有某種不受歡迎之品質，但卻反而產生需求過多之情況（例如香菸）。】**此時，行銷管理者應採取控制供給，並設法消除消費者對產品的需求，進而自動遠離，放棄對該產品的需求。行銷目的在消除對有害產品或服務需求之任務，故稱為「反行銷」或「禁售」。

5.5　強勢行銷與整合行銷

5.5.1 強勢行銷

企業是整個社會當中的一份子，因此企業的運作與社會活動息息相關，且互動頻繁。企業與整個社會：包括與競爭者、銀行、消費者、供應商，甚至是整個產業環境，均有互動的關係存在。

再者，隨著企業國際化及政府強力的干涉，一個企業若想成功的行銷其產品，勢必須將「政治層面」納入考慮，亦將國會議員、政府機關、工會、環保團體、公益團體等都應列入行銷的對象。若企業想維持其競爭優勢，勢必要注重公共關係。

因此，**行銷學者柯特勒（Kotler）在1988年，認為行銷人員除了熟悉4Ps之外，須增加權力（Power）和公共關係（Public Relation）兩個P而形成6個P。此種將建立良好公共關係，使企業得以利用之而構成強勢行銷的觀念，謂之強勢行銷（Megamarketing；亦有人譯為「大行銷」）。**

易言之，行銷人員除了熟悉4Ps之外，尚須了解外在環境的變化，亦即須注意下列兩個要素：

(1) **公共關係（Public Relation）**：公共關係之目的，主要在塑造並維護公司形象，協助公司將4Ps拉為目標客戶，使客戶歡迎。這些公共關係的對象包括媒體記者、媒體機構、國會議員、政府官員、社區代表人物、社會性團體等。

(2) **權力（Power）**：權力乃在於贏得國會議員及政府官員的支持，以順利讓公司的產品進入目標市場，並在目標市場順利經營；尤其甚者，更希望建立許多「進入障礙」（entry barrier），以維持本公司的長久既得利益。柯特勒認為在強勢行銷策略下的強勢行銷人員（megamarketer）必須兼具六個P的知識與經驗，並藉助其政治技巧（Political skill）與政治策略（Political strategy）以排除行銷過程中之可能障礙，以達成行銷目標。

企業在關係行銷導向下，決策管理者除了致力於追求利潤外，也應本著「取之於社會，用之於社會」之觀念，幫助解決社會問題。因而大企業會犧牲部分經濟利潤的行為以增強企業的公共關係。

5.5.2 整合行銷

整合性行銷（integrated marketing）則是將行銷活動統整、融合成一套得必為消費者創造、溝通以及傳遞價值的行銷方案。這一套行銷方案包括許多強化行銷活動價值的決策，傳統的說法是「行銷組合」（marketing mix），其內涵為大家所熟知的4P即產品、價格、通路與促銷。一個好的行銷方案必須是4P之中的決策彼此不但具有高度的一致性，互相強化並藉以有效率地、有效果地去達成滿足顧客需求的任務。進一步觀之，**整合性行銷涵蓋了兩個層面的議題：一是行銷組合內的活動必須互相協調；二是組織必須整合其內外、所有的單位、**

部門與機構來產生最大的聯合效果（joint effect）。因此，整合行銷包括了需求管理、資源管理與網路管理。

5.6 全方位行銷

行銷哲學歷經了以組織為中心的生產觀念（production concept）、產品觀念（product concept）與銷售觀念（selling concept），演進至行銷觀念（marketing concept），最後發展到兼顧組織、客戶與社會長期福祉的「全方位行銷」（holistic marketing）。這個最新的行銷思維係由行銷學泰斗美國西北大學柯特勒（Philip Kotler）教授與後起之秀達特茅斯大學凱文‧凱勒（Kevin Keller）教授共同於《行銷管理：分析、規劃執行與控制》一書當中首度發表。

「全方位行銷」（holistic marketing）又稱為「全面行銷」。是指在行銷方面，除了傳統的銷售通路之外，還要突破空間和地域的限制，建立一種多層次的、立體的行銷方式，如內外銷聯動、網路行銷、公司團購、跨區域銷售等。

全方位或整體行銷觀念認為行銷方案、程序與活動的發展、設計與實施必須是環環相扣、相互關聯與依賴的。因此從事行銷工作或是學習行銷應該抱持著全面關照的整體主義。整體行銷的目的正是企圖調和所有複雜行銷活動的行銷哲學、方法論與架構；「全方位行銷」包括了關係行銷（顧客、行銷管道及伙伴）、整合行銷（含溝通組合、產品與服務、通路）、內部行銷（含行銷部門、高階管理者及其他部門）以及社會責任行銷（含倫理道德、環境、法令及社區）等四種行銷概念。

5.7 行銷4C

行銷4P理論是從生產者觀點出發，行銷4C理論則是站在消費者角度出發。兩者兩兩相互對應：
(1)產品（Product）→ 顧客需求（Consumer needs）。
(2)價格（Price）→ 成本（Cost）。
(3)通路（Place）→ 便利性（Convenience）。
(4)促銷（Promotion）→ 溝通 （Communication）。

首先，消費者的需求是要先把產品先擱到一邊，業者應趕緊研究消費者的需求與欲望，不要再賣你能製造的產品，而要賣消費者確定想要買的產品；其次，要探索消費者願意付出的成本（Cost）是多少，暫時忘掉定價的策略，盡速去瞭解消費者要滿足其需要與欲求所必須付出的成本；第三，考慮消費者購買商品的便利性（Convenience），通路策略暫擺一旁，業者應當思考如何給消費者方便以購得商品；第四，如何與消費者溝通（Communication），90年代以後的正確新詞彙應該是溝通。4C理論的提出引起了行銷傳播界及工商界的極大反響，從而也成為「整合行銷理論」的核心。

5.8 數位行銷

5.8.1 數位行銷的意義

數位行銷（digital marketing）為利用電腦科技和網路進行推銷的手法，申言之，是指針對電子裝置相關的使用者與受惠者來操作的行銷，諸如：個人電腦、智慧型手機、一般手機、平板電腦與遊戲機等。數位行銷的應用科技或平台，如網站、電子信箱、app應用程式（桌上型與行動板）與社群網站。數位行銷可以透過非網路管道諸如電視、廣播、簡訊等，亦可透過網路管道諸如：社群媒體、電子廣告、橫幅廣告（Banner Ads）等。

5.8.2 數位行銷的良方

(1) **搜尋引擎優化（SEO）**：這是改善網站在搜尋引擎結果頁排名更高的過程，從而增加網站流量與獲取客戶的方式。

(2) **付費廣告**：廣告是一種更為即時獲取曝光和增加流量的方法。最常見的廣告類型有Google Ads、Facebook廣告、Instagram廣告、LINE廣告、原生廣告、Banner廣告等。

(3) **內容行銷**：現在內容行銷比以往任何時候都更重要，因為網路就是離不開內容，這也是為什麼人人都可以成為自媒體，只要能提供人們需要的內容價值就能做到。

(4) **社群媒體行銷**：這是透過社群媒體進行宣傳，從而提高品牌知名度、增加流量、吸引潛在客群，並轉換為客戶的方式，可以善加使用的社群媒體有：Facebook、LinkedIn、Instagram、Snapchat、Pinterest、Google+。

(5) **聯盟行銷**：這是一種基於成效的合作方式，也是另一種變相的廣告，合作夥伴可以通過為合作企業宣傳產品而得到相對應佣金。跟一般廣告模式不

同的是，這不需要先支付任何廣告費用，而是依照銷售業績進行分潤的，因此相對風險來得更低。

(6) **通訊行銷**：這是使用電子郵件、通訊工具與潛在客戶進行溝通的一種方式，一般情況之下，在台灣目前最常用的通訊工具是LINE、Facebook Messenger。雖然電子郵件還是有其功用性，不過LINE與Messenger在某層面來說是比發送電子郵件更具行銷成效的，而且也容易有雙向的互動與溝通。

5.9　行動行銷與行動支付

(1) **行動行銷**：係指經由消費者的行動裝置（如手機、智慧型手機或平板電腦）來行銷，是線上行銷的一種特殊行銷溝通模式。析言之，行動行銷就是網路行銷的延伸，係一種利用無線媒體與消費者溝通並促銷其產品、服務或理念，藉此創造利潤的行銷方式。

(2) **行動支付**：是一項全新且快速發展的付費方式，有別於現金、支票、信用卡的現存付費方案，使用者可透過手機支付各種商品服務。行動支付內容主要包括數位商品中的音樂、影片、鈴聲、線上遊戲付費；交通票據，如公車、捷運、火車票、停車費；以及各種實體票，如電影票、入場卷、門票與書籍雜誌訂購。使用者對行動付款的信賴感與便利性，使行動支付在付費機制中佔有一席之地。

經典範題

☑ 測驗題

( )　**1** 金融機構利用廣告，宣傳使用其信用卡之各項優惠，係屬於何種行銷？　(A)產品行銷　(B)服務行銷　(C)理念行銷　(D)社會行銷。

( )　**2** 何種導向的企業，深信只要藉由產品技術便可以展現其產品價值，消費者的實際需求，顯然是較為次要的考慮：　(A)生產導向　(B)銷售導向　(C)行銷導向　(D)產品導向。

( )　**3** 以消費者為主體，強調消費者需求與滿足感，稱為：　(A)行銷導向　(B)銷售導向　(C)生產導向　(D)產品導向。

( ) **4** 企業利用「既有的產品項目或產品線」，拓展新的用途，進入新的市場，以達成企業成長的目的。稱為： (A)市場滲透 (B)產品發展 (C)市場發展 (D)多角化經營。

( ) **5** 經常採取強力推銷和誘導式的廣告，來達成其銷售目標，而不管顧客所買的產品是否能發揮效用，得到真正的滿足，是奉行下列何者導向觀念的公司？ (A)生產 (B)銷售 (C)行銷 (D)社會行銷。

( ) **6** 促成買賣雙方完成交易、滿足顧客需求及慾望，達成組織營運目標，所進行的各種業務活動為： (A)生產 (B)分配 (C)消費 (D)行銷。

( ) **7** 若市場需求大於供給時，企業通常所採的是何種觀念之行銷對策？ (A)生產觀念 (B)產品觀念 (C)銷售觀念 (D)行銷觀念。

( ) **8** 在行銷導向觀念中最古老的一種經營哲學是： (A)社會行銷觀念 (B)生產觀念 (C)銷售觀念 (D)行銷觀念。

( ) **9** 引導商品或勞務由生產者到消費的一切商業活動稱為： (A)生產 (B)控制 (C)管理 (D)行銷。

( ) **10** 比較銷售觀念和行銷觀念的不同，下列敘述何者有誤？ (A)銷售觀念的目的是經由銷售獲取利潤 (B)行銷觀念的目的是滿足顧客需求 (C)行銷觀念的方法是大量廣告銷售和強力推廣商品 (D)銷售觀念的方法是銷售與促銷。

( ) **11** 採取下列何項觀念常會導致「行銷近視症」？ (A)生產導向 (B)產品導向 (C)行銷導向 (D)銷售導向。

( ) **12** 自助餐廳逐漸將保麗龍餐盒改為紙盒，這種作法係符合下列何種觀念？ (A)產品觀念 (B)銷售觀念 (C)行銷觀念 (D)社會行銷觀念。

( ) **13** 下列何種觀念扮演滿足顧客需求的角色？ (A)銷售觀念 (B)生產觀念 (C)行銷觀念 (D)行為觀念。

( ) **14** 目前行動電話的廣告，大多以青少年之喜好方式來呈現，這種經營管理哲學係： (A)生產導向 (B)銷售導向 (C)產品導向 (D)行銷導向。

（　）　**15** 下列有關行銷的觀念之敘述，何者有誤？　(A)行銷觀念的手段是採整合性行銷　(B)行銷觀念的焦點為產品或服務　(C)行銷觀念的起始點是目標市場　(D)行銷觀念的終極目標是透過顧客滿意獲取利潤。

（　）　**16** 企業把對社會的回饋納入經營使命之中，此係具備何種觀念？　(A)生產導向觀念　(B)銷售導向觀念　(C)產品導向觀念　(D)社會行銷導向。

（　）　**17** 現代企業行銷導向的觀念，主要目的在於促進下列何者之滿足？　(A)零售商　(B)消費者　(C)生產者　(D)運輸商。

（　）　**18** 認為「消費者的認知失調會很容易忘掉」的觀念是：　(A)行銷導向　(B)生產導向　(C)銷售導向　(D)社會行銷導向。

（　）　**19** 化妝品公司的廣告中強調：「我們賣的不是化妝品，而是青春與美麗。」這種行銷觀念為：　(A)生產導向　(B)銷售導向　(C)行銷導向　(D)社會行銷導向。

（　）　**20** 下列有關行銷觀念與銷售觀念比較之敘述，何者錯誤？　(A)銷售觀念以銷售者之需要為前提　(B)行銷觀念著重於購買者之需要　(C)行銷觀念是經由銷售量增加而獲利　(D)銷售觀念重視銷售與促銷手段，忽視顧客利益。

（　）　**21** 要求廠商將企業利潤、消費者需求以及社會大眾利益等三方面均需作整體平衡考慮的行銷導向觀念，稱為：　(A)產品觀念　(B)銷售觀念　(C)行銷觀念　(D)社會行銷觀念。

（　）　**22** 某公司行銷經理認為只要公司生產出產品就一定可以賣出去，請問這位行銷經理的經營理念為何？　(A)產品觀念　(B)銷售觀念　(C)生產觀念　(D)行銷觀念。

（　）　**23** 下列有關銷售觀念與行銷觀念比較之敘述，何者正確？　(A)銷售導向焦點在顧客，行銷導向焦點在產品　(B)銷售導向手段為使用整體行銷，行銷導向手段為使用推銷及促銷　(C)銷售導向目的為透過顧客來創造利潤，行銷導向目的為透過銷售來創造利潤　(D)銷售導向觀念著重在賣方的需求，行銷導向觀念著重買方的需求。

（　）　**24** 下列何種觀念是以企業的利益為前提而忽略了顧客的利益？　(A)生產觀念　(B)產品觀念　(C)銷售觀念　(D)行銷觀念。

(　　) **25** 以顧客需求為中心，透過顧客滿足來創造利潤的行銷活動，屬於下列何種行銷管理哲學的觀念？　(A)生產觀念　(B)行銷觀念　(C)社會行銷觀念　(D)銷售觀念。

(　　) **26** 生產飲料的廠商都將寶特瓶空罐設定1元的回收價，這種觀念是來自於：　(A)銷售　(B)行銷　(C)生產觀念　(D)社會行銷。

(　　) **27** 下列敘述何者有誤？　(A)行銷活動是銷售活動中的一環　(B)行銷活動必須以顧客為導向　(C)現代行銷部門必須包含銷售的活動　(D)銷售活動的目標是求得公司利潤最大化。

(　　) **28** 業者過分關心自己產品的品質，以致忽略了消費者的需求及競爭者的存在，這是下列何種導向時期所產生的現象？　(A)生產導向　(B)銷售導向　(C)產品導向　(D)行銷導向。

(　　) **29** 以消費者為主體，分析消費者的需求項目，並據以推出各式產品或服務，讓消費者得以滿足的經營型態，稱為：　(A)生產導向　(B)行銷導向　(C)銷售導向　(D)產品導向。

(　　) **30** 企業公司的的政策「The guest is never wrong」是什麼樣的管理概念？　(A)產品導向　(B)銷售導向　(C)生產導向　(D)行銷導向。

(　　) **31** 行銷管理程序的首要是：　(A)發展行銷策略　(B)規劃行銷方案　(C)分析市場結構與行為　(D)研究與選擇市場機會。

(　　) **32** 下列有關行銷概念之敘述，何者最為適當？　(A)行銷就是打廣告　(B)行銷的起點在於人們生活的需要　(C)價格知覺優於價值知覺時交易才會發生　(D)行銷組合包括產品、價格、通路及生產力。

(　　) **33** 下列有關行銷管理各種導向觀念之敘述，何者有誤？　(A)生產導向時代，企業營運的重點在產品　(B)銷售導向時代，企業營運重點在加強銷售及廣告活動　(C)行銷觀念是將注意力放在賣方的需求上　(D)行銷導向時代又稱為顧客導向時代。

(　　) **34** 行銷的4P是指價格、通路、推廣及：　(A)包裝　(B)品牌　(C)商標　(D)產品。

(　　) **35** 行銷管理可說是一種：　(A)需求管理　(B)產品管理　(C)分配管理　(D)銷售管理。

(　) **36** 社會行銷是一種整體平衡考量，而下列何者不在其考量之內？
(A)競爭者的反應　(B)消費者的需求　(C)大眾公益　(D)企業利益。

(　) **37** 以「一有利潤且環境可以承受的方式來認明、預期和滿足顧客與社
會要求的管理過程」是：　(A)產品導向行銷　(B)銷售導向行銷
(C)顧客導向行銷　(D)綠色行銷。

(　) **38** 消費者搭飛機坐頭等艙或購買賓士車，係由於行銷管理所創造之何種
效用？　(A)資訊效用　(B)形象效用　(C)形式效用　(D)擁有效用。

(　) **39** 下列何者非行銷可以創造的效用？　(A)熱帶國家生產的香蕉運到寒
帶國家銷售　(B)冬天製成的飲料可以儲存至夏天再銷售　(C)顧客
付款後便取得商品的所有權　(D)提升產品資訊管理能力。

(　) **40** 下列活動中，何者不屬於事件或體驗行銷活動？　(A)年報　(B)贊
助體育運動　(C)公益活動　(D)商業展覽。

(　) **41** 下列何者不屬於行銷活動對於整體社會的功能？　(A)滿足消費者需
求　(B)提供產品選擇多樣化　(C)增進企業經營利潤　(D)企業經營
水準提高。

(　) **42** 下列敘述，何者錯誤？　(A)行銷管理是為了實現目標市場上理想的
交易量　(B)銷售觀念乃以企業利益為前提，顧客的利益則較為忽
視　(C)目標行銷包括市場區隔、市場選擇及市場定位三步驟
(D)若競爭者採無差異行銷時，則公司適合採無差異行銷。

(　) **43** 當市場需求是「不規則需求」情況時，行銷任務應為：　(A)創造需
求　(B)恢復需求　(C)維持需求　(D)平衡需求。

(　) **44** 以促進交換而規劃、執行及控制行銷活動的過程稱為：　(A)環境分
析　(B)行銷管理　(C)狀況評估　(D)策略規劃。

(　) **45** 企業經營策略的方向有四，其中市場滲透係屬於：　(A)現有產品，
新興市場　(B)現有產品，現有市場　(C)新興產品，新興市場
(D)新興產品，現有市場。

(　) **46** 行銷的概念有三，介於公司與消費者間之行銷概念係屬：　(A)內部
行銷　(B)外部行銷　(C)互動行銷　(D)關係行銷。

(　　) **47** 依H.Igor Ansoff的產品/市場/擴張組合，公司以現有產品打進新市場，藉以增加公司銷貨的策略稱為：　(A)市場滲透　(B)市場發展　(C)產品發展　(D)多角化策略。

(　　) **48** McCathy提出之行銷組合（marketing mix）概念中，除了價格、產品、通路（Place）三個要素之外，尚有：　(A)顧客　(B)目標市場　(C)公共關係　(D)推廣。

(　　) **49** 主題遊樂區於假日時，常出現遊園人潮擁擠，各項遊樂設施大排長龍的現象。但平時卻門可羅雀。此種情形稱為：　(A)病態需求　(B)飽和需求　(C)過飽和需求　(D)不規則需求。

(　　) **50** 若市場需求超過企業供給能力時，行銷者必須：　(A)平衡需求　(B)恢復需求　(C)消滅需求　(D)減低需求。

(　　) **51** 依據行銷觀念，市場是指：　(A)產品的買賣場所　(B)消費者購買力　(C)產品銷售範圍　(D)有能力並有意願與銷售者為產品進行交易的組織或顧客的集合。

(　　) **52** 運用差別定價方式，以使消費者的需求量不因時間的改變而產生變化，這種行銷方式稱為：　(A)維護行銷　(B)抑制行銷　(C)同步行銷　(D)反行銷。

(　　) **53** 「董氏基金會」積極推動拒吸二手煙運動是一種：　(A)低行銷　(B)再行銷　(C)反行銷　(D)開發行銷。

(　　) **54** 以提供顧客產品與服務的最高價值，維持較佳的顧客滿意度為長期目標，持續改善對顧客的服務品質，稱為：　(A)關係行銷　(B)目標行銷　(C)交易行銷　(D)觀念行銷。

(　　) **55** 下列有關關係行銷的敘述，何者有誤？　(A)工業產品如何在廠商之間建立關係，以達成交易行為　(B)關係行銷是在建立顧客對企業的忠誠度　(C)關係行銷是在說明服務組織如何吸引、維持及提升與顧客的關係　(D)關係行銷主張產品或服務可以為顧客創造體驗。

(　　) **56** 對顧客保持一種長期的關注與興趣，創造「顧客終生價值」的一種行銷方式，稱為：　(A)關係行銷　(B)內部行銷　(C)互動行銷　(D)滿意行銷。

(　) **57** 觀光產品需求往往受淡旺季週期性的影響，致產生供需不規則的現象，我們稱之為需求波動；配合需求波動之行銷稱為：　(A)再行銷　(B)同步行銷　(C)維護性行銷　(D)扭轉性行銷。

(　) **58** 所謂產品政策、定價政策、分配通路政策及推銷政策的有效配合是指：　(A)通路政策　(B)市場區隔　(C)行銷組合　(D)推廣政策。

(　) **59** 青少年朋友就行動電話市場而言，是處於哪一種需求狀況？　(A)負需求　(B)潛在需求　(C)無需求　(D)過度需求。

(　) **60** 統聯客運為緩和連續假日旅客擁塞人潮，實施降低尖峰外時間的票價，此行銷策略是：　(A)再行銷　(B)調和性行銷　(C)維護性行銷　(D)開發行銷。

(　) **61** 就行動電話市場而言，某行動電話公司的廣告鮮活有趣，則青少年朋友們是會處於哪一種需求狀況？　(A)潛在需求　(B)過度需求　(C)感受需求　(D)無需求。

(　) **62** 就行銷觀點而論，高速公路在連續假期實施的高乘載管制，是屬行銷管理任務中的：　(A)開發性行銷　(B)低行銷　(C)反行銷　(D)維持性行銷。

(　) **63** 台灣菸酒公司在香煙包裝上印有「過量有礙健康」及董氏基金會的「拒煙運動」是一種：　(A)同步行銷　(B)刺激性行銷　(C)反行銷　(D)扭轉性行銷。

(　) **64** 由於久旱不雨，迫使各縣市政府不得不採取分區停水措施，這種限水措施以行銷理論而言是為：　(A)低行銷　(B)反行銷　(C)開發性行銷　(D)調和性行銷。

(　) **65** 吸煙者對香煙的需求，是一種：　(A)無需求　(B)負需求　(C)病態需求　(D)潛伏需求。

(　) **66** 當市場的需求出現負需求時，行銷管理必須採行：　(A)扭轉性行銷　(B)刺激性行銷　(C)開發性行銷　(D)同步行銷。

(　) **67** 若市場需求呈現過熱現象時，企業應進行：　(A)同步行銷　(B)反行銷　(C)抑制行銷　(D)扭轉性行銷。

(　) **68** 若廠商要增加營收，下列何者不是其可能採行的策略：　(A)市場滲透　(B)市場開發　(C)多角化　(D)縮減產品線。

解答與解析

1 (B)　　　**2 (D)**

3 (A)。行銷導向係先分析消費者的需求項目，並據以規劃各式產品功能或市場活動，推出各式產品或服務，以期在消費者的需求獲得最大滿足之後，為企業帶來最高的營運效益的經營型態。

4 (C)。舉例來說，例如影帶出租店不一定要開發新的產品，而是採取另一種選擇，開發新的市場，例如到其他的地區去多開分店，以增加收入，即為市場發展的作法。

5 (B)　　　**6 (D)**　　　**7 (A)**

8 (B)。因在物質較為匱乏的時代裡，由於多數企業無法提供足夠的產能滿足市場需求，因此「企業營運重心集中在尋求最大產出，而不太注意到產品功能是否真的能滿足消費者的需求」，認為只要把東西做出來，而且不要做得太爛、太貴，就可以賣得出去，此即生產觀念。

9 (D)　　　**10 (C)**

11 (B)。在產品概念下，賣主由於非常滿意自己的產品，而忽略了消費者的需求。因此在擬定策略時，過於迷戀自己的產品，多數組織不適當地把注意力放在產品上或技術上，而不是市場。即致力於生產優質產品，並不斷精益求精，卻不太關心產品在市場是否受歡迎，不關注市場需求變化，過於重視生產，就會忽略行銷，故會引發出「行銷近視症」的毛病。

12 (D)　　　**13 (C)**

14 (D)。行銷導向係先分析消費者的需求項目，並據以規劃各式產品功能或市場活動，推出各式產品或服務，以期在消費者的需求獲得最大滿足之後，為企業帶來最高的營運效益的經營型態。

15 (B)　　　**16 (D)**

17 (B)。行銷導向係以消費者為主體，強調消費者的需求與滿足感，亦即先考慮消費者的需求，然後提供符合其利益的產品以創造消費者的滿足感。

18 (C)　　　**19 (C)**　　　**20 (C)**

21 (D)。社會行銷導向的觀念強調在滿足顧客與賺取利潤的同時，企業應該維護整體社會與自然環境的長遠利益。亦即，企業應講求「利潤、顧客需求、社會利益」三方面的平衡。

22 (C)　　　**23 (D)**　　　**24 (C)**

25 (B)。現代化的行銷觀念除了強調滿足顧客需求，達成公司利潤外，還包括兼顧各種利害關係人的需求，並需善盡社會責任。

26 (D)　　　**27 (A)**　　　**28 (C)**　　　**29 (B)**

30 (D)。「顧客永遠是對的」在標榜行銷導向的企業，往往強調顧客利益、顧客至上、用心服務等。

31 (C)　　　**32 (B)**

33 (C)。行銷觀念是將注意力放在顧客的需求上，並設法滿足顧客的需求。

34 (D)。4P行銷組合包括：產品、定價、通路與推廣。

35 (A)　　**36 (A)**　　**37 (D)**

38 (B)。形象效用（image utility）係指消費者使用或採購產品時，產生個人或社會的認知狀態。

39 (D)　　**40 (A)**　　**41 (D)**　　**42 (D)**

43 (D)。當產品的需求因季節性的變動或不規則的變動而形成了有淡、旺季或因時、因地而有不同的變化時，行銷管理者應設法利用彈性定價策略或促銷方法，以平衡消費者需求（平衡需求），促使消費者改變產品需求的時間，維持一定的銷售額度。

44 (B)

45 (B)。市場滲透透過市場深耕之做法例如不斷的進行廣告活動、教育消費者或介紹新用途等，以擴大消費數量或增加產品銷售量，達到擴張營運規模或提高市場占有率，進而提升企業的經營規模，達成企業的成長目標。

46 (B)

47 (B)。企業利用既有的產品項目或產品線，拓展新的用途，進入新的市場，以達成企業成長的目的。此種策略，稱為市場發展（market development）。

48 (D)　　**49 (D)**

50 (D)。減低顧客的需求的策略如採取高價策略或減少促銷活動和服務，以抑制過多的需求，一般而言，低行銷即屬此類。

51 (D)　　**52 (C)**

53 (C)。反行銷係指許多產品或服務無論從消費者福利觀點、公眾福利觀點或供給者觀點來看不但無益，甚且對社會有害。

54 (A)　　**55 (D)**

56 (A)。關係行銷係在說明服務組織如何吸引、維持及提升與顧客的關係，透過履行承諾來建立、維繫與加強顧客關係並進而將其商業化，亦代表對於每一個利害關係人進行一對一的雙向溝通，以滿足客戶的需要，進而創造卓越的顧客價值，且與客戶建立長期互利關係，建立顧客對企業的忠誠度與滿意度。

57 (B)

58 (C)。行銷導向理念強調消費者需求的滿足，注重4P（即行銷組合：產品、定價、通路與推廣）的應用，以促成購買及交易的發生。

59 (B)　　**60 (B)**　　**61 (A)**

62 (B)。當市場需求超過企業所能負擔時，行銷管理者可利用低行銷策略，設法減低顧客的需求，如採取高價策略或減少促銷活動和服務，以抑制過多的需求。

63 (C)　　**64 (A)**

65 (C)。「病態需求」意即指產品或服務具有某種不受歡迎之品質，但卻反而產生需求過多之情況，例如香菸即是。

66 (A)

67 (C)。抑制行銷即低行銷，意指有過度需求的現象，低行銷即在阻止總需求的增加，如漲價、降低促銷與服務。

68 (D)

☑ 填充題

一、認為企業的產品需要運用推銷或促銷技巧才能出售，否則消費者將不會踴躍購買，謂之 ____ 。

二、行銷活動依強調主體內涵的差異，可區分為產品行銷、服務行銷、_____ 等三類。

三、「只要產品夠好，就一定會有人買」。這種經營理念係 ____ 導向的經營哲學。

四、就企業而言，行銷活動可以為消費者創造資訊、形式、地點、時間、_____ 等六種效用（utility）。

五、行銷管理的程序，有分析行銷機會、_____ 、設計行銷策略、規劃行銷方案、執行行銷方案等五個步驟。

六、在服務行銷裡，員工與顧客間的行銷，稱為 ____ 行銷。

七、廠商若只專注於產品品質、功能的改良，而忽略外在環境與顧客真正需求的變化，這種現象，稱為 _____ 。

八、所有或大部分潛在市場之消費者不喜歡此產品或服務，並寧願花錢去避開此種產品，稱為 __ 需求。

九、當消費者對某公司產品或服務的需求大不如前，如果不採取補救的措施矯正目標市場、產品及行銷的努力，則需求量會有繼續下降的狀況，此時應採取 _____ 策略，以求需求能夠復甦。

十、在市場需求超過企業所能負擔時，行銷管理者可採取 _____ 策略，設法減低顧客的需求，以抑制過多的需求。

十一、行銷學者柯特勒（Kotler）認為行銷人員除了熟悉4Ps之外，須增加 ____ 和 _____ 兩個P而形成行銷6個P。

十二、公司計畫增加新的產品，且此產品係針對目前的顧客而設計，但在生產技術上和原有生產線沒有什麼關聯，此種企業成長策略稱為 _____ 多角化。

解答

一、銷售。	二、理念行銷。	三、產品。
四、擁有權、形象。	五、選定目標市場。	六、互動。
七、行銷近視症。	八、負。	九、再行銷。
十、低行銷。	十一、權力、公共關係。	十二、水平式。

✔ 申論題

一、請說明行銷的意義。
　　解題指引：請參閱本章第一節1.4。

二、請說明行銷觀念演進的四階段，並說明各階段的特色。
　　解題指引：請參閱本章第三節3.1～3.4。

三、請解釋銷售導向與行銷導向理念的差異。
　　解題指引：請參閱本章第三節3.3～3.4。

四、何謂關係行銷？並說明為何企業界愈來愈重視關係行銷的原因？
　　解題指引：請參閱本章第三節3.4.5。

五、行銷活動能創造哪些效用？請說明之。
　　解題指引：請參閱本章第四節4.1。

六、請說明銷售與行銷之區別所在。
　　解題指引：請參閱本章第一節1.6。

七、請扼要說明行銷管理的程序。
　　解題指引：請參閱本章第五節5.2。

八、請說明扭轉性行銷、刺激性行銷及開發性行銷之行銷策略與行銷的任務。
　　解題指引：請參閱本章第五節5.4。

九、行銷學者柯特勒（Kotler）曾提出強勢行銷（Megamarketing）的概念，
　　請詳細說明其意義。
　　解題指引：請參閱本章第五節5.5.1。

十、請說明整體行銷之內容重點所在。
　　解題指引：請參閱本章第五節5.5.2。

Chapter 02

行銷環境偵測與企業成長競爭策略

課前提要

本章重點包括：行銷環境的意義與重要性、行銷個體環境、行銷總體環境、行銷環境的偵測、評估與因應等。

第一節　行銷環境概述

1.1 意義

人力資源、財務、生產、行銷及研究發展等企業功能中以行銷部門與外界環境的互動最為密切。其主要原因有二：

(1) 行銷活動如產品設計、廣告文案、經銷商選擇等，通常是針對一群消費者而設計的，而消費者的購買動機、決策行為、消費習性等，常易受到外在政治、法律、文化等因素的影響。

(2) 行銷活動需要外界的資源、技術與力量配合，才能有效推展，例如依賴廣告公司製作電視廣告、零售商銷售產品、運輸公司運載商品等，這些外界因素也都會衝擊到行銷活動的進行。

行銷環境泛指所有對行銷部門及行銷功能產生影響的因素，它可粗略的劃分為個體環境與總體環境。

個體環境（microenvironment）	指與行銷部門及行銷功能比較有直接關係的因素。例如企業內部、廣告公司、中間商、消費者、競爭者等。不同公司通常會有不同的個體環境。
總體環境（macroenvironment）	指影響層面較廣大深遠的、較難以控制的力量，如政治、經濟、科技、文化、社會等。這些力量會影響所有的廠商與產業，同時也會影響到上述的個體環境。

1.2　行銷環境的重要性

行銷環境對品牌、企業、甚至整個產業具有「水能載舟，也能覆舟」的影響力，亦即會帶來挑戰與機會。茲分述如下：

1.2.1 行銷環境帶來的挑戰

經濟走向自由化與國際化，企業將會面對日益嚴峻的競爭情勢；保護消費者的法律規範和行政管制增加，行銷活動會受到更多的拘束；科技倍速發展，新產品的「生命週期」將日益縮短，行銷規劃作業面對更大的壓力等。忽略或錯估這些行銷環境帶來的挑戰，或因應對策錯誤，極可能導致產品或企業的失敗。

當然，行銷環境帶來的挑戰也有程度上的差別，有些是慢慢累積而成，例如生育率下降，孩童與青少年占人口比例降低，然而最可怕的是那些迅雷不及掩耳、對業者造成立即傷害的行銷環境，例如大地震、大風暴事件等，都在第一時間內對許多行業造成震撼。

1.2.2 行銷環境帶來的機會

相反的，行銷環境的變化也可以為企業帶來「機會」。社會治安的惡化將會帶來對保全系統、防盜產品需求的刺激作用；手機專櫃或專賣店在市面上如雨後春筍般出現，則是拜通訊科技進步與相關法令鬆綁所賜；商品運輸、儲藏、資訊處理等技術的進步，大大地提升了連鎖店的效率以及商場的服務品質。簡言之，企業如果能密切注意行銷環境的變化，並且快速制定與執行恰當的行銷策略，它所得到的好處包括迅速掌握消費者需求，發展合適的產品，獲得更新的產品原料與技術，而降低成本或提高品質；較能因應競爭形勢與壓力，有助於行銷人員與組織的活力與智慧，提升企業的形象等。

第二節　行銷個體環境

行銷個體環境的影響層面，通常指侷限於某些特定企業或產業的環境，其包括以下幾項：

2.1　企業內部

企業的組織文化、主管的領導作風以及對行銷的重視等，都會影響行銷活動與績效。企業內部如果偏向於各部門獨立作業或缺乏跨部門協調溝通，則容易造成本位主義與互不信任的組織文化，部門之間的合作將十分困難，因而影響行銷的績效。

2.2　目標市場

目標市場是企業的銷售對象，也是利潤的來源與生存的基礎，因此市場內的一舉一動會牽連每一項行銷活動。**目標市場有兩大類：消費者市場與組織市場。**前者由個人及家庭所組成，購買產品是為了自己或家庭的需要；後者的組成份子是機構，如工廠、零售商、政府單位等，它們購買是為了生產產品、提供服務或維持組織的運作等。

2.3　行銷支援機構

由於企業的人力、財務資源及專業知識有限，許多行銷管理中的工作，如市場調查、產品運送、廣告宣傳等，不可能完全由企業本身來處理。因此，企業外部有不少專業機構專門提供更經濟有效的服務，以支援行銷活動。**從製造商的角度來看，行銷支援機構主要有中間商、物流公司、行銷資訊服務機構、行銷顧問公司、廣告與公關公司及傳播媒體等。**這些機構的價格、服務項目與服務水準都會影響行銷的成本與效益。

2.4　競爭者

除了少數的獨占事業，企業或多或少都會面對競爭，而競爭對於行銷亦具有正反兩面的影響力。**在正面的意義上，相互競爭導致技術上的不斷突破，提升產品的品質，不但使消費者受惠，而且可增進市場拓展能力。**同時，競爭亦可以刺激產業內推廣宣傳的支出，進而擴大潛在市場。此外，競爭者可作為一個學習、模仿與超越的標竿，使企業組織更能保持警惕與活力。再者，競爭者也極可能威脅到產品甚至企業的生存與發展，因此，任何企業都應該了解競爭者的目標、策略、核心競爭力、優劣勢等，並評估這些因素對企業的長短期影響。

2.5　社會大眾

行銷活動的內容與手法多多少少會引起社會上個別人士、社區與利益團體的正反兩面意見。當社會大眾公開發表言論，甚至以實際行動（如街頭抗議）表達他們對於產品或企業的不滿時，行銷極有可能受阻。當然，**社會大眾也有可能成為行銷的助力**。許多企業舉辦公益活動的動機之一，在於爭取社會大眾對於企業與產品的認同，間接協助產品的銷售。另外，若獲得社會上個別「有力人士」的支持，則對於某些行銷活動也會有所助益。

牛刀小試

( )　行銷個體環境的影響層面，通常係指某些特定的企業或產業的環境，其中不包括以下哪一項？　(A)政策與法令　(B)目標市場　(C)社會大眾(D)企業內部。　　　　　　　　　　　　　　　　　　　　　**答 (A)**

第三節　行銷總體環境

行銷總體環境影響許多企業與產業，甚至影響到所有的個體環境因素，因此，它是一股不可忽視的力量。以下就台灣企業與國內市場的角度，了解**政治與法律、經濟、科技、文化、社會等五大總體環境對企業的影響**。

3.1　政治與法律環境

政治與法律環境是指國家政策、法令條例、國際協議等相關因素。分述如下：

3.1.1 政策與法令規章

各級政府的政策、法令、施政措施等，會影響相關產業或企業的營運。由於商業法律不完整容易導致業者的越軌行為，如濫用控制市場的力量限制市場競爭、以不實廣告或標示招來顧客等，這些行為嚴重影響了市場的正常運作。例如為了維護交易秩序與消費者利益，確保公平競爭，政府於1992年2月開始實施公平交易法，以規範獨占、聯合以及所有不公平競爭的行為。1994年1月，消費者保護法亦正式通過，其訂立消保法的基本原因是消費者的專業知識及自衛能力不足，無法與財勢雄厚的企業抗衡，所以有賴國家機構來制定法律，保護消費者權益。凡此等等，都會影響企業之營運。

3.1.2 國際協議

在各種國際協議（含「雙邊、多邊協定」）中，毫無疑問的，世界貿易組織（WTO）協定對於台灣以及世界各國企業的影響，是全面且深遠的。WTO為了落實全球經貿自由化，它所制定的貨品多邊貿易協定、服務貿易協定、智慧財產權協定、爭端解決規則、貿易政策檢討機制等，對會員都具有國際法的約束力。WTO各會員透過共識決來決定各項協定的內容，確定會員的權利與義務，各會員並據此制定、修正與執行其國內相關法規。台灣於2002年1月1日成為WTO的第144個會員，因此，其種種規定將對國內廠商的產品發展與市場開拓等，帶來相當大的衝擊。當然，WTO也為台灣企業帶來契機。國內廠商可以見識到外國企業的產品管理等行銷新觀念，並從中學習，進而提升本身的競爭力。另外，台灣為貿易導向的國家，許多產業在國際上具有競爭力，而WTO協定使得這些產業可以在世界各國享有平等的對待，在國際市場上有更好的拓展機會。

3.2　經濟環境

3.2.1 國家經濟政策走向

一個國家的整體經濟政策或針對某個產業的政策大致上可分為「自由開放」與「管制」兩種。不同的政策方向，使得企業面對不同的競爭態勢。在自由開放的政策下，政府較尊重市場機制，對外降低關稅與管制、歡迎國外資金，對內則減少不必要的行政干預，創造公平競爭的環境等。在這種環境下，企業面對的競爭相當大，然而由於有鍛鍊的機會，企業體質較好。

相反的，在管制的政策下，政府對外採取限額或禁止進口、高關稅、外人投資限制或金融管制等措施，以便保護本國企業與市場；對內則可能利用行政力量介入市場的產銷活動，或大力扶持某特定企業。但被高度保護的企業，因競爭壓力小，也因此容易產生資源浪費、品質不佳、效率低落等問題。

3.2.2 經濟景氣與通貨膨脹

經濟景氣有四個階段：蕭條（depression）、復甦（recovery）、繁榮（prosperity）與衰退（recession），也就是所謂的景氣循環或商業循環（business cycle）。景氣階段與消費者的購買意願及能力密切相關。在繁榮與復甦階段，由

於消費者對於經濟前景樂觀，購買力比較強，所以比較願意購買高價位的產品，這時許多企業的行銷活動著重於新產品開發與市場擴張。相反的，在衰退與蕭條階段，消費者的購買能力與意願低落，對價格敏感，比較接受中低價位的產品，並且避免購買非必需品及奢侈品，行銷活動因而也受到壓縮。

另外，**通貨膨脹（inflation）是指物價的上漲。當物價上漲速度比所得增加還要快的時候，消費者的購買力下降。但是，由於消費者預期、擔心價格還會繼續上漲，因此有可能會提前購買、買得更多。**另外，通貨膨脹會導致產品與行銷成本增加，因此，如何控制成本以及制訂價格，成了重要的行銷決策。

3.2.3 家庭所得

家庭所得增加，會使得消費型態產生變化。十九世紀中期，德國統計學家恩格爾（Ernst Engel）發現，**家庭所得增加之後，不同需求占總支出的比率會有不同的變化，例如食物支出的比率會減少；日常用品支出的比率大致不變；衣物、運輸、醫療、休閒與教育支出的比率則會增加。這就是知名的「恩格爾法則」（Engel's Law）。**消費支出型態的改變對於個別企業或產業的影響方向與程度，行銷人員應該留意並提早因應，相關行業應該注意消費支出的改變對行銷組合決策的影響。

3.2.4 國際經濟與匯率

台灣的經濟特色之一是外貿依存度（即外貿占GNP比率）相當高，約在80%至90%之間，因此，國際經濟的風吹草動很容易衝擊台灣的國內外市場。例如，1997年東南亞的股市與幣值「跌跌」不休而形成了金融風暴，使得該區域對汽車的需求大幅下滑，連帶導致台灣汽車零件外銷東南亞的數量及金額銳減；另外，隨著匯率劇貶、出口競爭力大增之際，東南亞石化廠趁機擴大出口，打亂整個亞太石化市場秩序，也使得台灣輸往當地及其他地區的塑膠原料競爭力減弱。

新台幣匯率也是重要的行銷環境因素。台幣貶值代表出口成本下降，有利於國際市場的開拓，但它也意味著進口成本增加，不利於進口業者或倚賴進口原料的業者。例如，大宗穀物是民生及農畜產業的最主要原料，新台幣的過度貶值會造成原料成本高漲，若加上景氣欠佳等因素，相關業者瀕臨虧損經營，可能進一步影響民生物資的穩定供應。

3.2.5宅經濟的現象

宅經濟又稱閑人經濟，是指人們將假日時間分配在家庭生活、減少出門消費所帶來的商機與現象。亦即消費者轉向節省開銷的生活方式，讓相關產業在景氣蕭條之中能夠逆勢成長，其帶來的商機與現象，即稱為所謂的「宅經濟」。

由於經濟因素等，許多人趨於「居家消費」，選擇進行較低支出的網路交易、線上遊戲或是租看DVD、漫畫等。尤其是在無薪假、失業潮的經濟不景氣情況下，有許多人會產生轉向在家賺錢、網路創業，如此省下租用店面的成本，透過網路行銷、口碑相傳，創造小成本大商機。宅經濟可以包括寫作及多媒體創作的宅創作、攝影和翻譯等宅代工和在家投資和買賣的宅交易等活動。而瞄準御宅族市場，包括動漫、聲優、鐵道、偶像、角色扮演等族群為目標等商業行為，亦同樣地被歸類為宅經濟。

《理財周刊》將快遞宅配、線上遊戲、消費娛樂、線上音樂、網路通訊、電腦相關設備和通路業者列為這股趨勢下的七大行業。

牛刀小試
(　)　行銷總體環境會影響許多企業與產業，甚至影響到所有的個體環境因素，下列何種非屬經濟環境？　(A)家庭所得　(B)國家經濟政策　(C)通貨膨脹　(D)國際協議。　　　　　　　　　　　　　　**答 (D)**

3.3 科技環境

科學技術	產品原料和生產技術不斷突破的結果，使得人類於二十世紀的科學發現與科技突破，比過去幾千年的成果更多、更具有革命性。近年來熱門的商品，如行動電話、電子辭典、隨身碟、MP3、衛星導航系統、電腦動畫電影等，也都是科技帶來的成果。**科技對市場面貌與結構的主要影響為廠商有更多開發新產品的機會，以較優異的品質與功能取代既有產品，但也縮短了產品生命週期。**新科技可能創造全新的產業以及高獲利的新機會，以不同的行銷方法與支援系統來滿足消費者的需求，塑造並影響大眾的生活型態，增進行銷效率與成果，削減行銷成本等。

網際網路	資訊科技在最近幾十年的發展是人類史上最重要的革命之一，它將繼續改變人類的生活與工作方式，而其中最重要的發展是網際網路（internet）。由於網路讓我們跨越空間，迅速傳送文字、影像、聲音等型態的資料，加上上網的人口與機構日增，網路對行銷的影響相當深遠。綜合而言，**網路對行銷的影響有更迅速的掌握新產品、競爭者、行銷通路、消費者等資訊（如透過網路迅速獲得消費者的回饋、進入線上資料庫查詢經貿資訊），強化顧客與中間商服務（如網路銀行查詢服務、網路下單），擴大廣告的管道與範圍（如透過電子郵件來擴大廣告的區域），開拓行銷通路（如網路購物）等。**

3.4 文化環境

3.4.1 文化與次文化

文化是由生活方式、風俗習慣、價值觀念、行為特點等所綜合而成的。一個國家或區域通常擁有共同的文化特徵，因此我們才會出現諸如東亞文化、西方文化、馬來文化等字眼。除了主要的文化，每個社會中都有「次文化」（subculture），即屬於特定群體的文化，如福佬與客家文化、山地與漁村文化等。由於教育普及、媒體發達、交通便利等因素，台灣的次文化之間的交流相當頻繁，因此容易產生界線模糊或文化融合的現象，如鄉鎮地區迅速接受都會的休閒娛樂方式。另外，受到國外文化、媒體宣傳、休閒生活、社會與經濟變化等因素影響，台灣經常興起新的次文化，例如近幾年來滑板玩家已自成一個族群，甚至擁有自己的用語、音樂和運動風格等。**針對特定群體的行銷策略，理所當然得考慮他們的次文化特性。**

3.4.2 休閒方式

休閒是生活文化中的重要部分。**科技進步與生產力提高使得人們的工作時間逐漸減少，休閒時間不斷增加，加上全面實施周休二日制，刺激更多人從事戶外休閒活動，也創造了科技進步提高了不少商機。**另一方面，雖然台灣民眾日益重視戶外休閒活動，但近幾年的調查顯示民眾的休閒仍以室內活動為

主,其中以「看電視」和「閱讀書報雜誌」最為普遍。由於這種休閒習慣以及交通壅塞等問題,使得有些業者看好家庭休閒的商機而有所行動,如影音租售業者百視達(BlockBuster)投下鉅資發展台灣市場。其他和家庭休閒有關的產品或行業還有室內植物、書報雜誌、電視與音響設備、電子遊戲、電視節目、DIY產品等。

3.4.3 對自然與環保的看法

環境保護早已成為世界性的話題。幾十年來,人們為了發展經濟而恣意開採自然資源,使得清水綠地與野生動物逐漸消失。但在環保人士的推動下,人們逐漸體認到人類與自然和諧相處的重要性,萌生愛惜大自然的心理,日益關切森林、水源、空氣與野生動物的維護或保育。也因此,人們在休閒、飲食等消費習性上逐漸的結合自然與環保概念,例如從事賞鳥、登山等活動,在吃的方面選擇天然食品等。**「綠色行銷」(green marketing)開始出現,文具業用再生紙製造信封、信紙、筆記本,速食業放棄使用塑膠盒包裝,以再生紙紙盒取代;洗衣粉製造商強調不用污染地下水的成分;便利商店及超級市場設立資源回收站。1996年9月,位於瑞士日內瓦的國際標準組織(The International Organization for Standardization),推出ISO14000環境管理標準系列,用意在於減少廢料與防治污染。**由於這套標準攸關企業形象與商機(尤其是對外貿易),它的公布立即引起各國政府與企業界的重視,許多企業也紛紛追求ISO14000的認證。總而言之,消費者對自然與環保的認知對其購買與消費行為相當的影響,行銷人應予重視。

3.5　社會環境

3.5.1 人口成長與年齡結構

一個地區的人口成長率影響市場的規模與未來性,而年齡層則影響衣、食、住、行、娛樂、醫療等方面的需求。因此,這兩者對於未來市場的影響,是企業在進行長期規劃時所不能忽視。

3.5.2 人口的地理分布

人口地理分布顯示人們的**遷移趨勢，因此跟目標市場選擇、行銷通路、立地選擇等有密切關係。**例如許多連鎖商店已經隨著人口的移動，將觸角延伸至郊區，甚至是鄉鎮。

3.5.3 婚姻狀態與家庭規模

由於受教育的時間延長、進入職場的時間延後、「男大當婚，女大當嫁」的觀念淡化等因素，台灣社會有逐漸晚婚的趨勢、年輕未婚男女越來越多、兩性的接觸面越來越廣、傳統的「婚姻是終生契約」的觀念鬆動、以及女性在經濟與心理上比過去更獨立等因素，分居與離婚的情形日漸普遍。這些婚姻趨勢的改變牽動許多產品的銷售。

另外，過去幾十年來，台灣的家庭戶數迅速增加，然而，由於許多現代夫妻不願多生小孩，導致家庭規模縮小。這個趨勢意味著有些產品可以作適度的調整，如推出小型電鍋、適合小家庭渡假旅遊的場所等。

3.5.4 就業女性

由於女性的教育水準提高、工作機會增加、以及單薪（即只有丈夫賺錢）不足以應付家用等因素，就業女性逐年增加，女性勞動力參與率提高，這也代表女性可支配所得增加，進而對整個社會的消費方式有重大影響。女性處理家務的時間減少，促使安親班、速食店、微波爐食品、冷凍食品、更精巧的家庭用具等產品紛紛出現。另外，由於就業女性在工作場所與社交場合上注重自身的形象，造成化妝品、高級服飾、美容業等的需求增加。同時，女性的經濟決策權大為提高，過去多由男性決定購買的昂貴產品，如汽車、保險、房屋、旅遊等，現代女性都參與購買。總而言之，就業女性的增加對於產品與推廣策略，具有重大的影響。

牛刀小試
（　）　行銷總體環境會影響許多企業與產業，甚至影響到所有的個體環境因素，下列何種非屬社會環境？　(A)人口的地理分布　(B)家庭所得 (C)家庭規模　(D)就業女性。　　　　　　　　　　**答 (B)**

第四節　行銷環境與競爭分析

4.1　環境偵測（又稱為「掃描」）

由於行銷環境對市場、行銷活動，乃至於整個企業都帶來衝擊，企業應該偵測
（又稱為「掃描」）、評估與因應行銷環境。就如航空雷達在偵察飛航動態一
般，環境偵測（environmental scanning）是指留意並蒐集有關行銷環境的現況
與演變的資訊。**偵測的性質有下列三種：**

(1) **定期偵測**（regular scanning）：定期偵測是事先選定一些重要的行銷環境因
素，定期蒐集、補充與更新有關的資訊，以便了解或因應相關的行銷情
境，例如有些連鎖店業者定期蒐集有關都市與鄉鎮計畫、商店相關條例、
競爭者動態等資訊。

(2) **不定期偵測**（irregular scanning）：不定期偵測是指在影響公司的某個事件
發生之後，才決定針對該事件蒐集資料，如在SARS風暴突如其來發生之
後，才著手蒐集相關資料。

(3) **連續偵測**（continuous scanning）：連續偵測則不放過任何可能影響公司的環
境因素，大規模的、詳細的、有計畫的蒐集資訊，以協助長期的行銷規劃。

4.2　環境影響力評估

企業主管不但需要了解行銷環境的現況與趨勢，更要評估環境的影響層面。評
估的方向包括環境趨勢會帶來哪些機會或威脅？這些機會或威脅發生的可能性
有多大的影響？對公司（或產品、品牌等）的衝擊程度有多大？影響時機在甚
麼時候？

4.3　對環境的因應

企業對於行銷環境的因應方式可以大致分成「被動反應」與「主動出擊」兩
種。顧名思義，**被動反應（reactive response）是指在某個環境事件發生之後，
才採取必要的因應行動；主動出擊（proactive action）則是在環境事件還沒有
到來之前，先採取行動利用環境帶來的機會或減低即將到來的威脅。**由於某些
環境事件（如自然災害）的發生無法預知，被動反應有時候是唯一的因應方

式。然而，對於事先能夠預知的行銷環境，企業應該採取主動出擊的方式。在環境事件發生之前預先準備與處理，讓企業有足夠的前置時間進行比較周延深入的分析、能夠提供較多的處理方案、減低因準備不足而必須倉促作決策的壓力等。

「強勢行銷」或「巨行銷」（megamarketing）觀念和主動出擊的環境因應方式有關。強勢行銷是運用遊說、談判、法律行動、公共服務、公共關係等手法，來取得外界機構（如政黨、政府、工會、銀行）的合作，以進入或掌握特定的市場。這個觀念隱含的意義是行銷人員雖然未能完全控制外部環境，但卻可以多多少少的去改變它，使得環境趨勢發展有利於企業。

4.4　SWOT分析

SWOT為內部環境分析及外部環境偵測（environmental scanning）的技術。析言之，SWOT係分析組織內部之優勢（Strength）、劣勢（Weakness），以及該組織在外部環境中所面臨的機會（Opportunity）與威脅（Threat）。

優勢	係分析該組織內部競爭力之所在及其可用資源。	劣勢	係分析該組織內部缺乏競爭力的缺失及問題所在。
機會	係分析外部環境中有利於該組織經營活動的機會。	威脅	係分析外部環境中不利於該組織經營活動的機會。

在做過以上分析後可了解公司面對外在的機會與威脅及本身的優劣勢，便可依據不同的處境制訂不同的策略以為因應，發揮優勢及彌補劣勢，並獲致組織的利基（Organizational niche）。

4.5　五力分析

麥可波特（Michael E. Porter）在1980年提出的「五力分析」模型（架構），為一般在分析產業環境時，最常運用的工具。其基本論點為：在任何產業中，其競爭規則都受下列五種力量所支配，這五種力量也決定了產業的吸引力與獲利性。管理者一旦評估了這五種力量，也了解環境中現存的威脅與機會，就可以選擇一個適當的競爭策略，強化其競爭力。

(1) **潛在進入廠商的威脅**：規模經濟、品牌忠誠度與資金需要等因素，決定新競爭者進入某一產業的難易程度。
(2) **替代品廠商的威脅**：顧客改用其他品牌產品的轉換成本及顧客忠誠度等因素，決定了顧客可能購買替代品的程度。
(3) **與上游廠商的議價能力**：供應商的集中程度，與替代品原料來源的方便性等因素，決定產業供應商可對廠商施加壓力的大小。
(4) **與下游購買者的議價能力**：市場上購買者的數量、顧客可取得的資訊，與替代品來源的便利性等因素，決定產業中購買者影響力的大小。
(5) **產業內的競爭程度（指現存的競爭者）**：產業的成長率、需要的上升或下降，與產品差異化程度等因素，決定產業內現存廠商間的競爭程度。

4.6 企業競爭者分類

(1) **產品競爭者（product competitors）**：亦稱為「產品形式競爭者」或「行業競爭者」，是指生產同種產品，但提供不同規格、型號、款式的競爭者。由於這些同種但形式不同的產品對同一種需要的具體滿足上存在著差異，購買者有所偏好和選擇，因此這些產品的生產經營者之間便形成了競爭關係，互為產品形式競爭者。
(2) **品牌競爭者（brand competitors）**：品牌競爭是指滿足相同需求的、規格和型號等相同的同類產品的不同品牌之間在質量、特色、服務、外觀等方面所展開的競爭。因此，當其他企業以相似價格販售特色與利益相近的產品或服務給同樣客群，行銷者將其視為競爭者。品牌競爭者之間的產品相互替代性較高，因而競爭非常激烈，各企業均以培養顧客品牌忠誠度作為爭奪顧客的重要手段。以電視機為例，索尼、長虹、夏普、金星等眾多產品之間就互為品牌競爭者。
(3) **一般競爭者（generic competitors）**：是指能向消費者提供與本企業不同品種的產品，爭奪滿足消費者同種需要的產品供應者，這是一種平行的競爭關係。
(4) **潛在競爭者（potential competitors）**：潛在競爭對手是指暫時對企業不構成威脅但具有潛在威脅的競爭對手。潛在競爭對手的可能威脅，取決於進入行業的障礙程度以及行業內部現有企業的反應程度。入侵障礙主要存在於六個方面，即規模經濟、品牌忠誠、資金要求、行銷通路、政府限制及其它方面的障礙（如專利）。

第五節　BCG矩陣的事業型態與策略

5.1 BCG矩陣模式的意義

美國知名的企管顧問公司「波士頓顧問集團公司（Boston Consulting Group，BCG）」於八十年代，曾在對「策略性事業單位」SBU（Strategic Business Unit）的評核方案中，提出BCG「成長—占有率」矩陣（growth-share matrix）分析模式。其模式內容說明如下：

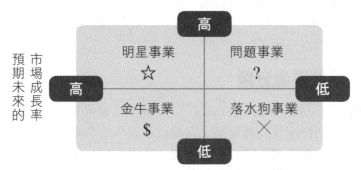

相對最大競爭者的市場占有率

(1) **BCG矩陣係應用於「總公司層次策略」常使用的工具。** 其將複合式企業（Conglomerate）所擁有的各個事業單位置於由「市場成長潛力」、「相對標竿廠商市場占有率」所構成的兩個構面上，而界定出下列四種型態的事業單位：

Cash Cows（「低成長、高市場占有率」）	**「金牛事業」係指相對於最大競爭對手之市場占有率高但市場成長率低的行業**。通常位於一已相當成熟的產業中，此一產業目前可獲取巨額正向的現金流量，但未來的成長則有所限制。其對應策略為開拓（或穩固）現有地盤，維持SBU市場占有率。
Stars（「高成長、高市場占有率」）	**「明星事業」係指市場成長率高且相對於最大競爭對手之市場占有率高的行業**。這些事業單位處於一高速成長的產業當中，且享有較佳的市場地位，但能否產生正向現金流量，則視廠房設備和產品開發所需投資而定。其對應策略為穩固現有地盤，增加SBU市場占有率。

Questions Marks（「高成長、低市場占有率」）	**「問題事業」係指市場成長率高，但相對於最大競爭對手市場占有率低的行業。**同樣位於高成長的市場之中，但目前市場占有率低，可能有獲利的機會，但需承擔較高的風險，通常會有大量負的現金流量。其對應策略為開拓地盤（或檢討放棄），增加SBU市場占有率。
Dogs（「低成長、低市場占有率」）	**「落水狗事業」係指市場成長率低，且相對於最大競爭對手的市場占有率低的明日黃花行業。**無法創造許多的現金流量，未來績效改善的前景也不看好。其對應策略為放棄地盤，將事業出售或清算。

(2)BCG模式給行銷人員的啟示：BCG模式可說是產品的投資組合（product portfolio），透過這個組合，可讓行銷人員了解到目前公司各項主力產品或次要產品在市場上是處在那個位置，進而加以分析、評估以及提出適切的行銷對策。

A.如何延續金牛型產品之壽命？

B.如何積極促進明星型產品儘速竄升？

C.如何挽救問題型產品讓它在市場上能站穩？

D.如何削減或擺脫落水狗型產品的負擔？

5.2 BCG模式的四種對策

針對BCG模式的四種事業型態，可有下列四種因應之策略型態：

(1)**建立（build）策略：**其目的在提升市場占有率。此策略主要係著眼於長期的獲利而非短期的獲利，以期成為未來的「明星事業」。提升市場占有率的途徑有下列幾端：

A.藉經驗曲線降低生產成本。　　B.降低產品售價。

C.改善產品品質與服務。　　　　D.採行集中市場區隔。

(2)**維持（hold）策略：**其目的在保持市場占有率策略。當市場占有率高達某一程度之後，為了想再進一步增加占有率就會顯得相當困難，因此，必須全力保住目前的市佔率。處在「金牛事業」階段的事業，可採取此策略，以期繼續獲取大量的現金，以支持其它產品的拓展。

(3) **收割（harvest）策略**：其目的旨在賺取現金，當產品生命週期處於衰退期，本公司產品市場占有率遠遠超過最大競爭對手時即採取此策略。因此，為了取得短期的最大利潤，將可能需犧牲掉某些市場占有率，此策略適用於市場地位衰弱的「問題事業」與「落水狗事業」。

(4) **撤資（divest）策略**：當市場占有率實在太小，產銷成本也較競爭廠商為高時，只有採取放棄（撤資）策略，出售或清算原有之事業，移轉資源到其他更好更有前景的事業。

第六節　企業策略

6.1 企業策略層級

策略（包括人事、生產、財務、行銷等策略）可分為三個層級，即「**總體策略、事業策略與功能策略**」，茲說明其意義與三種策略間之關係如下：

6.1.1 總體策略

總體策略有稱之為「企業策略」，係指設定整個企業組織的目標後，欲達成該預訂目標所應採用之各種方法，謂之總體策略。它包括：

(1)企業多角化的方向。　　　　(2)集團中各專業的比例。

(3)資源如何在事業部間流動。　(4)各事業部間之綜效如何創造。

6.1.2 事業策略

事業策略係指為達成總體策略，使競爭優勢極大化，所採行的事業（部門）策略，稱為事業策略（SBU）。在實務上它可用以下六個構面加以描述：

(1)產品線的廣度與特色。　　　(2)目標市場的區域方式與選擇。

(3)垂直整合程度的取決。　　　(4)相對規模的決定與規模經濟。

(5)地理涵蓋範圍。　　　　　　(6)競爭武器（優勢）的設計與創造。

6.1.3 功能策略

功能策略係指要達成事業單位之各個功能（行銷、財務、人事、生產、R & D等）目標所必須執行的策略。其目的在使「資源生產力極大化」，例如：產品要自製或外包？應採高價或低價策略？

6.1.4 三種策略間之關係

三者的關係為總體策略指導事業策略，事業策略指導功能策略；而功能策略支援事業策略，事業策略支援總體策略，故三者之間有密不可分的關係。三者構成了策略的「目標－手段鏈」，形成了「策略層級」。

6.2 競爭策略

下列三種競爭策略（competitive strategies）**係由美國管理大師麥克波特（Michael Porter）所提出**，波特認為由於資源的有限性，沒有一家企業能在所有的層面上均表現在平均水準上，故建議管理者當局應選擇特定方向的競爭策略，將組織資源集中於某一競爭優勢的獲取。

6.2.1 成本領導策略（cost leadership）

當企業試圖成為產業中最低成本的生產者時，應遵循成本領導策略。典型的做法包括提高作業效率、規模經濟與學習效果、掌握特殊原料來源的管道、應用廉價的勞動力以及科技創新等。值得注意的是，企業所提供的產品或服務，必須能擁有與競爭對手相抗衡的價值/價格比，才能為購買者所接受。可採取下列作法：(1)緊縮成本控制。(2)經常且詳細的管制報告。(3)組織與責任制度化。(4)低成本配銷系統。(5)以嚴格的數量目標做獎勵的基礎。

6.2.2 差異化策略（differentiation）

當企業將本身活動，集中於創造產品的獨特價值，使公司所提供的產品或服務與競爭者有所差異，創造出獨一無二的產品或服務，而願意以較高價格購買，降低其對價格的敏感度，此即「差異化策略」，簡言之，當公司的基本策略重點在於「創新開發」，即屬於此種策略。透過強調高品質、特殊服務、創新設計、科技能力或是品牌形象均可能達到此一目標。此策略可採取如下作法：(1)靠設計特色或建立自我品牌及形象。(2)運用科技。(3)靠產品特色。(4)靠客戶服務。(5)經銷商網路。

6.2.3 集中策略（focus，又稱專精化策略）

以上兩種策略是在產業中較大的區隔中找尋優勢，**「集中策略」則是在較小的範圍中建立成本優勢或差異化優勢。當企業資源有限時，並不爭取整個市場而**

決定以一個或少數幾個市場為目標，此種市場區隔策略，即稱為「**集中性市場策略（簡稱集中策略）**」，**此時管理當局會自產業中分割並選擇一個或一組市場區隔，如產品種類、購買者類型、通路、地理區位等，並為其量身訂作獨特的產品和服務以滿足之。**集中化策略的成敗與否，需視所選擇的市場區隔是否有足夠的利基，以支應因集中化而增加的成本。此一策略對規模較小的策略尤其有效，因其往往沒有足夠的規模經濟或資源以整個產業作為競爭範疇。專精化策略可採取以下作法：

(1)針對特定的策略目標範圍，採用上述政策的組合，取得低成本地位。

(2)設置策略目標的專賣店或特殊銷售管道。

6.3　企業成長的方向

策略管理之父安索夫（Ansoff）博士於1975年提出安索夫「產品-市場擴展矩陣」（Ansoff Matrix Product/market expansion grid），以產品和市場作為兩大基本面向，區別出下表所列四種（新舊）產品／（既有、新）市場組合和相對應的行銷策略，是應用最廣泛的行銷分析工具之一。

市場滲透	市場滲透（market penetration）係指企業在「既有的產品與既有的目標市場」上，透過市場深耕之做法例如不斷的進行廣告、促銷活動、教育消費者或介紹新用途等，以擴大消費數量或增加產品銷售量，達到擴張營運規模或提高市場佔有率，進而推升企業的經營規模，達成企業的成長目標。
產品發展	產品發展（product development）係指企業在「原有的市場」基礎下，持續推出「新的產品類別」，以達到成長目標。此種成長原動力，藉由推出新產品，吸引原有消費者，刺激其持續購買，以促成企業營運規模的持續成長。
市場發展	市場發展（market development）係指企業利用「既有的產品項目或產品線」，拓展新的用途，進入「新的市場」，以達成企業成長的目的。
多角化	多角化（diversification）係指企業在「新市場」上同時推出「新產品」，以達成企業成長謂之多角化。多角化的經營方式，已經成為企業作為擴張經營範圍與規模的方式之一，舉凡跨出原本之主要經營活動，或涉足其他經營標的之策略，都稱作多角化經營方式。

6.4　企業的整合

6.4.1垂直整合的意義

垂直整合（Vertical Integration）係「在生產製造過程中，將上游或下游的企業合併由一個管理機構經營」。其主要目的在減少交易成本、降低不確定性、增加可控制性。垂直整合的方法有下列三種：

(1)**向後整合**：亦稱「向上整合」。係指向產業的上游（原料）方向整合，即下游購併上游，下游的公司可因而掌握上游的原料，獲得穩定而便宜的供貨來源。

(2)**向前整合**：亦稱「向下整合」。係指向產業的下游（市場）方向整合，即上游購併下游，上游的產品可因而取得固定的銷售管道，降低行銷風險；或企業企圖掌握配銷系統或增加對配銷系統之控制力，所採取的整合。

(3)**錐形整合**：係指對所需的資源採取部分自製部分外購或部分自用部分外售的方式。

6.4.2水平整合的意義

水平整合（Horizontal Integration）係指將相同或類似相關的企業整合至一個管理機構經營；企業的水平整合係取決於「規模經濟」與「範疇經濟」，其目的在生產「大量而多樣化」的產品和服務，故其與現有產品與市場無關。其方法有下列三種。

(1)**合併**：是指將兩個或者兩個以上單獨的企業合併形成一個經營主體。

(2)**收購**：是指一個企業以購買全部或部分股票的方式購買了另一企業的全部或部分所有權，或者以購買全部或部分資產的方式購買另一企業的全部或部分所有權。

(3)**併購**：是指兩個或兩個以上的企業合併成為一個新的企業，合併完成後，多個法人變成一個法人。

經典範題

✓ 測驗題

(　　) **1** 下列何者不屬於行銷的個體環境？　(A)中間商　(B)廣告公司　(C)社會文化　(D)競爭者。

（　　）**2** 行銷的經濟環境，不包括下列哪一向？　(A)法令規章　(B)國際匯率　(C)家庭所得　(D)國家經濟政策。

（　　）**3** 人們逐漸體認到人類與自然和諧相處的重要性，萌生愛惜大自然的心理，日益關切森林、水源、空氣與野生動物的維護或保育，因而出現了何種行銷觀念？　(A)社會行銷　(B)綠色行銷　(C)環保行銷　(D)自然行銷。

（　　）**4** 在影響該公司的某個事件發生之後，才決定針對該事件蒐集資料，進行偵測、評估與因應等活動，稱為：　(A)事後偵測　(B)事中偵測　(C)定期偵測　(D)不定期偵測。

（　　）**5** 現在企業流行併購風，而可口可樂公司併購Minute Maid橘子汁公司係屬何種策略？　(A)多角化　(B)穩定　(C)垂直整合　(D)專注。

（　　）**6** 在BCG矩陣中，問題（question marks）事業的特色是：　(A)高市場占有率，低預期市場成長率　(B)高市場占有率，高預期市場成長率　(C)低市場占有率，高預期市場成長率　(D)低市場占有率，低預期市場成長率。

（　　）**7** 競爭雙方都提供類似的產品及服務作相互競爭，以滿足相同目標市場的顧客。此種競爭方式是，稱為：　(A)直接競爭　(B)購買競爭　(C)潛在競爭　(D)議價競爭。

（　　）**8** 麥克波特（Michael Porter）提出的三項基本競爭策略型態不包括下列何者？　(A)成本領導策略　(B)差異化策略　(C)集中策略　(D)產品領導策略。

（　　）**9** 一個成功的行銷管理者於發展及選擇其特定行銷組合時，應考慮的因素有：(A)價格、利潤、競爭　(B)人文、社會、經濟　(C)企業基本目標、目標市場、外在環境　(D)政治、經濟等因素。

（　　）**10** 下列何者為行銷刺激中之不可控制因素？　(A)配銷通路　(B)定價策略　(C)產品設計　(D)文化、政治、法律等環境的力量。

（　　）**11** 下列何者不是推動商業現代化所帶來的社會效益？　(A)促進經濟建設與城鄉之均衡發展　(B)改善商業環境、創造良好的消費環境　(C)社會環境綠化　(D)維護公平合理的商業秩序。

（　）**12** 下列何者屬於企業的總體環境因素？　(A)顧客偏好的改變　(B)競爭對手的促銷策略　(C)公司配銷結構的改變　(D)文化、風俗、民情。

（　）**13** 近年來消費者傾向避免油炸食物，這種改變對速食業而言，屬於下列何者之改變？　(A)政治環境　(B)經濟環境　(C)法律環境 (D)文化環境。

（　）**14** 下列對商業外在環境的敘述，何者有誤？　(A)商業組織本身並無法控制外在環境　(B)商業外在環境，屬於商業組織外部的因素 (C)企業經常要設法調整外在環境，以適應內在環境的變遷　(D)社會文化環境是屬於影響商業經營的外在環境因素。

（　）**15** 消費者重視「健康與永續生存的生活型態（Life styles of Health and Sustainability）」，簡稱「LOHAS」。下列何者符合LOHAS市場的產品？　(A)有機食品　(B)汽車　(C)家電用品　(D)石油。

（　）**16** 在SWOT分析中，下列何者係屬於企業內部環境的分析？ (A)Threaten, Weakness　(B)Strength, Opportunity　(C)Strength, Weakness　(D)Opportunity, Threaten。

（　）**17** 一般行銷研究常用的SWOT分析，其中的「T」係指：　(A)機會 (B)威脅　(C)優點　(D)缺點。

（　）**18** 企業面對競爭者常用的SWOT分析，其中的「W」係指：　(A)內部優點　(B)內部弱點　(C)外部威脅　(D)外部機會。

（　）**19** 商業環境變化劇烈，有所謂「唯一不變的就是變」，說明企業的各種環境都在變動，因此企業應有：　(A)研究發展能力　(B)整合產銷能力　(C)自力更生的能力　(D)適應環境變遷的能力。

（　）**20** 隨著國民對其生活環境、生活素質的重視；又由於消費者保護運動的興起，以及環境保護主義的抬頭，企業應：　(A)重視研究發展 (B)加速技術升級　(C)著重變遷管理　(D)重視社會責任。

（　）**21** 下列何者不屬於商業外在經管環境的變遷？　(A)消費者行為的改變　(B)企業組織結構的變化　(C)科技的突飛猛進　(D)政府管制的加強。

（　）**22** 為防止企業的不公平競爭行為，我國訂有何種法律？　(A)民法 (B)商事法　(C)消費者保護法　(D)公平交易法。

（　　）**23** 波特（Porter）認為，任何產業中的競爭規則都受五種力量所支配，其所稱的五種力量，下列何者有誤？　(A)替代品廠商的威脅　(B)潛在進入廠商的威脅　(C)與上游購買者的議價能力　(D)產業內的競爭程度。

（　　）**24** 企業較常用的投資組合分析工具，係以策略事業單位相對於主要競爭者之相對市場占有率，及策略事業單位所在市場之成長率，作為分析依據，將公司的策略事業單位分為若干類型。試問此係指下列哪一種分析方法？　(A)SWOT分析　(B)五力分析　(C)BCG矩陣分析　(D)競爭力分析。

（　　）**25** 影響商業環境的內部因素是指：　(A)法律因素　(B)經濟因素　(C)政治因素　(D)研究與發展。

（　　）**26** 某公司說：「美國過去的商品是拉丁美洲現在流行的商品，也是非洲未來流行的商品。」這是因為何種國際行銷環境的不同？　(A)政權體制　(B)社會文化環境　(C)經濟環境　(D)政治法律環境。

（　　）**27** 新創的事業往往是屬於BCG矩陣中的：　(A)問題事業　(B)明星事業　(C)金牛事業　(D)落水狗事業。

（　　）**28** 美國管理大師麥克波特（Michael Porter）所提出的五個影響目標市場長期吸引力的因素，不包括下列何者？　(A)替代品　(B)互補品　(C)同業的競爭　(D)購買者的議價力量。

（　　）**29** 麥克波特（Michael Porter）指出產業分析中的五種競爭力中，不包括下列何者？　(A)進入障礙　(B)替代品威脅　(C)競爭者對抗　(D)員工抗爭力。

（　　）**30** 在波士頓顧問團（Boston Consulting Group）提出的BCG矩陣中，相對市場占有率高、市場成長率低的是什麼事業？　(A)明星事業　(B)金牛事業　(C)狗事業　(D)問題事業。

（　　）**31** 名列世界500大之首的企業Wal-Mart其採行的策略為：　(A)成長　(B)差異化　(C)成本領導　(D)專注。

（　　）**32** 策略3C係指企業、顧客及：　(A)消費　(B)溝通　(C)電訊　(D)競爭者。

(　) **33** 「落水狗」（dogs）事業在BCG的事業組合矩陣中，擁有以下哪個特點？ 　(A)低市場成長率，高相對市場占有率　(B)高市場成長率，低相對市場占有率　(C)低市場成長率，低相對市場占有率 (D)高市場成長率，高相對市場占有率。

(　) **34** 多角化事業群或產品線分析時，BCG的2×2矩陣圖形是一種常用的工具，請問其橫座標和縱座標分別為何？ 　(A)市場占有率，相對市場獲利率　(B)相對市場占有率，市場獲利率　(C)市場占有率，市場獲利率　(D)相對市場占有率，市場成長率。

(　) **35** 下列何者不是波特的競爭策略？ 　(A)集中策略　(B)成本領導策略　(C)差異策略　(D)反應策略。

(　) **36** 有關管理大師麥克波特（Michael Porter）所指出具有真正長期吸引力的五種競爭力量，下列何者有誤？ 　(A)供應商　(B)行銷者　(C)購買者　(D)替代品。

(　) **37** 柯特勒提出商業提昇服務品質策略，下列何者有誤？ 　(A)高階主管對服務品質的改善　(B)建立獨特的策略性觀念　(C)高服務品質的設定　(D)只需要讓顧客滿意。

(　) **38** 下列有關BCG模式的敘述，何者有誤？ 　(A)低度成長的市場中，低占有率的事業單位應採擴大投資策略　(B)明星事業是一個在高度成長市場中的領導廠商　(C)金牛事業會為組織產生許多現金，其位處於成長率低的市場，且該事業是市場領導廠商　(D)問題兒童事業是快速成長但利潤不高的事業，為一所在市場高度成長但低度占有率的事業。

(　) **39** 依波特（Porter）的觀點，下列何者並非決定市場結構吸引力的因素之一？ 　(A)競爭者　(B)供應商　(C)政府　(D)替代品。

(　) **40** 行銷策略可區分為三個層次，以下何者為非？ 　(A)企業策略　(B)功能策略　(C)事業策略　(D)潛在策略。

(　) **41** 85度C推出高品質低價位的咖啡與蛋糕，讓消費大眾感受到平易近人的產品與服務，這種作法是採取下列何種策略？ 　(A)市場滲透　(B)產品發展　(C)市場發展　(D)多角化。

(　　) **42** 企圖掌握企業的配銷系統或增加對配銷系統之控制力是？(A)向後整合　(B)水平整合　(C)向前整合　(D)多角化。

(　　) **43** 企業企圖握有其競爭廠商的所有權或控制力是？　(A)向後整合　(B)水平整合　(C)向前整合　(D)多角化。

解答與解析

1 (C)　　**2 (A)**

3 (B)。簡言之，綠色行銷的焦點在於如何在符合消費者需求與廠商利益的同時，又能維護地球的生態環境。

4 (D)　　**5 (A)**

6 (C)。「問題事業」係指市場成長率高，但相對於最大競爭對手市場占有率低的行業。

7 (A)

8 (D)。波特認為由於資源的有限性，沒有一家企業能在所有的層面上均表現在平均水準上，故建議管理者應選擇特定方向的競爭策略，將組織資源集中於(A)(B)(C)三種策略中之某一競爭優勢的獲取。

9 (C)

10 (D)。總體環境係指影響層面較廣大深遠的、為個別企業無法控制的力量，如文化、政治、法律、經濟、科技、社會等。這些力量會影響所有的廠商與產業，同時也會影響到上述的個體環境。

11 (C)　　**12 (D)**

13 (D)。文化是由生活方式、風俗習慣、價值觀念、行為特點等所綜合而成的。針對這些特定群體的行銷策略，理所當然得考慮他們的次文化特性。

14 (C)　　**15 (A)**

16 (C)。SWOT係分析組織內部之優勢（Strength）、劣勢（Weakness），以及該組織在外部環境中所面臨的機會（Opportunity）與威脅（Threat）。

17 (B)　　**18 (B)**　　**19 (D)**

20 (D)。企業社會責任是指企業在其商業運作裡對其利害關係人應負的責任。企業社會責任的概念是基於商業運作必須符合可持續發展的想法，企業除了考慮自身的財務和經營狀況外，也要加入其對社會和自然環境所造成的影響的考量。

21 (B)　　**22 (D)**

23 (C)。(C)錯誤，應修正為「與上游廠商的議價能力」，供應商的集中程度，與替代品原料來源的方便性等因素，決定產業供應商可對廠商施加壓力的大小。另一種力量則是「與下游購買者的議價能力」。

24 (C)。BCG矩陣模式為美國知名的企管顧問公司「波士頓顧問集團公司（Boston Consulting Group，BCG）」於八十年代，曾在對「策略性事業單位」SBU的評核方案中，所提出的「成長—占有率」矩陣（growth-share matrix）分析模式。

25 (D)　　26 (C)　　27 (A)　　28 (B)

29 (D)

30 (B)。金牛事業（Cash Cows）係指相對於最大競爭對手之市場占有率高但市場成長率低的行業。通常位於一已相當成熟的產業中，此一產業目前可獲取巨額正向的現金流量，但未來的成長則有所限制。

31 (C)　　32 (D)　　33 (C)　　34 (D)

35 (D)。麥克波特（Michael Porter）所提出的三種競爭策略，包括成本領導策略、差異化策略和集中策略。

36 (B)　　37 (D)

38 (A)。低成長、低市場占有率的事業為「落水狗事業」。它是成長率低，且相對於最大競爭對手的市場占有率低的明日黃花行業，無法創造許多的現金流量，未來績效改善的前景也不看好。其對應策略為放棄地盤，將事業出售或清算始恰當。

39 (C)　　40 (D)　　41 (A)　　42 (C)

43 (B)

✔ 填充題

一、企業五種功能中以 ____ 部門與外界環境的互動最為密切。

二、行銷個體環境通常指侷限於某些特定企業或產業的環境，其影響層面，通常包括企業內部、目標市場、行銷支援機構、_____、社會大眾等五項。

三、「恩格爾法則」（Engel's Law）說明：家庭所得增加之後，不同需求占總支出的比率會有不同的變化，日常用品支出的比率大致 ____。

四、1996年9月，國際標準組織（The International Organization for Standardization），推出ISO _____ 環境管理標準系列，用意在於減少廢料與防治污染。

五、運用遊說、談判、法律行動、公共服務、公共關係等手法，來取得外界機構（如政黨、政府、工會、銀行）的合作，以進入或掌握特定的市場。此觀念稱為 ____ 行銷。

六、在SWOT分析中，屬於企業外部環境的分析為：____ 與 ____。

七、麥可波特（Michael E. Porter）的五力分析模型，包括：潛在進入廠商的威脅、_____、與上游廠商的議價能力、與下游購買者的議價能力及 _____ 等五種力量。這五種力量也決定了產業的吸引力與獲利性。

八、BCG矩陣中,高成長、高市場占有率者,係指 ＿＿＿ 事業。

九、BCG矩陣中,目前可獲取巨額的現金流量,但未來的成長則有所限制的產業為 ＿＿＿ 事業。

十、處在「金牛事業」階段的事業,可採取 ＿＿＿＿＿＿＿ 策略,以期繼續獲取大量的現金,以支持其它產品的拓展。

十一、為達成總體策略,使競爭優勢極大化,所採行的部門策略,稱為 ＿＿＿ 策略。

十二、企業採取提高作業效率、規模經濟與學習效果、掌握特殊原料來源的管道、應用廉價的勞動力以及科技創新等做法,屬於係由美國管理大師麥克波特(Michael Porter)所稱的 ＿＿＿＿＿ 策略。

解答

一、行銷。　　　　　二、競爭者。　　　　　三、不變。

四、14000。　　　　五、強勢。　　　　　六、機會、威脅。

七、替代品廠商的威脅、產業內的競爭程度。

八、明星。　　　　　九、金牛。　　　　　十、保持市場占有率。

十一、事業。　　　　十二、成本領導。

☑ 申論題

一、何謂個體環境與總體環境?其間的主要差異何在?

解題指引:請參閱本章第一節1.1。

二、行銷的個體環境包括哪些?請詳述之。

解題指引:請參閱本章第二節。

三、請說明政治與法律環境對行銷影響?

解題指引:請參閱本章第三節3.1。

四、請說明科技環境對行銷影響?

解題指引:請參閱本章第三節3.3。

五、請舉例說明文化對行銷的影響。

　　解題指引：請參閱本章第三節3.4。

六、行銷環境偵測分為哪幾類？請說明之。

　　解題指引：請參閱本章第四節4.1。

七、請說明企業SWOT分析的主要內涵。

　　解題指引：請參閱本章第四節4.4。

八、請說明麥可波特（Michael E. Porter）五力分析模型的主要內涵。

　　解題指引：請參閱本章第四節4.5。

九、美國知名的企管顧問公司波士頓顧問集團公司曾提出BCG「成長─占有
　　率」矩陣（growth-share matrix）分析模式，請說明其詳細內容。

　　解題指引：請參閱本章第五節5.1。

十、BCG模式的四種事業型態，各有其因應的策略。請詳為說明其內容。

　　解題指引：請參閱本章第五節5.2。

十一、企業策略可分為三個層級，請說明其意義及三種策略間之關係。

　　　解題指引：請參閱本章第六節6.1。

十二、美國管理大師麥克波特（Michael Porter）曾提出三種競爭策略，請說明其
　　　內涵。

　　　解題指引：請參閱本章第六節6.2。

課前提要

本章主要內容包括：行銷資訊的重要性、行銷資訊系統的意義與系統中各組成因素的功能、行銷研究的基本概念、行銷研究的程序。

由於行銷係消費者需求的滿足過程，因此，行銷活動的第一步自然是要探析消費者的需求內涵，行銷研究便是針對此一目的的必要性活動。行銷研究，係指針對企業所面對的特定行銷問題，透過系統性的研究設計、資料蒐集、分析與報告過程，提出解決該行銷問題的決策建議。在此定義下，舉凡市場需求量預測、消費者意見調查或偏好測試、廣告效度測試、競爭者分析等，皆屬於行銷研究的範疇。

第一節　行銷資訊的意義與重要性

1.1 資料（data）與資訊（information）的區別

1.1.1 資料

係指一堆比較原始的、零散的、對決策協助有限的數字或文字。

例如信用卡簽帳單上記載某位顧客在哪間店家、在什麼時候、花了多少錢購買了什麼等等。每一張信用卡簽帳單及業務員日報表都提供了「資料」，然而，這些資料卻十分瑣碎，我們無法從中全盤的、深入的了解某個狀況，因此資料對於管理與決策的幫助不大。

1.1.2 資訊

資料經過一番彙整、分析、整理之後，變得比較精簡，而且在管理上比較具有參考價值，稱為「資訊」。 例如前述之信用卡簽帳單上的資料可以轉換成「顧客在平日與週末假日的購買型態有何異同」的資訊。這類資訊協助管理人員在短時間內大致了解某個狀況，並協助決策，因此比起資料更具有效率與效果。

1.1.3 資料探勘

資料探勘（Data mining）又譯為數據挖掘、資料挖掘、資料採礦。它是「資料庫知識發現」（Knowledge-Discovery in Databases：KDD）中的一個步驟。資料探勘一般是指從大量的資料中自動搜尋隱藏於其中的有著特殊關聯性的訊息的過程。資料挖掘通常與電腦科學有關，並通過統計、線上分析處理、情報檢索、機器學習、專家系統（依靠過去的經驗法則）和模式識別等諸多方法來實現上述目標。

1.2　行銷資訊的重要性

行銷策略規劃涉及「決策」，而決策的主要特性之一係在「選擇」（取捨）。例如，某食品公司計畫推出一種沖泡式碳酸飲料，他們需要決定這種飲料應該先針對家庭市場或餐飲業市場？應該先進入哪個區域？應該定價在中低或中高價位？應該透過哪一類通路銷售？應該通過甚麼管道傳播產品訊息？在這取與捨的過程中，決策者往往因面對不確定性與風險而舉棋不定。因此，在行銷規劃的過程中，管理人員經常需要資訊，以便降低不確定性、提高決策的正確性、減少風險。資訊雖不能確保一定成功，但它至少可以讓企業了解競爭環境。同樣的，資訊雖也不能保證決策絕對正確，然卻能為管理人員提供一個參考與指引。其實，在目前競爭激烈的商場上，資訊不只是決策的參考依據，它更是一種策略資產與競爭工具。

除了行銷策略規劃，行銷控制也需要資訊的協助。例如，主管需要廣告、促銷、人員銷售的實際支出資訊，以便有效控制行銷預算；需要了解銷售人員的績效指標，以便能適時衡量或訓練績效不良的人員；需要新產品的銷售資料與顧客反應，以便及時改進產品的缺陷或處理顧客的疑問與抱怨。

歸納言之，**行銷資訊之日益受到重視，其原因有下列四點：**
(1) **因應大環境的複雜多變**：隨著經濟自由化與國際化，企業所面臨的大環境越來越複雜多變，為了在競爭的環境中生存發展，企業必須快速且精確的掌握環境與競爭者資訊，以便適切地因應。
(2) **了解並掌握消費群**：消費者比起以往有更多的產品選擇機會，對特定品牌的忠誠度下降，因此，隨時掌握消費者資訊以推出合適的產品及行銷活動，成了企業發展的關鍵。

(3)**降低失敗機率與風險**：研發與行銷失敗的成本越來越高，有可能成為企業永續經營的致命傷，因此，有必要蒐集行銷資訊來降低失敗機率與風險。

(4)**非價格因素受到重視**：價格因素對消費者而言雖扮演重要的角色，但非價格因素的效用卻已日益提升，因此需要更多的行銷資訊，來作為擬定行銷策略的參考。

牛刀小試

(　) ｜ 下列何者非行銷資訊日益受到重視的原因？　(A)降低失敗機率風險　(B)作為企業進行改造的參考　(C)了解並掌握消費群　(D)應大環境的複雜多變。　　**答 (B)**

第二節　行銷資訊系統

行銷資訊系統（marketing information system）是一種管理行銷資訊的機制或工具，其意義係指「由研究與行銷人員、資料處理設備、資料處理程序所組成的結合體，其主要功能在於提供資訊給行銷人員，以協助制定管理決策」。 易言之，「行銷資訊系統」係以一種有組織的方式來持續蒐集、整理與分析行銷管理人員決策時所需要的資訊。

2.1　行銷資訊系統的意義

「系統」是由幾個有關聯的分子所組成的，就如人的鼻腔、咽喉、氣管、肺等共同組成一個人的「呼吸系統」，系統的組成因素之間具有互動關係，任何一個因素的品質與動態都會影響其他因素以及整個系統的品質與動態。行銷資訊系統的組成分子為研究與行銷人員、資料處理設備與程序。若研究人員不了解行銷人員的需要、硬體設備不足以應付資料分析的需要、資料處理的程序不當等，那麼，這個行銷資訊系統的效用必然有限。因此，一個行銷資訊系統是否得以運作良好或是否發揮效用，可以從組成分子的品質以及它們之間的互動關係來加以判斷。

歸納言之，**所謂行銷資訊系統，係由人員、設備及程序所構成的一種連續性與交互作用之結構，藉此可搜集、分類、分析、評估及分送各項有關的、適時的與正確的資訊，以供行銷決策人員改善行銷規劃、執行與控制。**

2.2　行銷資訊系統的功用

行銷資訊系統的主要目的在於提供行銷人員所需要的資訊，以便協助管理決策的制定。為了達到這個目的，它應該具有二種特性：「前瞻性」與「連續性」。前者是指行銷資訊系統應該能預警未來問題的發生。後者則指行銷資訊系統的運作並非「斷斷續續」的，它應該能配合「行銷管理是連續不斷的程序」的特性，有計畫且定期的蒐集、分析、整理資訊，提供給行銷人員參考。但行銷人員也必須避免「資訊越多越好」的迷思，擁有大量的資訊並不重要，能夠分辨出其重點所在，且資訊要能適用才會有用。

2.3　行銷資訊系統的類別

一個完整的行銷資訊系統可區分為四個子系統：

(1)**內部會計系統**（internal accounting system）：內部會計系統是企業最基本與初步的資訊系統，透過訂單、銷售、存貨、出貨、應收帳款等報告，行銷經理可了解並掌握問題、現況與未來發展等資訊。

(2)**行銷偵察系統**（marketing intelligence system）：內部會計系統是提供企業已發生的資訊（result data），而行銷偵察系統則是提供正在發生之資訊（happening data）。所謂行銷偵察系統，乃是一組程序與資料來源，經營者可利用它獲取行銷環境上相關發展之每日資訊。

　　A. 行銷經理偵察行銷環境的方法：

　　　　(A)無目的的搜尋。　　　　　　(B)條件式搜尋。

　　　　(C)非正式搜尋。　　　　　　　(D)正式搜尋。

　　B. 行銷經理獲取行銷資訊之來源：

　　　　(A)與客戶、供應商、配銷商及公司外部人士聊天。

　　　　(B)閱讀國內外書報雜誌、刊物等。

　　　　(C)與公司內部行銷與非行銷人員研究。

(3) **行銷研究系統（marketing research system）**：行銷研究的範圍（scope）已逐漸擴張，其研究項目相當廣泛，例如：市場特性之決定、市場潛力之衡量、市場占有率分析、銷售分析、商業趨勢研究、競爭性商品研究、短期預測、新商品之接受性與潛力、長期預測、定價研究等。

(4) **行銷分析系統（marketing analysis system）**：此係透過各種分析模式，以數據化之資料，協助行銷經理做出正確之行銷決策。

第三節　行銷研究基本概念

3.1　行銷研究的意義

何謂「行銷研究」（Marketing Research）？**係指以科學的方法來進行資訊的收集和分析，是一種管理的工具，其目的乃在協助企業主管來制定出正確的決策，與「行銷研究」經常一併提及者有「市場調查」（Market Survey），市場調查主要是在尋求市場上的某一些重要訊息，它是屬於技術作業的層面，而行銷研究則是重視研究學術的層面。**

以程序的嚴謹程度來看，行銷研究（marketing research）可以分成兩類:「非正式的」與「正式的」。非正式的行銷研究在事前沒有精心的設計，過程比較便捷省事，甚至是隨興、想到就做。例如，零售店經理偶爾向客戶探詢對於產品品質與對服務的要求；業務人員利用直覺判斷顧客群的需求、從與同行閒聊中探聽競爭對手的動向等。這種非正式的行銷研究相當普遍，可說是企業界通常所使用的研究方法。

正式的行銷研究對程序與方法的要求較嚴格，它是「針對特定行銷狀況或問題，以一定的程序來蒐集、分析、整理有關資料，並將分析結果與建議提供給資訊使用者的過程」。所謂一定的程序，是指系列有條理的、環環相扣的步驟：首先是清楚界定所要研究的行銷情況，接著是決定研究的範圍與目標、設計研究方法以及蒐集與分析資料等，最後則是將研究結果與建議提供給資訊使用者。

由於正式的行銷研究要求一定的程序，故相對於非正式的行銷研究而言，**正式的行銷研究有幾項特點：**

(1) **比較耗費金錢、時間與人力。**

(2) **在某些急需作決策的情況下，它可能緩不濟急。** 然而，正式的研究在整個作業流程中較為嚴謹，推理過程較為講求證據，對於研究結果，較注重精確度的評估與衡量。

(3) **正式的行銷研究應盡量排除個人的偏見，交代研究方法的缺點與限制，還必須清楚說明研究方法以便其他人可以「重複驗證」，因此，它較為「科學」。**

3.2　行銷研究的功能

行銷研究可以用來提供許多行銷管理領域的資訊。 行銷研究的範圍非常廣泛，涵蓋行銷環境與市場、消費者行為、產品、價格、通路與配銷、推廣等。顯然的，行銷研究的結果是行銷管理決策的重要參考。因此，行銷研究要能成功有效，必須由研究人員和管理人員共同努力。

再者，從「資訊用途」的角度來了解行銷研究的功能。**行銷研究可以用來協助規劃、解決問題以及進行控制。** 在協助規劃方面，行銷研究的重點在於辨別與界定行銷機會與問題；在協助解決問題方面，則是關注行銷組合的長、短期決策；至於在進行控制方面，行銷研究的責任是發掘現況、了解目標與實際情況的差距等。

3.3　行銷研究的內容

行銷研究的內容甚廣，凡是與企業行銷活動有關的問題皆可包含在內，Kinnear and Root 將行銷研究的種類和範圍區分為以下六項：

產業／經濟研究	產業／市場特徵和趨勢、購併/多角化研究、市場競爭分析等。
定價研究	成本分析、利潤分析、價格彈性、需求分析等。
產品研究	新產品發展、現有產品測試、包裝設計、品牌命名等。
配銷研究	倉儲地點分析、通路績效評估、通路涵蓋範圍研究、物流商流等之管理。

促銷研究	媒體研究、廣告效果研究、公共形象、銷售人員薪酬分析、銷售人員責任區分析、促銷方法等。
購買行為研究	品牌偏好、產品滿意度、購買行為、品牌知曉度、市場區隔研究等。

3.4　優良的行銷研究應具備的特色

(1) **要用科學的方法**：有效的行銷研究是根據科學方法的原則來進行，這些原則包括：細心的觀察、合理的假設、預測及測試。

(2) **研究應有創造性**：行銷研究應能發展出創新的方法來解決行銷的問題。

(3) **應用多重的研究方法**：利用多種方法來蒐集資訊與分析資訊，才會產生較高的信度與效度。

(4) **模型與資料之間要有相互依賴性**：傑出的行銷人員都明瞭，從問題本身所形成的模型中導出有意義的事實，而模形是蒐集資料的指南，因此必須使模型愈精確越好。

(5) **資訊的價值與成本**：價值與成本可以協助行銷人員決定應採行哪個計畫、使用何種研究設計等。

(6) 行銷研究人員應盡量小心，避免侵犯受訪者的隱私，此乃行銷研究的倫理。

3.5　行銷研究的障礙

行銷研究雖具有其可觀性以及重要性，但在實際上仍可能面臨下列一些障礙：

(1) **行銷研究人員素質良莠不齊**：有若干廣告公司、行銷顧問公司或廠商本身所擁有之研究人員，未具備充分之行銷研究知識與實務經驗，因此，其結果常較膚淺，為行銷直線人員所斥。一位優秀的研究人員應該要了解行銷問題所在，並能研究執行的細節。

(2) **高階人員對行銷研究抱持偏狹的觀念**：有若干高階決策者認為行銷研究僅是設計問卷統計分析而已，對於問題的本質仍未認識清楚，而且所做出之成果，也少有大發現，因此，認為其作用仍屬有限。

(3) **認知上的差異**：行銷研究幕僚人員與行銷直線人員對要求的結果與理論及實際之爭，常會有認知上的差異。

(4) **行銷研究的偶發性錯誤**：有時候遇到設計不夠周全或執行蒐集資訊不夠切實或問題本質方向錯誤，而會導致研究結果的偏差，進而使行銷決策也錯誤的現象。

(5) **研究結果無法趕上決策時效**：一項規模龐大的行銷研究，經常要曠日費時，因此，在時效上有時會無法趕上行銷決策之時間。

3.6　市場研究的方法

(1) **商品研究法**（commodity approach）：係藉由研究商品而瞭解市場活動。商品研究法，其係分析有關個別商品的供給來源、需要性質、程序、銷貨途徑、用貨人數、價格之優劣、廣告情形，以及市場交易過程中的種種現象。

(2) **功能研究法**（functional approach）：係分析貨物從生產者到消費者的過程中，個別市場活動所發揮的功能為何，加以研究分析。

(3) **組織研究法**（institutional approach）：係從市場本身的制度或銷售路線作調查、研究、分析市場的活動。也就是說，係研究企業的商品或勞務的銷售，其所經過企業內部組織單位，以及其他的代理商、分銷處、批發商、零售商等銷售途徑。

(4) **管理研究法**（management approach）：係研究市場活動的一種創新的方法，也就是從管理的觀點，綜合商品途徑、組織途徑與功能途徑來研究市場活動，希望藉此能使適當的商品，以適當的價格，在適當的地點，用適當的方法銷售給消費者，因而滿足消費者需求，並達成企業的目標。

(5) **實驗法**：又稱為實驗觀察法，它是在妥善控制的情境下，探討自變數對依變數的因果關係，因此它可說是各種實證研究法中最科學的方法，也是最合乎科學效度（validity）的方法。效度係在表示一項研究的真實性和準確性程度，又稱真確性。它與研究的目標密切相關，一項研究所得結果必須符合其目標才是有效的，因而效度也就是達到目標的程度。【信度（reliability）則是指測量結果的一致性、穩定性及可靠性，一般多以內部一致性來加以表示該測驗信度的高低。信度係數愈高即表示該測驗的結果愈一致、穩定與可靠。】

牛刀小試

( )｜下列何者為Kinnear and Root所稱產品研究的項目？　(A)利潤分析
　　｜(B)促銷方法　(C)需求分析　(D)以上皆非。　　　　　　**答 (D)**

3.7　市場研究的衡量方法

主要的衡量方法可分為「定性」與「定量」兩種。

(1)**定性**：係在沒有歷史資料或突發性情況下，運用具「無法量化」知識的個
　人的意見，以判斷來預測未來結果。定性衡量方法包括：使用者深度訪
　談、專家意見法、德爾菲法、行銷研究和類比法等。

(2)**定量**：係指使用一些數學方式處理一連串可以「量化」的過去資料來預測
　未來可能結果，以從事預測的方法。定量衡量方法包括：實驗設計、資料
　庫分析、問卷調查等。

第四節　行銷研究的程序

一般而言，行銷研究的程序包括「界定研究問題、確定研究目標、擬定研究計
畫（包括研究設計與研究方法）、資訊的蒐集和分析、提出研究報告」等五個
步驟。茲分述如下：

4.1　界定研究問題與目標

首先應先決定行銷研究的主題，尤其是要消費者行為的部分與本項研究的目的
加以釐清。例如：某項功能的需求程度、願意購買之價格區間、產品功能之觀
點等，這些研究結果將被用來規劃新的產品、或形成廣告訴求的重點所在、或
了解消費者滿意的程度等。正確的界定行銷研究之目的與問題，有助於研究方
法與員工的採用及行銷研究經費的確認，這是成功展開行銷研究的第一步。

4.2　發展研究計畫

依據行銷研究的問題與目的，視需要加以選擇，深入探討資料來源、選擇研究方法與研究工具、依據消費者母體規模抽樣計畫、與展開實際行銷研究活動的行動規劃。

研究方法依目的之不同可區分為「探索性研究」（Exploratory Research）、**「描述性研究」**（Descriptive Research）**和「因果性研究」**（Causal Research）**三種。**而後兩者亦可歸納統稱為「結論性研究」。茲說明如下：

探索性研究 （Exploratory Study）	**適用的時機為，當研究人員對某些問題缺乏明確觀念時使用，此研究有助於研究人員發展更清楚的概念，建立假說，並且判斷研究是否值得進行。**例如公司的銷售額持續在下降，但不知道主要是什麼原因所造成，是消費者偏好改變、新的競爭品牌出現、還是配銷通路出了問題？此時在時間成本考量下，即可初步使用探索性研究來調查。探索性研究常被視為是非數量、定性的研究、也是較為主觀與非系統化的設計，不過它可節省大量的時間與成本。 探索性研究的目的有三：一為診斷與釐清問題的現狀與本質，二為檢視各種可能的發生原因，並在有限預算下找出最佳抉擇，第三則是發現一些新的思考方式和想法。探索性研究常用的方法有：次級資料分析（Secondary data analysis）、專家訪談（Experience survey）、焦點群體（Focus group）等。
描述性研究 （Descriptive Study）	**本項研究方法目的在探知主題是誰**（who）、**何時**（when）、**何處**（where）**以及如何**（how）**等行為。**最簡單的描述性研究只探討單一問題或假說，或探討單一變數有關的規模、形式或分配。描述性研究又可分為「橫斷面研究」（Cross section study）與「縱斷面研究」（Longitudinal study）。縱斷面是從不同的時間點對所有樣本，作相同特性或變數的調查。橫斷面研究則是在同一時點作樣本調查（Sample survey）。例如當公司銷售額下降後，即可針對過去兩三年間各季的銷售量作比對，看下降的比率幅度、銷售減少的產品項目為何、目前市場上主要的競爭品牌、並向零售商收集各種市場一手資訊，即可得到一些有關who、when、where、how等的情報。

因果性研究 （Causal Study）	因果研究主要目的在建立變數間的因果關係，由於它通常是利用實驗設計去了解和說明各現象間的關係，故亦稱之為「實驗性研究」（Experimental research）。由於社會科學不像自然科學可以在實驗室中進行實驗，對於各種狀況也不可能作任何操控，故要斷定其間明確的前因後果，較為困難。

牛刀小試

( )　研究有助於研究人發展更清楚的概念，建立假說，並且判斷研究是否值得進行者，稱為：　(A)縱斷面研究　(B)橫斷面研究 (C)因果性研究 (D)探索性研究。　　　　　　　　　　　　　　　　　　　**答 (D)**

4.3　資料蒐集

這是行銷研究計畫完成之後的執行重心，此一部分可視計畫內容，委由專業或非專業的人員執行，例如：大規模的問卷調查，可透過郵寄或由經過簡單訓練的訪問員依抽樣執行，使樣本具有代表性。消費者聚焦小組座談會就必須由有經驗的研究人員主持。資料蒐集的過程中，最怕出現任何的偏誤以致影響資料分析之結果；至於資料分析工作，則視研究內容而選擇相關的統計分析員工，藉由相關的統計分析邏輯解析資料內容，以作為往後行銷活動展開之依循。

通常，**行銷研究的資料來源，可分為初級資料（primary data，指為特定目的而建立的原始資料，取得成本較高，例如公司自行設計問卷對目標市場中消費者進行的調查資料）與次級資料（secondary data，指已經存在、非原始的資料，取得成本相對較低，例如網路搜尋引擎查得的參考資料、商業線上資料庫查詢結果、政府公開出版的統計數據等）。**兩種資料特性不一，運用方式與取得成本也不一。因此，在有了研究設計之後，接著便是資料的蒐集與分析，這一階段也是成本最為昂貴，且最容易出問題的地方，**常用的方法有以下幾種：**

(1)**人員訪談（Personal interview）**：人員訪談係在詢問並紀錄受測者的反應，調查法為一種蒐集原始資料的方式，其優點為最具彈性、可蒐集資訊量多，但訪員影響的控制（control of interviewer effects）較差，且蒐集資料的單位成本亦較高為其缺點。調查法的類型常用者「個別訪談」（Personal interviewing）：係透過面對面的訪談來蒐集資料，成功的訪談必須滿足以下條件：

　　A.受測者能提供公司所需要的資訊。

　　B.受測者明瞭他在談話中的角色。

　　C.受測者有合作的意願。

　　訪談技術中須顧及：提高受測者的接受度、良好的開場白、良好的訪談關係、資料正確的蒐集、詳實記錄訪談內容和訪談者的篩選與足夠訓練等，凡此均會影響訪問的結果。

(2)**電話訪問（Telephone Interviewing）**：這種方式因為電話的普及、低成本和速度快而被普遍的使用，但它的缺點則是無法涵蓋到未在電話簿上的人，而且在訪談長度及問題難度上也有將有限制。

(3)**調查研究法（survey research）**：本法係透過嚴格的抽樣設計，利用問卷問題瞭解消費者知識、態度、偏好和購買行為來尋找事實的一種初級資料蒐集的方法。這種方式可以應用在大地區的調查，成本也較低；但缺點則是問卷的回收率可能偏低。

以上三種方法那一種最合適則必須考慮其研究目的、成本、時間及可用的人力；若無法選定一種，亦可採用「混合式」的方法，即三種方式均同時使用。

(4)**固定樣本調查法**：本法是對固定的調查對象在一定期間內施以反覆數次的調查。其主要目的在於明瞭消費者之習慣在長時間的變化及變化之原因、商品銷售情形之長期變化及變化原因等問題。至於其調查之實務程式則與一般訪問調查或觀察調查法相同，只不過是將實務程式之一部份重覆若干次而已。固定樣本調查一般常用的方式是利用調查日誌記錄。將日誌分送給隨機選出之受訪者，如家庭主婦，請她將每日購買的日用品逐日據實記錄，項目可包括種類、品牌、包裝單位、價格、數量、購買場所、購買者、贈品名稱以及所收看之電視節目或所收聽之廣播節目之名稱，甚或所訂閱之報紙、雜誌等名稱。

(5)**產品家庭留置法（In-Home Placement Product Testing）**：有些產品無法當場回答所有的問題，在選出代表性樣本後，留置家中供使用（或食用）一段時間，再進行調查，可獲得更直接、深入的資料，以利於產品測試及改進。

(6)**焦點團體訪談法（Focus Group Interview）**：主要是募集少數的調查對象，採用座談會的形式，針對某一主題來進行發言，進而彙整並分析受訪者的意見與想法。此方法通常是大規模「定量」調查的前置調查，作為掌握問題、設定調查中所要查證的假設、問卷答案的擬訂之參考。除了可將調查主題更聚焦外，委託調查者及調查設計者亦可利用單面鏡觀察受訪者，藉此觀察受訪者的表情與及態度。該法適用於受訪者間具有高同質性，其優點在可在短時間內針對研究議題觀察到大量的語言互動與對話。

4.4 資料分析

4.4.1 分析準備

資料蒐集到後即可作資料的編輯和輸入的工作，其中包括了編輯、編碼、鍵入等工作，以作為後續資料分析的基礎，茲分述如下：

(1) **資料編輯（Data Editing）**：進行資料準備的第一步驟即是編輯工作，利用此過程以發現資料的錯誤和遺漏現象、予以矯正以確保資料品質。

(2) **編碼（Coding）**：是將答案轉換成數字或其他的符號，以利於分類，如此可提升資料分析的效率。例如男人、女人，可以1、0或M、F替代之；教育程度中國中、高中、大專，可以1、2、3來替代等均是。

(3) **輸入（Key in）**：資料準備妥當後即可開始鍵入電腦。

4.4.2 進行分析

針對問卷或訪談等方式所得到的資料來加以分析。常用的分析方法則有分組、表、圖形和統計分析等。分組時注意組距的大小，組間不宜過大以免失去了分配的顯著傾向。由分組的資料即可製作相關的表和圖。另有「統計方法」，統計方法大致可分為「單變量分析」（Univariate Analysis）和「多變量分析」（Multivariate Analysis）等二種，如果只對各樣本作一個變數的衡量，係為單變量的問題；若係對多個變數個別地加以分析，則為多變量的問題。

4.4.3 次級資料的評估

次級資料的品質評估與判斷要領，可從下列四個條件（面向）探討：

(1) **攸關性**：必須與使用者的需求攸關，具備攸關性的資訊可幫助使用者評估過去、現在或未來之事項。

(2) **正確性**：研究人員若未親自參與次級資料的收集與分析工作，較不易評估次級資料的正確性，這是次級資料使用時較大的困難。

(3) **即時性**：行銷研究人員必須及（即）時收集市場變化的數據資料，分析市場變化的最新趨勢。

(4) **公正性**：由於次級資料是他人所提供，因此在使用次級資料前，必須先清楚了解提供資料的單位是否公正客觀，立場有無偏頗。

4.5　提出結論與建議

依據行銷研究的問題與目的，運用科學化的工具，提出具體的行銷活動之決策建議（研究成果報告）。例如：根據市場需求結構而建議主攻那一個目標市場？如何進行產品定位？或根據廣告測試而建議選取哪一廣告片？正確的研究結果，可以事前正確預測行銷活動的可能成果，大幅降低行銷活動的風險，並提高行銷活動績效。

行銷研究本身不是目的，而是一種手段，其宗旨是在解決公司的問題，而報告的呈現即是作為溝通目的和手段之間的橋樑。而報告通常區分為二種，一為書面報告、另一為口頭報告。

4.5.1 書面報告

書面報告的大綱內容大致如下：

摘要	這是報告的縮影，可將研究的背景和主要的發現、結論等簡明敘述於此，摘要不可過長。
緒論	說明進行研究的目的，並解釋此計畫的必要性。
研究方法	在此應對研究設計、抽樣方法、資料收集、資料分析和研究限制等加以說明。通常在專業性報告中，對此應有詳細的交待。
研究發現	這可能是整篇報告中，份量最多的部分，其目的是在解釋資料分析的結果，研究的結果是否支持最初的假設，在此都該忠實的陳述出來。
結論與建議	前者是將研究的重要發現予以總結，後者則是在應用上作進一步的建議。
附錄	包括了複雜的圖表、統計檢定報表、輔助性的資料或是人員訪問的記錄等。
參考文獻	係指研究報告中所引用的各種次級資料的來源和出處，加以整理。

4.5.2 口頭報告

口頭報告通常係以「簡報」方式為之。

經典範題

☑ 測驗題

(　) **1** 下列何者對管理與決策幫助較大？ 　(A)信用卡簽帳單上記載某位顧客花了多少錢購買了什麼 　(B)信用卡簽帳單上記載某位顧客在哪間店家消費 　(C)信用卡簽帳單上記載某位顧客在什麼時候刷卡 (D)以上資料對管理與決策的幫助都不大。

(　) **2** 以下敘述何者不正確？ 　(A)行銷資訊應具有前瞻性 　(B)行銷資訊應具有連續性 　(C)行銷資訊應求越多越好 　(D)行銷資訊應能夠分辨出其重點所在。

(　) **3** 正式的行銷研究有幾項特點，下列何者為非？ 　(A)整個研究作業流程較為嚴謹，推理過程較為講求證據 　(B)比較不會耗費金錢、時間與人力 　(C)必須能清楚說明研究方法以便其他人可以重複驗證 (D)在某些急需作決策的情況下，可能緩不濟急。

(　) **4** 下列何者非Kinnear and Root所稱定價研究的項目？ 　(A)銷售人員薪酬分析 　(B)利潤分析 　(C)需求分析 　(D)價格彈性。

(　) **5** 利用實驗設計去了解和說明各現象間的關係稱為： 　(A)縱斷面研究 (B)橫斷面研究 　(C)因果性研究 　(D)探索性研究。

(　) **6** 下列何者並非填入行銷研究「書面報告」中「附錄」的部分： (A)研究的重要發現 　(B)人員訪問記錄 　(C)統計檢定報表 　(D)複雜的圖表。

(　) **7** 一個完整的行銷資訊系統可區分為四個子系統，下列何者有誤？ (A)行銷研究系統 　(B)行銷偵察系統 　(C)行銷控制系統 　(D)內部會計系統。

(　) **8** 下列有關內部會計系統與行銷偵察系統之敘述，何者正確？ 　(A)內部會計系統是提供企業已發生的資訊，而行銷偵察系統則是提供正在發生之資訊 　(B)內部會計系統是提供企業正在發生的資訊，而行銷偵察系統則是提供已發生之資訊 　(C)內部會計系統與行銷偵察系統都是提供已發生之資訊 　(D)內部會計系統與行銷偵察系統都是提供正在發生之資訊。

( ) **9** 下列有關優良的行銷研究應具備特色之敘述，何者有誤？ (A)應用科學的方法 (B)研究應有創造性 (C)模型與資料之間要有相互依賴性 (D)應用單一的研究方法。

( ) **10** 行銷研究雖具有其可觀性以及重要性，但在實際上卻可能面臨一些障礙，下列何者有誤？ (A)行銷研究幕僚人員與行銷直線人員認知上有差異 (B)高階人員對行銷研究抱有開闊接納的觀念 (C)行銷研究人員素質良莠不齊 (D)設計不夠周全或執行蒐集資訊不夠切實或問題本質方向錯誤。

( ) **11** 分析貨物從生產者到消費者的過程中，個別市場活動所發揮的功能為何，此種行銷研究，稱為： (A)組織研究法 (B)管理研究法 (C)功能研究法 (D)商品研究法。

( ) **12** 從市場本身的制度或銷售路線作調查、研究、分析，此種行銷研究，稱為：(A)組織研究法 (B)管理研究法 (C)功能研究法 (D)商品研究法。

解答與解析

1 (D) **2 (C)**

3 (B)。正式的行銷研究對程序與方法的要求較嚴格，它是「針對待定行銷狀況或問題，以一定的程序來蒐集、分析、整理有關資料，並將分析結果與建議提供給資訊使用者的過程」。因此，正式的行銷研究比較耗費金錢、時間與人力。

4 (A)

5 (C)。因果研究主要目的在建立變數間的因果關係，由於它通常是利用實驗設計去了解和說明各現象間的

關係，故亦稱之為「實驗性研究」（Experimental research）。

6 (A) **7 (C)** **8 (A)**

9 (D)。優良的行銷研究應利用多種方法來蒐集資訊與分析資訊，才會產生較高的信度與效度。

10 (B) **11 (C)**

12 (A)。組織研究法係研究企業的商品或勞務的銷售，其所經過企業內部組織單位，以及其他的代理商、分銷處、批發商、零售商等銷售途徑。

✅ 填充題

一、 行銷活動的第一步是要探析 _____ 的內涵。

二、 一堆比較原始的、零散的、對決策協助有限的數字或文字，稱為 ____ 。

三、 Kinnear and Root 將行銷研究的種類和範圍區分為產業／經濟研究、定價研究、產品研究、配銷研究、促銷研究、_____ 等六項。

四、 一般而言，行銷研究的程序需要有界定研究問題與目標、_____ 、資料蒐集、資料分析、提出決策建議等五個步驟。

五、 當研究人員對某些問題缺乏明確觀念時，適合用 _____ 研究。

六、 從市場本身的制度或銷售路線作調查、研究、分析市場的活動，稱為組 _____ 。

七、 一組程序與資料來源，經營者可利用它獲取行銷環境上相關發展之每日資訊，稱為 _____ 。

解答

一、消費者需求。　　　　二、資料。　　　　　三、購買行為研究。

四、發展研究計畫。　　　五、探索性。　　　　六、研究法。

七、行銷偵察系統。

✅ 申論題

一、 請說明資料與資訊的區別。又，行銷資訊對行銷策略規劃有何影響？
　　 解題指引：請參閱本章第一節1.1～1.2。

二、 以程序的嚴謹程度觀之，行銷研究可分為幾類？請說明之。
　　 解題指引：請參閱本章第三節3.1。

三、 行銷研究包含哪些步驟？並節略說明其內容。
　　 解題指引：請參閱本章第四節4.1～4.5。

四、 何謂探索性研究？其目的為何？其常用何種方法蒐集資料？
　　 解題指引：請參閱本章第四節4.2。

五、資料蒐集常用的方法有哪幾種？其各有何優缺點？

解題指引：請參閱本章第四節4.3。

六、請說明一個優良的行銷研究，究應具備那些特色？

解題指引：請參閱本章第三節3.4。

七、行銷研究雖具有其可觀性以及重要性，但在實際在作研究時仍可能面臨一些障礙，請列舉說明之。

解題指引：請參閱本章第三節3.5。

八、請說明行銷市場中之商品研究法及管理研究法的涵義。

解題指引：請參閱本章第三節3.6。

NOTE

消費者市場、組織市場與購買行為

課前提要

本章主要內容包括消費者市場的意義與特色、消費者購買決策、影響消費者購買行為的個人背景因素、心理因素及社會文化因素等；另亦包括組織市場的類別、組織市場的特色、組織的購買決策、影響組織購買行為的因素等。

第一節　消費者市場

1.1 市場的種類

依據購買者的特性及購買目的，市場分為兩大類：「消費者市場」（consumer market）與「組織市場」（organization market）。消費者市場係由個人與家庭組成，購買的目的主要是為了個人或家庭上的需要，而不是為了營利；組織市場則是由工廠、零售商、政府機構等所組成，購買目的是為了製造、加工、轉售或推動業務等。

1.2 消費者市場的特色

相對於組織市場而言，消費者市場具有下列特點：

消費人數眾多	每一個人都是消費者市場的一個份子，而且幾乎每天都在購買和消費某些產品使用。
單次購買數量較少	由於消費者是為了個人或家庭的需要而購買，因此每一次對特定產品的購買量相當有限。
多次購買	由於消費者購買的多是食品、民生日用品，故比較不會採大批採購與消費的方式，故會出現一定期間內多次購買的現象。
非專家購買	消費者通常缺乏專門知識，對產品有很少會去深入研究，因此購買時通常會受廣告、促銷、親友推薦、個人心理等影響，而非依完整的產品資訊與知識來購買。這種現象就稱為非專家購買。

1.3　消費者的角色

購買產品或勞務以供個人或家庭需要及使用的人,即稱為「消費者」。**消費者之消費活動的內容不僅包括為個人和家庭生活需要而購買和使用產品,而且包括為個人和家庭生活需要而接受他人提供的服務。**但無論是購買和使用商品還是接受,其目的只是滿足個人和家庭需要,而不是生產和經營的需要。消費者在消費者市場內扮演著包含下表所列五種角色,行銷人員應該設法了解在某個產品的購買過程中,什麼人扮演什麼角色,以及如何帶動這些角色以促進銷售。

對於是否要買、買什麼品牌等有最後決定權的人 — 決策者

影響者 提出意見且能左右購買決策的人

購買者 採取實際行動去購買的人

最先建議購買產品的人 — 提議者

使用者 即實際上採用與消耗產品的人

1.4　研究消費者行為的原因

晚近行銷學者及行銷實務專家發現,對於創造市場區隔與產品差異化策略,其重點已非實體物品的不同(Physical differences),而是心理的不同(Psychological differences),因此,對市場區隔而言,諸如年齡、家庭規模、角色扮演、情境、慾望、價格、認知、態度、虛榮、信仰等等因素均為影響的要因。而獲取這些影響要因,必須從消費者行為研究起,以發覺消費者更新鮮的訴求(fresh appeals)與更新的區隔基礎(new bases)這是成功設計一個行銷策略的關鍵要素。總而言之,即是希望**透過消費者行為的研究,以創造消費者對產品價值的知覺(value perception),當消費者覺得有價值時,消費者即會展現他的購買力,對廠商而言,這就是成功的行銷。**

牛刀小試

(　)　消費者在消費者市場內扮演著各種角色中,能提出意見且能左右購買決策的人,稱為何種角色?　(A)購買者　(B)決策者　(C)影響者　(D)提議者。　　　　　　　　　**答 (C)**

第二節　消費者購買決策的過程

消費者在購買產品的前後，會經歷一連串的行為，行銷人員必須瞭解影響消費者購買決策(5個W)的相關問題，包括：(1)購買什麼（what）？(2)何處購買（where）？(3)如何購買與購買多少（how）？(4)何時購買（when）？(5)為何購買（why）？該行為依序可分為下列五個階段，稱之為「購買決策過程」。

2.1　問題察覺（確認需要）

消費者購買決策過程始於問題察覺（即「需求認知」）。**問題察覺（problem recognition）係指消費者的實際狀況與其預期的或理想的狀況有落差，也因為有這種落差，消費者才會產生購買動機（motivation）。**問題察覺受到內在刺激與外在刺激的影響。內在刺激與一個人的生理、心理狀況有關，如飢餓、口渴、身心疲憊；外在刺激則包羅萬象，如電視上的廣告詞、業務人員的推薦等。當然，外在刺激有時也可能會帶動內在刺激而引起需求，產生購買念頭。

2.2　資訊蒐集

在察覺到問題並引發購買動機後，消費者需要資訊以協助判斷、選擇產品。資訊蒐集有下列兩大來源：

內部蒐集	指從記憶中獲取資訊，來自本身購買與使用產品的經驗或產品資訊。產品資訊包含品牌名稱、品牌屬性、整體評價、使用經驗等。
外部蒐集	除了前述個人內部蒐集之「經驗來源」外，當內部的資訊不夠充分時，消費者就需要借助外部蒐集。外部資訊蒐集的來源可歸類為下列三種： (1) **個人來源：家庭、朋友、鄰居及熟人。** (2) **商業來源：廣告、銷售人員、經銷商、包裝及展示。** (3) **公共來源：大眾傳播媒體、消費者評鑑機構。** 一般而言，消費者從商業來源接收到最多的產品資訊，這是賣方行銷人員可以掌握的；然而最有效的資訊展露則來自消費者個人的來源，例如消費者友人對該產品或服務的意見，但卻是賣方企業較難以掌握。每一種資訊來源對於購買決策的影響力，皆扮演不同的功能；商業資訊扮演的是告知功能，個人來源扮演公正或評鑑的功能。透過資訊蒐集的過程，消費者同時知悉市場上的一些競爭品牌及特性。消費者做決策可能會牽涉到下列某些連續組合，依序如下：

外部蒐集	(1) **全體組合（total set）：消費者能獲得品牌的全部組合。** (2) **知曉組合**（awareness set）：**消費者可能僅熟悉其中一部分的品牌。** (3) **考慮組合**（consideration set）：**有些品牌能符合其最初購買的標準。** (4) **選擇組合（choice set）：當個人蒐集更多的資訊後，只有少數的品牌被留下而成為強勁的選擇組合，在選擇組合中的品牌表示為可接受的品牌；而此時亦將從這個組合作最後的品牌選擇，即為其購買決策。** 企業必須具備策略性的作法，設法使其品牌進入潛在顧客的知曉組合、考慮組合及選擇組合中。除外，企業尚須進一步探討其他仍留在消費者選擇組合中的品牌，藉此了解競爭所在，以計畫品牌的訴求方式作為因應。行銷人員更需仔細辨認消費者所使用的資訊來源，並評估其重要性。例如詢問消費者第一次如何聽到此品牌？知道品牌之後，蒐集那些資訊？及各種不同資訊來源的相對重要性如何？這些答案將有助於企業準備如何與目標市場進行有效溝通。

2.3　方案評估

察覺問題並搜尋資訊之後，消費者可能面對好幾個方案（即選擇）。消費者如何評估這些方案？方案評估涉及哪些觀念？這個階段的重點在於根據所蒐集到的資訊進行相關方案的評估，主要包括品牌篩選、適當的評估標準，以及消費者決定法則。

經過資訊蒐集之後，雖然市場上有許多品牌，構成了可以選擇的「總集合（total set）」，但消費者所知道的品牌可能只是其中的一部分，稱之為「知曉集合（awareness set）」，其中可能有幾種品牌符合消費者初步的篩選標準，從而形成了可接受的「喚起集合（evoked set）」，亦可稱為「考慮集合（consideration set）」，但隨著消費者蒐集到的資訊越來越多，其所篩選下來的品牌數也就越來越少，這幾個剩下來的候選品牌就構成了「選擇集合（choice set）」，消費者最後由選擇集合裡做出最後的決定(購買決策)。消費者品牌篩選過程圖整理如下：

總集合　→　知曉集合　→　喚起集合　→　選擇集合　→　購買決策

在整個品牌選擇的決策過程中，除了被納入考慮的喚起集合之外，還有不被納入考慮的「摒棄集合（inept set）」和被視為無差異的「無差異集合（inert set）」。扣除掉這些品牌之後，所剩的品牌通常不會太多，因此喚起集合所包括的品牌數通常也不會太多，一般大約是3～5個之間。

2.4　購買決策

消費者經過前述之評估過程後，會對不同的方案有不同的「購買意願」。而影響最後購買決策的，除了購買意願，尚有兩個因素。其中一個是「不可預期的情境因素」，例如店內突然停電或剛好沒有存貨，只好到鄰近的商店購買較低順位的品牌。另一個因素則是「他人的態度」。由於前述「影響者」或多或少會左右消費者的購買決策。影響者的態度若越強烈，或購買者或決策者順從的意願越高，則「他人的態度」就越會影響最後的選擇。

2.5　購後行為

消費者購買與使用某一項產品之後，會產生某些購後行為，其中以滿意度最值得行銷人員重視。滿意度係對該產品之評價而引發的情緒反應，由產品的實際表現與對產品的預期之間的差距來決定。消費者在決策歷程中可能產生「認知失調」的現象即在此階段。當產品的實際表現大於預期，消費者就會覺得滿意；相反的，當實際表現小於預期，滿意度偏低。滿意度會影響日後的購買與推薦行為。滿意度越高，重複購買的機會越高，也比較願意向其他人稱讚這個產品，而有助於口碑流傳。至於不滿意的消費者，有些可能自認倒霉而悶不吭聲，頂多下回不再購買；有些則可能採取積極的對立行動，如對外散播不滿訊息、要求公司補償、向新聞媒體申訴等。

第三節　消費者購買決策型態與決策觀點

消費者不見得在每次購買時都會經歷前述購買決策過程的五個階段。一般人在購買不同的產品時，通常會出現不同的購買決策型態。其購買型態往往會受到對產品「涉入程度（involvement）」的影響。涉入程度係指對購買行動

或產品的注重、在意、感興趣的程度。一般而言，購買重要、昂貴、複雜的
產品時，涉入程度相當高。相反的，購買較不重要、便宜、簡單的產品，涉
入程度比較低。

再者，涉入程度的高低，並不是完全取決於產品本身，消費者的知覺風險、對
產品的了解、購買動機、產品的使用情境等也決定了涉入程度。其中，「知覺
風險」係指消費者認為因決策錯誤所帶來的損失程度（包含金錢、時間、個人
形象、社會關係等）。知覺風險越大，涉入程度越高。因此在購買時比較會反
覆思考該不該買、該花多少錢、買什麼等，因而進入高涉入的購買狀態。

購買涉入（purchase involvement）係指消費者，因為需求，而引起購買行動的
興趣程度。購買涉入水準，會影響消費者購買前的資訊蒐集，到購買後的評估
活動，同時反應出消費者的人格特質，因此不同消費者的，購買涉入水準，也
會影響消費者的購買意願。Slama&Tashchain（1985）則指出，購買涉入，是
購買活動的主觀自我認知有關，並不受外界物體及刺激等情境因素的影響。

涉入的觀念，近年來經常被應用在分析消費者的購買行為上；產品涉入，可分
為高涉入及低涉入。高產品涉入包含下列特性：(1)高價格、(2)高風險、(3)個
人化的產品。低產品涉入則具備(1)低價格、(2)低風險、(3)標準化相互替代性
高的產品。

不同的人，對於產品，所產生的涉入程度，也會有不同，如對於某人是屬於低
度涉入性的產品，但可能對於另一人則屬於高度涉入性的產品。涉入程度，是
區分消費者購買決策時，最重要的判定標準，不同類型的購買決策，消費者的
涉入程度，也會有所不同。涉入程度，主要視五個要素而定，分別是先前經
驗、興趣、風險、情境及社會外顯性（Lamb,Hair,&McDaniel,1998）。

Zaichowsky（1986）以消費者處理涉入對象時的行為表現，將涉入大致分為下
列三類：
(1)廣告訊息涉入：消費者因為需求、重要性、興趣、價值等個人因素，溝通
　 來源、溝通內容區別替代品等目的、刺激因素及購買/使用、需要等處境因
　 素，對廣告訊息所產生的注意程度，及所引起的不同反應。
(2)產品涉入：消費者因為需求、重要性、興趣、價值等個人因素，溝通來
　 源、溝通內容、區別替代品等目的、刺激因素，對於不同的產品類別、品
　 牌、特質有不同的重視程度及不同的反應。

(3) **購買決策涉入**：消費者因為購買/使用、需要等處境因素，所引起對資訊搜尋量、價格影響品牌選擇、耗費時間考慮替代方案及選擇決策方式等行為反應的不同。

Houston&Rothschild（1978）則以涉入的本質，做為分類的依據，將涉入分為：情境涉入、持久涉入和反應涉入。「情境涉入」係指個人在特定的情境下，對某一事物的短暫關切；「持久涉入」是指個人對事物，相對的持久關切，不會因為情境上的因素，而有改變；「反應涉入」則是指情境涉入與持久涉入，交互作用下，對某一事物，所反應出的一種心理狀態。

Lamb,Hair,and McDaniel（1998）認為：消費者的涉入程度，是區分購買決策時，最重要的判定標準，不同類型的購買決策，其消費者的涉入程度也不同。而**涉入程度，主要視先前經驗、興趣、風險、情境、以及社會外顯性，五個要素而定。**

消費者購買決策型態，分為下列三種：

3.1　廣泛決策

在購買較為昂貴、重要、了解有限、高涉入的產品時，消費者的決策過程比較冗長複雜，通常會經歷前述的購買決策過程的五個決策階段，此即屬於廣泛決策（或稱廣泛問額解決）。例如在購買汽車時即是屬於此類。此類形式的購買甚至在購買之後，還會擔心作錯了決定。

在廣泛決策中，依據品牌之間的差異是否顯著，可再分為二種決策行為：

品牌間存有顯著的差異	在這情況下，消費者必須先經歷一段資訊蒐集與學習的過程，在充分了解各品牌的特性與差異時，才能做出抉擇，因此購買行為相當複雜。
消費者看不出品牌間存有顯著差異	此時的購買行為比前者情況簡單，雖然消費者也會花費時間精力蒐集資訊，但由於各品牌之間相當類似，消費者可能會因促銷活動等原因而突然的決定的購買。

學者（Assasel,1984；De Bruicker,1979）將「涉入」與「品牌差異程度」這兩個構面加入分析消費者對新產品的採用行為，提出四個產品購買行為，不同的涉入水準與不同的市場狀況（品牌之間的差異），會產生消費者不同的行為模式。茲列表簡述之。

類別	高涉入	低涉入
品牌 差異大	(A)	(B)
	採用模式：認知→情感→行為	採用模式：認知→行為→情感
	理論基礎：認知學習理論	理論基礎：低涉入決策制定
	決策重點：廣泛的問題解決	決策重點：追求變化
品牌 差異小	(C)	(D)
	採用模式：行為→認知→情感	採用模式：認知→行為
	理論基礎：失調或歸因理論	理論基礎：低涉入決策制定
	決策重點：失調減輕或歸因	決策重點：追求省事方便

(1) **方格(A)：為「複雜的購買決策」型態。**是傳統消費者行為理論的廣泛問題解決之決策模式。

(2) **方格(B)：為「尋求變化的購買決策」型態。**消費者對於產品為低涉入，市場上品牌差異大，消費者在這種情況下，採用產品的行為是先知道有這個產品（認知層），隨即決定購買（行為層），使用之後才進行評估，感到喜好或厭惡（情感層）。這種行為模式不是「認知學習理論」可以解釋的，是屬於低涉入決策方式。因為對產品低涉入而市場上品牌多差異又大，所以消費者產生追求消費多樣化的傾向。

(3) **方格(C)：為「降低失調的購買決策」型態。**消費者對於產品屬於高涉入，市場上品牌差異不大，消費者在這種情況下，由於該產品是生活所必需，重要性頗高，品牌之間差異性不大，產品採用行為是先購買使用（行為層），使用後對產品的功能及重要性有所瞭解（認知層），然後對產品進行評估，產生喜好或厭惡（情感層）。這種行為模式也不是「認知學習理論」可以解釋的，是屬於認知失調的調整過程。因為市場上各種品牌性能都差不多，或因價格昂貴，對不滿意的商品立即汰換也是不經濟的。因此，即使有一些不滿意，最後都提出一些理由來接納該產品，即所謂的歸因（attribution）或失調減輕。

(4) **方格(D)：為「行慣性購買決策」型態。**是一個典型低涉入的消費行為，日常用品的購買即屬於這種情況。消費者知悉有這個產品後（認知層），隨即決定購買使用（行為層），使用之後也不會有任何評估，無所謂情感存在。消費者購買這一類產品只求方便省事而已。

3.2 例行決策

例行決策發生在低涉入的購買,亦有稱之為「例行反應行為」。消費者在購買便宜的、熟悉的或不很重要的產品,如日常用品等,通常不會花太多的腦筋與時間去思考,通常是在察覺需要後就直接購買,甚至是衝動性購買。而購買某個品牌的原因,可能是因曾經使用過、比較熟悉這個品牌或是剛好遇到特價優惠。因此,在例行決策中,消費者往往跳過資訊蒐集與方案評估,直接進入購買的階段。就算有經過資訊蒐集與方案評估,也是以內部蒐集及快速比較為主,而且,在購買與消費之後,並沒有明顯表現出對產品約滿意度。在例行的購買決策中,消費者的忠誠度低,且容易尋求多樣化的購買。

3.3 有限決策

有限決策係介於上述兩種決策之間。**在這一類的決策中,消費者通常對於產品有些了解,可是了解的程度還不足以到達輕易作選擇的地步,而所涉及的產品不算便宜,並且有一定的重要性。**有限決策可能會經歷前述的五個階段,但比起廣泛決策較為節省時間與精力。例如,購買數位相機時,就算有資訊蒐集的行動,也比購買汽車時還省時簡單。

牛刀小試
( ) 消費者通常對於產品有些了解,可是了解的程度還不足以到達輕易作選擇的地步,且所涉及的產品不算便宜,並且有一定的重要性,此時所做的決策,稱為: (A)有限決策 (B)例行決策 (C)廣泛決策 (D)風險決策。 **答 (A)**

3.4 購買決策觀點

(1) **經濟的觀點**:此觀點認為消費者是「經濟人」,通常都能夠做出理性的決策,了解所有產品,能夠按照其利弊正確地找出最好的選項。

(2) **被動的觀點**:與經濟觀點的看法恰好相反。被動觀點強調消費者購買決策總是受到他自身的利益和行銷人員的促銷活動的影響。

(3) **認知的觀點**：將消費者描繪成一個思維問題的解決者或信息的處理者。在這一觀點下，消費者常常被描繪成或是接受或者是主動搜尋滿足他們需求和豐富他們生活的產品與服務。認知模型主要研究消費者搜尋和評價關於某些品牌和零售通路的信息的過程。

(4) **情緒的觀點**：儘管行銷人員早已了解消費者決策的情緒或衝動模型，但他們仍然偏好於根據經濟的或被動的觀點來考慮消費者。然而事實上，我們每個人可能都會把強烈的感情或情緒，例如快樂、恐懼、愛、希望、性欲、幻想與特定的購買或物品聯結在一起。這些感情或情緒可能會使個體高度投入，當消費者做出一種基本上是情緒性的購買決策時，他會更少地關注購買前的信息蒐尋，相反，則更多地是關注當前的心境和感覺。

第四節　影響消費者決策行為的因素

消費者的需求與購買決策受到個人影響、個人心理及社會文化因素等三大因素的影響。此三大因素之主要內容列表如下，並依序說明如下：

個人影響因素	年齡、性別、經濟能力、職業、生活型態等。
個人心理因素	動機、知覺、學習、信念與態度等。
社會文化因素	文化與次文化、家庭、參考團體、社會階層、社會角色等。

4.1 個人影響因素

4.1.1 年齡

一個消費者對產品需求與購買行為顯然會因年齡而異。嬰、幼兒並無能力參與購買決策，因此行銷手法主要針對相關產品的決策者與購買者。到了兒童階段，雖仍無購買能力，但藉由電視廣告訊息、小朋友間相互的比較行為、父母的疼愛之情等，兒童對購買決策開始有了某種程度的影響。青少年時期，或許由於自己打工賺錢或依靠父母親的零用錢，開始有購買能力，他們對於某些產品已具有完全的決策能力，同時容易加入追求流行的行列，因此會衝動性購買。到了成年時期，由於有自己的收入與家庭，購買決策往往出現多種角色（提議者、影響者等）互動的情況。至於老年階段，其子女往往具有相當大的購買決策權。

4.1.2 性別

在許多個人消費用品上，「男女有別」是顯而易見的。然而，部分產品的中性化（不分男女）的趨勢也值得注意。再者，男女在零售通路中也有不同的購買行為。以我國為例，一般而言，百貨公司、超市、量販店等通路的女性顧客多於男性顧客，但在便利商店，男性顧客卻比女性顧客還多一些。

4.1.3 所得結構

當「所得結構較低時」，多數消費者所追求的產品或服務，「通常是以最基本的生活必需品為主，對於各種休閒享樂式的消費活動需求較少」；但是「隨著所得逐漸提高，一般的民生需求便會逐漸轉向要求提升生活品質」；另外，對產品或服務安全性的要求，也是在國民所得提高之後，成為另一項為消費者所重視的特性，任何產品若有不安全的可能，都會受到消費者的質疑、甚至抗拒。

4.1.4 職業

由於職業文化、工作上的需要、收入等原因，職業會影響一個人對某些產品的看法、需求與消費。例如學生、專業人士、企業經理與藍領勞工的消費傾向會有所不同。

4.1.5 生活型態

「生活型態改變的結果，也會影響消費者的消費行為與習慣」。例如政府推動週休二日的工作時間制之後，多數國民會因為休閒時間增長而改變其消費習性，例如增加到郊外旅遊的次數等；又如雙薪家庭的新興需求，托嬰或幼兒照顧等幼教事業的發展，便會成為一項新興的服務事業。**Plummer在1974年提出了「AIO量表」作為生活型態之測量指標；AIO（Activity, Interests, Opinion Inventory）量表，顧名思義就是以消費者的活動（Activity）、興趣（Interest）和意見（Opinion）作為衡量生活型態的指標。另有一種VALS（Values and Life Styles）量表，係由史丹佛研究機構（Stanford Research Institute）所提出，它主要是在生活型態的AIO量表中，加入價值觀（Value）的概念。**

4.2 個人心理因素

4.2.1 需要與動機

所謂動機（motivation）係指驅使人們採取行動以滿足特定需求的力量。要了解消費者的購買動機，可以從了解消費者的需求下手。在許多動機理論當中，**心理學家馬斯洛（Abraham Maslow）的「需求層級理論」（Hierarchy Need Theory）最常被用來解釋消費者的需求。**

馬斯洛（Abraham Maslow）認為人的欲望和需求會影響他們的行為，只有尚未滿足的需求能影響行為，已滿足的需求將不能影響行為。**人類的需求依序可分為五種需求層次，可排列成層級或階梯如圖：**

需求層級	心理需求內涵	消費傾向釋例
生理需求	人類首要基本需求，維持生命延續，包括：食物、水、空氣、房屋、衣服、性等。	人們買房子、食物和衣服是為了滿足生理需求。
安全需求	關心個人的身體安全，包括：生活和所處環境的秩序、穩定性、常規性、熟悉感、以及可控制性等。	1. 健康醫療、儲蓄、保險、教育、職業訓練受到消費者重視。 2. 例如近年來因犯罪率節節升高，人身安全自衛性產品需求大增，例如：口哨、胡椒噴霧劑、以及個人保鏢等。 3. 買保險、參加職業訓練、選擇金融服務是為滿足安全和保障的需求。

需求層級	心理需求內涵	消費傾向釋例
社會需求	1. 第三層級的需求包括：愛、情感、歸屬感與接納（故亦稱為「相屬與相愛需求」）。 2. 人們會尋求溫暖、滿足的人際關係、以及家人的愛和關懷等。	購買護衛用品化妝品、漱口水、刮鬍刀是為了滿足社會需求。
自尊(自我)需求	此需求可能是內在導向或外在導向： 1. 內在性自我需求包括：自我接納、自尊、獨立、成功、以及對工作成就的滿意感。 2. 外在性自我需求包括：聲望、名譽、地位、獲得認同。	例如：購買高科技產品：電腦、音響、名車是為了滿足自我需求。
自我實現需求	1. Maslow 需求層級理論的最高層次此需求是個人想要去完成他潛在的理想－傾全力達成儘可能達到的境界。 2. 例如：一位運動員竭心努力練習，希望成為奧運的閃亮之星；一位科學家希望研究出一種徹底治療癌症的新藥。	1. 例如：辦學校、投入公益事業，是為了滿足自我實現需求。 2. 參加藝術課程、醫療服務或軍隊招募常以自我實現需求為訴求重點。

消費者有了需求就會促使其產生購買滿足其需求的動機。生理需求驅使人們購買食物、飲料與普通衣物；安全需求使人們將錢存到銀行，購買基金與裝設防盜系統、安全帽等；社會需求促使人們購買禮品送人、帶家人旅遊、與朋友上餐館等；自尊需求則刺激人們想擁有高價位及象徵身份地位的產品，如豪華汽車、名牌精品等；自我實現需求則引發人們參與公益活動、到國外遊學、探險等舉動。

一般而言，消費者會在滿足較低層次的需求後，才去追求較高層次的需求消費，例如在最基本的溫飽都有問題的狀況下，通常不會去購買名牌產品等。然而，在套用需求層級理論來解釋消費者需求時，應該了解以下幾點。

(1) 每個人的滿足標準有所不同，例如甲覺得要有1,000萬元存款才有安全感，而乙只要有100萬元就感覺安全；有些人非常渴望被愛、被認同，有些人則對社會需求冷淡。

(2) 有些人可能在生理、安全或社會需求不充分滿足之下，還設法追求自我實現的機會，例如捐助公益、從事藝術創作等。

(3)有些人可能打腫臉充胖子而逆向操作，例如購買昂貴產品以得到尊重（自尊需求），希望藉此得到其他人的接納（社會需求）。因此，在行銷實務上，我們應該了解哪一群人在什麼情境之下，對於不同需求的標準有何不同。但須注意的是，**當企業在調查消費者動機時，應該意識到消費者在第一時間告訴行銷人員的訊息，通常為所謂的「表露動機」（manifest motives），亦即是他願意承認而表現出來的動機。**若消費者一開始有所隱藏的、不會馬上反應出來的或更深層的動機，則是潛伏動機（latent motives），如果多問幾個「為什麼」，潛伏動機則可能會逐漸浮現，能夠結合潛伏動機的行銷活動，通常比較令人動容、有說服力，因此，深入了解消費者內心是行銷人員的須注意的重要課題。

牛刀小試

( )｜團體的認同、關懷、親近、友誼的需求，是屬於Maslow「需求層級理論」之何種需求？　(A)自尊的需求　(B)安全的需求　(C)自我實現的需求　(D)社會的需求。　　　　　　　　　　　　　　　　**答 (D)**

4.2.2 知覺

(1)**消費者知覺的組成**：知覺是指選擇、組織與解釋資訊的過程。消費者知覺的組成包括下列四個項目：

A.**感覺投入**：係指個人在心理上覺得自己眼前的情況好像是真實的情況。

B.**絕對閾（absolute threshold）**：個體對單一刺激引起感覺經驗時，所需的最低刺激強度。

C.**差異閾（different threshold）**：分辨兩種刺激的最低強度的差異量。

D.**下意識知覺**：是指潛藏在意識深處，能阻卻或接受其他信息，並影響個人態度和判斷的意識區域。

(2)**知覺可能產生的情況**：

A.**選擇性注意（selective attention）**：人們每天透過視覺、聽覺、嗅覺、觸覺、味覺等，接觸到各式各樣的外在刺激，然而真正注意到的只占一小部分，此現象稱為「選擇性注意」。資訊之所以引起消費者注意，通常是因為與消費者的需求有關、資訊的內容或呈現方式與眾不同或有趣、資訊的刺激強度超過正常水準等。

B.**選擇性扭曲（selective distortion）**：當人們注意到某個資訊之後，會對它以能夠支持既有信念的方式來解釋該獲得的資訊，但卻可能歪曲了該資訊的原意，這種現象稱為「選擇性扭曲」。

C.**選擇性記憶（selective retention）**：當消費者在注意、解讀資訊之後，過了一陣子，有些資訊會被遺忘，有些則會保存一段長時間，這種現象稱為「選擇性記憶」。

D.**月暈效果（halo effect）**：消費者在解釋資訊時，很容易根據他所接觸到的某項產品特質，來判斷產品的其他特質甚至是整體表現，此現象稱為「月暈效果」，當消費者的使用經驗不足、對該產品不夠了解時，月暈效果特別容易發生。這種以偏概全的判斷方式，也凸顯了產品第一印象的重要性。

E.**刻板印象（stereotype）**：產品資訊長期累積下來之後，可能會形成「刻板印象」，亦即將某項事物「貼標籤」而形成難以改變的看法。刻板印象會影響消費者的喚起集合、方案評估、產品選擇等。

F.**認知失調（cognitive dissonance）**：當個體知覺到本身有兩個以上的態度、或態度與行為之間的不一致，就會產生認知失調。認知失調會造成個體不舒服的感覺，因此個體會採取減少不一致情況的行動以降低不舒服感。

消費者對於選擇或放棄某項產品或服務的種種認知情況，經常存在著一種失調或缺乏和諧滿意的狀態，其失調輕重端視決策之重要性而定。失調的產生將使人感到不快或緊張，進而迫使人去消除或減低這種不快感。一般來講，失調的購買人將會朝下列兩種行動方向去做，以減少認知失調情況：

a.將失調的產品移開、退回或賣給別人，以藉此減低自己的認知失調。

b.將尋求支持其現有認知的情報，設法鞏固該產品之地位及優點，以緩和失調的程度。

行銷人員為了降低或消除消費者的認知失調，應該對客戶做到下列二點：

a.提供支持客戶信念的情報。

b.以其他佐證強化客戶的信心。

透過以上二點，以強化消費者對他自己選擇正確性的信心與滿意。

(3)**知覺價值**：亦稱為稱認知價值。係指消費者對企業提供的產品或服務所具有的主觀價值感覺。影響知覺價值的兩個主要因素，乃是消費者對購買產

品時所感知的利與不利的衡量。有利的感知將增加消費者的知覺價值，反之，不利的感知將降低消費者的知覺價值。

A. 增加消費者知覺價值的可能因素：產品本身的品質、屬性、生產者的形象和口碑、附加的服務或技術支援，以及購買時的情境（如服務員的態度、購買流程的方便性等）。

B. 降低消費者知覺價值的可能因素：購買行為所花費的成本，包括產品價格、運費、選購產品所花的時間等。

牛刀小試

( )　當消費者在注意、解讀資訊之後，過了一陣子，有些資訊會被遺忘，有些則會保存一段長時間，這種現象稱為：　(A)選擇性記憶　(B)選擇性曲解　(C)選擇性注意　(D)月暈效果。　　**答 (A)**

4.2.3 學習與記憶

學習係指透過親身經驗或資訊吸收，而致使行為產生改變。 消費者的學習有兩大類，經驗式學習與觀念式學習。

經驗式學習	係透過實際的體驗而帶來的行為改變。
觀念式學習	係一種間接的學習方式，主要是透過吸收外來資訊或觀察他人行為，而帶來的行為改變。

許多行銷活動都是在促使消費者學習，以便消費者在方案評估與選擇時能出現有利於個別品牌的態度與行為。換句話說，行銷人員提供「刺激」（stimulus），以便消費者有所「反應」（responses），而消費者就在刺激與反應的過程中學習。例如廠商贈送樣品、舉辦試吃、試喝等活動，即是在利用消費者學習的心理因素，使其行為改變，提高廣告促銷效果。如果在學習過程中，消費者的行為得到「正增強」，也就是對於行為結果感到滿意，學習將更為快速，效果將更為持久，因此，他對該產品會忠心耿耿，甚至產生「類化效果」（generalization，亦即「愛屋及烏」的效果），更會輕易認同該產品製造商的廣告與產品（因學習與增強而帶來更快的學習效果）。

4.2.4 自我概念與態度

自我概念（Self-Concept）即一個人對自身存在的體驗。它包括一個人通過經驗、反省和他人的反饋，逐步加深對自身的了解。消費者對企業或產品所發展出來的信念，會形成企業形象或品牌形象，進而影響消費者態度、購買意願與行為等，因此，企業應該對消費者自我概念的形成與結果應特別關注。

態度（attitude）則是對特定事物的感受和評價，可分為正、反兩面（喜歡的與不喜歡的），是一種持續性的反應，也是行為的傾向。態度引導人們對相似事物產生類似的行為。因此，態度使得人們無需對每一件事物都重新解釋與反應，省下許多額外的思考與行動。

態度會影響消費者對於產品資訊的選擇與解釋。對於某個產品抱持良好態度時，消費者會在有意無意中，過濾對這產品不利的資訊，或是正面解讀資訊。相反的，若對某個產品的態度不佳，消費者會過濾正面的資訊，甚至落井下石，誇大這產品不利的一面。態度越強烈時，以上的現象就越明顯。

一個人的態度會維持一段長時間，但這不代表態度絕對不會或不能改變。然而，可以想像得到，想改變一個人的態度相當困難，而且必須耗費相當多的時日與代價。

4.3 社會影響因素

4.3.1 文化與次文化

「文化」（culture）係指一個區域或社群所共同享有的價值觀、道德規範、文字語言、風俗習慣、生活方式等。文化會代代相傳，並深切地影響人們的知覺、情緒、思考與行為。它當然亦會影響消費者購買決策的每一個環節，提供某種準則讓消費者的決策與選擇有所依循。雖然文化造就了一個區域或社群的共同特色，它卻是動態的，會隨著經濟、教育、科技、媒體資訊等因素改變。

在一個為大多數人所接受、認同、參與的文化之下，會出現許多「次文化」（subculture），也就是屬於特定群體的特殊文化，而該特定群體的形成因素有年齡、性別、職業、興趣、宗教、種族、地理等。**次文化所擁有的特殊價值觀念、文字語言或行為模式等，亦會影響群體成員的購買行為。**

由於文化對購買與消費行為的影響非常全面且深刻，行銷人員應該具備強烈的文化感受能力，以真正了解目標市場以及整體社會的文化現象與演變。一般而言，配合目標市場的文化特色與趨勢，行銷活動（包含產品設計、包裝、品牌、定價、廣告等）的成功機率較大，尤其是在跨國行銷上，更是如此。

4.3.2 家庭

人們在一個家庭呱呱墜地，成為社會中的新生成員，並開始接受父母親與長輩的教導，或觀察他們的一舉一動，因而開啟了社會化過程，即學習與接受社會規範和價值觀念的過程。**作為社會化過程的第一個機構，家庭是消費者形成許多購買與消費習慣的場所。**因此，行銷人員應該了解相關產品的接受、購買與使用，是否與消費者在家庭中的社會化過程有關。

4.3.3 參考團體

參考團體（reference group）係指對一個人的價值觀念、態度與行為有間接或直接影響的群體。同學、同事、鄰居、教友，甚至影視明星、職業運動員等，都可能是參考團體。來自參考團體的資訊或態度，亦經常會影響消費者對產品的購買動機、評估與選擇。

參考群體可以是任何人或任何團體，他提供了個體比較或參考的基點，引領個體形成特定的價值觀、態度或行為模式，這個群體即稱為「參考群體」。可分為下列五類：

會員群體 （membership group）	係指對人有直接影響的群體，這些群體和個人皆有直接互屬或互動的關係。
初級群體 （primary group）	其成員之間的關係是傾向於非正式的，但彼此間有持續性的互動，又稱主要、緊密群體。如家庭、朋友、鄰居與同事等群體。
次級群體 （secondary group）	其成員之間的關係是正式的，但比較不常有互動往來，如宗教組織、專業群體、商業公會群體等。
仰慕群體 （aspirational group）	即崇拜群體，係指人們經常接受一些自己並非其中一員（非成員）的群體所影響，其中若人們很想加入的群體，則稱仰慕群體，如球迷、影迷、歌迷、師長。因此，廠商若要聘用意見領袖或代言人，最好就來自於這個群體。

分離群體 （dissociative group）	這個群體的價值觀或行為是個人所排斥的。

參考團體又可分為兩大類：「成員團體」與「非成員團體」。成員團體是指團體中的每一份子都有相同的身分（如家族成員、校友會會員），而且由於團體成員有面對面接觸的機會，團體對個人的影響比較直接。非成員團體則指被影響的對象與該團體並沒有同樣的身分，而且兩者間少有、甚至完全沒有面對面接觸的機會，團體對個人的影響是間接的方式。**有些人對於某類產品有深入的認識，並能影響他人對這類產品的購買決策，這種人稱為「意見領袖」，其角色亦是參考團體的一種。**

隨著資訊科技的發展，「虛擬社群」（virtual community）逐漸成為重要的參考團體。無論是透過BBS與WWW網站或是聊天軟體（如Line），網路上充滿了各種因職業、興趣、心理需要等而形成的社群。**許多網友在社群中詢問消費資訊、提供消費經驗、聽取其他網友的建議等，對購買決策行為有相當大的影響。**

4.3.4 社會階層

社會階層（social class）是一種反映社會地位的分群結構，而同一個階層的人有類似的價值觀念、興趣、生活方式等。古代的士農工商就是一種社會階層的劃分方式，現代社會科學則綜合多個變數（如所得、職業、教育、財富）來劃分個人的社會階層。我們可以將任何社會劃分為上層、中上、中下、下層等。

不同的階層有不同的產品與品牌偏好，而且通常會選擇符合該階層地位的產品。因此，行銷人員應該注意目標市場是否帶有某種強烈的社會階層特色，避免在市場上產生混淆不清的印象。

4.3.5 社會角色

每一個人在每一天都扮演了不同的社會角色。**社會角色（social role）是指在特定的社會情境中，受到他人認可或期望的行為模式。**社會角色帶有規範的作用，也就是指導人們有哪些行為是應該或可以做的，有哪些是不應該或不可以做的。不過，由於每個人所處的社會群體不同，加上社會的準則是個人主觀判斷的產物，因此，一個人在某個社會角色上的行為準則可能和其他人不同，其社會角色也往往影響其在消費時的決策。

4.3.6 社會趨勢變遷

「變遷的結果，也會導致消費者需求的變動」，例如統一超商首創二十四小時全天候的營業方式，獲得消費者支持，就是一種順應消費者生活型態與社會變遷而調整的營運型態，也因此提高了經營績效。

4.4　兩因子理論

赫茲伯格（Frederick Herzberg）提出兩因子理論（Two-factor Theory），他將激勵因子歸併為激勵因子與保健因子兩類。他認為內在因子（激勵因子；滿足因子）與工作滿足感相關；外在因子（保健因子；不滿足因子）與工作不滿足相關。

4.4.1 保健因子

保健因子係屬「外在因子」與工作「不滿足」相關。係指「能消除員工不滿足的因子」，例如公司政策、行政管理、監督、人際關係、工作環境、薪資、地位、與部屬和同事的關係等。如果缺少這些保健因子，則員工將會感到不滿意，故其又被稱為「不滿足因子」；但若此類因子已獲得相當的滿足，而仍一再增加保健因子，將無法進一步激勵員工，因為這些因子僅能防止員工不滿足，防止負激勵的產生而已。就行銷的角度而言，公司應避免或消除不滿足因子對購買者的影響。

4.4.2 激勵因子

激勵因子係屬「內在因子」與「工作滿足感相關」；係指能夠增加工作「滿足」的因子，它才能真正有效激勵員工的因子，包括被賞識、成長可能性、挑戰機會、成就感、認同感、責任感、工作本身等等。故此亦稱為「滿足因子」，亦即這些因子能使員工得到滿足，進而提高工作效率。

4.5　家庭生命週期

Duvall（1957）所提出的八階段論，是最為人所熟知、廣為被引用的說法。Duvall針對完整的、中產階級美國家庭加以分析，以家庭中第一個子女的生長過程及教育階段作為劃分的依據，將家庭生命週期劃分為八個階段：

1	新婚階段	剛結婚，尚無子女。
2	家有嬰幼兒階段	第一個子女出生到兩歲半。
3	家有學齡前兒童階段	第一個子女兩歲半到六歲。
4	家有學齡兒童階段	第一個子女六歲到十二歲。
5	家有青少年階段	第一個子女十二歲到二十歲。
6	子女離家階段	子女陸續離家。
7	中年父母階段	由子女均離家在外地工作，即所謂的「空巢期」到退休。
8	老年家庭階段	從退休到夫婦兩人死亡。

第五節　消費者行為模式與知覺風險

5.1 消費者購買動機

5.1.1 購買動機的意義

購買動機是直接驅使消費者實行某種購買活動的一種內部動力，反映了消費者在心理、精神和感情上的需求，實質上是消費者為達到需求採取購買行為的推動者。

5.1.2 購買動機的模式

(1) **本能模式**：人類為了維持和延續生命，有饑渴、冷暖、行止、作息等生理本能。這種由生理本能引起的動機叫作本能模式。它具體表現形式有維持生命動機、保護生命動機、延續生命動機等。這種為滿足生理需要購買動機推動下的購買行為，具有經常性、重覆性和習慣性的特點。所購買的商品，大都是供求彈性較小的日用必需品。例如，消費者為了解除饑渴而購買食品飲料，是在維持生命動機驅使下進行的；為抵禦寒冷而購買服裝鞋帽，是在保護生命動機驅使下進行的；為實現知識化、專業化而購買書籍雜誌，是在發展生命動機驅使下進行的。

(2) **心理模式**：由人們的認識、情感、意志等心理過程引起的行為動機，叫作心理模式。具體包括以下幾種動機：

情緒動機	是由人的喜、怒、哀、欲、愛、惡、懼等情緒引起的動機。例如，為了增添家庭歡樂氣氛而購買音響產品，為了過生日而購買蛋糕和蠟燭等。這類動機常常是被外界刺激信息所感染，所購商品並不是生活必需或急需，事先也沒有計劃或考慮。情緒動機推動下的購買行為，具有衝動性、即景性的特點。
情感動機	情感動機係指購買需求是否得到滿足，直接影響到消費者對商品或營銷者的態度，並伴隨有消費者的情緒體驗，這些不同的情緒體驗，在不同的顧客身上，會表現出不同的購買動機，具有穩定性。它是道德感、群體感、美感等人類高級情感引起的動機。例如，愛美而購買化妝品，為交際而購買饋贈品等。這類動機推動下的購買行為，一般具有穩定性和深刻性的特點。
理智動機	理智動機係指消費者經過對各種需要，不同商品滿足需要的效果和價格進行認真思考以後產生的動機，具客觀性周密性控制性。它是建立在人們對商品的客觀認識之上，經過比較分析而產生的動機。這類動機對欲購商品有計劃性，經過深思熟慮，購前做過一些調查研究。例如，經過對質量、價格、保修期的比較分析，有的消費者在眾多牌號洗衣機中，決定購買海爾牌洗衣機。理智動機推動下的購買行為，具有客觀性、計劃性和控制性的特點。
惠顧動機	惠顧動機係指感情和理智的經驗，對特定的商店，廠牌或商品產生特殊的信任和偏好，使消費者重覆地、習慣地前往購買的一種行為動機，具有經常性習慣性。它是指基於情感與理智的經驗，對特定的商店、品牌或商品，產生特殊的信任和偏好，使消費者重覆地、習慣地前往購買的動機。如，有的消費者幾十年一貫地使用某種牌子的牙膏；有的消費者總是到某幾個商店去購物等。這類動機推動下的購買行為，具有經驗性和重覆性的特點。

(3) **社會模式**：人們的動機和行為，不可避免地會受來自社會的影響。這種後天的由社會因素引起的行為動機叫作社會模式或學習模式。社會模式的行為動機主要受社會文化、社會風俗、社會階層和社會群體等因素的影響。社會模式是後天形成的動機，一般可分為基本的和高級的兩類社會性心理動機。由社交、歸屬、自主等意念引起的購買動機，屬於基本的社會性心

理動機；由成就、威望、榮譽等意念引起的購買動機屬於高級的社會性心理動機。

(4) **個體模式**：個人因素是引起消費者不同的個體性購買動機的根源。這種由消費者個體素質引起的行為動機，叫作個體模式。消費者個體素質包括性別、年齡、性格、氣質、興趣、愛好、能力、修養、文化等方面。個體模式比上述心理模式、社會模式更具有差異性，其購買行為具有穩固性和普遍性的特點。在許多情況下，個體模式與本能、心理、社交模式交織在一起，以個體模式為核心發生作用，促進購買行為。

5.2　購買行為的類型

學者阿索（Assael）依據消費者購買行為涉（投）入程度的高低，以及品牌間的差異程度，區分成四種購買行為：

	高度涉（投）入	低度涉（投）入
品牌間無顯著差異	降低失調的購買行為	習慣性的購買行為
品牌間有顯著差異	複雜的購買行為	尋找變化的購買行為

茲將這四種購買行為中，消費者決定購買與否的行為反應，以及行銷人員因應的行銷作法，依序分別說明如下：

	消費者	行銷人員
習慣性的購買行為（habitual buying behavior）	消費者對產品研究投入的關心相當少，並且沒有強烈的品牌忠誠度。	應使用價格策略及促銷活動，以誘使消費者購買。
尋找變化的購買行為（variety-seeking buying behavior）	此類消費者之所以轉變品牌購買，並不是因為對原有的產品不滿意，只是希望多增加購買與使用產品經驗，以及追求產品多樣化的刺激導致。	應透過廣告促銷手法，以培養消費者習慣性的購買；並且推出多品牌政策，提供消費者多樣化的選擇；對於新產品則可提供免費試用品以吸引消費者。

	消費者	行銷人員
複雜的購買行為（complex buying behavior）	消費者會透過認知學習過程，先求態度之轉變，再轉移產品，最後經過深思後再作成購買決策。	必須發展一些策略，以幫助客戶認知此產品之屬性，建立消費者的信心及對產品的正面態度。
降低失調的購買行為（dissonance-reducing buying behavior）	消費者會學習如何選購適用的產品，而且能正確快速的購買，因為品牌間之差異並不重要。在購買之後，消費者會歷經購後失調的階段，不過，他仍會注意產品的優點，以減少失調程度。	透過溝通過程，提供一些強化訊息給消費者，以減少其對產品的認知失調，並證明其購買之選擇仍是正確的。

5.3　消費者購買情境的影響

學者Engel將消費者之購買行為，依其階段分為以下三種情境：

溝通情境	**個人之溝通**（Personal communication）	係指透過人員之交談，將產品及其相關訊息傳達給消費者，以達成溝通之目的。
	非個人之溝通（nonpersonal communication）	係指透過廣告、電視節目、廣播、出版刊物等途徑，將產品及其相關訊息傳達給消費者，以激發消費者購買情緒之衝動。
購買情境	**零售點環境**（retail environment）	**實際零售點或店面之環境，可能對消費者購買的知覺及行為產生影響，激發消費者購買情緒之衝動。**此包括：現場佈置與擺設、店面之色彩、音樂、銷售人員或店老闆的態度、現場宣傳素材（pop；point of purchase）、現場之人群、購買的時間壓力等。
	資訊環境（information environment）	**此係指有關提供給消費者的產品知識與資料，使消費者能否立即或有效的做下購買的決策。**

使用情境	使用情境係指消費者實際在消費活動時的狀況及其所受的影響而言，此可區分為下列兩種情境：	
	社會環境的影響	例如有些場所張貼禁煙標誌，故而某些人本想抽煙，但看到此標誌後，就只能忍下來不抽。
	時間的影響	例如在美國，通常柳橙汁、麥片等都在早餐時飲用，因此，有些廠商就得在廣告上標示，柳橙汁之飲用不僅限於早餐而已，其他時間飲用亦很好。
	消費者情境的特質 **消費者情境的特質**	消費者本身在使用產品時，受環境影響的程度，與其個人之特質有關。行銷學者Russell W.Belk曾指出消費者情境的特質有下列五項： (1)實體環境：包括地理位置、天候、燈光、商品輪廓、刺激性素材等。 (2)社會環境：在現場人群是否擁擠或乏人問津。 (3)時間性：在時間上的急切感或舒緩感。 (4)前提狀況：個人的心情（愉快、興奮、焦慮）與狀況（手頭現金多或快用完了）等兩大個人的前提，亦會導致消費情境有所不同。 (5)任務：其購買時是否有其目的（任務）存在？因其與為自己隨心所欲逛街購物不同，其動機程度也互有差異。

5.4 消費者購買行為的模式

習慣型購買	<u>此類型的產品的特徵為價格低、購買頻率高，消費者不會花很多時間去評估比較各種不同的品牌。</u>消費者說不太上來他們為什麼會選擇某種商品，因為購買行為純粹只是由於「習慣」而已。購買行為是因為品牌熟悉度而非品牌忠誠度，行銷手法必須不斷以將簡明的產品訊息傳輸給消費者。
經濟型購買	以方便使用、易於安裝、易於修理，節約空間、時間，**價格經濟的方式，激發其購買動機，此為大多數消費者的購買模式。**

理智型購買	消費者對商品有清楚的了解與認知，在較熟悉的基礎上，會進行理性的抉擇後，再做出購買的行為。購買者大多是生活閱歷較豐富、有一定的文化修養、較成熟的中年人。他們做出購買決策之前，通常經過仔細比較和考慮而胸有成竹。	
情感型購買	Harry（1999）認為消費者心理主要包括下列二道程序：	
	大腦思考行為	人類的思考方式可以分成「理智型」與「情感型」二種完全相反的要素，各自負有不同的功能。對各種目標來說，我們則可以由左、右兩腦的觀點，來對問題解決進行仔細的思考。左腦的思考範圍包括有符號、數字、分析、語言、文字、邏輯性、連續性等理性的思考活動；而右腦使用跳躍、低意識的感覺思考方式，執掌美、情感、直覺、想像、空間、情景、倫理觀念等感性的範疇等，受情緒、直覺影響比較大。由此可知，消費者的購買行為就可分為「理智型」與「情感型」二類。
	感官偏好	Harry認為消費者在日常生活溝通中喜歡使用的感覺器官包括：視覺、聽覺、觸覺、嗅覺與味覺、肌肉運動知覺等，其中以視覺及聽覺為主。就視覺來說，手機的品牌標誌、廣告內容、產品外觀等都是我們可以用眼睛所看到的；而聽覺就是大家所認廣告詞令，例如NOKIA的「科技始終來自人性」、MOTOROLA的「HELLO！MOTO」等，有了這些特徵可以讓消費者容易了解各家手機廠牌，所要表達其自家手機傳遞的訊息。

5.5　消費者行為的整合模式

霍華－希史（Howard-Sheth）之消費者行為模式又稱霍華－希史整合模式。基本上霍希模式乃源自於「刺激－反應」模式。該模式將刺激或投入變數，區分為三種性質：

(1) **實體刺激**（significative stimuli）：指有關廠商所做的行銷組合實體，例如品質、價格、外型、服務、色彩、宣傳單等，對消費者行為的影響。

(2) **象徵刺激（symbolic stimuli）**：係指前述實體刺激的形象資訊已為消費者所知覺者。

(3) **社會刺激（social stimuli）**：此外，在霍希模式中，消費者行為受到外生（exogenous）變數的影響，共有七項：

　　A.該項購買之重要性。　　B.文化因素。　　C.社會階層。　　　D.人格屬性。
　　E.社會及組織背景。　　　F.時間壓力。　　G.財務狀況。

5.6 消費者知覺風險

5.6.1 知覺風險的意涵

Cox（1967）**指出，消費者的每一次購買行為都有其購買目標，當消費者本身無法決定何種購買最能滿足自己的目標，或在購買之後其結果無法達到預期的目標，可能造成不利的結果，此即所謂的知覺風險。**因此，Cox定義知覺風險為下列兩個因素的函數：

(1) 消費者於購買前對購買後產生不利後果之可能性的主觀知覺。

(2) 當購買的結果為不利時，消費者個人主觀上所認知損失的大小。

Cunningham（1967）將 Cox所定義之第一個因素稱為不確定（Uncertainty）因素，第二個因素稱為後果（Consequence）因素。隨後學者對知覺風險的研究，大多參考其研究，並以此為依據。

Bettman（1973）**認為知覺風險可以分為固有風險（inherent risk）與可操控風險（handled risk）兩部分**。固有風險係指在一個產品種類當中所潛在對消費者構成威脅的風險；可操控風險則指在某一種產品品類中，消費者選擇某一產品後所引發的風險。例如，當消費者在購買阿斯匹靈時，由於對該產品認知上的不足，最後在眾多產品中選擇購買曾經使用過或較信任的品牌。在此種情況之下，固有的風險較高，而可操控風險則較低。

Taylor（1974）認為消費者的知覺都是選擇性的，亦即消費者行為的中心問題為「選擇」，因為選擇的結果只有在將來才能知道，消費者必須面對不確定性與風險。知覺風險在消費者行為中是很重要但卻令消費者不愉快的。消費者在作選擇時，必須面臨風險的承擔，因而產生心理焦慮，並尋求降低知覺風險的策略，以降低購買後果的不確定性與後果的嚴重性。而消費者所面臨的風險大小及用以降低風險的策略則受消費者「自尊」的影響。

在消費者購買行為中，購買「情境」的不同也會影響消費者的知覺風險。在一般的情況下，當消費者的購買行為並非發生於實體商店時，其知覺風險高於商店內的購買行為，例如消費者以郵購的方式進行購物時將失去對產品作購買前評估、檢查的機會，而在產品有瑕疵的情況下，消費者也將遭遇退還的困難。此外，郵購公司的商業道德也會使消費者質疑。因此，消費者利用郵購的方式進行購物其認知風險將高於透過銷售人員或零售店所進行的購買行為。

5.6.2 知覺風險的構面

Woodside（1968）認為知覺風險為社會、功能與經濟等三個構面，之後許多學者也紛紛地提出了各種構面，消費者在購買產品時，會意識到各種不同類型的風險，其中以下列五種風險構面最為大家所接受：

(1)**財務風險（Financial risk）**：產品的價值無法達到消費者購買成本的風險。

(2)**效能風險（Performance risk）**：亦有稱為功能的風險（Function Risk）。係指產品無法達到預期效能的風險。

(3)**身體風險（Physical risk）**：產品可能危害消費者健康、安全的風險。

(4)**心理風險（Psychological risk）**：購買不當產品而傷害消費者自尊的風險。例如不當產品選擇可能對消費者自我意識造成負面影響即屬此種風險。

(5)**社會風險（Social risk）**：消費者購買不當的產品而遭親友嘲笑的風險。

但Peter（1975）及Brooker（1984）將5.6.3的時間風險亦列入為消費者的知覺風險，使其成為六個構面。認為如此才能更準確地衡量消費者知覺風險。

5.6.3 消費者購物可能面臨的損失

Roselius（1971）將消費者購物可能面臨的損失分為四種：

(1)**時間損失（time loss）**：當產品無法作用時，因調整、修理或替換所造成的時間及精力的浪費。

(2)**危險損失（hazard loss）**：產品品質不良而造成的健康及安全上的損失。

(3)**自我損失（ego loss）**：當購得的產品有瑕疵時，因本身或他人令消費者覺得很愚昧而造成的精神損失。

(4)**金錢損失（money loss）**：當產品不良或無法產生作用，消費者為修理、替換產品而造成金錢上的損失。

5.6.4 消費者降低知覺風險的策略

Cox（1967）指出消費者降低購買的不確定性方法包括：

(1)尋求情報。

(2)依賴自己或他人的經驗。

(3)採取預防的方法，例如購買具高品質的產品。

(4)購買熟悉的品牌。

(5)選擇購買最貴的產品。

Roselius（1971）則指出，在消費者知覺風險理論中消費者面臨風險時，將藉由下列四種策略以降低知覺風險：

(1)降低購買失敗的機率或降低購買失敗後的嚴重性。

(2)將可能造成的損失移轉為其它消費者可接受的損失。

(3)延遲購買行為，藉以移轉該項損失。

(4)產生購買行為並承受所有可能的風險。

在上述四種策略中，「降低購買失敗的機率或降低購買失敗後的嚴重性」最常為消費者所採用，同時也是學者持續研究的重點。具體而言，舉凡品牌知名度、產品保證、商店形象及口碑等都是一般消費者所採取的降低知覺風險策略。

第六節　組織市場與組織購買行為

6.1　組織市場的類別

組織市場（organization market）中的購買者為各類型的組織機構，如工廠、零售業者、學校等。由於買賣雙方多數是商業機構，有些學者稱此類市場為business-business market或business market（商業市場或工業品市場）。組織市場根據購買者特色與購買目的，可以分為以下四類：

類別	主要購買者	購買目的
工業市場	製造商	加工製造
中間商市場	批發商、零售商	轉售以賺取差價

類別	主要購買者	購買目的
政府市場	各級政府單位	服務民眾、公共建設
服務與非營利組織市場	各類服務與非營利機構	服務顧客與民眾

6.2 組織市場的需求特色

(1) **引申需求（Derived demand）**：係指對某種生產原料的需求，是來自於對製成品的需求。對麵粉的需求是來自於對麵包的需求即是。組織市場內的需求是來自消費者市場內的需求，例如民眾對都會綠地的殷切企盼，促使政府建設更多的都會公園等；相反的，如果民眾減少國外旅遊，行李箱的需求必然下降，並衝擊到行李箱的設計、製造與販售等。

(2) **購買數量與金額龐大**：人們在市面上買到的產品是在組織市場內經歷了一連串的產銷過程的結果，而在這產銷過程中，只有最後階段是屬於消費者市場，其他的都是組織市場。顯然的，整個組織市場涉及的購買數量與金額，比消費者市場大得多。例如，水果醋的產銷歷經果農市場、果醋加工市場、批發商、零售商等，從果農到零售商的階段，都是組織市場，相較於零售商銷售予最終消費者的市場而言，組織市場的規模顯然更大。

(3) **需求波動很大**：組織市場中的購貨量與金額相當大，因此，年度訂單的增減使得接單廠商明顯感覺需求的波動。再者，由於衍生需求的關係，消費者需求的小幅度變動會導致上游市場中機器設備與原物料的大幅度波動。例如，數位攝影機的需求小幅度增加，就可能帶動廠房的增建、生產設備的淘汰更新、零組件需求的大幅度提升等；相反的，需求小幅度下降，即可能造成關廠、設備延遲採購、零組件滯銷等。這種現象稱為「加速原理」（acceleration principle）或乘數效果（multiplier effect）。

(4) **需求缺乏彈性**：缺乏彈性的需求是指價格的變動不太影響產品的需求。電腦廠商不會因為滑鼠的價格下降而大量採購，或因價格上漲而減少採購。主要原因是滑鼠只占整體電腦中的小部分，又因消費者對電腦的需求不會隨滑鼠價格而變動，因此電腦廠商無需因滑鼠價格改變而大幅增減採購量。不過，如果原物料或配件是成品的主要部分，需求彈性可能增加。例如蕃茄是蕃茄汁的最主要原料，假設蕃茄價格暴漲，飲料商不得已將上漲成本轉嫁給消費者而提高蕃茄汁價格，但市價太高使得消費者卻步，因此最後可能導致飲料商大幅減少蕃茄的採購。

(5) **聯合需求**：由於組織市場主要購買者為製造商或批發、零售商，其非最終消費者，其購買是為了加工製造或銷售，故其需求乃屬「聯合需求」（Joint demand）。所謂「聯合需求」，是指任何一種生產過程都需要兩種以上的生產要素才能進行，單一生產要素無法生產出任何產品和勞務。

6.3　組織市場的購買者特色

(1) **購買者數目比較少**：<u>相對於消費者市場中的購買者，組織市場中的購買者數目非常少，而且身分也比較容易確認。</u>正因為如此，人員銷售是組織市場中最主要的產品推廣方式，同時，組織市場的產品資訊極少出現在大眾傳播媒體上，而大多刊登在專業或公會的刊物上。

(2) **購買者的地理集中**：有不少組織市場中的購買者出現地理集中的現象，形成原因有配合生產條件（如天候與土壤因素造成）、接近市場（如廣告公司集中在台北，以就近服務大企業及外商）、政府的規劃與政策鼓勵（如設立新竹與台南科學園區）。另外，上中下游廠商的集中，可減少原料或半成品的運輸與管理成本，以及同性質零售業的集中（如台北市漢口街一帶的攝影器材零售業），可以帶來聚集客源的效果，也都是造成組織市場購買者集中的原因。

(3) **買賣雙方關係密切**：與消費者市場比較，組織市場中的買賣雙方有比較密切的關係，主要原因包括買賣雙方數目少且身分容易確認；買方採購量相當大，因此賣方需要密切掌握訂單，減少需求的波動；供應商的產品與服務品質，嚴重影響製成品品質與廠商信譽，因而需要發展密切的合作關係。因此，組織市場中的合作廠商相當重視面對面的溝通，甚至積極參與彼此所舉辦的活動，以期能進一步了解對方所需的產品與品質要求。

6.4　組織市場的購買行為特色

專業購買	由於購買量龐大，且購買目的是為了加工製造或轉售等，組織市場中的購買具有相當高的風險。因此，採購人員或單位必須擁有高度的理性，具備一定的產品專業知識，並了解最適合的購買管道與方式。對於複雜昂貴的產品，甚至會由技術專家與高階主管組成購買委員會來負責整個購買事宜。這種理性及知識導向的購買行為，稱為「專業購買」。

直接購買	許多組織市場中的購買者往往會憑著購買量龐大的實力，跳過中間商而直接向生產者購買，以便取得價格優惠。另外，一些技術層次比較高的、昂貴的、需要售後服務的，也會傾向直接向生產者購買，以確保技術支援與售後保障等。
互惠購買	組織市場中常出現買賣雙方互相購買對方產品的現象，即「互惠購買」（reciprocity）。透過互惠購買可以促進買賣雙方的關係。
複雜的購買決策行為	由於組織購買的數量與金額龐大，風險高，因此，決策過程中除了產品品質、成本效益考量外，其他如市場趨勢的發展、政府政策的變化、匯率變動、競爭者行動等都是組織購買過程中不容忽略的變數。因此，組織市場內的購買決策比消費者購買決策更為制度化、理性、冗長，參與決策的人也比較多。

牛刀小試

(　)　下列何者非組織市場的需求特色？　(A)需求缺乏彈性　(B)需求波動很小　(C)購買數量與金額龐大　(D)衍生需求。　**答 (B)**

6.5　組織的購買決策與角色

組織購買（organization buying）係指「組織建立產品或服務的需求，進而辨識、評估，從品牌和供應商方案中抉擇的過程」。整個過程相當複雜，牽涉到許多人員、目標設定以及決策標準等。

組織市場的購買者可能會以「個人、採購部門、購買委員會」等三種不同的形式出現。事實上，與購買決策相關的人，除了前三者外，可能還有其他的人。在此將「所有參與購買決策過程的人」統稱為採購中心（buying center）（但必須先說明的是購買中心並非企業內的正式組織，它只是由一群與購買決策有關的人所組成的「集合」；亦即它只是一個概念上的名詞，並非一個正式編制的單位）。組織購買中心的成員因組織規模、採購金額與重要性等而異。通常購買中心包含下列角色：

發起者	係指第一個提出購買需求建議的人。
影響者	係指提出意見而能夠左右決策的人。例如技術人員評估不同零件的品質，財務主管質疑零件的價格。一般而言，影響者具有某方面的專業或經驗，經常協助訂定產品規格，並提供評估方案的資訊。

決策者	係指有權決定選擇哪一個品牌或哪家供應商的人。決策者的位階跟採購的金額與重要性有關，若採購數量與金額龐大，決策者通常是高階主管；數量與金額較小的採購，決策者可能是中低階主管，甚至是助理與秘書即可。
同意者	係指授權給決策者或購買者，以進一步採取購買行動的高階主管。同意者通常會給下屬一定的決策權限，在這個授權範圍內，決策者與購買者具有某種程度的決策權。
購買者	負責與供應商洽談與簽約的人，又稱為採購代理人（purchase agent）。購買者可能會協助訂定產品規格，但他的角色主要還是在於與供應商接觸及談判，並選擇合適的供應商。
使用者	指操作、消耗或使用產品的人。有時候使用者會提出採購的建議，並且協助訂定產品的規格，做為購買決策的參考或依據。
把關者	有些重要的採購案會引起供應商的高度注意，而千方百計想獲取購買決策的資訊。為了避免不必要的困擾，就由把關者（gatekeeper）來控制與採購案有關的資訊，例如採購代理人不讓供應商的業務員接近購買決策者；有關主管制定政策禁止使用者和供應商接觸。通常購買中心裡越重要的人物，越需要由把關者來隔離外界的干擾。把關者有助於避免重要決策資訊外流，以及避免因外力的介入市場造成決策過程有失理性客觀。

6.6 購買決策的型態

根據產品與購買的複雜程度，組織市場的購買決策可以分成「直接再購」、「修正再購」與「全新購買」三種。

6.6.1 直接再購

直接再購（straight rebuy），亦稱為「直接重購」，係指對於過去曾經購買過的產品，再一次向以前的供應商購買。一般而言，直接再購的產品不會太複雜、在形式或功能上的變化不大、單價不高或者占產品製造成本的比率不大。這一類決策相當直截了當，所耗費的時間與人力相當少。甚至，有越來越多的直接再購是通過電腦自動訂貨系統來完成。

直接再購具有免除轉換成本與促進標準化的優點。透過直接再購，組織可以減少決策過程中的成本投入，並可避免因轉換供應商而蒙受不確定性與風險（如不熟悉新供應商的產品品質、信用狀況、配合程度、交貨速度），以及與新供應商建立關係所必須花費的時間成本。另外，就製造生產而言，直接再購可以持續獲得相同的原料或零組件，能促進標準化，讓生產得到保障，因而間接降低成本，維持一定的產品品質。因此它是一種最簡單，也最普遍的組織購買類型。

但是，直接再購也有一些缺點存在，例如當直接再購的產品對公司營運具重大影響，但卻不易找到替代供應商時，公司可能會受到供應商的牽制，而任人予取予求。再者，一味地直接再購可能使得組織忽略了其他供應商所提供的較佳產品或服務水準。

6.6.2 修正再購

修正再購（modified rebuy）係指所購買的產品種類是以前購買過的，可是這一次的購買卻希望能夠改變產品的來源、規格、價格或是服務條件等。在決策所耗費的時間與人力上，修正再購情形比直接再購還要多。明顯的，修正再購可能使得原來的供應商失去客戶，而給其他的供應商帶來商機。

修正再購亦有優缺點。透過修正再購，組織可以淘汰原先所購買的品質不良、成本過高、規格不符需要的原料或產品；可以避免組織受制於某家供應商而失去選擇的機會；可以使得供應商感受到有遭受淘汰的危機，而不致有老大心態。其缺點則是，修正再購必須承擔重新決策的成本，以及面對新的供應廠商與新產品所帶來的不確定性與風險。

6.6.3 全新購買

全新購買（new task）又稱為新任務採購，係指前所未有的採購。由於對產品及供應商缺乏經驗與資訊，全新購買的不確定性與風險相當高。為了降低不確定性與風險，購買中心的成員需有較多的資訊作為決策的參考，同時，決策過程也比較複雜。當全新購買的數量與金額龐大，或是採購的產品對組織的聲譽、生存有關鍵的影響時（如生產設備、主要配件等），則全新購買將非常耗費時間與人力。如果一開始的購買決策沒有處理好，勢將嚴重影響日後的績效。

牛刀小試

（　）│所購買的產品種類是以前購買過的，但是這一次的購買卻希望能夠改變
　　　│產品的來源、規格、價格或是服務條件等，稱為：　(A)直接再購
　　　│(B)修正再購　(C)全新購買　(D)以上皆非。　　　　　　**答 (B)**

6.7 組織購買決策的過程

組織市場中的購買決策過程大致上可分為八個步驟。不過這個過程會因為決策型態之不同而有不同的複雜程度。大致上來說，此八個步驟適用於全新購買（但實務上亦未必是完全地遵照這些步驟逐一進行，例如有些採購案可能先尋找幾家供應商後，才確定產品的條件），其他購買型態則只能部分適用（參閱下表）。

購買決策過程	全新購買	修正再購	直接再購
1.察覺問題或需求	✓	✓	✓
2.描述一般需求	✓	?	✕
3.設定產品規格	✓	✓	✓
4.查詢供應商	✓	?	✕
5.徵求提案與報價	✓	?	✕
6.選擇供應商	✓	?	✕
7.簽訂合約	✓	?	✕
8.評估績效	✓	✓	✓

✓：適用　　?：可能適用　　✕：不適用

以下依序說明**全新購買的八個步驟**：

(1) **察覺問題或需求**：此即「問題確認」。此為組織或商業購買行為的第一個步驟。問題或需求的察覺有「內部刺激」與「外部刺激」兩個來源。「內部刺激」主要來源為下列幾項：

為了發展新產品或改善原有產品，需要新的原料或機器設備。原有的機器設備或用品過於老舊、效果不佳，需要換新。現有的供應商服務不好，或者為了得到更好的價錢或品質，需要更換供應商。存貨不足，需要補充等。外部刺激主要是來自外界有關新原料、機器設備或辦公用品方面的資訊，包括：

A.供應商的廣告、業務員、型錄。　　B.競爭者的產品、廣告。

C.報章雜誌與學術刊物的報導。　　　D.客戶的意見。

E.管理顧問的建議。

(2) **描述一般需求**：在確認問題或需求後，購買單位必須決定產品的一般特性。對於簡單的產品，產品的描述較為直截了當，但就複雜產品而言，就需要藉由使用者、專家等相關人士的協助來描述所需要的產品屬性以及這些屬性的重要順序。有時候，當購買單位不清楚產品各項屬性的價值時，可能就需要供應商提供資料，甚至是產品樣本，以增進產品知識。

(3) **設定產品規格**：決定所需產品的技術規格，亦即在重要的產品屬性上應該具備哪些規格（如價格、保養費用、售後服務）。

(4) **查詢供應商**：可以透過供應商廣告、廠商名錄、其他公司的推薦、公開徵求、參加商展、以前來往過的供應商名單等管道尋找供應商。對於重大的採購案，通常會訂定供應商的最低資格，在政府市場中更是如此。

(5) **徵求提案與報價**：在這階段，購買單位邀請合格的供應商提案。對於複雜的產品，除了要求對方提出計畫書，還可能要求口頭報告及產品示範。將供應商的提案加以分析之後，會將不理想的提案剔除，縮小供應商名單，剩下的供應商則進入最後的決選階段。

(6) **選擇供應商**：供應商的選擇會考慮「產品」與「供應商」二大因素。產品方面的考慮因素有價格、可靠性、生產效率等；供應商方面考慮的因素有過去的績效與聲譽、供貨穩定性與速度、服務可靠性、技術能力、財務狀況、雙方的關係等。

(7) **簽訂合約**：確定供應商後，購買單位會列出產品名稱、規格、價格、交貨時間、保證事項等，甚至要求定合約，以便控制供應商的產品與服務品質，以及減少供應商出現差錯時所造成的損失。透過詳細的合約，比較可以確保原物料的規格與品質能符合工廠的生產需要。一旦供貨發生問題，合約更可釐清雙方的權利義務，並作為有爭議時協調處理的依據，以免擴大買賣雙方有所衝突與損失。

(8) **評估績效**：供應商交貨之後，有關單位（如高級主管、採購部門、財務部門）會評估供應商及產品的績效，評估的結果會影響未來買賣雙方的合作關係或是採購品的內容。值得注意的是，評估重點與結果往往因職務或專業而異，例如對於生產線上的主管，原物料的可靠性及品質通常是最重要的評估標準；對採購部門而言，最重要的評估標準可能是供應商的供貨穩定性與速度、服務可靠性等；而財務部門，則貨品的價格可能會比其他因素來得重要。

6.8　影響組織購買行為的因素

除了以上提到的產品與供應商相關因素，還有四大類因素會影響組織購買行為，包括：環境、組織、人際與個人因素。分別說明如下：

(1) **環境因素**：眼前和未來的環境（包括政治與法律、社會文化、經濟、科技、市場需要、競爭情勢等）趨勢往往會影響組織購買中的問題與需求察覺、產品規格的決定、供應商的來源與選擇等。

(2) **組織因素**：組織的領導風格、文化、目標、策略、組織結構、獎勵制度、生產方式等，都會影響組織的購買行為，舉例如下：

A. 嚴控成本、凡事追根究底的企業在採購過程中，對於各項細節的深入詢問與追究、成本效益的嚴格分析以及採購人員的良好操守等，顯然比大而化之、馬馬虎虎的企業來的嚴格。

B. 追求利潤是許多企業的重要目標，但有些採購案卻為了配合整體策略（如鞏固與某供應商的關係），而作出不符合成本效益的決定，捨棄其他價格更低、品質更好的供應來源。

C. 部分組織有「消化預算」的壓力，預算執行比率（實際花費/預算）是衡量績效的重要標準，至於買了什麼、怎麼用、有什麼效用等，不是績效的重點。因此，容易超量購買或購買與業務不相干的設備與用品。

D. 有些組織建立了獎勵制度，以鼓勵採購部門向供應商爭取優異的條件，因此使得採購人員對供應商施加壓力，以便受到組織的獎勵。相反的，如果購買條件與採購人員本身的績效考核關聯不大，加上沒有良好的獎懲制度，採購人員有可能為自己，而不是為組織爭取更好的購買條件。

E. 採取及時生產與存貨（just-in-time production and inventory）管理方式的工廠，希望原料或零組件在需要生產時才運送到廠區，一旦製成品完成，即馬上出貨給顧客。這種生產方式極力要求降低存貨水準，因此，對供應商的供貨穩定性與供貨速度等有相當高的要求水準。

(3) **人際因素**：組織購買決策牽涉不同職權、地位、專業的成員，成員之間以及成員與供應商之間的關係，難免會影響購買行為。人際因素的影響力雖隱晦不明，卻可能造成某些成員在評估供應商或產品方案時，不全然以組織的整體利益（如成本與效益、市場競爭力、企業形象）為出發點。

(4) **個人因素**：購買中心的成員各有不同的性別、年齡、學歷、工作資歷等背景因素，因而造就了不同的風險態度、處事風格、偏好與選擇等。而購買中心包含了哪一種人或者哪一種人占多數，都會對組織購買行為產生影響。例如，對相關產業與產品有多年經驗的採購人員，比經驗不足者能更全面了解採購的情況與恰到好處地掌握採購時機；積極創新的比保守封閉的人，更能接受最新研發的機器設備；保守的採購人員向供應商殺價時，低聲下氣，而精明幹練者則是非把供應商榨乾不可。

經典範題

☑ 測驗題

( )　**1** 下列何者並非消費者市場的特色？　(A)多次購買　(B)需求波動很大　(C)單次購買數量較少　(D)非專家購買。

( )　**2** 消費者在消費者市場內扮演著各種角色中，最先建議購買產品的人，稱為：(A)購買者　(B)決策者　(C) 影響者　(D)以上皆非。

( )　**3** 一般人在購買不同的產品時，通常會出現不同的購買決策型態，其購買型態往往會受到對產品涉入程度（involvement）的影響。以下敘述，何者有誤？　(A)涉入程度係指對購買行動或產品的注重、在意、感興趣的程度　(B)購買較不重要、便宜、簡單的產品，涉入程度比較低；購買重要、昂貴、複雜的產品時，涉入程度相當高　(C)購買較不重要、便宜、簡單的產品，涉入程度比較高；購買重要、昂貴、複雜的產品時，涉入程度相當低　(D)消費者的知覺風險、對產品的了解、購買動機、產品的使用情境等也決定了涉入程度。

( )　**4** 消費者在解釋資訊時，很容易根據他所接觸到的某項產品特質，來判斷產品的其他特質甚至是整體表現，此現象稱為：　(A)類比效果　(B)蝴蝶效應　(C)月暈效果　(D)比馬龍效應。

（　　） **5** 以下有關組織市場需求特色的敘述，何者有誤？　(A)購買數量與金額龐大　(B)需求較具彈性　(C)是一種衍生需求　(D)需求波動很大。

（　　） **6** 以下有關組織市場購買行為特色的敘述，何者有誤？　(A)購買風險較低　(B)購買者往往憑著購買量龐大的實力，跳過中間商而直接向生產者購買，以便取得價格優惠　(C)常出現買賣雙方互相購買對方產品的現象　(D)購買決策比消費者購買決策更為制度化、理性。

（　　） **7** 組織市場中的購買決策過程大致上可分為八個步驟，但下列何者並不適用在直接再購的決策過程中？　(A)徵求提案與報價　(B)設定產品規格　(C)評估績效　(D)察覺問題或需求。

（　　） **8** 下列有關影響消費者行為之因素的敘述何者有誤？　(A)社會因素包括參考群體、家庭、角色和地位及生活方式　(B)影響消費者最深遠的就是消費者的文化特質，特別是消費者的文化、次文化和社會階級　(C)心理因素包括消費動機、知覺、學習、信念與態度　(D)影響消費者行為之因素有四，即文化、社會、個人、心理。

（　　） **9** 角色（Role）在購買行為之影響因素的探討中，係屬於下列那一個因素？　(A)心理　(B)社會　(C)個人　(D)文化。

（　　） **10** 由於銀髮族市場興起，那些市場會有更多的商機？　(A)安養中心　(B)保健器材　(C)醫藥市場　(D)以上皆是。

（　　） **11** 商品銷售首在分析市場，就需要分析而言，主要研究對象為：(A)消費者　(B)代理商　(C)生產者　(D)批發商。

（　　） **12** 消費者對產品的選擇，受其經濟狀況的影響很大，下列何者不是個人經濟狀況的特徵？　(A)性向　(B)負債　(C)資產　(D)儲蓄。

（　　） **13** 下列有關消費者社會階級的敘述，何者正確？　(A)不同階級的消費者間，表現相似的價值觀、興趣及行為　(B)每一階級內的消費者具有相似的價值觀、興趣及行為　(C)每一階級內的消費者具有不相似的價值觀、興趣及行為　(D)社會階級不受消費者的職業、收入、教育程度等影響。

（　　）**14** 為了消除服務的提供與對消費者的外在溝通之間的缺口，企業應著重於：　(A)建立正確的服務品質標準　(B)了解顧客的期望　(C)確定服務傳送符合資訊內容　(D)確定服務績效與標準。

（　　）**15** 航空公司根據下列何者將顧客分為商務與渡假的顧客？　(A)顧客的購買時機　(B)顧客的偏好　(C)顧客的認知　(D)顧客的心理特徵。

（　　）**16** 消費者購買決策深受其心理因素的影響，下列何者不是消費者的心理因素？　(A)性別　(B)動機　(C)知覺　(D)學習。

（　　）**17** 消費者的購買決策過程始於下列何者？　(A)資訊的蒐尋　(B)方案評估　(C)購買決策　(D)確認問題或需求。

（　　）**18** 赫茲伯格（F.Herzberg）的二因子理論分為不滿足因子與滿足因子，其在行銷上有什麼涵義？　(A)公司應避免不滿足因子對購買者的影響　(B)消費者應避免不滿因子　(C)賣產品不需要附保證書　(D)公司應避免確認市場的滿足因子。

（　　）**19** 一般而言，消費者調查的樣本數的決定與下列何項因素無關？　(A)調查人力多寡　(B)可被接受的統計誤差　(C)決策者願意承擔的風險　(D)研究經費。

（　　）**20** 消費者之購買訊息來源，一般可分為個人來源、商業來源、公共來源及經驗來源，下列何者屬於商業來源？　(A)消費者評鑑機構　(B)同學　(C)家人　(D)包裝。

（　　）**21** 下列那一個項目不屬於消費者購買決策過程的階段？　(A)問題認知　(B)資訊蒐集　(C)市場定位　(D)方案評估。

（　　）**22** 購買行為變數不包括下列何者？　(A)使用率　(B)追求利益性質　(C)都市化程度　(D)品牌忠誠度。

（　　）**23** 一個人的購買選擇，受到四個主要心理過程的影響，此四個主要心理過程是：　(A)調查、分析、預測、購買　(B)慾望、需要、購買、消費　(C)動機、學習、認知、信念與態度　(D)上市、成長、成熟、衰退。

（　　）**24** 消費者在購買與消費產品時，會知覺到不同類型的風險，一般包括功能性風險、身體性風險、財務性風險、社會性風險、心理性風險

及時間風險。下列何者屬於財務性風險？　(A)產品會影響人的心理狀況　(B)產品對使用者健康造成威脅　(C)產品價值沒有符合價格水準　(D)產品功能沒有達到消費者的期望。

(　　) **25** 下列選項中，何者為消費者涉入程度最高的產品？　(A)米　(B)醬油　(C)食鹽　(D)房子。

(　　) **26** 為了順利引起對方的興趣、留給對方深刻印象，銷售人員努力設計吸引其注意力的開場白，這種狀況是屬於人員銷售步驟的哪一個過程？　(A)篩選潛在顧客　(B)進行展示與說明　(C)接觸潛在顧客　(D)事前準備工作。

(　　) **27** 消費者的購買決策受到心理因素影響很大，請問下列何者不是心理因素？　(A)年齡　(B)認知　(C)學習　(D)動機。

(　　) **28** 購買產品或勞務以供個人或家庭需要及使用的人，係指：　(A)消費者　(B)消保官　(C)中間商　(D)通路商。

(　　) **29** 由於價值觀的改變，青少年市場興起，下列哪些市場是最有潛力？　(A)電子娛樂產品　(B)能表現自我的產品　(C)偶像明星演唱會　(D)以上皆是。

(　　) **30** 在常態上，一個公司剛推出新產品之際，通常不會同時推出數個產品供顧客選擇，其理由是初期產品發展的重點在發展顧客的：　(A)基本要求　(B)通路　(C)產品定位　(D)市場成長。

(　　) **31** 一般而言，影響交易工具選擇的因素中最不重要的是：　(A)便利性　(B)安全性　(C)時效性　(D)流行性。

(　　) **32** 在特定的行銷計劃下，且在特定的行銷環境、特定時間及特定地理區域內，由特定顧客群體所欲購買的產品總量應稱為：　(A)市場預測　(B)公司需求　(C)市場需求　(D)市場占有率。

(　　) **33** 陳大華看到同學家裡都有電漿電視，便向爸爸吵著要買，爸爸為了不讓大華失望，便考慮購買，並廣徵朋友的意見，朋友建議他購買新力牌。因此，大華的爸爸便告知媽媽決定購買新力牌電漿電視。由上例可知，購買決策的影響者是誰？　(A)朋友　(B)爸爸　(C)媽媽　(D)陳大華。

（　）**34** 因為宗教信仰導致的餐食禁忌，是屬於何種因素對消費行為的影響？　(A)文化因素　(B)家庭因素　(C)社會因素　(D)團體因素。

（　）**35** 在低度產品涉入及品牌無差異的情況下，經常會產生何種購買行為？　(A)尋求變化的購買行為　(B)習慣性的購買行為　(C)降低失調的購買行為　(D)複雜的購買行為。

（　）**36** 消費者購買決策過程始於下列何者？　(A)需求認知　(B)資料蒐集及處理　(C)方案評估　(D)購買決策。

（　）**37** 行動電話公司之間競爭轉趨激烈，頻頻推出低價手機方案來搭配門，其原因是：　(A)競爭者減少　(B)市場正處成長期　(C)市場正處成熟期　(D)競爭者增多。

（　）**38** 消費者忠於一種或數種品牌，並習慣購買本身熟悉品牌的產品，此為：　(A)經濟型購買　(B)理智型購買　(C)習慣型購買　(D)情感型購買。

（　）**39** 通常能影響一個人的態度、意見、思想和價值等的社會群體稱為：　(A)民族群體　(B)商業群體　(C)宗教群體　(D)參考群體。

（　）**40** 社會中同質同有相似價值觀、興趣與行為之群體的變數是：　(A)自我概念　(B)社會階級　(C)生活型態　(D)文化。

（　）**41** 下列何項是人員訪問調查的缺點？　(A)回收率偏低　(B)問卷的題目不宜過多　(C)容易受訪員影響而產生偏見　(D)無法得到有關消費者態度的資料。

（　）**42** 影響消費者購買行為的主要因素是，下列何者正確？　(A)社會階層、次文化、參考群體及生活型態　(B)經濟情況、個人因素、動機及學習　(C)產品、價格、通路及促銷　(D)文化、參考群體、家庭及人格。

（　）**43** 機車公司推出輕型機車及重型機車，此乃公司認為市場具有：　(A)同質性　(B)異質性　(C)可能性　(D)相關性。

（　）**44** 林先生從決定買車代步後也蒐集了相關車款型錄，請問接下來林先生應進入消費決策的那一階段？　(A)蒐集情報　(B)確認問題　(C)評估可行方案　(D)購買決策。

(　　) **45** 我們可能對某個廣告的情節或明星印象深刻，但是卻不記得它是那一個品牌產品的廣告，這種現象是： (A)選擇性知覺 (B)選擇性曲解 (C)選擇性記憶 (D)選擇性學習。

(　　) **46** 經常對新產品懷疑有加，因此，在大多數人都用過之後才採用的消費者係屬於下列何者？ (A)創新者 (B)早期採用者 (C)早期大眾 (D)晚期大眾。

(　　) **47** 當消費者在蒐集資訊、閱讀資訊、組織及記憶資訊，請問該消費者處於複雜性購買決策上的那個階段？ (A)認知 (B)資訊處理 (C)資訊評估 (D)購買。

(　　) **48** 消費者所處的購買準備階段，若以效果階層模式（hierarchy of effects）說明，其六個階段依序為下列何者？(1)喜歡（liking）；(2)購買（Purchase）；(3)了解（knowledge）；(4)注意（awareness）；(5)堅信（conviction）；(6)偏好（Preference）(A)(1)(2)(3)(4)(5)(6) (B)(1)(3)(4)(2)(5)(6) (C)(1)(4)(3)(2)(6)(5) (D)(4)(3)(1)(6)(5)(2)。

(　　) **49** 行銷人員必要瞭解目標市場的需要（need）、欲望（want）與需求（demand）。下列敘述何者正確？ (A)需要是指人類基本需求 (B)需求是指人類基本需求 (C)需求會轉變為欲望 (D)對特定產品產生欲望且有能力購買，謂之需要。

(　　) **50** 小張依照嫂嫂阿嬌的建議去麗嬰房，為出生三個月大的嬰兒彎彎購買育嬰產品，在此購買過程中，有關消費者角色的敘述，何者錯誤？ (A)彎彎是使用者 (B)阿嬌是影響者 (C)小張是影響者 (D)小張是購買者。

解答與解析

1 (B)。需求波動很大為「組織市場」特色之一，組織市場中的購貨量與金額相當大，因此，年度訂單的增減使得接單廠商明顯感覺需求的波動。再者，由於衍生需求的關係，消費者需求的小幅度變動會導致上游市場中機器設備與原物料的大幅度波動。

2 (D)　　**3 (C)**

4 (C)。當消費者的使用經驗不足、對該產品不夠了解時，月暈效果特別容

易發生。這種以偏概全的判斷方式，也凸顯了產品第一印象的重要性。

5 (B)。缺乏彈性的需求是指價格的變動不太影響產品的需求。電腦廠商不會因為滑鼠的價格下降而大量採購，或因價格上漲而減少採購。主要原因是滑鼠只占整體電腦中的小部分，復因消費者對電腦的需求不會隨滑鼠價格而變動，因此電腦廠商地無需因滑鼠價格改變而大幅增減採購量。

6 (A)   7 (A)   8 (A)

9 (B)。社會角色是指在特定的社會情境中，受到他人認可或期望的行為模式。社會角色帶有規範的作用，也就是指導人們有哪些行為是應該或可以做的，有哪些是不應該或不可以做的。

10 (D)

11 (A)。商品銷售分析乃是希望透過消費者行為的研究，以創造消費者對產品價值的知覺，當消費者覺得有價值時，消費者即會展現他的購買力，對廠商而言，這就是成功的行銷。

12 (A)   13 (B)   14 (C)   15 (A)

16 (A)。在許多個人消費用品上，男女有別是顯而易見的。就消費者購買行為而言，它是屬於個人影響因素而非心理因素。

17 (D)。消費者購買決策過程始於確認問題（此即「需求認知」）。問題察覺係指消費者的實際狀況與其預期的或理想的狀況有落差，也因為有這種落差，消費者才會產生購買動機。

18 (A)   19 (A)

20 (D)。消費者購買決策過程中之外部資訊蒐集的來源，如廣告、銷售人員、經銷商、包裝及展示等，都是屬於商業來源。

21 (C)。消費者購買決策過程包括：問題察覺（認知）、資訊蒐集、方案評估、購買和購後行為等五個過程。

22 (C)   23 (C)   24 (C)

25 (D)。一般而言，購買重要、昂貴、複雜的產品時，涉入程度相當高。相反的，購買較不重要、便宜、簡單的產品，涉入程度比較低。

26 (C)   27 (A)

28 (A)。因此，所謂「消費者市場」即是由個人與家庭組成，他（她）們購買的目的主要是為了個人或家庭上的需要，而不是為了營利。

29 (D)

30 (A)。新產品開發耗資龐大，而且難以保證成功。為了降低風險、提高成功的機會，故新產品剛推出時，會如題目所言，重點在滿足顧客的基本需求。

31 (D)   32 (C)   33 (A)

34 (A)。在一個為大多數人所接受、認同、參與的文化之下，會出現許多「次文化」，也就是屬於特定群體的特殊文化，而該特定群體的形成因素有年齡、性別、職業、興趣、宗教（如題目所述者）、種族、地理等。次文化所擁有的特殊價值觀念、文字語言或行為模式等，亦會影響群體成員的購買行為。

35 (B)。日常用品的購買情況，即屬習慣性的購買行為。

36 (A)　**37 (C)**

38 (C)。習慣性的購買行為係指消費者對產品研究投入的關心相當少，並且沒有強烈的品牌忠誠度。

39 (D)　**40 (B)**　**41 (C)**

42 (A)。消費者的需求與購買決策受到個人背景（如年齡、性別、經濟能力、職業、生活型態等）、個人心理（動機、知覺、學習、信念與態度等）及社會文化因素（文化與次文化、家庭、參考團體、社會階層、社會角色等）三大因素的影響。

43 (B)

44 (C)。消費者購買決策過程包括：問題察覺（認知）、資訊蒐集、方案評估、購買和購後行為五個過程。因此，次一個為評估可行方案。

45 (C)。選擇性記憶係指當消費者在注意、解讀資訊之後，過了一陣子，有些資訊會被遺忘，有些則會保存一段長時間，這種現象即稱為「選擇性記憶」。

46 (D)　**47 (B)**　**48 (D)**　**49 (A)**

50 (C)

✅ 填充題

一、單次購買數量較少、多次購買等特性係 ＿＿＿＿ 市場的特色。

二、消費者在消費者市場內扮演著五種角色。採取實際行動去購買的人，係為 ＿＿＿＿ 的角色。

三、消費者在購買產品的前後，會經歷一連串的行為，該行為依序可分為問題察覺、資訊蒐集、 ＿＿＿＿＿ 、購買、購後行為等五個階段，此稱為「購買決策過程」。

四、心理學家馬斯洛（Abraham Maslow）的「需求層級理論」將人類需求依序分為生理、安全、社會、自尊、 ＿＿＿＿＿ 等五個需求層級。

五、消費者在解釋資訊時，很容易根據他所接觸到的某項產品特質，來判斷產品的其他特質甚至是整體表現，此現象稱為 ＿＿＿＿＿ 。

六、組織市場的需求特色包括其係一種衍生需求、購買數量與金額龐大、需求波動很大、 ＿＿＿＿＿＿ 。

七、當個體知覺到本身有兩個以上的態度、或態度與行為之間的不一致，就會產生 ＿＿＿＿＿ 。

八、 因產品的價格、使用便利性、可靠性、耐用性、效率、保證等而喜好某種產品，此係屬於 ＿＿ 動機。

九、 學者Engel將消費者之購買行為，依其階段分為三種情境，包括 ＿＿ 情境、 ＿＿ 情境與 ＿＿ 情境。

十、 霍華－希史（Howard-Sheth）之消費者行為模式將刺激或投入變數，區分為 ＿＿ 刺激、 ＿＿ 刺激、 ＿＿ 刺激等三種性質。

解答

一、消費者。　　　　　二、購買者。　　　　　三、方案評估。

四、自我實現。　　　　五、月暈效果。　　　　六、需求缺乏彈性。

七、認知失調。　　　　八、理智。　　　　　　九、溝通、購買、使用。

十、實體、象徵、社會。

☑ 申論題

一、 **請說明消費者市場的特點所在。**
　　解題指引：請參閱本章第一節1.2。

二、 **請舉例說明消費者購買決策過程。**
　　解題指引：請參閱本章第二節2.1～2.5。

三、 **消費者購買決策的型態有哪三類？並請說明之。**
　　解題指引：請參閱本章第三節3.1～3.3。

四、 **影響消費者購買行為的個人心理因素包括哪些？並請簡述其內容。**
　　解題指引：請參閱本章第四節4.2。

五、 **組織市場有哪些類別？其主要購買者與購買目的各有何不同？**
　　解題指引：請參閱本章第六節6.1。

六、 **何謂衍生需求？請舉例明說明之。**
　　解題指引：請參閱本章第六節6.2(1)。

七、 **請詳細說明組織市場購買行為的特色。**
　　解題指引：請參閱本章第六節6.4。

八、請說明組織市場購買決策的型態。

解題指引：請參閱本章第六節6.6。

九、請簡述影響組織購買行為的各類因素。

解題指引：請參閱本章第六節6.8。

十、廠商為何需要研究消費者行為？試述其理由。

解題指引：請參閱本章第一節1.4。

十一、學者阿索（Assael）將消費者購買行為分成四類，在這四種購買行為中，消費者決定購買與否的行為反應，以及行銷人員因應的行銷作法，各有不同，請詳細說明之。

解題指引：請參閱本章第五節5.2。

十二、請說明霍華-希史（Howard-Sheth）之消費者行為整合模式的內涵。

解題指引：請參閱本章第五節5.5。

市場區隔、目標市場與行銷組合

依據出題頻率區分，屬：**A** 頻率高

課前提要

本章主要內容包括目標市場行銷、市場區隔及定位的意義與作法。

第一節　市場區隔

1.1　市場區隔的意義

市場區隔（market segmentation）係指將一個市場，依據「消費者購買行為的差異性」加以區隔，使一種「異質的市場」成為數個「性質相似的小市場」，企業可從這些具同質性的市場中，找出一群擁有類似需求和慾望的消費者，而對其較具吸引力且能有效服務的次級市場，選擇作為「目標市場」。每個小市場（區隔市場）對行銷活動會有「相同的反應」。採用區隔化策略類似來福槍法，以個個擊破為主，相反者即為散彈槍法，希望一網打盡。

1.2　市場區隔的原因與目的

(1)**原因**：行銷導向在強調滿足消費者的需求，然而消費者需求特性受到不同生活習性、所得條件、教育背景、年齡性別等因素的影響而有不同的消費型態。所以產品功能、價格水準、品質水準、銷售方式等企業行銷規劃，並不容易同時滿足所有的消費者；同時，由於消費者的行為異質性甚高，如果未設定任何特定目標展開行銷活動，勢必會導致行銷資源的浪費，也不可能達到預定的行銷效果。因此，**企業在行銷活動展開前，必須先就市場需求的異質性，進行市場區隔化分析，亦即根據適當的「消費者屬性變數」將全部的消費者，區分為「不同需求特徵的群體」，此亦被稱為「次市場（sub-market）」。**

(2)**目的**：根據市場區隔結果，企業可以選擇對產品最具競爭力的區隔作為目標市場，或者依據不同市場區隔提供不同的產品或服務，以滿足消費者差異化的需求，提高行銷活動的績效。

1.3　市場區隔的優點

(1)有利於引導組織行銷正確的方向，有助於發掘行銷機會。
(2)有利於針對消費者設計產品。
(3)有利於針對消費者進行促銷與廣告。
(4)有利於選擇行銷效率較高的差異化行銷策略。
(5)有利於發展有效率的行銷計畫。

1.4　市場區隔化作業

1.4.1 區隔的基礎

市場區隔的方式，可以使用單一變數或同時使用多個變數，只要能夠有效區分、辨識消費者群體，並評量該群體之規模與接近該群體展開行銷活動，都屬於成功的市場區隔之作業。

1.4.2 消費者市場區隔的變數

區隔變數	說明
地理區隔變數	係以依據消費者居住地理位置的差異來劃分消費者群體，例如都市、郊區、鄉間或北部、中部、南部等來區分消費者需求的特性。
人口統計變數	包括性別、年齡、所得、職業、教育水準、婚姻狀況、家庭組成、家庭生命週期階段、社會階層等因素之統稱。
心理變數	係指人格特質、風險偏好、社會階層、生活型態（如個人從事的活動、興趣、觀點）、價值觀等直接影響消費者行為的變數，這些變數直接影響消費者的心理狀態與消費行為。
行為變數	係指消費者對於產品的購買時機、使用場合（時機）、追求利益、使用者狀態、使用頻率、品牌忠誠度、購買準備階段、對產品的態度等變數，影響到消費者對於特定品牌、產品的選購與使用行為，而成為可以區隔市場的基礎。

1.5　組織市場的區隔變數

組織市場中的購買者涵蓋工廠、中間商、政府單位、服務與非營利團體等，這些購買者也有需求異質性，因此相關的供應商同樣需要市場區隔的觀念。**組織市場的區隔變數可以大略分為三類，說明如下：**

最終使用者	工業產品的最終使用者，通常都不盡相同，各有不同特質。例如鋁製品最終使用者有汽車、住宅、飲料容器等。
客戶規模	以客戶規模之大、中、小型，亦常為區隔變數。
產品的應用	工業產品應用於何種下游的產業，亦可做區隔變數。例如鋁可做半製成品、建材、鋁製活動屋等用。

牛刀小試

(　)　社會階層、生活型態、價值觀等係屬何種市場區隔變數？　(A)行為變數　(B)人口統計變數　(C)心理變數　(D)地理區隔變數。　**答 (C)**

1.5.1　組織購買者基本背景

購買者基本背景類似消費者市場中的人口統計變數，包含一些較清楚明確的變數，如地理位置、產業或行業類別、規模、顧客購買數量、產品的用途、主要的購買條件、購買策略、購買的重要性、顧客關係和採購及採購單位特性等。
茲就前三者分別說明下：

地理位置	不同的購買者所在地會因為自然、人文與產業環境等原因，而有不同的管銷成本、法令規範、行銷方式、市場機會與限制等，因此適合用來作為區隔的變數。值得一提的是，相關業者應該密切注意產業上中下游業者遷移所帶來的產業分布變化，以便在行銷策略上有所因應。
產業或行業類別	不同的產業或行業會因為技術層次、產品特性、經營型態、文化習性等方面的差異，而對採購或供應商有不同的要求。
規模	購買者的規模通常與採購量、議價能力、採購要求、決策複雜程度等有關，因此可以用來區隔市場，以便供應商依據本身的策略與資源選擇適當的目標市場。

1.5.2 組織之採購及採購單位特性

除了以上的購買者基本變數，供應商也可以使用一些採購與採購單位特性的變數，以便更有效區隔市場，這些變數包括下列各項：

採購條件	供應商可以根據組織購買者在價格、產品與服務品質等條件上的差別來區隔市場，並考量本身的策略與資源，選擇恰當的目標市場與策略。
採購的用途	採購品對購買者的用途影響供應商所應提供的產品屬性、價格、訴求等，因此適合作為區隔變數。
顧客關係	供應商可以根據和顧客往來的歷史及其購買頻率，將顧客分級（如從新客戶到忠誠客戶），然後依據市場競爭情勢、產業結構的變化等，決定不同顧客類型的對應策略。例如，若研判目前最大的幾家老客戶在一年內將會因不同原因終止下單，或可考慮將多一些資源用在新客戶的開發與服務；若發現最重要的客戶群只來自兩種產業，為了分散風險，應設法提高其他產業客戶的忠誠度。
採購人員的特質	供應商的銷售策略經常會因採購人員的性別、資歷、專業、決策風格等因素而異，因此，採購人員的特質也是具有策略意義的區隔變數。

1.6　市場區隔的要件

行銷人員將市場加以區隔之後，在進入下一個階段「選擇目標市場」之前，必須評估所區隔出來的市場到底好不好或有沒有用。**市場區隔的評估須符合區塊間的異質性、可衡量性、可接近性、足量性、可實踐（可行動）性等五項要件（特質、準則），該項區隔才有助益。**

特質	說明
異質性（heterogeneity）	亦稱為「可區隔性」。如果兩個被劃分出來的區塊在需求上是相同的，那就失去了市場區隔的基本目的。換句話說，必須在「市場異質性」的前提下才進行市場區隔，因此理所當然的要求不同的區塊有不同的需求，如此對行銷策略才有幫助。

特質	說明
可衡量性 （measurability）	係指區隔後的市場規模與購買力，是可以衡量的，藉以研判此一區隔之後的市場規模大小。
可接近性 （accessibility）	係指區隔後的市場，可以透過各種行銷手法接近該消費者族群，藉此有效展開市場行銷活動，否則該區隔將毫無意義。例如電子化行銷（e-marketing）中，使用者可透過網際網路獲取資訊，以了解各種產品、價格與評價訊息等，即是屬於此種特質。
足量性 （substantiality）	係指每一個區隔後的市場規模，都需求大到有足以實現企業獲利的市場經營價值。易言之，足量性係指區隔後的次級市場其銷售潛量與規模大小足以讓企業有利可圖。
可實踐性 （action ability）	係指每一個區隔後的市場，企業在考慮本身的目標、資源與優勢等條件下，有可能針對該市場特性設計規劃不同的行銷策略，以展開必要的行銷活動。

1.7　市場區隔化的程序

一般的市場區隔化程序，依序為下列三項步驟（但由於市場區隔常在變，因此市場區隔化必須定期重做）：

調查階段	蒐集並挖掘消費者有關動機、態度、行為。
分析階段	將所蒐集的資料利用統計方法集群為不同區隔的群體。
剖化階段	將每一集群依其特有之態度、行為、人口統計、心理統計，以及各集群（區隔）的特徵加以命名。

1.8　市場區隔化的層次

市場區隔化的層次依序分為下列五個層次：

(1) **大量行銷（mass marketing）：係指企業僅對某一項產品作大量生產、大量配銷與大量推廣。**大量行銷採用一對全部或一對多的溝通方式，二者傳達的內容與媒介則一致。

(2)**區隔行銷（segment marketing）：係指市場中較大且可確認出來的區隔進行行銷。**亦即須能確認出購買者的慾望、購買力、地理區域、購買態度與購買習慣等差異。區隔行銷係介於大量行銷與個人行銷之間的行銷方式。

(3)**利基行銷（niche marketing）：係指企業將市場劃分為若干不同的群體或區隔，而就其中一個區隔分成若干次區隔（sub-segments）或一組獨特屬性，找出一組特定的產品利益組合，來確認公司的利基，專注投入以提供專門服務，進而建立優勢地位。**利基行銷又稱集中策略，是中小企業最常採用的競爭策略，是區隔行銷策略的進一步發揮。

(4)**地區行銷（local marketing）：係指針對特定地區顧客群，設計滿足其需要的行銷方案。**

(5)**個人行銷（individual marketing）：此為區隔化的最終層次，稱為「一個人的區隔」、「顧客化行銷」或「一對一行銷」，**例如為顧客量身打造的西裝、假期等。

牛刀小試

( )　一個有意義的市場區隔必須具備四項特質，下列何者有誤？　(A)可衡量性　(B)可行動性　(C)客觀性　(D)足量性。　　**答 (C)**

1.9　區隔市場吸引力大小的決定因素

市場區隔吸引力的大小主要受以下幾個因素影響：

區隔市場潛力的大小	市場區隔內的顧客愈多、購買力愈強及可支用所得愈高，則該市場區隔的吸引力愈大，因此行銷人員必須評估每一市場區隔內的市場潛力。
接觸該區隔市場的成本	任何個案均須考慮風險與報酬。有些區隔市場不容易接觸，因此接觸該區隔市場的成本很高，所以該市場區隔的吸引力便相對較低；反之，則吸引力便相對較高。
區隔市場的競爭強度	某一市場區隔雖然很大，但如果該市場區隔內的競爭者很多或競爭者很激烈，則該區隔市場的吸引力便不高。
區隔市場的未來成長	衡量市場吸引力可以透過市場成長率，以及管理部門對區隔市場吸引力的評估。若區隔市場的未來成長性愈高，則該區隔市場的吸引力便相對較高。反之，則吸引力便相對較低。

| 組織的行銷策略、資源與優勢 | 對於開發該區隔市場，組織相對上所擁有的資源與優勢如何？若是組織的資源與優勢相對較強，則該區隔市場的吸引力便相對較高，較有機會提高市場占有率。 |

1.10　企業考慮進入的目標市場應具有的條件

(1) **區格規模與成長潛力**：企業首先須檢討市場區隔的規模大小與成長潛力是否適當？市場規模狹小或趨於萎縮，均非適當的目標市場。所謂適當的市場區隔，係相對於企業的規模而言。

(2) **區隔結構的吸引力**：一個規模與成長條件俱佳的市場區隔，未必就是能夠獲利的市場，市場區隔吸引力，則是受到世界策略大師麥克·波特所提出「五力分析」中，所謂五大競爭因素的影響：

現有產業之競爭	如果一個市場區隔充滿眾多且強而有力的競爭者，則此一市場區隔將不具吸引力。因其將會引起經常性的價格戰，而使競爭成本增加，獲利下降。
新進入者之威脅	市場區隔如可能吸引很多競爭者想進入此一市場，則該市場並不具有吸引力。因新進入者會使產能增加，資源瓜分，亦使得原有企業成本上升，獲利下降。
替代品的威脅	市場區隔如有潛在或可行的替代品時，則該市場吸引力就不高，因其產品之訂價須與替代品比價，而無法提高利潤。
購買者之議價能力	如果購買者擁有強而有力之議價能力，則此一區隔市場就難以吸引人。在下列情況下，購買者會有較高的議價能力： (1)購買者占供應商銷售的比例很高。 (2)產品差異性不大。 (3)購買者對產品的轉換成本不高。 (4)產品占購買者成本比例高。 (5)購買者有向後整合的可能性。 (6)供應商之議價能力：如果供應商有能力任意調高價格或降低產品品質，此一市場就不具吸引力。

(3) **企業目標與資源**：即使該市場區隔的各項條件均十分符合，但非企業發展的主要目標，會造成企業資源的分散，則該市場並非理想的目標市場。另外，企業的資源條件是否適合經營該市場，亦為重要之考慮因素。要能充分發揮其資源優勢之市場，方為適當的市場。

第二節　目標市場行銷

2.1 目標市場行銷的必要性

企業組織透過各類行銷活動所想要瞄準的顧客群稱為「目標市場」。進一步研之，廠商根據某些購買者特性將廣大的市場加以分類，然後決定針對某一群購買者提供某一種產品利益或特色，這一群購買者即稱為目標市場（target market）。廠商針對此市場之需求進行行銷，即稱為目標市場行銷（target marketing）；廠商之所以要採取目標市場行銷，乃是因為市場異質性（market heterogeneity）的關係，**市場異質性係指市場上的購買者具有多樣化的需求，其異質之原因大致有下幾端：**

(1) **每個人的消費習性總是會跟有些人不同**。例如有的人偏好義大利麵食，有的人卻偏愛日式料理。

(2) **每個人偶會出現主要消費習性之外的消費行為**。例如有些人喜歡喝木瓜牛奶，但是偶爾會因為想迎合女朋友而改喝其他飲料。

(3) **有些人對於某些產品缺乏品牌忠誠度**。例如經常刻意購買沒吃過的巧克力。
　　由於產品的不斷創新與多元化、傳播媒體迅速發展、以及消費者可支配所得增加，市場異質性有愈形擴大的趨勢。因此，幾乎沒有一項產品可以被所有的消費者所接受，廠商因而有必要針對某個或某些消費者群體提供他們所需。更何況廠商亦很難有龐大的資源可以大小通吃市場上的每一位消費者，因此必須衡量本身的資源，服務於部分的市場，如此不但可以避免亂槍打鳥，浪費有限資源，也可因為對某部分市場專注而更了解市場的需求，提供更合適的行銷組合，從而提升行銷管理的效果。因此可見目標市場行銷的合理性與必要性。

2.2　目標市場行銷的演進

一般而言，企業的想法與作法大致會依序經歷下面三個階段：

1	大量行銷 （mass marketing）	此種行銷係以同質市場為概念基礎的行銷，其大都僅對一項產品作大量生產、配銷與推廣，如此可以最低成本及價格，創造最大潛在市場。
2	產品多樣化行銷 （Product-variety marketing）	生產兩種以上產品，每種產品有不同特性、式樣、品質等，如此可以讓消費者尋求多樣與變化。
3	目標市場行銷	針對各個區隔市場的不同需要，發展出不同產品與行銷組合，幫助銷售者掌握行銷機會與擬定行銷策略。

2.3　目標市場行銷的作法

2.3.1 目標市場行銷的步驟

目標市場行銷（有學者稱為「目標行銷」）包括三個步驟：第一個步驟是進行「市場區隔」（Segmentation），選擇合適的基礎變數，將消費者區分為不同群體；第二個步驟是「選定目標市場」（Targeting），選擇一個或數個區隔群體，做為企業的目標市場；第三個步驟是「市場定位」（Positioning），發展產品或服務的特質，並配合其他行銷組合，以達到企業在該目標市場的競爭優勢，此三個步驟簡稱為「STP程序」（有稱為「戰略性行銷」）。茲依序列表說明如下：

1	進行市場區隔	找出區隔變數，將整個市場區隔成若干不同的市場，藉由該項區隔作法將一個大的異質市場變為許多小的同質市場以求同一個區隔內的差異性極小，而不同區隔間的差異性極大。此時，必先描述每一區隔的特性與成員成分以界定區隔變數，並進行區隔的劃分。也因企業在選擇進入數個區隔市場時，區隔間很少會有「綜效」以分散經營風險並產生現金流量，故市場區隔的作法，亦稱為「選擇性專業化」。

| 2 | 選定
目標市場 | **評估各區隔市場之吸引力，並選擇一個或數個理想之目標區隔市場。**吸引力之排序應考慮到：市場區隔的大小、市場區隔的競爭強度、組織的資源與優勢、接觸該市場區隔的成本、市場區隔的未來成長性等因素。 |
| 3 | 確定
市場定位 | **將所選擇之目標區隔進行定位，以彰顯與競爭者之差異，並擬定行銷組合。**換言之，此步驟的作法是先針對所選定的目標市場，尋求在其中可能的定位概念，依照企業本身的資源與能力來選定適合的市場定位，並透過行銷組合來發展與傳達所選定的定位概念。 |

2.3.2 目標市場行銷的目的

STP程序的主要目的在於進行市場選擇，並為企業所提供的產品或服務，在目標消費者心中建立「獨特銷售主張」（unique selling proposition，簡稱USP），並據以規劃四項「行銷組合」（即：產品組合、定價組合、通路組合與推廣組合；簡稱行銷4P）。行銷4P之目的在於有效地與目標消費者進行溝通、促成消費者購買、完成實體配送與提供必要的使用服務等工作。簡言之，企業的行銷活動便是透由STP程序，界定市場範圍與消費者對象，再透由4P規劃與執行，提供產品或服務以滿足消費者的需求，並實現企業價值創造的過程。

2.4　目標市場行銷與大量行銷的差異

為使讀者對目標市場行銷與大量行銷二種概念更加清楚起見，特將二者間的差異列表如下：

	目標市場行銷	大量行銷
導向趨勢	屬於行銷導向	屬於生產導向
市場大小	針對區隔市場 （segment market）	針對整個大市場 （mass market）
行銷組合	設計多種的行銷組合去滿足目標消費者需求	設計一種的行銷組合去滿足全部消費者需求

	目標市場行銷	**大量行銷**
利潤目標	追求最大利潤	追求最大銷售量
市場資訊	重視市場資訊搜集、分析、調查與研究	不重視市場資訊搜集、分析、調查與研究

第三節　目標市場行銷策略的類型與考慮因素

3.1　目標市場策略的類型

企業在面對目標市場選擇時（選擇有四種方式，即：無差異行銷、差異行銷、集中行銷、個人化行銷），必須決定要涵蓋多少個區隔市場，以及擬採用下列何種適合情境的適當策略，以進入市場：

3.1.1 無差異行銷策略

儘管市場中存在著需求的差異，但企業卻「對所有消費者一視同仁，而以同一市場的觀念規劃行銷」，「並以共通性的產品提供給消費者選用」，此一作法係將市場視為一不區隔之整體，僅推出一種產品，且僅使用一套行銷組合策略，故稱為「無差異行銷策略」。

優點	1. 符合標準化，大量生產原則，生產成本較低。 2. 節省行銷成本。
缺點	1. 難以滿足廣大消費群的個別需求，無法發揮市場的作用。 2. 高異質的消費需求結構中，極可能只能吸引部分的消費群，致銷售量較低而削弱競爭力。
適用範圍	1. 適合顧客群（或市場）的偏好呈同質性時。 2. 適合新上市的新產品。 3. 適合消費者對產品的偏好或需求很接近時。 4. 適合消費者無法區別產品的差異時。 5. 適合生活必需品的供應商或是產品項目單純的企業。

3.1.2 差異行銷策略

差異行銷係配合不同區隔市場的需求,分別提供齊全的產品線供二個以上不同區隔市場消費者選擇。其主要目的在設法達成競爭優勢,由於競爭優勢的來源不外乎以差異化附加價值或低成本優勢功能展現,而差異市場優勢可透過產品績效強化、優良品質、提高服務性或安全可靠性等工具來完成;而成本優勢的工具可能來自於企業內部生產力升級、良好後勤(logistic)支援或以資本密集而致之。

優點	(1)可滿足不同顧客群之多樣化的需求,可提升銷售量。 (2)可創造更大的銷售額,更高市場占有率。
缺點	(1)成本較高。 (2)製程比較複雜。
適用範圍	(1)市場的偏好呈異質性時。 (2)市場以被區隔化,企業資源豐富時。 (3)市場競爭激烈,必須不斷推陳出新時。 (4)產品生命週期已屆成熟期。 (5)每一種產品的生產與行銷規模可能較低,導致營運成本較高,故通常只有大型廠商或產品同質性低(如汽車)的廠商才比較會採取此種做法。

3.1.3 集中行銷策略

集中行銷係指當企業「行銷資源有限」,無法進入多個區隔市場時,便選擇「專注於某一最具潛力的次市場,提供其競爭力的產品以滿足該區隔市場消費者的需求」。在此種做法之下,企業有限資源可集中服務其他競爭者所忽略或不重視的區隔市場,避開競爭市場,不至於過度分散資源的使用效益,並可使企業因鮮明的品牌與營運定位而獲得該次市場消費者的青睞,以獲得較高的營運績效,但卻因市場的成長機會集中,「銷售量恐較低,而存在著較高的潛在經營風險」。

集中行銷所選擇的市場稱為利基市場(Niche Market),歸納言之,利基市場係指企業經市場區隔後,找出「最能發揮長處、值得集中資源全力投入」的目標市場。一個利基市場必須具備下列的特質:
(1)必須有足夠的購買力。
(2)必須有成長的潛力。

(3)主要競爭者較不重視或勢力較弱，或尚未開發之處。

(4)廠商本身需具有優越的能力，足以有效服務此一市場。

(5)此市場必須有其明確的需要存在，而非行銷人員的一廂情願。

優點	(1)因對區隔市場有深入瞭解，具專業化的形象，常能使企業居於市場領導者地位。 (2)可獲較高報酬率。
缺點	風險較高。
適用範圍	(1)企業資源有限時。 (2)對該區隔市場具有專業地位或有利的因素時。 (3)該區隔市場無競爭者時。

3.1.4 個人化行銷

以上三種行銷方式都是針對群體，然而，現代科技進展卻開始帶動某些廠商為個別消費者提供「客製化」的產品與服務。這種行銷方式稱為個人化行銷（individual marketing），又稱「一對一行銷」（one-to-one marketing）、「客製化行銷」（customization marketing）、或「小眾行銷」（micromarketing）。

現代科技所帶來的個人化行銷有「大量客製化」（mass customization）的特點，即廠商有能力在同時間為眾多消費者提供個別設計的產品。一般而言，客製化的製成品比大量生產的同類產品昂貴，同時消費者的等待取貨時間較長。另外，大量客製化比較適合用在高價位產品（如電腦、汽車），或是能夠藉由客製化服務來滿足個人品味、健康需求等方面的產品（如服飾、眼鏡）。無論如何，科技的進步會改變大量客製化的方式與效率，其發展值得行銷人員重視。

3.2　目標市場策略考慮因素

擬定目標市場策略時須考慮下列各項因素：

企業本身的資源	當本身資源有限的時候，採取集中行銷策略較具意義。
產品的差異性	無差異行銷較適合標準化的產品（如鋼鐵），差異化較大的產品，較適合採取差異化行銷或集中行銷。

市場差異性	購買者嗜好相同，行銷所做努力的反應亦同，宜採無差異行銷策略。
競爭者的行銷策略	競爭對手若採取無差異行銷策略，則採用區隔化策略可獲得競爭優勢。
產品所處生命週期階段	當產品在導入期或成長期時，通常較常採取無差異行銷或集中行銷；當產品進到成熟飽和期時，競爭廠商到處都是，已經陷入價格競爭，故應採取差異行銷，尋求生存空間。
目標市場必須具有足夠的規模與成長性	目標市場的選擇必須考慮政治、經濟、文化、社會等各種外在行銷環境的變動，目標市場之規模及未來的成長空間必須夠大，企業才可能獲利，才能配合行銷環境的未來發展。

牛刀小試

( )　當企業行銷資源有限，無法進入多個區隔市場時，通常係採何種策略？
(A)無差異行銷　(B)差異行銷　(C)集中行銷　(D)個人化行銷。**答 (C)**

3.3 目標市場競爭者行銷策略

廠商根據本身在市場上的競爭能力及地位，可以有以下幾種不同的競爭策略：

3.3.1 市場領導者策略

係指目前在市場上具有最高占有率的廠商，有下列三項方法維持其優勢：

策略	說明
維持市場占有率	藉由不斷創新、或以大量的資金投入改善產品品質、服務等策略來防禦競爭者的攻擊。
擴大市場占有率	藉此保持領先地位，並藉此提高公司的獲利力與利潤額。
擴大整體市場	開發產品新的使用者、新的使用方法或增加消費者使用量。

3.3.2 市場追隨者策略

係指不求積極擴張市場占有率,只消極地以維持目前市場占有率為目標的廠商:

策略	說明
模仿策略	自創品牌,但產品甚至於外包裝都完完全全模仿市場領導者,但在行銷組合的內容(價格、推廣等)中則有所差異,產品並在同一市場行銷。
避開策略	亦稱適應策略。採用領導者的產品,但會加以改良,且會將改良後的產品賣到其他不同區隔的市場,避開領導者的區隔市場。
跟隨策略	用抄襲的方法跟隨領導者的行銷策略。

3.3.3 市場挑戰者策略

係指積極設法提高市場占有率並挑戰領導者的廠商。但此係屬高風險高報酬的策略,其攻擊目標通常為績效或財務結構不佳的公司或地區性小型、體質不佳或財務狀況不良的公司。

策略	說明
正面攻擊	**公然挑戰領導者的長處**,例如**以價格戰迎戰對手**。
包圍攻擊	從各層面同時迎戰領導者,例如:通常係以提供更多、更好的服務,或更優惠的價格、更快的送貨維修時間。
側面攻擊	**全力攻擊領導者的弱點。**
迂迴攻擊	**以多樣化或創新手法攻擊競爭者。**

3.3.4 市場利基者策略

係指以某一特定較小之區隔市場為標的,並提供專業化服務的廠商。例如只為某一特定顧客、區域或範圍服務;或只生產一項產品;或提供單一或多項別家公司所沒有的服務;或專精於一條或多條通路;或專精於服務生產配銷價值鏈的某個垂直層。

策略	說明
創造利基	將大市場區隔成若干較小的目標市場，並針對其發展特殊產品。例如汽車業開發吉普車市場、哈雷公司另行開發機車市場。
擴張利基	在某一特定較小的區隔市場，發展差異化的產品，使公司增加生存的機會。
保護利基	造成營利不佳的假象，防止新競爭者進入該市場。

牛刀小試

(　)　市場挑戰者對於新產品的競爭策略係以創新手法攻擊競爭者，稱為：
(A)側面攻擊　(B)正面攻擊　(C)迂迴攻擊　(D)包圍攻擊。　　**答 (C)**

第四節　產品定位

4.1　定位的意義與目的

定位（Positioning）係指以特定產品或服務為主軸，致力「在消費者心中建立起獨特、專屬的銷售認知」，以創造消費者對該產品或服務的「忠誠度」。相對於競爭者而言，定位係在產品在消費者心中所佔有的相對位置。定位除了用來塑造品牌的形象，定位也可以針對企業（如統一企業）或產品群（如統一的茶飲料）。產品定位之目的是在於以促成消費者選購該產品或維持忠誠度，企業為某項產品建構的獨特專屬地位，即稱為該產品的「獨特銷售主張」（unique selling proposition；USP）。

當企業為了因應市場競爭，必須爭取目標市場的注意與認同，因此有必要清楚告知市場消費者「本企業產品和其他品牌或替代品有什麼不同？優點在哪裡？」亦即企業的「定位宣言」必須載明本公司產品隸屬何種產品類別，然後顯示其與同一類產品中其他品牌的差異處，否則清楚定位將難以進行。因此，差異化是定位最重要的前提。定位可以用來表現「質的差異」（例如不同的原料、設計、氣氛）或「量的差異」（知更多的原料、更精美的包裝、更持久的保證）所涉及的基礎（即差異所在）。

定位的結果不是由行銷人員認定，而是由消費者的主觀認知來判斷。例如同樣是SONY的數位相機，日本製的比泰國製的較貴一些，此乃因消費者對於產品的來源國的價值有主觀判斷的結果。因此行銷人員必須從目標市場的感受來判斷定位的結果。

雖然定位必須持續一段時間，以便消費者能建立深刻的印象，但它並非是一成不變。**在大環境競爭情勢、消費者需求變化的情況下，任何品牌都可能需要「重新定位」（repositioning）。重新定位係在改變產品、商店或組織本身在顧客心目中的形象或定位，它亦常是擴大潛在市場的良好策略之一。**

`4.2` 定位的重要性

定位在行銷管理中是相當重要的觀念，其原因如下：

占據目標顧客的腦海版圖	科技快速發展造成新產品迅速推出與資訊爆炸，加上消費者記憶空間有限，因此，如何快速的、長久的在目標顧客的腦海中占有一席之地，是產品成敗的關鍵。而好的定位可以避免產品印象被邊緣化，協助產品占據消費者的腦海版圖，並增加被購買的機會。
協助口碑流傳，擴大市場基礎	經由良好的定位所帶來的產品鮮明形象，有助於消費者在對親友、同事們談起使用經驗時找到著力點，並帶來生動的描述。如此將可帶動產品探詢與試用的機率，進而擴大市場基礎。
作為行銷策略規劃的基礎	產品的包裝、廣告設計、價位或銷售管道等行銷組合決策，都必須配合定位才能有效突顯產品的整體形象，因此，定位扮演了行銷策略規劃的火車頭角色。

`4.3` 定位基礎

定位的基礎通常來自品牌的四個構面，即屬性（attributes）、功能（function）、利益（benefits）、個性（personalities），此四個構面簡稱為「AFBP」。除外，定位的基礎亦有來自使用者及競爭者的情形。茲分項說明如下：

(1) **屬性與功能**：不同的產品類各有不同的屬性，有些屬性是具體的特質（如材料、體積、顏色、價格），有些則屬無形（如美感、保證、服務速度），同時，個別屬性各有其功能（如車子的寬度具有承載的功能、電子感應鎖有防盜的功能）。屬性與功能有密切的關聯，因此常被結合用來定位品牌。

(2) **利益與用途**：這項基礎傳達產品可以解決什麼問題，或帶來何種功用。

(3) **品牌個性**：在較昂貴、涉入程度較高或可以用來彰顯個人品味或地位的產品中，使用品牌個性來定位的手法相當普遍。

(4) **使用者**：以使用者為定位的手法強調，哪一類型的人最適合或最應該使用某個品牌。例如萬寶路（Marlboro）香菸專屬於粗獷、豪邁的男人；台新銀行玫瑰卡不斷傳達「認真的女人最美麗」，以「玫瑰卡最適合認真生活與工作的女性」為定位。亦即品牌個性的定位幾乎在暗示「想表現某某個性的人，最適合用這個品牌」。

(5) **競爭者**：與競爭者針鋒相對也是定位方式之一，暗示性質或指名道姓的比較性廣告常出現這種定位方式。例如溫蒂漢堡（Wendy's）提出「牛肉在哪裡？」（Where's the beef）的口號，係以暗指競爭對手牛肉份量不足的手法來自抬身價，在當時造成轟動。

廠商在選擇定位時，最重要的工作是分析競爭者在目標市場中的定位，亦即透過消費者調查，了解各個競爭品牌在消費者的產品知覺圖（product perceptual map）中所占據的位置。產品知覺圖存在於消費者的腦海中，是用來表示對各個品牌的不同印象。

產品知覺圖顯示兩種定位選擇方案：直接面對競爭以及尋求空檔避開競爭。關於前者，企業可以將產品定位在任何競爭品牌的位置上或附近，這種選擇的前提是企業有足夠的條件與資源挑戰有類似定位的競爭者，以及市場規模還可容納其他廠商進入該市場。企業的另一個選擇是利用知覺圖上的空檔來定位。

除了從既有消費者的知覺圖上選擇定位，其實有不少企業另闢消費者市場或其他廠商未曾注意但卻重要的定位基礎，而創造一個全新的市場空間，許多知名的案例都是以此改變市場遊戲規則。例如，孫越代言的麥斯威爾咖啡，以「值得和好朋友分享的好東西」（廣告口號為「好東西和好朋友分享」）為定位，成功地將友情與分享的觀念帶入咖啡的定位。

企業行銷人員在選擇定位時，可以嘗試重新界定消費者比較各品牌的基準或範圍，以取得有利的定位。例如Cefiro排除進口高級汽車，只跟國產車比較，以「最頂級的國產車」來定位，就是在較小的範圍內取得較有利的地位。

如何判斷定位選擇的好壞，通常係以下列三點來衡量：

(1) **競爭差異性**：定位應該要清楚表達與競爭者的差異所在，差異性越大越能吸引目標市場的注意，並建立鮮明與深刻的印象。因此，若絕大多數消費者對於目前銀行的服務態度都覺得很滿意時，則「良好的服務態度」就不是銀行理想的定位；其次，若差異之所在越難被競爭者所模仿或超越，則該定位就越好。

(2) **市場接受度**：前述之競爭差異性是否能被目標市場所認可，或認為是有必要的或重要的？

(3) **本身條件的配合**：一個好的定位除了需要具備競爭差異性與市場接受度外，還需要符合廠商的目標與策略，並有恰當與足夠的資源配合，如此才能維持長久的競爭力。

4.4 定位的步驟

(1) 了解目前一般產品在消費者擁有什麼樣的地位：此可由市場調查中得知。

(2) 希望本公司在市場上應擁有什麼樣的位置：依據市場調查資料研判後，再依照目標消費者、產品差異化、競爭者狀況，以及本公司所擁有的競爭優勢、條件，而發展出最適合自己的定位。

(3) 如何贏得所希望的位置：為執行正確的定位，必須規劃一系列連貫性的行銷計畫，而把產品拉到消費者認定的定位位置上。

(4) 是否有足夠的資源達成並維持該位置：定位絕非隨心所欲，每個行銷人員總都想把產品定位於最高級獲利最大的位階上去，但卻非人人都可成功；此乃須視公司有否足夠的行銷資源所致。

(5) 對於所定位是否須持之以恆：只要定位後之價值值得肯定，即無必要再重定位而更變頻繁。

(6) 廣告創意是否須與定位相一致：廣告創意對定位的建立，具有重大關係，兩者必須密切相連，求取一致表達，並要適時發出競爭優勢的消息。

4.5　定位的方法

產品差異	依據企業本身擁有而競爭對手沒有的某些產品特色或特色組合來定位。
產品利益	找出對顧客有意義的產品屬性或利益來定位,例如海倫仙度斯洗髮精係以「治療頭皮屑的專家」來定位。
產品使用者	例如百事可樂將其定位為「新生代的選擇」。
產品用途	例如綠茶,由飲料轉變為健康食品。
對抗競爭者	將自己與競爭者比較,並說明自己比競爭者好,亦是進入潛在顧客心目中最有效的方法。例如普騰(Proton)電視機在台灣上市時,以「對不起,新力」(Sorry Sony)的廣告來強調其高品味、高格調的定位。
對抗整個產品類別	若企業本身的產品可以解決某一問題時,可採用此策略。例如7-UP uncola。
結合	將自己的產品與其它實體結合,希望該實體的正面形象會對本身產品有助益。

4.6　影響消費者品牌偏好的方法

行銷人員究應如何才能影響消費者的品牌偏好?下列方法可供參考:
(1)設計出一種更貼近消費者心目中理想點的產品。
(2)試圖改變消費者對我方品牌有利的新認識。
(3)試圖改變消費者對競爭對手品牌的既有想法。
(4)試圖引導消費者將心中既有的理想點轉移,使其靠近我方品牌。
(5)試圖改變消費群心中產品屬性的重要權數所佔的比重。
(6)試圖開發對我方品牌有利的新產品屬性,創造出競爭優勢。

4.7 **品牌重定位決策**（brand-repositioning decision）

品牌可能會因時空變化的原因，而必須對原先的定位，重新調整，以符合當前實際的市場需求，此即謂之品牌重定位。 茲將品牌重定位的主要原因述之如下：

(1) 原有品牌定位的市場漸趨減縮，而發現具有發展潛力新的目標市場，因此考慮移轉至該區隔市場。

(2) 顧客的偏好已不復往昔而有了很大改變，使過去之產品定位有弱化之趨勢。

(3) 競爭者的品牌定位接近本公司的品牌，而且這些競爭者也已搶走了很大部分的市場占有率，讓本公司品牌的生存空間愈來愈小。

(4) 原有品牌定位發生錯誤，使品牌知名度及產品銷售量一直沒有起色，甚而年年虧損。為求突破困境，故須做一次重大改革，徹底改頭換面，重新再出發。

第五節　市場區隔與定位的差異

	市場區隔	產品定位
意義 不同	係指選擇適當的區隔變數（如人口、心理、地理、行為等變數），對市場作有意義之切割，以期行銷人員從中發掘可供企業拓展業務的利基（市場機會）。	係指賦予商品獨特的品牌個性與生命，消費者心目中找到歸屬的位置。
著眼點 不同	係從市場切入。	係從產品競爭角度出發。
運作過程不同	係根據區隔變數，對特定市場加以切割。	係根據消費者認知與競爭者比較的分析結果，創造出一個屬於企業自己的獨特地位。
結果 不同	廠商可對目標消費群加以確定，作為行銷接近的對象。	指出了整體行銷努力的方向，使廠商能適切地研訂行銷組合，進入市場攻城掠地。

第六節　行銷組合

20世紀著名的行銷學大師，美國密西根大學教授傑羅姆·麥卡錫（Jerome McCarthy）於1960年在其第一版《基礎行銷學》中首次提出了著名「產品（Product）、價格（Price）、通路（Place）、促銷（Promotion）」4P行銷組合經典模型。析言之，行銷組合（Marketing Mix）乃是企業為了滿足顧客需求，謀求企業利潤而設計的一套以顧客為中心，以產品、價格、通路、推廣為手段的行銷活動策略系統。換言之，在「區隔市場」、「選擇目標市場」及「產品定位」（STP程序）之後，接著須發展產品、價格、通路與推廣等四種行銷活動，這四個主要活動元素即稱為「行銷組合」，簡稱「行銷4P」。

在商業實務上，行銷組合即係包括：企業要提供那些產品或服務以滿足消費者需求？消費者要支付的代價高低？如何將產品或服務有效的傳達給消費者？如何協助消費者喚起潛在需求？以及如何得知滿足需求的管道？

產品組合	產品（Product）是決定企業經營成敗的最主要關鍵，包括產品線、品質、品牌、商標、包裝、服務，以及新產品的研究與開發。產品為行銷的核心，若無產品的存在，行銷便無從開始。
定價組合	訂價（Price）是指對該產品或勞務售價應作如何訂定，在行銷組合的4P中，只有價格才能帶給企業利潤，其他僅代表成本。
通路組合	通路（Place）是指如何將適當的產品，適時、適地的提供給需要的顧客。
推廣組合	推廣（Promotion）是指刺激購買慾望的工具，包括人員銷售、廣告、銷售推廣及公共報導。

經典範題

✅ 測驗題

( ) **1** 市場行銷的演進,企業的想法與作法大致會依序經歷三個階段進行,其順序下列何者正確? (A)大量行銷→目標市場行銷→產品多樣化行銷 (B)產品多樣化行銷→目標市場行銷→大量行銷 (C)產品多樣化行銷→大量行銷→目標市場行銷 (D)大量行銷→產品多樣化行銷→目標市場行銷。

( ) **2** 目標市場行銷的步驟,下列何者正確? (A)確定市場定位→選定目標市場→進行市場區隔 (B)進行市場區隔→選定目標市場→確定市場定位 (C)選定目標市場→進行市場區隔→確定市場定位 (D)選定目標市場→確定市場定位→進行市場區隔。

( ) **3** 下列何者不在行銷組合4P中? (A)定位組合 (B)定價組合 (C)產品組合 (D)通路組合。

( ) **4** 下列有關市場區隔變數之敘述,何者有誤? (A)人格特質是屬於心理變數 (B)婚姻狀況是屬於人口統計變數 (C)生活型態是屬於行為變數 (D)品牌忠誠度是屬於行為變數。

( ) **5** 市場區隔的評估須符合區塊間的某些特性,該項區隔才有助益。下列何者不在其特性之中? (A)可衡量性 (B)足量性 (C)可實踐性 (D)同質性。

( ) **6** 企業將市場劃分為若干不同的群體或區隔,而就其中一個區隔分成若干次區隔(sub-segments)或一組獨特屬性,找出一組特定的產品利益組合,稱為: (A)地區行銷 (B)利基行銷 (C)區隔行銷 (D)特性行銷。

( ) **7** 一個利基市場必須具備的特質中,不包括下列何者? (A)必須有足夠的購買力 (B)此市場必須有其潛在的需要存在 (C)主要競爭者較不重視或勢力較弱,或尚未開發之處 (D)必須有成長的潛力。

( ) **8** 定位的基礎通常來自品牌的四個構面,此四個構面簡稱為「AFBP」。下列何者有誤? (A)效用 (B)功能 (C)利益 (D)屬性。

(　　) **9** 目標行銷又稱為STP，係指目標市場、市場定位的活動以及下列何者？　(A)目標設定　(B)市場區隔　(C)目標定位　(D)市場形成。

(　　) **10** 企業將市場區隔為經理人員、職員及學生等三類，這是屬於哪一類的區隔化？　(A)人口統計的區隔　(B)區域特性區隔　(C)行為特性區隔　(D)心理特性區隔。

(　　) **11** 下列何者未做區隔市場？　(A)提供高脂與低脂奶品，給不同年齡的消費者　(B)汽車依車子的用途，分為商用車與RV車　(C)飲料分為高糖與低糖消費者　(D)僅提供一式早餐服務所有消費者。

(　　) **12** 經區隔後的各次級市場，可分別經由不同的通路或媒體來提供合適之產品與行銷訊息，是符合「有效市場區隔」條件的：　(A)可行動性　(B)可接近性　(C)足量性　(D)可衡量性。

(　　) **13** 經區隔後的市場，可分別經由不同的通路或媒體來提供合適的產品與行銷訊息，是為有效的市場區隔條件之：　(A)可接近性　(B)足量性　(C)可衡量性　(D)可行動性。

(　　) **14** 市場區隔一詞首先在下列何者中被提出？　(A)生產導向　(B)銷售導向　(C)行銷導向　(D)社會行銷導向。

(　　) **15** 「哥哥風神、我好美（豪美）」係某國內機車廣告詞，其所使用的區隔變數，係屬於哪一種變數？　(A)心理變數　(B)地理變數　(C)人口統計變數　(D)行為變數。

(　　) **16** 行銷人員為了在消費者心中建立與其他競爭者不同的形象而做的努力，稱為：　(A)廣告　(B)定位　(C)促銷　(D)區隔。

(　　) **17** 品牌可能會因時空變化的原因，而必須對原先的定位，重新調整，以符合當前實際的市場需求，此稱之為：　(A)品牌調整　(B)品牌更新　(C)品牌創新　(D)品牌重定位。

(　　) **18** 下列何種情況不適合採用「差異行銷」？　(A)產品處於成熟期　(B)公司資源豐富　(C)消費者同質性高　(D)產品差異性高。

(　　) **19** 某奶粉公司推出數種產品，如嬰幼兒奶粉、成人奶粉、強化鈣質奶粉、孕婦奶粉等，以區別不同年齡層之奶粉市場，此係採用何種行銷策略？　(A)多層次傳銷　(B)集中化行銷　(C)無差異行銷　(D)差異化行銷。

（　）**20** 廣大市場的消費者因其習性、需求皆不同，故行銷者為確實掌握目標市場，有效分配企業資源，必須進行何種活動？　(A)市場區隔　(B)市調分析　(C)促銷廣告　(D)通路分配。

（　）**21** 下列何者不是有效市場區隔的必要條件？　(A)可衡量性　(B)可接近性　(C)足量性　(D)分散性。

（　）**22** 公司若要使其市場區隔達成功效，必須具有可接近性、足量性、可區別性、可行動性以及下列何者？　(A)目標性　(B)可識性　(C)可衡量性　(D)可連性。

（　）**23** 在有效區隔市場的條件中，「市場區隔的容量夠大、獲利性夠高，值得公司開發」，意指下列何種條件？　(A)可衡量性　(B)可行動性　(C)可接近性　(D)足量性。

（　）**24** 考慮市場的同質性因素，將一個存在的大市場切割成幾個小市場的方法，稱為：　(A)市場行銷　(B)市場區隔　(C)市場成長　(D)市場定位。

（　）**25** 汽車製造商不願意為侏儒設計車子是因為該市場其缺乏那一個特性？　(A)可實踐性　(B)足量性　(C)可接近性　(D)可衡量性。

（　）**26** 下列何者非屬戰略性行銷的內涵？　(A)市場區隔　(B)目標市場選擇　(C)定位　(D)廣告。

（　）**27** 市場區隔的目的在於發現：　(A)消費者偏好及購買能力　(B)產品的種類　(C)競爭者的人數　(D)目標群體。

（　）**28** 旅客市場在經過區隔之後，必須足以使行銷人員明辨各個旅客的市場歸屬，此特性稱為：　(A)足量性　(B)可實踐性　(C)可衡量性　(D)可接近性。

（　）**29** 將錯綜複雜具有異質性（heterogeneity）的市場根據顧客需求分割為若干具有同質性（homogeneity）的小市場。稱為：　(A)目標市場　(B)產品市場　(C)市場垂直整合　(D)市場區隔。

（　）**30** 下列何者之市場區隔效果最好？　(A)區隔內同質，區隔間同質　(B)區隔內同質，區隔間異質　(C)區隔內異質，區隔間異質　(D)區隔內異質，區隔間同質。

(　　) **31** 某公司生產的產品及所設計的行銷方案，是以大多數消費者的需求
　　　　為主，故使用大量媒體與一般性主題來迎合所有消費者，就選擇目
　　　　標市場的行銷策略而言，該公司是使用下列那一項策略？　(A)集
　　　　中行銷策略　(B)無差異行銷策略　(C)密集性行銷策略　(D)差異行
　　　　銷策略。

(　　) **32** 可口可樂公司銷售單一口味的瓶裝可樂，係採用何種行銷策略？
　　　　(A)個體行銷　(B)差異行銷　(C)集中化行銷　(D)無差異行銷。

(　　) **33** 下列何者非有效市場區隔的條件？　(A)可觀察性　(B)可接近性
　　　　(C)可衡量性　(D)足量性。

(　　) **34** 以性別、年齡、學歷等做為市場區隔標準的是何種變數？　(A)人口
　　　　統計　(B)行為　(C)地理環境　(D)心理。

(　　) **35** 何者非消費者市場之區隔變數？　(A)情緒性　(B)人口統計　(C)行
　　　　為性　(D)地理性。

(　　) **36** 下列何者所指的是區隔後的市場可用有效的行銷組合來吸引消費
　　　　者？　(A)可接近性　(B)可衡量性　(C)足量性　(D)可行性。

(　　) **37** 企業集中全力經營某一較小區隔市場的策略稱為：　(A)差異行銷
　　　　(B)無差異行銷　(C)集中行銷　(D)以上皆非。

(　　) **38** 對不同市場區隔，供應不同產品，推行差別的行銷策略是　(A)差異
　　　　行銷　(B)無差異行銷　(C)專業行銷　(D)多層次傳銷。

(　　) **39** 設計公司的產品與行銷組合，使能在消費者心目中占有一席之地
　　　　為：　(A)產品定位　(B)市場區隔　(C)市場定位　(D)市場選擇。

(　　) **40** 若企業的行銷管理當局，針對每個區隔後的小市場特質，分別設計
　　　　不同的產品，擬定不同的行銷策略，以滿足各區隔市場消費者之不
　　　　同需求，此種行銷方式稱為：　(A)大量行銷　(B)差異行銷　(C)集
　　　　中行銷　(D)無差異行銷。

(　　) **41** 下列那一項關於某特定市場（或產業）的描述，通常會降低市場
　　　　（或產業）的吸引力？　(A)供應商的數目很少　(B)潛在進入者的
　　　　數目很少　(C)替代品的數目很少　(D)消費者的數目很多。

(　) **42** 台新銀行「玫瑰卡」的信用卡廣告「認真的女人最美麗」，強調這是專屬於女性的信用卡，此一行銷策略係屬於那一種區隔市場定位？　(A)地理變數　(B)心理變數　(C)人口變數　(D)行為變數。

(　) **43** 下列目標市場，其區隔結構的吸引力何者較大？　(A)區隔內包含很多強而有力的競爭者　(B)區隔內的消費者擁有很強大的議價能力　(C)區隔內無替代品存在　(D)區隔內的供應商有能力任意調整原料價格。

(　) **44** 下列目標市場，其區域結構的吸引力何者較大？　(A)區隔內無替代品存在　(B)區隔內的消費者擁有強的議價能力　(C)區隔內包含很多強而有力的競爭者　(D)區隔內的供應商有能力任意調整原料價格。

(　) **45** 下列何者為有效的市場區隔所需具備的條件？　(A)產品發展、定價政策、市場預測　(B)投資報酬率、價格政策、市場占有率　(C)時間、地點、所有權　(D)可衡量性、可接近性、足量性。

(　) **46** 依據購買者之人格特性、社會階級或生活型態，將市場劃分為不同之群體，這種市場區隔因素稱為：　(A)行為因素　(B)人口統計因素　(C)心理因素　(D)地理因素。

(　) **47** 下列何者不屬於市場區隔主要變數中之心理統計因素？　(A)品牌忠誠度　(B)生活型態　(C)社會階層　(D)人格。

(　) **48** 行銷人員進行市場區隔化時，通常會使用消費者的特徵來區隔市場，下列何者不屬於消費者的特徵？　(A)生活型態　(B)家庭　(C)居住地區　(D)產品特徵。

(　) **49** 衣蝶百貨公司強調其為「女性專屬的百貨公司」，此係何種經營策略的運用？　(A)市場區隔　(B)專精化　(C)精緻化　(D)全客層。

(　) **50** 能有效經由不同的通路或媒體，接觸和服務區隔市場的程度，稱為：　(A)可行性　(B)足量性　(C)可接近性　(D)可衡量性。

(　) **51** 將旅遊市場區分為休閒旅行與商務旅行二大族群，係屬何種變數的市場區隔方式？　(A)人口統計變數　(B)旅遊目的　(C)心理變數　(D)行為變數。

(　　) **52** 機車業者推出「重量輕、體積小、方便女性騎乘」的機車，其所使用市場區隔變數為：　(A)人口變數　(B)地理變數　(C)心理變數　(D)購買行為變數。

(　　) **53** 廠商僅推銷一種產品，且只使用一種策略的行銷方式，稱為：　(A)專精行銷　(B)差異行銷　(C)集中行銷　(D)無差異行銷。

(　　) **54** 通常在區隔市場時，可依據的因素有地理環境、人文因素、心理因素及：　(A)價值觀　(B)購買行為　(C)生活型態　(D)社會經濟。

(　　) **55** 某飲料工廠生產不同容量、不同包裝的飲料，請問其係應用何種行銷？　(A)差異行銷　(B)集中行銷　(C)目標行銷　(D)大量行銷。

(　　) **56** 一群研究生為了解桃園市民眾購屋行為而設計問卷調查表，表內有填表者的個人基本資料，其中包括性別與年齡兩個變數，這兩個變數是屬於下列何種消費者的區隔變數？　(A)行為變數　(B)人口統計變數　(C)心理變數　(D)地理變數。

(　　) **57** 通常一般新產品上市，宜採何種行銷策略？　(A)差異行銷　(B)無差異行銷　(C)集中行銷　(D)專業行銷策略。

(　　) **58** 當市場需求趨於一致性或同質性時，最好的行銷策略為下列何者？　(A)差異　(B)無差異　(C)集中　(D)擴散　行銷策略。

(　　) **59** 下列何種行銷策略只注意到大多數人的消費嗜好，而未能重視到少數人的消費嗜好？　(A)集中行銷　(B)分散行銷　(C)差異行銷　(D)無差異行銷。

(　　) **60** 下列何者可符合「標準化」與「大量生產」的原則？　(A)差異行銷　(B)集中行銷　(C)無行銷差異者　(D)分散行銷者。

(　　) **61** 有關「無差異行銷」的特點，下列何者有誤？　(A)與標準化及大量生產相符合的行銷面　(B)集中於消費者的共同需要　(C)可提高銷售總額，但成本也較高　(D)乃基於成本的經濟性考量。

(　　) **62** 為各區隔市場設計其所需的產品，並採用不同的行銷計畫，稱為：　(A)差異性市場策略　(B)分散性市場策略　(C)集中性市場策略　(D)無差異市場策略。

（　） **63** 下列何者不是市場區隔策略？　(A)分散行銷策略　(B)無差異行銷策略　(C)差異行銷策略　(D)集中行銷策略。

（　） **64** 就行銷策略而言，股市報導係採何種行銷策略？　(A)無差異　(B)集中　(C)差異　(D)以上皆可。

（　） **65** 下列何者為具有專業化形象的行銷策略？　(A)差異　(B)無差異　(C)集中　(D)擴散。

（　） **66** 下列何者係差異行銷最主要的特色之一？　(A)產品多樣化　(B)成本較低　(C)製程簡單　(D)市場呈同質性。

（　） **67** 若市場上消費者需求差異性大，對產品的品味差距大，每次所購買的數量差異大，對行銷策略的反應差異大時，廠商宜採取下列何者較洽當？　(A)差異行銷策略　(B)低行銷策略　(C)無差異行銷策略　(D)以上皆非。

（　） **68** 倘若對手公司採無差異行銷時，則企業應採何種行銷策略較佳？　(A)無差異行銷　(B)差異行銷　(C)分散性行銷　(D)集中行銷。

（　） **69** 下列何種行銷猶如把所有的雞蛋放在一個籃子內，其行銷風險甚高？　(A)無差異行銷　(B)集中行銷　(C)差異行銷　(D)策略行銷。

（　） **70** 由於企業資源有限，而決定以一個或少數幾個市場為其行銷目標時，此種市場區隔策略為：　(A)差異性市場策略　(B)分散性市場策略　(C)集中性市場策略　(D)無差異市場策略。

（　） **71** 下列何種情況較不適合採取差異行銷策略？　(A)公司資源豐富　(B)消費者同質性高　(C)產品差異性高　(D)產品處於生命週期的成熟期。

（　） **72** 下列有關採用行銷策略的敘述，何者有誤？　(A)新產品上市宜採無差異行銷　(B)同質產品應採差異行銷　(C)企業資源有限時宜採集中行銷　(D)競爭者進行市場區隔成功時不宜採無差異行銷。

（　） **73** 當市場產生同質偏好時，企業應用何種之行銷策略較為妥當？　(A)集中行銷　(B)無差異行銷　(C)差異行銷　(D)密集行銷。

（　） **74** 若公司的產品已臻成熟期，應採何種行銷策略以求維持或增加銷售量？　(A)無差異行銷　(B)差異行銷　(C)集中行銷　(D)分散行銷。

（　）**75** 台灣旗標圖書公司則專門出版電腦的書籍，而華泰書局則一向致力於經濟與企管方面教科書的出版，請問它們是應用下列何種市場區隔的策略？　(A)差異行銷　(B)分散行銷　(C)無差異行銷　(D)集中行銷。

（　）**76** 某公司生產的產品與所設計的行銷方案，係以大多數消費者的需求為主，故其乃使用大量媒體與一般性的主題來訴求所有的消費者。就選擇目標市場的行銷策略而言，該公司係使用下列哪一項策略？(A)無差異行銷策略　(B)差異行銷策略　(C)密集性行銷策略(D)集中行銷策略。

（　）**77** 下列何種情況，較容易促使企業採用差異行銷策略來做為行銷手段？　(A)市場同質性高　(B)某個區隔擁有絕對的市場優勢　(C)市場需求大於供給　(D)企業資源相當豐富。

（　）**78** 下列何種市場選擇策略較需要耗費企業資源？　(A)集中行銷(B)無差異行銷　(C)差異化行銷　(D)單一市場行銷。

（　）**79** 下列有關利基策略之敘述，何者有誤？　(A)又稱集中策略　(B)是中小企業最常採用的競爭策略　(C)是成本優勢策略的進一步發揮(D)是企業選定最有利的區隔，專注投入以提供專門服務，進而建立優勢地位之競爭策略。

（　）**80** 當企業資源有限時，並不爭取整個市場而決定以一個或少數幾個市場為目標，此種市場區隔策略為：　(A)無差異市場策略　(B)差異性市場策略　(C)分散性市場策略　(D)集中性市場策略。

（　）**81** 根據市場占有率與競爭的方式，廠商可分成四種，下列何者最須強調專業化？　(A)領導者　(B)追隨者　(C)挑戰者　(D)利基者。

（　）**82** 企業若執行模仿者及適應者策略，則其係屬採用下列何種策略？(A)市場領導者　(B)市場追隨者　(C)市場挑戰者　(D)市場利基者。

（　）**83** 下列何者最熱心於發現各種可行方法來擴張整個市場？　(A)市場領導者　(B)市場跟隨者　(C)市場挑戰者　(D)市場利基者。

（　）**84** 攻擊績效或財務結構不佳的公司，通常為下列何者的行銷策略？(A)挑戰者的行銷策略　(B)利基者的行銷策略　(C)跟隨者的行銷策略　(D)領導者的行銷策略。

( ) **85** 就廠商所處市場競爭地位而言，選擇不會吸引大廠商注意的小部分市場，以提供專業化經營之廠商，稱之為： (A)市場利基者 (B)市場挑戰者 (C)市場領導者 (D)市場追隨者。

解答與解析

1 (D)

2 (B)。目標市場行銷的第一個步驟是進行「市場區隔」，選擇合適的基礎變數，將消費者區分為不同群體；第二個步驟是「選定目標市場」，選擇一個或數個區隔群體，做為企業的目標市場；第三個步驟是「市場定位」，發展產品或服務的特質，並配合其他行銷組合，以達到企業在該目標市場的競爭優勢，此三個步驟合稱為「STP程序」（有稱為「戰略性行銷」）。

3 (A)　　**4 (C)**

5 (D)。市場區隔的評估須符合區塊間的異質性、可衡量性、可接近性、足量性、可實踐性等五項要件，該項區隔才有實益。

6 (B)　　**7 (B)**

8 (A)。定位的基礎通常來自品牌的四個構面，即：
(1)屬性（attributes）。
(2)功能（function）。
(3)利益（benefits）。
(4)個性（personalities）。
此四個構面簡稱為「AFBP」。

9 (B)　　**10 (A)**　　**11 (D)**　　**12 (B)**

13 (A)。可接近性係指區隔後的市場，可以透過各種行銷手法接近該消費者族群，藉以有效展開市場行銷活動，否則該區隔將毫無意義。

14 (C)

15 (C)。人口統計變數包括性別、年齡、所得、職業、教育水準、婚姻狀況、家庭組成、社會階層等因素。

16 (B)

17 (D)。品牌重定位的主要原因：原有品牌定位的市場漸趨減縮、顧客的偏好已不復往昔、競爭者的品牌定位接近本公司的品牌或原有品牌定位方向錯誤等。

18 (C)

19 (D)。差異行銷係配合不同區隔市場的需求，分別提供齊全的產品線供二個以上不同區隔市場消費者選擇，其主要目的在設法達成競爭優勢。

20 (A)　　**21 (D)**

22 (C)。可衡量性係指區隔後的市場規模與購買力，是可以衡量的，藉以研判此一區隔之後的市場規模大小。

23 (D)　　**24 (B)**　　**25 (B)**

26 (D)。「廣告」（Advertising）乃企業促銷方式之一，目的在藉此向消費者傳遞訊息，以求刺激大眾的認同和購買。

27 (D)　　**28 (C)**

29 (D)。市場經區隔後，企業可從這些
具同質性的市場中，找出一群擁有類
似需求和慾望較具吸引力且能有效服
務的次級市場，選擇作為「目標市
場」，每個小市場（區隔市場）對行
銷活動會有「相同的反應」。

30 (B)

31 (B)。儘管市場中存在著需求的差
異，但企業卻對所有消費者一視同
仁，而以同一市場的觀念規劃行
銷，並以共通性的產品提供給消費
者選用。此即無差異行銷策略。

32 (D)　33 (A)

34 (A)。性別、年齡、所得、職業、教
育水準、婚姻狀況、家庭組成、社會
階層等因素，皆為人口統計變數。

35 (A)　36 (D)

37 (C)。企業有限資源可集中運用於某
一特定市場「資源集中、能避開競
爭市場」，不至於過度分散資源的
使用效益，並可使企業因鮮明的品
牌與營運定位而獲得該次市場消費
者的青睞，以獲得較高的營運績
效。此即為集中行銷策略。

38 (A)　39 (A)

40 (B)。由於競爭優勢的來源不外乎以
差異化附加價值或低成本優勢功能
展現，而差異市場優勢可透過產品
績效強化、優良品質、提高服務性
或安全可靠性等工具來完成。

41 (A)

42 (C)。以性別來區隔市場，亦為人口
統計變數之區隔方式。

43 (C)　44 (A)

45 (D)。市場區隔的評估須符合區塊間
的異質性、可衡量性、可接近性、
足量性、可實踐性等五項特質，該
項區隔才有助益。

46 (C)

47 (A)。品牌忠誠度是指消費者在購買
決策中，多次表現出來對某個品牌
有偏向性的（而非隨意的）行為反
應，因此，它是一種行為過程，也
是一種心理（決策和評估）過程，
而不是區隔變數之一。

48 (D)

49 (A)。以專屬女性之百貨公司來區隔
市場，亦屬於人口統計變數之區隔
方式。

50 (C)　51 (B)

52 (A)。以女性來區隔機車市場，亦為
人口統計變數的區隔方式。

53 (D)　54 (B)

55 (A)。係配合不同區隔市場的需求，
分別提供齊全的產品線供二個以上
不同區隔市場消費者選擇，即為差
異行銷的策略。

56 (B)　57 (B)

58 (B)。如題目所述，採差異行銷策
略，則差異市場優勢可透過產品績
效強化、優良品質、提高服務性或
安全可靠性等工具來完成。

59 (D)

60 (C)。雖然市場中存在著需求的差
異，但因顧客群（或市場）的偏好
或需求呈同質性、為新上市的新產

品、消費者無法區別產品的差異或產品為生活必需品或產品項目單純，此種情況企業適合採取無差異行銷策略。

61 (C)

62 (A)。採取差異行銷策略，可滿足不同顧客群之多樣化的需求，可提升銷售量，亦可創造更大的銷售額，更高市場占有率。

63 (A)　64 (B)　65 (C)

66 (A)。為了配合不同區隔市場的需求，乃分別提供齊全的產品線供二個以上不同區隔市場消費者選擇。其主要目的在設法達成競爭優勢。而差異市場優勢可透過產品績效強化、優良品質、提高服務性或安全可靠性等工具來完成。

67 (A)　68 (B)　69 (B)　70 (C)

71 (B)。顧客群（或市場）的偏好呈同質性時適合採取無差異行銷策略。

72 (B)　73 (B)　74 (B)

75 (D)。在集中行銷策略下，企業有限資源可集中運用於某一特定市場，

「資源集中、能避開競爭市場」，不至於過度分散資源的使用效益，並可使企業因鮮明的品牌與營運定位而獲得該次市場消費者的青睞，以獲得較高的營運績效。

76 (A)

77 (D)。由於每一種產品的生產與行銷規模若較低，會導致營運成本較高，因此，採取差異行銷策略者，通常只有大型廠商或產品同質性低（如汽車）的廠商才比較可能會採用。

78 (C)　79 (C)　80 (D)

81 (D)。所謂市場利基者，係指以某一特定較小之區隔市場為標的，並提供專業化服務的廠商。

82 (B)　83 (A)

84 (A)。採取市場挑戰者策略者，通常是一種高風險高報酬的策略，其攻擊目標通常為績效或財務結構不佳的公司或地區性小型、體質不佳或財務狀況不良的公司。

85 (A)

☑ 填充題

一、目標市場行銷包括市場區隔、選定目標市場、_____ 等三個步驟。

二、消費者市場區隔的變數可以分為地理、人口統計、心理、行為及 ____ 等五大類。

三、市場區隔的評估須符合區塊間的異質性、可衡量性、 _____ 、足量性、可實踐性等五項要件（特質），該項區隔才有助益。

四、生活必需品的供應商或是產品項目單純的企業，適合採取 _____ 行銷策略。

五、 定位的基礎通常來自品牌「AFBP」四個構面，亦即屬性、功能、利益、_____ 。

六、 品牌可能會因時空變化的原因，而必須對原先的定位，重新調整，以符合當前實際的市場需求，此謂之 _____ 。

七、 目標市場行銷屬於行銷導向，大量行銷則屬於 ____導向。

八、 根據消費者的認知與競爭者的比較分析結果，創造出一個屬於企業自己的獨特地位，此係屬 _____ 的運作過程。

九、 自創品牌，但產品甚至於外包裝都完完全全模仿市場領導者，但在行銷組合的內容（價格、推廣等）中則有所差異，係為市場追隨者的 ____ 策略。

十、 以創新手法攻擊市場領導者，係為市場挑戰者之 _____ 策略。

解答

一、市場定位。　　　二、偏好。　　　三、可接近性。

四、無差異。　　　五、個性。　　　六、品牌重定位。

七、生產。　　　八、產品定位。　　　九、模仿。

十、迂迴攻擊。

✔ 申論題

一、 何謂STP程序？並說明其內容。
　　解題指引：請參閱本章第二節2.3。

二、 請說明市場區隔的意義及其優點。
　　解題指引：請參閱本章第一節1.1~1.3。

三、 消費者市場區隔的變數有哪些？請說明之。
　　解題指引：請參閱本章第一節1.4.2。

四、 組織市場區隔的變數有哪幾類？並請簡要說明其內容。
　　解題指引：請參閱本章第一節1.5。

五、 市場區隔可分為哪幾個層次？請詳述之。
　　解題指引：請參閱本章第一節1.8。

六、市場區隔應符合哪些條件，該項區隔才會對行銷有意義？

解題指引：請參閱本章第一節1.6。

七、請問差異行銷與無差異行銷之間的最大區別為何？

解題指引：請參閱本章第三節3.1.1~3.1.2。

八、何謂定位？定位的基礎為何？請分述之。

解題指引：請參閱本章第四節4.1；4.3。

九、請說明目標市場行銷與大量行銷之主要差異所在。

解題指引：請參閱本章第二節2.4。

十、請說明市場區隔與定位的差異所在。

解題指引：請參閱本章第五節。

十一、請舉例說明市場利基者的意義？其通常所採取的策略有哪些？

解題指引：請參閱本章第三節3.3.4。

產品的基本概念

課前提要

本章主要內容包括產品的形式與內涵、產品的分類、產品組合與產品線、品牌、包裝、品質與保證等屬性。

第一節　產品的意義、形式與內涵

1.1 產品的意義

產品（Product）是指在交換的過程中，對交換的對手而言具有價值，並可在市場上進行交換的任何標的。亦即指「能滿足消費者需求或慾望的複合體」，它不僅係指一種有形的「物品」，亦可指提供滿足消費者需求和慾望的「服務」，包含各種無形的特質，諸如尺寸、包裝、顏色、價格、品質、便利和服務等。消費者考慮對產品的優先選購，則視個人對產品的滿足程度而定。因此，產品價值的高低，取決於其提供滿足的能力。

1.2 產品的形式（樣態）

在日常用語中，產品通常是指在商店內銷售的東西。但是在行銷學裡，廣義的產品（product）是指任何提供給市場，以滿足消費者某方面需求或利益的東西。根據這個定義，可知行銷的應用範圍相當廣泛，而產品的形式亦相當多元，包括下列各項：

形式	說明
製成品	這是消費者最常見與熟悉的產品，由物質組成，其係具體有形、可以觸摸得到的東西，因此又稱為「實體產品（有形產品）」（tangible product）。
服務	係指透過較為無形的行為與程序所創造出來的產品，例如教育、餐飲、醫療、銀行、美容、修車等所提供的服務。

形式	說明
理念	係指任何機構、團體為了突顯該團體的立場或想導正社會觀念與行為者，例如環保團體的「我們只有一個地球」、家長團體的「關掉電視才能救孩子」等。
個人與組織	政治人物、影歌星、學校、廟宇、政府機關了塑造本身的形象，爭取市場的認同，此亦可當成一種產品。
事件	係由一連串帶有人、事、物等的節目所組成，通常是為了刺激群體的視覺、聽覺或認知等，例如元宵燈會、演唱會、攝影展、選美比賽等。
地方	大至國家城鎮，小至街坊角落，不管是為了鼓勵投資或激發旅遊商機，應用行銷觀念為之。例如近年來相當普遍的城市行銷、形象商圈等觀念，都是視地方為產品的一種形式。

1.3 產品的內涵

產品依據其特性與類別，分成五個層級不同的需求價值，一般稱之為「顧客價值層級」，這是行銷人員在執行行銷策略時必須理解的產品層級概念。唯有透過完整的層級建構，方能創造真正的「顧客價值層級」（customer value hierarchy）。**其中最基本的層次為核心利益（core benefit），這是消費者真正購買的服務或利益。**行銷人員扮演的角色則應該是「利益的提供者」。

對行銷人員來說，第二個層級是將顧客的核心利益轉換成「基本產品（basic product）」。第三個層級是包裝成為「期望產品」（expected product），亦即顧客購買所期望的一種屬性與狀態。第四個層級是「引申產品（或稱為「附加產品」）」（augmented product），是迎合顧客欲求並超越其期望水準的產品。第五個層級則是其「潛在產品」（potential product），指的是所有引申產品及其各種轉換的形式且可能大行其道的產品。

在產品層級的理論上，上述的區分其實已經涵蓋整個行銷業務所須注意的領域。而就產品需求層次來說，也約略分成：需要族（need family）、產品族（product family）、產品類（product class）、產品線（product line）、產品型（product type）以及品目（item）或產品變項（product variant）這六個級距需求或產品空間。

茲將其內涵分別以下圖及表說明之：

內涵	內容說明
核心利益 （core benefit）	**亦稱為「核心產品」。係指產品能為消費者帶來什麼樣的好處或能為他們解決什麼樣的問題。產品的根本利益或效用，即滿足消費者購買產品時，內心真正想要滿足的需求**，稱為「核心產品」。
基本產品 （basic product）	**又稱為實際產品（actual product），係指構成產品的最基本特質、能夠帶給消費者最基本功能的屬性組合，如果缺乏這些屬性，該產品就不配稱為該產品的名稱。**例如，雜誌的基本產品是可供閱讀的、圖文並茂的紙張，如果只是一疊空白紙張的裝訂本，不能稱作雜誌。
期望產品 （expected product）	**係指消費者在購買時所期望看到或得到的產品屬性組合。**例如病患期望醫院有清潔的環境、醫生有耐心的看診態度等。
附加產品 （augmented product）	**亦稱為「擴大產品」。廠商為了建立本身的競爭力，在市場上脫穎而出，往往需要超越消費者的期望，為產品增添獨特或競爭者所缺乏的屬性，這些屬性即稱為「附加產品」**，或稱為產品的「附加補充屬性(supplemental features)」。例如購買產品時，廠商提供產品訓練或醫院為病患提供免費的頭部與肩膀按摩服務等。易言之，廠商提供「超出顧客預期，並且可以和競爭者有所區分的產品屬性者」，即稱之為附加（擴大）產品。

內涵	內容說明
潛在產品（potential product）	**係指目前市面上還未出現，但將來有可能實現的產品屬性。**例如醫院提供快速的、沒有疼痛的胃腸診斷等。

以上所述產品的內涵乃是動態的，它會隨著消費者需求與習性、廠商間的競爭等而改變。例如，某地區之某家大型醫院開始提供社區巴士服務作為附加產品，後來，其它多數大型醫院亦起而仿效時，這項服務即可能成為期望產品。

牛刀小試

( )　指消費者在購買時所期望看到或得到的產品屬性組合稱為：　(A)期望產品　(B)附加產品　(C)基本產品　(D)潛在產品。　　**答 (A)**

1.4　企業產品或服務須具備的效用

企業的產出通常可以分為產品或服務兩種類型。**產品或服務所需具備的效用為四種，包括形式效用、地點效用、時間效用及所有權效用等四項。**企業的產品或服務，需要提供任一或兩項以上之效用組合，來滿足消費者之需求。茲依序將效用之內涵說明如下：

形式效用	**係指透過資源組合或改變實體資源內容的途徑，創造出可運用的產出，以滿足消費者的需求。**例如，農產品加工工廠，將新鮮蘆筍、洋菇等，經過食品加工技術處理，製成各式食品罐頭銷往市場。多數產品透過不同形式的加工，就能具備形式效用的特性；這也是企業提供實體產品所需要具備的基本效用項目。
地點效用	**係指透由改變資源或產品的空間構面，以滿足消費者的需求，稱為提供地點效用。**例如國際流通業者將阿拉斯加的巨蟹、加拿大的生蠔、或是挪威的鮭魚等，運用冷凍保鮮技術與快速運送系統，送到世界各地的美食餐廳或市場，提供當地饕客享用。消費者即使付出較高的代價，亦比直接前往產地享用這類美食的總成本要低。

時間 效用	**係指透由改變資源或產品的時間構面，以滿足消費者的需求，稱為 提供時間效用。**例如航空運輸服務業，本質上雖是提供旅客由甲地 至乙地的運輸服務，但是由於航空運輸較其他交通工具來得快速， 因而也創造了時間效用。
所有權 效用	**亦稱為「占有效用」。係指透由轉換資源或產品的所有權，以滿足 消費者的需求，稱為提供所有權效用。**例如房屋仲介業者提供購屋 者完整的房屋資訊，協助買方與賣方順利完成議價程序，從而完成 所有權的轉移，即是提供所有權效用的價值創造過程。

當然，以上四種效用可能在單一的交易活動中存在，或者同時並存。企業若能夠在交易中，提供消費者所需的效用價值愈高，該項產品或服務就愈具競爭力的效用價值，則企業的經營價值也將愈高。

1.5 產品屬性

1.5.1 產品屬性的意義

產品屬性（product attribute）是指產品本身所固有的性質，是產品在不同領域差異性（不同於其他產品的性質）的集合。也就是說，產品屬性是產品性質的集合，是產品差異性的集合。決定產品屬性的因素，由以下不同領域組成。每個因素在各自領域分別對產品進行性質的規定。產品在每個屬性領域所體現出來的性質在產品運作的過程中所起的作用不同、地位不同、權重不同。呈現在消費者眼前的產品就是這些不同屬性交互作用的結果。

1.5.2 產品屬性的決定因素

需求 因素	馬斯洛的需求層次論告訴我們，人們的需求分不同層次，從生理需求、安全需求到社交需求到自我實現需求，實現了一個從物質需求到社會、精神、文化需求的昇華。不同產品滿足消費者不同層次的需求。需求的層次決定了產品的物質與精神是如何在功能與文化層面實現統一的。

消費者特性	「目標消費群」的特點決定了這一「群」人的個體意識與集體意識導致消費心理的差異。消費心理的差異導致了個體消費行為的差異。這些差異性的消費者個體最後形成了產品消費群體的群體行為。這種群體行為的巨集觀層面規律性可以被觀察到、被測量到，從而對產品及品牌的傳播給出指導。
市場競爭	行業進入的壁壘、資本密集還是技術密集這些因素決定了產品所面臨的行業競爭的激烈程度。一個行業可以形成幾大寡頭壟斷，然而在寡頭形成的過程中，這種競爭是慘烈的、在某種程度上也是無序的。無序的競爭將導致消費者權益的損失。企業需要甄別市場的競爭結構，由此制定出自己的競爭戰略。
價格層次	價格的形成最終是由供求關係及競爭態勢決定的。價格的高低在巨集觀層面決定了產品是奢侈品還是必需品，這同樣是消費者不同層次需求的體現。消費者對價格的微觀敏感性、彈性以及巨集觀的價格彈性這兩個方面的規定性決定了產品的價格層級。
通路特性	與mass market（大量市場）相對應的是nich market（利基市場）。其集中度與通路特性是由產品需求與消費者特性決定的，反過來通路特性也形成了產品的通路屬性。不同通路內銷售的產品，其定價策略及傳播推廣策略都有很大的不同。
社會屬性	正如某個個體從來都不是孤立地存在在社會上一樣，有些產品的消費從來都不僅僅是個體消費的體現。有些關乎國計民生的產品，具備相當的社會性。這類行業的波動牽動著社會上方方面面。消費的信心，對企業的信任、對政府的信任最終決定了經濟重振的信心。
安全屬性	有些產品不是主要滿足消費者的安全需求。但是消費者對安全的需求決定這些產品的安全屬性。食品、化妝品、住房、交通等產品就屬此類。食品的安全性在成熟市場早已經逐步完善，並且變得更加完善，近乎苛刻。這也是食品等行業對消費者的關愛，也代表著行業發展的未來。
法律政策	處於市場經濟轉型期的國家在重點行業的立法向來非常看重。企業要面臨變化中的政策及法律環境，適時調整自己的產品及競爭策略，以應對政策及法律風險。

1.5.3 產品服務的屬性的評估

搜尋屬性（search attribute）、經驗屬性（experience attribute）和信任屬性（credence attribute）的概念清晰地描述了消費者在搜尋和使用產品過程中所能感知到的不同類別的產品屬性。 產品的這三種屬性能夠對消費者的產品選擇和購買行為產生顯著的影響，但這三者亦是消費者在評估產品服務的困難所在。

搜尋屬性	係指消費者在購買產品前，就可經由資訊的搜集而得知產品的屬性。例如產品之款式、顏色、質感、味道、聲音、相機的畫素等。
經驗屬性	使消費者在消費前無法評估，消費者只能親身「體驗」以瞭解產品。例如度假、運動賽事、醫療服務等。
信任屬性	係指消費者在消費後依然無法評估的產品特質。例如維修工作的品質。

1.6　產品品質的判斷線索

消費者會因過去的使用經驗，推論該產品的品質，作為重購的依據，若是未使用過、缺乏專業知識、客觀品質太複雜或無習慣花時間評估產品品質時，消費者會轉而依賴產品訊息，把產品的線索當成購買的參考，因此線索是消費者仰賴評估產品的訊息來源。Paul將產品線索分為內生線索（Intrinsic Cues）與外部線索（Extrinsic Cues）。

(1) **內生線索**：內部線索指產品的實體屬性，如功能、樣式、顏色、大小、風格等，受限於個別產品的屬性。

(2) **外部線索**：外部線索較一般化且易於取得，使得外部線索變成為消費者的重要線索。消費者常以產品機能來判斷是否優越性，若在購買中為可行性評估，則會依內在線索加以判斷，若無法評估（如果汁飲料無法當下檢驗確實為100%純汁）或缺少時間或經驗時，則以外在線索去評估產品品質。因此，網路購物的消費者常以外在線索去評估產品品質，如品牌名稱。

內外線索在知覺風險研究中最常被提及，消費者為了符合他們的目標而選擇產品或品牌，時常出現不確定的感覺。為了降低知覺風險，消費者會使用多種策略，如品牌忠誠、商店形象或口碑來降低不確定。其中品牌名稱的線索就可以減少消費者上網所產生害怕的感覺，如擔心或威脅。因此，除了品牌名稱為消費者所仰賴的線索之外，「價格」常為顯而易見的外部線索，並且為影響品質的最大線索。

第二節　產品的分類

從行銷的角度來說，產品可以分為工業品和消費品兩種。

2.1 工業品

工業品（industrial goods）又稱「生產財」。主要「為達成後續之加工組裝後再銷售之目的，以創造更高價值的產品或服務」。由於工業品是用來生產或維持企業正常運作所需的產品或服務，其採購之目的，都是為了「再銷售」，因而特別重視價格、交期、品質等，故其採購行為迥異於消費品。因此，**工業產品為衍生性需求的產品，它具有專業化購買、購買者通常是較少購買次數、較大型購買、直接向製造商購買的特性。**

工業品可分為「資本財」、「生產要素」與「耗材」等三類。分述如下：

類別	說明
資本財 （capital product）	係指能經得起好幾年使用的、主要用來協助生產活動的耐久品。它又分為主要設施（installation）與輔助設備（accessory equipment）。 1.主要設施：包含土地、廠房、機器等不容易移動的資本財。 2.輔助設備：則包括影印機、傳真機、電腦等比較不貴重、而且較容易移動的資本財。由於主要設施牽涉許多技術專業上的問題，加上它對廠商日後的生產與營運影響很大，因此在購買過程中，買賣雙方往往需要用到相關的技術人才。
生產要素 （production element）	用來組成最終產品，包含原料、加工材料、零組件等。原料主要來自農、漁、牧、林、礦業等天然資源，原料經過加工處理之後，則變成加工材料。而零組件則是供組合、裝配使用。
耗材（supply）	指間接協助生產活動的消耗品，例如影印紙、文具、掃把等。通常都是以直接再購的方式採購。

2.2　消費品、替代品與互補品

2.2.1 消費品

消費品（Consumer Goods）又稱「消費財」。係指消費者「**為了滿足自己或其家庭的需求，不再進一步做任何商業上的處理，而購買或消耗的貨品**」，其採購係受到不同的消費習慣與消費時機的影響。

(1)**消費品依其耐用程度可分為下列三種：**

耐久性消費品	如電視、冰箱、洗衣機、手機等。
半耐久性消費品	如成衣、寢具、毛巾等。
非耐久性消費品	如食物、能源、衛生紙、牙膏等民生用品。

(2)**消費品若依消費者的購買動機或採購方式，則可區分為以下數種：**

類別	說明
便利品 （Convenience Goods）	**又稱日用品。消費者在購買前即已熟悉且不常花時間去比較價格及品質，且可接受任何其他代替品。**通常是價格比較低廉、消費者經常購買，且亦不願意花費太多時間與精力去購買的消費品，可分為下列三種： 1. 日常用品（staple goods）：指平日生活所需、必須定期購買的便利品，例如面紙、垃圾袋、清潔劑等。 2. 衝動購買品（impulse goods）：係指在銷售現場因視覺、聽覺等受到刺激，而臨時起意購買的產品。例如在商店內接近收銀機櫃檯附近所陳列的產品，如雜誌、小飾品、特價品等，都是希望能引發消費者衝動性購買的消費品。 3. 緊急用品（emergency goods）：係指臨時應急所購買的便利品，通常會在使用地點或附近銷售。例如，下大雨而緊急需要的雨傘。
選購品 （Shopping Goods）	**選購品是指顧客對使用性、質量、價格和式樣等基本方面要作真權衡比較的產品，其特徵是消費者對產品涉入程度較高，購買時會進行較多品牌間比較，廠商對此類產品通常多採用選擇性配銷方式出售。**例如家具、服裝、舊汽車和大的器械等。這些物品消費者在購買之前，通常進行反覆比較，比較注重產品的品牌與產品的特色。選購品占產品的大多數，價格一般也要高於便利品，消費者往

類別	說明
選購品 （Shopping Goods）	往對選購品缺乏專門的知識，所以在購買時間上的花費也就比較長。例如服裝、皮鞋、家電產品等都是典型的選購品。選購品又可分為兩種： 1.同質選購品：是指消費者認為在有關的產品屬性上，如質量、外觀等方面沒有什麼差別的產品。這類產品對消費者來說，之所以有選購的必要，是因為消費者認為藉由自己在市場購買時之努力（如貨比三家），可得到價格最低的產品。所以，對這類產品的選購，實際上是消費者進行「價格搜尋」活動。對同質品，行銷商往往可利用價格作為有效的行銷工具，以最大程度滿足消費者實現「最合算」購買的要求。 2.異質選購品：即消費者認為在有關的產品屬性上，具有差別的產品。例如服裝，不同的消費者就會對不同的式樣各有其喜好。異質品對於消費者來說，產品的差異比產品的價格顯得更為重要。同樣質料製作的服裝，消費者可能買了價格昂貴的而不挑選價格便宜的，往往是由於她（他）喜歡該服裝的樣式。經營異質品的行銷者，一般需要更重視產品的花色品種，更重視產品的特色和質量，以滿足消費者選購產品時所重點關心的或注意的因素。行銷者對選購產品提供的售中售後服務，應比方便品更多些。
特殊品 （Specialty Goods）	**為消費者在特殊時空因素之下，對某項產品或某一品牌具有特定用途之產品。**析言之，係指具有特殊性質或品牌認定，但購買者購買時不須花費時間選擇，有特定地點可購買之商品，例如情人節前之巧克力產品或是訂婚用戒指等產品。特定品牌或具有特定意義的產品，都屬之。
忽略品 （unsought Goods）	**又稱為「冷門品」、「非蒐尋品」或「非追求品」，係指該項產品是消費者可能有需求、卻說不出來的項目，無從指名、也無從描述，只有當消費者見到之後，才能確定是否為他所要的採購標的，因而稱之為忽略品。**這種產品，通常不是生活必需品，但可能會因而提升生活品質，例如陶藝品、基地、基碑等。

牛刀小試

( )｜某些產品是消費者可能有需求、卻說不出來的項目，無從指名、也無從描述，只有當消費者見到之後，才能確定是否為他所要的採購標的，這種產品稱為：　(A)特殊品　(B)選購品　(C)忽略品　(D)便利品。　　　　　　　　　　　　　　　　　　　　　　　**答 (C)**

2.2.2替代品與互補品

替代品是指兩種產品存在相互競爭的銷售關係，即一種產品銷售的增加會減少另一種產品的潛在銷售量，反之亦然（如牛肉和豬肉）。 替代品與互補品是相互對立的概念。對替代品的判別亦可根據交叉彈性係數的正負號來進行。顯然，當交叉彈性係數為正值時，即一種產品價格的提高（銷售減少）會引起另一種產品需求量的增加，這時兩種產品是替代品。

互補品（如汽車與汽油）是指兩種商品之間存在著某種消費依存關係，即一種商品的消費必須與另一種商品的消費相配套。 一般而言，某種商品互補品價格的上升，將會因為互補品需求量的下降而導致該商品需求量的下降。

2.3　產品替代性

產品替代性（product substitutability）可分為下列四者：

(1) **一般性競爭**（generic competition）：對相同的消費者而言，市場上提供該類產品的現存廠商均為競爭者。

(2) **形式競爭**（form competition）：相同企業，提供產品形式不同，但能產生替代作用，提供消費者不同選擇的競爭，例如王品集團旗下有王品牛排與陶板屋和風創作料理兩品牌，從事競爭。

(3) **品牌競爭**：提供相類似的產品並以相類似的價格賣給相同顧客群的其他公司（麥當勞VS肯德基）。

(4) **產業競爭**（industry competition）：生產相同產品類別的所有公司，例如可口可樂對所有提供蘇打飲料的廠商而言，即是這種競爭。

第三節　產品組合與產品線

3.1　產品組合的結構

產品組合（product mix）係指廠商提供給消費者所有產品線與產品項目之組合而言。產品項目是指產品線中的某一特定產品，其在大小、價格、外觀或其他特點方面與產品線其他產品有所差異。

(1) **產品線（product line）：係指由一群在功能、價格、通路或銷售對象等方面有所相關的產品所組成。**析言之，產品線是指一群相關的產品，這類產品可能功能相似，經過相同的銷售途徑，或在同一價格範圍內，銷售給同一顧客群。

(2) **產品項目：是指產品線中的某一特定產品，其在大小、價格、外觀或其他特點方面與產品線其他產品有所差異。**析言之，產品項目係指在同一產品線或產品系列下不同型號、規格、款式、質地、顏色或品牌的產品。例如百貨公司經營金銀首飾、化妝品、服裝鞋帽、家用電器、食品、文教用品等，具體來說如海爾公司眾多規格型號的洗衣機中，「小神童」就是其中的一個產品項目。

(3) **產品組合（product mix）：產品組合是指一個企業生產或經營的全部產品線、產品項目的組合方式，它包括四個變數：產品組合的寬度、產品組合的長度、產品組合的深度和產品組合的一致性。**以美國寶潔公司為例，該公司在眾多產品線中，有一條牙膏產品線，生產格利、克雷絲、登奎爾三種品牌的牙膏，所以該產品線有三個產品項目。其中克雷絲牙膏有三種規格和兩種配方，則克雷絲牙膏的深度就是6。如果我們能計算每一產品項目的品種數目，就可以計算出該產品組合的平均深度。

產品好比人一樣，都有其由成長到衰退的過程。因此，企業不能僅僅經營單一的產品，世界上很多企業經營的產品往往種類繁多，如美國光學公司生產的產品超過3萬種，美國通用電氣公司經營的產品多達25萬種。當然，並不是經營的產品越多越好，一個企業應該生產和經營哪些產品才是有利的？這些產品之間應該有些什麼配合關係？這就是產品組合策略（Product Portfolio Strategy）的問題。因此，企業在進行產品組合時，必須針對下列三個層次的問題做出做出抉擇，即：

A.是否增加、修改或剔除產品項目。

B.是否擴展、填充和刪除產品線。

C.哪些產品線需要增設、加強、簡化或淘汰以此來確定最佳的產品組合。

類別	說明
寬度 （width）	**又稱為「廣度」。係指擁有的產品線之數目。**亦即指產品線內不同系列產品別的數量。如某公司假如擁有清潔劑、牙膏、條狀肥皂、紙尿布、衛生紙五條產品線，那它的寬度為5。
長度 （length）	**每一條產品線內的產品品目數稱為該產品線的長度；如果一個公司具有多條產品線，公司可以將所有產品線的長度加起來，得到公司產品組合的總長度，除以寬度則可以得到公司平均產品線長度。**長度也可以用來形容產品線的產品數目，即產品線內同一系列，相似功能產品的數量。例如臺灣菸酒公司生產的酒有米酒、啤酒、紹興酒等。
深度 （depth）	**每一項個別產品項目內的品種數，稱為產品組合的深度，易言之，係指個別產品有多少規格或樣式。如某品牌牙膏具有多種口味與香型，這些就構成了該牙膏的深度。**簡言之，係指個別產品有多少種規格或樣式。
一致性 （consistency）	**亦稱為「產品線的相關度」。係指產品線之間在用途、通路、生產條件等方面的關聯程度。**亦即不同的產品線在性能、用途、通路等方面可能有某種程度的關聯，這稱為相關度。

3.2 擴增產品組合廣度或長度的原因

廠商的產品線若延伸到比較高價、高品質的產品，稱為「向上延伸」（upward stretch）；反之，若是產品線增加比較低價、低品質的產品，則稱為「向下延伸」（downward stretch）。廠商擴增產品組合廣度或長度的原因如下：

(1)**反映企業理念與策略**：有不少產品擴增決策是為了反映「我們是一家怎樣的企業」，或為了呼應企業的整體策略。另外，為了提升企業或某個產品線的形象，也經常促使廠商採取向上延伸的策略。

(2)**利用產能與其他內部資源**：不少廠商增加產品是為了有效利用多餘的產能。另外，隨著對特定消費群、通路商、產業競爭等方面的了解，不但有助於廠商找到新的市場機會，也增進了經營上的信心，因而促使廠商發展新產品。此外，當品牌打出名聲或建立良好形象之後，不少廠商會設法利用這種品牌優勢，將品牌套用在其他相關的產品上，以獲取市場利益，因而擴增了產品組合的廣度或長度。

(3)**因應競爭情勢**：市場競爭是促使廠商擴增廣度或長度的主因。不管是為了以牙還牙、事先卡位、分散風險或牽制競爭者等，都會增進產品組合的廣度或長度。

(4)**配合消費者需求的變化**：廠商有時會為了趕上消費者需求的熱潮、想獲取市場利益，而擴增產品組合廣度或長度的結果。

產品組合的廣度或長度一旦增加，必然會提高生產、行銷與營運成本，也容易造成錯誤（如訂單處理、運輸、上架錯誤等）而影響效率，同時也容易造成自家產品互相蠶食以及資源不當配置的問題（如將過多資源用在甲產品，使得乙產品失去市場良機）。因此，廠商應該定期檢討產品線縮減的必要性。

3.3　產品線決策

3.3.1 產品線的意義

產品線係指產品組合中一群極相似的產品，而這群產品可能具有以下的特性：
(1)<u>可能是功能相似。</u>
(2)<u>可能是賣給相同的顧客群。</u>
(3)<u>可能是相類似的銷售途徑。</u>
(4)<u>可能是屬於同一個價位。</u>

3.3.2 產品線分析

產品線經理除了全力展開自己所負責產品線之業務發展外，另對以下二件事應密切了解：
(1)他必須知道產品線上不同品目產品的銷售額與其利潤狀況。
(2)他必須明瞭此產品線如何對抗同一類產品之競爭者的產品線，亦即該產品線在市場上之輪廓為何（Product-line market profile），然後進行行銷定位與擬妥其行銷策略。

3.3.3 產品線決策與策略

(1) **產品線長度決策：**

  A.**產品線的長度，應依公司的目標而定：**

    a.**公司的目標若在追求高的市場占有率和市場成長率，則採行產品線加長策略。**

    b.**公司的目標若較重視獲利或在產業中相對占有率較低，則採行產品線縮短策略。**

  B.**產品線的長度，須隨產品生命週期而不同：**

    a.**產品在成長階段，則產品線應加長。**

    b.**產品在成熟、衰退階段，則產品線應縮短。**

(2) **產品線填充策略：產品線填充（Product Line Filling）是在現有產品線的經營範圍以內增加新的產品項目，從而延長產品線。**這有利於充分利用過剩的生產能力，防止競爭者的進入。新產品往往是針對競爭對手已經存在的產品，定價與競爭產品一致。使用本策略時，產品線中的項目也不可過多，否則會造成產品項目之間的互相衝突，顧客選購時也難以作出決策。因此，產品項目之間應保持一定差異，差異程度以能引起顧客的注意為限。除外，經理人在採取此種策略，亦須知此策略可能會承受右述的風險：造成線上的產品相互取代、管理費用上升、顧客對產品形象混淆的現象。所以企業必須注意使新增加的產品與現有產品在顧客心目中保持明顯的差異。茲小一併歸納**採用產品線填充策略的原因如下：**

  A.**增加利潤。**   B.**滿足經銷商的要求。**

  C.**競爭上的防衛需要。**   D.**利用過剩的生產能力。**

  E.**使公司擁有全線產品。**

(3) **產品線縮減決策**（line-reducing decision）：當產品線經理發覺某些產品銷售量、利潤都急速下滑時，這表示該產品已步入衰退期，應縮減產量。

(4) **其他策略：**

高級化策略 （trading up）	此係增加產品線中，較高級層次的產品，以提升商品與品牌形象。
低級化策略 （trading down）	此乃配合產品生命週期即將步入成熟期或衰退期時，所採行在價格上的降低策略。
擴增產品組合策略	包括增加產品組合之廣度與深度在內，以達到完整產品線（full product line）的目標。

縮減產品組合策略	此乃係對獲利不夠理想的產品予以裁縮，以有效利用行銷資源，集中於主力產品上。
發展產品新用途策略 （new-use）	在不大幅影響現有市場與產品組合下，發展產品的新用途，以期增加新的目標市場或增加銷售量。

第四節　品牌

4.1　品牌的意義與命名原則

品牌（Brand）是一個相當複雜的概念，它可以是一個名稱（Name）、一個標誌（mark）、一個符號（Symbol）、或設計（Design）」，或是「以上四項的組合」，其目的是用來「**區別銷售者的產品或勞務，使其不致與競爭者的產品或勞務發生混淆**」；它也是產品或服務提供者與消費者之間溝通的重要標示，**可協助消費者辨識商品的特性，也是方便消費者重複購買同一產品或服務的資訊媒介與辨識依據。**品牌的生命可能較產品或服務內容來得更為長久，也可以賦予產品或服務更高的消費價值。例如：維持高貴形象的品牌，會使產品使用者感覺受到尊重或肯定，使產品因品牌形象創造出額外的產品價值，能刺激更多的消費。至於品牌命名應注意以下幾個原則：

合法	命名除了應避免侵犯現有的商標外，而且要能夠在法律上得到保護，這是品牌命名的首要前提。再好的名字，如果不能註冊，得不到法律保護(如用普通辭彙命名)，就不是真正屬於自己的品牌。
醒目且容易記憶	為品牌取名，亦要遵循簡潔的原則，忌用艱澀的字彙。例如IBM是世界上最大的電腦製造商，它的全稱是「國際商用機器公司」（International Business Machines），這樣的名稱不但難記憶，而且不易讀寫，在傳播上就製造了障礙，於是，該公司設計出了簡單的IBM的字體造型，對外傳播，終於造就了其高科技領域的領導者形象。

能暗示產品的特性、品質與利益	可讓人們從品牌的名字一眼就看出它是什麼類型的產品，例如五糧液、雪碧、高露潔、創可貼等。「勁量」用於電池，恰當地表達了產品持久強勁的特點；固特異用於輪胎，準確地展現了產品堅固（而）耐用的屬性。
易於發音與翻譯成外語	吉普（Jeep）汽車的車身都帶有GP標誌，並標明是通用型越野車，Jeep 即是通用型的英文general purpose首字縮寫GP的發音，非常容易發音和翻譯成外國語言且易於傳播。
能給予正面聯想	金字招牌「金利來」原來取名「金獅」，在香港人說來，便是「盡輸」，香港人非常講究吉利，面對如此忌諱的名字自然無人光顧。後來，該商號將Goldlion分成兩部分，前部分Gold譯為金，後部分lion音譯為「利來」，取名「金利來」之後，情形大為改觀，吉祥如意的名字立即為金利來帶來了好運，可以說，「金利來」能夠取得今天的成就，其美好的名稱功不可沒。
尊重文化與跨越地理限制	由於世界各國、各地區消費者，其歷史文化、風俗習慣、價值觀念等存在一定差異，使得他們對同一品牌的看法也會有所不同。在這一個國家是非常美好的意思，可是到了另一個國家其含義可能會完全相反。因此可以說，品牌命名已成為國內品牌全球化的一道門檻。
預埋未來發展的管線	品牌在命名時就要考慮到，即使品牌發展到一定階段時也要能夠適應，對於一個多元化的品牌，如果品牌名稱和某類產品聯繫太緊，就不利於品牌今後擴展到其它產品類型。通常，一個無具體意義而又不帶任何負面效應的品牌名稱，比較適合於未來的品牌延伸需要。

4.2　品牌的特質

品牌是極重要的產品屬性之一，品牌是由名稱與標誌組成，品牌可可透過「屬性（Attributes）、功能（Functions）、利益（Benefits）、個性（Personalities）」四大構面進行分析，簡稱AFBP。

屬性	係指產品的規格或在物質上的特色。如汽車的引擎馬力、空間大小、操控性能等。

功能	是指前述屬性帶來的作用，例如引擎馬力帶來動力、空間提供承載量等。
利益	主要是代表著「以上屬性或功能提供消費者什麼好處，或是解決什麼問題？」例如，馬力大且空間寬的汽車可以帶全家人到野外旅行。
個性	對消費者而言，就是綜合屬性、功能與利益，而賦予這個品牌擬人化或人格化的描述，也等於是在消費者心目中建立的品牌形象或定位。

4.3　品牌承諾

(1) **品牌承諾的意義**：品牌承諾是一個品牌給消費者的所有保證，包含產品承諾，又高於產品承諾。一個整體的產品概念包括三個方面：核心產品、形式產品、延伸產品，一個產品在這三個方面的標準就是產品承諾。

(2) **品牌承諾的作用**：

A. 提高顧客的品牌忠誠度：品牌承諾的第一個作用是有助於增強顧客對企業的信任和提高顧客對品牌的忠誠度，品牌承諾能夠為企業帶來持久的業績表現和商譽，重要的是品牌承諾還能緩和關於公司的負面消息和負面宣傳所造成的不良影響。

B. 激勵員工：品牌承諾與激勵員工是相輔相成的。一個企業有一份很好的品牌承諾並履行到位的話，可以為企業帶來很大的社會價值。企業的自豪感和產品的自豪感可使得員工以能作為企業的一分子而引以為傲，並產生歸屬感，從而盡心投入到工作中去。

C. 指引企業行為：良好的品牌承諾會讓企業成員深刻地理解該品牌的價值，明白品牌所代表的意義，那麼他們在從公司政策制定、營銷策略選擇到公關宣傳活動，甚至於日常的言行舉止都會與品牌承諾相符合。

4.4　品牌的組成要素

品牌依據不同的組成要素，可以細分為下列五種：

要素	說明
品名 （brand name）	係指品牌所使用的名稱，是可以發音，亦可以說出口來的，品名多以文字來表示，例如可口可樂（Coca cola）、福特（Ford）、旺旺、乖乖等。
品標 （brand mark）	係指品牌可以記認，但不用發音的部分，包括符號、表徵、設計、圖案、顏色或字體。例如紅牛奶粉的紅牛、米高梅電影公司的獅子等。
商標 （trade mark）	企業所使用之品牌，已經申請法律保障的品牌識別的部分。
著作權 （copyright）	企業所使用之品牌，因法律保障而限制其他企業抄襲、模仿或冒用的部分。
標籤 （label）	**任何有關一種產品的圖案、文字、說明、附隨於該產品而銷售給顧客的紙卡或牌子。**商業用途的標籤係指固定在容器、箱子等包裝物的表面上，將其名稱（產品名）、製造者、販賣者、或原料名等內容記載其上的東西。標籤可呈現下列功能： (1)標籤可以透過具吸引力的圖案達到推廣產品的效果。 (2)標籤有助於辨識產品或品牌。 (3)標籤無法區分產品等級。

牛刀小試

( )　品牌可以記認，但不用發音的部分，為品牌的何種組成要素？　(A)品名　(B)品標　(C)商標　(D)著作權。　　**答 (B)**

4.5　品牌的功能

品牌的功能可分別從消費者與廠商的角度來加以分析。

消費者的角度	濃縮資訊與協助辨識	產品的種類繁雜，消費者無法一一記住這些產品的特性、品質、價格水準等，而品牌則扮演了濃縮這些資訊的角色。我們偶爾會評論「某某品牌效果不錯」、「某某牌子爛透了」，其實就是借助品牌濃縮資訊的功能，辨認與判斷某個產品。
	提高購買效率	由於不同品牌各有獨特的名稱與標誌，再加上前述的資訊濃縮功能，品牌能夠協助消費者在短時間內進行辨認，從而提高購買效率。消費者在選購某些產品時，經常只考慮到少數幾個品牌，因而簡化了選購過程。有了品牌，消費者才能省時、省力地購買。
	提供心理保障	許多消費者在購買昂貴或重要的產品時，往往把不熟悉的品牌一律歸為「雜牌」，或把某些品牌列在黑名單而拒絕購買；有些則是一再購買相同的品牌而別無二心，這種購買行為主要是為了尋求心理上的保障。換句話說，有些品牌已經在市場上樹立了良好的形象，建立了信賴感，因而成為消費者心目中的品質保證。知名品牌幾乎都有這種特性。
廠商的角度	有助於新產品的推出與市場開拓	由於品牌對於消費者有濃縮資訊的功能，廠商若使用知名品牌推出新產品，則無需多費口舌，消費者就可以很快了解新產品的品質、特色等，故有助於市場的開拓。
	可作為有力的競爭武器	個性鮮明的品牌比較容易引起消費者注意與方便記憶，可區分出與競爭者的差異，更可以在口碑流傳過程中利於消費者表達，因此是一個有力的競爭武器。再者，有響亮、良好形象的品牌通常可以避免陷入紅海的價格戰泥沼中，享有較高的毛利空間，因此在市場上居於有利的地位。
	可成為企業的資產	近年來相當盛行的「品牌權益」觀念顯示，品牌雖然無形，卻是有價值的資產。

4.6 品牌命名與設計應具備的要素

品牌適當與否，直接影響產品促銷活動的效果，優良品牌的選定應具備下述各項要素：

(1)配合目標市場的特性。

(2)須能顯示產品用途、特色與品質。

(3)須簡短易讀，易於記憶與辨識。

(4)須易於申請註冊，而受法律的保障。

(5)須能適用於任何媒體，且具有促銷的提示。

(6)須具有伸縮性，可適用於未來的新產品。

(7)須適合於市場消費者，令人有欣悅之感。

4.7 品牌個性

4.7.1 品牌個性的意義

品牌個性（Brand Character）係在表達品牌應該人格化，以期給人留下深刻的印象；因此，企業應該尋找和選擇能代表品牌個性的象徵物，使用核心圖案和特殊文字造型表現品牌的特殊個性。例如COACH的商品風格沉穩，充滿手工藝與傳統的氣息，古老而新穎的圖案，讓消費者愛不釋手，這種定位手法即是一種「品牌個性」的作法。

4.7.2 品牌個性論的基本要點

(1)在與消費者的溝通中，從標誌到形象再到個性，「個性」乃是最高的層面。品牌個性比品牌形象更深入一層，形象只是造成認同，個性可以造成崇拜。例如德芙（DOVE）巧克力：「牛奶香濃，絲般感受。」其品牌個性在於那個「絲般感受」的心理體驗。能夠把巧克力細膩滑潤的感覺用絲綢來形容，意境夠高遠，想像夠豐富。充分利用聯覺感受，把語言的力量發揮到極致。

(2)為了實現更好的傳播溝通效果，應該將品牌人格化，即思考「如果這個品牌是一個人，它應該是什麼樣子？」找出其價值觀、外觀、行為、聲音等特徵。

(3)塑造品牌個性應使之獨具一格、令人心動、歷久不衰，關鍵是用什麼核心圖案或主題文案能表現出品牌的特定個性。

(4)尋找選擇能代表品牌個性的象徵物往往很重要。例如，「花旗參」以「鷹」為其象徵物等。

4.8 品牌決策

4.8.1 產品組合的品牌決策及考慮因素

生產多種產品的企業，必然會面對如何替不同產品安排品牌的決策。產品組合的品牌至少有以下三類：

(1) **個別品牌**：**個別品牌（individual brand）係指生產者「將每種產品各使用不同的品牌名稱」，即每一種產品有特定的品牌名稱。**如寶僑家品（P&G）所推出的洗髮精，有「飛柔」、「潘婷」、「沙宣」等不同的品牌，每一項產品都有不同的名稱。個別品牌可以將公司聲譽與產品成敗分開，如果產品品質不良或銷售失敗，不必擔心公司聲譽受損，也不致影響其他產品的市場。

採用個別品牌的優點是即使某一項產品在市場上不被接納或形象出現問題，對於其他產品以及企業本身，也不會有太大的負面影響。另外，如果在同一類產品中擁有兩個或更多的品牌，將有利於發展不同的市場區隔，可以在市場上卡住不同的定位，同時也較能掌握「品牌轉換者」，亦即消費者更換品牌時，到頭來還是選擇同一家企業的產品。但個別品牌最大的缺點就是品牌經營的成本高昂，而且某個品牌無法將它的高知名度與良好形象傳遞給其他品牌。

(2) **家族品牌**：**家族品牌（family brand）又可分為「單一家族品牌」與「產品線家族品牌」。前者係指「生產者將所擁有的產品一律採用相同的品牌」，例如台糖、SONY旗下所有商品都是同一個名稱；後者則是「不同的產品線有不同的品牌」，例如BMW集團有兩條汽車產品線，中大型轎車都使用BMW，而迷你型汽車則使用MINI為品牌。**家族品牌可以不再費心替新產品找命名，也不必再花昂貴的廣告費，如家族品牌已有良好聲譽，對產品的銷售大有助益。

家族品牌經常是品牌延伸的結果。相對於個別品牌，家族品牌的行銷成本比較低，主要的原因是不必花錢研究新的品牌，也不需太多的廣告費來提高品牌知名度。同時，如果一個品牌已經建立良好的聲譽，採用家族品牌策略將有助於其他產品的銷售或是有利於新產品的發展。但是，如果某個產品出現問題或品牌名稱過於老化，所有的產品就得面對負面的效應。

(3) **混合品牌（hybrid brand）**：係指公司名稱結合個別品牌，例如統一純喫茶、統一滿漢大餐、統一麥香等。

產品組合的品牌，究係採用個別品牌或家族品牌，其決策時應考慮的因素有下列幾項：

(1) 廠商之各種產品是否經由相同零售商銷售？若是，則可採用家族品牌以壯大聲勢，吸引顧客注意。

(2) 廠商之各種產品是否屬於同一個等級？若屬同一等級則可採用家族品牌，否則採用個別品牌較妥當。

(3) 廠商的各種產品是否屬於同一類別？如果各種產品間具有相同用途，滿足相同的需要，或訴之以相同的動機，則可採用家族品牌，例如食品罐頭類商品。

(4) 應考慮顧客對此產品忠誠度的一貫認知為何？如果品牌忠誠度很低，表示消費者喜歡常換品牌，則須採用個別品牌而勿採家族品牌。

(5) 應考慮顧客對產品特性與品牌的偏好認知為何？例如以飲料來說，市面上有很多的個別品牌，代表不同的意義，若消費者也對此類狀況有所偏愛時，則應採多樣性的個別品牌為佳。

(6) 廠商之各種產品是否銷售與市場中相同的市場區隔？若銷售對象相同，則採用家族品牌可產生相互提攜作用。

(7) 應考慮產品發展的新舊程度如何？一個完全新的產品，往往會賦予它全新的面目，以擺脫過去陳舊的感覺，此時採用個別品牌較佳。

4.8.2 品牌歸屬權的品牌決策

就歸屬權而言，品牌有兩大類：生產者品牌（Producer's Brand）【亦稱為「製造商品牌」（manufacturer brand）】與中間商品牌（Middleman Brand or distributor brand）。前者非常普遍，我們所耳熟能詳的品牌幾乎都是製造商品牌。後者屬於批發商或零售商所有，例如大潤發的大拇指、家樂福的No.1等。

(1) **生產者品牌：又稱為「全國性品牌 (National Brand)」或「製造商品牌」。係指「生產者本身所擁有」，亦即製造商將自己所生產的產品掛上自己的品牌。** 大規模生產工廠或具有市場領導地位的產品，生產者多設定自己的品牌，如「洋房牌」襯衫、「裕隆」汽車。全國性品牌可以使消費者清楚地知道產品的生產者是誰，其廣告和行銷區域廣闊。

(2) **中間商品牌：中間商品牌又稱「私有品牌」（Private Brand），或稱為「配銷商品牌」或「經銷商品牌」，係指「批發商、大型量販業者或零售商將所售出的貨品，註明其本身標誌」，** 例如統一超商（7-11）的御飯糰、思樂

冰，好市多（COSTCO）的Kirkland；又如美國Sears公司雖屬百貨銷售商，但有超過90%的產品使用Sears公司的自有品牌。中間商品牌可以向其他生產工廠訂貨生產自有品牌的產品，成本較低，又可照顧自己品牌，以維持自己的品質與培養顧客的偏愛和信心【註：由於自有品牌一詞常被代工生產（OEM）廠商用來代表「自己所擁有的品牌」，為了避免混淆，故本書採用「中間商品牌」，以茲識別】。

(3) **其他品牌決策**

A. **授權品牌（Authorized Brand）：係指企業租用一個消費者已熟悉的品牌名稱（當然經過品牌註冊者授權使用），來銷售產品。**

B. **混合品牌：係指一部分用製造商品牌，一部分用中間商品牌。**

C. **無品牌：係指完全不用品牌的商品，這類商品的最大好處是可省去廣告費用。在日本無品牌的商品，又稱「無印良品」。**

D. **共同品牌：又稱為「雙品牌」，係指兩個或以上屬於不同廠商的知名品牌，一起出現在產品上，其中一個品牌採用另一個品牌作為配件，稱為共同品牌策略。它有下列五種形式：**

　a. 同公司共同品牌（Same-company co-branding）：例如Lion廣告:「媽媽檸檬碗盤清潔劑與Top洗衣粉」。

　b. 合資共同品牌（joint venture co-branding）：例如GE與Hitachi共同在日本生產燈泡。

　c. 多重贊助共同品牌（multiple-sponsor co-branding）：例如IBM、Apple、Motorola技術合作生產的Tallgent。

　d. 零售共同品牌（retail co-branding）：例如東華書局開設馬可波羅餐廳。

　e. 元件共同品牌（ingredient branding）：此為共同品牌的特例，以用在其他品牌內的原物料、零件或組件組成，以創造品牌權益。例如GORE-TEX使用GORE-TEX布料的服裝均具有持久防水、防風及透氣度三種性能，其技術，常常在戶外用品上看到，不管是外套、衣服、褲子、鞋子，甚至背包、綁腿等。當它與另一個知名的成衣品牌結合生產，即屬此類。

E. 成分品牌（trademarking composmon）：係指供應商為其下游產品中必要的原料、成分和部件，建立其品牌資產的過程。易言之，成分品牌是指產品中某項必不可缺的成分本身即擁有自己的品牌。例如某牌的登山外套在廣告促銷時，宣稱其採用GORE-TEX的防水纖維，這種作法即是。

F. 成分品牌聯合（Ingregient Branding）：是指兩個品牌同時出現在一個產品上，其中一個是終端產品的品牌，而另一個則是其所使用的成分或組件產品的品牌。例如康柏、IBM電腦和英特爾晶圓，就是這種意義上品牌協同效應的完美範例。因英特爾公司一直是全球最大的優良晶圓供應商，它擁有世界先進的晶圓製造和研發技術，它能激發消費者的品牌聯想，認為採用英特爾晶圓的電腦一定是品質可靠、性能出眾。

牛刀小試

(　)　指批發商或零售商將所售出的貨品，註明其本身標誌，此種品牌，稱為：(A)自有品牌　(B)生產者品牌　(C)家族品牌　(D)個別品牌。　　**答 (A)**

4.8.3 中間商發展本身品牌主要原因

(1)零售業競爭日益激烈，毛利空間不斷壓縮，為了賺取較多的毛利以避免賠本做買賣，故委託製造商生產平日銷售量較大的產品，並冠上自己公司的品牌，以因應競爭。

(2)中間商不必投資生產設備，只需委託有剩餘產能的廠商代工製造有關產品，再加上節省製造商所需負擔的上架費，因此能壓低商品售價吸引消費者，同時也獲得較大的毛利空間，這對強調薄利多銷的量販店而言，相當重要。

(3)中間商憑著全國連鎖以及接近消費者的優勢，再配合店內廣告，以及較能掌握商品的陳列空間與位置等，中間商品牌的知名度容易打開。

(4)透過委託生產中間商品牌，零售業者較能掌握商品的成本結構與市場行情，可以回過頭來要求其他品牌製造商提供更合理的價格與服務。

4.9　品牌權益

品牌的價值在學理上稱為「品牌權益」（brand equity）。品牌權益是一種無形資產，但其價值可以甚或經常超越企業所有其他資產的總和，同時，它也是企業競爭力與市場地位的重要指標，因此近年來相當受到實務界與學術界的重視。

品牌權益並非由企業自己認定，而必須從顧客的角度來判斷，此即所謂的「顧客基礎的品牌權益」觀念。析言之，當一個品牌可令人回味再三，甚至愛到心坎裡，則品牌價值非凡；反之，若一個品牌形象不佳、無人聞問，或是無法凝聚顧客的忠誠度，則該品牌將毫無價值可言：因此可知，「顧客反應」乃是決定品牌權益的最重要因素。

Aaker提出了一套品牌權益模式(brand equity model)，共含以下五個主要內容：
(1) **品牌忠誠度**：品牌忠誠度係指消費者是否會重複購買某個品牌。如果品牌忠誠度很高，代表企業已經成功留住消費者的心，可使企業與通路商間有更穩固的關係，進而拉高競爭對手的進入障礙，同時也可以降低企業的行銷成本。
(2) **品牌知名度**：亦稱為「熟悉度」，係指消費者是否容易想到與認識品牌的某些特性。品牌知名度是協助消費者簡化產品資訊，方便購買決策的一項有利工具。如果品牌知名度很高，則消費者在進行購買決策時，該品牌進入消費者的購買意識中的可能性就會提高，而被購買的機會也會增加。
(3) **知覺品質**：知覺品質係指消費者對產品與服務品質的感覺。知覺品質對於消費者的購買決策與品牌忠誠度具有直接的影響。另外，知覺品質越高，企業的定價空間就越大，能享用的毛利空間也越大，同時也讓企業有更好的條件進行品牌延伸，從而協助新產品發展與市場開拓。
(4) **品牌聯想**：品牌聯想係指任何與品牌有關的特質，如包裝、形狀、產品利益、形象等，是否能夠帶給消費者正面的感覺、認知與態度等。品牌聯想越正面與豐富，越能促使消費者注意與處理有關品牌的資訊，並形成強烈的印象，而這將有助於企業進行品牌延伸。
(5) **其他專屬品牌資產**：這項因素包含專利、商標、通路關係等內、外部資產。這些資產能夠防止競爭者淡化品牌知名度、侵略品牌忠誠度等，而鞏固品牌權益。

4.10　品牌的策略

採用既有品牌於新產品類別，稱為品牌延伸（brand extension）策略。企業採取品牌延伸策略時，可以品牌名稱是現有或新的，作為縱軸；以產品類別是現有或是新的作為橫軸；區分為四種不同的品牌策略，分別是產品線延伸、多品牌、品牌延伸和新品牌策略，茲分別說明如下：

(1)**產品線延伸策略（Line extension strategy）：當公司在相同產品類別中，引進其他的商品，而且是採用原來的品牌名稱時，即是使用產品線延伸策略。廠商採用品牌延伸策略時，希望新產品延用知名品牌，以延伸消費者對原有品牌形象到新產品。**例如黑松公司的果汁產品系列是以「綠洲」為品牌，若是增加了新的果汁產品，公司仍然會用綠洲品牌名稱。但是需注意產品線過度延伸，行銷人員若未能做好市場區隔，容易導致「自我蠶食（cannibalization）」的問題產生。至於產品線延伸，公司可以有下列三種延伸方式：

A.**向下延伸策略：係指企業把高檔定位的產品線向下延伸，加入低檔產品項目。**例如瑞士手錶如勞力士（Rolex）、浪琴（Longines）和派捷特（Piaget）等，過去一直定位在高價時髦的珠寶手錶市場。但是到1981年，瑞士的ETA公司，開始推出斯沃琪（Swatch）時裝錶，價格只有40～100美元，來滿足追求潮流的年輕人。企業實行向下延伸策略通常是基於下列目的：

(A) 利用高檔名牌產品的聲譽，吸引購買力水平較低的顧客，促進他們購買企業產品線中的大眾產品。如此可以充分利用企業的品牌形象，適應各層次消費者的購買需求，提高市場占有率。

(B) 拓展企業的銷售市場，實現企業更高的利潤追求。

(C) 彌補企業產品線的空白，使企業產品系列化，不出現斷檔現象。

但是企業在執行向下延伸策略時，必須充分考慮市場反應。如果向下延伸策略不僅不能打開低檔產品市場，還可能會破壞高檔產品的市場形象，則企業應該放棄向下延伸策略。如果一定要向低檔產品市場發展，也應該重新創立低檔產品品牌，塑造新品牌的形象，而不能使用高檔產品線的品牌。

B.**向上延伸：低級品市場的公司可以嘗試進入高級品市場，他們可能是受到高級品市場的高成長率或高利潤所吸引，或者僅是想把公司定位為完全產品線製造商。例如佐丹奴Giordano先推出低價休閒服飾，而後逐漸推出高價位的仕女精品牌服飾Girodano ladies，即為這種延伸策略。**產品線向上延伸也會面臨一些風險，在高級品市場競爭者不僅會設法鞏固其市場，可能也會採取反擊措施，而向下延伸其產品線；潛在的顧客可能不信公司有能力生產高品質產品；最後，公司的銷售代表與配銷商可能缺乏足夠的能力和訓練，來銷售這些高級品。

C.**雙向延伸：在中級品市場的公司可以向低、高級品市場進行雙向延伸。**

再者，產品線的加長也可以透過「產品線填滿（填補）決策」（product line filling）來完成，亦即以增加更多產品項目，以提升該產品線的完整性的方式來達成。採用產品線填滿的作法，其理由如下：A.增加額外利潤；B.滿足那些抱怨因產品項目太少，而少做很多生意的經銷商；C.利用過剩的生產能量；D.成為整條產品線的領導廠商；E.填滿空隙以阻止競爭者的進入。但若產品線填得過滿，會造成產品間彼此的衝突，而使顧客無所適從。公司必須確定新加入的產品，和現有產品確有顯著的差異。

(2) **品牌延伸策略**（Brand extension strategy）：**運用一個成功的品名來推展改良產品或附加產品的策略，謂之。**這是將現有的品牌運用在新的產品之上，延伸的做法可以是新包裝、新容量、新款式、新口味、新配方等方式。如此可以收到槓桿的效果。例如Honda公司，不論是汽車、摩托車、滑雪車、割草機等，都是以Honda為品牌名稱。

品牌延伸策略所帶來的好處，第一是可使企業經營的市場擴大，且新產品可維持品牌的新鮮感；第二是具有廣告行銷上的綜效，利用原有品牌的知名度，鼓勵消費者作嘗試性購買，以降低產品上市而失敗的風險；第三是滿足不同分眾市場消費者需求，創造市場佔有率最大化；第四是延伸品牌其與原品牌高度的聯想效果，可強化原品牌的核心利益。

(3) **多品牌策略**（Multi-brands strategy）：**這是公司在相同產品的領域中，開發出不同的品牌來相互競爭，原因是它們的市場是可以區隔開的，如此才不致發生自己打自己的情況。**例如寶僑公司（P&G）在清潔劑上就開發出了九種不同的品牌，來因應不同市場顧客的需求。

採用多品牌策略有幾個理由：第一，製造商可以取得商店裡更多的空間陳列其產品。第二，只有少數消費者會始終忠於一個品牌，為了掌握眾多的品牌轉移者的唯一方式，就是推出好幾種品牌。第三，新品牌的建立，使公司內部具有生氣和更有效率。第四，多品牌策略使公司可以針對不同的區隔市場，利用不同品牌作不同的利益訴求，以吸引消費者。第五，廠商為尋求更高市場占有率的目標與更大的銷售利潤。第六，多品牌策略就組織功能而言，可以讓各個獨立品牌經理彼此產生激勵。第七，新品牌終有一天亦會變成舊品牌，為了確實把握未來的市場，必須不斷的推陳出新，永遠讓顧客感覺本公司是一家具有創新與活力的廠商。

但是，廠商在採行多品牌策略時，亦須考量到以下問題，才不至於讓此策略的失效，甚或產生反效果。

A. 產品定位與目標市場的方向是否與原有之品牌有所區隔？

B. 如果沒有顯著區隔，應考慮是否會搶走原有品牌之客戶，致使無法達成銷售量增加的目的。

C. 新品牌在實質上或行銷手法上，是否與原有品牌有若干區隔，而能讓消費者接受？

D. 如果多品牌策略的實施，每個品牌是否都只佔很少的市場占有率，並且沒有一個是獲利特別大的？此時，應檢討是否投入了太多的資源在許多不太成功的品牌上，而使資源使用效率不佳，得不償失。

(4) **新品牌策略（New brands strategy）：如果公司希望開發出一些新的品牌，避免原有品牌形象給人的刻板印象，這時就需要有新的品牌策略，但是這也是需要花費甚大的金錢和時間來建立顧客對其的信賴，而且也須冒很大的風險。**此時公司就必須詳細評估考量是否值得投資。

`4.11` 聯合品牌策略與成分品牌化

聯合品牌（co-branding）係指當二個公司形成策略聯盟共同努力，以期創造共同行銷效用，提升獲利力，例如長榮航空/花旗銀行聯名卡、國泰世華銀行/太平洋SOGO百貨聯名卡。簡單的說，品牌結合的策略對現有產品可能產生兩種助益：第一是對產品核心價值的助益，第二是對產品延伸價值的助益。

聯合（合作）品牌是兩個或多個不同主體的品牌聯合起來進行行銷的一種形式，最常見的是最終產品品牌之間的合作。而成分品牌化則是成分供應商與產品製造商之間的品牌合作，也屬於兩個不同的主體之間的合作。

成分品牌化（Trademarking Composition）指的是供應商為其下游產品中必要的原料、成分和部件（assembly unit）建立品牌資產的過程，它是聯合（合作）品牌的一種特殊形式。本質上講，成分屬於生產中的中間投入，它隱藏在最終產品之中，不直接與用戶接觸，因而通常情況下，用戶對成分並不會刻意留心。成分品牌化則打破了這一常規，其作用機制是：將成分從生產的後臺推到銷售的前臺，讓最終用戶對產品所含的某品牌成分產生印象乃至形成偏好。最終可能形成的理想結局是：某品牌的成分將逐漸成為最終產品行業的標準成分，用戶不會購買不含此成分的商品。例如某牌的登山外套在廣告促銷時，宣稱採用GORE-TEX的防水纖維，這種作法即稱為成分品牌化。

因此，從根本上來說，成分品牌化過程是試圖營造一種行業標準的過程。目前，成分品牌化最成功的當屬Intel中央處理器。成分品牌化是希望透過具有口碑的組成成份，來拉抬產品的價值，例如Dell電腦強調使用Intel的CPU。成分品牌化將使該產品透過它所包含的著名品牌元素或成份，使主品牌（host brand）其與競爭品牌的差異增大，而使用該成分的品牌，對外的意義則傳送強烈的訊號給消費者對品質的信賴感。

4.12 刺激類化

行為主義者認為懼怕是由學習而來的。**刺激類化意指人們原本因為某件事物而產生情緒上的反應時，通常會將其類化到看起來類似的事物上，而使其會有相同的情緒反應，所謂一朝被蛇咬，十年怕草繩，就是刺激類化的現象。**

若一企業原本已成功的品牌，給消費者的刺激為正面的，當此企業利用品牌延伸推出新產品或是新品牌時，乃是希望會類化消費者，讓消費者對新產品或新品牌會有一正面的期待，使得企業經營新產品或新品牌的成功機率提高；反之，則會有不利的類化現象發生，使成功機率滑落。

4.13 品牌稀釋

品牌稀釋通常是企業貪婪的擴張、多樣化與無意義的品牌延伸所造成的結果。
台灣的中小企業由於經營者多屬技術人員自行創業，因而往往缺乏行銷的觀念、知識與技術。以零售業為例，中小型服務業常因一時的成功，而盲目地進行擴張、授權或產品延伸，因而造成非專業的經營，或授權給素質不一的業者，最後造成品牌價值的耗損，而過度的產品線延伸則將稀釋了品牌的價值。

4.14 企業建立自我品牌的原因

不論政府或學者專家經常建議我國廠商應自創品牌，而且擺脫OEM（代工）的模式，其主要原因如下：
(1)廠商若沒有沒自我品牌，僅是為人代工生產時，對產品價格的議價能力大減；而且當製造成本高於其他國家產品時，必將遭到被無情替代的下場。

(2)廠商若沒有自我品牌，將只能獲得少數的生產（代工）利潤而已，卻讓國外業者獲得鉅額的行銷利潤。因此企業應設法建立起自我品牌。

(3)有了自我品牌，才能建立自主的行銷通路，不須仰賴他人，如此產品的銷售生命才能完全掌握在自己的手中，而不需仰賴他人。

(4)自我品牌一旦建立，則知名度與信賴度均可穩固建立，對企業往後長期推出的各式新產品推廣上市，將會有十足的助益。

企業建立自我品牌的目的則有以下幾端：

(1)可使消費者能清楚地了解誰是生產者。

(2)可使消費者易於辨認所需的產品與服務。

(3)可使消費者便於找到製造商，而進行修理與更換零件。

(4)可便於不同品牌之間價格、品質、容量、包裝等之比較。

(5)同一品牌的產品原則上會具有相同的品質，將較易獲得消費者的信任，建立商譽，提升競爭地位。

牛刀小試

(　)　將現有的品牌運用在新的產品之上，稱為：　(A)新品牌策略　(B)多品牌策略　(C)產品線延伸策略　(D)品牌延伸策略。　**答 (D)**

4.15 原產國知覺與品牌原產地效應

4.15.1 原產國知覺

消費者對來自不同國家的品牌、產品有獨特的態度與信念，這就是所謂的「原產國知覺」（country-of-origin perceptions）；原產國知覺係由一個國家所引發的心智上聯想與信念，因此強化國家形象可協助當地行銷業者進行出口、吸引外商與投資者前來投資，而行銷者則可利用原產國知覺，以最有利的方式來銷售產品與服務。

4.15.2 原產地效應的意義

「品牌原產地效應」簡稱為「原產地（國）效應」（Country-of-origin effects），係指由於進口商品原產地的不同而使消費者對它們產生了不同的評估，從而對進口商品形成的一種進入當地市場的無形壁壘。原產地效應是產品

的原產地影響消費者對產品的評價，進而影響購買傾向。品牌原產地形象與品牌信念和品牌購買意向均呈正相關關係，但品牌原產地形象與品牌信念間的相關係數大於品牌原產地與品牌購買意向間的相關係數。

4.15.3 市場全球化背景下的原產地效應

國際市場上行銷的品牌帶有原產地概念，即它來自哪個國家或地區，學術上把品牌所來自的國家或地區稱作原產地（COO, Country of Origin），一般含義是「××（地）製造（Made in）」。**品牌原產地影響消費者對品牌的評價，進而影響購買傾向，這種現象即稱為「原產地效應」，又稱為「原產地形象」（Country Image）或「產品形象」（Product Image）。**

「品牌原產地」係指品牌基本上是在哪個國家生長和培育的或稱為生產廠商品牌的國籍。一般而言，品牌所屬的公司總帶有母國概念，儘管Sony把總部搬到美國，但消費者仍清楚它是日本的品牌；IBM品牌在全球行銷，消費者仍認為它是美國的公司。

4.15.4 原產地效應的影響因素

原產地效應的影響因素很多，包括產品本身的價格、類型、跨國性和品牌效應強弱等產品屬性因素，尚包括原產地的國家經濟發展水準、零售店鋪的業態與零售商的聲譽與政治體制、文化類型等因素。而且在不同的目標市場上，影響原產地效應的因素之間的主次地位也經常發生變化，也即原產地形象對不同市場上的消費者會產生不同的效應。

當消費者對一個國家的產品知之甚少時，原產地形象直接影響消費者的態度；而當消費者對某個國家的或地區的產品或品牌很熟悉時，他們會從產品製造地和在某一品牌名稱下銷售的產品屬性的感覺中抽象出該國或地區的形象，進而影響消費者對品牌或特定產品的態度。

4.16　品牌競爭

品牌競爭（brand competition）是指滿足相同需求的、規格和型號等相同的同類產品的不同品牌之間在質量、特色、服務、外觀等方面所展開的競爭。因此，當其他企業以相似的價格向同一顧客群提供類似產品與服務時，行將其視為競爭者。品牌競爭者之間的產品相互替代性較高，因而競爭非常激烈，各企

業均以培養顧客品牌忠誠度作為爭奪顧客的重要手段。例如王品集團旗下有王品牛排與西堤牛排兩品牌，即是屬於品牌競爭的產品替代性。

4.17　品牌共鳴

(1)**品牌共鳴的意義**：品牌共鳴是品牌所有者與品牌消費者、品牌消費者之間以品牌為媒介所產生的不同心靈之間的共同反應。品牌共鳴實質上體現了消費者與品牌之間的一種緊密的心理聯繫。經由與品牌的情感互動，消費者會感覺到該品牌能夠反映自己的情感並且可以把該品牌作為媒介與其他人進行交流，因此會增強消費者對品牌的認同和依賴，獲得較高的品牌忠誠度。

(2)**品牌共鳴模式**：Keller發展出一套品牌共鳴模式，他認為品牌權益在實務上是有步驟可循的，須完成前一個步驟才能往下一個步驟進行。此模式有五個步驟，其次序（由下往上）關係如下：

第1步驟→ 品牌識別（identity）：品牌特點與品牌知名度相關，而且品牌特點有助於達到正確的品牌認識。

第2步驟→品牌意涵（meaning）：它是有外在產品與服務的資產。

第3步驟→品牌反應（response）：係指對於品牌的情感回應與行動。

第4步驟→品牌關係（relationship）：係指消費者與品牌關係的特性，即消費者與品牌共舞的程度。

第5步驟→品牌共鳴（resonance）：係外部品牌建立的頂點。

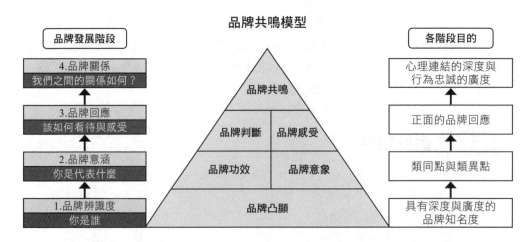

品牌共鳴模型

4.18　品牌復興

品牌復興（brand revitalization）亦稱為品牌激活。品牌激活是指運用各種可利用的手段來扭轉品牌的衰退趨勢並幫助其重振雄風贏得消費者的信任。Aaker提出了下列七個品牌復興可行策略：

(1) **增加品牌的使用機會**：提高品牌使用頻次和數量。

(2) **發現新的用途**：研究或投資於新設計的功能。

(3) **進入新的市場**：發現品牌新的增長點。

(4) **品牌重定位**：更新陳舊、過時的或者沒有新意的戰略。

(5) **提升產品或服務**：淘汰不具競爭力的產品或服務。

(6) **停產現行產品**：通過引進新產品、新技術，替代現有的產品。

(7) **品牌延伸**：將現有的品牌名稱用於其他不同類別的產品或服務。

4.19　品牌價值與品牌形象

(1) **品牌價值（brand value）**：品牌價值是唯一可以量化的評估品牌能夠被消費者所感知的情感利益和功能利益的一個指標。因此，品牌價值乃是品牌精髓所在。

(2) **品牌形象（brand image）**：形象是指個人對一標的物所持有的一組信念、想法與印象。所謂品牌形象，係指存在消費者記憶中的品牌聯想，所反映出來的品牌相關知覺，用以區別不同賣方與競爭者的產品與服務。換言之，品牌形象是企業的市場領導地位、穩定性、創新能力、國際知名度及悠久性等構成企業品牌價值之綜合指標結果。

(3) **兩者之異同**：

　　A. 相同點：兩者皆能用來辨別產品、企業、服務，對一個企業而言，品牌是其無形的資產。

　　B. 相異點：品牌價值可以量化，但品牌形象是一種抽象的信念、想法與印象，故不可量化。

第五節　包裝

5.1　意義

包裝（package）係指生產者為使產品便於陳列銷售，以及運送之安全，而設計產品外層之容器、盒或包裝紙的有關活動。 大部分的產品都須經過包裝以後才會上市。包裝是產品的延伸，良好的包裝有如一個無聲的推銷員；因此，包裝的功用已經不在單純以保護和儲運為限，它已成為一項重要的行銷工具。

5.2　包裝的層次

包裝是產品的屬性之一，它可以分為下列三層，不管是哪一層的包裝，外表通常會有圖案與文字，也都是屬於包裝的一部分，標示亦屬於包裝的範圍，它是包裝上的產品說明。標示具有辨別產品或品牌、區分產品等級、敘述產品製造、保存與使用有關的訊息、透過吸引人的圖案促銷產品等項功能。

層次	說明
初級包裝 （primary package）	或稱為內層包裝，係指與內容物直接接觸的包裝，如香水瓶、裝食品的透明塑膠袋等。
次級包裝 （secondary package）	亦稱為外層包裝，係在內層包裝之外的包裝，它是一種為了保護產品的包裝，啟用產品時即可丟棄，如裝香水瓶的紙盒即是。次級包裝兼具促銷的功能，包括外觀的設計與產品說明。
運送包裝 （shipping package）	這是為了方便運輸、儲存、辨識等所使用的包裝，體積比較大，如常見的瓦楞紙箱。

5.3　功能

(1) **保護產品，延長產品壽命**：初級包裝通常都必須具備保護產品的功能。無論是寶特瓶、玻璃瓶、塑膠袋、紙盒、鋁罐等，都使得產品不易受潮、氧化、腐化、變形或損壞等，以保護消費者的財產、健康與安全。

(2) **增加使用者方便性**：易開罐、噴霧式、提袋式包裝等設計提供消費者使用上的方便；而許多包裝則將零散的物品加以排列或集合，因而方便消費者攜帶。

(3) **傳達資訊**：包裝上的圖案與說明傳達產品資訊，如成份、使用方式、安全須知、製造日期、到期日、顧客服務電話等，幫助消費者認識與選擇產品，以及在購買後龍正確的使用產品。

(4) **保護智慧財產權**：有些公司設計較為奇特的包裝，或在包裝上印制特別的圖案（如雷射壓花、浮雕花紋），以便防止仿冒。

(5) **建立形象，誘發消費者購買**：包裝的外形、材料、設計、圖案、說明等可以用來建立企業或產品形象，並協助產品的推廣。奇特的包裝不但在銷售現場容易引起消費者注意與辨認，也因此而形成與競爭者的差異，而有利於產品的推廣，故**包裝被企業界形容為「沉默的推銷員」**（Silent Salesman）。此外，某些企業特地採取「家族包裝」的概念，使所有的產品都具備某種共同的設計，這也有助於提升企業的整體形象。

5.4　包裝被重視的原因

包裝設計近年來已經成為一項頗有潛力的行銷工具，其主要原因如下：

自助服務 （self-service）	由於行銷通路的變革，使得便利商店、超級市場、量販店等自助式選購物品的方式漸成主流；因此為了吸引消費者的注意力與喜愛感，廠商莫不力求產品在外觀及包裝上創新意，以求博得消費者的青睞。
消費者的富裕 （consumer affluence）	由於消費者購買力不斷的增強，對於高級的、可靠的、便利的、有價值感的包裝的產品，並不吝於購買。
公司及品牌印象 （company and brand image）	美好的包裝可幫助消費者在瞬間即可認出本公司的品牌，便利快速採購。
創新的機會 （innovation opportunity）	包裝材料、設計的創新，常可延長產品壽命或創造新的銷售高峰，此種創新可視為提高產品的附加價值。

5.5 包裝的策略

包裝本身是促銷的工具之一,而良好的包裝更是行銷的利器,包裝通常採行的策略有如下幾種:

類似包裝	**類似包裝又稱「家族包裝」或「產品線包裝」。亦即公司產品在包裝外形上採用共同的特徵,例如相同的圖案、近似的色彩,使消費者易於聯想到是同一家廠商所生產的產品。**這種包裝方式具有以下二個優點:(1)可節省包裝成本,提升公司產品的聲勢。(2)可借助公司已有的商譽,減低消費者對本公司新產品的不信賴感,有助於新產品的擴大推銷。
改變包裝	**產品改變包裝和產品創新同樣重要。當產品之銷售量減少,或者欲擴張市場吸引新顧客,改變產品包裝常可再創銷售的高潮。**
附贈品包裝	**附贈品包裝亦稱為「萬花筒式包裝(Kaleidoscopic packaging)」。係透過贈品吸引消費者購買,故而甚多廠商樂於採用。**附贈品包裝方式,花樣奇多,在兒童玩具與食品市場最具效果。
多種包裝	**多種包裝係將本公司數種有關聯的產品置於同一個容器內,它有如家庭常備的「急救箱」。**這種策略係將新產品與其他原有產品放在一塊,使消費者不知不覺中接受新概念、新構想,進而習慣新產品的使用,這對新產品的上市最為有利。
再使用包裝	**再使用包裝又稱為「雙用途包裝(Dual-use packaging)」,係將原來產品的包裝在其使用完畢後,讓其空容器可移作其他用途。**例如空瓶、空罐可用以改盛其他物品。這種包裝策略,一方面可避免浪費,以討好消費者,另一方面又可使印有商標的容器,能繼續發揮其廣告的效果,而引起重覆購買的意願。

5.6 綠色包裝

在各種的產品屬性中,包裝最具有環保上的爭議。不少產品被批評為了吸引消費者的目光而過度包裝或使用不當的材質,不但造成資源過度開發與環境污

染，還將過多的製造成本轉嫁到消費者身上等。**為了因應環保爭議，也為了展現社會行銷的理念，市面上的環保包裝也越來越普遍。環保包裝（又稱綠色包裝）包括包裝減量、使用再生材料製成的包裝、可回收再利用的包裝、可重填之包裝（環保補充包）等。**

第六節　產品品質

6.1　品質的定義與其意涵

由於品質和產品的成敗、顧客滿意度、企業的聲譽等息息相關，因此它是非常重要的產品屬性。品質（quality）的定義眾說紛紜，而其中最普遍被引用的是美國品質管理學會與國際標準組織（ISO）的定義：**品質是透過一組產品特性來滿足消費者需求的能力。**此定義具有相當行銷導向觀念，它隱含了下列兩個重要的意涵：

(1) **品質是由某些產品特性所傳遞**：至於哪些特性是重要的品質指標，則因產品而異，甚至因消費者而異。例如汽車的品質可能是由車型設計、汽油使用效率、馬力、配備等形成。

(2) **品質必須能滿足消費者的需求**：企業在制定與衡量產品品質時，應該避免完全站在技術的角度，必須從消費者的立場來了解他們使用什麼因素判斷品質，以及他們的需求是否被滿足。

6.2　產品品質應具有特性之構面

Garvin（1987）以廠商產品品質的特性，應包括有以下八個構面：

高功能 （績效， performance）	係指主要的產品或服務屬性，為產品的基本特徵，具有較高或較優越的基本功能，如電視機的畫質及清晰度或電腦的處理速度。
獨特功能 （特質，feature）	產品具有的特定功能，支援、補強基本功能，如電視機的遙控器。

一致性 （conformance）	產品設計或使用的特性符合原先設定規格的程度，可以不良率來加以衡量。
可靠度 （reliability）	產品在某一特定時間內故障的可能性機率，此可以第一次發生故障的平均時間或連續發生兩次故障的平均時間來衡量。
耐用性 （durability）	產品壽命的評估，產品在不堪使用前，提供顧客的使用數量，它可以使用時間來加以衡量。
服務性 （service ability）	有關態度、禮貌、勝任與容易性，產品修理及客戶訴怨處理的迅速性。
造型美觀 （美學，aesthetics）	產品在外形上給人感官上的印象，它受顧客個人主觀偏好的影響。
認知 （知覺品質，perceived quality）	顧客認知該公司產品所具有之良好品牌形象及聲譽。

6.3　產品保證

產品保證（product warranty），可分為「隱含保證」與「明確保證」兩種。

隱含保證 （implied warranty）	**隱含保證是一種非書面的保證，它通常代表了一般法律與商業道德的預期，或是已有法律規範的保證**，例如產品不得有危及生命的成份、商家不得謊稱產品功效、郵購品在十天內可以退貨等。
明確保證 （written warranty）	**明確保證係以文字清楚說明保證的條件，通常會包含保證期限、保證範圍、買賣雙方所需負擔的責任或費用、排除保證的情況（如因不當使用將不負保證責任）等。** 明確保證通常讓消費者感覺安心，因此常用來維繫舊客戶或吸引新顧客，尤其是在消費者信心產生危機時，明確保證的功能更加明顯。

經典範題

☑ 測驗題

(　　) **1** 廠商為了建立本身的競爭力,在市場上脫穎而出,於是在產品增添獨特或競爭者所缺乏的屬性,這些屬性稱為:　(A)附加產品　(B)潛在產品　(C)期望產品　(D)核心利益。

(　　) **2** 通常不是生活的必需品,但可能會因此產品而提升生活品質,例如陶藝品,此種產品,稱為:　(A)選購品　(B)忽略品　(C)特殊品　(D)便利品。

(　　) **3** 產品線的數目係指產品組合的哪一個構面:　(A)長度　(B)廣度　(C)深度　(D)一致性。

(　　) **4** 品牌命名與設計應具備的要素,下列何者有誤?　(A)須能顯示產品用途、特色與品質　(B)須簡短易讀,易於記憶與辨識　(C)不宜具有伸縮性　(D)須能適用於任何廣告媒體,且具有促銷的提示。

(　　) **5** 將每種產品各使用不同的品牌名稱,稱為:　(A)個別品牌　(B)家族品牌　(C)混合品牌　(D)自有品牌。

(　　) **6** 品牌的價值在學理上稱為品牌權益(brand equity),其主要來源下列何者為非?　(A)品牌知名度　(B)品牌註冊　(C)知覺品質　(D)品牌忠誠度。

(　　) **7** 當公司在相同產品類別中,引進其他的商品,而且是採用原來的品牌名稱時,稱為:　(A)新品牌策略　(B)多品牌策略　(C)品牌延伸策略　(D)產品線延伸策略。

(　　) **8** 下列敘述何者正確?　(A)啤酒是耐久財　(B)服務是無法儲存,變異性不大　(C)顧客滿意度是表達顧客的愉悅或失望的程度　(D)家具、服飾與家電品是便利品。

(　　) **9** 產品供給顧客之附加服務或利益,是產品三個層次中的哪一種?　(A)核心產品　(B)引伸產品　(C)有形產品　(D)正規產品。

(　　) **10** 服飾店進行換季大拍賣,是因為其商品減少了:　(A)占有效用　(B)空間效用　(C)時間效用　(D)形式效用。

(　　) **11** 產品能帶給消費者利益是屬於：　(A)有形產品　(B)核心產品　(C)擴大產品　(D)引伸產品。

(　　) **12** 具有促銷功能的包裝是：　(A)基本包裝　(B)次級包裝　(C)裝運包裝　(D)主要包裝。

(　　) **13** 規模較小，通常24小時營業，銷售週轉率高的產品，雖便利但價錢不一定便宜，離住家近的零售店係指下列何者？　(A)百貨公司　(B)超市　(C)便利商店　(D)專門店。

(　　) **14** 消費者在購買過程中，會比較商品的適合性、品質、價格和形式等特徵。則此類商品對消費者而言是：　(A)便利品　(B)選購品　(C)特殊品　(D)忽略品。

(　　) **15** 豐田汽車推出Lexus品牌是一種：　(A)向下延伸策略　(B)向上延伸策略　(C)雙向延伸策略　(D)水平延伸策略。

(　　) **16** 消費者能夠立即且通常不需花費太多精力即可購買到的產品是：　(A)非耐久性產品　(B)便利品　(C)特殊品　(D)選購品。

(　　) **17** 利用現有品牌推廣新產品類別的產品是一種：　(A)產品線延伸的品牌策略　(B)品牌延伸的品牌策略　(C)新品牌的品牌策略　(D)共同品牌的品牌策略。

(　　) **18** 一家公司同時生產幾種不同品質的產品，若為避免公司聲譽受制於某一產品的失敗，應採取那一種品牌策略？　(A)個別品牌名稱　(B)總體家族名稱　(C)個別家族名稱　(D)公司名稱與個別產品名稱結合。

(　　) **19** 下雨時商家會將雨傘擺放在通路出口處販售，因為此時雨傘對顧客而言是：(A)衝動品　(B)緊急用品　(C)特殊品　(D)忽略品。

(　　) **20** IBM電腦上貼著 "Intel Inside" 的標籤是一種：　(A)合資共同品牌的品牌策略　(B)品牌延伸的品牌策略　(C)元件共同品牌的品牌策略　(D)新品牌的品牌策略。

(　　) **21** 將現有的品牌運用在新的產品之上，以收到槓桿效果的係指下列何種策略？　(A)產品線延伸策略　(B)品牌延伸策略　(C)多品牌策略　(D)新品牌策略。

(　) **22** 化妝品在於滿足「美麗的慾望」，此為產品層次中之：　(A)核心產品　(B)引伸產品　(C)有形產品　(D)附屬產品。

(　) **23** 日產Cefiro汽車的某個廣告場景中，一長最黑頭轎車開來，走出一批衣著光鮮，掌握知識經濟與國家未來發展方向的成功菁英人士。該廣告所強調的產品訴求為下列何者？　(A)引伸產品　(B)有形產品　(C)核心產品　(D)包裝產品。

(　) **24** 無聲的推銷員係指：　(A)品牌　(B)廣告　(C)商標　(D)包裝。

(　) **25** 黑松公司生產一系列的清涼飲料，這一系列的清涼飲料，稱為該公司的：　(A)產品線　(B)產品組合　(C)產品項目　(D)產品設計。

(　) **26** 台灣的手機市場已趨向成熟期階段，各家無不卯足全力生產更多款的手機及加強促銷方案，請問這些企業主要在加強哪一種行銷重點？　(A)建立品牌偏好　(B)提升知名度　(C)建立消費者對產品及企業的忠誠度　(D)選擇有利的行銷點。

(　) **27** 具有特色及特定品牌，且顯然有一群購買者習慣上願意費心去購買之消費品，是為：　(A)便利品　(B)特殊品　(C)忽略品　(D)選購品。

(　) **28** 在行銷交易過程中，能滿足消費者需要的任何東西，謂之：　(A)公關　(B)產品　(C)促銷　(D)定價。

(　) **29** 產品依其外觀功能與內在效用，可分為五個層次，下列何者不是產品的層次？　(A)核心產品　(B)期望產品　(C)基本產品　(D)昂貴產品。

(　) **30** 年輕女子購買化妝品，並不是為了化妝品動人的顏色，而是在購買一般對美麗容顏的憧憬與希望，此種產品的層次係屬：　(A)實體產品　(B)核心產品　(C)引伸產品　(D)有形產品。

(　) **31** 汽車、電視、冰箱是屬於下列哪一類產品？　(A)便利品　(B)必需品　(C)選購品　(D)特殊品。

(　) **32** 有關產品品牌，下列敘述何者錯誤？　(A)品牌是指產品的名字、符號、標記或設計、或是這些的組合　(B)品牌是用來確認銷售者的產品或服務　(C)我們無法由品牌指認銷售者或製造者　(D)品牌可與其他競爭者區別。

(　　) **33** 下列何者不是無形產品的服務？ (A)音樂會 (B)家電用品 (C)法律顧問 (D)理髮。

(　　) **34** 消費者經常的、立即的購買，且不花精力比較的產品，謂之何者？ (A)必需品 (B)便利品 (C)特殊品 (D)選購品。

(　　) **35** 下列何項產品的品質最不容易評估？ (A)電視 (B)汽車 (C)服飾 (D)法律服務。

(　　) **36** 產品可能擁有相同的特性，而這些相同的特性大略可分為產品功能、售價、購買者及銷售通路等所組成的一群產品項目，則這一群產品項目，稱為：(A)產品線 (B)產品廣度 (C)產品深度 (D)產品群。

(　　) **37** 公司產品線的多寡，是指產品組合的： (A)複雜度 (B)深度 (C)廣度 (D)一致性。

(　　) **38** 東南企業公司有五條不同的產品線，分別為生產2種、3種、4種、5種及6種產品，則其產品組合的長度為： (A)6 (B)14 (C)20 (D)720。

(　　) **39** 公司可用強勢品名使一項新產品得到立即認同進而接受，係使用：(A)家族品牌的策略 (B)品牌贊助者決策 (C)品牌延伸決策 (D)多品牌的決策。

(　　) **40** 公司在相同產品類別中，引進其他的商品，而且是採用原來的品牌名，為何種策略？ (A)多品牌策略 (B)品牌延伸策略 (C)產品線延伸策略 (D)新品牌策略。

(　　) **41** 製造商將自己生產的產品掛上自己的品牌，在品牌決策上稱此品牌為： (A)私有品牌 (B)製造商品牌 (C)中間商品牌 (D)家族品牌。

(　　) **42** 下列有關品牌定位的敘述，何者有誤？ (A)品牌定位的目的是有效地複製產品使與其他競爭者達一致性 (B)品牌定位是使企業與消費之間產生共鳴 (C)品牌定位是使公司品牌在消費者心中擁有與眾不同的形象 (D)品牌定位是將品牌認同與價值積極的傳播給目標對象。

( ) **43** 產品的顏色或樣式，是屬於下列何種品質指標？ (A)信任品質指標 (B)主觀品質指標 (C)客觀品質指標 (D)服務品質指標。

( ) **44** 在產品組合中，一群關係密切的產品項目稱為： (A)產品線 (B)產品 (C)正規產品 (D)核心產品。

( ) **45** 在銷售實體產品所附帶的一連串服務和實體產品，稱為： (A)基本性產品 (B)實體性產品 (C)延伸性產品 (D)折扣產品。

( ) **46** 行銷人員將產品分為五個層次，即核心利益、基本產品、期望產品、延伸產品與潛在產品，下列何者為產品的核心利益？ (A)消費者真正想要購買的服務，如旅館的客人購買的是「休息與睡眠」 (B)旅館提供乾淨的毛巾 (C)旅館提供乾淨的床 (D)旅館的床、浴室等。

( ) **47** 工業產品市場在某些特性上不同於消費產品市場，下列何者不是工業產品市場的特性？ (A)大多屬於衍生性需求 (B)大多屬於專業化採購 (C)購買者較少且大多屬於大型購買者 (D)大多屬於高度彈性的需求。

( ) **48** 下列何者係指消費者不知道，或知道但通常不會去購買的產品，如墓地、墓碑？ (A)便利品 (B)特殊品 (C)非搜尋品 (D)選購品。

( ) **49** 品牌是屬於： (A)增益產品 (B)有形產品 (C)引伸產品 (D)核心產品。

( ) **50** 在病患迅速止痛及就近求醫的需求下，牙醫應係屬於一種： (A)便利品 (B)特殊品 (C)選購品 (D)忽略品。

( ) **51** 開拓一位新客戶所需的成本，遠高於留住一位舊客戶;要留住舊客戶，就是讓舊客戶對提供的產品或服務能夠滿意，對產品滿意的舊客戶，稱其擁有： (A)基本產品需求 (B)產品信任感 (C)品牌忠誠度 (D)品牌喜愛。

( ) **52** 品牌元素（brand elements）是用來識別品牌或差異化品牌的標記工具，下列何者不是品牌元素？ (A)品牌權益 (B)商標 (C)品牌符號 (D)品牌名稱。

(　　) **53** 在發展產品的階段中，設計者除了考慮產品本身之外，還需提供更
多的服務與保證，例如免費安裝、售後服務及品質保證等，這是屬
於產品五層次的何種層次？　(A)核心產品層　(B)基本產品層次
(C)引申產品層次　(D)附加產品層次。

(　　) **54** 品牌對銷售者而言，具有那些功能？(1)促進推廣；(2)穩定生產；
(3)市場區隔；(4)危險分散。　(A)(1)(2)(4)　(B)(1)(3)(4)
(C)(1)(2)(3)　(D)(2)(3)(4)。

(　　) **55** 長榮航空除有航空業務外，也有長榮桂冠酒店之經營，如此做法即
在擴展產品組合的：　(A)寬度　(B)商標　(C)定位　(D)區隔。

(　　) **56** 某公司的產品組合廣度很高，這是指該公司的：　(A)產品項目多
(B)競爭者很多　(C)顧客很多　(D)產品線很多。

(　　) **57** 下列何者非產品功能中的活動項目：　(A)包裝　(B)人員銷售
(C)產品線　(D)品牌。

(　　) **58** 某企業有四條不同的產品線，分別生產4種、5種、6種及5種產品，
則其產品組合的長度為：　(A)24　(B)20　(C)5　(D)4。

(　　) **59** 康師傅速食麵口味有牛肉麵、海鮮麵等，則此係指康師傅速食麵
的：　(A)產品組合一致性　(B)產品組合長度　(C)產品組合深度
(D)產品組合寬度。

(　　) **60** 甲公司有四條產品線，項目為3、3、6、4；乙公司有三條產品
線，分別為7、4、8。則下列何者為正確？　(A)乙公司產品組合
較寬　(B)甲公司產品組合較長　(C)甲公司的寬度16　(D)乙公司
深度為19。

(　　) **61** 根據Garvin（1987）所下的定義，品質包含八個構面，請問「主要
的產品或服務屬性」，屬於下列哪一個構面？　(A)績效　(B)特性
(C)可靠性　(D)相合性。

(　　) **62** 下列何者為品牌的價值，而被視為企業的重要策略性資產（strategic
assets），它包括有品牌知名度、品牌忠誠度、品牌聯想與品牌感
受品質？　(A)品牌權益　(B)品牌認知價值　(C)品牌意識　(D)產
品價值。

( ) **63** 服飾店進行換季大拍賣，是因為其商品減少了： (A)時間效用 (B)形式效用 (C)地點效用 (D)占有效用。

解答與解析

1 (A)。附加產品亦稱為「擴大產品」。廠商提供「超出顧客預期，並且可以和競爭者有所區分的產品屬性」者，即稱之為附加（擴大）產品。

2 (B)

3 (B)。廣度（width）亦即指產品線內不同系列產品別的數量。

4 (C)

5 (A)。個別品牌即每一種產品有特定的品牌名稱。如寶僑家品（P＆G）所推出的洗髮精，有「飛柔」、「潘婷」、「沙宣」等不同的品牌，每一項產品都有不同的名稱。

6 (B) **7 (D)** **8 (C)** **9 (B)**

10 (C)。時間效用係指透由改變資源或產品的時間構面，以滿足消費者的需求，稱為提供時間效用。

11 (B)。「核心產品」亦稱為核心利益，係指產品能為消費者帶來什麼樣的好處或能為他們解決什麼樣的問題。

12 (B) **13 (C)**

14 (B)。選購品為消費者經過比較產品品質、價格、式樣與顏色等，再行購買的貨品，如家具、汽車、珠寶、電器用品等耐久性消費財。

15 (B)

16 (B)。便利品又稱日用品。通常是價格比較低廉的、消費者不願意花費太多時間與精力去購買的消費品。

17 (B) **18 (A)** **19 (B)** **20 (C)**

21 (B)。品牌延伸策略是將現有的品牌運用在新的產品之上，延伸的做法可以是新包裝、新容量、新款式、新口味、新配方等方式，如此可以收到槓桿的效果。例如Honda公司，不論是汽車、摩托車、滑雪車、割草機等，都是以Honda為品牌名稱。

22 (A) **23 (C)**

24 (D)。包裝是產品的延伸，良好的包裝有如一個無聲的推銷員；因此，包裝的功用已經不再單純以保護和儲運為限，它已成為一項重要的行銷工具。

25 (A) **26 (C)**

27 (B)。特殊品為消費者在特殊時空因素之下，對某項產品或某一品牌具有特定用途之產品，例如情人節前之巧克力產品或是訂婚用戒指等產品。

28 (B)

29 (D)。產品依據其特性與類別，分成五個層次不同的需求價值，一般稱之為「顧客價值層級」。依序為核心產品、基本產品、期望產品、引申產品和潛在產品。

30 (B) **31 (C)** **32 (C)** **33 (B)**

34 (B)。便利品可分為日常用品、衝動購買品和緊急用品等三種。

35 (D)

36 (A)。產品線係指產品組合中一群極相似的產品,具有功能相似、或賣給相同的顧客群、或相類似的銷售途徑、或屬於同一個價位等特性。

37 (C)　**38 (C)**　**39 (C)**

40 (C)。當公司在相同產品類別中,引進其他的商品,而且是採用原來的品牌名稱時,即是使用產品線延伸策略。例如黑松公司的果汁產品系列是以「綠洲」為品牌,若是增加了新的果汁產品,公司仍然會用綠洲品牌名稱,此即產品線延伸策略。

41 (B)。就歸屬權而言,品牌有兩大類:生產者品牌(亦稱為「製造商品牌」)與中間商品牌。大規模生產工廠或具有市場領導地位的產品,生產者多設定自己的品牌,如「洋房牌」襯衫、「裕隆」汽車,即為生產者品牌。

42 (A)　**43 (B)**

44 (A)。產品線(product line)是由一群在功能、價格、通路或銷售對象等方面有所相關的產品所組成。

45 (C)　**46 (A)**　**47 (D)**

48 (C)。非蒐尋品亦稱為忽略品或冷門品,係指該項產品是消費者可能有需求、卻說不出來的項目,無從指名、也無從描述,只有當消費者見到之後,才能確定是否為他所要的採購之標的物品。

49 (B)　**50 (A)**　**51 (C)**　**52 (A)**

53 (C)。引申產品亦稱為「附加產品」(augmented product),是迎合顧客欲求並超越其期望水準的產品。

54 (C)　**55 (A)**

56 (D)。廣度(width)係指產品線的數目,亦即指產品線內不同系列產品別的數量。

57 (B)　**58 (B)**

59 (B)。長度(length)指所有產品的數目。長度也可以用來形容產品線的產品數目。產品線長度:產品線內同一系列,相似功能產品的數量。例如臺灣菸酒公司生產的酒有米酒、啤酒、紹興酒等。

60 (D)

61 (A)。績效(performance)品質係指主要的產品或服務屬性,為產品的基本特徵,具有較高或較優越的基本功能,如電視機的畫質及清晰度或電腦的處理速度。

62 (A)　**63 (A)**

☑ 填充題

一、醫院為病患提供免費的頭部與肩膀按摩服務等,此係屬 ＿＿＿＿ 產品。

二、消費品依消費者的採購方式可區分便利品、選購品、 ＿＿＿＿＿＿ 、忽略品。

三、 品牌之符號、表徵、設計、圖案、顏色或字體等，可以記認，但不用發音的部分，稱為 ____ 。

四、 批發商或零售商將所售出的貨品，註明其本身標誌，此稱為 _____ 品牌。

五、 將現有的品牌運用在新的產品之上，以收到槓桿效果之策略，稱為 _____ 策略。

六、 Kotler認為一個品牌可傳達下列六個構面的意義給顧客，包括：屬性、利益、 _____ 、使用者。

七、 「一朝被蛇咬，十年怕草繩」係屬 _____ 的情緒反應。

八、 過度的產品線延伸將造成品牌價值的耗損，此種現象稱為 _____ 。

九、 如果各種產品間具有相同用途，滿足相同的需要，或訴之以相同的動機，則可採用 ____ 品牌。

十、 一個完全新的產品，往往會賦予它全新的面目，以擺脫過去陳舊的感覺，此時宜採用 ____ 品牌較佳。

解答

一、附加。	二、特殊品。	三、品標。
四、中間商。	五、品牌延伸。	六、價值、文化、個性。
七、刺激類化。	八、品牌稀釋。	九、家族。
十、個別。		

✅ 申論題

一、 產品的內涵可分為五個層次，請逐一說明之。
   解題指引：請參閱本章第一節1.3。

二、 消費品依消費者採購的方式可分為哪四類？請說明之。
   解題指引：請參閱本章第二節2.2。

三、 請詳細說明廠商擴增產品組合廣度與長度的原因？
   解題指引：請參閱本章第三節3.2。

四、請說明品牌、品標與商標的差別。
　　解題指引：請參閱本章第四節4.1。

五、請說明生產多種產品的企業選擇個別品牌之優缺點何在？
　　解題指引：請參閱本章第四節4.8.1。

六、中間商發展其本身品牌，主要原因何在？
　　解題指引：請參閱本章第四節4.8.3。

七、請說明品牌權益的意義；品牌權益的主要來源有哪些？
　　解題指引：請參閱本章第四節4.9。

八、請說明企業的四種品牌策略。
　　解題指引：請參閱本章第四節4.10。

九、從品質的定義可以了解何種行銷導向的觀念？
　　解題指引：請參閱本章第六節6.1。

十、何謂產品線？其具有何種特性？並請說明產品線長度、補充、縮減等決策的意義與目標。
　　解題指引：請參閱本章第三節3.3

十一、產品組合的品牌，究係採用個別品牌或家族品牌，其應考慮的因素有哪些？請說明之。
　　　解題指引：請參閱本章第四節4.8.1。

十二、何謂刺激類化？何謂品牌稀釋？請詳細說明之。
　　　解題指引：請參閱本章第四節4.12及4.13。

課前提要

本章主要內容包括新產品的意義與重要性、新產品開發過程、新產品的採用與擴散、產品生命週期以及在每一生命階段中的因應策略。

第一節　創新與新產品

1.1　創新

企業經營實務界廣為流傳的「不創新，便等死！」（innovate or die）一語，道破了創新對企業的重要性。然而何謂創新？所謂的「新」，並非使用二分法來劃分，而是有程度上的差別，從局部改變到「無中生有」的產品，都是屬於新產品的範疇。其次，專利權數目的多寡亦為企業創新與新產品發展能力的重要指標，故專利權亦常作為企業獲利或牽制競爭者的手段。

由上述創新的意義來看，下列各款之產品，皆可視為新產品：

(1)全新（創新）的產品。　　　　　　(2)現有產品線的新增產品。
(3)現有產品的改善（包裝或口味改變亦是）。　(4)產品重新定位。
(5)現有產品降價。

根據創新的新穎程度與它對消費者使用行為的改變程度，將創新分為以下三種類型：

1.1.1 連續性創新（continuous innovation）

係指在現有產品上作局部的改變，例如改變手機的面板設計、改進通話品質、增加記憶容量。由於改變的幅度不大，而且沒有涉及產品的基本功能，因此消費者幾乎不需要改變任何使用行為，就可以操作連續性創新所帶來的新產品。

1.1.2 非連續性創新（discontinuous innovation）

此種創新帶來新發明，產品的形式、使用方式等都是前所未有的，通常會伴隨<u>新的產品類名稱，消費者必須學習全新的產品知識與使用方法，才能掌握這些新產品。</u>

1.1.3 動態連續性創新（dynamical continuous innovation）

<u>這種創新改變了現有產品的基本功能或使用方式，因此消費者必須調整原有的行為，才能掌握這類創新產品。</u>例如從傳統相機到數位相機，雖然產品的形式大體類似，消費者卻必須花費一些時間，並稍微改變一些習慣，才能了解、適應及懂得使用這些新產品。

牛刀小試

( )　創新帶來新發明，產品的形式、使用方式等都是前所未有的，通常會伴隨新的產品類名稱，消費者必須學習全新的產品知識與使用方法，才能掌握這些新產品，稱為：　(A)破壞性創新　(B)動態連續性創新　(C)非連續性創新　(D)連續性創新。　　　　　　　　　**答 (C)**

1.2 企業重視新產品發展的原因

(1) **因應競爭的形勢**：當競爭者推出新產品時，很多企業會迅速跟進，以免坐失市場良機，市面上的一窩蜂現象即是基於此因。而也有些企業為了避免競爭對手坐大之後威脅到本身的主力產品與市場，因此推出新產品來牽制對方。

(2) **利用產能**：企業在生產原有的產品之餘，可能還有閒置的人力、物料、機器等，而發展新產品可以有效利用剩餘產能。

(3) **配合或促成消費者需求的改變**：不論是為了追趕流行，或是因為年齡、生活型態、個人品味等方面的改變，消費者的喜好與需求總是有所變化。為了配合市場需求的改變，企業必須推陳出新。

(4) **技術進步**：新的原料、更好的生產製造方法等，使得廠商能夠提供更好的產品。

(5) **回應來自通路商的要求**：當企業原有的產品進入成熟期，通路商所能獲取的利潤也會跟著下降，復因通路商乃是第一線面對消費者的需求，感受市

場壓力者，因此有時會向製造商要求生產新產品，而製造商有時為了鞏固
通路關係，也不得不回應通路商的要求。

(6) **帶動企業成長**：新產品經常扮演灘頭堡的角色，協助企業跨入某個產品或
市場領域，帶動企業成長；它甚至是經營上的轉捩點，讓企業起死回生。

(7) **提振內部人員的士氣與發展**：企業如果沒有隨著消費者的需求、科技的進
步、競爭態勢的演變而研發新產品，內部人員的心態容易老化，士氣容易
低落。因此，新產品發展是提升內部士氣與促進員工成長又可以回頭來刺
激新產品開發，形成正面的良性循環。

第二節　新產品開發過程

新產品概念的產生源自於企業內部的創意以及顧客需求，然後再綜合所有企業
關係人的利益與需求而形成。新產品開發由創意與概念形成開始，而至產品在
市場成功銷售為止，期間包括眾多不同職能單位的參與以及大量時間與金錢的
投入，因此如何有效規畫新產品開發程序與管理新產品開發的活動，是所有企
業都關注的重要課題。

創新產品通常是指因科技進步或是為了滿足市場上出現的新需求而創造的產
品，然而新產品開發耗資龐大，而且難以保證成功，為了降低風險、提高成功
的機會，新產品開發必須「具有明顯的新特徵和新性能，能夠提供消費者創新
的效益」，並經過下圖所示嚴謹、合理的過程，才能夠上市。

確認市場機會 ➡ 構想篩選 ➡ 概念發展與測試 ➡ 行銷方案與商業分析
⬇
上市 ⬅ 試銷 ⬅ 產品發展與測試

2.1 確認市場機會

**確認市場機會係指在新產品開發企劃過程中，首先需要評估所構想的新產品潛
在的需求規模（市場潛力），以及這項需求規模在不同的產品企劃與環境條件
下實現的程度（市場滲透力）。此亦稱為新產品的「構想產生」。**

一個企業應該秉持「不斷改善產品」的精神，持續的、有方法、有系統的從各
方蒐集新產品構想。新產品構想產生的主要來源如下：

來源	說明
消費者	由於消費者是產品的使用者，對於現有產品有哪些不足之處、如何改進現有的產品、希望有什麼新發明等，都會有深刻的體認。因此，消費者的建議與抱怨是重要的新產品構想來源。
競爭者	從競爭者的廣告、新聞、商展、年報與網路訊息當中，常可獲得競爭者新產品發展的蛛絲馬跡，並帶來新產品的構想。
供應商、通路商與廣告代理商等	供應商、通路商與廣告代理商等所提供的原物料知識、生產技術建議、消費者反應、競爭者情報等，對新產品開發都具有參考價值。
企業內部	業務人員在外接觸經銷商與消費者，甚至蒐集到競爭者的動向，極可能引發新產品的靈感。此外，作業生產與研究發展部門的員工，對於原物料、作業流程、生產技術等方面的知識與改進建議，也經常帶來新產品構想。
研究機構	研究機構（例如工業技術研究院、中央研究院、國家科學委員、國家實驗研究院、各大學與財團法人的研究機構）的學術刊物、專題報告、研討會、諮詢服務等極可能透露新技術，因而激發新產品構想。

除了上述新產品構想的來源外，企業亦可借助創造力技術來產生新產品構想。這些技術的種類很多，其中較普遍的有下列幾種：

類別	說明
屬性列舉法	此法係先列出原有產品的屬性，然後提出改進每一屬性的各種可行方案，使產品出現新的形式或用途。
強迫關係法	此法係結合二個或二個以上看似無關的事物，企圖從結合中尋找新奇的構想。
結構分析法	又稱型態分析法，係將產品的組成要素分解，然後以另一種方式組合這些要素，以便產生前所未有的構想。
腦力激盪法	此法係由一群人（通常為6~9人）在不受壓抑的環境中提出想法與相互討論，以透過滾雪球效果來蒐集眾人的構想。腦力激盪的四大原則是不能批評別人的想法、想法越多越好、聯想越自由奔放越好（即「自由滾思」）、盡量組合與改善別人的構想（即「搭便車」）。

類別	說明
作業創造術	此法係由威廉‧高登（William J. J. Gordon）所發展的，又名「逐步激盪術」。高登認為腦力激盪法最大的缺點在於太快下結論，往往在未有足夠的構想前就已中止思考的過程。高登認為，在創造過程中，不應先對問題加以確認，而是要先把問題作廣泛的敘述，使人對思考的對象沒有先入為主的觀念，再確認問題之所在，如此較能獲得好的構想。

2.2 構想篩選

構想篩選主要是在評估每個構想的發展潛力，希望儘早汰除不可行或不恰當的構想，以避免在後續的新產品開發階段中浪費無謂的時間、精力與成本。在做篩選構想時必須該考慮下列因素：

考慮因素	說明
公司目標與資源	新產品構想是否符合企業的長短期目標？會不會影響企業形象？與現有的產品組合是否可形成互補或會造成衝突？企業的人力資源、財務、生產、行銷等是否能夠妥適配合？
市場	新產品構想能符合哪些消費者的需求新趨勢？能為這些消費者帶來什麼利益？對消費者的吸引力有多大？消費者對這構想可能會有什麼的反應？市場規模有多大？市場的發展潛力如何？
競爭	市面上有無類似的產品？競爭者對該新產品可能會如何反應？新產品是否易被模仿？本公司有什麼競爭優劣勢？
法律	該構想是否會侵犯他人的專利權？如果專利權已經存在，何時將到期？該新產品構想能否取得專利？

牛刀小試

( )　新產品構想的來源外，可借助創造力的技術產生新產品構想；若為結合二個或二個以上看似無關的事物，企圖從結合中尋找新奇的構想，稱為：　(A)強迫關係法　(B)屬性列舉法　(C)結構分析法　(D)腦力激盪法。　　　　　　　　　　　　　　　　　　　　　　　　　　答 **(A)**

2.3　概念發展與測試

經過篩選之後的構想，將新產品呈現給目標市場中的消費者，利用調查、個人深度訪問、焦點小組訪問等方法，詳細描述該新產品的特性與益處，讓消費者能清楚了解新產品的面貌，這個步驟稱為概念測試（concept tests）。概念測試的作用在刪除不適宜的創意以及預測消費者的接受度，其結果將對選擇最受歡迎的產品概念有所助益，並可該新產品提出改善建議，提升新產品上市的成功率。

2.4　行銷方案與商業分析

行銷方案包含「目標市場描述」（包括目標市場的消費者為何？在人口統計、心理統計變數等方面有何特性？市場規模與成長潛力有多大？）、「產品定位」、行銷組合決策（產品、價格、通路、推廣等）。當然，這些行銷方案只是初步的決策，隨著行銷環境、競爭形勢與企業本身條件的變化，通常行銷方案在後續的階段會不斷地作修正與調整。

接著，就該行銷方案作商業分析。**商業分析主要包括「銷售額」與「成本」分析二大部分。**根據銷售額與成本分析，廠商可以評估損益平衡點與長、短期利潤等，以便讓有利可圖的產品概念進入產品發展的階段。

2.5　產品發展與測試

在產品發展階段，將評價不錯的產品概念，交由研發或生產部門製作成實體產品，即產品原型。然為了慎重起見，產品原型尚須經過功能測試與消費者測試。**「功能測試」可以在實驗室或產品使用場所進行，以便了解產品在實際使用情境中的表現。「消費者測試」則是由消費者親自使用與檢視產品原型，以了解該原型是否符合消費者所需、在概念發展階段所描述的利益是否有表現出來以及還有哪些可改進的空間。**

2.6　市場測試（試銷）

產品原型通過測試並已擬妥行銷組合後，產品開發的工作就進入市場測試。**市場測試是指產品在正式上市之前，先在一些有代表性的地區或情境中銷售，以便了解消費者對新產品的反應、進一步預測銷售額與利潤、發現並改進新產品及其他行銷組合的缺點等。** 當然，並非所有的新產品都需要進行市場測試。如果產品只是局部的改良，或是推出新產品的成本與風險並不高，就可不需做市場測試。相反的，如果新產品開發的成本昂貴、市場的反應難料，或行銷組合方案的優劣難以判斷，則市場測試就有其必要。市場測試的主要方式有下列三種：

標準試銷	標準試銷係指在一個或幾個有代表性的地方（城鎮或區域），將新產品配銷到通路（如零售店、直銷業務員）中，再輔以預先規劃好的推廣活動，最後再觀察與記錄銷售情況。由於這種方式是在真實的情境中進行，廠商所觀察到的消費者反應與試銷結果較為實在。但是它卻有以下的缺點： 1. 花費比較多的時間和金錢。 2. 競爭者可能透過增加廣告、降低價格等方式來干擾測試的成果。 3. 競爭者可能會監視整個試銷活動，如果發現試銷的反應不錯，可能會加速仿製該類產品，搶攻市場等。
控制試銷	控制試銷就是在某些區域內與部分零售商簽約（通常需付費給零售商或給予某種優惠），讓廠商得以在店內進行試銷。這種較小規模的試銷方式可以降低成本，但仍然無法避免競爭者暗中蒐集情報。
模擬試銷	這種方法是一種具有實驗室情境的試銷方法。首先設立模擬商店，店中通常會將新產品和競爭者產品並列，然後從目標市場中抽取樣本，向他們展示幾種產品的廣告及促銷資料，再觀察他們在模擬商店中的購買行為。這種試銷方法比較節省時間與金錢，並且不受競爭者的監視與干擾，然而，最大缺點是和市場上的實際情況脫節。

2.7　上市

根據市場測試的結果，企業可能會修正行銷組合，然後正式將新產品上市。**新產品的上市應該特別注意地點與時機。在地點方面，應該在資金容許的範圍內，先選擇最被看好的地區，在這些地區立足之後，逐步擴大銷售範圍。** 至於

上市的時機，**當消費者還沒有切實的需求、產品還有一些缺陷或配銷通路與推廣活動還未準備妥當之前，就匆忙上市，消費者可能會冷漠以對，甚至加以排斥，而導致新產品的失敗。**另一方面，如果太遲將產品推出，以致於讓競爭者搶先一步，或錯過了消費者的需求高峰，也可能導致新產品遭受挫敗。

新產品上市之後，效果未必能夠如企業主管所願。在某些產業，新產品的失敗率甚至高乎預期。**新產品導致失敗的主要原因如下：**

(1)**市場規模太小**：就算新產品、推廣、通路等都沒問題，市場規模若是太小或是成長率有限，也會使得銷售成績不理想，以致於新產品無法長久立足於市場上。

(2)**產品成本過高**：研究發展、生產、行銷等方面的成本過高，再加上市場所能接受的價格有一定的上限，會壓縮利潤空間，甚至因銷售欠佳而造成血本無歸。

(3)**銷售通路不理想**：有時候，新產品不是敗在競爭者手中，而是在銷售通路的手中。零售通路的商品陳列空間有限，如果新產品上不了貨架，又沒有其他適合的銷售方法，等於是還沒上戰場就宣告失敗。

(4)**推廣不力**：新產品如果缺乏有效的廣告宣傳、業務員推銷、促銷等推廣活動，極有可能在市場上沒有知名度，以致於打不開市場而失敗。

(5)**產品有缺陷**：包括產品設計與包裝不當、不安全、品質低劣、服務怠慢、沒有顯著的優點等。這些問題如果沒有及時予以修正，則新產品的成功機率將相當渺茫。

(6)**社會大眾或政府單位的壓力**：新產品如果違背善良風俗或法令規定，可能會因社會與政府的壓力而被迫退出市場。

(7)**競爭者的加入**：競爭者推出更好的產品、仿造、削價競爭等行為，可能讓廠商將預期的新產品成果拱手讓給他人。

(8)**由於市場調查、分析與預估等有錯誤。**

(9)**產品未能把握適當的上市時機。**

牛刀小試

( )　指在一個或幾個有代表性的地方，將新產品配銷到通路中，再輔以預先規劃好的推廣活動，最後再觀察與記錄銷售情況：　(A)控制試銷　(B)模擬試銷　(C)標準試銷　(D)市場測試。　　**答 (C)**

第三節　新產品的採用與擴散

3.1 消費者採用新產品過程的階段

新產品上市之後,當然希望能夠被消費者採用,並在市場中廣為流傳。**消費者對新產品的採用過程依序有表列五個步驟,為了使新產品上市成功,行銷人員應該設法催化消費者儘快經歷這五個步驟,進行採用:**

步驟	說明
知曉 (awareness)	消費者開始知道該新產品的存在,但是還缺乏詳細的資訊,故對產品的新穎程度、形式或用途等一知半解。
興趣 (interest)	消費者開始覺得該新產品有趣、有用或值得一試,並開始蒐集產品資訊。
評估 (evaluation)	消費者整理與分析蒐集而來的資訊,開始考慮是否嘗試該新產品。
試用 (trial)	消費者主動索取或少量購買該新產品,以便進一步認識及決定是否採用。
採用 (adoption)	消費者決定購買與使用該新產品。

3.2 新產品採納時間的消費者分類

不同的消費者在採用過程中,會表現出不同的積極性,例如有的人很容易接受新產品,想儘快試用,甚至採用;有的人卻是慢三拍。**根據對新產品的積極性,採用者可以分為下表五類:**

類別	說明
創新者 (innovator)	**創新者勇於接受新產品**,通常比較年輕,且教育程度與收入較高,比較有能力處理較複雜的資訊,具備獨立判斷、主動積極、敢於冒險、具有內在導向與自信的特質。他們通常占採用者的極少數。

類別	說明
早期採用者 （early adopter）	這些消費者對新產品的接納比大多數人早，但在態度上比創新者更小心翼翼。創新者與早期採用者通常是其他人的意見領袖，一般新產品上市時，都希望能獲得他們的青睞，以便能夠擴散產品口碑，帶動以下三種類型的採用者儘早接納新產品。因此，他們是新產品成長期的主要顧客。
早期大眾 （early majority）	深思熟慮是這群消費者的特性，在創新擴散歷程中，對新科技有興趣，但卻採觀望態度，希望確認新產品是否僅為一時風潮，再決定是否購買。他們通常會多方蒐集資訊，向意見領袖或有使用經驗者探聽新產品，才決定是否採用。
晚期大眾 （late majority）	晚期大眾通常具有「很多人有了，我才要有」的想法，很多是受到身邊親友的影響，甚至是感受到團體壓力之後，才決定採用新產品。
落後者 （laggard）	這群消費者後知後覺，態度保守，不輕易接受改變，等到創新快變成古董時才會採用。

3.3　創新擴散

新產品從被創新者接受，到落後者採用的整個過程，稱為創新擴散（innovation diffusion）。 創新擴散程序會受四個主要因素所影響，其分別是創新本體、傳播管道、時間以及社會體系。無論哪一種新的發現和創新，都必須經過適當的傳播管道來擴散它。

E.Rogers（1983）則將創新擴散定義為：在一個社會體系的成員之間，經由特定的通路，雖著時間的演進，散播創新成果的程序，也就是說，新產品一上市，並不會立即被所有潛在消費者接受購買，達到銷售最大量，相對而言。舊產品也並非立刻被淘汰出市場而消失，換言之，創新擴散歷程為一個逐漸替代的歷程。

影響新產品擴散速度的因素包括(1)媒體；(2)口碑；(3)代言；(4)網路；而其影響力的大小依序為：媒體＞代言＞口碑＞網路。

Rogers同時對於一項創新科技或觀念如何被個人採用的擴散過程，提供了一個觀察評估的觀點，亦即藉由相對優勢（Relative Advantage）、相容性

（Compatibility）、複雜性（Complexity）、試用性（Trialability）及觀察性（Observability）等五個問題構面來加以衡量。

從創新擴散中，行銷人員可以了解各類採用者的比例與分布。一般而言，各類採用者會形成常態分配（見下圖）。

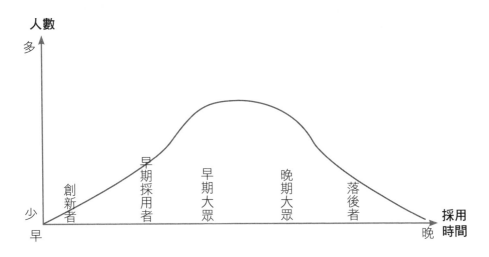

創新擴散的傳播過程可以用一條S形曲線來描述。在擴散的早期，採用者很少，進展速度也很慢；當採用者人數擴大到居民的10%～25%時，進展突然加快，曲線迅速上升並保持這一趨勢，即所謂的「起飛期」；在接近飽和點時，進展又會減緩。整個過程類似於一條S形的曲線。在創新擴散過程中，早期採用者為後來的起飛作了必要的準備。這個看似「勢單力薄」的群體能夠在人際傳播中發揮很大的作用，勸說他人接受創新。在羅格（Roger）看來，早期採用者就是願意率先接受和使用創新事物並甘願為之冒風險那部分人。這些人不僅對創新初期的種種不足有著較強的忍耐力，還能夠對自身所處各群體的意見領袖展開「遊說」，使之接受以至採用創新產品。之後，創新又通過意見領袖們迅速向外擴散。這樣，創新距其「起飛期」的來臨已然不遠。

羅格指出，創新事物在一個社會系統中要能繼續擴散下去，首先必須有一定數量的人採納這種創新物。通常，這個數量是人口的10%~20%。創新擴散比例一旦達到臨界數量，擴散過程就起飛，進入快速擴散階段。飽和點（saturated point）的概念是指創新在社會系統中一般不總能100%擴散。事

實上，很多創新在社會系統中最終只能擴散到某個百分比。當系統中的創新採納者再也沒有增加時，系統中的創新採納者數量或創新採納者比例，就是該創新擴散的飽和點。

羅格認為，創新擴散總是藉助一定的社會網路進行的，在創新向社會推廣和擴散的過程中，信息技術能夠有效地提供相關的知識和信息，但在說服人們接受和使用創新方面，人際交流則顯得更為直接、有效。因此，創新推廣的最佳途徑是將信息技術和人際傳播結合起來加以應用。

創新擴散理論是多級傳播模式在創新領域的具體運用。這一理論說明，在創新向社會推廣和擴散的過程中，大眾傳播能夠有效地提供相關的知識和信息，而在說服人們接受和使用創新方面，人際傳播則顯得更為直接、有效。因此，羅傑斯認為，推廣創新的最佳途徑是「雙管齊下」將大眾傳播和人際傳播結合起來加以應用。這一觀點已得到大部分人的認可。由以上論述可知，S形曲線理論在市場行銷、廣告推廣、產品代謝以及媒介生命周期的研究方面都很適合加以應用。

3.4 影響新產品採用與擴散的特徵（因素）

行銷學者羅格（Roger）認為凡是成功的新產品，其得以讓消費者採用與擴散，應具有五項特徵：

相對的利益 （relative advantage）	如果新產品的某些屬性（如價格、便利性、耐用程度）比現有產品優越，則採用速度會較快。
可試用性 （trialability）	新產品可透過免費試用或租用等方式，降低使用者對新產品的知覺危機，而提高其使用信心，更將有利於被採用的速度。
相容性 （compatibility）	係指新產品與現有產品是否具有相容性的特性。若新產品愈能符合消費者的價值觀念、知識、過去經驗、生活習慣、文化背景、目前需求等一致程度高時，則被消費採用的速度會愈快。當新產品與現有產品的相容性愈高時，就愈為人所樂於購買。

易感受性 （observability）	此係指產品的特性或使用結果，愈能讓消費者觀察、感覺與描述的程度。愈能讓消費者感受到的新產品，愈能帶動口碑效果，有助於產品資訊的散布及採用的速度。
複雜程度 （complexity）	當新產品愈能為消費者簡單地了解及操作，則對擴散作用就會愈快；反之，若新產品不易讓消費者了解與使用，則該產品需要一段相當長的時間，才能為消費者所熟悉與接納，如此它將不利於採用及達到擴散的效果。

3.5　創新擴散的策略

(1) **達成快速起飛的策略：**

　　A. 進行積極性的人員銷售。

　　B. 採取密集式的廣告，在目標市場中，告知潛在消費者此項新產品特性和品牌。

　　C. 足夠的促銷活動，以引發試用興趣。

(2) **促成快速加速成長的策略：**

　　A. 確保產品品質和良好口碑。

　　B. 持續廣告，並集中於早期、晚期使用者。

　　C. 在進行人員銷售時，提供中間商支持的活動。

　　D. 進行銷售促進，避免品牌移轉，強化重覆購買的機會。

(3) **達成最大滲透力的策略：**

　　A. 其做法與(1)相同。

　　B. 進行產品修正設計與改良。

　　C. 採取價格政策之調整，促使落遲者能採用。

(4) **維護長期關係的策略：**

　　A. 爭取配銷通路的支持與配合。

　　B. 進行提醒式廣告，也強調本產品的持續改良與修正特點所在。

牛刀小試

(　)　新產品採用的速度以及創新擴散的範圍，會受到產品特徵的影響，下列何者有誤？　(A)可試用性　(B)互斥性　(C)相容性　(D)易感受性。

答 (B)

第四節　新產品競爭策略

廠商根據本身在市場上的競爭能力及地位，依各公司在目標市場所持有的市場佔有率及所扮演的地位，可將市場中的企業分為市場領導者、市場挑戰者、市場追隨者、市場利基者等四種。各有其不同的競爭策略。

4.1 市場領導者策略

市場領導者係指該廠商之產品在行業同類產品的市場上，其市場佔有率最高的廠商。 一般而言，在絕大多數行業中都有一個被公認的市場領導者。領導者企業的行為在行業市場中有舉足輕重的作用，處於主導地位。**市場領導者的地位通常是在市場競爭中自然形成。市場占有率最高的廠商，其目標在維持現有優勢並企圖擴大，它會利用下列三項方法維持其優勢：**

(1) **防禦市場占有率**：藉由「不斷的創新」來防禦競爭者的攻擊。

(2) **擴大市場占有率**：藉此提高公司的獲利力及利潤額。

(3) **擴大整體市場**：例如開發新的使用者、新的使用方法或增加用量。

4.2 市場追隨者策略

市場追隨者策略的核心是尋找一條避免觸動競爭者利益的發展道路。但追隨並不等於被動挨打，況且，追隨者通常又是挑戰者攻擊的目標，因此，追隨者尚要學會在不刺激強大競爭對手的同時保護好自己。**此類廠商通常不會積極擴張市場占有率，而只是消極地維持目前市場占有率，故稱之為「市場追隨者」。** 其會採取的策略有下列三種：

(1) **模倣策略**：例如家樂福自創衛生紙品牌。

(2) **適應策略**：避開領導者的區隔市場，但行銷與領導者類似的產品。

(3) **跟隨策略**：用抄襲的方法跟隨領導者的行銷策略。

4.3 市場挑戰者策略

市場挑戰者是相對於市場領導者來說。在行業中，處於第2、第3名的地位，以及其後位次的企業。如美國汽車市場的福特公司、軟飲料市場的百事可樂公司

等企業。處於次要地位的企業如果選擇挑戰戰略，向市場領導者進行挑戰，首先必須確定自己的策略目標和挑戰對象，然後選擇適當的進攻策略。**此類廠商會設法積極提高自己的市場占有率並挑戰領導者，其採取的策略有下列四種：**

(1) **正面攻擊**：「公然挑戰領導者的長處」。例如以價格戰迎戰對手。

(2) **包圍攻擊**：「從各方面同時迎戰領導者」，例如：提供更好的服務，更優惠的價格、更快的送貨維修時間。

(3) **側面攻擊**：「全力進攻領導者弱點」。

(4) **迂迴攻擊**：「以創新手法攻擊競爭者」。

4.4　市場利基策略

就廠商所處市場競爭地位而言，較小的廠商選擇不會吸引大廠商注意的某一小區隔市場（小部分市場），以從事專業化經營，此種廠商，稱之為「**市場利基者**」。基本上，進行市場利基之公司事實上已經充分瞭解目標顧客群，因而能夠比其他公司更好、更完善地滿足消費者的需求。並且市場利基者可以依據其所提供的附加價值收取更多的利潤額。其會採取的策略有下列三種：

(1) **創造利基**：例如吉普車市場、哈雷機車市場。

(2) **擴張利基**：藉著開發二個或多個利基，公司可增加生存的機會。

(3) **保護利基**：故意造成「獲利不佳的假象」，以防止競爭者進入該市場。

第五節　產品生命週期

5.1　產品生命週期的意義

所謂「產品生命週期」（product life cycle；PLC）是指新產品上市後，在市場中的銷售潛量和所能獲得的利潤，會因時間的演進而發生變化。一般而言，**產品生命週期為「一條S型的曲線」**，如下圖所示。這條曲線可分成四個階段，**分別為導入期、成長期、成熟期與衰退期。**析言之，產品生命週期代表的是一產品銷售歷史之各階段，各階段會有其銷售機會、困難和相對的行銷策略與獲利能力等特點，能幫助企業判斷出產品正處於哪個階段，而企業又應訂定什麼樣的行銷策略。

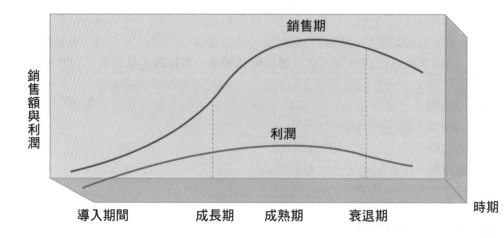

5.2 產品生命週期的特點

(1) 產品之生命有限。

(2) 產品的銷售會經過不同的階段，每一階段對行銷者而言都是挑戰。

(3) 利潤會隨產品生命週期階段起伏。

(4) 不同的產品生命週期階段會需求各種不同的行銷、人事、製造等策略。

5.3 產品生命週期階段的產品銷售狀況

階段	產品銷售狀況
導入期	又稱為「上市期」。產品剛推入市場，知名度還未打開，消費者的喜好與接受程度比較低，因此，**銷售額上升的速度相當緩慢**。另外，由於一開始的銷售量不大，<u>無法發揮規模經濟</u>，單位生產成本比較高，又為了打開知名度與建立通路，**需要龐大的推廣與配銷費用，因此獲利不易，常有虧損，通常售價較高，故每位顧客成本**（cost per customer）**也最高**。
成長期	由於之前的推廣活動與通路鋪貨開始產生效益，產品採購者係屬於早期的採用者。處此時期，銷售額會快速增加，公司的實質利潤亦隨著提高，許多競爭者會先後進入市場。這時行銷的主要目的在於擴大市場佔有率，廠商開始尋找新的市場或外移至成本較低的國家或地區生產，且須面對市場佔有率與當前高獲利率取捨的問題。

階段	產品銷售狀況
成熟期	**又稱為「飽和期」。**此時銷售成長已趨緩，因為此時產品已獲得大部分潛在購買者的接受，但因潛在競爭者認為有利可圖，陸續加入此市場從事競爭，**使得產品利潤達到最高峰而後轉趨下降，而有衰退之跡象。**或為了對抗競爭者，必須開始增加行銷費用，利潤因而減少，因此，有些廠商紛紛退出，故大的廠商通常只剩下少數幾家。
衰退期	產品不再受到歡迎，市場開始萎縮，因此，**銷售額快速下滑，利潤微薄，甚至會有虧損現象**，此時亦會有廠商退出市場、市場區隔減少及推銷費用減少的現象。

5.4　產品生命週期的各階段行銷策略

茲將產品生命週期四個階段的行銷策略列表說明如下：

時期／策略	導入期	成長期	成熟期	衰退期
產品	提供一項基本產品	擴展產品的廣度並提供服務及保證	品牌及樣式多樣化	除去衰弱項目
價格	利用成本加成法定價	滲透市場的價格	配合或攻擊競爭者的價格	減價
通路	選擇性的配銷	密集的配銷	更多的密集配銷	選擇性地除去無利潤的銷售出口
推廣	建立早期採用者及經銷商對產品的認知	建立對多數市場的認知及興趣	大量強調品牌差異及利益，鼓勵競爭者的顧客轉換品牌	減低至維持品牌忠誠者的水準
促銷	利用大量的銷促進以誘導消費者的試用	減少對大量顧客需求的利用	增加對品牌轉換的激勵	促銷宜減至最低水準

5.5　產品生命週期的盲點

產品生命週期的觀念提醒行銷人員檢視產品在每個階段所面臨的市場與競爭情況，並協助思考因應的策略。同時，也可以讓行銷人員在評估產品的績效時，有較合理的評估準則，例如在衰退期就不應苛求市場的大幅成長。然而，產品生命週期也有下列三個盲點存在：

(1) 從歷史資料所得到的產品銷售與利潤資料，行銷人員有時很難判斷產品已經進入哪個階段，或某個階段會維持多久。

(2) 影響產品生命週期的外部因素很多，而一項重大的外部因素可能造成週期的變化，如政治事件、醫學報告、傳染病等就常使得某些產品的銷售大起大落。也因為這兩項盲點，產品生命週期並非理想的銷售預測工具。

(3) 產品生命週期的觀念可能誤導行銷人員的因果推論。例如，看到某個產品的銷售曲線長期處於低檔，甚至有下滑現象，而推斷產品已經過了成熟期，正處於衰退期，因此決定減少產品的研發與推廣等活動，這種推論是以產品的銷售趨勢為因，策略為果。然而，在現實上，產品銷售量往往是策略（因）所帶來的果。此盲點顯示一個重要的管理意涵，意即：產品生命週期其實是可以不斷更新與延伸的，就看該企業對該產品所採取的策略是否正確而定。

牛刀小試

( )　下列有關產品生命週期各階段產品銷售狀況的敘述，何者有誤？　(A)成熟期：產品利潤達到最高峰而後轉趨下降　(B)成熟期：銷售額快速增加，公司的實質利潤亦隨著增加　(C)成長期：產品打開了知名度並獲得消費者的接納　(D)成長期：銷售額快速增加，公司的實質利潤亦隨著增加。　　　　　　**答 (B)**

經典範題

✔ 測驗題

( )　**1** 新產品的創新改變了原有產品的基本功能或使用方式，消費者必須調整原有的行為，才能掌握這類創新產品，稱為：　(A)破壞性創新　(B)動態連續性創新　(C)非連續性創新　(D)連續性創新。

（　）　**2** 企業借助創造力技術來產生新產品的構想，若是結合二個或二個以上看似無關的事物，企圖從結合中尋找新奇的構想，稱為：　(A)屬性列舉法　(B)強迫關係法　(C)結構分析法　(D)併發聯想法。

（　）　**3** 下列何者並非新產品導致失敗的主要原因之一？　(A)產品成本過高　(B)市場規模太小　(C)產品不夠創新　(D)產品有缺陷。

（　）　**4** 消費者對新產品的採用過程依序有五個步驟，一般而言，其順序下列何者正確：　(A)知曉→評估→興趣→試用→採用　(B)評估→興趣→知曉→試用→採用　(C)興趣→評估→知曉→試用→採用　(D)知曉→興趣→評估→試用→採用。

（　）　**5** 通常會多方蒐集資訊，向意見領袖或有使用經驗者探聽新產品，才決定是否採用，這群消費者稱為：　(A)早期大眾　(B)早期採用者　(C)落後者　(D)晚期大眾。

（　）　**6** 產品已獲得大部分潛在購買者的接受，產品利潤達到最高峰而後轉趨下降，此種情形係屬產品生命週期的哪一個階段？　(A)導入期　(B)成長期　(C)成熟期　(D)衰退期。

（　）　**7** 產品生命週期各階段的行銷策略，下列何者錯誤？　(A)導入期：通路策略採選擇性的配銷　(B)成長期：廣告策略採建立對多數市場的認知及興趣　(C)成熟期：促銷策略採增加對品牌轉換的激勵　(D)衰退期：通路策略採更多的密集配銷。

（　）　**8** 新產品的競爭策略中，採迂迴攻擊策略者，通常係為下列何者？　(A)市場領導者　(B)市場追隨者　(C)市場挑戰者　(D)市場利基者。

（　）　**9** 下列有關新產品的發展過程各階段的敘述，何者正確？　(A)市場發展　(B)新產品不需要進行商業分析　(C)新產品要進行未來的成本分析　(D)新產品的發展過程，始於創意的篩選。

（　）　**10** 廠商常用來描述、瞭解與預測產品銷售變化軌跡的行銷概念，一般可分為導入、成長、成熟、衰退四期，此一概念稱為：　(A)市場演化週期　(B)產品生命週期　(C)生態生命週期　(D)新產品發展。

（　）　**11** 在產品生命週期中（PLC）的哪一個階段，其產品策略應強調品牌與形式的多樣性：　(A)導入期　(B)成長期　(C)成熟期　(D)衰退期。

(　　) **12** 產品由初上市起至銷售下降被淘汰的期間稱為：　(A)組織生命週期　(B)規劃生命週期　(C)產品生命週期　(D)控制生命週期。

(　　) **13** 從產品導入市場至消失於市場的週期當中，通常在下列哪個階段，廠商開始尋找新市場區隔或外移至成本較低的國家或地區生產？　(A)導入期　(B)成熟期　(C)成長期　(D)衰退期。

(　　) **14** 產品生命週期中，通常售價較高的是：　(A)導入期　(B)成長期　(C)成熟期　(D)衰退期。

(　　) **15** 產品的銷售成長率開始緩慢下來，產生容量過剩的狀況，乃是面臨其產品生命週期之那一階段？　(A)導入期　(B)成長期　(C)成熟期　(D)衰退期。

(　　) **16** 當iphone4手機剛推出時，林先生便立即購買。在下列產品生命週期中，他是在下列哪一個時期購買產品：　(A)導入期　(B)成長期　(C)成熟期　(D)衰退期。

(　　) **17** 剛上市的商品，在產品的生命週期中是屬於哪一期？　(A)導入期　(B)成長期　(C)成熟期　(D)衰退期。

(　　) **18** 產品生命週期中，通常銷售量之最高點出現在：　(A)導入期　(B)成長期　(C)成熟期　(D)衰退期。

(　　) **19** 在產品生命週期中的哪一期，市場接受力大增，競爭廠商漸漸加入，產品普及率快速增加，利潤也有顯著的增加？　(A)導入期　(B)成長期　(C)成熟期　(D)衰退期。

(　　) **20** 依Kotler所提出的產品生命週期，銷售額開始直線上升，利潤增加的階段為下列何者？　(A)產品開發期　(B)導入期　(C)成長期　(D)成熟期。

(　　) **21** 廠商常用來描述、瞭解與預測產品銷售變化軌跡的行銷概念，一般可分為導入、成長、成熟、衰退四期，此一概念稱為：　(A)新產品發展　(B)市場演化週期　(C)產品生命週期　(D)生態生命週期。

(　　) **22** 下列有關成熟期的敘述，何者有誤？　(A)售價最低　(B)競爭者最多　(C)銷售量最大　(D)成本最高。

（　）**23** 在產品生命週期階段中，下列哪一個生命週期階段具有銷售呈現下降趨勢且收益減少的特徵？　(A)上市期　(B)成長期　(C)成熟期　(D)衰退期。

（　）**24** 剛上市的商品，在產品的生命週期中是屬於哪一期？　(A)導入期　(B)成長期　(C)成熟期　(D)飽和期。

（　）**25** 下列有關成熟期的敘述，何者有誤？　(A)銷售量最大　(B)競爭者最多　(C)售價最低　(D)成本最高。

（　）**26** 產品生命週期一般分為四個階段，下列何者不是其中之成長階段的特徵？　(A)銷售量快速上升　(B)競爭者數量成長　(C)競爭者數量稀少　(D)顧客屬早期採用者。

（　）**27** 產品生命週期中，售價最低是在下列哪一期：　(A)導入期　(B)成長期　(C)成熟期　(D)衰退期。

（　）**28** 下列何者不是產品生命週期的階段？　(A)導入期　(B)成熟期　(C)創新期　(D)衰退期。

（　）**29** 促銷策略在產品生命週期中，最需要著重維持顧客的品牌忠誠度是那一時期？　(A)導入期　(B)成長期　(C)成熟期　(D)衰退期。

（　）**30** 從產品導入市場至消失於市場的週期當中，通常在下列哪個階段，廠商開始尋找新市場區隔或外移至成本較低的國家或地區生產？　(A)導入期　(B)成熟期　(C)成長期　(D)衰退期。

（　）**31** 林大華總是喜歡新奇的產品，因此，他都在下列那一個產品生命週期買入產品？　(A)導入期　(B)成長期　(C)成熟期　(D)衰退期。

（　）**32** 若產品的市場較小，推廣費用及成本較高，此為產品生命週期中那一階段的特徵？　(A)導入期　(B)成長期　(C)成熟期　(D)衰退期。

（　）**33** 在產品生命週期的哪一個時期，銷售成長漸緩，同時為了應付劇烈的競爭，不得不增加費用以保住產品地位，利潤因而逐漸下降：　(A)導入期　(B)成長期　(C)成熟期　(D)衰退期。

（　）**34** 廣告的主要訴求，在強調品牌的差異性及利益，此係屬於產品生命週期的哪一個階段？　(A)導入期　(B)成長期　(C)成熟期　(D)衰退期。

( ) **35** 「價格由最高處開始下滑、銷售量快速快長、利潤因而上升至最高點」，這是產品生命週期的哪一時期特色？ (A)衰退期 (B)成熟期 (C)成長期 (D)導入期。

( ) **36** 下列何者不是產品生命週期中「成長期」的特徵？ (A)銷售量成長率比成熟期緩慢 (B)競爭廠商增多 (C)產品的被接受度增加 (D)行銷策略的重心為市場滲透。

( ) **37** 當某一產品正處於其產品生命週期中的「成熟期」時，其行銷重點為何？ (A)選擇性行銷 (B)維持品牌忠誠 (C)建立品牌偏好 (D)提高產品知名度。

( ) **38** 下列關於產品在「導入期」之特徵的敘述何者有誤？ (A)價格偏高 (B)配銷通路有限 (C)競爭者很少 (D)銷售量成長快速。

( ) **39** 根據產品生命週期的一般原則，在產品在成熟期時，下列哪一個敘述是正確的？ (A)應該大量擴充通路 (B)廣告最主要的重點在提高大眾對該產品類別的興趣 (C)通常大的廠商只剩少數幾家 (D)應該推廣產品的基本功能。

( ) **40** 關於廣告與產品生命週期的關係，下列敘述何者錯誤？ (A)成熟期的產品可藉由廣告將產品重新定位 (B)導入期以廣告與公共關係來打開產品知名度的效果最佳 (C)邁入衰退期的產品大多只剩提醒式的廣告 (D)成長期階段所投入的廣告資金逐漸減少。

( ) **41** 為使利潤極大化，並保護市場占有率，在以下那一個產品生命週期階段需採行品牌和型式多樣化、迎戰或勝過競爭者的定價、建立更密集的分配通路、強調產品差異和利益的廣告及增加促銷等行銷策略？ (A)導入期 (B)成長期 (C)成熟期 (D)衰退期。

( ) **42** 關於新產品的敘述，下列何者正確？ (A)新產品是指雙向信息溝通的產品 (B)產品的包裝或口味改變，也是一種新產品 (C)重新定位的產品不是新產品 (D)以前沒有的產品才叫新產品。

( ) **43** 在產品生命週期階段中，下列哪一個生命週期階段具有銷售呈現下降趨勢且收益減少的特徵？ (A)上市期 (B)成長期 (C)成熟期 (D)衰退期。

解答與解析

1 (B)。例如從傳統相機到數位相機，雖然產品的形式大體類似，消費者卻必須花費一些時間，並稍微改變一些習慣，才能了解、適應及懂得使用這些新產品，此即為動態連續性創新。

2 (B)　　**3 (C)**

4 (D)。新產品上市之後，當然希望能夠被消費者採用，並在市場中廣為流傳。消費者對新產品的採用過程依序為選項(D)所述之五個步驟，為了使新產品上市成功，行銷人員應該設法催化消費者儘快經歷這五個步驟。

5 (A)。深思熟慮是早期大眾的特性，他們對新科技有興趣，但卻採觀望態度，希望確認新產品是否僅為一時風潮，再決定是否購買。

6 (C)。成熟期時銷售成長已趨緩，若是為了對抗競爭者，必須開始增加行銷費用，則利潤將因而減少。

7 (D)

8 (C)。市場挑戰者是相對於市場領導者來說，在行業中，處於第2、第3者的地位，以及其後位次的企業。如美國汽車市場的福特公司、飲料市場的百事可樂公司等企業。迂迴攻擊係指以創新手法攻擊競爭者。

9 (C)　　**10 (B)**　　**11 (C)**　　**12 (C)**

13 (C)　　**14 (A)**

15 (C)。成熟期時銷售成長已趨緩，因為此時產品已獲得大部分潛在購買者的接受，產品利潤達到最高峰而

後轉趨下降；或為了對抗競爭者，必須開始增加行銷費用，利潤因而減少。

16 (A)　　**17 (A)**　　**18 (C)**　　**19 (B)**

20 (C)。此成長期時，廠商必須未雨綢繆，開始尋找新的市場區隔或外移至成本較低的國家或地區生產。亦即市場商要面對市場占有率與目前高獲利率取捨的問題。

21 (C)　　**22 (D)**　　**23 (D)**　　**24 (A)**

25 (D)。導入期時，由於一開始的銷售量不大，無法發揮規模經濟，單位生產成本較高，又為了打開知名度與建立通路，需要龐大的推廣與配銷費用，因此獲利不易，常有虧損。

26 (C)　　**27 (C)**　　**28 (C)**　　**29 (C)**

30 (C)。在成長期階段，由於之前的推廣活動與通路鋪貨開始產生效益，產品打開了知名度並獲得消費者的接納，銷售額快速增加，公司的實質利潤亦隨著增加。

31 (A)

32 (A)。導入期又稱為「上市期」。產品剛推入市場，知名度還未打開，消費者的喜好與接受程度比較低，因此，銷售額上升的速度相當緩慢。另外，由於一開始的銷售量不大，無法發揮規模經濟，單位生產成本比較高。

33 (C)　　**34 (C)**　　**35 (C)**　　**36 (A)**

37 (B)　　**38 (D)**

39 (C)。在成熟期時，銷售成長已趨緩，因為此時產品已獲得大部分潛

在購買者的接受，產品利潤達到最高峰而後轉趨下降；或為了對抗競爭者，必須開始增加行銷費用，利潤因而減少。因此，有些廠商紛紛退出市場，故大的廠商通常剩下少數幾家。

40 (D)。在成長期階段，廠商通常會繼續投入更多的廣告資金，進行推廣，且由於之前的推廣活動與通路鋪貨開始產生效益，產品打開了知名度並獲得消費者的接納，銷售額

快速增加，公司的實質利潤亦隨著增加。

41 (C)

42 (B)。由創新的意義來看，下列各款之產品，皆可視為新產品：(1)全新（創新）的產品。(2)現有產品線的新增產品。(3)現有產品的改善，例如包裝或口味的改變。(4)產品重新定位。(5)現有產品降價。

43 (D)

✅ 填充題

一、改變現有產品的基本功能或使用方式，故消費者必須調整其原有的行為，才能掌握這類創新產品；此種新產品的創新，稱為 ＿＿＿＿＿ 創新。

二、將產品的組成要素分解，然後以另一種方式組合這些要素，以便產生前所未有的構想；此種借助創造力技術來產生新產品的構想，稱為 ＿＿＿＿＿ 。

三、在一個或幾個有代表性的地方（城鎮或區域），將新產品配銷到通路（如零售店、直銷業務員）中，再輔以預先規劃好的推廣活動，最後再觀察與記錄銷售情況，此種市場測試，稱為 ＿＿＿＿＿ 。

四、消費者對新產品的採用過程依序會有知曉、興趣、 ＿＿＿＿ 、試用、採用等五個步驟，因此為了使新產品上市得以成功，行銷人員應該設法催化消費者儘快經歷這五個步驟，進行採用。

五、市場利基者對於新產品的競爭策略，係以造成營利不佳的假象，防止競爭者進入該市場，稱為 ＿＿＿＿ 利基。

六、在創造過程中，不應先對問題加以確認，而是要先把問題作廣泛的敘述，使人對思考的對象沒有先入為主的觀念，再確認問題之所在，如此較能獲得好的構想。此種新構想產生方法，稱為 ＿＿＿＿＿＿ （又名「逐步激盪術」）。

七、行銷學者羅格（Roger）認為凡是成功的新產品，其得以讓消費者採用與擴散，應具有五項特徵，包括：相對的利益、 ＿＿＿＿＿ 、 ＿＿＿＿＿ 、 ＿＿＿＿＿＿ 與複雜程度。

解答

一、動態連續性。　　　　二、結構分析法。　　　　三、標準試銷。

四、評估。　　　　　　　五、保護。　　　　　　　六、作業創造術。

七、可試用性、相容性、易感受性。

☑ 申論題

一、根據創新的新穎程度與創新對消費者使用行為的改變程度，創新可分為哪三種類型？

解題指引：請參閱本章第一節1.1。

二、請說明企業通常借助哪些創造力技術來產生新產品的構想。

解題指引：請參閱本章第二節2.1。

三、請說明產品構想與產品概念的差異。

解題指引：請參閱本章第二節2.1～2.3。

四、請說明標準試銷的意義與其缺點。

解題指引：請參閱本章第二節2.6。

五、請說明導致新產品上市的主要原因為何？

解題指引：請參閱本章第二節2.7。

六、產品生命週期的觀念能提供給行銷管理人員什麼好處？它又存在有何種盲點？

解題指引：請參閱本章第五節5.1、5.5。

七、行銷學者羅格（Roger）認為凡是成功的新產品，其得以讓消費者採用與擴散，應具有五項特徵，其係指哪五項特徵？並詳為說明其內容。

解題指引：請參閱本章第三節3.4。

八、何謂創新擴散？影響新產品擴散速度的因素有哪些？如何評估創新擴散？

解題指引：請參閱本章第三節3.3。

課前提要

本章主要探討服務的意義、服務特性、服務的分類、服務系統、服務品質管理及非營利行銷的各類觀念及管理原則。

第一節　服務業與服務的意義

1.1　服務業的意義

服務業泛指農林漁牧礦與工業之外的行業。根據主計處行業標準分類，它包含批發零售、餐飲、運輸倉儲通信、金融保險及不動產、工商服務（含法律、顧問、廣告、租賃）、教育衛生及社會服務（含補習班、醫療院所、福利機構、職業公會）、文化及休閒服務（含廣播、電視、旅館、藝文團體）、個人服務（含汽車維修、托兒所、美容、殯葬）、公共行政（含各政府機關的服務）等行業。因此，服務業是集合名詞，用來泛稱以提供服務為主的行業。

1.2　服務的意義

所謂「服務」係指一個企業組織提供給顧客群的任何活動或利益，它基本上是無形的，並且無法產生事物所有權。

1.3　服務業的型態

公用事業與 交通服務業	提供郵政、電信、公路、航空、海上、鐵路運輸、電力、自來水等服務。
金融業	提供金融服務，包括銀行、保險公司、證券公司、信託公司。
個人與 工商服務業	(1)個人服務業：理髮、美容、攝影、旅館、飯店等業別。 (2)工商服務業：廣告、徵信、職業介紹、修理服務等。

娛樂服務業	電影業、戲劇業、電視業及休閒場所等。
專業服務業	律師、醫生、會計師等。

1.4　服務的分類

服務的種類非常多，一般而言，我們可根據下列四種不同的方式予以分類：

(1) **第一種分類標準為該項服務的提供主要是依賴人員或設備？** 例如，一個心理醫生通常只需很少的設備，但一位機師則必須有一架飛機才足以提供完整的服務。而主要依賴人員的服務，又可區分為專業性服務（如會計、管理顧客）、技術勞力服務（水電裝修、汽車修理）、及非技術勞力服務（警衛、草皮修剪）；主要依賴設備的服務，則可分為全自動服務設備（如自動洗車、自動販賣機）、半技術勞力操作之服務設備（計程車、電影院）及技術勞力操作之服務設備（飛機、電腦）。各種服務的附屬設備，其功能乃藉以提高服務的價值或者減少服務所需的勞力。

(2) **第二種分類標準為顧客是否需要在服務現場？** 例如，進行腦部手術時，患者非親自在場不可；但修理汽車則否。如果顧客需親自在場，則服務的提供者便不能不考慮他們的各種需求。

(3) **第三種分類標準為顧客的購買動機為何？** 該服務是用來滿足個人的需求（個人性服務），或是業務上的需求（業務性服務）？服務的提供者可以分別針對個人性質及業務性質之服務市場，發展不同的行銷方案。

(4) **第四種分類標準為服務提供者的動機（營利或非營利）和型態（私營或公營）如何？** 將這兩種特性予以交叉組合，可以得到四種不同型式的服務組織。

1.5　服務產品的屬性

對於消費者而言，在消費前對產品（服務）的評估的難易也深深的影響了其消費行為，而這也算是產品屬性的一部份，包括有三種屬性：

(1) **搜尋屬性（search attributes）**：在消費前可以供消費者參考的屬性，例如：選擇要到哪一家餐廳吃飯時，我們會考慮的停車位、菜色、價位、餐廳的定位（休閒的、有氣氛的或是適合家庭的）。

(2) **經驗屬性**（experience attributes）：儘管消費者可以在消費前參考廣告文宣、專家意見或是消費者經驗分享等等，但有部份是消費者必須要實際消費過後才能瞭解的部份，例如：接受治療、到某地旅遊或體驗某些活動。

(3) **信任屬性**（credence attributes）：有些時候即便消費者已經完成消費，但是還是無法完全信任所接受的服務是完整的、價格是公道的或是服務是沒有隱藏著問題的，就是所謂產品的信任屬性，例如：病人接受診療後，卻常有著「醫生有沒有為了賺錢而亂開藥單？醫生在手術過程是不是有出錯？」的疑問；又例如，汽車出問題檢修，不知道車廠有沒有為了賺錢亂換零件，或是會不會根本沒換某些零件卻還跟我們收費。

以上三種產品的屬性，都會影響消費者在不同選擇下所做出的決定，所以服務提供者必須瞭解這些屬性，並且想盡辦法利用這些產品屬性以增加消費者消費的意願。

第二節　服務的特性與因應之道

2.1 服務的特性

相較於有形產品而言，一般而言其具有下列四個特性（此亦為其行銷管理上困難之所在）：

2.1.1 無形性（不可觸知性）

「實體產品」如音響設備、保養品、牛仔褲、餅乾等可以摸得到，甚至可以聞得到，可以試用、試穿、試吃等。易言之，實體產品有一個固定的、由物質組成的形體，可以陳列出來，讓消費者接觸與了解。但是**「服務」卻有無形性**（intangibility），**是一種行為而「非實體產品」，因此無法像實體產品一樣的去看、感覺、嘗試或觸摸，也因此消費者很難在事前先評斷服務品質的好壞。**再者，所謂「無形性」並非只針對服務過程中的特質，有時亦可以針對服務的成果，例如企業諮詢、教學、醫療等服務的結果，有時候並不容易理解、判斷與衡量。服務的無形性與下列三種產品屬性有關：

屬性	說明
搜尋屬性（search attributes）	這是在購買之前就有辦法評估的屬性。絕大多數的實體產品都有這種屬性。
經驗屬性（experience attributes）	這是在消費當中或過後，能夠加以判斷的屬性。不少服務業如餐飲、旅遊、理髮、托兒等都帶有這項特性。
信任屬性（credence attributes）	這種屬性就算是消費過後也難以判斷。許多專業服務就有這項特色，消費者往往沒有足夠的知識與經驗去判斷服務業者是否盡力、服務成果是否為最佳或最恰當的結果等，只好信任提供服務的專業人士。

2.1.2 不可分離性

大多數的服務都是「生產與消費同時進行」而不可分割。實體（有形）產品是廠商生產出來以後，將其銷售出去，購買者再消費（即生產與消費是分開的）；**無形服務則是先出售後，再同時生產與消費。然而，服務的生產與消費卻難以分割，業者在生產服務的同時，消費者也在使用或消費這些服務。這種特性稱為生產與消費的不可分離性（inseparability），或是同步性（simultaneousity）。**

生產與消費的不可分割性意味著消費者必須參與服務的生產過程。消費者參與是指消費者必須提供資訊、時間、精力等，以便協助服務人員順利提供服務。例如病患必須填寫病歷，告訴醫生生病情況，以方便醫生診斷。由於消費者參與會影響服務效率與品質，因此消費者在參與時是否有足夠的資訊、知識、經驗、時間、精力等，是管理上的重要課題。

但是有二種服務的生產與消費是可以分離的。第一種則是當服務的標的物不是消費者本身（含身體、心理等）而是物品時，例如寵物美容、機車修理、包裹托運等；第二種是用數位方式儲存的服務，例如將講課或演唱錄製起來，讓消費者日後播放。這二種服務都不需要消費者跟隨著服務生產的過程，因此生產與消費可以分割。

2.1.3 異質性（異變性、不穩定性）

服務的績效或品質具有極大的差異，隨著服務提供者的不同，或提供服務的時間與地點不同、消費者都會有不同的感受。實體（有形）產品的製造，因為來

自於標準化的機器設備，因此品質可以達到同質性、一致性。在勞力密集的服務業裡，維持服務品質的一致性，尤其是一個重要課題。

造成服務易變（variablity）的因素有服務環境、服務人員本身、顧客等。服務環境中的室內溫度、濕度、音樂、清潔衛生等因素的變化，可能會影響服務人員與顧客的心理與行為，而使得服務效率與品質產生波動；再者，服務人員的專業訓練、工作態度與心情等也是影響因素；**再者，顧客多元化的需求、態度、言語行為、服務相關知識等，也會影響服務的效率與品質。**因此，對於服務業而言，如何維持穩定的服務水準是重要的管理工作。

2.1.4 易逝性

易逝性（Perishability）亦稱為不可儲存性，是指服務業的一項特質是其產能無法像有形的物質或成品可以儲存起來供日後使用。服務業常常針對顧客於離峰時段的需求進行促銷或將特定時段的價格給予優惠，即是屬於此種特性。因為無形服務無法像有形產品一樣，將多餘的存貨儲存起來。服務的易逝性造成供應與需求的落差，亦即：在尖峰時段，需求大過供給；而在離峰時，供給大過需求。當需求大於供給，部分顧客無法享用服務，甚至會引發埋怨；當供給超越需求，則代表資源的浪費。由此可見，如何平衡供給與需求乃服務管理上的一大挑戰。

牛刀小試

( )　服務的績效或品質具有極大的差異，隨著服務提供者的不同，或提供服務的時間與地點不同、消費者都會有不同的感受。係屬「服務」的何種特性？　(A)異質性　(B)易逝性　(C)不可觸知性　(D)不可分離性。　　　　　　　　　　**答 (A)**

2.2 服務特性致行銷困難的因應之道

2.2.1 無形性方面

針對無形性，企業應該設法將服務具體化、有形化，並建立消費者的信賴感，以降低其不可觸知性。方法如下：

精心設計 服務場所 或實體物 品	服務場所及服務過程中所用到的實體物品，如果設計得當，可以讓消費者更容易了解服務的內涵與品質。所謂「服務是無形的」是一種相對於實體產品的觀念，其實從消費者的角度來看，許多服務是脫離不了實體物品（包含服務場所、各種設備、儀器）。
使用服務 象徵	設計優良的象徵（即圖像、圖案等），配合恰當的推廣，可以有效地讓消費者對服務產生具體的、深刻的印象。例如旅館網頁中表達舒適感覺的柔軟睡床與棉被等照片。
展示書面 證據	專業證書、感謝函、專家肯定或得獎記錄等，雖然不見得讓消費者了解服務的特性，但多少可以消弭不確定感與知覺風險，並建立一定的信賴感。
提出使用 見證	由使用者現身說法，或提出使用前與使用後的差異，如果表現的方式讓人覺得真誠切實，可以讓消費者比較了解服務的利益或成果，並取得信任。

2.2.2 不可分離性方面

服務的不可分離性意謂著企業行銷人員應該「妥適地處理或協助消費者參與」；同時，也應「善加管理所有在服務過程中會影響消費者反應的因素」。關於前者，在消費者進入服務現場時，甚至在進入之前，行銷人員應該讓消費者了解正確的服務流程與恰當的行為模式，協助消費者盡快熟悉參與的方式。

至於服務流程中影響消費者反應的因素有實體環境、服務人員、服務程序等，這些因素是服務品質的構面，服務的提供者必須設法能同時為更多的顧客提供服務，可設法「加速服務的進行或訓練更多的服務人員」。

2.2.3 異質性方面

要維持穩定的服務品質，選用、訓練、管理與獎勵服務人員乃是最大關鍵的要素。企業應該要有一套管理機制與組織文化來培育專業、快樂、負責的服務人員，以便服務人員能夠發自內心的傳遞優良、穩定的服務給消費者；再者，**建立服務標準作業規範（S.O.P），或如銀行機構以自動櫃員機取代櫃台人員的存取款、轉帳等服務，亦能大幅提升服務品質的一致性**；第三，設立抱怨處理制度、進行顧客調查等，亦能對控制服務品質有相當的效果。

2.2.4 不可儲存性

(1) **採需求面策略**：當需求大於供給時，可採取下列的措施，使需求趨於穩定，便利服務控制：

調漲價格	亦即提高價格，以價制量。
實施預約制度	預約制度可用來調整特定時段的需求，同時又可避免流失過多的顧客。
增加服務產能	提高供給量，縮短供給與需求的落差。
透過結盟共享服務	服務業者之間可以相互結盟，甲業者客滿時，可以將顧客轉介到乙業者，反之亦然。

(2) **採供給面策略**：當供給大於需求時，可採取下列的措施，使供給趨於穩定，便利服務控制：

調降價格	價格下降往往使得需求增加，或使得部分原本屬於尖峰時段的需求轉移到離峰時段，減少供給與需求的差距。
開發新的需求	以航空公司為例，將離峰時段的座位拿來招待員工，作員工福利活動，或作為推廣活動的贈送或抽獎項目等，都是以新的需求來填補供給的方式。
調整服務型態	例如學校在寒暑假時舉辦營隊、動物園在晚間點燈變成夜間動物園，都是調整服務型態的例子。這些作法通常可以創造新的需求，以有效應用閒置的服務產能。 聘僱兼職員工、實施便捷處理方式、擴大消費者參與程度、發展聯合服務等，以擴大供給力。
其他措施	例如聘僱兼職員工、實施便捷處理方式、擴大消費者參與程度、發展聯合服務等，以擴大供給力。

2.3　服務供需配合的策略

如何使服務業的需求和供給能有效配合？行銷學家賽瑟（Sassor）提出以下的一些策略：

2.3.1 供給面的策略

(1) 尖峰時間可以採用較簡單便捷的服務方式。例如服務人員在尖峰時間只提供基本的服務；醫院在尖峰時間增加助理醫生來協助幫忙。

(2)增加顧客的參與程度。例如超級市場或百貨公司可以請顧客將購買的物品自己裝入紙袋。

(3)發展聯合服務。例如數家醫院可以共同分攤購買各種醫療設備的費用。

(4)發展較具擴充潛力的設施。例如遊樂園可以將其附近的土地一併買下，以備日後擴充發展之用。

2.3.2 需求面的策略

(1)建立預約制度（reservation systems）：此為管理需求順序與數量的有效方法。

(2)開發非顛峰期間的需求（nonpeak demand can be cultivated）：透過各種途徑，增加消費者在非顛峰時段內的消費行為。

(3)採取差別定價（differential pricing）：如此可使一些顛峰期的需求服務，轉移到非顛峰期，例如目前計程車在上下班時間加成收費、電力公司有離峰優待價等。

(4)提供補助性的服務（complementary services）：在顛峰時間等待服務的消費者，可提供其他的服務，例如在未理髮之前，可提供書報雜誌等給消費者閱讀。

(5)可以僱用兼職人員以應付尖峰時間的需要。

第三節　服務系統

3.1　服務系統的構成元素與元素之間的關係

服務系統由先前接觸點、後場與前場等三大部分組成，茲分述如下：

3.1.1 先前接觸點

先前接觸點（contact point）係指在消費者未進入服務場所之前，企業可以用來接觸到消費者的工具，包含電話、信件、廣告、公關活動等。雖然消費者需要進到服務場所才能對服務有較深刻的體認，但是企業可在事前透過某種工具，傳遞服務的特色與品質。例如醫療機構的信件若在其形式上有溫馨的色彩與內容有親切的問候語等，則可讓人產生較為正面的印象。因此，先前接觸點

可稱為將服務具體化、有形化的工具之一，而這些工具需要整合（如有類似的視覺圖案、風格等），才能產生較強的溝通效用。

3.1.2 後場與前場

後場（back stage）與前場（front stage）乃是借用自戲劇的概念。若把服務當作一齣戲，消費者進入劇場（服務場所）看戲劇演出（服務），與戲劇中的各類角色（服務人員）及其他觀眾（顧客）互動；而觀眾只對表演舞台（前場）上的演出有興趣，至於舞台布幕的後方（後場），則他們既看不到，也不關心。套用在服務行銷上，「後場」是指消費者看不到的服務作業，而「前場」則是對消費者公開的服務作業。

(1) **後場：後場的主要任務是提供技術核心，以便前場的服務人員能夠提供理想的服務。** 例如，高級餐廳的後場包括訓練服務生的應對禮儀、確保廚師的烹調知識與手藝、採購合宜的用餐器具、嚴格選購餐飲材料、定期清洗消毒環境等，這些工作都不是消費者所看得見且不會費神關心，但對於餐廳的服務特色與品質卻有絕對性的影響。亦即消費者雖看不見後場管理，但卻看得見與感受得到後場管理的結果。

(2) **前場：前場服務人員與消費者在實體環境中互動。實體環境包含服務設施與設備（如建築外觀、周圍景觀、櫃檯、家具等）、軟體設計（如視覺、聽覺氣氛）、現場標示等。實體環境中每一項因素都會影響服務人員與消費者的情緒、認知與行為，因此必須精心設計與嚴格管理。**

(3) **服務人員與消費者的互動**：服務人員與消費者的互動可分成直接與間接二類。

種類	說明
直接互動	係指特定服務人員為了提供服務給特定的消費者而帶來之互動，雙方會有面對面的招呼與寒暄、資訊交流等。
間接互動	發生在特定消費者與其他服務人員及消費者之間。它雖然沒有面對面的交流，但多少會影響特定服務人員與消費者的心情與行為。例如，當我們正與某個餐廳服務生交談（直接互動）時，其他服務生在旁顯得無精打采、鄰桌的顧客在喧鬧等，難免會影響該顧客的心情、或對該餐廳的觀感、甚至以後的購買決策等。

(4) **劇本**：企業應該設法讓現場的服務人員與消費者扮演好各自的角色，避免在互動中產生尷尬，甚至衝突的情況，以免服務效率與品質受到負面的衝

擊。套用戲劇的觀念，企業應該讓服務人員與消費者的腦海中有正確的「劇本」（scripts），即雙方可以遵照的行為準則。劇本可從以往的經驗、教育訓練或現場溝通（如動線規劃、流程標示、口頭諮詢）等而來。**當劇本愈清楚、正確，則服務人員與消費者之間的互動愈順利，愈能提升消費者的滿意度。**

3.2　服務三角形的涵義

「服務金三角」的觀點認為：任何一個服務企業要想獲得成功，保證顧客滿意，就必須具備三大要素：一套完善的服務策略；一批能精心為顧客服務、具有良好素質的服務人員；一種既適合市場需要，又有嚴格管理的服務組織。服務策略、服務人員和服務組織構成了以顧客為核心的三角形框架，即形成了「服務金三角」。簡言之，服務金三角就是組織、員工、顧客三者之間的內部行銷、外部行銷和互動行銷的互相整合。

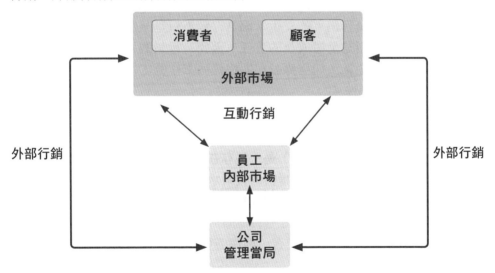

3.2.1 外部行銷

外部行銷（external marketing）係指組織針對外部顧客的行銷活動，包含定位、定價、推廣等（其內容請參閱本書相關章節）。

3.2.2 內部行銷

內部行銷（internal marketing）是指組織灌輸全體員工行銷導向與顧客服務的觀念，並訓練與激勵員工，以便他們切實了解企業本身的形象與工作如何影響顧客滿意度與企業形象等。 內部行銷的目的乃培養專業與快樂的員工，使他們能夠提供顧客優質的服務，進而創造或留住顧客。必須強調的是，內部行銷的對象不但是前場的服務人員，還包括後場的員工（如企劃、維修、會計人員）。其原因係在於進入前場的消費者極可能有機會遇見後場的員工，故他們亦必須有正確的態度與消費者互動。

歸納言之，內部行銷的任務是為確保組織中全體成員皆能遵守正確的行銷方針，組織有必要雇用、訓練與激勵想要妥善服務顧客的人力資源。內部行銷的重點有二：

(1)組織中的所有行銷功能必須自顧客的觀點與立場出發才有可能統一協調，共同運作。如公關、廣告、募款、行銷研究與服務皆以目標市場的需求作為思考、整合行銷活動的準繩。

(2)組織必須有「全員行銷」的文化。因為行銷不只是一個單位、一群特定工作人員的工作，而是全體成員的責任。因此，行銷的思考一定要遍佈全組織。有些卓越的企業，如全錄公司即把每個工作的工作說明書中的各項解釋與顧客建立關聯性。

3.2.3 互動行銷

互動行銷（interaction marketing）是一種存在於顧客與員工間的關係，兩者互動關係的良好與否取決於員工所提供的技術水準以及服務態度。 第一線的服務人員，從顧客的觀點出發，將公司的服務提供給顧客的互動行為，讓顧客有賓至如歸的感受。換言之，員工若能心悅誠服、心滿意足接受公司的服務後，願意提供高品質服務給消費者和顧客，與顧客間建立良好的互動關係，此即為「互動行銷」。

在互動過程中，消費者除了重視服務成果，還關心服務人員的禮貌與熱誠等。因此，服務人員必須注重與服務成果息息相關的技術品質；如醫術、美髮技巧等，同時也須注意功能品質的發揮，如醫德、美髮師的談吐與關懷等。

第四節　服務品質管理

4.1　服務品質觀念模式

服務品質一再被證明與顧客滿意度及忠誠度有關，因此服務品質是服務業者的管理重心。為了了解服務品質的概念，**美國三位學者Parasuraman、Zeithaml與Berry等三人發展出一套「服務品質觀念模式」，簡稱PZB模式（PZB model）或稱缺口模式（gap model）**（見下圖）。

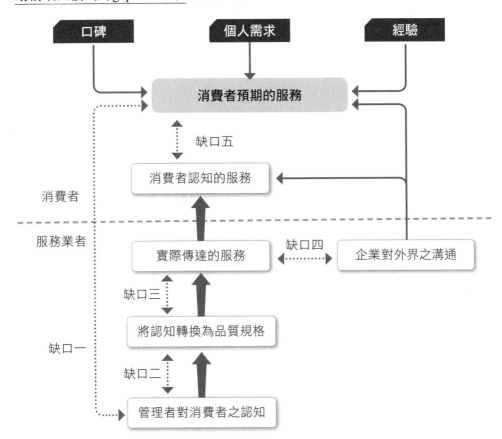

根據PZB模式，服務品質的優劣衡量取決於消費者所「預期的服務」與「實際知覺到、感受到的服務」之間的差距（缺口五），它是一種消費者的觀感，而這觀感的形成與服務業者的服務品質認知與作為有關。當認知的服務優於預期

的服務，是正面的服務品質，反之則是負面的服務品質。而服務品質是由下列缺口一至缺口四所形成（亦即：這些缺口可能是導致服務不佳原因）：

(1) **缺口一：係指「管理者對消費者預期服務的認知」與「消費者預期的服務」之間的落差。當管理者愈了解消費者的期望，這個缺口就愈小。** 析言之，管理當局未必每次都能正確地認知顧客所期望的服務品質或顧客如何判定服務品質的主要因素。例如，醫院管理人員可能認為伙食是病人最關切的問題，卻不曉得病人最在意的乃是護士的負責態度與關懷程度。

(2) **缺口二：係指「管理者對消費者預期服務的認知」與「將認知轉換為服務品質規格」之間的差距，其主要係由組織的資源多寡、對服務的要求與用心程度等因素決定。** 易言之，即管理當局認知與服務品質標準之間有差距。管理者當局可能並未設定服務品質標準或者標準不夠明確；也可能雖有明確標準，但卻不切實際，或者雖有明確且合乎實際需要的服務品質標準，卻未能給予全力的支持與協助；這些問題的存在都會造成服務品質的不佳。例如觀光飯店管理當局可能希望電話鈴響後三聲內有人接聽，但由於接線生（服務人員）明顯不足，且在服務品質未能達到所要求的水準時，仍未採取應變或補救措施，因此想要提高服務品質是不可能的。

(3) **缺口三：係指「將認知轉換為服務品質規格」與「實際傳遞的服務」之間的差距，其主要係取決於服務人員在提供服務時是否遵照管理單位事先所制定的規格為之。** 易言之，服務品質標準與服務提供之間有差距。影響實際的服務提供的因素有很多，例如服務人員可能缺乏訓練、工作負荷太重、工作士氣低落或機器設備不良等。一般而言，現場服務人員的績效衡量標準，通常都是以效率為主，但此一標準往往忽略了顧客滿意的程度。例如，銀行櫃檯行員可能面臨業務部門要求動作迅速（效率）的要求，另一方面行銷部門又要求必須隨時保持微笑和愉悅的心情，且應有禮貌且友善地對待每一位顧客（顧客滿意程度）。此雙重壓力往往會有所衝突。

(4) **缺口四：係指「實際傳遞的服務」與「企業對外界溝通」之間的落差，其主要係取決於企業在外界溝通時所傳達的形象與承諾是否符合實際的服務情況。易言之，即服務提供與外在之間的溝通有差距。** 消費者期望與服務水準有部分來自服務提供者對外溝通的宣傳資料。如果渡假旅館廣告刊載的是風光明媚、高雅清幽的套房，但當旅客到達時卻發現完全不是那一回事，此時雖然服務品質不算太壞，但是先入為主的觀念，就會使得顧客對該渡假旅館的評價大打折扣。

牛刀小試

( )｜根據「服務品質觀念模式」（PZB）模式，指「管理者對消費者預期服
　　務的認知」與「將認知轉換為服務品質規格」之間的差距，係屬：
　　(A)缺口一　(B)缺口二　(C)缺口三　(D)缺口四。　　　**答 (B)**

4.2　消除服務缺口的方法

針對形成缺口（差距）的因素提出下列解決方法：

缺口一	缺口一的主要形成原因係由於不了解顧客真正之期望所致，因此，為了消除此缺口，**應致力做好行銷研究，建立適當、暢通的向上溝通管道，並減少管理階層的層級等方面著手。**
缺口二	缺口二的主要形成原因係由於錯誤的服務品質標準所致。因此，**為了消除此缺口，應對於服務品質有適當的承諾，增加對其可行性的認知，並朝建立任務的標準化（S.O.P）與設立明確的目標等方面著手。**
缺口三	缺口三的主要形成原因係由於服務執行的差異所致。因此，**為了消除此缺口，應避免服務人員角色模糊及角色衝突的現象，使員工及技術能與工作配合，並建立良好的監控系統，提升知覺的控制與團隊合作。**
缺口四	缺口四的主要形成原因係由於溝通上的承諾與實際對顧客服務傳達的結果不一致所致。因此，**為了消除此缺口，應建立適當的水平溝通管道，並避免作過度的承諾。**

4.3　服務品質的構面與管理原則

由於服務有其特性，傳統的「行銷組合」（即行銷4P）觀念不足以涵蓋服務業的行銷範圍，因此有學者提出增加三個因素來補充原有行銷組合的不足。這三個因素包括「實體環境」（physical environment）、「服務人員」（personnel）與「服務過程」（process），與傳統所謂的行銷組合加起來稱為7P。而服務品質的構面就是這三個新增列的因素，茲說明如下。

4.3.1 實體環境

服務的實體環境（服務場所）包含以下三個部分：

設施與設備	包括桌椅、服務櫃檯、儀器、門窗、地板、天花板等。消費者在未進入服務場所之前，就有可能先看到場所內的設施與設備是否整齊、清潔、安全、方便、新穎等，並立刻產生第一印象，從而影響對這個服務業的品質判斷與光顧的意願；對於已經在服務場所中的消費者，其設施與設備更容易影響他們的感受、行為。
標示與指引	包括服務環境中是否有清楚的指標、圖示、流程圖等。通常身處在大面積的服務場所或業務比較繁雜的服務機構（如車站、銀行、醫院、政府機構），顧客很容易迷失方向或對服務的流程不甚了解，因此置身其中很容易產生感覺茫然、挫折、情緒波動、時間壓迫感等。為了消除這些負面反應，在服務現場應該設計簡單、清楚的標示與指引。
氣氛	除了有硬體設備，服務場所亦有軟體的一面，亦即由視覺、聽覺、嗅覺等所構成的氣氛。室內裝潢的設計與顏色、服務人員的穿著、音樂、氣味等，都會影響消費者的內心感受與對業者的看法。更何況設施設備與氣氛塑造可將服務具體化或有形化，以解決服務無形性所帶來的問題。

4.3.2 服務人員

很多服務不能觸摸，只能感受，而服務人員的服務應對、談吐舉止、接待禮儀等往往是消費者感受是否滿意的重要因素。消費者通常以下列五個標準來衡量服務人員的服務品質：

可靠性	又稱「穩定性」。係指服務人員的態度、服務方式、問題處理技巧等是否能夠維持一致與精確的水準，否則易造成顧客的困擾與不滿。服務人員平時的訓練、公司的政策與規範等，是服務人員表現是否穩定的重要因素。
信賴感	信賴感又稱為「信任性」，係指服務人員的言語行為是否可使顧客相信，使人安心。對於涉及消費者錢財、健康、生命的服務業，信賴感尤其重要。服務的實際表現與成果是信賴感的最重要來源，例如每一回的服務都言出必行，信賴感就得以慢慢累積。另外，服務人員的穿著與談吐等也是建立信賴感的方式之一，例如金融機構要求服務人員穿著深色套裝，應對穩健，即是在於建立客戶信賴感。

同理心	係指服務人員能否站在顧客的角度思考、是否關懷他人等。同理心能夠激發親和力，而親和力通常是透過眼神、笑容、談吐、肢體語言等表現出來，而且應該因時、地、人、情況等不同，用不同的方式來表現。
反應性	係指服務人員能主動協助顧客與迅速回應顧客要求的能力。當顧客有所提問、要求或訴怨時，服務人員的回應速度經常被用來判斷服務人員的專業、熱心與誠意。反應太慢，往往會給人熱心不足、沒有誠意等負面印象，因而容易引起埋怨與糾紛。
親切性	親切（Hospitality）係指服務人員應以親切的態度面對顧客，設法提供適合客戶興趣及其個性價值的服務，才會讓客戶倍感親切。

4.4　顧客參與

4.4.1 顧客參與的意涵

顧客參與（customer participation）是指顧客在服務之生產與傳遞過程的投入程度，亦即消費者在尋求服務時，實際的投入行為。 從消費者觀點來看，與服務提供者的雙向互動本身就是顧客參與。因此，顧客參與是顧客投入在影響產品或服務的特定活動；進一步來說，也是指顧客以行動涉入產品生產或服務傳遞的過程。就積極面來說，顧客需提供攸關個人需求的資訊，當資訊愈完整則過程愈能有效率，結果也更能讓客人滿意。即使消極的採取配合或合作行為，當顧客愈能掌握應有的責任與行為表現，愈能達成服務目標。

4.4.2 顧客參與的層次

顧客參與係指在服務的生產或是傳遞過程中，由顧客提供活動或資源，包括心理的、實體的參與，甚至還包括情感上的付出。
(1) **顧客參與的層次：**

低度參與	係由企業員工或系統執行所有的工作，此種參與，其產品趨向標準化且消費者所購買的服務均相同，顧客僅提供基本資訊。
中度參與	顧客的涉入主要在協助企業創造與傳遞服務提供所需的資訊與指示，其參與在提供個人努力或是實體所有權。

高度參與	係指顧客積極參與服務的生產過程，亦即服務的創造無法與顧客購買和參與行為分開執行。此種參與，顧客有可能會對服務品質的產出造成某種程度的損害（例如：減肥，婚姻諮詢的參與）。

(2)**顧客參與的影響**

A.顧客參與的正面影響：

a.顧客參與能夠促進新產品/服務開發（服務創新）：顧客參與的作用包括提高了服務新穎性、提高了創新的市場接受度，減少了不確定性和模糊性、提高了創新主體的交互作用，使創新更加有效率。

b.顧客參與能夠提升顧客滿意：顧客通過在參與過程中與服務人員建立良好的關係能夠使顧客的需求得到較好的滿足，同時也能使顧客明白服務提供方所提供的服務內容以及服務限制，對於服務就有更實際的期望，由於顧客期望和實際感知差距的縮小，就越能提高顧客的滿意度。

c.顧客參與能夠改進服務質量感知提升企業績效：顧客有效參與會使顧客為了獲得愉悅體驗，降低服務質量不確定性的參與行為能夠使服務質量感知認同得到強化。

B.顧客參與的負面影響：有學者認為顧客參與不一定會百分之百提升顧客的滿意和對服務質量的感知，而且可能存在一定的負面影響。如自助銀行的ATM機就對顧客的操作技能水準有一定要求，而且是企業為了提高自身效率使顧客被動參與服務生產的一種手段，會將部分的服務成本轉移到顧客身上。同時，由於很多顧客在執行服務傳遞和生產的過程中並不能很好承擔自身責任，理解自己的角色，這就使得企業的培訓成本增加，甚至延緩服務完成時間。再者，有研究文獻顯示，顧客參與行為很可能將使顧客轉變為企業未來的競爭對手，顧客通過參與服務過程，熟悉整個服務流程則會對服務質量提出更高的要求和新的心理預期，導致滿意度評價的降低。

4.5　顧客關係管理

(1)**意義與功用**：顧客關係管理（Customer Relationship Management；CRM）係ERP的延伸與拓展。**CRM乃是企業應用現代化資訊科技蒐集、處理及分析顧客資料，以找出顧客的購買模式與購買群體，並制定有效的行銷策略**

來滿足顧客的需求，以確保顧客的忠誠度並降低流失率。它亦可協助企業有效掌握與客戶間的互動，即時傳遞資訊給客戶，快速回應顧客需求，主動提供客戶知識與資源等。根據研究，企業創造一位新顧客的成本是留住舊顧客成本的五至十倍，這也是CRM之所以重要的原因。

(2) 良好顧客關係維持的效益：

　A.口碑行銷效益：當老客戶認同本公司時，他們會主動宣傳本公司的品牌、商品，甚至與本公司站在一起共同維護企業聲譽。

　B.顧客忠誠效益：一群穩定忠實的顧客，會增強員工對企業的信心，進而提高員工留任率，員工發自內心認同公司，面對顧客將提供更好的服務，形成一個良好的正向循環。

　C.主要利潤效益：隨著忠誠顧客年齡增長，其消費能力亦會隨之增加，更有機會在貴公司消費更多金額。

　D.長期互惠效益：企業可整合各種與顧客互動的管道收集顧客資訊，進而創造顧客與企業雙方價值。

(3) CRM的基本架構包括下列四項：

多重溝通管道	企業與客戶溝通的工具包括傳統的電話、傳真、電子郵件、掌上型PDA等，讓企業與客戶的互動可透過文字、聲音、圖像等方式達成。
網際網路	透過Internet，員工可隨時隨地與公司的資料庫連線實現虛擬辦公室。
客戶服務中心（Call Center）	客戶服務中心係企業推動CRM的第一步，其可快速回應顧客的需求，以維持客戶的忠誠度，係「一對一」資料庫行銷的經營基礎。
客戶資料倉儲（整合式資料庫）	從客戶的採購及消費資料中，可將客戶的資料加以整合、加工、分類，進而做為客戶消費行為的預測及分析。

4.6 顧客滿意管理

(1) **意義與目的**：顧客的滿意度是指顧客對所購買的製品和服務的滿意程度，以及能夠期待他們未來繼續購買的可能性謂之；而**顧客滿意管理（Customer Satisfaction Management；CSM）**則是指對「**顧客在購買產品前的預期認知與使用產品後所產生的滿意程度間之一種相互關係**」所做的管理作為。其

　　主要影響因素包括顧客投入成本、過去使用經驗、產品使用前之預期態度以及產品使用後之結果。包括顧客滿意與反應、顧客滿意、服務商品提供、顧客滿意衡量。做好各課滿意管理之目的在提升顧客忠誠、產生正面口碑、降低廣告費用、強化競爭能力等。

(2)**決定顧客滿足的條件：**

品質	顧客對產品品質的滿意程度，決定於產品的可靠度、耐用與方便程度。
價格	價格與品質是相對的；價格無所謂高低，主要是消費者背後所擁有的購買力；高品質、高價格配合高購買力，而低品質、低價格配合低購買力，二者均能使產品暢銷。
時間	即顧客意願表達與企業產品送達在時間上能否配合，如時間不能配合，就無法使顧客滿意。
態度	與顧客在面對面交談接洽生意時，其所獲得的服務是否會使顧客滿意，亦屬非常重要的條件。

4.7 服務差異化

服務差異化是服務企業面對較強的競爭對手而在服務內容、服務通路和服務形象等方面採取有別於競爭對手而又突出自己特徵，以戰勝競爭對手，在服務市場立住腳跟的一種做法。目的是要通過服務差異化突出自己的優勢，而與競爭對手相區別。**茲將服務差異化的策略列舉說明如下：**

(1)**無形產品有形化**：如贈送附有酒店廣告的衛浴用品給顧客。

(2)**將標準產品進行顧客化定製**：如美容院提供個人設計師、果汁吧及放鬆的環境，以此區別於其它的理髮店。

(3)**減少視覺風險**：如針對顧客缺少汽車修理的知識，服務提供者可以專門安排時間解釋問題，無形中將會建立顧客的信賴關係，並讓顧客願意額外付出。

(4)**加強服務員工訓練**：由於服務主要是人員提供的，如果實施高質量的員工訓練計劃，則可以促進服務質量提高，建立難以模仿的競爭優勢。

(5)**採取高水準的質量管理**：服務產品是比較容易的模仿和複製的，相比之下，高水準的質量管理能力不容易複製，因為，高質量的質量管理設計到員工訓練、程式管理、技術開發等複雜內容，故不容易複製。

第五節　非營利行銷

5.1　非營利行銷的緣起

除企業社會責任所從事滿足社會的某些需求之社會工作外，其它社會工作往往係由社會中許多的非營利組織（例如基金會、宗教組織等）來從事，這些非企業組織往往具有甚大影響力。

所有的這些非營利組織都具有一般的企業功能，如財務（資金運用、預算等）、人事（選、訓、用）、生產（安排最低成本的投入產出方式）、採購，與類似行銷的活動。例如警政部門為改善形象，贏得友誼及群眾影響力，邀請民眾參觀警察局，派官員赴學校演講等活動，以改進公共關係；或反煙團體為禁煙理念而於電視、書刊登因吸菸致癌者之慘狀的做法或遊說立委立法禁菸，這些都是行銷的手法。

5.2　非營利行銷的困難

(1)非營利行銷不以營利為目的，故形成其對成本控制的困難。
(2)非營利行銷的權責系統通常較不清晰。
(3)非營利行銷（非營利事業）的目標往往不具體，亦欠確定。
(4)非營利行銷缺乏有效的激勵制度，常發生賞罰不明的現象，故其控制作用也難產生作用。

5.3　非營利行銷的種類（範圍）

5.3.1 組織行銷

所謂組織行銷（organization marketing），係指用以創造、維持或改變目標大眾對特定組織的態度或行為的各項活動。組織行銷的兩個主要的工作，為評估組織現有的形象及發展行銷計畫，以改善組織的形象。

組織行銷的工作，一向由公共關係部門全權負責。公共關係是把組織視為產品或服務的一種行銷管理觀念，其所採用的技術亦和銷售產品及服務大致相同，包括對顧客的需要、喜好、及心理有所認識，了解溝通的技巧，擬定及執行能夠影響顧客行為之行動方案的能力等。

5.3.2 人物行銷

人物和服務、組織一樣，亦可以利用行銷技術。**所謂人物行銷（Person marketing），係指用以創造、維持或改變大眾對特定人物的態度或行為的各項活動。**兩種最常見的人物行銷類型為名人行銷及政壇候選人行銷。

5.3.3 地方行銷

所謂地方行銷，係指用以創造、維持或改變大眾對特定地方的態度或行為的各項活動。地方行銷可以分為下列四種類型
(1)**住宅行銷**：住宅行銷乃指致力於發展或促進獨院式住宅、公寓、以及各種其他型式房子的銷售之一系列的活動。
(2)**營業場所行銷**：營業場所行銷乃指致力於開發、銷售或出租各種營業場所或產權，如廠房、店舖、辦公室、倉庫等之一系列活動，以吸引廠商前往投資。
(3)**土地投資行銷**：土地投資行銷乃指基於投資目的，而致力於開發或銷售土地之一系列活動。
(4)**度假行銷**：度假行銷乃指致力於吸引遊客至各地的溫泉、名勝古蹟、城市、州郡，甚至整個國家度假之一系列活動。

5.3.4 理念行銷

這裡所指的理念行銷，乃專指社會理念的行銷。如提倡保健運動，減少社會大眾抽煙、酗酒，吸毒、暴飲暴食；發起環境保護運動以呼籲生態保護、污染防治、節約能源；以及家庭計畫、伸張女權、種族平等等不計其數的運動。此一領域就是一般所謂的社會行銷。（請參閱第一章第二節及第三節）

經典範題

✅ 測驗題

(　　) **1** 下列有關影響服務品質不穩定之敘述，何者有誤？　(A)服務環境中的室內溫度、濕度、音樂等因素的變化，會影響服務人員與顧客的心理與行為　(B)服務人員的專業訓練、工作態度與心情亦是影響因素　(C)尖、離峰時段需求不穩定，亦會造成服務品質不穩定　(D)顧客多元化的需求、態度、言語行為等，亦會影響服務的效率與品質。

(　　) **2** 下列何者是克服服務行銷不可分離性困難的因應之道？　(A)加速服務的進行或訓練更多的服務人員　(B)精心設計服務場所或實體物品　(C)展示專業證書、感謝函、專家肯定或得獎記錄等書面證據　(D)設計優良的象徵（如圖像、圖案等），配合恰當的推廣。

(　　) **3** 下列何者是克服服務行銷不可儲存性困難之需求面策略？　(A)調降價格　(B)開發新的需求　(C)聘僱兼職員工　(D)實施預約制度。

(　　) **4** 有關定位、定價、推廣等，係屬服務三角形（service triangle）中的哪一種行銷？　(A)內部行銷　(B)外部行銷　(C)區隔行銷　(D)互動行銷。

(　　) **5** 根據「服務品質觀念模式」（PZB）模式，指「將認知轉換為服務品質規格」與「實際傳遞的服務」之間的差距。係屬：　(A)缺口一　(B)缺口二　(C)缺口三　(D)缺口四。

(　　) **6** 消費者通常以四個標準來衡量服務人員的服務品質，其中不含哪一項？　(A)信賴感　(B)自尊心　(C)同理心　(D)可靠性。

(　　) **7** 以下何者非服務業的特性？　(A)無形性　(B)不能儲存性　(C)異質性　(D)作業性。

(　　) **8** 服務的過程經常隨著提供者的服務時間、地點及消費者的個人需求等因素而影響。此特性稱為：　(A)易逝性　(B)異質性　(C)無形性　(D)不可分割性。

(　　) **9** 服務是指提供給個人或群體的任何活動或利益，下列何者不是其主要特性？　(A)無形性　(B)易逝性　(C)不可分割性　(D)方便性。

(　　) **10** 服務必須在同一時間與同一地點同時生產與消費，這是屬於何種特性？　(A)易變性　(B)易逝性　(C)無形性　(D)不可分割性。

(　　) **11** 何謂服務業鐵三角？　(A)老闆、經理人與消費者　(B)經理人、員工與消費者　(C)公司、員工與消費者　(D)老闆、經理人與員工。

(　　) **12** 帕拉索羅門（Parasuraman）曾經指出卓越的服務公司其提升服務品質的作法，下列何者為非？　(A)策略性概念　(B)高標準的設定　(C)監督服務績效的系統　(D)處理員工抱怨的系統。

(　　) **13** 組織行銷的共通觀念為何？　(A)產品　(B)消費者　(C)行銷工具　(D)以上皆是。

(　　) **14** 服務的四項特性中，下列何者錯誤？　(A)無形性　(B)不可分離性　(C)易變性　(D)不易消逝性。

(　　) **15** 服務業者會採用尖峰、離峰不同時段定價，是為了克服服務的：　(A)無形性　(B)變動性　(C)不可分割性　(D)不可儲藏性。

(　　) **16** 決定服務品質優劣的因素，下列何者最正確？　(A)可靠性、反應性、親切性、信任性　(B)可靠性、反應性、信任性、適切性　(C)可靠性、親切性、信任性、適切性　(D)親切性、信任性、反應性、適切性。

(　　) **17** 公司對員工訓練與激勵工作，以使員工提供更佳的服務給顧客，這是一種：　(A)互動行銷　(B)外部行銷　(C)內部行銷　(D)交叉行銷。

(　　) **18** 下列何者不是服務組織？　(A)政府　(B)醫院　(C)銷售人員　(D)保險公司。

(　　) **19** 根據研究顯示，只要減少5%顧客流失，就可以改善25%到85%的利潤，想要留住顧客其實不難，重視的方法有二：給顧客高度的滿意及：　(A)給予優惠　(B)建立移轉的高門檻　(C)使用贈品　(D)給予價格折扣。

(　　) **20** 服務的可塑性很大，可因人、因事、因地而異，這是在說明服務的什麼特性？　(A)無法保存性　(B)無形性　(C)易變性　(D)可溝通性。

(　　) **21** 下列何者不是消費者基本上決定服務品質因素之原則：　(A)接近　(B)溝通　(C)恭謙有禮　(D)無形性。

(　) **22** 建立企業與顧客間的資訊系統,針對顧客進行區隔化與差異化服務,以期迅速回應顧客需求與市場變化,增加顧客滿意度是:(A)企業資訊管理（Business Information Management）　(B)顧客滿意管理　(C)六個標準差（six sigma）管理　(D)顧客關係管理（Customer Relationship Management）。

(　) **23** 下列關於服務的特性,何者錯誤?　(A)服務是不可分割的　(B)服務的提供會造成所有權的轉移　(C)服務可能與實體產品無關　(D)服務可能與實體產品有關。

(　) **24** PZB理論服務品質缺口模式主要是說明整體服務的過程,每一個接觸點都有可能出現缺口,其中缺口五是指消費者「預期的服務」與「感受的服務」之差距。下列何者是影響消費者「預期的服務」的因素之一?　(A)口碑溝通　(B)公司的人手　(C)消費者不瞭解服務特性　(D)服務人員未依標準程序作業。

(　) **25** 服務業有四種特性,銀行要求其行員應該顯得十分忙碌,穿著得體,是為了克服那一項特性的限制?　(A)無形性　(B)消逝性　(C)易變性　(D)不可分割性。

(　) **26** PZB服務品質模式中,指企業有足夠的能力提供可靠且正確的服務,稱為:　(A)反應性　(B)有形性　(C)信賴性　(D)情感性。

(　) **27** 會計師所提供的服務,係屬於哪一種服務類型?　(A)專業人員服務　(B)技術人員服務　(C)客製化程度低　(D)以實體物為服務對象。

(　) **28** 服務具有一些特性,行銷過程中扮演重要的角色,下列何者不是服務的特性?　(A)可溝通性　(B)易變性　(C)無形性　(D)無法保存性。

解答與解析

1 (C)　　**2 (A)**　　**3 (D)**

4 (B)。外部行銷係指組織針對外部顧客的行銷活動,包含定位、定價、推廣等。

5 (C)。缺口三主要係取決於服務人員在提供服務時是否遵照管理單位事先所制定的規格為之。

6 (B)。很多服務不能觸摸,只能感受,而服務人員的服務應對、談吐舉止、接待禮儀等往往是消費者感受是否滿意的重要因素。消費者通常以「可靠性、信賴感（信任性）、同理心、反應性和親切性」五個標準來衡量服務人員的服務品質。

7 (D)　　**8 (B)**　　**9 (D)**

10 (D)。生產與消費的「不可分割性」
意味著消費者必須參與服務的生產
過程。消費者參與是指消費者必須
提供資訊、時間、精力等，以便協
助服務人員順利提供服務。例如病
患必須填寫病歷，告訴醫生生病情
況，以方便醫生診斷。

11 (C)　　**12 (D)**　　**13 (D)**　　**14 (D)**

15 (D)。無形服務無法像有形產品一
樣，將多餘的存貨儲存起來。服務
因具有「不可儲藏性」，故往往造
成供應與需求的落差，亦即：在尖
峰時段，需求大過供給；而在離峰
時，供給大過需求。

16 (A)。很多服務不能觸摸，只能感
受，故消費者通常只能以「可靠
性、信任性、同理心、反應性和親
切性」等五個標準來衡量服務人員
服務品質的優劣。

17 (C)　　**18 (C)**　　**19 (B)**　　**20 (C)**

21 (D)

22 (D)。顧客關係管理（CRM）可協助
企業有效掌握與客戶間的互動，即時
傳遞資訊給客戶，快速回應顧客需
求，主動提供客戶知識與資源等。

23 (B)

24 (A)。根據PZB模式，服務品質優劣
的衡量取決於消費者所「預期的服
務」與「認知的服務」之間的差距
（缺口五），它是一種消費者的觀
感，而這觀感的形成與服務業者的服
務品質認知與作為有關。當認知的服
務優於預期的服務，是正面的服務品
質，反之則是負面的服務品質。

25 (A)

26 (C)。信賴感係指服務人員的言語行
為是否可使顧客相信，使人安心。

27 (A)　　**28 (A)**

✅ 填充題

一、 相較於有形產品，一般而言，服務具有無形性、不可分離性、 _____ 、 不可儲存性四個特性，故造成其行銷管理上的困難。

二、 企業精心設計服務場所或實體物品、使用服務象徵等，其目的在降低服務 _____ 的特性。

三、 建立服務標準作業規範（S.O.P），目的在降低服務 _____ 的特性。

四、 服務三角形（service triangle）的觀念係強調任何服務性的組織皆存在著 外部行銷、內部行銷與 _____ 等三種不同的行銷作為。

五、 根據PZB模式，服務品質的衡量取決於消費者所預期的服務與認知的服務 之間的差距，係屬缺口 __ 。

六、 服務業為使需求和供給能有效配合，透過各種途徑，增加消費者在非顛峰 時段內的消費行為，此係屬 _____ 的策略。

七、 避免服務人員角色模糊及角色衝突的現象，使員工及技術能與工作配合， 並建立良好的監控系統，提升知覺的控制與團隊合作，此係消除服務品質 觀念模式缺口 __ 的方法。

八、 ____ 行銷係用以創造、維持或改變目標大眾對特定組織的態度或行為的 各項活動。

九、 度假行銷係屬於 ____ 行銷的範疇。

十、 社會行銷係屬 ____ 行銷的領域。

解答

一、異質性。　　　二、無形性。　　　三、異質性。

四、互動行銷。　　五、五。　　　　六、供給面。

七、三。　　　　　八、組織。　　　九、地方。

十、理念。

✅ 申論題

一、 相較於有形產品而言，服務具有哪些特性？
　　解題指引：請參閱本章第二節2.1.1~2.1.4。

二、 行銷人員面對服務的無形性所帶來經營上的瓶頸，應如何因應？
　　解題指引：請參閱本章第二節2.2.1。

三、 服務的不可儲存性對管理上造成何種的挑戰？應該如何因應？
　　解題指引：請參閱本章第二節2.1.4；2.2.4。

四、 請說明服務三角形的概念，其在管理上又有何意涵？
　　解題指引：請參閱本章第三節3.2。

五、 請說明服務品質PZB模式的意義與主要內容。
　　解題指引：請參閱本章第四節4.1。

六、 服務品質的構面包括哪些？請說明其內涵。
　　解題指引：請參閱本章第四節4.3。

七、 消費者通常以哪些標準來衡量服務人員的服務品質？
　　解題指引：請參閱本章第四節4.3.2。

八、 由於服務的特性，使得供給與需求很難配合，造成行銷的困難。因此，
　　為使服務的供需能有效配合，請問有哪些策略可供使用？
　　解題指引：請參閱本章第二節2.3。

九、 要消除PZB模式所描述的服務缺口，有哪些解決方法？
　　解題指引：請參閱本章第四節4.2。

十、 決定顧客滿足的條件有哪些？試就所知說明之。
　　解題指引：請參閱本章第四節4.6。

十一、 請說明非營利行銷的種類及其意義。
　　　解題指引：請參閱本章第五節5.3。

定價組合

課前提要

本章主要內容包括價格的意義與角色、價格在行銷管理上的角色、影響定價的內外在因素、主要的定價方式、價格管理方式。

第一節　價格在交易中的意義與角色

1.1　價格的意義

行銷活動涉及價值的交換，而價格就是用來表示為了取得某個有價值的產品，消費者所必須付出的金額。消費者在購買商品時，心中都會有個價格，此稱為「參考價格」。在市場上，所有的產品都有一定的價格，如果消費者可以接受這個價格，交易行為才有可能發生。

1.2　價格在行銷管理上扮演的角色

(1) **有彈性的競爭武器與經營工具**：價格的調整非常有彈性，因此經常被用來快速因應競爭的變化、出清存貨、創造人潮、調節供給與需求等。

(2) **影響營業額與利潤**：通常降價增加銷售量，漲價減少銷售量，並進而影響營業額與利潤。因此，企業應該儘量了解價格與銷售量之間的關係，以便能夠估算不同價位的營業額與利潤。

(3) **傳達產品資訊**：當消費者對產品的使用經驗不足、認識有限，又難以從產品外表或其他方式判斷產品特性與品質時，就會傾向於以產品價格作為判斷標準。例如許多消費者會利用價格來判斷產品的品質，認為價格越高，就愈覺得品質愈好；反之則認為品質較差。

第二節　價格理論、影響價格的因素與消費者對價格的敏感度

2.1 供需價格理論

2.1.1 需求的價格彈性

產品定價亦須考慮「需求的價格彈性」（price elasticity demand），**價格彈性係指消費者對價格的敏感度。若彈性大，則小幅度的價格變動就會造成需求的大幅度變動；彈性小則價格變動不太會影響產品的需求。**通常當產品愈獨特或越不容易替代時，價格彈性越小，因此就愈適合訂定高價位以增進收入。經濟學上所謂「供需決定價格」原理，就是說明需求對價格的影響。

2.1.2 需求的交叉彈性

(1)**意義**：一種財貨價格的漲跌若會影響到另一種財貨需求的高低，則該二種財貨的需求互相關聯，經濟學家稱其為該二種財貨「需求的交叉彈性」（cross-elasticity demand）。**若交叉彈性為正，則表示兩種財貨互為「代替品」；若交叉彈性為負，則表示兩種財貨互為「互補品」；若交叉彈性為零，則表示此二財貨之需求不相關。**

(2)**對產品線定價的作用**：廠商在改變其產品線內任一單項產品價格之前，必須考慮其交叉彈性，以資確定其與各種他項產品間的「替代」或「互補」性如何？甚至以競爭者的產品為研究對象，以免影響其最佳產品線的結構，而使整體行銷行動利於進行。

2.1.3 供需價格理論的例外

依照經濟原理，價格下降，需求量往往會增加；價格上漲，需求量反會減少。但是實際的市場現象上，常有價格上漲，需求量反而會增加，而價格下跌，需求量反而減少的情況，其主要原因為：

(1)**價格下跌需求量減少的可能原因**：

　　A.有替代品出現時。

　　B.消費者偏好或習慣改變，不再使用該產品時。

　　C.該產品消費量已達飽和，同時供給又遠大於需求時。

(2) **價格上漲需求量增加的可能原因：**

　　A.正值流行（正夯）的時髦性產品。

　　B.生活必需品供給減少時。

　　C.市場上對該產品的需求遠超過供給時。

　　D.產品具有價格代表品質或地位性質。

　　E.通貨膨脹時期的預期心理導致瘋狂搶購。

2.2　影響定價的因素

定價決策的因素很多，可分為內在因素與外在因素，其內容如下：

2.2.1 內在因素

(1) **公司的行銷目標**：企業的目標若是為了建立高品質的產品形象，通常會採取高價策略；若是為了維持穩定的產業競爭環境，則可能訂出與同業相似的價位；若是為了滲透市場，牽制競爭者，則會調降價格；若是為了加速存貨週轉、擴大市場占有率或配合產品的促銷活動，則會採取壓低產品價格的策略。

(2) **成本因素**：許多企業在定價時，首先以產品的單位成本作為定價標準的第一考慮因素，然後以成本當作價格的底線，設定比成本較高的價格；若成本過高，競爭壓力必然增加，故企業應以降低成本為先。此作法的主要目的在避免虧本。但是在打開產品知名度、或出清存貨、短期內取得現金、或打擊競爭對手等情況下，企業有時會不計成本，儘量壓低價格。

(3) **通路因素**：不同零售店的產品進價會因為議價能力、運輸地點、交易量、過去的信用以及供貨契約等因素而不同，因而導致產品售價的差異。例如，量販店的交易量大，而且掌握了接觸消費大多數的優勢，因此有能力與供應商商議價格，可以得到較大的優惠進價，而使得商品售價低於一般零售商。另外，就算兩家零售店某個產品的進價相同，由於成本加成不同或是有不同的服務水準與形象等，亦會有不同的售價。

(4) **產品性質因素**：如果產品為市場所缺乏或稀少者，可以高價位定價；反之，若市場上已有許多相同或類似產品在競爭，則定價應力求相當或較低。

2.2.2 外在因素

(1)**競爭狀況**：一家廠商所面對的競爭者家數、規模、經營策略等，會影響它的定價。當競爭者不構成威脅，且消費者的需求殷切時，價格通常會較為偏高；反之，在競爭激烈的環境中，眾多競爭廠商因競爭的因素，其價格通常會不相上下，且不會太高。

(2)**消費者認知與反應**：消費者願意或能夠負擔的價格上限，往往是企業定價的重要參考指標。當目標市場覺得價格太貴或不合理時，價格就有調降的壓力。但是對於某些經濟學上所謂的「炫耀品」（conspicuous goods），則在某個價格區間範圍內，價位愈高，銷量愈大，鑽石、化妝品等就具有這種特色，因此，這些產品的定價必須考慮消費者如何看待產品地位與價格之間的關係。

(3)**政府與法令的限制**：電力、電信、自來水等國營事業，以及與民生息息相關的行業（如計程車業），其價格的變動必須向有關政府單位申請，經許可後才能調整；除外，價格亦會受「公平交易法」等法令的限制，而不得任廠商自主決定，例如廠商間不得有聯合漲價或約定轉售價格等行為。

(4)**總體經濟狀況**：如匯率的變動、經濟景氣指標及物價波動情形等。一般而言，目標市場與行銷目標是影響企業定價的主因，行銷目標愈清楚，則定價就愈容易。

2.2.3 影響訂價的三個重要因素

歸納前述影響定價的內、外在因素，可知產品訂價的三個重要因素如下，簡稱為「產品訂價3C因素」。

(1)**公司的成本（Cost）**：很顯然價格的形成必須符合成本原則，價格應該高於成本，否則變成賣一個賠一個。但若是有其他的策略考量情況又不一樣，例如：為了打開知名度過去曾有過一元機票的瑞聯航空。

(2)**競爭者與競爭品（Competitor）**：價格符合成本的要求之後，還得視競爭者的價格來調整。若是獨佔或寡佔，成為價格領導者則又是另一種情況。

(3)**顧客的知覺價值（Consumer）**：最後還要看消費者是否接受這個價格，基本上價格是在消費者認知的價值以下，消費者才會覺得有價值或物超所值。

2.3　消費者對價格的敏感度

在經濟學理論中，價格敏感度表示為顧客需求彈性函數，即由於價格變動引起的產品需求量的變化。由於市場具有高度的動態性和不確定性，這種量化的數據往往不能直接作為制定行銷策略的依據，甚至有時會誤導企業的經營策略，而研究消費者的價格消費心理，瞭解消費者價格敏感度的影響因素，能夠使企業在營銷活動中掌握更多的主動權，也更具有實際意義。茲將影響價格敏感度的產品因素與消費者個體因素分述如下：

(1) **產品因素**：產品是消費者與企業發生交易的客體，只有當消費者認為產品物有所值時，產品的銷售才有可能得以實現。產品的自身特性影響消費者對價格的感知，名牌、高質和獨特的產品往往具有很強的價格競爭優勢。

替代品的多寡	替代品越多，消費者的價格敏感度越高，替代品越少，消費者的價格敏感度越低。
產品的重要程度	產品越重要，消費者的價格敏感度越低。當產品是非必需品時，消費者對這種產品的價格不敏感。
產品的獨特性	產品越獨特，消費者價格敏感度越低，產品越大眾化，消費者價格敏感度越高。
產品本身的用途廣狹	產品用途越廣，消費者價格敏感度越高，用途越專一，消費者價格敏感度越低。
產品的轉換成本	轉換成本高，消費者的價格敏感度低，轉換成本低，消費者價格敏感度高，因為轉換成本低時，消費者可以有更多的產品選擇。
產品價格的比較性	產品價格越容易與其他產品比較，消費者價格敏感度越高，比較越困難，消費者價格敏感度越低。
品牌	消費者對某一品牌越忠誠，對這種產品的價格敏感度越低，因為在這種情況下，品牌是消費者購買的決定因素。消費者往往認為，高檔知名品牌應當收取高價，高檔是身份和地位的象徵，並且有更高的產品質量和服務質量。
價格可變空間	價格可變區間大，消費者的價格敏感度高，區間小，敏感度低。價格可變區間反映了產品的競爭程度。消費者很關注價格變化大的產品。許多商品的折價和低價出售就反映了消費者這種消費心理。

(2) **消費者個體因素**：對於同一件商品或同一種服務，有些消費者認為昂貴，有些消費者認為便宜，而另一些消費者則認為價格合理，這種價格感知上的差異主要是由消費者個體特徵不同造成的，個體特徵既包括個體人口統計特徵，亦包括個體心理的差異。

消費者的年齡	消費者年齡越小，價格敏感度越低，消費者年齡越大，價格敏感度越高。
消費者的產品知識	消費者產品知識越豐富，購買越趨於理性，價格敏感度越低，因為消費者會用專業知識來判斷產品的價值。消費者產品知識越少，對價格的變化會越敏感，尤其是對於技術含量比較高的商品，普通消費者只是以價格作為質量優劣的判斷標準。
產品價格在顧客消費所得中的比例	比例越高，消費者價格越敏感，比例越低，消費者價格越不敏感。高收入人群有更多的可支配收入，因此對多數商品的價格不敏感，而低收入群體，往往對價格敏感。
消費者對價格變化的期望	期望越高，價格敏感度越高，期望越低，價格敏感度越低，因為對價格變化的期望影響消費者的消費計畫，消費者買漲不買跌即是這種心理。
消費者對成本的感知	消費者對實付成本的感覺比對機會成本的感覺更敏感。實付成本被視為是失去了已經擁有的財產，而機會成本被視為是潛在的放棄的所得，因為消費者認一種好處時，常常不願意冒風險，消費者的這種心理對於一些家電企業有重要的啟示，例如，儘管一種家電產品具有省電的優勢，但在銷售中，卻不如打折扣較多同時耗電量比較大的同類產品銷售得快。
消費者對產品價值的感知	價格不是決定消費者購買行為的惟一因素，消費者的購買決策更多依賴於產品價值和付出成本的比較，只有當價值不小於付出的成本時，才會發生購買行為，付出的成本則包括貨幣成本（產品價格）、時間成本、體力成本、心理成本和精力成本。價值和成本的感知對於不同的顧客而言有很大的差異，甚至一個顧客在不同的情況下的感知也會有所不同。
購買成本與頻率	成本高或經常性購買的商品，價格敏感度越高，消費者容易改變購買習慣；反之則低。

第三節 產品定價的方式

3.1 成本導向定價

成本導向定價係以「成本」與「利潤」為定價的主要考量因素，一般來說，若追求生存為公司的主要目標時，此時，只要價格大於平均變動成本(非平均固定成本)時，公司就會繼續維持原先的定價方法，此稱為成本基礎定價法（cost-based pricing）。茲將常見的的定價方法說明如下：

3.1.1 加成定價法（markup pricing）

可分為「成本加成定價法」（markup on cost）與「售價加成定價法」（markup on selling price）二種。

(1) **成本加成定價法：本法係依據產品的生產成本，加上一定的比例，作為產品在市場上的販售價格。**其可以數學公式表示如下：

單位價格＝單位成本＋（單位成本×加成百分比）

例如某杯飲料的單位成本為$15，若其成本加成為40%，則其售價$21（＝15＋15×0.4），毛利為$6。

(2) **售價加成定價法：**本法決定價格的方式如下：

單位價格＝單位成本÷（1－加成百分比）

以上述飲料為例，若其售價加成是40%，價格是$25（＝15÷0.6），毛利則是$10。

成本加成定價法應用到製造、批發與零售之銷售通路時，零售價＝批發價＋零售商之利潤；批發價＝出廠價＋批發商之利潤；出廠價＝製造成本＋製造商利潤。因此，消費者最終所接觸到的零售價格，往往是通路中一連串加成的結果。

在各種主要的定價方式中，加成定價法是最簡單易行的。但是，如果長期一味地使用加成法定價，則廠商可能會忽略了競爭情勢或消費者需求的變化，而出現不合理的定價（偏高或偏低），進而喪失市場競爭力或商機。

3.1.2 目標利潤定價法

目標利潤定價法（target profit pricing）係以企業預定獲利目標為基準，並預定產品銷售數量的基礎下，訂定產品價格。此法涉及損益平衡分析，而損益平衡分析又涉及產品單位成本的計算。

製造商產品單位成本的計算與固定成本及變動成本有關。固定成本是指在某一產能水準下，不受生產數量影響之成本，包含機器與設備購置費用、廠房租金、研究發展費用等；變動成本則是指隨著生產量而變動的成本，如單位工時成本、原物料成本等。

單位成本的計算是「『固定成本÷生產量』＋單位變動成本」。假設某家具廠商投入的固定成本是$100,000，每張桌子的變動成本是300，則1000張桌子的單位成本為$400（即$100,000÷1,000＋$300）。

損益平衡分析的要點是在已知的固定成本、變動成本以及價格水準之下，找出銷售額與總成本相等的銷售點（也就是，「損」「益」平衡點；在這個銷售點上，其利潤等於零），以及在這銷售點之上，不同的銷售量所帶來的利潤。

在損益達到平衡時：銷售量×價格＝固定成本＋（銷售量×變動成本）

從上式可以導出下列公式：銷售量＝固定成本÷（價格－變動成本）

上述公式的銷售量即是損益平衡點，也就是利潤等於零的銷售水準（見下圖）。

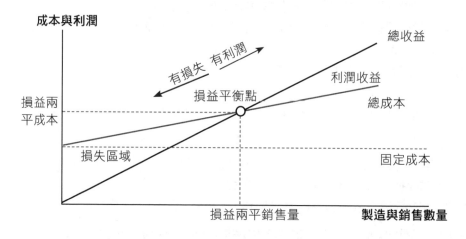

以上文提到的桌子為例，假設桌子的價格訂為$500，損益平衡點是$100,000÷（$500－$300）＝500（銷售量）。

在賣出500張桌子時，利潤等於零；在第500張之後，每賣出一張桌子將帶來$200（＝$500－$300）的利潤。如果賣出1,000張，利潤為$100,000。

廠商可藉由預測價格與需求量之間的關係，並利用損益平衡分析，來訂定合適的價格。

3.1.3 平均成本定價

企業先求出各種數量下的平均成本曲線，在平均成本中，將利潤視為固定成本或單位變動成本的一部分，再依預計的銷售量，在平均成本曲線上求出該售量上的價格。例如產品包含毛利的平均成本為300元，則其定價即為300元。

3.1.4 邊際成本定價法

邊際成本乃指額外生產一單位產品所增加的成本。而邊際收入乃指額外銷售一單位產品所增加的收入。在此觀念下，只要增產銷售的單價大於單位邊際成本，就值得生產。例如每增產一單位之成本為100元，則其售價應訂在100元以上。

3.1.5 投資報酬率定價法

企業先訂定產品的預期報酬率，再計算出應有的單位售價。此法係將預期獲得的投資報酬率視為成本的一部分來計算其價格。此法之缺點是企業必須預估銷售量，而銷售量的高低往往與產品的售價息息相關；如果錯估銷售量，勢將無法達成預期報酬率，甚至造成損失。此法亦稱目標價法（target pricing）。
公式：售價＝單位成本＋【預期報酬率（％）×投資金額】／預期銷售量。

3.1.6 成本導向定價法的優缺點

(1) **優點**：成本導向定價法的優點之一，就是站在財務管理的觀點來看，它緊守了成本這一關，畢竟企業不可能「長期」做虧本的生意，因此，其價格必須大於成本才可經營；否則，企業寧可裁掉這一產品線，不再繼續辛苦產銷下去。此法有助於企業掌握利潤的預估與經營績效的把握。
(2) **缺點**：成本導向定價法，都有一個基本的缺陷，那就是忽略了「市場需求」對價格的可能反應。換句話說，僅是從公司內部的成本結構定價格，而卻漠視了從外部的市場與環境實況來衡量與評估消費者可以接受的價格。因此，成本定價法似乎違反了行銷觀念與市場導向。

牛刀小試

（ 　） 若泡麵一包的單位成本為$20，若其成本加成為60%，則其毛利為若干？　(A)6元　(B)8元　(C)12元　(D)20元。　　**答 (C)**

3.2 消費者導向定價

消費者（顧客）導向的定價方法稱為消費者價值基礎定價法（customer value-based pricing）或稱為需求導向定價法、市場導向定價法。是指企業根據市場需求狀況和消費者的不同反應分別確定產品價格的一種定價方式。消費者對任何產品都會作出他的價值判斷：「買這個東西對我有什麼好處？值得花多少錢購買？」兩個同樣的產品，貼上不同的品牌，消費者的認知價值就有所不同。同樣的一個皮包，在不同等級的商店銷售，消費者願意付出的價錢就有差異；化妝品的廣告訴求或包裝不同，身價可能馬上改變。由此可見，對於某些產品的定價，消費者的認知價值比起成本上的考慮來得更為重要。

「知覺價值定價法」（perceived value pricing）亦稱為「價值基礎定價」，即是以消費者對產品的知覺價值來定價，價位與知覺價成正比，定價關鍵是購買者的知覺價值，而非銷售者的成本。當知覺價值高，就訂定較高的價格；當知覺價值低，則訂定較低的價格。採取知覺價定價的廠商通常會設法強化產品的優良形象，並且利用廣告等一連串的推廣活動來爭取消費者的認同，以便提高產品的價值。因此，炫耀性產品相當適合採取這種定價方式。

另外，也有廠商針對品質不錯的商品，訂出比消費者預期還要低的價格，這種方式稱為「超值定價（亦有譯為「價值定價」）」（value pricing）。採用這種定價方式最知名的首推美國零售商Wal-Mart，Wal-Mart推行「天天低價」（everyday low price）的理念與策略，乃在降低消費者的資訊搜尋成本，同時還引誘競爭者跟進降價，結果造成競爭者由於缺乏支持低價策略的營運效能而紛紛敗陣。

由上述概念，我們可以釐清「知覺產品品質」、「知覺服務品質」及「顧客知覺價值」等三個變數與忠誠度的關係如下：

(1)顧客知覺價值與顧客忠誠度呈正相關。

(2)知覺產品品質及知覺服務品質對顧客知覺價值會產生正向的影響，而知覺價格對顧客的知覺價值則會產生負向的影響。

(3)知覺服務品質相較於知覺產品品質而言，對顧客知覺價值會有較大的影響力。

(4)顧客知覺價值是知覺產品品質、知覺服務品質、知覺價格與顧客忠誠度之間的中介變數。

3.3 競爭者導向定價

企業經由研究競爭對手的生產條件、成本、價格及服務狀況等因素，考量自身的競爭實力，以設定自己產品價格，稱為競爭基礎定價法（competition-based pricing）。

3.3.1 現行價格定價法

現行價格定價法（going-rate pricing），又稱「流行定價法」或「競爭平位定價法」（competition parity pricing）。其係以競爭者的價格為依據來定價。 亦即當競爭者改變價格時，相關廠商就會跟進，使得價格和競爭者價格同步，或者保持一定的距離。在寡占產業中（如鋼鐵、水泥、化工原料），只有少數幾家大企業生產相類似的產品，復因家數少易於掌握彼此的價格，使得這些大公司的價格大致相同，其他小企業只能以追隨或接近大公司的價格水準來訂定其價格。現行價格定價法所決定的價格水準反映了產業內的集體智慧，不但讓廠商可以獲得合理的利潤，也可以避免破壞同業間的和諧。

再者，某些產業會存在著一家或少數幾家價格領袖（price leader）。由於價格領袖擁有豐沛的企業資源與市場地位，他們的定價往往會影響產業內的銷售與競爭形勢，因此格外引起其他廠商的密切注意。而其他廠商通常會隨著價格領袖來調整自己的產品價格。

由於價格領袖動見觀瞻，其本身產品的定價亦不得審慎考慮，如果其價格訂得太高，當其他廠商不跟進時，價格領袖有可能會喪失市場；或當其他廠商跟進時，可能因需求下降而造成產業內生產過剩，並威脅到價格領袖與其他廠商的地位；反之，價格領袖的價格如果訂得太低，其他廠商可能搏命以更低價與其競爭，因而造成價格割喉戰，對整體產業不利。

3.3.2 競標定價法

競標定價法（Sealed-bid Pricing）又稱為「封籤定價法」，多用在私人及政府機構的重大工程與採購上，以公開招標的方式，以便選擇競標價格最低的承包商或供應商。 競標的公司為了能夠得標，必須預測競爭者的報價，以便提出比競爭者還低的報價。

競標定價法會碰上兩難的問題。高價競標利潤比較高，但是得標的機會比較低；相反的，低價競標利潤比較低，但是得標的機會比較高。如何在這兩難之間取得平衡點，牽涉到「期望利潤」的觀念。假設在一個競標案中，某家公司

可以提出三個價格水準，這三種價格有不同的利潤。此外，根據公司的經驗以及對於競爭者標價的判斷，這三種價格的得標機會也有所不同。將利潤乘上得標機會，即可取得期望利潤。若根據決策理論，公司應該選擇期望利潤最大的標價，但是若為了能充分利用公司產能，或與招標公司建立長期關係，或故意要打擊某些競爭對手等原因，一家公司可能對於某個標志在必得。這時候，其報價時就非以期望利潤為根據，而是選擇得標機會最大的報價。

3.3.3 追隨領袖定價法

係指企業價格的制定，主要以對市場價格有影響的競爭者的價格為依據，根據具體產品的情況稍高或稍低於競爭者。競爭者的價格不變，實行此目標的企業也維持原價，競爭者的價格或漲或落，此類企業也相應地參照調整價格。一般情況下，中小企業的產品價格定得略低於行業中占主導地位的企業的價格。

3.3.4 其他競爭導向定價法

(1) **一般行情定價（模仿定價法）**：將價格訂得與同業水準相差不多。
(2) **領導廠商定價**：視領導廠商價格再伺機比照跟進。（領導廠商價格通常稱為指標價格）
(3) **調適性定價**：視市場行情價格再酌予調整。
(4) **掠奪性定價**：以極度偏低的價格來吸引顧客並打擊競爭者。
(5) **顯貴定價**：將價格訂在一般同業之上，以彰顯產品品牌或品質的不同。
(6) **專屬品訂價**：一定要互相搭配使用的東西（本體+消耗品）不買以後無法使用的產品。例如某廠商推出咖啡機與咖啡膠囊，並將咖啡機訂較低價格，這種作法即屬之。

第四節　定價策略與管理

4.1　新產品定價

企業推出新產品時，對該產品的期望或目標往往會影響定價，若是以獲取高利潤目標，會採行吸脂定價；若是以擴大市場占有率是主要目標，則會採取滲透定價。

4.1.1 吸脂定價（高價策略）

吸脂定價（Price Skimming）係指對「**需求彈性及競爭性均低**」的產品，「**訂定較高的價格**」，期能建立高級產品的形象，爭取願付高價的產品需求者的購買意願，或對人數不多卻具有高度利潤貢獻力之顧客建立良好關係，或是企業為了快速回收開發產品與拓展市場之投資，採取相對高價的定價方式，亦即在「**新產品上市初期，採取高價位之定價策略，企圖很快的從市場銷售中獲利，並回收所有的投資**」，謂之「吸脂定價」。使用此法須該產品具有以下先決條件（採用時機）：

(1)**產品獨特性大或有專利權，不虞其他產品的威脅。**
(2)**係新產品，一時尚難獲普遍接受，消費者購買量難以擴大。**
(3)**市場容納潛量有限，不足以吸引競爭者加入。**
(4)**市場的需求彈性小，即使減價，銷量亦屬有限。**
(5)**公司本身無力量擴充產量，以供應市場增加的需求。**
(6)**因技術或原料條件的限制，產量無法增加。**
(7)**商品具有高度流行性。**
(8)**市場進入障礙高的產品。**
(9)**產品具有高度創新性。**
(10)**生產技術大幅領先競爭者的產品。**

4.1.2 滲透定價（低價策略）

滲透定價（market-penetration pricing）係著眼於市場的需求彈性大，認為降價可增加銷售量，並以減低生產成本，或係根據成本定價，使售價接近成本，讓競爭者無利可圖，知難而退出市場甚或無法生存。本法是在新產品的導入期階段，採取低價銷售，其主要目的是想儘速占有市場。但在市場上生產者很多的情況下，有時企業甚至不惜以虧本的方式來定價，企圖迅速吸引大量消費者使用，並建立高市場占有率與消費者使用習慣及忠誠度，成為防止競爭者在短期內迅速跟進的策略。滲透定價的先決條件有下列幾端：

(1)有足夠大的市場需求，且目標市場消費者對價格高度敏感而非具有強烈的品牌偏好，會因為低價而購買。如果這個條件沒有成立，則企業將可能因銷量不足、損益難以平衡，而蒙受巨大損失。
(2)在採用滲透定價策略時，係假設低價、低毛利可以嚇阻競爭者在短期內迅速跟進；如果這個條件沒有成立，而眾多競爭者迅速跟進市場，將無法達到原先的預期，而擴展市場占有率。

(3)滲透定價最好是在經濟規模之大量生產能產生顯著的成本經濟效益與學習曲線（經驗曲線）的條件下實施，亦即銷售量的增加能夠分攤固定成本，並可因不斷累積生產經驗而增進效率，使得產品單位成本大幅度下降。

(4)採低價策略能有效打擊現存及潛在的競爭者。

4.1.3 價格與促銷策略的種類

Kolter（1995）提出新產品上市的價格與促銷策略可依前述二類再區分為有下列四種：

(1)**快速吸脂（掠取）策略（rapid-skimming strategy）**：以高價和密集促銷來推廣產品，高價可提高毛利，而密集促銷則可使市場相信其高價是有所價值的。

(2)**快速滲透策略（rapid-penetration strategy）**：以密集的促銷活動及低價，以期快速滲透市場。

(3)**低速（緩慢）吸脂（掠取）策略（slow-skimming strategy）**：以獲取高額利潤降低促銷費用為經營目標，採取高價格、低促銷的方式推出新產品。

(4)**低速（緩慢）滲透策略（slow-penetration strategy）**：以低價與低促銷手法進行推廣，低價使市場快速接受產品，低促銷手法使費用降低，利潤提高。此法必須適用於價格彈性大，但促銷彈性低，市場大，市場對價格敏感，有潛在競爭者時。

牛刀小試

( )　下列何者非吸脂定價的先決條件？　(A)市場容納潛量有限，不足以吸引競爭者加入　(B)市場的需求彈性大，即使減價，銷量亦屬有限　(C)因技術或原料條件的限制，產量無法增加　(D)公司本身無力量擴充產量供應市場增加的需求。　**答 (B)**

4.2　產品組合定價

企業生產多種產品時，產品定價可能會產生連動效應，亦即其中一個產品的定價可能會影響其他產品的銷售量。因此，企業必須注意產品間相似性、互補性等關係，作為產品組合定價（product-bundling pricing）時的參考。

4.2.1 同類產品定價

許多企業有時為求能達到經濟規模、分攤固定成本與研發費用、壓低零組件成本的效果，或欲進入多個目標市場，而生產或銷售多種相類似或可互相替代的產品，而以不同品牌、價位、包裝等來進入市場，讓消費者感受到價值上的差異，此種定價方式即為同類產品定價（line pricing）；或稱為產品線定價法（product line）。同類產品定價時，必須特別考慮產品與產品之間的價差、消費者認知的差異與因價差可能帶來該類產品間的此消彼長現象等，才不致造成某項產品的滯銷。

4.2.2 互補產品定價

互補產品定價（complementary product pricing）亦稱「主副產品定價」。有些產品必須和其他產品搭配使用（亦即：這些產品必須與主產品搭配使用，消費者在購買主產品後，勢必不斷的購買副產品），例如影音光碟機與影音稱為互補品。有些銷售互補品的公司在定價時，會將主產品（如印表機）的售價壓低以提高銷售量，然後依賴副產品（如墨水）的高額加成來獲取利潤，這種方式即稱為互補產品定價。

4.2.3 配套式定價

配套式定價（bundle pricing）亦稱「成組產品定價」或「搭售定價」。係將幾種產品組合起來，並訂出較低的價格出售，例如手機業者以搭配門號銷售手機即是配套式定價的方式。這種以整組購買較單件購買划算的定價方式（亦即：若是各個產品分開購買的加總價，會高於個別產品一併購買的價格），其主要用意是在想以較低的整體價格刺激消費者購買意願，或是促銷一些消費者本來不太想購買的商品。同時，配套式銷售可收節省許多人力與行政成本等效益。但是這種定價方式必須在配套中的主力產品具有相當的吸引力，且配套價格必須低到足以吸引消費者購買的情況下，才會有效。再者，配套組合的產品要能夠相互搭配，產生相輔相成的效果，否則將難以促進消費者的購買意願。

4.2.4 兩段式定價

這種定價方式多半發生在服務業，即在購買基本的服務之後，若需要額外的服務可以再付費用。例如遊樂場在購買基本門票之後，若要享受裡面其他的遊樂設施可以再買該設施之門票。

4.2.5 損失領袖定價法

損失領袖定價法（loss-leader pricing）又稱為特價品價格策略或犧牲打定價法。許多頗具規模的大零售店，經常會每天推出幾種特別低價的產品，且出售一段時日，其目的在廣招徠。由於其具有客戶的前導作用，故稱之為損失領袖定價法但在採行此法時，應注意以下幾點：

(1) 特價的產品，應是消費者經常使用的產品。

(2) 特價品的價格，應真正降價而非噱頭，以取信於消費者。

(3) 實施此法的商店必須為大規模的零售店，因其貨品種類較多，較可能吸引顧客購買特價品以外的產品。

4.2.6 副產品定價

副產品定價（by-product）係對低價值副產品訂定價格，以使主要產品更具競爭性，例如木屑、Zoo Doo肥料。

4.2.7 附件定價法

附件定價法（optional-product）或稱為「附件產品定價」，係對隨主要產品銷售之附件或配件產品之定價，如相機袋。

4.2.8 專用配件定價法

專用配件定價法（captive-product）係對那些必須與主要產品一起使用之產品作定價，例如相機的底片。

4.2.9 合購定價

結合數種產品或附件以求降低售價，例如戲票以整季來銷售。

4.3 心理定價

每一件產品都能滿足消費者某一方面的需求，故而價值與消費者的心理感受存在著相當大的關係。此即為產品的心理定價策略之運用提供了基礎，因此，企業在定價時即可以利用消費者的心理因素，有意識地將產品價格定得高一些或低一些，以吸引或滿足消費者生理、心理、物質與精神等多方面需求，藉由消費者對企業產品之偏愛或忠誠度，擴大市場銷售，獲得最大效益。心理定價有下數種方式：

4.3.1 畸零定價

畸零定價（odd pricing）亦稱尾數定價法、零頭定價法、奇數定價法。係不採用整數，而是以畸零的數字來定價，其主要目的是讓消費者在心理感覺上會將價格歸類在較便宜的區間範圍內。市場上經常出現99、199、299等未滿百元的定價方式，這是利用消費者認為價格尚未達到100、200或300元而感覺較便宜的心理，以吸引消費者購買的定價方式。

4.3.2 習慣定價

習慣定價（customary pricing）係根據消費者對某個產品長期、不易改變的認知價格來定價。例如，類似養樂多的發酵乳產品習慣價格是5元（100cc.），高出此價格時，消費者將很難接受，低於這價格又沒必要。

4.3.3 名望定價

名望定價（prestige pricing）亦稱聲譽定價法、炫耀定價法。由於消費者通常認為高價代表高品質，因此價格的增加反能增加需求的數量，因此本法係特地使用高價，以便讓消費者覺得產品具有較高的聲望或品質。象徵身分、地位、品味的產品經常使用這種方法。消費者在缺乏足夠的產品資訊時，往往會以某項顯而易見的因素作為判斷品質的標準，價格就是其中的一個因素。名望定價就是抓住這種消費者行為而使用的方法。但是採取名望定價時，必須配合產品合適的質料、設計、包裝等，以免因某方面的不協調而破壞了消費者心目中所存在的形象。

4.3.4 認知定價

認知定價法亦稱「感受定價法」、「理解價值定價法」。這種定價方法認為，某一產品的性能、質量、服務、品牌、包裝和價格等，在消費者心目中都有一定的認識和評價。消費者往往根據他們對產品的認識、感受或理解的價值水平，綜合購物經驗、對市場行情和同類產品的瞭解而對價格作出評判。當商品價格水平與消費者對商品價值的理解水平大體一致時，消費者就會接受這種價格，反之，消費者就不會接受這個價格，商品就賣不出去。

4.3.5 劃一價格定價

廠商將某類貨品集中放置在一起,每件售價相同,讓顧客任意挑選,此即為劃一價格定價法,例如夜市裡常見每件10元的店。百貨業者為吸引顧客,也常用此方法來吸引顧客。

4.3.6 參考價格定價

參考價格定價(reference pricing)已在市場上廣泛應用,創新產品進入市場,可利用市場上該類產品領導廠商之價格作為定價的參考。

4.3.7 組合定價

組合定價(bundle pricing)又稱為「配套式定價」。(請參閱4.2.3)

4.3.8 天天都低價

天天都低價(Everyday Low Pricing,EDLP)策略是指零售商總是希望儘量保持商品低價,儘管有些商品價格也許不是市場上最低的,但給顧客的印象是所有商品價格均比較低廉,目的是吸引大量的顧客來消費。這是美國的沃爾瑪首先提出來的促銷口號。在台灣,2002年底屈臣氏推出的「我敢發誓」或2005年家樂福所推出的「天天都便宜,就是家樂福!」,皆是典型的EDLP定價方式。

4.4　差別定價

差別定價(discriminatory pricing)有稱為「價格歧視」。係企業「針對不同的消費群體,依據每一群體之需求特性而採取差別定價的策略」。亦即對「需求彈性較低的客群,訂定較高的產品價格」;反之,「對需求彈性較高的客群,則以低價銷售」。此即所謂之「差別定價」。通常只要是兩個以上的區隔市場之間,不會出現產品交流的現象,企業採取差別定價,就可以獲得最大的經濟利益。當今網際網路科技的發展,提供買賣雙方的議價空間,可提供買方量身訂作的價格,助長了此種定價策略的發展。差別定價之價格差異與成本並沒有直接關聯,而是以顧客特性、產品形式、消費的時間、消費的地點等作為定價的依據。差別定價的方式(類型)有下列四種:

種類	說明
按顧客特性區分	觀察購買者的特性（如年齡、職業別），並且針對各項認知價值的關鍵差異而差別定價。例如電影院、公共運輸、遊樂園等票價，經常可見因個人身分（如軍警、小孩或老人）或團體性質（如學校、公務機構）的不同，而收取不同的價格。
按產品線（產品形式）區分	建立一條產品線，讓顧客依本身偏好自行在不同產品中作選擇。其成功關鍵在於差異化的設計規劃，讓顧客依個人喜好自動顯示在其所選購的產品上。此外，「產品區分」的機制也可以藉由上市時機以及減價來達成目的。例如汽車、成衣等，有時只是因為顏色、款式等微小的差別，成本差異不大，價格上卻有不同。
按交易特性區分	觀察交易的特性（交易的時機或數量），並以此為基礎，進行差別定價。 1.消費時間：例如電話費率在離峰、深夜時段有別於一般時間，收取不同的費率。 2.消費地點：例如演唱會或球賽，因座位位置的不同而採取不同的價格。
按控制產品的可取得性區分	僅對特定的顧客提供商品，運用行銷通路以及不同定價方式來達到目的。亦即針對特定的顧客群提供減價優惠。例如有些價格只有在特定地點才適用。

產品在採取差別定價時，必須具備下列的條件，才會有效：

(1)**市場必須可完全區隔，且不同的區隔市場的消費者有不同的需求強度。**

(2)執行差別定價的成本不會大於其效益。

(3)**競爭者不會在高價區隔市場內以低價來銷售其產品。**

(4)差別定價必須合法，且不會引起市場的反感。

(5)以顧客特性為依據的差別定價中，用低價購買的消費者，不可能將產品轉售給高價區隔市場內的消費者（如優待機票轉賣給一般民眾）。

差別定價（對於不同地區、時間或對於不同的消費者，可劃分成下列三個層級來定價：

(1) **第三級差別定價**：<u>依照消費者的性質，區分不同市場，將顧客分群，分別收取不同的價格。</u>

(2) **第二級差別定價**：按照消費者購買數量的大小，收取不同的價格。

(3) **第一級差別定價**：又稱完全差別定價。其價格係隨著個別消費者願意付出的最高價格而定價。

產品採取差別定價法有下列五種形式：

(1) **時間差別定價**：價格隨著季節、日期甚至鐘點的變化而變化。一些公用事業公司，對於用戶按一天的不同時間、周末和平常日子的不同標準來收費。長途電信公司制訂的晚上、清晨的電話費用可能只有白天的一半；航空公司或旅遊公司在淡季的價格便宜，而旺季一到價格立即上漲。這樣可以促使消費需求均勻化，避免企業資源的閒置或超負荷運轉。

(2) **地點差別定價**：企業對處於不同位置或不同地點的產品和服務制訂不同的價格，即使每個地點的產品或服務的成本是相同的。例如影劇院不同座位的成本費用都一樣，卻按不同的座位收取不同價格，因為公眾對不同座位的偏好不同；火車臥鋪從上鋪到中鋪、下鋪，價格逐漸增高。

(3) **顧客細分定價**：企業把同一種商品或服務按照不同的價格賣給不同的顧客。例如鐵路公司對學生、軍人售票的價格往往低於一般乘客；電力公司將電分為居民用電、商業用電、工業用電，對不同的用電收取不同的電費；自來水公司根據需要把用水分為生活用水、生產用水，並收取不同的費用。

(4) **產品形式差別定價**：企業按產品的不同型號、不同式樣，制定不同的價格，但不同型號或式樣的產品其價格之間的差額和成本之間的差額是不成比例的。例如一件裙子300，成本150元，可是在裙子上繡一組花，追加成本25元，但價格卻可定到400元；60吋彩電比40吋彩電的價格高出一大截，可其成本差額遠沒有這麼大。

(5) **形象差別定價**：有些企業根據形象差別對同一產品制訂不同的價格。這時，企業可以對同一產品採取不同的包裝或商標，塑造不同的形象，以此來消除或縮小消費者認識到不同細分市場上的商品實質上是同一商品的信息來源。例如香水商可將香水加入一隻普通瓶中，賦予某一品牌和形象，售價為20元；而同時用更華麗的瓶子裝同樣的香水，賦予不同的名稱、品牌和形象，定價為200元。亦可用不同的銷售通路、銷售環境來實施這種差別定價。如某商品在廉價商店低價銷售，但同樣的商品在豪華的精品店可高價銷售，輔以針對個人的服務和良好的售貨環境。

4.5　促銷定價

為了能為吸引大批的顧客光顧，或希望在短期內能刺激消費者的購買慾，以創造高的銷售量，企業以短期微調價格的方式，作為產品價格訂定的方式，稱為「促銷定價」（promotional pricing），或稱為推廣定價。顧名思義，促銷定價其實是一種促銷的工具。常見的促銷定價方式如下述：

不過，當廠商在應用下列各類促銷定價時必須特別注意。若產品處於成熟期時，因消費者對產品特性已相當熟悉，且市場資訊流通亦相當公開又快速，廠商為了想在競爭激烈的市場中維持一定之占有率而使用促銷定價時，往往會促使競爭對手立刻採取捍衛市占率的方式來回應，而造成折扣滿天飛的「紅海」割喉價格戰。因此當消費者習慣且清楚廠商的這種定價模式後，可能會等到折扣戰開始時，才開始會有購買行動，而造成各廠商在經營上的困境。

現金折扣	現金折扣（cash discounts）係指提供優惠給立即付款的顧客所採取的折扣方法，此種折扣通常出現在工業品之交易上，供應商原來提供可以賒欠的交易，但提供2～5%不等的現金折扣，其目的在鼓勵顧客儘快支付貨款而設計（例如在30天內付款，就可以享受該折扣）。這種折扣方式在廠商之間的交易（如批發商售賣商品給零售商）相當普遍，其好處是可以提高賣方的現金週轉能力、降低收帳成本、防止呆帳等。其表達的方式為：折扣百分比／折扣期間，n／最後還款日。例如：若條件為（2/10，n/30），則表示折扣期間為成交日起10天（含）之內，若客戶還款，即給予2%的折扣；第11天開始即以原定價計算不給予折扣、而最後還款日為成交日起的第30天。以同樣的條件來算出此現金折扣的（隱含利率）公式為：折扣百分比×會計年度天數／（最後到期日－折扣期間）＝隱含利率；例如，2%×360／（30－10）×100百分比＝36%。故此優惠折扣的隱含利率為36%。
數量折扣	數量折扣（quantity discounts）係指不同的交易數量基礎之定價模式，例如每個100元的東西，若一次購買10個，則其總價只需900元。通常購買的數量愈多金額愈大，折扣亦愈大。顧客在一定期間內的購買額可以累積計算折扣者稱為累積折扣（Cumulative Quantity Discounts），僅按每次購買額計算折扣者稱為非累積折扣（Non-cumulative Quantity Discounts）。

季節折扣	季節折扣（seasonal discountss）係指在產品淡季時以低價吸引較多的消費者在淡季上門購買產品，給予季節折扣。季節折扣多用於具有季節性的產品，以鼓勵買者淡季儲存，減低生產者的存貨壓力，如時裝、旅遊、運輸服務業，經常採取此種定價方式。
交易折讓	交易折讓又稱「功能折扣」（functional discounts）係製造商給予中間商的折扣，以鼓勵中間商執行某些管理功能，如廣告、促銷、儲藏、售後服務等，因此又稱為推廣折讓（promotion allowances）。例如零售商替製造商的產品打廣告，製造商會給零售商一些折扣；或零售商於賣場替食品製造商舉辦試吃推廣來刺激銷售，則製造商在該零售商的進貨價格上，給予特別的優惠。中間商從事這些功能減輕了製造商的負擔，讓製造商能夠專心在產品的研究發展與生產技術上。同時，由於中間商比較接近與了解消費者，在執行如廣告、促銷、售後服務等行銷功能上，可能比製造商更具有效果。
促銷折扣	促銷折扣（promotional discounts）係直接在產品定價上打折，讓買方可以較低的價格購買，例如定價$1,000，打八折（也就是20% discount）之後則是$800。促銷折扣經常藉由某種名目來進行，如週年慶、母親節、情人節、清倉大拍賣的特惠活動，促銷折扣有時亦會透過折價券來實施。
換購折讓	換購折讓（trade-in discounts）係指顧客以舊品換購新品時，可以得到的特別優惠價或折讓。透過換購折讓可以刺激原產品使用者汰舊換新的動機，以確保顧客的忠誠度與提高產品周轉率。
誘餌定價	**誘餌定價法（loss leader pricing）又稱為「犧牲打」，係利用消費者的認知、偏好等心理因素，犧牲一部分產品的毛利，以極低的價格促銷，吸引消費者光顧，期望他們購買沒有打折的、毛利較高的產品，其目的乃希望藉由這些商品的犧牲，來推銷其他較高價的商品。**例如百貨商場在促銷期間，會將某些商品以遠低於市價的超低價格定價，藉以吸引消費者上門，此種定價模式，謂之「誘餌定價」。
貸款定價	廠商可以用貸款的方式來銷售產品，如此在產品的售價上雖未提高，但因為加上了貸款的利息，所以可以獲得更多實質的利益。
套裝定價	是指零售商提供二個或多個不同商品或服務，以一個價格販賣。
多單位定價	多單位定價類似套裝價格，以較低的商品價格來增加銷售量。例如將兩條牙膏包在一起出售。

功能折扣與津貼	功能折扣與津貼係指由製造商向購買者履行了某種功能，如推銷、儲存和帳務記載的商業通路成員所提供的一種折扣與津貼。例如某家電公司給予大賣場通路補助，在賣場內將產品做特別陳列、懸掛宣傳布條與海報。

牛刀小試

( )　產品在採取差別定價時，必須具備下列的條件，下列何者有誤？　(A)差別定價必須合法　(B)市場必須可完全區隔　(C)競爭者不會在高價區隔市場內以低價來銷售其產品　(D)執行差別定價的成本不會小於其效益。　　　　　　　　　　　　　　　　　**答 (D)**

4.6　移轉定價

移轉定價（Transfer pricing）又稱為轉讓定價、移轉價格、轉移價格或國際轉撥計價。**當公司將產品運往國外的子公司時，必需訂定價格，即稱之為「移轉定價」其目的通常是為了避稅。**

移轉定價通常是利用關聯公司（related parties）進行，把一間子公司的利潤轉移到另一家子公司，以減低稅金。簡言之，它是一種利用避稅的主要方法。例如因為中國大陸的公司稅率比香港要高（中國25%；香港16.5%），部分中國企業會在香港設立分公司進行原材料採購活動，並以稍高的價格賣給總公司。這樣的安排可使中國大陸公司的盈利減少，在總體盈利不變的情況下，整個集團的稅務負擔得以合法地降低。類似的安排亦可以使用於出口之上，中國大陸公司以稍低的價錢賣給香港公司，再轉售到其他國家。

基於以上原因，為防止財稅流失，不少國家及地方政府通過立法禁止或限制移轉定價的交易，並將其列為逃稅行為。

4.7　維持特定價格定價

(1)**劃一價格法**：係指多種商品用同一種價格銷售或產品製造商對其商品規定零售價，只要商品相同，其零售價即為一致。

(2) **習慣性價格法（customary pricing）**：**習慣性定價指的是消費者在長期中形成了對某種商品價格的一種穩定性的價值評估。**某種商品，由於同類產品多，在市場上形成了一種習慣價格，個別生產者難於改變。降價易引起消費者對品質的懷疑，漲價則可能受到消費者的抵制。不同折扣實際上只是體現不同消費者在銷售者心目中的地位和價值。許多商品尤其是家庭生活日常用品，在市場上已經形成了一個習慣價格。消費者已經習慣於消費這種商品時，只願付出這麼大的代價，如買一塊肥皂、一瓶洗潔精等。

(3) **固定價格（不二價）法**：固定價格法是指買賣雙方在磋商交易中，把價格確定下來，事後不論發生什麼情況均按確定的價格結算應付貨款。這是進出口貿易中常見的做法，它意味著買賣雙方都要承擔從訂約到交貨付款期間國際市場價格變動的風險。

4.8 拍賣定價

拍賣定價（Auction-type pricing）是一種非常有吸引力的定價方式，消費者在拍賣過程中不僅可以獲得較低的價格，還可以享受拍賣成功後的喜悅，這是其他定價方法所不能擁有的。在網路行銷中，一方面網路虛擬市場可以在一段時間內聚集大量的消費者，另一方面可以用電腦程式來控制拍賣過程，使拍賣過程自動化。

(1) **拍賣定價的方式：**

單件拍賣	拍賣品的價格不定，由買家進行競拍，在該拍賣品發佈時間結束時，由出價最高者得到該拍賣品。其特點為價格遞增。但如何設定底價則須審慎。
荷蘭式拍賣	是指多件相同拍賣品參加拍賣，價高者優先獲得拍賣品，相同價格先出價者先得。最終商品成交價格是最低成功出價的金額。如果拍賣品的拍賣數量大於出價人數，則最終按照起拍價成交。如果最後一位獲勝者可獲得的拍賣品數量不足，則可以放棄購買。

(2) **網路拍賣定價方式**：隨著互聯網市場的拓展，將有越來越多的產品通過互聯網拍賣競價。由於目前購買群體主要是個體消費者，因此，這種策略並不是目前企業的首選，因為它可能會破壞企業原有的行銷通路和價格策略。較為適合網路拍賣競價的是企業的積壓的產品，當然亦可以是企業的新產品，經由拍賣展示激發促銷作用。網上拍賣定價的方式有以下三種：

競價拍賣	網路競價拍賣一般是屬於C to C的交易，主要拍賣品是二手貨、收藏品或一些普通物品等在網上以拍賣的方式進行出售，它是由賣方引導買方進行競價的購買的過程。
競價購買	網路競價拍買是競價拍賣的反向操作，它是由買方引導賣方競價實現產品銷售的過程。若在拍買過程中，用戶提出計畫購買的商品或服務的質量標準、技術屬性等要求，並提出一個大概的價格範圍，大量的商家可以以公開或隱蔽的方式出價，消費者將與出價最低或最接近要價的商家成交。
集體議價	集合競價模式是一種由消費者集體議價的交易方式。根據交易雙方的關係，拍賣交易的模式一般有四種，即：「1對1」的交易模式；「1對多」的交易模式；「多對1」的交易模式；「多對多」的交易模式。

4.9　價格調整及修正考量因素

公司制定的價格並非一成不變，在碰到若干情境時，亦需要加以調整來因應環境或市場的需要。通常廠商調整其價格時，會考慮下列因素：

產品成本的狀況	產品的製造成本或管銷成本，有時也會產生增減情形，這也連帶影響到產品的價格。例如廠商會因為減少配銷的階層，而使配銷費用降低，成本也跟著下降，此時價格就有調整的空間，以回饋顧客。
市場需求的狀況	如果消費者對某項產品有很大需求，而廠商又供不應求時，價格自然會上升。反之，市場需求呈現衰退，而供給卻不斷增加，則價格自然會下降。
競爭的狀況	市場的競爭可說是廠商價格調整的首要因素；如果是獨占或寡占市場，廠商自然不需向下調整價格，且能獨享超額利潤。然而實際情形，市場卻是相當競爭的，競爭的結果，必然會演變成價格戰。
產品所處的生命週期階段	當產品在經過成長期及成熟期階段，為公司賺進可觀利潤之後，現在步入成熟期尾段與衰退期時，可因任務已達成而降低價格，維持其殘餘的生命。

最低價格保證政策	最低價格保證政策為零售商宣告價格訊息所採用的策略，指稱其承諾所標示之商品價格為特定期間內同業間下限，若非如此，則消費者於購買後可獲得差額或倍數退費權利。由於最低價格保證政策是零售業者相當重要的價格工具，亦為消費者奉為參考依據之市場訊號，對其選擇與購買決策影響甚鉅，瞭解消費者對最低價格保證政策之評價，具有實質行銷意涵。
地理定價	通常在作國際貿易面對不同的地理位置時，廠商會有差異性的定價方法，因為這其中牽涉到了海空的運輸費用、關稅、保險、或是地區性的風險等因素。故當公司接到不同國家或地域裡企業機構所下的訂單時，往往必須考慮到此一問題，並且在產品定價上作適度修正，此即稱為地理定價（Geographical pricing）。
參考價格	所謂參考價格（Reference price）係指消費者對其他相關產品定價的印象，以作為購買本公司產品的參考。一般而言從參考價格的來源可以區分為： 1.外部參考價格：這是由市場上的通路所提供，又可細分為：與銷售者價格比較的廣告價、與製造商價格比較的廣告價、與競爭商店價格比較的廣告價。 2.內部參考價格：存於消費者記憶中的價格，這也會隨外部資訊而改變。

4.10　市場促銷不斷或價格滑落的因應措施

廠商在面對產品市場上，各業者不斷採取各類促銷手段或產品價格有滑落趨勢時，其因應措施有下端：

全面檢討營運與行銷的成本	廠商應該極力追求成本合理化與提升經營效率，特別當許多產業已經進入微利時代時，若能較競爭對手降低若干成本或多賺一點毛利，往往就是市場決勝的關鍵。
提升產品的附加價值	廠商必須檢視現有的產品與服務，設法更新產品的特性、包裝、付款方式、店面設計、顧客接待、運送及售後服務等，以提高產品的附加價值，吸引消費者願以較高價格購買。

檢討產品組合	廠商可進行調整產品的組合，淘汰低利的產品，設法引進能受到市場歡迎、毛利較高的產品，以抵消因低價帶來的負面影響。
降低低價、低毛利的衝擊	如果不得已要降價或推出促銷定價，在不過度有損消費者對產品品質原有的觀感與滿意度情況下，廠商可以嘗試以改變產品材質或包裝（例如使用較簡單的包裝）、減少服務（例如取消免費運送）、變更付款條件（例如只接收現金）等方式，來降低負面的衝擊。
嘗試採用非價格促銷方式	促銷可以分為價格促銷（例如促銷折扣或折價券）與非價格促銷（例如提供贈品、免費樣品等），廠商應該設法使用後者進行促銷，以免採取太多的價格促銷的方法，無形中提高了消費者對價格的敏感度。

第五節　價格競爭與非價格競爭

	價格競爭	非價格競爭
意義	係指企業或廠商為增加其產品銷售量、提高市場占有率，而將產品售價降低（削價競爭）至市場水準之下的市場競爭方式。**價格競爭通常存在於完全競爭市場之廠商間。**	**所謂非價格競爭，係指廠商不以價格削減作為競爭的手段，而另以產品改善、通路改善、人員銷售、促銷方法、加強服務、增加廣告或媒體報導等手段，期使擴大銷售量、提升市場占有率，以達到提升銷售績效目標的市場競爭方式。** 通常存在於寡占市場之廠商間。非價格競爭的可行方法或手段有如下幾端： 1. 將產品之功能、樣式或品質差異化。 2. 在通路方面，予以改善通路之密度或加強實體配銷之效率。 3. 在推廣方面，由廣告、人員推銷、銷售促進與公共報導方面來改善其組合。 4. 加強售後服務與保證。

	價格競爭	非價格競爭
優點	1.採取價格競爭後，若因其銷售量增加，而盈利卻不受影響，則不失為有效的行銷手段之一。 2.當產品或市場特性係反應在產品價格的競爭時，則此法乃為必然之手段。	非價格競爭除可避免前述價格競爭的缺點外，其最大優點是在尋求全面性的努力獲改善來作為追求銷售績效的手段，而非只考慮到價格的高低而已。
缺點	1.若同業均採同樣手段，則會演變成殺價戰，終至兩敗俱傷。 2.價格下滑後，就很難再回復原有的價格水準。 3.價格下滑，常會引起產品品質與服務水準的降低。 4.價格競爭對資本財力雄厚的大廠影響較小，但對小廠商而言，最後將難以為繼，甚或敗戰而退出市場。	當產品或市場特性屬於價格競爭時，若不配合因應，會喪失不少市場，而予競爭對手可乘之機。

經典範題

✓ 測驗題

( )　**1** 下列何者非影響價格的因素之一？　(A)消費者認知與反應　(B)通路因素　(C)心理因素　(D)競爭因素。

( )　**2** 有廠商針對品質不錯的商品，訂出比消費者預期還要低的價格，這種方式稱為：　(A)超值定價　(B)知覺價值定價　(C)心理定價　(D)目標利潤定價。

( )　**3** 下列何者不屬於心理定價的方法之一？　(A)習慣定價　(B)兩段式定價　(C)畸零定價　(D)名望定價。

( )　**4** 產品採取滲透定價通常係在產品上市的哪一個階段？　(A)導入期　(B)成長期　(C)成熟期　(D)衰退期。

(　) **5** 下列何者非新產品採取滲透定價的先決條件？　(A)目標市場上有許多消費者對價格相當敏感，會因為低價而購買　(B)在採用此策略時，須低價、低毛利可以嚇阻競爭者在短期內迅速跟進　(C)須市場容納潛量有限，不足以吸引競爭者加入　(D)須銷售量的增加能夠分攤固定成本。

(　) **6** 某廠商推出咖啡機與咖啡膠囊，並將咖啡機訂較低價格，這種作法是：　(A)專屬品訂價　(B)兩階段訂價　(C)選購品訂價　(D)促銷訂價。

(　) **7** 購買下列何種產品時，價格是最主要的考慮因素？　(A)同質選購品　(B)異質選購品　(C)特殊品　(D)便利品。

(　) **8** 產品導入時，若潛在市場大，潛在顧客知道此產品，而且價格彈性高；公司不擔心潛在的競爭，有上述情況時，最好採用什麼策略？　(A)快速擷取（rapid-skimming）　(B)快速滲透（rapid-penetration）　(C)慢速擷取（slow-skimming）　(D)慢速滲透（slow-penetration）。

(　) **9** 台灣汽油市場的定價法是屬於：　(A)損益兩平法　(B)競標法　(C)成本加成法　(D)現行水準法。

(　) **10** 看電影時票價分為學生、軍警票與普通票3種，這種差別定價方式是：　(A)位置定價　(B)時間定價　(C)形象定價　(D)顧客區隔定價。

(　) **11** 以相似價位提供相似產品或服務給相似顧客的競爭是屬於哪一層次競爭？　(A)品牌競爭　(B)產業競爭　(C)型式競爭　(D)一般性競爭。

(　) **12** 在行銷組合中能產生銷貨收入的是：　(A)產品　(B)價格　(C)推銷　(D)通路。

(　) **13** 下列關於利基策略的敘述，何者有誤？　(A)又稱集中策略　(B)是成本優勢策略的近一步發揮　(C)是中小企業最常採用的競爭策略　(D)是企業選定最有利的區隔，專注投入以提供專門服務，進而建立優勢地位之競爭策略。

(　) **14** $299、$188等的定價方式是一種：　(A)競投定價法　(B)心理定價法　(C)現行水準定價法　(D)超值定價法。

( ) **15** 下列何者正確？ (A)當購買者對替代品的知曉愈多時，購買者對價格愈不敏感 (B)當支出占所得的比率愈低時，購買者對價格愈不敏感 (C)產品愈獨特，購買者對價格愈不敏感 (D)當支出占最終產品成本的比率愈低時，購買者對價格愈不敏感。

( ) **16** 心理定價法大致可分畸零定價法、名望定價法、市場吸脂法，下列何者是畸零定價法？ (A)流行商品定高價格 (B)提高進口車的價格 (C)晚餐299元 (D)分期付款。

( ) **17** 百貨業常把300元的產品訂為299元，希望讓顧客感覺較便宜而引起其購買慾，此為何種定價策略？ (A)差別定價策略 (B)促銷定價策略 (C)奇數定價策略 (D)折讓定價策略。

( ) **18** 將產品成本加上特定比率或數字，即得產品售價之定價法，謂之： (A)差別定價法 (B)心理定價法 (C)損益定價法 (D)成本加成定價法。

( ) **19** 最直接影響價格訂定的因素為： (A)競爭 (B)成本 (C)顧客反應 (D)定價目標。

( ) **20** 下列何者不是認知定價法？ (A)依數量不同定價法 (B)炫耀定價 (C)奇數定價法 (D)心理折扣定價法。

( ) **21** 當價格從10元提高到15元時，則情況甲：需求從150單位降到50單位；情況乙：需求從150單位降到140單位。請比較情況甲與情況乙的需求彈性？ (A)情況甲等於情況乙 (B)情況甲大於情況乙 (C)情況甲小於情況乙 (D)無法比較。

( ) **22** 下列何者不是成本導向定價法？ (A)市場競爭定價法 (B)成本加成定價法 (C)損益兩平點定價法 (D)投資報酬率定價法。

( ) **23** 企業以達成目標投資報酬率來決定價格的定價法，稱為： (A)加成定價法 (B)認知價值定價法 (C)目標報酬定價法 (D)比價定價法。

( ) **24** 「購買100單位以下，每單位售價10元；若購買超過100單位，每單位售價8元」，下列何者屬於此種現象？ (A)津貼 (B)現金折扣 (C)商業折扣 (D)數量折扣。

（　）**25** 廠商把產品定位在較高的價格水準，使消費者對產品產生有名望或高品質的聯想（貴就是好），而給予產品高度的知覺價值，此種定價方式謂之：　(A)成本定價法　(B)利潤定價法　(C)加成定價法　(D)名望定價法。

（　）**26** 下列何者不是「成本導向定價法」？　(A)成本加成定價法　(B)市場競爭定價法　(C)損益兩平點定價法　(D)投資報酬率定價法。

（　）**27** 企業為快速拓展市場所採取相對高價定價法，也就是新產品上市初期所採取的高價位定價法為：　(A)目標獲利定價法　(B)市場滲透定價法　(C)吸脂定價法　(D)價格領導定價法。

（　）**28** 企業在為產品定價時，其考慮因素一般可分內部因素（企業本身）及外部因素（環境），下列何者是屬於內部因素的變數？　(A)利潤目標　(B)供需狀況　(C)產品競爭　(D)價格認知。

（　）**29** 在面對下列何種定價目標時，價格會訂得比較高？　(A)追求市場占有率　(B)追求存續　(C)防止競爭者介入　(D)追求品質領導。

（　）**30** 知名歌手蔡依林演唱會，其前、中及後排座位的票價不同，此種定價策略為：　(A)成本加成定價法　(B)邊際成本定價法　(C)差異定價法　(D)比較（追隨）定價法。

（　）**31** 假設A公司開發一項新產品，已知該項產品的固定投資成本為40,000元（含折舊），預計每年平均要售出50,000單位，該項產品每單位之變動成本為1.2元，請幫該公司算出新產品，損益平衡時的單位售價為多少？　(A)1.2元　(B)2元　(C)2.5元　(D)3元。

（　）**32** 百貨業為吸引顧客，常將某類貨品集中放置在一起，每件售價相同，讓顧客任意挑選，此種價格為：　(A)畸零價格　(B)劃一價格　(C)目標價格　(D)習慣性價格。

（　）**33** 百貨業者在訂定零售價格時，常把100元的產品訂為99元，藉以吸引消費者的購買慾望，試問在行銷學上把這種零售價格稱為：　(A)習慣價格　(B)吸脂價格　(C)畸零價格　(D)統一價格。

（　）**34** 通常價格的考量因素有三項來源，一為成本結構，二為競爭對手的價格，第三為市場目標顧客價格接受度。以成本為考量的定價方式，不包括下列何者？　(A)成本目標加權法　(B)損益兩平法　(C)成本加成法　(D)目標報酬法。

(　　) **35** 產品組合定價中，依據配合主要產品所伴隨之自選式產品來進行定價者為下列何種定價法？　(A)副產品定價法（by-product）(B)附件定價法（optional-product）　(C)專用配件定價法（captive-product）　(D)產品線定價法（product line）。

(　　) **36** 下列何者是影響產品定價的外部因素？　(A)行銷目的　(B)變動成本　(C)市場需求　(D)行銷組合策略。

(　　) **37** 新產品剛上市，欲獲得較高的利潤，定價方法宜採：　(A)彈性增價法　(B)競爭價格法　(C)高價法　(D)實驗價格法。

(　　) **38** 當面臨下列何種市場敏感度時，降價措施對業者的銷售成長較為有利？　(A)需求的價格彈性高　(B)需求的價格彈性低　(C)消費的需求彈性高　(D)消費的需求彈性低。

(　　) **39** 下列何者不是以消費者需求的程度作為參考定價的方法？　(A)促銷定價　(B)炫耀定價　(C)模仿定價　(D)差別定價。

(　　) **40** 新產品導入時，訂定較低價格以吸引大量購買者，並贏得較大的市場占有率的定價策略為下列何者？　(A)成本加成定價法　(B)市場滲透定價法　(C)心理定價法　(D)市場榨取定價法。

(　　) **41** 下列何種情況，貨價不宜調整？　(A)季節性的波動　(B)一時的波動　(C)長期性波動　(D)以上皆非。

(　　) **42** 商品定價應注意供需雙方的協調，若定價過高，則會出現何種現象？　(A)供不應求，價格下跌　(B)供不應求，價格上漲　(C)供過於求，價格上漲　(D)供過於求，價格下跌。

(　　) **43** 定價程序中，須先決定：　(A)定價政策　(B)行銷組合　(C)目標市場　(D)產品形象。

(　　) **44** 下列何種定價法是屬於競爭導向定價法？　(A)投資報酬率定價法　(B)模仿定價法　(C)心理定價法　(D)認知價值定價法。

(　　) **45** 假設甲公司製造烤箱，投資固定成本為30萬元，預計單位售價為20元，烤箱每單位變動成本為10元，則該公司的損益平衡銷售量為何？　(A)2萬台　(B)3萬台　(C)4萬台　(D)5萬台。

(　　) **46** 下列何者是以顧客對產品的察覺效用為基礎，來決定價格？　(A)競爭導向　(B)成本導向　(C)成本與競爭合併導向　(D)需求導向。

(　)　**47** 低價策略又稱為： (A)滲透定價法　(B)吸脂定價法　(C)產品差異定價法　(D)成本導向定價法。

(　)　**48** 一般零售業者為求簡單方便、減少競爭，大都採用何種定價方式？ (A)成本加碼（成）定價法　(B)比較（追隨）定價法　(C)顧客認知定價法　(D)產品差異定價法。

(　)　**49** 新產品上市採低價政策以擴大市場占有率的定價方法是？ (A)成本加成法　(B)心理定價法　(C)市場滲透定價法　(D)損益兩平法。

(　)　**50** 下列哪一種定價方式可激起顧客心理上不同的反應，直覺地認為價格較為低廉，而引起其購買的慾望？ (A)產品差異定價法　(B)產品線定價法　(C)畸零定價法　(D)直覺定價法。

(　)　**51** 將產品價格訂為$99、$199、$299等，定價尾數皆為9，此種定價政策稱為： (A)折讓價格政策　(B)統一價格政策　(C)劃一價格政策　(D)畸零價格政策。

(　)　**52** 下列何者為競爭導向定價法？ (A)模仿定價法　(B)成本加成定價法　(C)心理定價法　(D)習慣定價法。

(　)　**53** 新產品剛上市，欲獲得較高利潤的定價方法，宜採： (A)競爭價格法　(B)彈性價格　(C)吸脂定價法　(D)成本加成法。

(　)　**54** 電信公司對於深夜以後或星期假日的電話費，訂定其優待價格，係屬於下列哪一種價格政策？ (A)滲透定價政策　(B)習慣價格政策　(C)心理定價政策　(D)差別價格政策。

(　)　**55** 營業用電及家庭用電採不同的計費標準計費，此種定價策略是屬於下列何者？ (A)地理定價　(B)心理定價　(C)滲透定價　(D)差別定價。

(　)　**56** 在某一特定價格下，廠商必須達到某一銷售水準，方能收支平衡，此種定價法稱為： (A)目標定價法　(B)損益兩平點定價法　(C)邊際成本定價法　(D)平均成本定價法。

(　)　**57** 永昌公司的交易信用條件為2/10，1/20，n/30，此係屬於： (A)商業折扣　(B)數量折扣　(C)現金折扣　(D)尾數情讓。

(　)　**58** 航空公司根據不同的座艙訂定不同價格，此種定價方法稱為： (A)折讓定價　(B)差別定價　(C)心理定價　(D)非價格競爭策略。

(　　) **59** 在淡季期間，公司為促銷，通常在定價策略上採：　(A)地理定價　(B)折讓定價策略　(C)差別定價　(D)成本加成定價法。

(　　) **60** 購貨付款條件「2/10，N/30」係表示：　(A)30天內付款、若刷卡則免手續費　(B)2天內付款、享10%優惠　(C)10天內付款、享2%優惠　(D)不二價、沒有優惠。

(　　) **61** 不適合以吸脂定價法來做為定價？　(A)產品品質高　(B)產量少　(C)具有相當多的高度需求者　(D)消費者購買能力差。

(　　) **62** 為平衡電話使用尖峰、離峰之情形，電信公司通常採取何種策略？　(A)增加媒介成本　(B)重新分配通路　(C)加強通話功能　(D)實施價格差別政策。

(　　) **63** 訂定價格政策時下列何者非為考慮因素？　(A)需要　(B)包裝　(C)成本　(D)競爭。

(　　) **64** 下列何者是產品進行市場吸脂定價法時所需考慮的因素？　(A)市場上尚無此項產品　(B)產量大，單位成本低　(C)刺激需求慾望　(D)可迅速擴大市場占有率。

(　　) **65** 在夜市裡常見有地攤放置有「3件100元」的字樣，這種定價策略，實務上稱為：　(A)劃一價格　(B)單一價格　(C)便利價格　(D)統一價格。

(　　) **66** 在下列的哪一種情形下會使企業採取低價策略？　(A)企業之間的產品過度異質化　(B)消費市場是為潛伏需求的情形　(C)競爭者少　(D)生產者很多。

(　　) **67** 百貨業者訂定零售價格時，常把100元的產品訂為99元，藉以吸引消費者的購買慾望，試問在行銷學上把這種零售價格稱為：　(A)習慣價格　(B)心理定價　(C)榨脂價格　(D)統一價格。

(　　) **68** 低價策略所適用的條件為：　(A)市場競爭激烈　(B)新產品　(C)價格彈性小的產品　(D)受技術及原料限制的產品。

(　　) **69** 當顧客知覺價值（customer perceived value）低時，企業可採取二種方法提高顧客知覺價值：一是增加顧客的總價值，而另一個方法是什麼？　(A)降低顧客購買的總成本　(B)提供贈品　(C)增加廣告　(D)增加通路。

(　　) **70** 我國汽油市場開放民營初期，出現激烈競爭的現象，當時某公司採用低價滲透策略搶攻市場，從行銷管理的觀點，這是屬於下列何種策略？　(A)產品策略　(B)定價策略　(C)通路策略　(D)推廣策略。

(　　) **71** 電影院售票分軍警、全票、兒童票等不同價位的計費標準，此係採用何種定價方式？　(A)折讓定價法　(B)奇數（畸零）定價法　(C)促銷定價法　(D)差別定價法。

(　　) **72** 商品定價時，若從「每增加生產一單位產品，其單位售價是否高於單位成本」的角度來分析，係屬於下列那一種方法？　(A)邊際成本法　(B)平均成本法　(C)損益兩平法　(D)加成定價法。

(　　) **73** 下列何種市場之廠商多採取非價格競爭？　(A)完全競爭市場　(B)寡占市場　(C)獨占市場　(D)獨占性競爭市場。

(　　) **74** 生產行動電話的業者在生產一款新的行動電話之後便會大作廣告；這種行銷手法完全是因為行動電話有著高價位的特性，再加上該款行動電話可能擁有很多的潛在消費群所致。行動電話生產公司的這種行銷策略稱為：　(A)快速策略　(B)緩慢掠取策略　(C)快速滲透策略　(D)緩慢滲透策略。

解答與解析

1 (C)　　**2 (A)**

3 (B)。心理定價係基於考慮消費者對於價格的心理反應而決定某個產品的價位。常見的方式有畸零定價、習慣定價和名望定價等三種。兩段式定價則多半發生在服務業，即在購買基本的服務之後，若需要額外的服務可以再付費使用。

4 (A)　　**5 (C)**

6 (A)。專屬品訂價係指一定要互相搭配使用的東西（本體+消耗品）不買以後無法使用，題目所述即為專屬品訂價。

7 (A)。產品既然同質，亦即購買哪一家的都是一樣，在此情況下，消費者自然會以價格之高低，做為購買與否的唯一考量因素。

8 (D)。慢速滲透係以低價與低促銷手法進行推廣，低價使市場快速接受產品，低促銷手法使費用降低，利潤提高。

9 (D)　　**10 (D)**　　**11 (D)**　　**12 (B)**

13 (B)

14 (B)。市場上經常出現99、199、299等未滿百元的定價方式，這是利用消費者認為價格尚未達到100、200或300元而感覺較便宜的心理，以吸引消費者購買的定價方式。

15 (B)

16 (C)。晚餐299元是利用消費者認為
　　價格尚未達到300元而感覺較便宜的
　　心理，以吸引消費者購買的一種定
　　價方式。

17 (C)

18 (D)。成本加成定價法係依據產品的
　　生產成本，加上一定的比例，作為產
　　品在市場上的販售價格。其可以數學
　　公式表示如右：單位價格=單位成本
　　＋（單位成本×加成百分比）。

19 (B)　　20 (A)　　21 (B)

22 (A)。競爭者導向定價包括現行價格
　　定價法（即流行定價法）、競標定
　　價法、模仿定價法、領導廠商定
　　價、調適性定價、掠奪性定價和顯
　　貴定價等方法。

23 (C)　　24 (D)

25 (D)。由於消費者通常認為高價代表
　　高品質，因此價格的增加反能增加
　　需求的數量，因此名望定價法係特
　　地使用高價，以便讓消費者覺得產
　　品具有較高的聲望或品質。

26 (B)　　27 (C)　　28 (A)　　29 (D)

30 (C)。差別定價係企業針對不同的消
　　費群體，依據每一群體之需求特性
　　而採取差別定價的策略。亦即對
　　「需求彈性較低的客群，訂定較高
　　的產品價格」；反之，「對需求彈
　　性較高的客群，則以低價銷售」。

31 (B)

32 (B)。廠商將某類貨品集中放置在一
　　起，每件售價相同，讓顧客任意挑
　　選，此即為劃一價格定價法，例如
　　夜市裡常見每件10元的店。百貨業

者為吸引顧客，也常用此方法來吸
引顧客。

33 (C)　　34 (A)

35 (B)。附件定價法亦稱為「附件產品
　　定價」，係對隨主要產品銷售之附件
　　或配件產品之定價，如相機袋即是。

36 (C)　　37 (C)

38 (A)。價格彈性係指消費者對價格的
　　敏感度。若彈性高，則小幅度的價
　　格變動就會造成需求的大幅度變
　　動；彈性低則價格變動不太會影響
　　產品的需求。

39 (C)　　40 (B)　　41 (B)

42 (D)。供給法則乃在反映其他條件不
　　變的情況下，商品價格與供給量之間
　　存在著同方向的變動關係，即一種商
　　品的價格上升時，這種商品的供給量
　　增加，相反，價格下降時供給量減
　　少。需求法則則相反，商品價格與需
　　求量之間存在著相反方向的變動關
　　係，即一種商品的價格上升時，這種
　　商品的需求量減少，相反，價格下降
　　時需求量增加。因此，在供過於求的
　　情況，價格會下跌。

43 (C)　　44 (B)　　45 (B)　　46 (D)

47 (A)。滲透定價係著眼於市場的需求
　　彈性大，認為降價可增加銷售量，
　　並以減低生產成本，或係根據成本
　　定價，使售價接近成本，讓競爭者
　　無利可圖，知難而退出市場甚或無
　　法生存。

48 (A)

49 (C)。滲透定價法是在新產品的導入
　　期階段，採取低價銷售，其主要目

的是想儘速占有市場。有時企業甚至不惜以虧本的方式來定價，企圖迅速吸引大量消費者使用，並建立高市場占有率與消費者使用習慣及忠誠度，成為防止競爭者在短期內迅速跟進的策略。

50 (C)　51 (D)

52 (A)。模仿定價法又稱為一般行情定價法，即將價格訂得與同業水準相差不多的定價方法。

53 (C)　54 (D)

55 (D)。通常只要是兩個以上的區隔市場之間，不會出現產品交流的現象，企業採取差別定價，就可以獲得最大的經濟利益。差別定價之價格差異與成本並沒有直接關聯，而是以顧客特性、產品形式、消費的時間、消費的地點等作為定價的依據。

56 (B)

57 (C)。現金折扣係指以現金付款而能獲得的價格折讓，此種折扣通常出現在工業品之交易上，供應商原來提供可以賒欠的交易，但提供2~5%不等的現金折扣，其目的在鼓勵顧客儘快支付貨款而設計（例如在30天內付款，就可以享受該折扣）。

58 (B)　59 (C)　60 (C)

61 (D)。吸脂定價係指對需求彈性及競爭性均低的產品，訂定較高的價格，期能建立高級產品的形象，爭取願付高價的產品需求者的購買意願，獲取高額利潤。若是消費者購買能力差，此法將無法達到預期的效果。

62 (D)　63 (B)

64 (A)。企業推出新產品時，對該產品的期望或目標往往會影響定價，若是以獲取高利潤為目標，會採行吸脂定價法。對「需求彈性及競爭性均低」的產品，「訂定較高的價格」，期能建立高級產品的形象，爭取願付高價的產品需求者的購買意願，獲取高額利潤。

65 (A)

66 (D)。在市場上生產者很多的情況下，有時企業甚至不惜以虧本的方式來定價，企圖迅速吸引大量消費者使用，並建立高市場占有率與消費者使用習慣及忠誠度，使用低價策略，可成為防止競爭者在短期內迅速跟進的策略。

67 (B)　68 (A)　69 (A)

70 (B)。定價策略即是採用滲透（低價）定價策略，以期嚇阻其他潛在競爭者在短期內迅速跟進此市場。

71 (D)

72 (A)。邊際成本是指額外生產一單位產品所增加的成本，邊際收入則是指額外銷售一單位產品所增加的收入。在此觀念下，只要增產銷售的單價大於單位邊際成本，就值得生產，以此種方式來定價，即稱為邊際成本定價法。

73 (B)　74 (A)

✔️ 填充題

一、 以企業預定獲利目標為基準，並預定產品銷售數量的基礎下，訂定產品價格。此法稱為 _____ 定價法。

二、 私人及政府機構的重大工程與採購，通常採用 ____ 定價法。

三、 對需求彈性及競爭性均低的產品，訂定較高的價格，期能建立高級產品的形象，爭取願付高價的產品需求者的購買意願，獲取高額利潤，通常採用 ____ 定價。

四、 著眼於市場的需求彈性大，認為降價可增加銷售量，並以減低生產成本，通常採用 ____ 定價。

五、 對需求彈性較低的客群，訂定較高的產品價格；反之，對需求彈性較高的客群，則以低價銷售。此稱為 ____ 定價。

六、 許多頗具規模的大零售店，經常會每天推出幾種特別低價的產品，且出售一段時日，其目的在廣招徠。此法謂之 _____ 定價法。

七、 一種財貨價格的漲跌若會影響到另一種財貨需求的高低，則該二種財貨的需求互相關聯，經濟學家稱其為該二種財貨需求的 ____ 彈性。

八、 二種財貨需求的交叉彈性若為正，則表示兩種財貨互為 _____ ；若交叉彈性為負，則表示兩種財貨互為 _____ ；若交叉彈性為零，則表示此二財貨之需求 _____ 。

解答

一、目標利潤。　　　二、競標。　　　　三、吸脂。

四、滲透。　　　　　五、差別。　　　　六、損失領袖。

七、交叉。　　　　　八、代替品、互補品、不相關。

✅ 申論題

一、請說明影響價格的因素。

解題指引：請參閱本章第二節2.2。

二、請說明常見的競爭者導向產品法有哪些？這些方法的適用條件為何？

解題指引：請參閱本章第三節3.3。

三、請說明新產品在何種情況下採市場吸脂定價法比較有利？

解題指引：請參閱本章第四節4.1.1。

四、請說明新產品採用滲透定價法的原因及其應具有之條件。

解題指引：請參閱本章第四節4.1.2。

五、試舉實例說明互補產品定價法與配套式產品定價法的主要內容。

解題指引：請參閱本章第四節4.2.2～4.2.3。

六、試說明畸零定價與名望定價的意義。

解題指引：請參閱本章第四節4.3.1；4.3.3。

七、何謂差別定價？其實施若要有效，必須具備哪些條件？

解題指引：請參閱本章第四節4.4。

八、公司制定的價格並非一成不變，在碰到若干情境時，亦需要加以調整來因應環境或市場的需要。廠商調整其價格時，通常會考慮哪些因素？

解題指引：請參閱本章第四節4.8。

九、依照經濟的原理，價格下降，需求量會增加；價格上漲，需求量會減少。但是實際的市場現象上，卻常有價格上漲需求量反而會增加，價格下跌，需求量反而減少的情況，其主要原因何在？請說明之。

解題指引：請參閱本章第二節2.1.3。

十、請說明價格競爭與非價格競爭的意義及其優缺點。

解題指引：請參閱本章第五節。

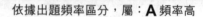

依據出題頻率區分，屬：**A** 頻率高

課前提要

本章主要內容包括配銷通路的意義與功能、通路管理、通路型態、通路設計的考慮因素、通路衝突及其處理、通路權力等。

第一節　通路的意義、功能與管理

1.1 通路的意義、重要性與去中介化

面對廣大的消費大眾，企業不容易直接與所有的消費者議定產品交易內容，尤其當企業的產品種類眾多、內容複雜、消費者分布廣闊的情況下，就需要藉助於產品行銷通路。析言之，大多數生產者都不直接將產品售予最終使用者，而由「中間媒介者」擔任各種不同的銷售工作，這些中間媒介者，稱之為「中間商」。中間商包括不具商品所有權的「代理商」和具有商品所有權的「經銷商」。經銷商又分為「批發商」與「零售商」。

「通路」（channel），係指將產品由供應商傳遞給消費者的管道。配銷通路（Distribution Channel），**是依據消費者需求的內容，規劃最有效率的產品配送與儲運機制，讓消費者能夠適時、適量地購買所需產品的企業行銷機制。**故知行銷通路是由機構或個人所組成，通路之目的是在適當價格、數量，和買賣雙方均能得到滿足之情境下，來移轉商品和服務的所有權。由於消費者需求之構成內容多元，產品種類與性質也複雜多變，企業通常選擇多種不同的通路機制，讓不同的消費者能在不同的地方購買所需的產品。所以，企業依據不同的業務目標，而運用不同的通路體系。

實際上，**當今企業經營，「通路」已成為一項快速成長的產業，主要是因為產品供應快速成長，使多數產品出現供過於求的現象。在此一環境下，能掌握通路的企業，便往往能掌握產品銷售的主要管道，而獲取更高的經營利益。**也因此不論企業提供的產品種類、性質為何，建立通路體系都成為現代企業經營不可缺少的工作。對行銷功能的展開而言，通路是不可缺少的經營資源。廠商通

常會選擇不同的通路來接近不同的消費者，帶來通路管理上的問題。其中，最常出現的就是不同通路上的產品價格不同，而形成產品在市場上出現價格混亂、甚至衝突的現象，影響到消費者的採購決策。因此，通路組合決策時，需要注意行銷目標的執行，也需要注意產品配送效率的變化。

然而隨著網路的崛起，傳統實體通路（如商店）的存在價值與市場地位也飽受威脅，在市場上的實際演變，書店、銀行、證券、旅遊、機票等中介者的角色，明顯的已可被電子商務網站所取代。此即所謂的「去中介化」，它具有異質性、高總價、少交易經驗等的特性，但又影響實體商店之存廢，故為當今企業所必須關切的課題之一。

1.2　中間通路商的功能

1.2.1 減少交易次數與成本，承擔風險的功能

(1)**交涉**：協助達成交易協議或湊合雙方交易條件，以促成所有權的轉移。

(2)**採購**：傳達顧客所欲購買產品的相關訊息給製造商，並實際進行採購。

(3)**風險承擔**：因扮演通路成員而承擔的風險，例如購入過時的產品、產品失竊或損壞等風險。

1.2.2 提供儲存與物流的功能

(1)**組合**：由許多不同產品的製造商購入各種不同類型之產品，使顧客能在單一零售點一次購足所需要的全部產品。

(2)**分裝**：將大量購入的商品以顧客能接受的小批量包裝出售。

(3)**實體配銷**：提供產品庫存與實體產品的運送予最終顧客。

(4)**產品所有權移轉**：實際轉移產品的所有權。將產品所有權從製造商移轉到一個（或數個階層）通路成員，最後移到最終顧客。

1.2.3 促進買賣交易的功能

(1)**資訊**：蒐集及傳達有關顧客、競爭者與行銷環境中的行銷資訊予製造商。

(2)**推廣**：協助製造商進行推廣活動來吸引顧客。

(3)**融資**：協助取得及分配行銷通路各階層的存貨所需的資金。

1.3　通路管理

在行銷4P當中，通路的改變最缺乏彈性，價格與促銷等活動的調整彈性大，可在短期內變更；而個別產品或產品組合的調整，亦具有若干的彈性。然而通路一旦確立並經營有年，就不太容易更動。通路的改變往往會牽涉到通路定價、通路關係、銷售方式、產品儲藏與運送等各方面的改變，牽涉面廣，更動工程相當浩大，由此可見通路管理的重要性。以下簡要說明**通路管理的主要工作與決策內容**。

(1) **通路目標的決定**：廠商首須確定市場區域與目標市場，之後決定通路的服務水準。通路服務水準主要是取決於消費者取得產品的多樣性、方便性、等待取貨時間、舖貨與技術支援等。通路服務水準越高，消費者愈滿意；但相對地，廠商成本的負擔愈重，因此通路目標會涉及到消費者滿意度與成本執重的兩難情況。

(2) **通路型態的確定與通路成員的選擇**：通路型態牽涉到通路階層數、市場涵蓋密度與通路的整合方式。通路階層（即通路長度）係指產品要經歷多少個中間商，才送到最終消費者手中；市場涵蓋密度係指在一個銷售區域內，要鋪設多少個零售據點；通路的整合方式係指透過什麼方法來維繫整個通路的互動關係。通路型態確定之後，廠商必須選擇能夠合作的通路成員。這些決策的考慮因素有廠商本身、市場、中間商與產品等。

(3) **通路衝突的處理，通路成員的激勵**：通路成員之間同時存在著合作關係與衝突。對於衝突，有關廠商應該認清衝突的原因、型態與影響層面，並且積極地處理。同時，為了達成通路間的和諧關係，以及鼓勵通路成員配合公司的行銷策略，廠商必須運用一些方法取得中間商的合作；對於若干通路成員向心力的不足或不積極，亦可利用賞罰兼施的方式來因應。

(4) **通路成員的評估**：廠商必須定期評估通路成員的績效，評估項目包含銷售配額達成度、平均存貨水準、客戶交貨時間、損毀與遺失貨物之處理、對促銷與訓練活動之合作程度、提供消費者服務的良窳等。評估的結果作為獎勵通路成員的依據，亦可作為調整通路時的重要參考。

1.4　業種與業態

1.4.1 定義

(1) **業種（物品別，Kinds of Business）**：**以經營的商品種類、特性來區分商店**。例如：服飾、眼鏡、藥品、家電、食品店。

(2) **業態（型態別，Types of Operation）**：<u>以經營的型態或方法來分類</u>。業態的經營，包括批發商（生鮮處理中心、物流中心、代理商、大盤商、中盤商、量販店）與零售商（百貨公司、超市、便利商店、超級市場、量販店、專賣店、無店鋪販售）二種型態。

1.4.2 業種與業態的比較

(1) **出現的先後順序**：先有業種，後出現業態。
(2) **涵蓋範圍的廣度**：單品≦部門≦業態≦業種。
　　A. 單品是最小單位。
　　B. 業種是最大的商業類別單位。
(3) **銷售力的大小**

商品種類	業種店只以單一種類的商品為主，而不同經營型態的業態店，其商品種類至少會包含兩項以上。因此，業態店的銷售力大於業種店。
服務特性	商品種類單一、單品較齊全之業種店的服務特性以專門性為主；而業態店的服務特性以便利性為主，且常以符合顧客「一次購足」需求為依歸。

1.5　通路成員的種類與通路結構

1.5.1 通路成員的種類

(1) **主要通路成員**：製造商、批發商、零售商。
(2) **專業化通路成員**：功能性專業公司（運輸、倉儲、裝配、覆行商、商品推銷）、支援性專業公司。

1.5.2 通路結構區分

(1) **通路的長度**：係指中間商的層級數目。
(2) **通路的寬度**：係指廠商的產品有幾種類型的通路選擇。
(3) **通路的密度**：行銷範圍策略即是密度策略，亦即廠商的配銷政策，通路的密度可分為密集配銷、選擇配銷與獨家配銷三種形式。

1.6　通路設計決策的步驟

(1) 分析通路成員需要的服務產出：了解通路成員所需要的通路服務產出水準，包括批量大小、等待與運送時間、產品多樣化、空間便利性、服務支援等。

(2) 設立通路目標：依區隔市場顧客對通路所需求的服務水準來判定應達成的通路目標為何。

(3) 確認主要可行的通路方案：例如中間機構類型、數目、通路成員所應具備之條件與責任等。

(4) 評估主要通路方案：以經濟性（通路對銷售量與成本的影響）、控制性（製造商對中間商的控制力）、適應性（製造商對通路結構策略等的彈性）等標準來評估。

第二節　通路範疇策略

所謂「通路範疇」是指企業在選擇經銷商家數時，是採取獨家代理經銷、選擇少數來經銷或是多家密集式經銷等方式。不同的範疇策略各有其適用時機，分述如下：

2.1　獨家經銷策略

獨家經銷策略（exclusive distribution strategy）是對某一特定零售商或經銷商授予單獨唯一的專賣權力。一般而言，**比較特殊性的商品，例如開鑿隧道設備等，可採用獨家經銷策略。**

2.2　密集經銷策略

密集經銷策略（intensive distribution strategy）**是在同一市場上，讓公司的產品透過不同的，甚至是相互競爭的經銷商來販售，而不是只有唯一的經銷據點。**通常這種方式對於一般便利性的商品是最適合的，例如在超市、便利商店、百貨公司裡都可看到各式不同的商品，它們以相互競爭方式提供民眾更多的選擇機會。

2.3　選擇式經銷策略

選擇式經銷策略（selective distribution strategy）：這是一種**只選擇數家經銷商或零售商來授予銷售權的方式，它是介於前兩者之間的策略。通常選購性的商品是比較適宜採行此種經銷策略**，例如汽車製造商它會選擇具有維修能力和足夠展示空間的經銷商，作為合作的伙伴。如此可顧及經銷商的利潤，不致使其產生惡性競爭情況，同時也可創造出較大的總體銷售量與較佳品質的服務。

一般而言，便利性的商品比較適合利用密集式的經銷策略，因為這對消費者極為便利，而且他們通常也不太注重產品的品牌或價格，都是以方便選購為考量。**選購性的商品則可採取選擇式或密集式的經銷策略**，這必須視商品本身的性質而定，如家電用品可能是密集式策略、汽車則是選擇式經銷策略。至於**特殊性商品則因為產品本身性質的考量，多半會使用選擇式或獨家式的經營策略。**

牛刀小試

( )｜比較特殊性的商品，例如開鑿隧道設備，係採取何種範疇策略較為恰當？　(A)獨家經銷策略　(B)密集經銷策略　(C)選擇式經銷策略　(D)以上皆可。　　**答 (A)**

第三節　通路型態

3.1　通路階層

行銷通路可以按其含有的「階層數目」來加以區分，凡是執行某些通路機能，使產品及其所有權更接近最終購買者的每一個中間商，均稱之為通路階層（channel level），而以中介階層（intermediary level）的數目來決定「通路長度」（channel length）。通路的類型，依據產品或服務供應商與消費者之間，存有的中間商層次之多寡，可分為直接通路和間接通路；直接通路係指製造商與最終購買者之間並沒有中間機購，而是由製造商直接銷貨給最終購買者，如郵購、商品型錄及電視、網路等無店舖銷售；間接通路製造商係將一部分的通

路功能委由中間機構來執行，其中製造商與中間機構必須密切配合，才能有效地滿足消費者的需求，如「製造商→零售商→消費者」（一階通路），或「製造商→批發商→零售商→消費者」（二階通路）等皆屬之。茲列表說明其內容如下：

通路結構	內容說明
零階通路（zero level channel）	又稱為「直接通路」（direct channel）或簡稱為「直效行銷」（direct marketing），是由製造商直接向最終消費者推銷商品，不須經過任何的中間商機構（即：產品供應商為消費者）。例如直銷、郵購、網路商店等，消費者直接向產品供應商訂貨付款，並取得所需的產品。
一階通路（one level channel）	係指產品供應商與消費者之間，存在著一種任何形式的中間商，例如零售商、經銷商，甚至批發商等（即：產品供應商為零售商或經銷商為消費者）。
二階通路（two level channel）	係指產品供應商與消費者之間，存在著兩種形式的中間商（即：產品供應商為批發商或經銷商/零售商為消費者）。例如同時有零售商與批發商，或是同時存有零售商與經銷商，而且產品係透過批發商或經銷商，送至零售商之兩階段產品配送方式。這也是目前「物流」（logistics）、「實體分配」（physical distribution）最常用的方法。
三階通路（three level channel）	係指產品由供應商至消費者手中，會有三種不同類型、且分層配送之中間商（即：產品供應商為批發商→經銷商→零售商為消費者）。例如由批發商將產品送交經銷商，再由經銷商將產品送至零售商之產品配送型態。此種情況在國內的行銷作業上較少發生，因為通路拉得愈長成本勢必會愈高，廠商能掌握控制的層面也愈低，這是製造商所不樂見的。故通常是在國際貿易上，由本國輸出銷給海外的代理商，再由其批發到「中盤商」（jobber），中盤商再送到零售商來銷售。

通常，通路成員與層次愈多，產品配送成本愈高，產品價格因而上升，造成消費者負擔愈重而可能會減少消費。因而，透過通路層次之縮減，改善通路服務效率，以降低通路成本，是過去至今數次通路革命的主要重點。因為改變通路結構，而降低通路成本與提升經營績效，進而促成更多企業跟進，形成通路結構上的徹底轉變，例如過去的雜貨店、超級市場等興衰，就直接受到便利商店、批發倉庫興起的影響。

3.2　通路的結構型態

(1) 通路之型態依產品、消費者、市場特性和企業經營資源而有「直接通路」與「間接通路」之別。直接通路係指產品從生產者到消費者之直接流通的型式（不通過店鋪銷售，由廠家或商家直接將商品遞送給消費者的零售業態），直接從廠商進貨，如此可大量降低交易成本，從而降低商品售價，避免外聘運輸商所帶來的高成本，也因此可以和終端用戶建立更強的關係。間接通路則指生產者和消費者之間有中間商的型式。

(2) 直接通路的方式：

電視購物 （Television Shopping）	以電視作為向消費者進行商品推介展示的管道，並取得訂單的零售業態。
郵購 （Mail Order）	以郵寄商品目錄為主向消費者進行商品推介展示的管道，並通過郵寄的方式將商品送達給消費者的零售業態。

(3) 間接通路有三種間接行銷通路模式；製造商委託一部分的通路功能由中間機構來執行，其中製造商與中間機構必須密切配合，才能有效地滿足消費者的需求。例如：製造商提供免付費電話給消費者，使消費者能向就近的授權經銷商要求提供服務。

3.3　通路的整合

通路成員之間在產品、金錢、資訊等方面的往來相當頻繁，彼此之間存在著既合作又衝突的互動關係。由**通路成員之互動關係，可將通路系統分成傳統行銷系統、水平行銷系統以及垂直行銷系統**分述如下。

3.3.1 傳統行銷系統

在傳統行銷系統（conventional marketing system；CMS）中，通路成員的活動大多各自為政，他們彼此之間雖有所往來，但沒有任何的合作協調關係存在。 供貨廠商從未想到如何替經銷商解決問題或改進營業狀況，而只是一味地希望對方進貨；再者，廠商有時為了增加產品銷售額及曝光率而過度鋪設產品，導致產品在市場重疊性太高，造成零售店之間惡性競爭。面對市場上的混亂狀況，整個通路系統中並沒有任何機構或人員可拿出一套方法來解決這些問題，這些都是傳統行銷系統的現象。

3.3.2 水平行銷系統

水平行銷系統（horizontal marketing system；HMS）係一種橫向的關係，亦即同層級的組織所形成的合作體系（例如兩家生產者的合作），而這種合作可以是同業之間，亦可以是跨行業間的合作。 例如電腦公司和電話公司合作開拓未來的通訊市場。

水平行銷系統產生的原因，主要是想結合合作雙方的資金、技術、人力、行銷等資源，而達到吸引更多顧客或提高獲利等雙贏的局面，特別是在異業結盟的時候，更是明顯。

3.3.3 垂直行銷系統

垂直行銷系統（vertical marketing system；VMS）：係用來整合上、中、下游的廠商，以便有效管理通路成員的行動，避免通路成員為了自身的利益而產生衝突或重複投資，進而期望能提高行銷通路的靈活度與獲利能力。 因此，在一個成功的垂直行銷系統中，其通路成員之間不僅只有買賣的關係，還強調彼此的長期依賴與合作關係，以合力創造利益。垂直行銷系統包括下列三種形式：

(1) **管理式垂直行銷系統（administered VMS）：本系統係依靠通路中的某家具有相當規模與力量的廠商，與願意服從其領導的通路成員所形成。** 該知名且受市場歡迎的品牌廠商往往有足夠的力量促使中間商在產品擺設、定價方式、促銷活動等方面採取合作的行動，進而管理整個通路系統。同樣的，某些擁有強大銷貨能力的零售商亦能對製造商有相當大的影響力，因而成為通路系統中的領導者，例如無論是台灣的7-ELEVEN超商、家樂福量販店等零售業者，以其強大的零售據點和可觀的聚客能力，讓許多供應商必須依賴他們完整的零售體系銷售，也使得這些供應商必須採取合作的態度。

(2) **所有權式垂直行銷系統（corporate VMS）：又稱為企業式垂直行銷系統，它是一種整合式垂直行銷系統，其通路成員從生產者至配銷者均結合成同一所有權。** 以統一企業為例，除原本的食品製造外，旗下的捷盟物流、統一超商等上、中、下游均統一企業所有。簡言之，本系統是指由同一個公司或集團，擁有從製造商到零售商的整個通路系統。這類系統中有關於中間商的經營，有可能是由公司派人直接經營（簡稱直營；例如La New除了製造皮鞋，還直營零售店），或是委託外人經營，即「委託加盟」（如7-ELEVEN）。

(3) **契約式垂直行銷系統（contractual VMS）：本系統中，通路成員之間的作業受契約的規範，但是製造商與中間商並不屬於同一個所有權。這種系統的形成可能由批發商、零售商或製造商發起。** 近幾年來，目前台灣市場中最受矚目的契約式垂直行銷系統是「特許加盟組織」（franchise organization），目前許多全國連鎖的餐飲店、便利商店等都是屬於此類。在特許加盟中，加盟店（franchisee）與加盟總部（franchisor）都有簽約，規定加盟店應盡的義務（如繳納加盟金、接受訓練）與加盟總部應提供的服務（如賣場規劃、共同採購、促銷活動、教育訓練）等。當然，各家的簽約內容不盡相同，有些特許加盟的條件非常寬鬆，例如加盟店只要繳交加盟金及保證金給加盟總部就可取得商標的使用權，其餘項目如店面裝潢、租押金及生財器具購買等，都自己負責，而日後營業所需的人事、房租、水電、盤損及商品進貨等所有費用，也都由自己支付，利潤也是100%自得。

以「契約」為基礎的「特許加盟式組織」為達到個別經營時所不能及的銷售效果，又可分為三種型式：

製造商贊助的零售業者加盟	製造商將商品直接交由零售商將商品出售給一般消費者，如此，零售商可將銷售情況以及消費者對貨品的意見直接反映給製造商，作為改進依據。
製造商贊助的零售業者加盟	由於批發業者通常向製造商購買大量商品後，再進行簡易加工與分裝，轉賣給中盤批發商、零售商、工廠、公司行號。
服務企業贊助的零售業者加盟	係由批發商贊助的獨立零售商團體。

歸納言之，**垂直行銷系統能為整個通路系統帶來下列四個優點：**

增加利潤	整個垂直行銷系統因充分利用彼此的專長、相互學習而形成競爭優勢，使得整個通路具有較強的獲利力。
風險分擔	通路成員間彼此依賴與合作，使得通路成員間必須互相承擔其他成員的風險，但由於資訊與經營經驗的流通，而得以降低整體通路的風險。
專業分工	通路成員各司其職，在個別角色上專注而帶來經濟規模與經驗曲線效果，不僅降低了經營成本，亦縮短了學習與摸索的時間。
激發創新	在垂直行銷體系內通路成員的相互信賴和合作關係，能帶動學習成長而激發通路成員不斷地改善和創新。

3.4 市場涵蓋密度

市場涵蓋密度，亦稱為通路密度，是指在一個銷售區域內零售據點的數目與分布情況，故亦可說為通路的廣度。市場涵蓋密度分為下列三種：

密集式配銷	**密集式配銷（intensive distribution）係指在一個銷售區域內儘量增加銷售通路的家數，以提高產品的曝光率。**由於便利品（如飲料、日常用品）是經常購買的產品，價格不貴，風險不高，通常不需花費太多時間與精力採購，消費者希望能就近方便購買，因此，便利品都是採用密集式配銷。
獨家式配銷	**獨家式配銷（exclusive distribution）係指廠商刻意限制中間商的數目，在各個銷售區域只有一家（或極少數幾家）中間商。**採取獨家式配銷的產品大多是特殊產品，如非常昂貴的服飾、汽車、珠寶、手錶等商品。特殊品的價格與風險偏高，購買者願意花費許多時間與精力購買，並且對商品與服務的品質非常重視。因此，特殊品的通路無需密集，甚至在有些情況下，廠商更會要求中間商不得銷售競爭對手的產品，此即獨家經銷（exclusive dealing）。若企業欲提高產品形象、提高利潤，且擁有最大的通路控制力，即可採用此種通路策略。
選擇式配銷	**選擇式配銷（selective distribution）係介於密集式與獨家式配銷之間的配銷方式，亦即在一個銷售區域內有幾個中間商。**家電產品、腳踏車、服飾等選購品多是採用選擇性配銷。這種配銷方式使得廠商能夠涵蓋相當廣泛的銷售區域，較能深入了解中間商，並且負擔的成本比密集式配銷還少。

3.5 連鎖系統通路

3.5.1 連鎖系統的種類

連鎖系統通路（通稱「連鎖加盟」），除了連鎖系統所具備的各項專業經營知識（know-how）與做法之外，另有分布各地的營業據點（即一般所謂之通路）。因而「連鎖系統」與「營業據點」之間的關係，會因為不同的出資結構與管理型態，而有以下的不同分類方式：

	內容	優點	缺點
直營連鎖（corporate chain或regular chain）	**此為連鎖經營的基本型態，各個營業據點都是由連鎖系統自行投資與經營；所有權歸公司，由總公司負責採購、營業、人事管理與廣告促銷活動；並承擔各店之盈虧。**因而連鎖系統對各個營業據點的經營活動，有絕對的控制權。	1. 由於所有權統一，因此控制力強、執行配合力較佳。 2. 能維持一致的整體形象。 3. 整體經營效率及成果會較理想。	1. 因投資規模龐大，不易快速擴張。 2. 資金需求較為龐大，負擔沉重。 3. 經營風險也會因自行投資而偏高。
自願加盟（voluntary chain）	**係由個別投資者分別出資成立營業據點，接受連鎖系統的輔導與協助，利用連鎖系統的品牌，由出資者自行掌握各營業據點之營運，並且在契約規定下銷售該企業所提供之產品或服務，以強化其經營效果。**	1. 投資少，故能夠快速擴張。 2. 不需要鉅額投資，風險相對較低。	1. 總部對加盟店的約束力有限，要維持各營業據點一致的形象不易。 2. 加盟店素質不一。 3. 因無法約束各營業據點的活動，故各店的經營成效不能有效掌握，甚至會而失去連鎖的效益。

	內容	優點	缺點
特許加盟 （franchise chain）	係指授權者（franchisor；即：加盟總部）擁有一套完整的經營管理制度與經過市場考驗的產品或服務，並擁有具知名度之品牌；各營業據點係由加盟店（franchisee）個別出資，且須支付加盟金（franchise fee）或權利金（loyalty）及營業保證金予授權者，並須與授權者簽訂合作契約，全盤接受它的軟體、硬體等Know-how與品牌使用權。	1. 經營權屬於授權者，所有權屬於出資者，因而能夠創造互信互利的有利局面。 2. 在授權加盟契約裡，授權者對於經營與管理之作業仍有某種程度的控制權，不能允許加盟店為所欲為。 3. 授權者藉助外部加盟店的資金資源，可有效的擴張連鎖系統的規模。 4. 各營業據點係由加盟店個別出資，故授權者的投資風險可以分散。	可能會因理念不同或彼此間信任不足而失去維繫連鎖加盟的效果。
協力加盟 （cooperative chain）	協力連鎖（又稱合作加盟）係類似合作社之連鎖加盟體系，各營業據點由社員共同出資，並設立一個中央連鎖系統，負責聯合採購、促銷、廣告等工作，社員並共享經營利潤。	各營業據點的社員可共享經營利潤。	1. 總部並無強制執行的權力可以做好統籌的工作。 2. 在面臨利益衝突時，往往會造成社員間陽奉陰違，並常會以其私利為先，忽視了整體的利益。 3. 連鎖系統的專業知識與經驗，來自於各個營業據點所累積的經驗與知識，因而，

	內容	優點	缺點
協力加盟 （cooperative chain）			連鎖系統無法相當專業的支援各營業據點的活動需要，也無法推動各項有助於提升績效之經營活動，加盟者的獲利也因而無法提升，故此類的連鎖加盟系統較少出現。

3.5.2 連鎖系統的優勢

各式各樣的連鎖店系統在最近幾年來，如雨後春筍般的成立，形成行銷通路無可抗衡趨勢，連鎖店系統具有何種優勢，分述如下：

(1) **具有規模經濟的效益**：連鎖店家數不斷擴張的結果，使其具有以下的規模經濟效益：

    A. 因採購量大，議價能力增強，故採購成本大幅降低。

    B. 在同樣的廣告預算支出下，連鎖店的家數愈多，則每家所負擔的廣告促銷分攤成本跟著降低。

(2) **提升經營與管理技能（Know-how）**：每一家連鎖店愈開愈多，在其經營過程中，必定會遭遇到困難與問題。如果將這些困難與問題一一克服，必可累積可觀的經營與管理技能；若將之標準化，廣泛運用於所開之店面，如此，連鎖系統的成功營運將更有把握。

(3) **分散風險**：連鎖店成立數十、數百家後，將不會因為少數幾家店而經營不佳，而導致整個事業的失敗，故其具有分散風險的功能。

(4) **建立堅強形象**：連鎖店面愈開愈多，與消費者的生活及消費也日益密切，藉著強大連鎖的力量，可以建立有利與堅強的形象，如此又有助於事業的營運與發展。

3.6 單一與多重通路行銷

3.6.1 單一通路行銷

單一通路行銷（single-channel strategy係指製造商只使用一種方法來接觸顧客，將商品配銷至消費者，例如：Nexxus洗髮精的配銷只透過美髮師。

3.6.2 多重通路行銷（multiple-channel strategy）

多重通路行銷（multiple-channel strategy）常用於製造商在經營多種品牌及商品時，製造商為了接觸不同的市場，可能會為其產品運用若干不同的分配通路；在某些情況下製造商可利用多重通路來執行其多品牌的策略，他用某一條通路經銷某品牌，又開闢另一條通路經銷另一個品牌的產品。例如：惠而普公司使用自家品牌賣家用電器給消費者，同時用Kenmore的品牌名稱賣電器給施樂百百貨公司。運用兩種以上的通路來經銷相同的產品給同一個目標市場，稱為「雙重分配」，其目的在於擴大市場涵蓋範圍，獲取成本上更大的效益。例如台灣的統一企業，一方面透過7-11來販售其消費品，一方面也經由傳統的通路來銷售其產品。

第四節　通路設計考慮的因素

通路結構主要受到市場、產品、廠商本身及通路成員（中間商）等因素的影響，因此廠商在設計與選擇分配通路時，此四構面須考慮之主要內容，分述如下：

4.1 產品因素

是否具有易毀性	產品本身容易毀損或易腐壞，為避免毀損或腐壞風險，分配通路宜短，通常應採直接行銷。
單位價格	產品單位價格低，須大量銷售才可增加利潤，宜採較長之分配通路。尤其是消費品，則大多經過一階或一階以上的中間商。單位價值高的產品，大多由生產者直接交由百貨公司出售，而不透過中間商。

體積與重量	過重或過大的產品，由於運送與庫存不便，應盡可能縮短分配通路，或直接與零售商往來，如需中間商代為分配，則寧可選擇代理商，而不用批發商，以減少運輸及儲存之費用。反之，體積較小或較輕的產品，則適合採取較長的分配通路。
式樣之變動性	產品具快速變動性者，宜採較短之分配通路，以增加銷售數量。
所需之特殊技術與服務	產品銷售後，若需特殊之技術或服務，應採較短之分配通路。
標準化程度	標準化的產品，因具有一定品質、規格或樣式，不需專業知識，可經由一階或一階以上的中間商，依產品或產品目錄銷售。未標準化的專業技術產品，通常由推銷員直接推銷。
對顧客特殊規格訂做的產品（訂製品）	依顧客要求規格製造，則由生產者與顧客直接交易，採直接銷售方式，通路宜短。

4.2 市場因素

顧客之購買習慣	產品之分配通路應配合消費者之購買習慣，如一般日常用品，消費者購買的習慣為需求時立即購買，且購買數量較少，此時產品應採較長的分配通路。
市場之集中程度	市場集中時，宜採直接銷售；市場分散，則採較長的分配通路。
市場之大小	市場很大時，宜採較長的分配通路；市場小時，則採較短的分配通路。
平均購買數量	消費者平均購買的數量少時，採較長的分配通路；數量多時，則採較短的分配通路。
產品種類	工業產品宜採較短的分配通路；消費品則採較長的分配通路。

牛刀小試

( )｜下列敘述何者有誤？　(A)消費者平均購買的數量少時，宜採較長的分配通路　(B)市場很大時，宜採較長的分配通路　(C)市場分散，宜採較長的分配通路　(D)工業品宜採較長的分配通路。　**答 (D)**

4.3　中間商因素

中間商的素質與形象	有時候，廠商會因既有中間商的素質不符合標準或需要，而必須設法另闢通路。
中間商帶來的獲利性	中間商能帶來多少獲利是廠商在考慮採用哪一種通路時的重要因素。例如知名度、分布據點、聚客能力等條件雖是選擇中間商的考量因素，但若好的條件，他們卻要求高昂的上架費，只允許短時間的試賣，並在產品品質、供貨速度與退貨政策上嚴格要求；若要完全配合，恐怕無法獲利，則寧可選擇其他零售通路，以免遭受營運損失。
中間商的取得	廠商可能因中間商的意願或能力，或其它因素而無法取得心目中理想的中間商，則必須另尋其它通路。

4.4　廠商本身因素

企業目標	通路是企業目標與策略底下的一個環節，因此任何通路設計都應考慮如何配合總體策略，協助企業達到目標。但是有些連鎖店業者為了盡快增加現金收入，未經仔細評估就以寬鬆條件吸收加盟金，到處佈點，這當然符合這些公司「快點賺、儘量賺」的目標，但就永續經營觀點而言，不無商榷之處。
企業資源	廠商在設計通路時應該考慮本身的人力、資本、專業知識等資源，是否足以承擔。
對通路的控制程度	控制通路的主要原因乃在減少通路成員間的相互牽制、能更直接的掌握客戶資料、比較容易指揮產品的擺設、定價、存貨等。通常採用直銷、郵購、網際購物或其他較短的通路來銷售產品，對通路控制的力量較大。同時，若廠商的規模較大、聲譽好、財力足、經驗夠且經營能力強，可採較短的分配通路，甚至直銷方式；否則宜採較長的分配通路。

4.5　工業產品考慮因素

一般來說，工業產品的配銷通路都很短，通常是採取直接銷售或由代理銷售的型態，其主要的原因有下幾端：

銷售客戶有限	工業產品客戶有限，最多也不過千百家而已，與消費品的動輒以百萬客戶的差距很大，故其最終的零售出口就不需密布。
須具備專業知識	工業產品常涉及高深的操作與維修技術，非一般以銷售為重的通路成員所易了解，因此，在專業知識缺乏的情況下，通路成員並不易尋找。
希望獲取較高利潤	廠商為獲取較可觀的利潤，故通常希望由自己來銷售，避免中間商瓜分其利潤；而在客戶數量有限且本身又需具備專業知識的條件下，由廠商自己銷售乃成為必然的現象。
客戶通常採訂單交易方式採購	工業產品通常都是採取事前訂單交易的方式，少部分才是採存貨生產交易的方式。因此，廠商較不需要仰賴外界的經銷通路成員來協助銷售。

第五節　通路衝突

5.1　通路衝突的意義與型態

通路衝突即通路成員認知其目標的達成，受到其他成員的阻礙，而導致壓力或緊張的結果。通路成員交易的過程中，牽涉買賣雙方，若賣方從交易過程中得到最佳的獲益，相對的買方卻認為有所損失；買賣締結時，雙方克服價格衝突，達成彼此皆能滿意的交易價格條件，當一方或雙方不滿意時，即造成通路衝突。析言之，通路衝突主要是目標不相容、角色和權利不清楚、知覺的差異和中間機構對製造者的高度依賴等原因所造成的。通路衝突有水平衝突、垂直衝突及多重通路衝突等三種型態。

5.1.1 水平衝突

水平衝突（horizontal conflict）係指在相同的通路階層中，其相同層級的通路成員彼此競爭所產生的衝突。例如零售商與零售商、批發商與批發商之間的衝突。這類衝突經常與過度競爭、撈過界、商店形象不良等有關。

5.1.2 垂直衝突

垂直衝突（vertical conflict）係指在同一個通路體系內，不同層級的通路成員之間所產生的衝突。如製造商與批發商，批發商與零售商或製造商與零售商之間的衝突等。這類的衝突經常是導因於通路成員間彼此權力的消長，例如強勢的零售業者挾其可觀的聚客力與銷售能力，向製造商提出生產中間商品牌或索取上架費的要求，所可能引發製造商與零售商間的衝突。例如，製造商埋怨中間商沒有給予恰當的擺設位子、店內的促銷活動不夠積極、經常緊急訂貨而沒有給予足夠的作業時間，或沒有妥善處理貨品以致於不良品退貨過多等；中間商不滿製造商的售價太高、服務不夠完善、廣告與促銷活動不足、沒有告知新產品即將推出導致舊產品存貨過多等。

5.1.3 多重通路衝突

多重通路衝突（multichannel conflict）係指當製造商建立兩個或以上的通路系統時，不同通路體系為了爭取相同的顧客而導致的衝突。例如，汽車業者為了因應網路行銷的趨勢化及爭取網路客戶的訂單，推出線上訂車活動，結果造成傳統經銷商的反彈。

5.2　通路衝突的原因

通路衝突的原因大致可分為以下四種：

定位或角色不一致	係指通路中某成員的表現和預期中的應有行為不同。例如歐美知名品牌的國內代理商面對水貨的競爭，一改以往塑造高級產品形象的態度，儘量增加通路密度，使終端零售商之品質良莠不齊，因而引發了原有零售商的不滿所引發的衝突。
目標不相容	當通路成員所追求的目標或所關心的重點不一致時，衝突便容易發生。例如，當零售業者希望維持產品「少量但高品質、高價位」形象，而供應商卻想藉由多元的通路擴大市場占有率時，雙方的目標即產生不相容而引發衝突。
認知不同	係指對某個現象或事實的看法不一致。例如零售業者感覺到消費景氣的衰退，而減少進貨，但製造商卻對景氣抱持樂觀態度，大量生產，其結果必然造成通路塞貨嚴重，對通路成員造成不利，因而產生衝突。

溝通不良	係由於資訊傳遞錯誤或是資訊不夠流通與透明，所引發的通路衝突。整體通路體系中的任一環節如果有重大情事發生，但是相關資訊卻沒有迅速、正確地傳達給相關的成員，就容易造成誤解與猜忌。

牛刀小試

( )　下列何者為通路衝突的原因？　(A)資訊傳遞錯誤或是資訊不夠流通與透明　(B)通路成員所追求的目標或所關心的重點不一致　(C)對某個現象或事實的看法不一致　(D)以上皆是。　　**答 (D)**

5.3　通路衝突的影響

一般來說，通路衝突若未加以妥善處理，極可能一發不可收拾，而致傷害到對某個通路成員，甚至整個通路系統。例如，若供應商抱怨大賣場促銷價太低，打亂了整個市場的行情，而威脅中斷供貨，而大賣場則以不再採購這家供應商的產品反擊；如果真的有某一方付諸行動，另一方必然遭受損失，甚至造成兩敗俱傷的局面。

反之，由於通路衝突在所難免，某些衝突可能是無害，甚且對整個通路系統的運作反而有正面的刺激作用，例如迫使通路成員重新檢視與調整合作關係，或淘汰落伍、不合乎經濟效益的廠商等。此外，部分傳統零售商亦可能從通路衝突中覺醒，為了提高消費者的來店率，乃調整其營運模式，提升自身的競爭優勢，這種創新變革不但提升了產業的經營效率，也形成了產業內的良性競爭；亦有製造商因為通路衝突而痛定思痛，調整其行銷策略以求永續經營，例如以不同的品牌來進入不同的市場與通路來避免衝突等，這些則是通路衝突的正面效益。

5.4　面對通路衝突應有的思維

通路衝突起若因某個通路成員的明顯不當作為所引起，例如製造商故意供應過期商品或加盟店不遵守契約內容，這類衝突中理虧的一方相當明確，衝突的處理較為容易；然而有些衝突則係由於通路成員之間對某個現象的看法或問題判

斷的角度不同所引發，對於這一類衝突，較難處理。但不管通路衝突的導火線到底是什麼，行銷人員應該具有前瞻性與敏銳的觀察力，設法洞察隱含於衝突中的重要道理或現象，以便作為日後行銷策略的參考。再者，如果相關的通路成員能為思考以下幾個問題，則有可能降低衝突的程度：

(1) **設法查出通路績效不佳的真正原因**：行銷人員應該徹底了解某個通路成員的銷售量、顧客人數或利潤減少的真正原因，是否真的跟其他通路成員有關？因為通路衝突有時候會被故意用來掩飾策略錯誤、執行不當、服務不過等行為；或是業績不佳時就輕易歸責於其他通路成員的原因，遮掩了問題的真相，延誤了解決問題的時機。因此，若當某個通路成員績效不佳而怪罪到其他成員頭上時，應該先全面檢討所有可能影響業績的因素。

(2) **通路的市場重疊性**：雖然部分通路衝突係起因於市場的重疊，然而有些新通路雖表面上看來似乎與原有通路市場重疊，但事實上卻可以提供企業成長的機會，因為新通路可能開發出以往被忽略的或沒有接觸到的市場。例如，飲料自動販賣機在引進市場的初期，曾引起傳統零售通路商的抗議，但事後證明，雖然服務相同的顧客群，自動販賣機的主要功能卻是在不同的場合提供不同的產品價值，不但沒有搶奪一般零售通路的業績，還擴大了市場大餅。

(3) **通路的延伸利益**：有些新通路表面上看起來似乎會搶走現有通路商的業績，但實際上卻有利於建立品牌知名度與形象，協助市場拓展。例如，Nike在建立Nike Town旗艦店嶼，雖然運動鞋零售業者紛紛提出抗議，後來的發展卻發現該旗艦店，不但提升Nike的品牌知名度與聲譽，甚至還提高了所有通路的銷售。

5.5　通路衝突的處理方式

通路衝突的處理方式涉及到兩個構面，亦即：合作性（cooperativeness）與自主性（assertiveness）。前者係指配合與滿足對方需求的程度，而後者則指滿足本身需求的程度。這兩個構面共同形成下列五種衝突處理的方式（管理機制）：

處理方式	內容說明
競爭 （competing）	係指衝突中的當事人追求本身的利益（即自主性高），並採取不合作的態度（即合作性低）。這類作法代表「非輸即贏」，因此常導致敵意升高，甚至關係破裂。

處理方式	內容說明
退避 （avoiding）	係指當事人不但不重視本身的利益，還對另一方採取不合作的態度。這是一種退縮、推諉或鴕鳥式的處理方式。這種方式通常只能暫時迴避明顯的爭執，將問題擱置與延後，其結果甚至會激化未來更大的衝突，雙方都得不到好處。
順應 （accommodating）	係指某一方願意犧牲自己的利益，遷就對方，與對方合作解決爭執。例如在垂直通路衝突中，某區域的零售商指責製造商的付款與退貨制度過於嚴格，而製造商為了打入該區域，決定遷就零售商，調整付款與退貨政策，並吸收所衍生出來的成本。
統合 （collaborating）	係指當事人的一方追求本身的利益，另一方面則為對方著想而採取合作的態度，這種處理方式往往會帶來雙贏。例如製造商為新的通路另外設計新的品牌與包裝，以進入新的市場，如此一來不但顧及本身開拓市場的目標，亦減少了新通路對既有通路的衝擊，而降低了彼此間多重通路的衝突。
妥協 （compromising）	妥協是指衝突當事人願意稍微退讓，放棄一部分自身利益，雖然不完全遷就對方，但願意與對方局部合作。

以上五種化解衝突的方式中，競爭、退避、順應都難以兼顧彼此的需要，很容易造成一方或雙方的傷害，因此難以解決衝突，甚至會導致衝突的惡化。若能以統合或妥協的方式來面對爭執，較能整合雙方的觀點與利益，產生新的、讓雙方彼此皆可接受的解決方式，從而將衝突轉換為提升通路系統運作的功能。

5.6　通路權力

通路權力（channel power）係指某個通路成員具有影響或控制其他成員行為的能力。由於通路系統中往往會有某位成員以積極的作為，企圖促進通路成員的合作以減少衝突，為了達成這個任務，這位通路成員必須具備下表所列中至少一種以上的通路權力：

權力種類	說明
合法的權力（legitimate power）	係指來自於法令或契約的權力。例如特許加盟店在許多方面必須聽命於加盟總部，因此，後者對於前者具有合法的權力。
認同的權力（referent power）	亦稱為「參考權」。係指通路中的某位成員靠著他的名望、地位、人情等因素，使得通路中的其他廠商願意與之合作，這位通路成員因而掌握了認同的權力。
專業的權力（expert power）	係指來自於對於知識、技術或資訊的掌握，使其他通路成員願意接受其領導。例如某家製造商對於消費者的喜好與需求相當地敏感，每一季都能生產暢銷的產品，則這家製造業者就對中間商具有專業權力。
獎賞的權力（reward power）	擁有足以給其他通路成員聽從「只要聽話的，就給甜頭」的權力者，即握有此種權力。例如若零售商遵照建議進貨、陳設商品、進行促銷活動等，製造商就給予進貨折扣與陳列津貼等優惠，則該製造商即擁有此種權力。
懲罰的權力（coercive power）	係指掌握「只要不聽話，就吃苦頭」權力者，即擁有此種權力。例如零售商警告製造商，若不維持穩定的產品品質與準時的送貨服務，就要拒絕與其往來並另尋供應商。

第六節　零售商

6.1　零售商的意義與種類

零售商（retailer）係指將商品與服務銷售給最終消費者的企業體，其種類相當多。零售商分為「店面零售商」與「無店面零售商」二大類，每一類之下可再依商店的規模、產品特性、銷售方式等，將零售商作進一步細分。

零售商使用的電腦軟體名為銷售時點情報系統（POS）。零售商店通常開設於接近消費市場的商業區、住宅區、交通方便人流集中的地點，如商場、車站等，故租金是零售商的主要支出，另銷售員的薪金和傭金等營運成本亦不輕。

6.1.1 店面零售商

店面零售（store retailing）顧名思義，係指透過商店的銷售活動將商品與服務銷售給最終消費者。根據產品組合的特性，店面零售商可粗略分為「專賣店」與「綜合零售商」；專賣店係專門銷售某個產品類，綜合零售商（general merchandise）包含便利商店、超級市場、百貨公司、量販店等，它們的共同特色是銷售多種產品類。茲分別說明如下：

(1) **零售店（retailing store）**：與便利商店機能類似，但缺乏便利商店的全天候營運與高效能的管理能力，此為傳統零售通路的基本成員，但因競爭力逐漸降低，多數已被便利商店所取代。零售店（通路）有如下三種類型：

商店零售商	包括專賣店、超級市場、百貨公司、便利商店、特級商店、折扣商店、型錄展示店、廉價零售店。
無店舖零售商	包括直接行銷、直接銷售、自動販賣、購貨服務。
零售組織	包括整合性連鎖、零售商合作社、消費者合作社、商店集團、特許專賣組織。

(2) **超級市場（supermarket）**：其經營方式是大型、低價格、薄利多銷、自助來吸引顧客，出售以「食品及蔬菜」等一般家庭食品和用品為主的多種商品之大規模零售業務單位而言，適合一般消費者前往選購各式生活日常用品。其有下列特點：

商品部分陳列	可使顧客有比較之機會，及保持絕對自由選擇權，以充分滿足其偏好。
商品完全標價	俾於供需雙方計算價錢。
採用自助方式	可節省人力，降低運用成本，相對地減輕顧客負擔。
商品經過整理	不止等級分明，易於選擇，且多經切洗處理過，可減少烹調上之麻煩。
採用現金交易	可免記帳及收帳之煩，並減少倒帳風險。

(3) **便利商店**：便利商店的面積相當小，營業時間很長（有的每天24小時，全年無休），通常設立在行人或交通流量很大的地方。銷售的產品以飲料、零食、速食產品、個人用品等高週轉率的便利品為主，產品線並不長，也就是每一類產品的項目不多。由於顧客追求購買效率與方便性，加上是少

量購買，對價格較不在意，因此便利商店的價格比較貴。如7-Eleven、全家、萊爾富、OK等。台灣的便利商店密度在全球可說是首屈一指，而且還發展成服務中心，除了代收停車費、電話費等帳單之外，還附設提款機而成為新型的金融通路。

(4) **批發倉庫**（warehouse club）：提供「低價、大量交易」的地方，最基本的特徵就是「產品都以大包裝」為之，並維持低單價。這些場所原來只是提供小企業、零售店批購轉售商品的場所，但由於市場競爭因素的關係，現在已讓一般消費者亦可以進入採購，而成為新的通路型態。

(5) **百貨公司**：百貨公司以銷售非飲食類為主，產品線相當多元，包含化妝品、服飾、珠寶、家電、玩具、體育用品、個人及家庭用品等，而且每個產品線相當長，因此營業面積比超級市場大很多，讓消費者可一次購足，此乃這類通路的基本特色。除了部分專賣店之外，百貨公司的產品通常比其他的店面零售商來得精緻，價格也較為昂貴。在經營上是以多元選擇以及良好的品質與形象取勝；通常會為顧客提供有限的服務，如現場諮詢、收銀臺就近服務、電梯服務等。另外，百貨公司被許多民眾視為休閒場所，這是其他形態的零售商所沒有的特色。遠東百貨、新光三越、太平洋SOGO等，都是台灣消費者所熟悉的百貨公司。不過，美國部分百貨公司，如沃爾瑪、K-mart等則是以低價為訴求，因此又被稱為「折扣商店」。

(6) **折扣商店**（discount store）：這通常也是在居家附近，銷售一些標準化的家用品，售價則較為便宜。商店會挑選租金較便宜的地段，但因為價格便宜，所以也會吸引外地來的客人。

(7) **購物中心**（shopping center）：購物中心或購物商城為在特定地點將各類店面零售商集合起來。一般購物中心會附設大型停車場，內部有各類專賣店、百貨公司或超級市場、餐廳、娛樂場所（如電影院、遊樂場）等。購物中心通常需要有一些指標性的商店進駐、刻意規劃產品聚集效應、定期舉辦促銷與表演活動（如演場會、新書或新唱片發表會），來吸引人潮。如微風廣場與京華城購物中心、台茂購物中心、統一夢時代購物中心。

(8) **連鎖商店**：

A. 意義：所謂連鎖商店，乃指由一個中心組織所掌握並控制的若干同一類型的零售商店而言。

B. 優點：

| 進貨成本較低 | 可由中心組織統一大批購貨，獲得較大之折扣優待。 |

商品訂價較廉	進貨成本低，可採薄利多銷政策。
廣告費用較省	因廣告可由組織中心統一辦理，分攤至個別商店之費用乃較有限。
可調劑盈虧	各地區業務無法齊頭並進時，即可發生盈虧調劑之作用。
便利延攬專才	連鎖商店係大規模之經營，財力雄厚，故可延聘專家，從事市場分析，以及其他研究發展工作。

　　C.缺點：連鎖商店之主要缺點，為規模大且支店遍布各處，管理監督不易周全，故對各地區之經理人才，必須慎重選訓，嚴格考核。

(9) **專賣店**（specialty store）：專賣店專門銷售某一種類的產品，在產品廣度上相當窄，可是產品線相當長，因此可以為消費者提供較為齊全的選擇。相較於其他店面零售商，專賣店通常提供較全面的服務，如諮詢、運送、組裝、售後服務等。除選擇齊全與服務良好之外，有些專賣店是以知名品牌、商品的獨特性或商店的特殊風格來吸引消費者，如寶島眼鏡公司、LV精品店、三麗鷗旗艦店等。另外，專賣店量販化是台灣近年來的趨勢，如燦坤3C、IKEA家具、玩具反斗城等都是聚焦於某一類產品，而且店面規模比以往的專賣店要大許多。

(10) **量販店**：

　　A.意義：量販店（General Merchandise Store，簡稱GMS）係指大量進貨、大量銷售，並因為進貨量大，可以取得比較優惠的進貨價格，而得以平價供應消費者，藉以吸引顧客上門的零售店。量販店或大賣場可說是百貨公司和超級市場的綜合體。低價位高週轉是量販店的最主要經策略，因此設立地點通常遠離市區以避免昂貴的地價或租金；同時，店面設計簡單（類似倉庫），提供的服務非常有限，而且商品銷售傾向大宗方式。在台灣的著名量販店有家樂福、大潤發、愛買等。美國的倉庫零售店在形式與商品內容上，也與量販店類似。

　　B.特色：

　　　a.大眾化價格，尋求薄利多銷，故價格較一般零售店、超市更便宜。

　　　b.商品豐富化，讓消費者能一次購足。

　　　c.進貨量大，成本低，故銷售量亦大。

　　　d.賣場規模化與現代化。

　　　e.採取開架自助選購方式。

C.缺點：

　　a.由於其包裝量都以「打」、「箱」，為計算單位，造成儲存的浪費。

　　b.消費者須開車赴較遠地區去購物，對整體社會而言，會造成社會成本增加。

　　c.對單品銷售的批發商或零售商可能造成甚大的衝擊。

牛刀小試

( )　以販售食品為主，尤其以提供生鮮食品為主力，產品種類相當齊全，地點鄰近社區。此種行銷通路，稱為：　(A)購物中心　(B)便利商店　(C)批發倉庫　(D)超級市場。　　　　　　　　　　　　**答 (D)**

6.1.2 無店面零售商

在少部分的零售交易中，消費者無需到店面去購買。這種不需要實際店面的零售活動，稱為無店面零售（nonstore retailing）。 主要的無店面零售方式如下：

(1) **人員直銷（Direct selling）**：或簡稱直銷。是最古老的零售方式，目前在鄉下地區還可以看到以小貨車或機車沿街叫賣蔬菜水果與家庭用品者，都是屬於人員直銷。人員直銷最大的優點是可以在顧客最適當的時間與地點推展產品，同時銷售人員可以提供更專注的服務。但是人員銷售容易給顧客帶來壓迫感，甚至引起反感；而且這種銷售團隊（sales force）的通路形式，其每筆交易成本（cost per transaction）及銷售的附加價值（value-add of sale）最高。安麗（Amway）、永久（Forever）與雅芳（Avon）等即是市面上知名的直銷業者。

(2) **直效行銷（Direct marketing）**：主要銷售管道是大眾傳播媒體（例如電視、廣播、雜誌、網際網路）、文宣或型錄等。由於這種銷售方式是希望消費者在看到產品資訊後，能夠透過電話、信件、網路等直接購買產品，因此又稱為「直接反應行銷」（direct response marketing）。從消費者的角度來看，直效行銷的優點是消費者方便且可即時訂購，但其最被詬病的缺點則是消費者的資料容易洩漏、隱私權被侵犯。

(3) **自動販賣機（vending machine）**：自動販賣機讓消費者投幣來取得產品。在台灣，自動販賣機以銷售冷飲為主，其他的項目還包括熱飲、速食麵、零食、面紙；在歐美與日本，自動販賣機銷售的項目則比較廣泛，包括報紙、雜誌、點心、褲襪、化妝品、CD、T恤、保險單等。這類零售管道最

大的好處是無需佔用太大空間就可以提供全天候的銷售，因此在學校、醫院、辦公大樓、體育館、加油站、車站、街角等，到處常見自動販賣機的蹤影。然而，補貨、保養維修、機器被破壞、商品被偷竊等所衍生出來的困擾與成本，卻是自動販賣機的缺點。

(4) **直接郵售**（Direct mail）：直接行銷者常將宣傳廣告（如廣告信函、傳單及插頁廣告）直接寄給具有某特定產品高度消費傾向的潛在顧客，這些郵寄名單是由專營經紀商處所購得。直接郵售在推銷書籍、雜誌及保險上的成功是有目共睹的，而且正逐漸運用到銷售新奇的產品、服裝及精緻的食品。

(5) **電話推銷**（Telephone selling）：愈來愈多的直接行銷者利用電話來銷售各式各樣的產品，從家庭用品修理服務、報紙訂閱到動物園會員資格都包括在內。有些電話行銷者已經發展出電腦化的電話系統，可以自動撥號到各個家庭去並展示各種訊息。

(6) **展示販賣**（displayselling）：係指在沒有特定銷售場所下，臨時租用或免費地在百貨公司、大飯店、辦公大樓、騎樓或社區等地方，展示其商品，並藉機進行銷售活動。

無店面零售商要想成功經營販賣交易，必須注意下列要點：

A. 要有一套規劃完善的經營管理制度。

B. 要擇定適合做無店鋪販賣的產品類別且其產品要有足夠的特色。

C. 定價要合理，不應比店面貴。

D. 要建立快速的配送系統。

E. 要有負責任的售後服務作業。

F. 要努力開展行銷動作，建立消費者心目中的品牌知名度。

G. 要建立完善的客戶資料檔案。

H. 要建立企業形象及商譽。

(7) **網路商店**（online retailing）：在網際網路興起之後，透過網際網路與電腦資訊技術，讓消費者可以下單購買所需的產品，甚至可以在虛擬電子商城中開店販售商品的新通路型態，最著名的就是amazon.com之網路書店。另外，透過網際網路而出現的新通路型態，就是eBay.com之網路拍賣市集，讓買賣雙方透過網路完成議價與交易，交易的實體物品則透過物流快遞公司遞送。

(8) **型錄行銷**：型錄一直是許多傳統公司專門用來經營的行銷通路，因此常可見到許多化妝品的業者僅採取型錄的行銷方式，鎖定目標顧客，精緻化行銷與經營。

(9) **外送平台**（Food delivery platform）：外送服務原本是消費者透過電話訂購，由該餐廳派出服務員將物品送達並支付現金，近年由於網路與App發

達,特別是新冠疫情的突發,外送平台開始興起,以外送平台提供服務點餐服務。

6.2 零售商的功能

(1) **對消費者的服務**:儘可能使得消費者購買方便。
(2) **提供分割的服務**:零售商購進較大量的貨物,而加以改裝成罐裝、瓶裝或盒裝,以符合消費者之用。
(3) **提供運輸與儲藏功能**:如此得以隨時供應消費者的需要,因此,創造了時間與地點的效用。
(4) **對生產者與批發商的功能**:零售商使用廣告、陳列、人員推銷等方式使商品由生產者、批發商而移轉到消費者手中。

6.3 零售車輪理論

零售車輪(wheel of retailing)理論指出,創新型零售商常以低價格、低毛利的型態進入市場,並逐漸取代其他的零售商。但是,為了建立更大市場,並獲得更高的利潤與市場地位,這些零售商會增添更好的設備,銷售更高品質的產品、提供更好的服務等,結果造成營運成本以及價格的上升,最後導致本身被另一些低價低毛利的新進零售商威脅而衰退,甚或倒閉。而第二批新進的零售商亦會步上如同第一批零售業者的命運,這個過程會持續不斷的進行,周而復始。 例如早期的百貨公司剛出現時,靠著低價與便利性受到歡迎,但在百貨公司逐漸升級,折扣商店崛起後,百貨公司卻逐漸處於下風。後來,倉庫零售店以更低價出現,折扣商店也受到了威脅。

台灣零售業的發展,並不符合這項理論,因台灣的便利商店是以高價切入市場,而它所威脅到的零售業,有許多是較低價的雜貨店與超級市場。百貨公司以及新興零售業如電視購物等,亦非以低成本、低價格、低毛利進入市場。另外,量販店固然是以低價進入市場,但十多年來未曾見到價格上漲的趨勢,甚至還有價格下滑的情況。

零售車輪理論或許可以解釋過去某些零售業發展的現象,但它的前提「絕大多數的消費者都是價格敏感的」卻也受到質疑與挑戰。後來的零售業發展證明,非價格因素如便利性、商店與產品形象、服務水準、商場活動等,亦相當受到

眾多消費者的重視，而成為零售業的競爭武器之一，而這些因素都是本項理論所忽略的。但無論如何，**零售車輪理論至少可收到「新的零售形態可能會取代舊有的零售形態」警惕的作用。**

6.4 零售兩極化

零售兩極化（Polarization of retailing）係指市場零售商有朝兩極化同時並存的現象。一方面大規模零售業日益發展，產品組合不斷擴大；但另一方面，各式各樣的專業化小型商店也如雨後春筍般地出現。前者如超級市場及量販店；後者如速食店、24小時便利超商、服飾店、鞋店等。

6.5 複合式經營

6.5.1 複合式經營的意義

複合式經營是指兩個或兩個以上的實體商店的結合、複合，藉由結合其他產業在同一賣場內共同經營，使消費者同時滿足兩種以上的需求，所從事的多角化經營方式，且複合式商店的商品組合通常是具有相關性、系列性的。

6.5.2 複合式經營之原則

(1) **行業屬性相容**：複合式經營的行業屬性必須能夠相容，不致因為新增加的產品而影響到原有行業的經營。
(2) **經營技術易學**：在導入複合式經營後，只要原班人馬再施以短期訓練即可，不需要再另外增加人手，避免人事成本因複合式經營而提升。
(3) **顧客群要同質**：消費是一種習慣行為，複合式經營主要藉原有客層入店後再延伸出新的消費，故二者的顧客群要相同。

6.5.3 複合式經營之主要考量因素

(1) 複合的經營可以減輕管銷、人事費用與房租的負擔。
(2) 藉由不同業種或經營型態的結合，達到吸引人潮的目的，增加來客人數。
(3) 在高度競爭的市場壓力之下，許多行業本身的獲利空間已達飽和，而透過不同經營型態的結合，可擴大彼此的利潤成長空間。

6.5.4 複合式經營之優點

(1) 可分散風險,可提高坪效,增加店面空間使用率。

(2) 可提高來客數及營業額。

(3) 由於商品增加,可滿足顧客一次購足的願望。

(4) 複合式經營的毛利會趨近於淨利。

第七節　商業區域與零售商圈

通常所謂的「商圈」係指消費者會前往逛街購物的、由一群商店聚集而成的地理區域,亦即「商業區域」(commercial district)。但是學術界對商圈(trading area)的定義則指「一家商店的顧客所分布的地理區域」,亦即客戶的來源範圍。當我們說某家商店的主要商圈在方圓一公里之內,意指它的顧客主要是來自方圓一公里之內的區域(為了區別與方便說明零售業的相關範疇起見,本書係採用後者的定義)。

7.1　商業區域的類型

商業區域是由一群商店所形成的地理區域。按照顧客背景、顧客流動性等因素,商業區域可以分為下表所列幾種類型:

都會型	都會型商業區域係指都市中許多人(包含都市居民與外來遊客)的主要購物、休閒、娛樂的地方。
轉運型	轉運型商業區域內的人潮主要是因為交通工具轉運而來,因此消費者逗留時間不長,例如許多都會與城鎮的火車站附近區域。
遊樂型	遊樂型商業區域的消費者多以遊客為主,人數隨季節與氣候變化,生意較不穩定。
社區型	社區型商業區域的零售業係以服務該社區的居民為主。
辦公型	辦公型商業區域的零售業以服務該區域內上班人員為主,通常白天生意比晚上好。
校園型	校園型商業區域內的消費者多以學生或教職員為主,寒暑假生意較差。

7.2　零售商圈的類型

根據消費者所占的比率，零售商圈可下表所列三個類型：

主要商圈	主要商圈是最接近商店並擁有最高密度顧客群的區域，涵蓋了大約七成的顧客。在主要商圈內，商店具備易接近性的競爭優勢，足以吸引顧客前往惠顧，因而形成非常高的顧客密集度；就理想的情況而言，一家商店的主要商圈最好不要與競爭對手的主要商圈相互重疊。
次要商圈	次要商圈位於主要商圈向外延伸的區域，涵蓋了大約兩成的顧客，顧客密度較小。一家零售店對其次要商圈的顧客仍具有一定的吸引力，但須與其他競爭對手爭取顧客。
邊緣商圈	邊緣商圈的顧客密度很小。這些只占大約一成，其顧客也許是臨時起意或是他的忠誠度很高，才可能光臨惠顧。

7.3　影響零售商圈的因素

交通	交通建設便利與否直接影響消費者的購物時間、精力與成本，因此商店所在地的交通愈便利，愈能吸引消費者前往購物，其商圈也就越大。
地形	山丘、河流、湖泊、叢林等自然地形，會影響到一個地方的橋樑、道路等基礎建設的興建，更影響人們前往該地購物的意願與能力，進而影響商圈的形成與範圍。
商品種類	商店內的產品種類會影響其商圈的大小。在各類產品中，「便利品」的商圈最小，原因是人們不願多花時間去搜尋與採購，而只願在鄰近的商店購買；「選購品」的商圈則比便利品的商圈還大，因為消費者願意花費較多的時間與精力選購；擁有「特殊品」的商店，其商圈更廣，因為特殊品具有相當高的價值與風險，而且多採用獨家式配銷，消費者當然願意花費較多的時間到遠地的商店比較與購買。
商店組合	一家商店附近的商店組合會影響這家商店的商圈大小。如果一個地區的商店組合多樣化或是形成互補關係，消費者會因為一次購足的方便性而樂於前往，因此會擴大個別店家的商圈範圍。

行銷策略	行銷策略會影響商店的吸引力、消費者光顧的意願等，故會影響商圈的規模。例如產品組合愈廣或愈有特色、價格愈低或推廣活動愈積極，就愈能吸引較遠的消費者而擴大商圈。例如量販店即憑著其產品廣度、價格低廉與促銷優惠等，而創造了比許多商店還廣大的商圈。
競爭者	當一個地區銷售類似產品的競爭者眾多，由於商品種類完整，方便消費者比較選購，而形成強大吸引力，使得遠處的消費者亦願意前往，因而能擴大每一家商店的商圈。

7.4　批發商

7.4.1 批發商的特色與功能

(1) **特色**：批發商（wholesaler）係指將產品銷售給那些準備再出售或作為營運用途的企業、非營利組織與政府單位等之企業體。批發商和零售商最大的不同，在於批發商的主要顧客為組織而非最終消費者（一般民眾）。正因如此，批發商的單筆交易金額比較大，而且對促銷活動、商店氣氛、設立地點等，不像零售商般重視。再者，批發商所涵蓋的市場範圍也比零售商廣。

(2) **功能**：由於批發商具有規模經濟、與零售據點接觸廣泛、專業的技術等，使它在通路中能進行有效率的配銷活動，故它的存在，有幾項功能，包括：A.使得製造商無需直接接觸眾多的零售商，因而降低了銷售成本。B.銷售產品種類眾多的零售商亦喜歡向批發商購買，以降低與製造商的交易次數及成本。C.批發商可提供整買零賣、重新組合搭配產品、降低供應商倉儲成本與風險、提供更快捷的送貨服務等功能，故而能為零售商與最終消費者帶來更好的服務與效益。D.批發商進行批發時，以預購形式向生產部門購進商品，從而為生產部門提供再生產所需資金；也可以以賒銷的方式向零售部門銷售商品，從而使零售商不致於因資金短缺而不能正常進貨，故有融通資金（財務融資）的功能。E.批發商因集中了多品種、大批量的商品，而承擔了商品損耗、變質、過時滯銷、貨款拖欠、丟失、退換以及其他經營風險和商業風險，故亦有承擔風險的功能。

7.4.2 批發商的類型

(1) **商品批發商（merchant wholesaler）：係指擁有商品所有權並獨立經營的批發商，通稱為「盤商」。**商品批發商可以提供的服務有存貨、退貨、信用交易、配送、行銷資訊提供、管理技術諮詢、協助促銷等。當然，不見得每一家批發商都提供完整的服務。根據產品的廣度，商品批發商可再分如下：

綜合批發商	係指擁有多個產品類的批發商，例如同時銷售洗髮精、絲襪、梳子等。
專業批發商	僅提供單一產品類的批發商，例如健康食品批發商、汽車零件批發商。

(2) **代理商（agent）與經紀商（broker）：跟商品批發商的主要的差異為他們並不擁有產品所有權，其主要功能在於代表買方或賣方，促進商品交易，然後從中賺取佣金。**

代理商	係指長期代表買方或賣方的中間商。例如製造商代理商通常會跟所代理的不同製造商簽訂合約，明訂代理地區與期限、價格策略、送貨服務、訂單處理程序與佣金比率等，然後由代理商負責推廣銷售，這類代理商的委託代理人，往往為財力不足以維持銷售人力的小型製造商，或想藉由代理商打開新市場的製造商。
經紀商	係指短期僱用的中間商，其交易屬個案性質，例如保險經紀商、不動產經紀商、證券經紀商等。

7.4.3 製造商不願採用批發商的原因

批發商在行銷過程中，雖然具有前述一定程度的功能，但有時候製造商卻出現不願採用批發商這條行銷通路，其主要原因有下幾端：

(1) **批發商的因素：**

批發商未積極推廣商品	通常批發商只對較暢銷的商品以及利潤較高的產品，才有推廣意願。
批發商未負起倉儲功能	有些批發商因為缺乏大的空間或不願積壓資金，故不願配合廠商要求積存大量存貨。
批發商發展自己的品牌	部分大的批發商試圖發展自己的品牌，想要牢固地掌握市場，而想使廠商成為代工工廠而已。

(2) **製造商的因素：**

迅速運送需要	當產品的特性必須快速送達客戶手中時，自然不須透過批發商這一關卡。
製造商希望接近市場	透過批發商行銷產品，對廠商而言，多少總感覺生存的根基控制在別人手裡，希望能改變狀況，加強自主行銷力量。此外，接近市場後，對資訊情報之獲得，也會較快且正確。
市場容量足以設立營業組織	由於產品線齊全且市場胃納量大，足以支撐廠商設立營業組織，拓展業務。

(3) **製造商的因素：** 有些零售商為了降低進貨成本，也喜歡直接跟製造廠商進貨。

7.5 實體配送

7.5.1 實體配送的意義與重要性

實體配送（physical distribution）亦稱為「物流」，係指在有效滿足顧客需求與創造利潤的前提下，適時地將產品送達適當地點的活動。 這項活動涉及任何兩個通路成員之間的實體商品移動及相關的作業，如訂單處理、包裝、運輸與倉儲、存貨控制等。

實體配送具有節省成本以及加強顧客服務兩大目標。 透過存貨的有效預測與管理，能夠降低因囤積過多存貨的損失，而有效的訂單處理、產品運輸等則可以降低配銷過程的成本，使產品能有較佳的利潤，亦可提升顧客服務水準。但是「節省成本」與「加強服務」二個目標卻互相牴觸。例如為了降低運輸成本而削減運輸設備與人力，但這樣做卻降低了顧客的服務水準；相反的，為了縮短顧客的取貨時間而增建倉庫或增加庫存量，如此一來卻提高了倉儲成本。這種魚與熊掌不可兼得的現象，代表實體配送必須講求系統觀念，也就是任何活動的改變，都有牽一髮而動全身的效果，因此必須注意各活動之間的關聯性。

7.5.2 實體配送的主要活動

實體配送包含了下列五個通路相關的成分，如訂單處理、倉儲、存貨控制、運輸、搬運等五個主要構成系統， 分別說明如下：

(1) **訂單處理**：實體配送開始於接獲顧客訂單，一直到取得付款結束。這整個訂單處理（order processing）的週期包含鍵入訂單、顧客徵信、檢查庫存（如果沒有足夠存貨）、安排生產、開出發票、安排出貨、運送貨品、取得貨款等；這個週期越短，則顧客的滿意度愈高，而利潤將愈高。目前的電腦化與網際網路已經加速訂單處理的速度，甚至由電腦系統提醒哪些產品需要訂購，而能有效地控制存貨水準，並降低成本。

(2) **倉儲**：在產品還未銷售至最終消費者前，需要透過倉儲（warehousing）的功能來調節商品的供需。亦即當製造商將產品製造完成時，或通路業者向製造商訂購一批產品時，通常市面上的需求尚未完全吸收所有的產品，故而需要將這些產品儲存，以便日後銷售，這時就需要倉儲來調節供需不平衡的問題。

倉庫的數量	倉儲的決策包含要建立多少倉庫、倉庫該設立在什麼地點、該使用哪一類倉庫等。倉庫又稱為「物流中心」、「發貨中心」或「轉運中心」。倉庫的數量與企業所要求的服務水準有關：要求的服務水準愈高，則倉庫數量就需愈多，如此可以將產品越快送達顧客手中。但是增加倉庫勢必增加倉庫的建設或承租等費用，因此決策人員必須考慮在「服務水準」與「倉庫成本」間尋找一個平衡點，加以明智地抉擇。
倉庫的地點	倉庫的地點主要取決放生產地點的分布、顧客的分布、地理、交通、成本等特性。
自建或承租	倉庫應選擇自建或承租，亦是倉儲的決策之一。這項決策除了必須考慮成本之外，還必須考慮企業的策略方向、產品量、產品或業務上的特殊需要等。若廠商資金有限或所處理的產品數量沒有達到經濟規模，則承租倉庫應是比較正確的選擇。

(3) **存貨控制**：存貨管理（inventory control）的目的係在符合顧客需求的目標前提下，尋求一個最低的存貨水準，以降低營運成本。存貨若太多，將導致資金積壓以及倉儲、保險等費用的增加，並有產品過時、失竊和損壞等風險；反之，存貨若太少則容易造成缺貨，並造成銷售減少、顧客流失等不良後果。故而如何在這兩難當中，找出一個較適合的存貨水準，是存貨管理的重要工作。存貨決策包括訂貨時間與訂貨數量，其重點分述如下：

訂購點	當存貨降低到某一個水準，就必須下單採購，這個存貨水準稱為「訂購點」（order point）。訂購點與訂購的前置時間、產品使用率、缺貨風險及顧客服務水準等有關；訂購的前置時間愈長、產品使用率愈高、缺貨風險越大或顧客服務水準要求愈高，則訂購點就愈高，故提供足夠的安全庫存（safety stock）即在供給系統中作為緩衝用途或為了因應不確定需求，所必須持有的存貨數量。
訂貨數量	訂貨數量的決策，訂購量愈大則訂購次數就愈少；相反的，訂購量越小，則訂購次數就愈多。這代表存貨成本與訂貨成本呈反比關係，因此，最適合的訂購量是在存貨成本與訂貨成本二者總和最低時的訂購量。
及時存貨	為了讓存貨水準能兼顧「降低成本」與「滿足顧客需求」的雙重目標，業界發展出一套「及時存貨」（just-in-time inventor）的概念。簡言之，及時存貨係指「在必要的時候，運送必要數量的物品到使用地點」。這個概念著重在「減少存貨」、「降低倉儲成本」與「縮短生產與出貨的前置時間」。然而及時存貨要能發揮效果，就必須有「正確的預測」與「快速彈性的運送」相配合，始能克致其功。

(4) **運輸**：商品藉由有效的運輸（shipping）可即時運抵目的地，並確保商品的品質。運輸系統的建立可開拓許多廠商的商機。例如可以透過宅配直接送到消費者手中；而零售業者因門市空間有限，可擺放商品數無法擴大，卻可透過網路預購系統，再透過完善的運輸系統來延伸產品線與服務範圍。至於運輸最基本的決策需考慮的因素有下列二項：

運具的選擇	選擇恰當的運輸方式，如鐵路、公路、航空、水路與管線等。選擇標準包含這些運輸方式的速度、可靠性、成本、運量與彈性、可追蹤性、沿路服務據點的多寡等項；再者，產品本身的特性、訂單處理的急迫性等亦須列入考慮。
運具的設備	運輸工具上需要有哪些特別的設備（例如需否常溫、冷藏或冷凍），使能符合產品的特性，並降低成本與提高顧客服務，也是運輸決策中的重要項目。

(5) **搬運**：搬運（transport）係指倉儲建築內部之機械化或自動化設備用以搬運商品進出的功能。

7.6　配送管理

7.6.1 配送管理的意義

配送是指在經濟合理區域範圍內，根據用戶要求，對物品進行揀選、加工、包裝、分割、組配等作業，並按時送達制定地點的物流活動。配送管理（Distribution management）則是物流中一種特殊的、綜合的活動形式，它是利用電子化的出貨系統處理出貨文件以減化出貨流程，使配送程序更有效率的一種電子商務。它使商流與物流緊密結合，包含了商流活動和物流流動，亦包含物流中若干功能要素的一種形式。

7.6.2 配送管理的構成要素

(1) **集貨**：是將分散的或小批量的物品集中起來，以便進行運輸、配送的作業。
(2) **分揀**：是將物品按品種、出入庫先後順序進行分門別類堆放的作業。
(3) **配貨**：配貨，就是使用各種揀選設備和傳輸裝置，將存放的物品，按客戶要求分揀出來，配備齊全，送入指定發貨地點。
(4) **配裝**：集中不同客戶的配送貨物，進行搭配裝載以充分利用運能、運力。
(5) **配送運輸**：配送運輸是較短距離、較小規模，頻度較高的運輸形式，一般使用汽車做運輸工具。配送運輸的路線選擇問題是技術難點。
(6) **送達服務**：圓滿地實現運到之貨的移交，並有效地、方便地處理相關手續並完成結算，講究卸貨地點、卸貨方式等。
(7) **配送加工**：是按照配送客戶的要求所進行的流通加工。

7.7　位置決策 (Location decision)

位置決策係指公司行銷管理部門為考慮顧客購物之便利性或其他因素的重要性，而審慎選擇其「零售出口」（retail outlets）或倉儲地點的決策而言。

廠商在決定某個地點是否設置一個商店或門市部時，通常會考慮以下六項因素，並就其權重加以評估，以作成最後決定：
(1) 考慮該位置消費者人口流量多寡。
(2) 考慮該位置與目標市場之群眾是否搭配。
(3) 考慮該位置附近的交通是否便利。

(4)考慮該位置店面經營成本金額，是否過高致無利可圖。

(5)考慮該位置附近是否有過多的同類型（同質性）商店，而形成供給大於需求的惡性競爭情形。

(6)考慮該商圈未來的整體發展性好或不好。

第八節　電子商務

8.1　電子商務的意義

經濟部商業司對於電子商務（E-Commerce，EC）定義為：**電子商務是指任何經由電子化形式所進行的商業交易活動，包括可數位化的商品包含聲音、文字、影像及圖片。**析言之，所謂電子商務係指企業運用Internet網站、網路銀行、電子認證等工具與顧客溝通，並滿足顧客需求，進而達成線上交易。

線上行銷（digital marketing）又稱為數位行銷、網路行銷。它是指藉由數位科技來達到行銷的目的，相似詞包括online marketing、web marketing、E marketing。其範疇主要分為B2C（企業對消費者）、B2B（企業對企業）、C2C（消費者對消費者）、C2B（消費者對企業），以及隨著商業模式演變的O2O、B2B2C等。

8.2　電子商務的特性

(1)可直接連接購買者與販售商。

(2)買賣雙方資訊可透過數位化方式進行交換。

(3)不受時間與地點之限制。

(4)具有互動性，能動態適應顧客之行為方式。

(5)具有即時更新的機能。

8.3　電子商務的類型

企業對企業 （B to B；B2B）	將企業間之「供應鏈」與「「配銷鏈」管理利用網路自動化方式處理，節省成本，增進效率。亦即利用科技與網路從事商業活動，並透過上下游資訊的整合，增強競爭力，此部分即所謂的Extranet，我們稱之為商際網路（商流活動）。 B to B包含： 1.供應鏈管理（SCM）。 2.電子化採購（e-Procurement）。 3.電子市集（e-Marketplace）。 4.顧客關係管理（CRM）。
企業對個人 （B to C；B2C）	係指企業直接將商品（服務）推上網路，提供完整商品資訊與便利的介面，以吸引消費者選購。亦即透過便利的購物管道，提供訂製化的產品與服務。 B to C包含： 1.網路型錄展示（e-boucher）。 2.網路銷售（e-store）：(1)生產者網路商店；(2)中間商網路商店；(3)網路賣場。 3.拍賣（auction）：(1)競價拍賣；(2)集體議價。
個人對個人 （C to C；C2C）	網站經營者不負責物流，而是協助市場資訊的匯集，以及建立信用評等制度，買賣雙方（消費者）在此交易平台上，自行商量交貨及付款方式，經營者不負責物流，僅協助市場資訊匯集。亦即個人與個人間透過網際網路，在一個網站上進行交易，交易的雙方均為消費者，簡單的說就是消費者本身提供服務或產品給另一位消費者。 C to C包含： 1.業者提供交易平台，例如「Yahoo奇摩」網站拍賣。 2.消費者提供產品銷售。 3.消費者參與競標購買產品。

個人對企業 （C to B；C2B）	係指將商品的主導權和先發權，由過去的廠商身上交還給了消費者，消費者可因著議題或需要形成社群（匯集需求取代購物中心），透過集體議價等方式尋找商機。其成功關鍵在於協助客戶辨識能滿足消費者需求的廠商。 C to B包含： 1.業者提供交易平台。 2.業者提供產品銷售。 3.消費者以集體議價方式購買產品。
團購網 **O2O** （O to O；Online to Offline）	O2O（O to O；Online to Offline）係指將線下（離線）商務的機會與網際網路結合在了一起，讓網際網路成為線下(離線)交易的前臺。簡單說就是線上(網路平台訂購)交易，線下(人與人或者實體店面)服務。例如：O2O旅行、餐飲、美容美髮等通過打折、提供訊息、服務預訂等方式，把線下商店的消息推送網路上的客戶，從而將粉絲轉成線上會員再轉成實體消費，這就特別適合必須到店消費的商品和服務。

第九節　商業經營的機能

9.1 商流

所謂商流係指商品通路活動中，有關所有權移轉及文件憑證（包括發票、單據、契約、認證等）的作業處理程序。這個程序係指從商品流通的交易面，定義商品所有權的轉移活動，亦即商品所有權移轉、交易流通通路的各項活動。更具體地說，商流活動可定義為配合廣大消費者的各項需求，由上游流通業者製造或進口商品，運用行銷管理，特別是各類型的銷售通路，適時、適地、適量地提供給消費者選擇，進而滿足消費者需求，完成這一系列的銷售活動所包含的各類商業行為，構成商流系統。商流是流通活動之源頭，商品流通先有商品交易行為（所有權的移轉），才會有後續之物流（商品實體的流通），金流作業及資訊流。

9.2 物流

9.2.1 物流的意義

物流係指物品的「實體」流通，將產品從廠商處轉移到經銷商，經銷商再將他轉移給下游客戶，最終到達最終消費者和用戶的一系列產品實體的運動過程。

(1) **狹義的物流**：只探討「製成品」的銷售流通，著重於訂單處理、存貨控制等。

(2) **廣義的物流**：涵蓋上游原料市場的供應配送、原物料或「半製成品」在工廠內部各生產線的流通，以及下游「製成品」的銷售流通。

9.2.2 物流中心的機能

物流的關鍵在於自動化。其主要機能如下：

(1) **運輸配送**：將物品快速地由某一個地點運送至顧客指定的地點，加速物品的流通效率，故此機能為物流的核心機能。

(2) **倉儲保管**：透過物流系統所提供的倉儲服務，讓物品得以妥善儲藏，並且於各個流通階層有需求時，可從中提領配送。

(3) **裝卸搬運**：透過物流系統及裝卸搬運(如堆高機、動力輸送帶等)的使用，使貨物可以進行堆疊、裝卸與搬運，減少物品在進貨、倉儲等各工作區停滯與等待的時間。

(4) **加工包裝**：(不含製造)對物品進行分類、重新包裝或黏貼標籤等加工作業，以符合零售商與顧客的需求。

(5) **資訊提供**：將配送情報資訊回饋給製造商(如配送效率、配送時間及成本等)以作為其營業參考。

9.2.3 物流中心的種類
(1) 依成立者區分：

製造商成立的物流中心（MDC）	製造商為了掌握通路以銷售其產品而成立。
零售商成立的物流中心（RDC）	零售商為了取得商品增加議價空間而成立。
批發商成立的物流中心（WDC）	批發商為了銷售商品降低流通成本而成立。
貨運公司成立的物流中心（TDC）	貨運公司為了充分運用本身廣大運輸網與貨站而成立。

(2) 依經營型態區分：

封閉型 物流中心	又稱為「專用型物流中心」，專為配送企業體系內之商品而發展出來的物流中心。例如7-11、全家便利商店配送商品、康是美藥妝店配送商品。
營業型 物流中心	又稱為「混合型物流中心」。係指擁有商品的所有權，並從事商品銷售的物流中心；這一類型的物流中心，不僅為同一關係企業內之公司配送商品，也為其他企業配送商品。例如德記洋行成立的德記物流。
中立型 物流中心	又稱為「開放型物流中心」，係指不擁有商品的所有權，也不干涉商品的交易活動，而僅發揮傳統配送功能的物流中心。例如國內發展專業物流的新竹物流、大榮貨運即為代表。

9.2.4 第三方物流

第三方物流（Third Party Logistics；3PL）係指物流服務提供者為居於第一方發貨人（賣方）及第二方收貨人（買方）之間的第三方，須為賣方與買方的整個物流鏈提供服務，其主要提供之服務，乃是將運輸、倉儲、包裝、物料管理、產品配送，以及其他輔助性管理之流程，運用專業知識將整個資訊網絡整合，並進行有系統的統一管理。 其主要優點在於降低成本，節省資本支出以及避免無謂的運作成本。由於獨立於買方與賣方之間，故稱為第三方物流。

9.2.5 第四方物流

第四方物流（Fourth Party Logistics；4PL）係為第三方物流的衍生而來。企業的供應鏈由Insourcing演進為Outsourcing與第三方物流，未來之重要趨勢即為第四方物流。**所謂第四方物流，係指供應鏈的整合者，有能力將組織內部及互補合作廠商之所有資源、能力及技術等，加以組合及管理，以提供予客戶全面的供應鏈解決方案（Solution），俾提供客戶更大之跨機能整合及營運自主權。**

第三方物流和第四方物流差異之處，在於第四方物流整合了資訊解決方案、諮詢顧問、第三方物流、各種服務供應商以及企業客戶；亦即第四方物流是架構於第三方物流的基礎上，對管理以及技術等物流資源進一步整合，以達到全球化的供應鏈，並且為使用者帶來全面性的供應鏈物流機能。

第十節 行銷通路流向（marketing flows）

由於中間商具有「交易、促成交易與物流」的三大功能，因此通路成員之間的活動相當動態，彼此間存在著幾種流程（Flow），顯示個別「專業分工」的重要性。除了「物流（實體流）」（Product Flow或Physical Flow）之外，尚存在下列幾種流程：

1. **所有權流**（Title flow/ Ownership Flow）：將所有權由製造商轉向中間商的流程。
2. **協商流**（Negotiation Flow）：買賣雙方的詢問、議價、交涉等流程。
3. **推廣流**（Promotion Flow）：從製造商到消費者之間溝通說服過程的流程。
4. **訊流**（Information Flow）：通路成員之間可以協助收集市場環境中潛在及現有顧客、競爭者和參與者資訊的流程。
5. **金流**（Money Flow）：係指企業之間，因貨款處理產生的資金流程。

經典範題

☑ 測驗題

（　）**1** 行銷通路的功能不包括下列哪一項？　(A)傳達訊息、協助推廣功能　(B)分攤行銷費用降低產品成本功能　(C)尋找顧客、聯絡接洽功能　(D)商品運送與儲存功能。

（　）**2** 比較適合利用密集式的經銷策略是合種商品？　(A)特殊性的商品　(B)選購性的商品　(C)便利性的商品　(D)炫燿性的商品。

（　）**3** 目前物流（logistics）、實體分配（physical distribution）最常用的方法係屬何種通路階層？　(A)零階通路　(B)一階通路　(C)二階通路　(D)三階通路。

（　）**4** 通路成員的活動大多各自為政，他們必彼此之間雖有所往來，但沒有任何的合作協調關係存在。係屬何種通路？　(A)傳統行銷系統　(B)水平行銷系統　(C)管理式垂直行銷系統　(D)所有權式垂直行銷系統。

（　）　**5** 市場涵蓋密度係指在一個銷售區域內零售據點的數目與分布情況，故亦稱為通路的廣度；市場涵蓋密度可分為三種，下列何者不在其內？　(A)選擇式配銷　(B)獨家式配銷　(C)密集式配銷　(D)專業式配銷。

（　）　**6** 下列敘述何者有誤？　(A)市場分散，則採較長的分配通路　(B)消費品通常採較短的分配通路　(C)產品具快速變動性者，宜採較短之分配通路　(D)過重或過大的產品，應盡可能採較短分配通路。

（　）　**7** 在同一個通路體系內，不同層級的通路成員之間所產生的衝突，稱為：　(A)橫向衝突　(B)多重通路衝突　(C)水平衝突　(D)垂直衝突。

（　）　**8** 當事人的一方追求本身的利益，另一方面則為對方著想而採取合作的態度，此種衝突處理的方式稱為：　(A)妥協　(B)順應　(C)統合　(D)退避。

（　）　**9** 通路權力（channel power）係指某個通路成員具有影響或控制其他成員行為的能力。若通路中的某位成員靠著他的名望、地位、人情等因素，使得通路中的其他廠商願意與之合作，則這位通路成員具有何種權力？　(A)認同的權力　(B)專業的權力　(C)合法的權力　(D) 獎懲的權力。

（　）　**10** 主要銷售管道為電視、廣播、雜誌、網際網路等大眾傳播媒體、文宣或型錄等的行銷方式，稱為：　(A)直接行銷　(B)直效行銷　(C)大量行銷　(D)大眾行銷。

（　）　**11** 長期代表買方或賣方的中間商，稱為：　(A)代理商　(B)經紀商　(C)行紀　(D)掮客。

（　）　**12** 貨品製成後經由中間商至消費者，或由生產者直接至消費者的行銷過程，稱為：　(A)顧客導向　(B)促銷　(C)物流　(D)分配通路。

（　）　**13** 下列何種中間商不擁有貨品的所有權？　(A)代理商　(B)批發商　(C)零售商　(D)配銷商。

（　）　**14** 行銷通路愈長，代表：　(A)商品傳達到消費者手中之速度愈快　(B)商品鮮度愈低　(C)商品流通成本愈低　(D)商品價格愈低。

(　　) **15** 選擇分配通路時，應考慮的因素下列何者非之？　(A)易腐敗的產品通路宜短　(B)公司財富雄厚通路可較短　(C)市場愈集中通路可愈長　(D)流行的產品通路可愈短。

(　　) **16** 產品由生產製造後，透過批發商、中盤商、零售商而達到最後消費者手中，此為：　(A)一階　(B)二階　(C)三階　(D)零階　通路。

(　　) **17** 零售業可依業種和業態加以區分，若蔡先生多角化經營商業，分別開設一家鞋店、一家服飾店、一家便利商店和一家超市，則下列敘述何者有誤？　(A)鞋店屬於業種　(B)服飾店屬於業種　(C)便利商店屬於業種　(D)超市屬於業態。

(　　) **18** 產品由製造商到批發商，再由批發商至零售商，然後轉售給消費者之通路，稱為：　(A)零階通路　(B)一階通路　(C)二階通路　(D)三階通路。

(　　) **19** 寶島眼鏡公司是那一種業態的經營？　(A)量販店　(B)專賣店　(C)百貨公司　(D)便利商店。

(　　) **20** 下列何者不擁有商品的所有權：　(A)批發商　(B)零售商　(C)中盤商　(D)代理商及經紀商。

(　　) **21** 遊客到觀光果園購買水果，就通路策略之路階而言，其通路結構為：　(A)三階　(B)二階　(C)一階　(D)零階。

(　　) **22** 網路購物中，製造商直接與消費者接觸，就通路策略之路階而言，其通路結構為：　(A)零階　(B)一階　(C)二階　(D)三階。

(　　) **23** 下列有關影響分配通路長短之敘述，何者正確？　(A)過重商品，以較長通路為宜　(B)易損毀商品，以較短通路為宜　(C)低單價商品，以較短通路為宜　(D)市場集中商品，以較長通路為宜。

(　　) **24** 下列那一種商品的銷售通路最短？　(A)牙膏　(B)文具　(C)遊艇　(D)罐裝奶粉。

(　　) **25** 由於鮮奶的有效期限很短，企業必須在有限的時間內將商品送到消費者手中，因此，其應採用的通路型態為：　(A)獨家銷售　(B)選擇性通路分配　(C)長通路　(D)短通路。

（　）**26** 企業配銷在其產品時，適合採取較長分配通路的為：　(A)單價高的產品　(B)體積小的產品　(C)易腐壞的產品　(D)所需服務多的產品。

（　）**27** 在產品因素中，因下列何種因素宜將其分配通路設長？　(A)產品價格低　(B)運輸及儲藏不易　(C)流行性產品　(D)高度技術性。

（　）**28** 下列有關影響分配通路長短之敘述，何者正確？　(A)易毀損之商品，以較短通路為宜　(B)低單價之商品，以較短通路為宜　(C)市場集中之商品，以較長通路為宜　(D)過重之商品，以較長通路為宜。

（　）**29** 下列何者不是行銷之通路功能？　(A)節省運輸成本　(B)資訊流通　(C)抑制需求　(D)便於接近顧客。

（　）**30** 行銷通路間會發生不同種類的衝突，下列何者係屬於水平的通路衝突？　(A)牛仔褲製造商批發給二家百貨公司，導致專門店的抗議　(B)飲料公司與其通路商之間的摩擦　(C)福特汽車經銷商抱怨該地區的其他經銷商在廣告方面過度競爭，搶走不少客戶　(D)通用汽車公司為了加強服務，在製定價格與廣告政策時與經銷商發生利益的摩擦。

（　）**31** 下列何者是無店鋪銷售方式？　(A)網路購物　(B)便利商店　(C)超級市場　(D)百貨公司。

（　）**32** 下列對於專賣店的敘述，何者正確？　(A)商店外觀與陳列能突顯商品特色　(B)銷售對象以家庭為主　(C)以提供中高價位的商品為主　(D)賣場寬闊，內部裝潢簡單。

（　）**33** 選擇分配通路應考慮的各種因素中，下列何者不屬於市場因素？　(A)顧客的購買習慣　(B)潛在顧客的多寡　(C)產品線的廣狹　(D)市場集中程度的高低。

（　）**34** 下列有關行銷通路功能的敘述，何者有誤？　(A)提供有效的庫存與實體物品的運送　(B)實現產品所有權的移轉　(C)不提供融資協助　(D)監督所有權在組織或個人間之實際移轉狀況。

（　）**35** 通路管理中，可降低通路成員銷售毛利、取消先前答應的各種獎賞的權力，係屬於：　(A)認同權　(B)強制（懲罰）權　(C)專家權　(D)獎賞權。

( ) **36** 長期而言，製造商獲取中間商合作的最有效力量是： (A)法定力量 (B)獎酬力量 (C)參考力量 (D)強制力量。

( ) **37** 下列何者非行銷通路的成員？ (A)配銷商 (B)批發商 (C)製造商 (D)消費者。

( ) **38** 下列何者非批發商的功能？ (A)整買零賣 (B)商品廣告 (C)風險承擔 (D)財務融資。

( ) **39** 下列何者非行銷通路的功能？ (A)決定產品價格 (B)集中與保存產品 (C)處理顧客訂單 (D)提高交易效率。

( ) **40** 下列何者非通路的功能： (A)推廣 (B)協商 (C)加價 (D)實體配送。

( ) **41** 由於商業環境改變，「在家購物」變成一種趨勢，會給哪一種行業增加商機？ (A)超市 (B)無店鋪行銷 (C)休閒業 (D)汽車市場。

( ) **42** 下列何者非通路廠商： (A)家樂福 (B)7-eleven (C)Yahoo奇摩 (D)台積電。

( ) **43** 就通路策略之路階而言，觀光果園或土雞城餐廳係屬於： (A)零階通路 (B)一階通路 (C)二階通路 (D)三階通路。

( ) **44** 下列那一種行業，以通路觀點而言係屬零階通路？ (A)自動販賣 (B)百貨公司 (C)購物中心 (D)量販店。

( ) **45** 行銷組合中，產品係透過何種管道到消費者手中？ (A)定價 (B)產品 (C)促銷 (D)分配通路。

( ) **46** 下列何者不屬於無店鋪零售的經營型態？ (A)購物中心 (B)電視購物 (C)網路購物 (D)自動販賣機銷售。

( ) **47** 由總公司自行至各地布點，所有權即事權由總公司決定，這是哪一類的連鎖經營型態？ (A)直營分店 (B)共創連銷 (C)加盟店 (D)授權分紅。

( ) **48** 直營加盟是屬於： (A)思想產業 (B)技術產業 (C)管理產業 (D)以上皆非。

( ) **49** 由生產者、批發商及零售商所組成的聯合系統稱之為： (A)水平行銷通路系統 (B)垂直行銷通路系統 (C)綜合行銷通路系統 (D)分層行銷系統。

（　　）**50** 從製造商到零售商的整個通路系統之通路成員，都屬於同一個公司或集團所擁有，此稱為：　(A)多重行銷系統　(B)傳統行銷系統　(C)水平行銷系統　(D)垂直行銷系統。

（　　）**51** 下列有關行銷通路與管理之敘述，何者正確？　(A)批發商與零售商不屬於行銷通路　(B)由製造商直接銷售產品給最終顧客的通路模式稱為零售商管道　(C)通路不屬於行銷4P　(D)通路從製造商、批發商、零售商到消費者手中的過程，稱為流通。

（　　）**52** 許多旅行社以同業合團（併團）的方式，成立「出團中心」是屬於：　(A)契約式通路系統　(B)所有權通路系統　(C)垂直行銷通路系統　(D)水平行銷通路系統。

（　　）**53** 近來企業界相當重視以宅配方式將產品直接運送至消費者，其係屬企業管理的何種策略？　(A)財務策略　(B)通路策略　(C)生產策略　(D)人事策略。

（　　）**54** 關於連鎖加盟組織的類型，下列敘述何者有誤？　(A)合作加盟係指由性質不同的廠商結合而成的連鎖店　(B)特許加盟係指由總部傳授連鎖加盟店的管理與技術　(C)自願加盟係指由連鎖加盟店各自獨立經營，而且和總部的地位平等　(D)直營連鎖係指由總部直接管理連鎖店。

（　　）**55** 我國便利商店的現況發展與特色，下列敘述何者錯誤？　(A)連鎖系統的經營方式有利於提高總部與各分店的管理績效　(B)只有在消費水準較高的都會地區發展　(C)提供各項多元化的服務　(D)速食商品快速發展。

（　　）**56** 下列何者不是通路成員的服務產出？　(A)產品品質　(B)等待與運送時間　(C)產品多樣化　(D)服務支援。

（　　）**57** 零售車輪（Wheel of Retailing）的假設認為既存的商店受到創新商店的威脅，因為創新商店通常具有：　(A)高利潤、高價格和高姿態　(B)低利潤、中等價格和低姿態　(C)低利潤、低價格和低姿態　(D)中利潤、低價格和高姿態。

(　) **58** 廠商建立兩種以上通路，互相競爭，銷售至同一市場，往往會造成：　(A)水平通路衝突　(B)垂直通路衝突　(C)多重通路衝突　(D)完全衝突。

(　) **59** 當生產廠商與它的批發商發生衝突時，此生產廠家正經歷下列哪項衝突？　(A)多重通路的衝突　(B)水平通路的衝突　(C)垂直通路的衝突　(D)單一通路的衝突。

(　) **60** 製造商與批發商之間或是批發商與零售商之間的衝突，是一種：　(A)多重通路衝突　(B)水平通路衝突　(C)垂直通路衝突　(D)以上皆非。

(　) **61** 下列有關現代化商業機能的敘述，何者有誤？　(A)物流是商品的流通　(B)金流是資金的流動　(C)商流是交通的流通　(D)資訊流是資訊的流通。

(　) **62** 各項商品、價格及市場銷售資料之蒐集評估所形成的系統，是現代商業活動範圍中的：　(A)物流　(B)商流　(C)金流　(D)資訊流。

(　) **63** 商業經營的機能是由何者所組成？　(A)物流　(B)商流　(C)資訊流　(D)以上皆是。

(　) **64** 小明利用郵政劃撥繳納水費、電費，此過程含有商業四流中哪些部分？　(A)物流、資訊流　(B)商流、物流　(C)資訊流、商流　(D)資訊流、金流。

(　) **65** 下列何者非物流中心所提供的服務？　(A)驗貨　(B)保固　(C)運輸　(D)規劃流通過程。

(　) **66** 以發起的業者來分類，比較不同類型的物流中心，下列敘述何者有誤？　(A)製造商型物流中心是由製造商向下整合而成　(B)零售型物流中心是由零售商向上整合而成　(C)貨運型物流中心是由貨運公司轉型而成　(D)批發型物流中心是由零售商指定專業公司而成。

(　) **67** 下列有關「物流」與「商流」的敘述，何者正確？　(A)兩者不一定同時產生，但可以分別存在　(B)兩者不一定同時產生，而且也不可以分別存在　(C)兩者一定同時產生，但不可以分別存在　(D)兩者一定同時產生，且可以分別存在。

（　　）**68** 企業直接將商品推上網路，提供完整商品資訊與便利的介面，以吸引消費者選購，係屬何種電子商務的類型？　(A)B to B　(B)B to C　(C)C to B　(D)C to C。

（　　）**69** 企業對消費者或顧客之電子商務為：　(A)B2B　(B)B2C　(C)B2A　(D)C2C。

（　　）**70** 下列關於電子商務的敘述，何者有誤？　(A)政府與企業間的電子商務，涵蓋B2G範圍中　(B)可數位化的商品包含聲音、文字、圖片，目前影像仍無法數位化　(C)一般所稱B2B指商流活動　(D)電子商務是指任何經由電子化形式所進行的商業交易活動。

（　　）**71** 台積電為讓相關晶圓設計公司能夠直接在網路上進行下單，則有必要建立下列何種系統？　(A)B2C電子商務系統　(B)POS銷售時點管理系統　(C)B2B電子商務系統　(D)C2B電子商務系統。

（　　）**72** 電子商務發展快速，改變了許多傳統的商業模式。下列何者是消費者對消費者（C to C）的電子商務類型？　(A)統一超商的EOS系統　(B)Yahoo拍賣網站　(C)博客來網路書店　(D)汽車廠商直營網站。

（　　）**73** 下列何者不屬於金流工具？　(A)彩券　(B)匯票　(C)轉帳卡　(D)儲值卡。

（　　）**74** 下列有關現代化商業機能的敘述，何者不正確？　(A)物流與商流兩者可能同時發生　(B)商流是指商品實體流通的通路　(C)以電子貨幣進行付款作業是屬於金流　(D)物流的關鍵是自動化。

（　　）**75** 由原料製成商品，經過配送流通至消費者之程序稱為：　(A)金流　(B)物流　(C)商流　(D)資訊流。

（　　）**76** 下列有關現在當紅的電視購物頻道的敘述，何者錯誤？　(A)電視購物頻道屬於零售業的業態分類　(B)電視購物頻道是一種無店舖經營方式　(C)電視購物頻道必須有一個響亮的名字與網址　(D)電視購物頻道的成功必須結合高效率的物流配送系統。

（　　）**77** 商業的基本活動是商品的流通買賣，欲促進交易活動之進行與發展，除了需要透過商流、物流、金流，還需要透過下列哪一種商業流程？　(A)時間流　(B)技術流　(C)資訊流　(D)人才流。

(　)　**78** 網路購物根據所販售商品的型態，可區分為實體化商品、數位化商品以及：　(A)直銷商品　(B)線（網）上服務商品　(C)多層次傳銷商品　(D)郵購商品。

(　)　**79** 指物流服務提供者為居於第一方發貨人及第二方收貨人之間，須為賣方與買方的整個物流鏈提供服務者，稱為：　(A)第二方物流　(B)第三方物流　(C)第四方物流　(D)全方位物流。

解答與解析

1 (B)

2 (C)。密集經銷策略是指在同一市場上，讓公司的產品透過不同的，甚至是相互競爭的經銷商來販售，而不是只有唯一的經銷據點。通常這種方式對於一般便利性的商品是最適合的，例如在超市、便利商店、百貨公司裡都可看到各式不同的商品，它們以相互競爭方式提供民眾更多的選擇機會。

3 (C)

4 (A)。在傳統行銷系統中，供貨廠商從未想到如何替經銷商解決問題或改進營業狀況，而只是一味地希望對方進貨；再者，廠商有時為了增加產品銷售額及曝光率而過度鋪設產品，導致產品在市場重疊性太高，造成零售店之間惡性競爭。

5 (D)。市場涵蓋密度是指在一個銷售區域內零售據點的數目與分布情況，故亦可說為通路的廣度。市場涵蓋密度分為(A)(B)(C)三種而已。

6 (B)　　**7 (D)**　　**8 (C)**

9 (A)。認同的權力係指通路中的某位成員靠著他的名望、地位、人情等因素，使得通路中的其他廠商願意與之合作，這位通路成員因而掌握了認同的權力。

10 (B)　　**11 (A)**

12 (D)。分配通路（Distribution Channel）是依據消費者需求的內容，規劃最有效率的產品配送與儲運機制，讓消費者能夠適時、適量的購買所需產品的企業行銷機制。

13 (A)　　**14 (D)**　　**15 (C)**

16 (C)。三階通路係指產品由供應商至消費者手中，會有三種不同類型、且分層配送之中間商（即：產品供應商 批發商/經銷商/零售商 消費者）。例如由批發商將產品送交經銷商，再由經經銷商將產品送至零售商之產品配送型態。

17 (C)　　**18 (C)**

19 (B)。專賣店（specialty store）專門販售某一類型的產品，但是在其產品線內則是種類齊全、品牌眾多、專業產品知識豐富的零售店，可以吸引專業人士採購。例如寶島眼鏡公司、運動用品專賣店、家具店與書店等，均是專賣的性質。

20 (D) **21 (D)** **22 (A)**

23 (B)。產品本身容易毀損，為避免毀損或腐壞風險，分配通路宜短，通常應採直接行銷。

24 (C)

25 (D)。產品本身容易腐壞，為避免毀損或腐壞風險，分配通路宜短。

26 (B)。過重或過大的產品，由於運送與庫存不便，應盡可能縮短分配通路，或直接與零售商往來，如需中間商代為分配，則寧可選擇代理商，而不用批發商，以減少運輸及儲存之費用。相反的，體積較小的產品，則適合採取較長的分配通路。

27 (A) **28 (A)** **29 (C)** **30 (C)**

31 (A)。網路商店是一種無店鋪的銷售方式，它在網際網路興起之後，透過網際網路與電腦資訊技術，讓消費者可以下單購買所需的產品，甚至可以在虛擬電子商城中開店販售商品的新通路型態，最著名的就是amazon.com之網路書店。

32 (A) **33 (C)**

34 (C)。行銷通路具有促進的功能，在融資方面，它可協助取得及分配行銷通路各階層的存貨所需的資金。

35 (B) **36 (C)**

37 (D)。所謂通路（channel）係指將產品由供應商傳遞給「消費者」的管道。其成員包括製造、批發商、配銷商、代理商、零售商等，消費者為通路成員所要傳遞的最終點。

38 (B) **39 (A)** **40 (C)**

41 (B)。在零售交易中，消費者無需到店面去購買，這種不需要實際店面的零售活動，稱為無店面零售。

42 (D) **43 (A)** **44 (A)** **45 (D)**

46 (A)。購物中心（shopping center）通常會附設大型停車場，內部有各類專賣店、百貨公司或超級市場、餐廳、娛樂場所（如電影院、遊樂場）等。它可集結許多種類商品、飲食、遊樂等設施，因此可以吸引大量的逛街購物人潮，是此類通路的特色。

47 (A) **48 (C)**

49 (B)。垂直行銷系統（VMS）係用來整合上、中、下游的廠商，以便有效管理通路成員的行動，避免通路成員為了自身的利益而產生衝突或重複投資，進而期望能提高行銷通路的靈活度與獲利能力。

50 (D) **51 (D)**

52 (D)。水平行銷系統係一種橫向的關係，亦即同層級的組織所形成的合作體系（例如兩家生產者的合作），而這種合作可以是同業之間，亦可以是跨行業間的合作。例如電腦公司和電話公司合作開拓未來的通訊市場。

53 (B)

54 (A)。合作加盟（即「協力連鎖」）係類似合作社之連鎖加盟體系，各營業據點由社員共同出資，並設立一個中央連鎖系統，負責聯合採購、促銷、廣告等工作，社員並共享經營利潤。

55 (B)

56 (A)。產品品質是生產廠商的責任，品質好壞也掌控在生產者手中，非通路成員。通路成員所需要的通路服務產出水準，包括批量大小、等待與運送時間、產品多樣化、空間便利性、服務支援等。

57 (C)

58 (C)。多重通路衝突係指當製造商建立兩個或以上的通路系統時，不同通路體系為了爭取相同的顧客而導致的衝突。例如，汽車業者為了因應網路行銷的趨勢化及爭取網路客戶的訂單，推出線上訂車活動，結果造成傳統經銷商的反彈。

59 (C)。通路衝突係指在通路管理上（如生產商）與其他通路成員（如批發商）在目標、觀念上的對立，而藉以反對、傷害、摧毀和操控他人的行為阻止防礙他人達成目標，導致產生壓力、緊張的結果。

60 (C)

61 (C)。商流係指商品通路活動中，有關所有權移轉及文件憑證（包括發票、單據、契約、認證等）的作業處理程序。這個程序係指從商品流通的交易面，定義商品所有權的轉移活動，亦即商品所有權移轉、交易流通通路的各項活動。

62 (D)　63 (D)

64 (D)。金流係指企業之間，因為交易所出現的資金流動現象；與金流相關的資料，包括資金支付金額、時間、憑據、支付條件、支付對象、與交付方式等。資訊流則是指企業內與企業間的資料、資訊傳輸與流

通的現象。不論是電子化格式或其他形式的資料，都需求依據資料性質送給需求的人，透過資訊系統的傳輸，可以較便捷的進行與資訊流有關的活動。

65 (B)　66 (D)　67 (A)

68 (B)。B to C（企業對個人）係指企業直接將商品（服務）推上網路，提供完整商品資訊與便利的介面，以吸引消費者選購。亦即透過便利的購物管道，提供訂製化的產品與服務。

69 (B)　70 (B)　71 (C)

72 (B)。C to C（個人對個人）係指網站經營者不負責物流，而是協助市場資訊的匯集，以及建立信用評等制度，買賣雙方（消費者）在此交易平台上，自行商量交貨及付款方式，經營者不負責物流，僅協助市場資訊匯集。

73 (A)。金流係指企業之間，因為交易所出現的資金流動現象；與金流相關的資料，包括資金支付金額、時間、憑據、支付條件、支付對象、與交付方式等。彩票與資金流動並不相關。

74 (B)　75 (B)　76 (C)　77 (C)
78 (B)

79 (B)。第三方物流（Third Party Logistics；3PL）主要提供之服務，乃是將運輸、倉儲、包裝、物料管理、產品配送，以及其他輔助性管理之流程，運用專業知識將整個資訊網絡整合，並進行有系統的統一管理。

✅ 填充題

一、在同一市場上，讓公司的產品透過不同的，甚至是相互競爭的經銷商來販售，而不是只有唯一的經銷據點。此係 ＿＿ 經銷策略。

二、由製造商直接向最終消費者推銷商品，不須經過任何的中間商機構，此為 ＿ 階通路。

三、通路系統中有關於中間商的經營，有可能是由公司派人直接經營或是委託外人經營，此稱為 ＿＿＿＿ 式垂直行銷系統。

四、通路衝突的處理方式涉及到合作性與自主性等兩個構面，前者係指配合與滿足對方需求的程度，而後者則指滿足本身需求的程度。這兩個構面共同形成「競爭、退避、 ＿＿＿ 、統合、妥協」等五種衝突處理的方式。

五、零售商為了建立更大市場，並獲得更高的利潤與市場地位，會增添更好的設備，銷售更高品質的產品、提供更好的服務等，結果造成營運成本以及價格的上升，最後導致本身被另一些低價低毛利的新進零售商威脅而衰退，甚或倒閉。此稱為 ＿＿＿＿＿ 理論。

六、實體配送包含幾個相互影響的活動，如訂單處理、 ＿＿＿ 、 ＿＿＿＿ 、運輸及搬運等五個主要構成系統。

七、各營業據點係由加盟店個別出資，且須支付加盟金或權利金及營業保證金予授權者，並須與授權者簽訂合作契約，全盤接受它的軟體、硬體等Know-how與品牌使用權，此種連鎖，稱為 ＿＿＿ 連鎖。

八、量販店係指大量進貨、大量銷售，以平價供應消費者的 ＿＿＿＿ 。

九、企業運用Internet網站、網路銀行、電子認證等工具與顧客溝通，並滿足顧客需求，進而達成線上交易，此種商業活動稱為 ＿＿＿＿ 。

十、商品通路活動中，有關所有權移轉及文件憑證（包括發票、單據、契約、認證等）的作業處理程序，稱為 ＿＿＿ 。

解答

一、密集。　　　　二、零。　　　　三、所有權。

四、順應。　　　　五、零售車輪。　　六、倉儲、存貨控制。

七、特許。　　　　八、零售店。　　　九、電子商務。

十、商流。

✅ 申論題

一、 請說明通路的意義與重要性。
　　解題指引：請參閱本章第一節1.1。

二、 何謂通路範疇？企業所採用的通路範疇策略有哪幾種？請說明之。
　　解題指引：請參閱本章第二節。

三、 何謂垂直行銷系統？它又可分為哪幾類？請詳述之。
　　解題指引：請參閱本章第三節3.3.3。

四、 何謂市場涵蓋度？其可分為幾種？請說明之。
　　解題指引：請參閱本章第三節3.4。

五、 廠商在做通路設計時，應考慮哪些因素？請簡述之。
　　解題指引：請參閱本章第四節。

六、 通路的衝突的型態可分為哪幾大類？請說明之。
　　解題指引：請參閱本章第五節5.1。

七、 通路遇有衝突時，可運用哪些權力來維繫通路順利運作？
　　解題指引：請參閱本章第五節5.6。

八、 請說明超級市場與百貨公司的異同。
　　解題指引：請參閱本章第六節6.1.1。

九、 請說明專賣店與便利商店的異同？
　　解題指引：請參閱本章第六節6.1.1。

十、 商業區域可分成哪幾種類型？請說明之。
　　解題指引：請參閱本章第七節7.1。

十一、 請說明零售商圈的類型。
　　　解題指引：請參閱本章第七節7.2。

十二、 批發商有哪些類型？請說明之。
　　　解題指引：請參閱本章第七節7.4.2。

十三、 產品在做實體配送之運輸時，其基本的決策應考慮哪些因素？
　　　解題指引：請參閱本章第七節7.5.2(4)。

十四、批發商在行銷過程中，雖然具有一定程度的功能，但有時製造商卻出現不願採用批發商這條行銷通路的現象，其主要原因何在？

解題指引：請參閱本章第七節7.4.3。

十五、請說明自願加盟與特許連鎖的意義及其優缺點所在。

解題指引：請參閱本章第三節3.5.1。

十六、廠商在決定某個地點是否設置一個商店或門市部時，通常會考慮那哪些因素，並就其權重加以評估，以作成最後決定？

解題指引：請參閱本章第七節7.7。

十七、請說明第三方物流及第四方物流的意涵。

解題指引：請參閱本章第九節。

課前提要

本章主要內容包括推廣的概論、推廣的目標、廣告、銷售促進、公共關係、人員銷售、影響推廣組合的因素、決定推廣預算方法等。

第一節　推廣的意義與目標

1.1 推廣的意義與重要性

推廣（promotion）係將企業與產品訊息傳播給目標市場的活動。企業提供的各項產品或服務，需要透過各種管道讓消費者了解，激發消費動機或採購意圖，並引導消費者採取消費行動。為達到此項目的，產品或服務供應商會運用各種工具，傳達與產品或服務相關的訊息給消費者，不論是強調產品功能、價格條件或是購買情境等，希望使消費者有機會接觸到該項產品或服務，並且深入了解、產生興趣、進行試用並促成最後的實際採購。為達到此一目的，企業會依據不同的溝通目的，選用不同的訊息傳達方式。例如透過人員拜訪，直接接觸潛在消費對象，推薦與說服其選購該企業所提供的產品或服務；或者透過大篇幅的報紙或電視廣告，向多數可能的消費者介紹產品、說明活動訊息等，以獲得廣大潛在消費者的注意與支持。或者在銷售地點提供各式贈品、價格折扣或是設計具有獨特風格的賣場陳列，直接吸引消費者的注意與改變其消費行為，促成消費者選購該企業的產品或服務；或者利用報紙媒體進行相關的報導，向社會大眾介紹新的或是有創意的服務或產品，也能引發消費者注意。

企業有系統地推廣其產品或服務的活動形式，若將之有系統歸納，共有五種不同性質的主要活動範疇，包括廣告（advertising）、銷售促進（sales promotion；亦有稱為「促銷」）、公共關係（public relation）、人員銷售（personal selling）、直效行銷（direct marketing）。 這些活動類型扮演著不同的訊息傳達角色，分別提供消費者不同的訊息，其中包括單向與雙向溝通型態、人際與非人際之溝通媒介以及是否需求付費等。

以下所述**「廣告、銷售促進、公共關係、人員銷售、直效行銷」等五種不同型態推廣組合，分別具有推、拉機能，而需求相互搭配與整體規劃。藉由廣告或公共關係之推廣促銷活動，只能將消費者「拉」（pull）至產品或服務的賣場；若能在賣場中藉由人員銷售與銷售促進活動，則可以將商品「推」（push）至消費者，而發揮最大的銷售效果。故此種「拉」、「推」策略之交互運用，有助於產品銷售績效的持續提升。**直效行銷則同時具有「拉」、「推」的功能。

茲再做較詳盡說明如下：

推式策略	**係指製造商運用銷售團隊、推廣方式來引導中間商的支持與協助推廣產品給最終使用者，這種策略即稱為「推式策略」。**其作用過程為：企業的推銷員把產品推薦給批發商，再由批發商推薦給零售商，最後由零售商推薦給最終消費者。 此種策略適用於下列情況： (1)企業經營規模小，或無足夠資金用以執行完善的廣告計畫。 (2)市場較集中，通路較短，銷售團隊較大。 (3)產品具有很高的單位價值，如特殊品，選購品等。 (4)產品的使用、維修、保養方法需要進行示範。
拉式策略	**企業採取間接方式，透過廣告和公共宣傳促銷策略等措施吸引最終消費者，使消費者對企業的產品或服務產生興趣，從而引起需求，主動去購買商品。**其作用過程為：企業將消費者引向零售商，將零售商引向批發商，將批發商引向上游之生產企業。 本策略適用於下列情況： (1)市場廣大，產品多屬便利品。 (2)商品信息必須以最快速度告知廣大消費者。 (3)對產品的初始需求已呈現出有利的趨勢，市場需求日漸上升。 (4)產品具有獨特性能，與其他產品的區別顯而易見。 (5)產品為能引起消費者某種特殊情感的產品。 (6)採拉式策略，行銷預算多數都配置在廣告上。

1.2　推廣的目標

發展推廣計畫最重要的前二個步驟是「確認溝通對象」與「設定推廣目標」。
推廣對象與目標決定之後，才能決定推廣組合、設計訊息、選擇訊息媒介等。
溝通對象是誰？他們的人口統計、地理分布、心理與行為特性？這些對象對於
企業所要宣傳的產品會有什麼需求、經驗與預期？對於這些問題的了解，將有
助於後續推廣計畫的擬定。在許多推廣活動中，溝通對象往往就是目標市場，
所有推廣活動的最終目標是希望促使消費者購買。

1.3　推廣組合

1.3.1 推廣組合的要素（工具）

「推廣組合」又稱為「行銷溝通組合」，它包含以下五種要素工具：

(1) **廣告（advertising）：任何由特定提供者給付代價，以非人員的方式表達及
推廣各種觀念、商品或服務者。任何來自於組織、產品、服務或明確贊助
商的構想，所支付的非個人化溝通管道。**

(2) **人員推銷（personal selling）：由公司的銷售人員對顧客做個別報告，其目
的在促成交易與建立顧客關係。任何來自直接傳送訊息給一目標市場，配
合立即性的預期或短期間回應的傳播方式。**

(3) **銷售促進（sales promotion）：俗稱「促銷」，屬短期的激勵措施，以刺激
商品及服務的購買或銷售。提供額外的動機給消費者，以刺激達成短期銷
售目標。**

(4) **公共關係（public relation）：藉由獲得有利的報導、塑造良好的公司形
象、避開不實的謠言、故事和事件，與各種群體建立良好的關係。藉由獲
得有利的報導、塑造良好的公司形象、避開不實的謠言、故事和事件，與
各種群體建立良好的關係。**

(5) **直效行銷（direct marketing）：與謹慎選定的目標個別消費者做直接溝通，
期能獲得立即的回應－即使用郵件、電話、傳真、電子郵件的及其他非人
身接觸的工具，直接與特定的消費者溝通，或懇求獲得直接的回應。應用
銷售人員與消費者面對面的溝通方式，以期立即傳送訊息給消費者，或是
藉由人員間的互動，立即回應顧客的問題。**

1.3.2 推廣組合要素主要優缺點

推廣組合要素的主要優缺點詳列如下表：

推廣組合要素	優點	缺點
廣告	1. 一次接觸到許多潛在顧客。 2. 創造形象的有效方法。 3. 以時間和市場來看具有彈性。 4. 可以選用許多媒體。 5. 以每人訊息展露成本來看，相當低。 6. 適合達成許多類的溝通目標。	1. 所接觸到的許多人可能不是潛在顧客。 2. 廣告廣受批評。 3. 展露時間很短。 4. 人員會傾向避開廣告。 5. 總成本可能很高。
人員銷售	1. 銷售人員具有較大說服力與影響力。 2. 雙向溝通，允許發問與回饋。 3. 針對特定個人安排訊息。 4. 某些情況，例如複雜產品，顧客可能期望人員銷售的方式。	1. 每次接觸成本很高。 2. 銷售人員難以招募與激勵。 3. 不同銷售人員的展示技巧可能不一樣。 4. 差勁的展示技巧可能損害形象並且會丟掉生意。
銷售促進	1. 可以支持設計來刺激需求與短期降價措施。 2. 有許多促銷工具可用。 3. 可以有效改變行為。 4. 容易和其他溝通要素聯絡。	1. 可能造成品牌忠誠者的囤積，而對其他人卻沒有影響。 2. 衝擊可能只是短暫的。 3. 價格相關的促銷可能會損害品牌形象。 4. 競爭者容易模仿。
公共關係	1. 總成本可能很低。 2. 媒體所發送的訊息會比行銷人員所發送的訊息更可信賴。 3. 潛在購買者比較不會將公共報導的訊息篩掉。	1. 媒體可能不願合作。 2. 大家對媒體注意力的競爭可能很激烈。 3. 行銷人員對訊息的控制力很低。 4. 訊息無法重複發送。
直效行銷	1. 因銷售人員是公司員工或獨立的直銷商，可以省掉一大筆固定的人事費用。 2. 由於獨立直銷商的工作很自由而且很有彈性，吸引了很多兼職的人加入。	1. 有別於傳統行銷的亂槍打鳥方式，可直接針對目標族群進行行銷。 2. 較易建立消費者深厚的忠誠度，進而建立品牌印象。

1.3.3 影響推廣組合的因素

(1) **市場特性**：目標市場的人數及市場型態會影響推廣應用。消費者市場買家多、買量少、市場分散，重視廣告；組織市場則買家少、買量大、市場集中，重視人員銷售。

(2) **產品生命週期**：例如導入期，重視廣告、公關、試用、折扣；成長期重視廣告、公關；成熟期重視促銷及廣告；衰退期則一切縮減。

(3) **產品特性**：視標準化程度及價格而定，低則多利用廣告和促銷；高則多利用人員銷售。

(4) **公司的推廣策略**：「推的策略」多係利用人員銷售和中間商的促銷；「拉的策略」則多係利用廣告及促銷。

(5) **購買者的反應階段及可用資金與推廣的成本**：總成本少則多利用公共關係與地區媒體；總成本多則多利用廣告、促銷和人員銷售。

1.3.4 推廣組合的任務（目標）

一般來說，行銷溝通組合(行銷推廣組合)的任務目標可分為四：

(1) **告知**（Inform）：傳遞產品或服務的基本訊息。

(2) **說服**（Persuade）：用來改變顧客態度、信念與偏好。

(3) **提醒**（Remind）：用來提醒消費者對產品與品牌名稱的熟悉。

(4) **試探**（Testing）：用來尋求新的行銷機會，尋求潛在顧客或測試新行銷訴求。

1.3.5 整合行銷溝通的必要性

行銷溝通組合猶如一張網，如果網線越密網子範圍越廣且灑網範圍更精準越能夠抓住更多消費者並進而吸引其購買其他產品，發揮交叉行銷的效果。

(1) **透過整合行銷建構優勢品牌**：
　　A.溝通工具種類相當多，各有其優勢和限制。
　　B.產業內廠商競爭激烈。
　　C.市場的國際化。
　　D.科技創新快速。
　　E.消費者消費時間壓力。

(2) **利於發展良好行銷方案**：目標在做好品牌管理，強化品牌淨值，強化競爭力。

第二節   廣告

2.1   廣告的意義

「廣告」（Advertising）是今日企業運用最多的促銷方式，藉此向消費者傳遞訊息，來刺激大眾的認同和購買。那什麼是廣告呢？依據Kotler的定義，「所謂廣告是在標示有提供組織機構名稱的情況下，透過各式各類媒體，所從事的溝通工作，藉以達成該組織的目標」。亦有學者將廣告定義為「一種由特定的贊助者出資，透過傳播媒體上的語言、文字、圖畫或影像等，針對某個目標群體來進行溝通的推廣方式」。析言之，廣告係由特定的贊助者（如廠商）出資，藉由各種形式的資訊傳播媒介如報紙、雜誌、傳單、電視節目、看板、甚至車體等，對非特定之大眾提供相關產品或服務的資訊，讓消費者對於產品的特性、機能、定位、或品牌形象等內容，有進一步的認識、體會、認同，進而有興趣嘗試該企業所提供的產品或服務以及購買使用，甚至更進一步持續重複採購。

2.2   廣告的特性

(1) 對非特定對象說明產品或服務之特性。
(2) 需要不斷重複播送某一廣告訊息，才能說服消費者接受該項訊息。
(3) 傳播效益，不但受到媒體性質、播送時間、播送頻率的影響，更受到所設計的文案、表達方式、表達主題的影響。
(4) 需要付費播出，而且費用會隨著閱讀或收視群眾（合稱為「閱聽眾」）的規模而改變。

2.3   廣告管理的流程

行銷經理在為公司發展廣告計畫時，必先確認目標市場及其購買動機，然後對廣告的任務（使命/Mission）、預算（金錢/Money）、訊息（Message）、媒體（Media）、衡量（Measurement）等五方面作出決策，即對廣告的五個M作出決策（此即所謂「廣告管理的五個流程」）。此即著名銷售廣告計畫的「the five Ms」（五個要素）：

設定目標	廣告的目標可以區分如下三種： (1)告知性廣告（Informative Advertising）：係在告訴市場有關一項新產品的推出。例如紐巴倫（New Balance）運動鞋推出以「總統的慢跑鞋」為標題廣告，即屬此類廣告。 (2)說服性廣告（Persuasive Advertising）：係在競爭激烈的市場中常用的方法說服顧客來購買，目前大多數的廣告均屬於這一類。 (3)提醒性廣告（Reminder Advertising）：係用在成熟市場之中，目的在維持高的知名度、不論是在淡季或旺季均提醒客戶勿忘了本項產品。
決定廣告預算	廣告預算的策略可分為幾種，一為「銷售百分比法」，就是將以前或未來一年銷售額的某一百分比，設定為廣告費用；另一種方法是「量能支出法」，係依廠商資金或流動資金的寬裕能力來設定推廣費用，資金充足能力高者，即多投入推廣；資金缺乏時則用較少的預算，這是一種以公司本身能力為基準的衡量方法。
決定廣告訊息	廣告主題中含蓋的訊息為產品觀念中重要的訴求，訊息應該如何產生，一般而言有兩種途徑，一為「歸納法」（Induction）一為「演繹法」（Deduction）。「歸納法」是由下而上的方式，藉由各種的方法諸如「腦力激盪法」等，來尋求良好的廣告創意。另一種方法是由上而下的「演繹法」，吾人可運用此種觀念將 訊息訴求的重點規劃為：理性、感官、社會和自我滿足等類別，再依此不同的前提，演繹出不一樣的廣告作法與適當的廣告訊息。
決定廣告媒體	在經過上述諸多評估後，企業接著要做的即是選擇廣告媒體，來傳達廣告訊息。媒體的規劃者必須要了解各種媒體它的主要功能、成本和其優缺點，依據Coen1991年在美國作的調查報告，其中報紙使用的百分比是最高的占24%，其優點是涵蓋的地區較廣、閱讀人口眾多，但是由於有時效性所以會重覆閱讀者較少。電視因為結合了視聽效果，所以較易吸引人們注意，但是它的成本也較高。
廣告效果評估	廣告效果的評估可以區分為兩類，一為「溝通的效果」（Communication Effect）、另一為「銷售的效果」（Sale Effect），前者是指消費者對廣告的認知及印象如何，後者則是廣告作了之後，對銷售金額的影響。因此，企業應考慮自己的重點為何。

2.4 廣告的類型

廣告管理的首要步驟是確定「這份廣告的目的是什麼？」廣告可做其目的粗分為「機構廣告」與「產品廣告」二大類。

2.4.1 機構廣告

機構廣告亦稱為「企業性廣告」（institutional advertising），此種廣告不做推廣商品或勞務，其係用來傳達組織的理念和精神、提供組織資訊、表達組織對某個事件的看法或是回應外界的批評等，目的在於提升組織的形象與商譽。

2.4.2 產品廣告

產品廣告（product advertising）所要推廣的是廣告主的產品。依據廣告的主要目的，產品廣告可以再分為下列五類：

開創性廣告 （pioneering advertising）	亦稱為「告知式廣告」。這種廣告在於推廣全新或經過改良的產品，以增進消費者對產品的認知與了解程度，爭取新使用者。此類廣告適用於產品生命週期的導入期。例如Panasonic對於其新上市感溫冷氣之廣告「動就冷，不動就省」即屬告知性廣告。
競爭性廣告 （competitive advertising）	又稱為「說服式廣告（persuasive advertising）」，係指廠商為使自己品牌的產品，在競爭市場上能占有較大比例的銷售量。透過此類廣告，加強消費者品牌偏好、勸說品牌轉換、刺激消費者欲望與購買等，因此通常會強調品牌的特色與優點；它比告知式廣告多了幾分「針鋒相對」，並在促使購買的力道上更加強烈。此類廣告適用於產品生命週期的成長期與成熟期。例如「家樂福天天最低價」之廣告詞，即屬說服式廣告。
維持性廣告 （retentive advertising）	又稱為「提醒式廣告（reminder advertising）」。當品牌已經為多數目標消費者接受與肯定，並產生品牌忠誠度時，廣告的目的轉變為提醒消費者，不致讓消費者對其品牌印象模糊或淡忘，並鼓勵顧客繼續或長期性地購買本企業的產品，藉廣告使顧客對產品建立信心與好感。此類廣告適用於產品生命週期的成熟期與衰退期，提醒的項目包括品牌的地位、利益、悠久的歷史、故事等。

比較性廣告（comparative advertising）	它強調廣告品牌與競爭品牌之間的差異，故會增加廣告品牌的需求、降低競爭品牌的需求，並造成或強化兩者的差異性。
合作性廣告（cooperatire advertising）	例如某手機業者和某電信公司共同刊登廣告，並分攤廣告費用。由製造商負擔一部分或全部地方性代理商或零售商的廣告費用。亦屬此類。

2.4.3 產品生命週期與廣告

導入期	在產品生命週期的導入期，「廣告」乃是最具成本效益的溝通工具，因為剛進入市場，產品知名度低，需龐大的推廣與配銷費用，消費者的喜好與接受程度比較低，**以低密度的訴求策略為主**，以產品的功能取勝，以廣告與配合公共關係來打開產品知名度的效果最佳。
成長期	導入期的推廣活動與通路鋪貨開始產生效益，產品打開了知名度並獲得消費者的接納，是**以選擇式的訴求策略為主**，將理性與感性交互運用，因為產品熟悉與接受程度大增，競爭者增加，所以加強產品形式的變化、增進產品功能，為了產品市場的維持，此階段所投入的廣告資金逐漸增多。
成熟期	面對競爭激烈趨於飽和的市場，不但價格下降，為保護市場也維持著相當的行銷費用，此時則是**以密集式的訴求策略為主**，以感性的力量打動消費者，產品變化沒有成長期多，但仍可在品質、包裝、款式等方面改進，產品可藉由廣告將產品重新定位。
衰退期	產品不再受到歡迎，市場開始萎縮，此時**不宜再推出新式樣、新功能的產品**，而是應該收割市場，故產品大多只採提醒式的廣告。

2.4.4 鼓吹式廣告

公司可以表現對特定議題的觀點進行廣告，例如「訴求企業落實綠色環保作為」即是屬於鼓吹式的廣告（advocacy advertising）。

牛刀小試

（　）　廠商為使自己品牌的產品，在競爭市場上能占有較大比例的銷售量，透過何種廣告，可加強消費者品牌偏好、或勸說品牌轉換、或刺激消費者欲望與購買，宜採何種廣告？　(A)競爭性廣告　(B)維持性廣告　(C)告知式廣告　(D)開創性廣告。　　　　　　　　　　　　**答 (A)**

2.5 廣告訊息

廣告訊息（advertising message）係指消費者所接觸到的廣告文案（包括廣告口號、主標題、副標題、文字鋪陳、對白等）與圖（包括人物、景觀、構圖、顏色等），它也是讓廣告人員發揮創意之所在，因此廣告訊息的決策常被稱為廣告創意策略。

2.5.1 訊息訴求

訊息訴求（message appeal）又稱為廣告主題（advertising theme）。其係廣告的主軸或焦點所在。 在廣告實務界，經常有人提到，訊息訴求要有「獨特銷售主張」（unique selling proposition；USP）（亦有人稱之為「獨特賣點」），這個概念係在表示：廣告應該要有意義，並且要能夠傳達產品的利益，讓消費者覺得某種需求可以獲得滿足或某種問題可以得解決；再者，廣告亦必須提出與他人不同的、但可以信賴的主張。**訊息訴求有理性、感性、道德與恐懼訴求四大類（當然，一則廣告的訊息可能會同時混合不同的訴求）**，茲分述如下：

感性訴求 （emotional appeal）	感性訴求的廣告試圖深入消費者的心坎，以營造正面或反面的情緒，如歡樂、浪漫、榮耀、仰慕、恐懼、憤怒、愧疚、悲哀、羞恥等，以便結合產品的某些重要特性。
理性訴求 （rational appeal）	理性訴求的訊息在於傳達產品有哪些功能或特點，能為消費者帶來什麼樣的利益等，它可能著重產品的價格、品質、性能等，亦可能強調產品對消費者健康、財富、知識、個人成長、家庭和樂等方面的好處。
道德訴求 （moral appeal）	道德訴求的訊息著眼於傳達社會規範，告訴大眾什麼是正確的或錯誤的行為，因此最常出現在公益廣告中。例如政府的宣導廣告：「喝酒不開車，開車不喝酒。」即是屬於此種廣告訴求。

恐懼訴求 （fear appeal）	是指利用人們害怕的心理來製造壓力試圖改變人們態度或行為的方法。例如宣導廣告強調酒後駕車可能出現的危險後果，即是採用此種訴求方式。從傳播學的角度來看，影響恐懼訴求有效性的主要因素是大眾的接受心理和信息內容的本身兩個方面。而恐懼訴求的信息內容只有具備了有效構成因素和適宜的訴求強度，才有可能被大眾接受並產生預期的傳播效果。

2.5.2 訊息表現方式

訊息訴求可透過各種不同的廣告手法表現出來，且彼此之間並非互斥。訊息表現方式有下列幾種：

表現方式	說明
美好的形象	廣告的內容在使人留下溫馨、美麗、勇猛、平和等印象。
幽默逗趣	亦即廣告內容或畫面會讓人會心一笑的。
卡通動畫	以卡通有趣活潑的造型，傳達產品資訊。
想像	通常是以超現實的手法表現產品特性。
生活的型態	廣告顯示產品使用者過著什麼樣優質的生活。
生活的片段	在廣告中將產品的使用與日常生活結合，引發消費者的注意，喚起他們的記憶，並拉近和消費者的距離。
現身說法	包含知名人物代言或使用者見證。
產品示範	在廣告中示範產品的操作與使用方法。
產品個性化	賦予產品某種個性，以吸引認同這種個性的消費者。
科學證據	提出產品獲獎證明或公正團體檢驗產品的結果。
音樂	以歌曲貫穿整個廣告來散播訊息。

2.5.3 溝通要素

溝通（Communication）是將資訊以及意義，經由各種方法，傳達他人的一種程序。訊息包括消息、事實、思想、意思、觀念、態度等等，而傳達的方法有文字、語言或其他媒體。

溝通要素依溝通過程依序說明如下：

發訊者 （Sender/Source）	指訊息的來源或發訊者。
編碼 （Encoding）	將欲傳送的訊息，編成能由溝通管道收受的形式，如文字、語言或符號等。
訊息 （Message）	所傳遞的消息或意義，即溝通的內容。
溝通管道 （Channel）	指溝通的途徑或訊息傳送的媒介，如面談、電話等。
解碼 （Decoding）	收訊者詳細了解所接受的資訊之涵義，並將訊息轉換成其可接受的方式，如傾聽或分析。
收訊者 （Receiver）	即訊息的收受者，對訊息完全理解，並產生預期的反應或行動。
回饋 （Feed back）	將訊息對收訊者的影響和效果，反應給發訊者。讓發訊者得以檢視其訊息的效果，是否被接收者所了解、相信及接受，進而作調整。行銷溝通過程中，消費者意見即是屬於此要素。

2.6　廣告媒體

2.6.1 媒體的類型與優缺點

(1) 依傳播方式區分：

A. **印刷媒體**：報紙與雜誌是主要的印刷媒體，其優缺點如下：

優點	缺點
包括涵蓋面廣、能容納相當多的資訊、有多人傳閱的機會。除外，報紙具有彈性，可快速反應市場變化；而雜誌的廣告壽命長，同時讀者群的特性明確，因此，廣告主可以根據目標市場的特性，選擇合適的雜誌刊登廣告。	報紙與雜誌都是靜態的東西，引人注意的程度不如電視媒體強烈。報紙廣告的壽命較短，加上印刷較差、版面過於擁擠等因素，容易被讀者所忽略；雜誌廣告需在雜誌發行前一段時間就準備妥當交稿，或是已發行的刊物無法回收，因此如果市場臨時產生變化，廣告將無法及時配合。

B.**廣電媒體**：電臺與電視是主要的廣電媒體，其優缺點如下：

優點	缺點
電視的觸角非常廣泛，而且聲光效果往往能夠靈活表現廣告內容，十分具有吸引力、感染力與說服力。廣播電臺的製播較電視簡單、便宜，可快速回應市場變化，並可以觸及某些電視廣告的死角，如汽車駕駛人、工廠作業員、邊聽廣播邊讀書的學生等。另外，觀眾或聽眾會因頻道、節目、時段而異，故電視與電臺亦具有某種程度的目標市場選擇功能。	電視廣告的成本昂貴、廣告播出時容易遭受干擾（如觀眾轉換頻道、上洗手間）；電臺只有聲音沒有影像，不易吸引注意，且聽眾手邊可能正在處理其他事務而無法專注在廣播內容上。

C.**戶外媒體**：戶外媒體包括看板、海報、公車廣告、霓虹燈、高空氣球等，其優缺點如下：

優點	缺點
低成本、對於每天行經固定路途的消費者（如上班族、學生）能夠重複接觸。	無法針對目標市場傳遞訊息，廣告內容的表現方式受限，同時也容易破壞景觀，甚至有安全上的問題而招致民眾反感。

D.**網際網路**：網際網路是隨著資訊科技發展而興起的媒體。網路廣告可以出現在電子報、電子郵件及網頁；電子報與電子郵件廣告是由廣告主或網站經營者寄到消費者電子信箱中，而網頁上的廣告稱為橫幅（banner），由消費者自行點選。

優點	缺點
網路廣告成本低廉，並可突破國界，運用範圍相當廣泛；且它具有良好的互動性，廠商可以即時掌握廣告閱覽率及實際購買的情況，亦可藉由基本資料的填答，建立顧客資料庫，並了解消費者的偏好。	網路的使用者集中在年輕族群，而且瀏覽自主性相當強，訊息停留時間不長；再者，垃圾郵件的氾濫亦造成許多人的反感。

E.**社群網路**：社群媒體是網路普及之下的產物，只要是可以用來創作、分享、交流的網路平台，皆可稱為社群媒體，常見社群媒體有Facebook、Instagram、Twitter、youtube等皆是，不同社群平台的性質不同，使用的族群也不一樣。相較於傳統媒體，社群媒體具有下列優勢：

a.成本較低。

b.可塑造消費者參與度與黏著性，銷售時容易鎖定目標客群。

c.具有高度選擇性（high selectivity）。

d.透過即時、頻繁的互動，企業更容易建立品牌形象，成功增加曝光率。

e.訊息傳播快速，可以即時更新資訊。

f.透過社群平台將受眾分類，提升客戶管理的效率。

(2)**依付費與否區分：**

A.付費媒體（paid media）：付費媒體就是由公司付錢才能在該媒體上曝光。這種媒體的好處是，品牌通常對內容都有較大的控制。同時不需要自己培養這個媒體。而由於他們是第三方媒體，潛在客戶對他們的信任度通常會比較高。缺點的話就是需要付費。有些大型媒體費用可以很高。有部分媒體會將贊助的內容標為廣告或贊助，這會降低該曝光的可信性。

B.自有媒體（owned media）：係指媒體是由某一個品牌或一個公司所擁有。自有媒體的其中一個好處是，品牌的行銷團隊幾乎可以百分百控制內容的製作，以至內容發佈的時間。而由於自有媒體比較受控，亦可以使用比較複雜的發佈時間安排。但自有媒體需要大量的時間和精力去培養成長；同時由於它是一個官方頁面，有時候可能不容易取得潛在顧客的信任。例如公司官網、公司部落格、公司的社群網站或品牌社群等均屬之。

C.贏得媒體（earned media）：此媒體是公司可免費在該媒體上曝光，同時由於媒體不是由品牌或公司所擁有，是第三方的媒體，故說服力也比較好。最大的缺點是，由於有大量的品牌或公司都希望獲得曝光，故競爭非常激烈；且該媒體並不由公司控制，所以他們對內容創作有相對大的自主性，有可能不適合本公司的形象。

牛刀小試

（　）下列有關廣電媒體的優缺點敘述，何者有誤？　(A)電視廣告的播出時容易遭受干擾　(B)電臺只有聲音沒有影像，不易吸引注意　(C)廣播電臺可以觸及某些電視廣告的死角　(D)廠商可以即時掌握廣告閱覽率及實際購買的情況。　　　　　　　**答 (D)**

2.6.2 媒體評估準則與選擇媒體應考慮因素

媒體的評估準則包含「量化」與「質性」指標。量化指標主要有接觸率、頻率及成本。**「接觸率」（reach rate；R）係指在一定的期間內，某特定人群中能夠接觸到廣告訊息的人數百分比**，例如當我們說「在7月15日~20日下午三點到五點的無線電視媒體排期中，這個廣告可以接觸到30%的都會區家庭主婦」，這個30%就是接觸率。**「頻率」（frequency；F）則指在一定期間內，某特定人群每人接觸到廣告訊息的平均次數。**而接觸率與頻率兩者相乘（R×F）就是總收視率，又稱為「毛評點」（gross rating point；GRP）。

當接觸率與頻率愈大（即GRP愈大）時，代表訊息傳播愈廣或愈有滲透力，商機因而愈強，但是這也表示著成本愈高。媒體成本經常以「每千人成本」（cost per thousand；CPM）來表示，若每一個CPM$100的意思就是每接觸1,000人的廣告成本是$100。

每千人成本＝（廣告成本×1,000）/接觸到廣告的人數。

以上的量化指標能提供廣告主在選擇媒體與規劃廣告預算時明確的衡量標準，也使得廣告主可以評估媒體代理商的表現。但是任何數字的背後一定有盲點：以上的指標固然可為媒體決策帶來「效率」，但卻忽略了下列一些影響廣告效果而難以量化的其他媒體相關因素，這些因素皆會影響廣告的有效性。因此行銷人員在選擇媒體時，除了應該兼顧量化與質性的評估準則，將資源用在刀口上，同時也要注意下列因素，使廣告能發揮應有的效果。

廣告之主要目的在告知或影響社會大眾，使人信服並刺激購買慾望，故企業在選擇廣告的媒體類型時，應考慮之因素有：

考慮因素	說明
媒體散佈程度	例如雜誌發行數量、報紙發行數量、電視收視率等，直接影響廣告的效果。就國內而言，最大之廣告媒體則為電視。

考慮因素	說明
廣告接觸的對象	某些產品之消費者若為某一特定對象，則選擇媒體的類型，應為該特定對象較常接觸者。
產品的特性	產品若要表現其動作、聲音的立體效果，則電視廣告較報紙或雜誌廣告效果佳。
廣告費用多寡	電視廣告的費用相當昂貴，而雜誌、報紙廣告之費用則相對較低，故廣告若要長期宣傳，費用乃一項必須考量的重要因素。

2.7 廣告決策

2.7.1 廣告決策的意義

廣告決策是根據市場調查和分析所提供的市場價格資料、產品組合情況和發展情況、銷售條件、銷售人員和銷售渠道情況、市場發展趨勢和市場競爭等詳細資料，結合對市場環境的分析，做出適當的廣告決策。

2.7.2 廣告決策的依據

在廣告活動中，廣告決策是重要的，它決定廣告活動是否進行，怎樣進行。然而，廣告決策依據不是憑空而來，而是通過市場調查和分析，在系統搜集和整理後，所獲得有關市場的各種信息。在對市場的潛在可能性有了大致的瞭解的情況下作出的，為了要求廣告達到最理想的宣傳效果，也就是說，要求廣告信息以最低的代價、最大的限度傳達給潛在的消費者，在廣告決策過程中，要求市場信息能夠回答下列問題：哪些人是廣告產品的潛在買主？他們在哪裡？屬於什麼社會階層？他們喜歡產品的什麼特點？以什麼信息最能刺激買主購買？同時，還需要回答有關廣告策略的問題：應在何時做廣告，怎樣做廣告，持續多長時間，最合適的媒介又是什麼。

2.7.3 廣告決策的內容

廣告決策制定過程包括廣告目標確定（任務）、廣告預算決策（金錢）、廣告信息決策（訊息）、廣告媒體決策（媒體）和評估廣告效果（衡量）五項決策。

(1) **確定廣告目標**：制定廣告決策的首要步驟，就是確定廣告目標。廣告目標的明確與一致，將直接影響廣告效果。廣告目標，是企業藉助廣告活動所要達到的目的。廣告的最終目標是增加銷售量和利潤，但企業利潤的實現，是企業營銷組合戰略綜合作用的結果，廣告只能在其中發揮應有的作用，因此，增加銷售量和利潤不能籠統地作為廣告目標。可以供企業選擇的廣告目標可包括：以提高產品知名度為目標、以建立需求偏好為目標、以提示、提醒為目標。

(2) **廣告預算決策**：廣告預算決策是企業廣告決策的一項重要內容。在確定了廣告目標後，企業可以著手為每一產品制定廣告預算。廣告預算是企業為從事廣告活動而投入的預算。由於廣告預算收益只能在市場占有率的增長或者利潤率的提高上最終反映出來，因此，一般意義上的廣告預算，是企業從事廣告活動而支出的費用。企業在編列廣告預算時，下列五個特別的因素需要加以考慮：

A.在產品生命週期中所處的階段。　　B.市場占有率狀況。
C.競爭情勢。　　　　　　　　　　　D.廣告頻率。
E.產品替代性。

(3) **廣告信息決策**：廣告信息決策的核心問題是制定一個有效的廣告信息。最理想的廣告信息應能引起人們的注意，提起人們的興趣，喚起人們的欲望，導致人們採取行動。有效的信息是實現企業廣告活動目標，獲取廣告成功的關鍵。

(4) **廣告媒體決策**：廣告媒體是廣告主為推銷商品，以特定的廣告表現，將自己的意圖傳達給消費者的工具或手段。不同的廣告媒體具有不同的特點，它限制著廣告主意圖的表達和目的的實現。不同的廣告媒體，它的傳播範圍、時間，所能採用的表現形式，接受的對象都是不同的。廣告主在通過廣告媒體自己的意圖在他們所希望的時間、地區傳遞給目標對象時，需要根據媒體所能傳播的信息量的多少，根據對媒體占用時間與空間的多少，支付不同的費用。因此，廣告媒體選擇的核心在於尋求最佳的傳送路線，使廣告目標市場影響範圍內，達到期望的展露數量，並擁有最佳的成本效益。

(5) **廣告效果評價**：良好的廣告計畫和控制在很大程度上取決於對廣告效果的測定。測定和評價廣告效果，是完整的廣告活動過程中不可缺少的重要內容，是企業上期廣告活動結束和下期廣告活動開始的標誌。廣告效果是通過廣告媒體傳播之後所產生的影響。這種影響可以分為：對消費者的影

響，即「廣告溝通效果」；對企業經營的影響，即「廣告銷售效果」。

A.廣告溝通效果。廣告本身效果的研究目的，在於分析廣告活動是否達到了預期的溝通效果。測定廣告本身效果的方法，主要有廣告事前測定與廣告事後測定。

廣告事前測定	是在廣告作品尚未正式製作完成之前進行各種測驗，或邀請有關專家、消費者小組進行現場觀摩，或在實驗室採用專門儀器來測定人們的心理活動反應，從而對廣告可能獲得的成效進行評價。廣告事先測定，根據測定當中產生的問題，可以及時調整已定的廣告策略，改進廣告製作，提高廣告的成功率。事前測定的具體方法主要有消費者評定法、組合測試法和實驗室測試法。
廣告事後測定	主要用來評估廣告出現於媒體後所產生的實際效果。事後測定的主要方法是回憶測定法與識別測定法。

B.廣告銷售效果：廣告銷售效果的測定，就是測定廣告傳播之後增因為廣告之後不一定能夠擴大銷售量，有時純粹是為保持銷售額、阻止銷售和利潤急劇下降這個目的而利用廣告；在銷售增加額中，只對增加因事之一的廣告力量作單獨測定，嚴格地講是不可能的。雖然如此，廣告的銷售效果並非不可捉摸。

2.8 廣告層級效果模式

若以廣告所欲獲得的效果而言則有層次之差別，有些廣告係在產品導入期欲使消費者注意及認知，而有些則是對已進入成熟期的產品作再次購買的提醒，以強化態度進而行動。此種效果層次的概念係來自於廣告層級效果模式。**廣告層級效果模式係由Lavidge及Steiner提出，他們認為一個潛在的消費者在產生購買行為之前通常會依序經過「認識（知曉）、了解、喜歡、偏好、信服、購買」六個階段。**

此模型的最終目的是想了解消費者在購買過程中如何應用廣告的訊息。這些步驟又可區分為三個普遍的過程：

(1)察覺及認識產品（認知學習）。

(2)對產品產生態度（情感態度）。

(3)作出購買決策（意欲行為）。

但有研究者批評此效果模型的層級中，消費者從想法、感覺到行動的直線式思考模型假設，因而發展出其他模型，它們有相同的步驟，然順序排列或步驟間的轉換卻不同。例如在高涉入與低涉入的產品購買比較下，消費者可能對高涉入產品的購買先進行認知及思考而後才有行動；而對低涉入產品的購買則可能直接採取購買行動後再回頭評估對該產品的感覺。故而針對不同涉入程度的產品，不同的區隔市場所反應出的廣告層級效果必有不同。

第三節　銷售促進

3.1 銷售促進的意義

銷售促進（sales promotion）有譯為「促銷」或「銷售推廣」。**係指在一定期間內針對消費者或中間商，希望能夠刺激其購買的一種推廣工具。**不論是賣場陳列或是折價券、傳單、折扣、贈品樣品試吃、試用、展售會、現金回饋，甚至透過金錢性質之媒介為誘因，都在促成消費者完成交易為目的。

銷售促進可分為(1)貨幣性促銷（Monetary promotion），亦稱為價格促銷；(2)非貨幣性促銷（Nonmonetary promotion），亦稱為非價格促銷。茲將其內容區別如下：

(1) **貨幣性促銷帶給消費者的利益偏向功利性，非貨幣性促銷則是提供消費者愉悅性利益。**功利性利益又以金錢誘因、品質優勢、消費便利性及自我價值肯定為主；愉悅性是以自我價值肯定、娛樂性及發覺性為主。抽獎的功利性利益很低，免費禮物的愉悅性利益很高，而降價格折扣、折價券和現金回饋等都屬於功利性高的促銷方式。

(2) **貨幣性促銷的誘因將改變產品的價格，而非貨幣性促銷的誘因則無法改變產品價格。**樣品（sample）即試用品，屬於貨幣性促銷，因樣品的提供有助於本身產品價值的提升（一般消費者會認為，提供試用樣品表示該產品有一定水準；何況產品品質若未達一定水準，廠商也不敢輕言提供樣品）。而贈品（如買洗衣粉贈送香皂）促銷誘因並未改變產品價格，是一種非貨幣性的促銷方式。

3.2　促銷的特性

與其他推廣工具相較，促銷有下列的四個特性，茲並將促銷、廣告、人員銷售的特性加以列表比較。

(1) **促銷係短期的活動**：促銷活動主要在於提供額外誘因，刺激消費者盡快購買，同時又要避免造成消費者預期心理（亦即沒促銷就不購買），一般來說，促銷並不適宜過度頻繁的進行或做進行長期的促銷活動，因此較常進行的方式為限量商品，賣完或贈品送完為止、抽獎活動或折扣在某個日期截止等。

(2) **激發消費者立即反應**：促銷的主要動機乃在刺激消費者或中間商，希望消費者能盡早表現所預期的購買反應或促使中間商的合作。

(3) **促銷活動具有彈性**：相對於其他的推廣工具，促銷具有較大的彈性，廠商可以視需要與能力執行不同的促銷活動。例如在產品剛導入市場時，利用免費樣品或低價讓消費者試用與體驗。

(4) **提供額外的附加價值**：促銷活動往往帶給消費者或中間商一些好處，如消費者可積點抵現金或換贈品、為中間商帶來人潮與商機，因此，在無形中增加了產品或服務的附加價值。

促銷、廣告、人員銷售的特性比較

比較項目	促銷	廣告	人員銷售
進行期間	係短期的活動，有確定的結束日期。	通常比促銷活動時間來得長。	係屬長期、持續的活動。
活動彈性	具有彈性。	不如促銷具有彈性。	人數及任務固定，故彈性不大。
附加價值	提供附加價值，如折價等。	通常未提供附加價值。	通常未提供附加價值。
購置效果	能促使消費者或中間商立即購買。	消費者或中間商購買效果不如促銷快速。	消費者或中間商購買效果不如促銷快速。

3.3　促銷決策的流程

3.3.1 決定促銷的目標

促銷策略首在建立促銷目標，促銷目標應該與企業本身的整體目標一致，且須依下列不同的角度來加以考量：

(1)**就消費者的立場來看**：例如促使忠誠顧客增加購買數量、促使別家品牌的使用者轉購本公司品牌、促使潛在顧客嘗試購買。

(2)**就零售商的立場來看**：例如促使建立採購的慣性、協助出清存貨、促使增加進貨。

(3)**就組織銷售人員的立場來看**：提升銷售人員的士氣、協助其消除銷售障礙。

3.3.2 選擇適當的促銷工具

選用適當的促銷工必須應該衡量以下幾個因素：

(1)產品的性質。　　　　　　　　　　(2)目標市場的狀況。
(3)成本與效益的分析。　　　　　　　(4)促銷的目標。
(5)競爭者所使用的促銷方法。　　　　(6)吸引力的程度。

3.3.3 研訂促銷活動方案

研訂一個完整、可行與有效果的促銷方案，必須考量下列幾端：

誘因的大小	促銷方案誘因太小，引不起消費者注意，但太大，則需顧及該鉅額費用是否有其代價。
媒體的分配	必須考量促銷費用應如何適切地分配於各種媒體，以求達到最大的告知與吸引效果。
促銷的時機	必須慎重評估促銷活動推出的時機，不能過早，但也不能落於人後。
活動期間的長短	促銷時間太短會讓人缺乏印象，但太長則讓人感受不到是在做促銷。
參與者條件	促銷必須有適當的對象群，不能亂打高空。但每一對象群的適用條件並不一致，因此，必須事先研究適合的方案。例如常客方案（frequent shopper programs, FSP）係在透過給予顧客的一種獎勵方案，藉以拉攏客戶，創造忠誠度。如銀行信用卡刷卡的累積點數，或航空公司的乘客可經由「里程累積方案」（frequent flyer program）累計自己的飛行里程，並使用這些里程來兌換免費的機票、商品和服務，或享受其他類似貴賓休息室或艙位升等之類的特權。
促銷活動管理成本與配送工具	促銷計畫必須在預算下實施，不能天馬行空地做促銷規劃。

3.3.4 促銷方案的測試

促銷方案在各種條件允許下，應在事前加以測試，以求了解(1)促銷工具是否合適；(2)誘因的大小是否最佳；(3)表達的方式是否有效。

3.3.5 促銷方案的執行與控制

促銷方案既定之後，應該有前置準備時間、正式執行時間與結束後評估時間等三項時程安排；而控制的目的，乃在使該方案精神與標準不致產生偏差。並以比較促銷前、促銷時與促銷後的銷售量變化情況。

3.4　銷售促進工具的種類

3.4.1 消費者促銷

銷售促進係為運用各種的方法來刺激顧客的購買慾望。不同的銷售促進工具，不但效果不同，且其使用方式與時機也有所不同。因此銷售促進活動所選擇的各式工具，需具有吸引力、容易達成、推陳出新、並具備刺激消費的誘因，才會有效。例如提供的產品折扣，要對消費者產生吸引力；提供的銷售贈品，要引起消費者的興趣；提供的折價券，要對消費者產生誘因前來消費；提供的消費累進獎勵誘因，需求讓多數消費者的消費習慣與行為產生影響等。

總之，促銷主辦單位在設計促銷活動方案時，應考量右列三項重要因素：(1)促銷活動的參與者條件；(2)促銷活動的時機與期間；(3)促銷活動的誘因與規模。

傳單、折扣、贈品、折價券、賣場陳列、樣品試吃試用、展售會、現金回饋等，這些都是消費者經常接觸到的銷售促進活動或媒介。銷售促進是以協助促成交易為目的而設計的推廣促銷行為，不論是賣場陳列或是折價券、甚至透過金錢性質之媒介為誘因，以促成消費者完成交易為目的。

不同的銷售促進工具，效果不同、使用方式與時機也有所不同。例如：

(1)**折價券、價格折扣**：這是一種減價促銷的方式，即是在特定的期間內，例如百貨公司的週年慶、各種國定假日或是在春秋換季之時，企業為了要刺激消費者購買慾，對於某些商品給予某一百分比的折扣。通常會透過各種途徑送達潛在消費者手中，產生吸引消費者前往採購的效果。

(2)**優待券**：優待券通常會用「積點」的方式來進行促銷，積點是在消費滿若干金額後，即給予某一點數，而在累積到某一定點數之後即可兌換贈品。

(3) **賣場展覽**：目的在吸引消費者前往選購，也有促進銷售的效果。

(4) **賣場陳列**：賣場陳列出大量商品或張貼價格變更海報，目的在促成前往逛街購物之消費者產生臨時購物之衝動，並選擇該品牌之產品。

(5) **贈送試用品（樣品）**：免費樣品這是一種試用品，係針對潛在的顧客來發放，讓他們來試用公司的產品，使他們對產品有所了解進而刺激未來的購買行為。例如對學生市場，文具商會發放一些文具用品如原子筆、鉛筆等讓學生試用。此種贈送免費樣品的促銷方式，通常適合於產品生命週期導入期的階段。

(6) **贈品**：贈品或禮物，都是以低的成本來提供，以作為購買產品的一種誘因。在消費者購買某一商品達到一定數量時，廠商通常會給予某種贈品。企業的作法是在贈品上印上自己的名稱或是商標，以加深消費者對企業的認知。

(7) **抽獎活動**：這是企業在大型促銷活動中最常用的方法之一，在此活動中可以給予消費者贏得現金、汽車、旅遊、或其他商品等的機會。通常的作法是顧客在購買到一定金額產品後，給予一摸彩券，在寫上姓名、連絡地址和電話後，投入摸彩箱，在某一時間當眾抽獎。

(8) **對中間商促銷**：企業也可能對中間商進行銷售促進活動，例如：

　　A. 銷貨折讓，鼓勵經銷商擴大進貨規模。

　　B. 廣告補貼：鼓勵經銷商進行地區性的廣告促銷活動，達到擴張銷售規模的效果。

　　C. 招牌補助：鼓勵經銷商吊掛廣告招牌，達成產品與品牌宣傳的效果。

(9) **對聘用之銷售人員促銷**：企業有時也會對聘用的銷售人員採取銷售促進活動，例如依據銷售額給予不同比例的「銷售佣金」，鼓勵銷售人員全力促銷該企業的產品。

　　A. 銷售促進活動所選擇的各式工具，需有吸引力、容易達成、推陳出新、並且具備刺激消費的誘因。例如：提供的產品折扣，要對消費者產生吸引力；提供的銷售贈品，要引起消費者的興趣；提供的折價券，要對消費者產生誘因前來消費；提供的消費累進獎勵誘因，需要讓多數消費者可以達成；進行賣場陳列，要對消費者的消費習慣與行為產生衝擊等。

　　B. 銷售促進所使用的工具種類，愈來愈多樣化，企業可能需要同時運用多重的推廣促進工具，透過「拉」與「推」的方式，順利將產品銷售出去。

3.4.2 中間商促銷

中間商促銷（trade promotion）係指製造商為了促使中間商密切合作，所推出的獎勵活動，包括有下列各項：

(1) **給予購買折讓**：係指中間商在一定期間內，購買某些特定的產品時，製造商會給予減價的優待。購買折讓主要是在鼓勵中間商多購買原來可能不會購買或只是少量購買的產品。

(2) **採購津貼**：對通路中間商進行促銷，對於購買一定數量之通路商給予暫時性價格優惠，稱為採購津貼。

(3) **給予津貼與獎金**：津貼與獎金係用來提升中間商的合作意願，或是感謝中間商配合執行某些推廣工作，所給予的獎勵。例如產品廣告津貼、陳列產品津貼、推銷獎金等。

(4) **舉辦銷售競賽**：銷售競賽係用來刺激經銷商或分店之間互相競爭，促使他們加倍努力並期望銷售量能夠提高。競賽優勝者往往給予公開的肯定以及豐厚的物質獎勵，如國外旅遊、績效獎金等。

(5) **提供贈品**：為了讓中間商留下印象，並且建立良好的夥伴關係，製造商可能會選擇適當時機，贈送東西給中間商。

(6) **提供免費產品**：為了鼓勵中間商購買及銷售某些商品，製造商規定中間商的訂購量只要達到一定的水準，即可免費獲得若干產品，中間商可將該免費產品轉賣，如此有降低其進貨成本的作用。

(7) **參與商業會議與商展**：許多產業每年都會舉辦商展，邀請有關廠商在會中陳列其商品，不但可吸引國內外廠商前來觀摩或購買，也常會引來大批消費民眾前往參觀。參加展出的廠商便能夠趁此機會創造新的銷售機會、推薦新產品、會見潛在新顧客或說服現有顧客購買更多的產品。

(8) **促銷廣告中列名經銷商**：係指製造商在促銷活動或廣告中，列出所有經銷商的名稱、電話與店址等。這種方式可創造「拉」的效果，亦即將消費者吸引到所指定的經銷商所在，為經銷商創造人潮，同時使得中間商更樂意與製造商配合。

牛刀小試

( )｜下列何者非向中間商促銷的方法？ (A)提供免費產品 (B)舉辦抽獎活動 (C)給予購買折讓 (D)舉辦銷售競賽。　　　　　　**答 (B)**

3.4.3 聯合促銷

聯合促銷是一種策略聯盟共同促銷的方式，企業之間會利用某一較知名廠商在作促銷時，其他公司趕來插花。例如報紙在促銷時，即訂閱一年給予一些優惠待遇，而這些優惠的商品價格，可能是來自另一企業的產品，例如訂報一年再加若干錢即可獲得筆記型電腦一部。

3.5　人員銷售

3.5.1 人員銷售的特色

(1)人員銷售是促銷組合人際關係的橋樑。人員銷售是銷售人員與個別顧客間的雙向和人員式的溝通，包括面對面、電話或透過影像會議等方式。

(2)銷售人員可以仔細觀察顧客，由此獲得更多的資訊，並調整行銷活動以符合每位顧客的特殊需要，且能與顧客協商銷售條件。

(3)銷售團隊是公司及其顧客間的重要橋樑。他們藉由接近顧客、展示公司產品、解答顧客問題、協商價格與銷售條件，及達成交易來銷售產品。

(4)**在某些情況下，對公司而言，銷售人員代表顧客，有如在公司內部擔任顧客權益「維護者」。**

(5)公司愈是市場導向，其銷售團隊將更專注於市場及顧客導向，銷售人員的角色更形重要。

3.5.2 人員銷售過程的步驟

大部分的銷售訓練方案都把銷售過程視為銷售人員必須貫徹的一系列步驟。這些步驟著重在爭取新顧客及從顧客處獲得訂單。

(1)**發掘與評選潛在顧客**：銷售過程的第一步驟就是發掘、評選確認合格的潛在顧客。接觸到正確的潛在顧客是銷售成功的關鍵。

(2)**事前籌劃**：在拜訪潛在顧客前，銷售人員應銷售學習該組織該公司的需求為何，那些人會影響購買決策及採購方式等事前籌劃。

(3)**接近**：到了接近階段，銷售人員應知道如何會見與招待買主，使彼此的關係有好的開始，這階段影響銷售人員的儀表、開場白及接下去的話題。

(4)**推介與示範**：在推介階段，銷售人員言歸正傳，開始就產品所能為顧客帶來的好處作一番說明，在介紹產品的特色時，其重點在強調顧客的利益。與此同時，銷售人員可配合產品樣品或示範來輔助銷售。

(5) **應付抗拒**：顧客在整個銷售過程或被要求簽訂訂單時，幾乎都會作否定或拒絕的表示。銷售人員在應付抗拒時，必須設法找出原因，要求購買者澄清或界定其抗拒的情況。

(6) **成交**：在處理完客戶的抗拒後，銷售人員應設法使雙方能夠達成交易。銷售人員須瞭解如何辨認購買者所發出的特定成交訊號，如身體動作、語言及問題等。

(7) **事後追縱**：為確保顧客滿意，並與顧客繼續保持生意的往來，銷售人員應進行事後追縱，以確定所有的安裝、指導與服務都很完善。

3.5.3 銷售人員管理之步驟

銷售人員管理之步驟依序如下：
(1)設定銷售的目標。
(2)決定銷售人員的人數與工作。
(3)招募、甄選與訓練。
(4)激勵與報酬。
(5)監督和評估。

3.6　交叉促銷與交叉銷售

3.6.1 交叉促銷與交叉銷售的涵義

交叉促銷（cross promotion）係指企業使用一個品牌來廣告另一個不具競爭力的品牌。

交叉銷售（Cross selling）則是發現現有客戶的多種需求，並通過滿足其需求而實現銷售多種相關的服務或產品的行銷方式。促成交叉銷售的各種策略和方法即稱為「交叉行銷」。簡單地說，交叉銷售是在說服現有的顧客去購買另一種產品，亦是根據客人的多種需求，在滿足其需求的基礎上實現銷售多種相關的服務或產品的營銷方式。

交叉銷售在傳統的銀行業和保險業等領域的作用最為明顯，因為消費者在購買這些產品或服務時必須提交真實的個人資料，這些數據一方面可以用來進一步分析顧客的需求（CRM中的數據挖掘就是典型的應用之一），作為市場調查的基礎，從而為顧客提供更多更好的服務，另一方面也可以在保護用戶個人隱私的前提下將這些用戶資源與其他具有互補型的企業互為開展行銷。

3.6.2 形成交叉銷售新機會的因素

(1) **企業合併**：企業間的合併、兼併的情況給交叉銷售提供了機會。在這種情況下，交叉銷售的基礎就在於兩種（或多種）客戶群體的合併，特別是如果合併的兩所公司的產品覆蓋範圍是互補的情況。

(2) **數據倉庫**：對於任何企業，一個全局的客戶信息管理都是非常重要的。更重要的是，如果存儲在這些系統中的信息是以客戶為中心而建立，就意味著這些信息是針對客戶而且是跨產品的，這將有利於推動以信息為主導的交叉銷售的實現。

(3) **更好的客戶分類**：經由考察客戶的詳細信息，企業能夠對客戶進行更準確的分類。從而通過對客戶過往行為的了解，預測客戶未來的消費行為，進行有效的交叉銷售。

(4) **提供了新的通路**：可透過新的通路進行交叉銷售。

(5) **個人社會特性的改變**：個人的發展變化與其在不同的生命周期階段，在消費行為上會呈現不同的傾向。基於同一用戶，針對其不同時期的特點開展交叉銷售就有跡可循。

3.6.3 妨礙交叉銷售執行的因素

(1) **急功近利**：企業希望每一項活動都能產生立即的效果，造成職工追求眼前利益，只注重今日是否能將產品銷售出去，而忽略與客戶建立長期的關係。

(2) **缺乏激勵**：企業若不能調動員工的積極性，則員工會有「我幹嘛這麼麻煩把公司所有產品都介紹給客人知道」的態度。

(3) **有限的銷售技巧**：員工沒有能力去洞悉客人的需求，發現生意的契機。

(4) **沒有明確劃分銷售區域**：客戶與公司聯繫最緊密的是推銷人員。劃分銷售人員的銷售區域，可以防止他們以打游擊戰的方式盲目銷售，並方便他們跟自己區域內的客戶建立長久的聯繫。

(5) **推銷員高度流動**：這也是影響建立長期關係的一個障礙。

(6) **公司產品信息的缺乏**：這種情形對總公司、分公司距離較遠時更形嚴重。分公司如果缺乏總公司產品信息的話，勢必無法在它的地域內創造出交叉銷售的效果。

第四節　公共關係

4.1　公共關係的意義

公共關係乃是研究如何藉由建立良好人與人之間關係，從而收到輔助事業成功效果之一種學問。其就政府機關而言：實即爭取服務機會或謀求事業發展之一種手段。就企業機構而言，則在爭取利得機會或開拓業務前途之一種武器。**公共關係的主要內容包括公共報導、出版刊物、贊助活動、舉辦公益活動等。**

公共關係是「以公眾利益」為前提，「以諒解信任」為目標，以配合協調為手段；以服務群眾為方針，以事業發展為目的。一般企業之公共關係，普通可以分為「對內和對外」兩大部分。「對內係指管理機構與員工之關係」，「對外係指公司與股東、顧客及社會大眾之關係」，對內係以員工為對象，在縮短管理機構與員工間之距離，使全體員工了解一切，期能與事業打成一片。

4.2　公共關係的任務與重要性

任何企業組織都不能自外於由許許多多公眾團體所共同塑造的環境之中。因此，如何在公眾的心目中建立公司及產品的良好聲譽與形象，成為企業經營的重要課題。**所謂公眾（public）係是指能夠影響組織的生存、經營與成長的任何團體，包括消費者、供應商、經銷商、投資人、政府機構、民意機關、社區居民、社會團體、新聞傳播機構、學術與研究機構等。**企業必須與他們之間有良性的互動，才能爭取到這些公眾團體的好感與信任，並建立本身良好的聲譽和形象。也因此各企業愈來愈用心經營公共關係（public relation）。

4.3　公共關係的功能與任務

(1)**樹立產品的信譽，建立良好的企業形象**：產品的信譽是指企業產品在市場上的威信、影響，在消費者心目中的地位、形象、知名度。建立良好的產品信譽是企業經營成功的訣竅。樹立企業產品信譽、企業品牌形象，不僅是企業自身發展的需要，也是現代社會對企業日益強烈的要求。因為企業作為社會的一個單元，既可能給社會帶來新的物質文明，也可能給社會帶來公害和威脅。

(2) **搜集信息，為企業決策提供科學保證**：企業無時無刻都會遇到大量的問題，市場需要產品質量、產品開發、新技術方向、競爭者動向、潛在危險、企業形象等方面的信息，不斷傳遞給企業領導，要求領導者做出及時而有效地決策。因此，現代企業把公共關係信息的獲取，成為企業活動不可缺少的組成部分。搜集的信息包括企業策略環境信息、產品聲譽信息及企業形象信息等。

(3) **危機處理，化解企業信任危機**：隨著生產社會化程度不斷提高，任何組織都處於複雜的關係網路之中，而且這種關係處於動態的發展之中。由於企業與公眾存在著具體利益的差別，在公共關係中必然會充滿各種矛盾。企業在生產經營運行過程中，也難免會有因自身的過失、錯誤而與消費者發生衝撞的時候。一旦發生，必然導致消費者對企業的不滿，使企業面對一個充滿敵意和冷漠的輿論環境。如果對這種狀況缺乏正確的認識，對問題處理不當，就產生公共關係紛爭或危機，甚至導致嚴重的公共信任危機。對企業、對公眾、對社會都會帶來極大的危害。

4.4　成功公共關係的好處

成功公共關係會給公司帶來下列的好處：

獲得較低成本的產品宣傳	公關的好處之一是能以較廉價的方式獲得企業或產品展露的機會，以建立市場知名度與偏好。
利於產品銷售	成功的公關可以幫助公司建立良好的形象，讓消費者產生好感且印象深刻，進而增加產品被購買的機會。所以，公關可以間接地協助產品的銷售。
激勵員工士氣	若員工的親朋好友認同公關活動所建立的優良形象，可以使得員工的工作較易得到他人的肯定，激發員工「以公司為榮」的心理，進而凝聚員工，鼓舞員工士氣，讓員工認同自己所屬的企業。
有利企業舉才	公司的優良形象使得比較多人願意前來應徵。因此，員工的來源比較穩定，公司也擁有較大的機會選擇適合的員工。
易獲得公眾協助	成功的公關能夠提高公眾對公司的信心，使得公司在需要公眾團體協助時，比較順利。
易獲得外界資源	公共關係良好的企業比較容易取得投資大眾的資金或是學術研究單位的技術支援。

4.5　企業常用的各種行銷工具

廣告並非建立公關的唯一途徑。企業要建立良好公共關係,其方式有以下幾端:

(1) **發行出版品**:企業可利用年報、週年刊物、定期刊物、宣傳手冊等,介紹公司的願景、理念、沿革、現況等,宣揚公司曾經舉辦的公益活動等。更可利用影音光碟、電腦網頁、短片等來介紹公司,這些視聽媒介的成本雖比書面資料昂貴,但是宣傳效果更佳。

(2) **建立企業識別標誌**:為了使公眾能輕易地抓住公司的形象特徵,加深對公司的印象,企業有必要發展特有的識別標誌,亦即從公司建築外觀、公司內部設計、員工服裝、公司用車,到隨身的名片、宣傳品、信封信紙、贈品等,都應有形象一致的圖案設計,提升企業的形象。

(3) **參與外界公私機構的活動**:不論是以個人或公司的名義,公司主管或員工參與外界公、私機構的活動,或是受邀在外演講、參加座談會、接受傳播媒體的訪問等,亦是建立公共關係的途徑之一。

(4) **舉辦或贊助活動**:藉由舉辦新產品或廣告發表會、經銷商感恩餐會、週年慶等與企業本身有密切關係的活動,企業可以邀請特定的對象(如零售商、政治人物、主要投資人)參加,並與之建立關係。此外,為了建立良好的回饋社會形象,企業亦可本於「取之於社會,用之於社會」的理念,出錢出力,贊助或協辦其他團體的公益活動。

(5) **公共報導**:<u>公共報導(public information)係指透過大眾傳播媒體,以「新聞報導的方式」,免費地傳遞企業產品或服務之訊息,讓社會大眾有所了解或引發其興趣的推廣促銷活動。</u>例如在公開出版的媒體上安排重要的商業新聞或在收音機、電視機或電影院等傳播媒體上得到有利的展示,以對產品、服務或企業單位建立需求的一種「不需贊助者付費」的「非人身式刺激」。由於新聞媒體有一定的公信力,無論是正面或負面的報導,對企業形象都有不可忽視的影響。因此,企業應該設法爭取正面(來自於該項產品對社會大眾的利益)的公共報導,並慎重處理負面(來自於該項產品損及公眾利益)的報導。

企業之公共報導雖可稱為免費的廣告,但由於新聞報導的內容都必須強調應有的公信力與新聞性,故並非所有的企業活動,都能成為新聞記者注意的焦點。因此,企業的各項產品或服務,都需要經過特別的設計與安排,才有可能會具有報導價值而被記者披露,這是推廣企劃活動值得努力的目標。

(6) **新聞**:新聞是最好的廣告,它比一般的廣告更令人信服,影響也更大。

(7) **演講**：政治人物的口才往往非常好，因為他們要吸引選民；直銷公司也是經由演說來吸引大家參與。這是因為演說能感染別人，所以演說也是一個行銷的好方法。例如現在有很多人跑到各個小區裡面，說是要舉辦一個免費的健康講座，實際上是為了推銷新產品，即是此種作法。

(8) **展覽**：透過展覽將展示物品推銷或介紹給參觀者，藉此機會建立與潛在顧客的關係。

4.6 企業如何維持與促進對外公共關係

股東 方面	1. 鼓勵股東直參加企業各種會議，提出改善之建議。 2. 每年函送紅利支票，逢節郵寄各種產品並報告企業近況。 3. 招待股東參觀企業實況，並與高級人員會晤或與職員聚餐。 4. 將企業公共關係方案之詳細內容告知股東，使其對企業遠景有深刻印象。
顧客 方面	1. 用心調查顧客對於本企業之產品、服務、組織及政策之態度。 2. 確定顧客之態度及其愛好以後，再研究本企業之產品、服務及政策，藉以證實是否能迎合顧客之要求。此可引起生產分配或銷售政策之調整。 3. 成立機構，專司處理顧客問題。 4. 提供消費者免費專線。
社會大 眾方面	1. 企業活動以社會利益為前提，並深切認識其企業對社會所負的責任。 2. 對社會所負之責任加以宣揚，期使社會大眾徹底明瞭，並對本企業有一種警覺性。

第五節　人員銷售

人員銷售（personal selling）係指透過人員溝通，以說服他人購買的過程。從事人員銷售者有各種不同的稱呼，如推銷員、銷售人員、銷售代表、業務員、業務代表、業務專員、行銷工程師、門市人員、駐區代表等。有些稱呼更是充滿了行業色彩，如人壽保險業的「生涯規劃師」、軟體業的「系統諮詢顧問」等。本書一律以「業務員」統稱從事人員的銷售者。

5.1　人員銷售的意義與功能

人員銷售（personal selling）**係指透過人員溝通，以說服他人購買的過程，它是一種與消費者直接接觸的推廣促銷機能，其目的在於直接促成交易。**通常，廣告提供各式資訊，仍不足以說服消費者直接選購時，賣場裡的銷售人員就成為另一項說服消費者選購的利器。**尤其產品或服務之內容愈複雜，愈難以透過其他媒介向消費者說明時，如果能夠派出經過完整訓練的銷售人員，直接與消費者接觸，促成交易的機會就愈高。**實際上，人員銷售並不只是在賣場裡進行產品促銷活動，也會直接拜訪潛在消費者以促成交易。

百貨公司裡，幾乎各類商品銷售區域，都有售貨人員主動介紹產品特性、功能、提供消費者購物諮詢、贈送樣品、進而促成交易。最常見的就是化妝品專櫃，專櫃小姐為所有愛美女士介紹各式化妝品、保養品等；汽車展售場裡的銷售人員，不但需要了解汽車的專業知識、更需要了解消費者的購車心理等專業知識，藉以有效地介紹與說服消費者進行採購行為；人壽保險公司的各個壽險招攬員，也是另一種銷售人員，需要具備各種有關於壽險服務的專業知識，提供所有保戶所需的各式服務等。因此，當產品陳列到賣場後，消費者進門參觀選購時，仍需要有人進行必要接待、說明，人員銷售的機能於此時出現，而且是促成交易的關鍵。

5.2　人員銷售的特性

(1)人員銷售係面對面接觸的產品與服務之推廣促銷機制。
(2)人員銷售之績效與銷售人員所累積的人際關係密切相關。
(3)銷售人員的行為舉止，直接影響產品銷售績效與企業的整體形象。

5.3　銷售人員的角色

業務員的工作地點可區分為公司內部業務員與外部業務員，有些業務員只待在公司內接受訂單或從事銷售（如電話行銷人員、專櫃人員、店員），有些則是專門在外活動、擴展業務。無論工作地點在內部或外部，業務員可能扮演下列三種角色：

(1) **爭取訂單**：係指說服現有客戶繼續購買或買得更多，以及開發新的客戶。

(2) **接單**：相對於爭取訂單而言，接單的角色較為被動與單純。接單主要是處理現有顧客的重複購買，通常是針對標準化、例行性採購的產品。有些業務員只需要待在公司內部，透過電話、傳真、網路等來接單；有些則需定期拜訪顧客、查看存貨、接受新訂單等。

(3) **提供銷售支援**：包括送貨補貨、協助銷售、教育顧客、提供售後服務、化解糾紛等。這些工作有利於維持商譽、鞏固顧客關係、刺激營業成長等，因此是業務員的重要任務。

5.4　人員銷售的採用時機

由於人員銷售通常只能同時面對較少數的消費者，並與消費者直接互動、溝通、傳達與說服完成交易之相關活動。當消費者需求大量的產品採購決策資訊時，人員銷售最能發揮機能。故**在產品或服務特性較為複雜的情況時，供應商通常會選擇使用人員銷售**。例如火災保險、人壽保險或靈骨塔等冷門品（unsought goods）的產品，通常主要係依賴此種行銷手法以求達到銷售目的。

再者，因人員銷售成本最高、但最能與消費者直接接觸、唯一能夠直接促成交易的推廣促銷活動。通常，人員銷售只能同時面對較少數的消費者，並與消費者直接互動、溝通、傳達與說服完成交易之相關活動。當消費者需要大量的產品採購（如中間商、組織採購）決策資訊時，人員銷售最能發揮功能。因此，當「產品或服務特性較為複雜」時，供應商通常會選擇使用人員銷售。

茲將供應商通常會選擇使用人員銷售的時機歸納如下：

(1)產品或服務較複雜，或使用時需要先行示範或指導時。

(2)要增加消費者對產品的信心，而促成購買時。

(3)產品單價高（如工業品）時。

(4)公司規模小或沒有足夠資金作廣告時。

(5)產品必須符合特殊的需要（如顧及安全或保險）時。

(6)消費者不經常購買產品時。

(7)目標市場集中時。

5.5　人員推銷的方式

人員推銷的方式，大致可分為下列五種：

(1)**銷售人員對單一購買者**：此即一銷售人員當面或在電話中和一位潛在顧客進行洽談。

(2)**銷售人員對一群購買者**：此即一銷售人員對一大群購買者展示並推銷產品。

(3)**銷售小組對一群購買者**：此即由一銷售小組（可能由公司主管、銷售人員或銷售工程師所組成）向一大群購買者介紹並推銷展品。

(4)**磋商式推銷**：此即由銷售人員會同公司的高級主管，和一位或一群購買者就雙方的問題進行洽商，俾爭取交易買賣的機會。

(5)**研討會式推銷**：此即由公司的產品技術小組為客戶公司的技術人員，舉行有關最新科技發展趨勢的學術性研討會。

5.6　銷售人員的分派方法

(1)**按地區別編制銷售人員：這是最簡單的一種編制方式，意即將市場劃分為若干地區，並分配予每一位銷售人員各自的責任區，負責區內公司所有產品的推銷工作。**這種編制有下列優點：第一，銷售人員的責任非常明確，由於每一責任區只有一位銷售人員，他必須對區內銷售成果的好壞負全責；第二，責任區的制定能激勵銷售人員更積極地開拓業務和人際關係，這些關係將有助於銷售成果和銷售人員的生活品質；第三，由於每一銷售人員負責的地區不大，所需活動的區域小，因此差旅費用也相當的少。但其缺點為：當產品種類繁多時，採用此種分派方法效率會減低。

(2)**按產品別編制銷售人員**：銷售人員必須對其所銷售的產品有充分的瞭解，尤其當產品有複雜的技術性、產品種類繁多、或各產品相關性很低時。由於這個原因，加上專門產品部門與產品管理職位的逐漸盛行，因此很多公司亦開始按產品線來編制其銷售人員。然而，此種按產品別編制人員的方式，可能造成公司行銷工作的重複。很有可能在同一天內，好幾個同屬該公司但分屬不同產品部門的銷售人員，到同一個客戶作推銷拜訪，這意謂公司的銷售人員大多走同樣的銷售路線，而且浪費很多時間在等待客戶採購人員的接見。這些額外的成本必須和因此種編制下銷售人員有更豐富的產品知識所能產生的利潤，加以衡量及取捨。

(3) **按顧客別編制銷售人員**：許多公司也常按其顧客的類型來編制其銷售人員，包括依顧客行業的不同、依主要客戶及一般客戶、或依現有客戶與新開發客戶，于以分類並編制銷售人員。這種編制方式最明顯的優點，為各個銷售人員對其特定客戶的需求有較深入的了解。但其缺點則是當不同形式的顧客分散於全國各地時，銷售人員將疲於奔命，不堪負荷，公司又需花較多的差旅費用。

5.7 建立銷售團隊

如何組織銷售團隊和安排銷售人員的工作任務是一項非常重要的工作。銷售團隊係依據「工作負荷法」，衡量目標銷售量、銷售區域的大小、銷售人員的素質水平等因素進行評估，以便確定銷售組織的規模大小。而根據美國Sales & Marketing（業務與行銷管理）雜誌指出，美國各大企業建立業務與銷售團隊必備的六大策略如下：

(1) 招募最頂尖的業務高手。　　　　(2) 設法留住最好的業務人員。
(3) 提供業務人員高品質的訓練。　　(4) 持續開發新客戶。
(5) 銷售人員必須充分了解產品與技術。
(6) 銷售人員必須讓客戶留下美好的印象。

5.8 推銷的程序步驟

推銷的程序銷售人員必須承擔的一系列銷售步驟，茲依序說明如下：

(1) **發掘和選擇**：推銷過程的第一步是發掘潛在的顧客。發掘潛在顧客有下列數種方法：A.請求現有顧客提供潛在顧客的名單；B.透過其他來源的介紹，這些來源包括供應商、經銷商、非競爭者的銷售人員、銀行界與同業公會主管人員等；C.參加各種可能接觸潛在顧客的組織；D.以言詞或書面資料吸引潛在顧客的注意；E.由各種資料來源（報紙、工商名錄等）尋找潛在顧客；F.利用電話或信件和潛在顧客取得聯繫；G.不事先取得同意而直接到其辦公室拜訪顧客。

銷售人員亦需要知道如何過濾潛在的顧客。各潛在顧客可依其財務能力、營業額、特殊的條件、所在地點、及繼續營業的可能性等各方面加以評估篩選。

(2) **事前籌劃**：銷售人員應儘可能去瞭解潛在顧客的公司（如它需要什麼，誰會影響採購決策）以及其負責採購的人員。銷售人員亦應確定其訪問目標究為過濾潛在顧客、蒐集情報、或是直接促成交易。同時，銷售人員也要決定最佳的接近方式，如親自拜訪、電話訪問或信函聯絡等方式。

(3) **接近**：銷售人員應瞭解如何去會見與接待買主，為雙方的關係打下良好的基礎。開場白應積極並採取正面訴求，之後，接著開始商洽一些關鍵性的問題，或展示樣品，以引起受訪者的好奇與興趣。

(4) **展示與示範（或說明）**：「展示」是藉著公開陳列物件（object），以達到與參觀者溝通的目的，具有主動積極的精神。銷售人員可藉此介紹產品的性能及優點，強調它對顧客所能產生的利益。銷售人員通常可以採取AIDA的方式，即：引起注意、維持興趣、激發欲望、促使行動等各個步驟以促成交易。

公司可以使用三種不同的產品推介方法。其中最古老的一種稱為「錦囊法」（canned approach），亦即銷售人員背熟一些重點式的推銷辭。第二種方法為「公式法」（formulated approach），係先辨明顧客的需求及購買方式，然後再針對各種不同類型的顧客，分別採取不同型態公式化之推介方法。第三種方法為「需要－滿足法」，此種方法則係一開始即鼓勵顧客儘量發言，從言談中藉以發掘其真正的需要，因此銷售人員應具備好的聆聽能力及解決顧客問題的技巧。

(5) **應付抗拒**：顧客在推銷過程中或被要求簽約訂單時，幾乎多少總會作抗拒（提出異議及疑問）的表示。銷售人員應始終保持正面而積極的態度，要求顧客澄清其抗拒的真正原因，並加以澄清或解釋，使顧客重新考慮其抗拒的理由。

(6) **成交**：銷售人員應學習如何辨認顧客所發出的特殊信號，如身體動作、言辭意見或所提問題等。一得到這些信號，銷售人員便可要求顧客促成交易。

(7) **追蹤**：交易達成後，銷售人員應立即處理送貨時間、付款條件以及其他和交易有關的細節。若是初次交易，銷售人員最好能作一次追蹤訪問，以確保所有的安裝、指導及各項服務均很完善。這次訪問將發掘其他潛在的問題，並適切地表現銷售員對顧客的關懷，以確保顧客滿意及再次購買。

牛刀小試

( )｜企業有系統的推廣或促銷其產品或服務的活動形式，將之有系統的歸
納，有四種不同性質的主要活動範疇，包括下列哪一項？　(A)廣告
(B)人員銷售　(C)公共報導　(D)以上皆是。　　　　　　**答 (D)**

5.9 行銷溝通程序

茲將行銷溝通程序的各個要素列表說明如下：

發訊者 （Sender/ Source）	指訊息的來源或發訊者。
編碼 （Encoding）	將欲傳送的訊息，編成能由溝通管道收受的形式，如文字、語言等。
訊息 （Message）	所傳遞的消息或意義，即溝通的內容。
通路 （Channel）	指溝通的途徑或訊息傳送的管道，如面談、電話等。
解碼 （Decoding）	收訊者詳細了解所接受的資訊之涵義，並將訊息轉換成其可接受的方式，如傾聽或分析。
收訊者 （Receiver）	即訊息的收受者，對訊息完全理解，並產生預期的反應或行動。
溝通效果 （Communication Effectiveness）	指溝通者想知道他所傳遞出去的訊息，是否被接收者所了解、相信及接受，以及其程度如何，此即溝通的效果。
回饋 （Feedback）	將訊息對收訊者的影響和效果，反應給發訊者。

企業與顧客溝通的過程中所有可能降低訊息清晰度與正確性的要素都可被稱為「雜訊」或「噪音」（Noise）」。例如潦草的字跡、電話的靜電干擾、收發訊者的不專心、生產場所的機器雜音等。無論是內部因素（如發訊者過小的聲音）或是外部因素（如他人的吵雜聲），都被視為噪音。

第六節　直效行銷

直效行銷（direct marketing），或稱直接行銷，係指針對個別消費者，以非面對面的方式進行雙向溝通，以期能獲得消費者立即回應與訂購產品的一種推廣方式，主要的種類有郵購和型錄行銷、電話行銷、電視和廣播行銷、網路行銷、多層次傳銷等。

直接行銷不同於通常的廣告傳播，它並不藉助第三方媒體，也不在公開市場上、廣告欄或者廣播電視媒體上傳遞信息。商品或者服務的信息直接定位於目標客戶。

直效行銷旨在與顧客建立長期關係（即「直接關係行銷」），行銷業者對行銷資料庫中選出的客戶經常性地寄出產品目錄、商品雜誌等資料，甚至是生日賀卡或試用品等小禮品。直接行銷常被航空公司、酒店集團等服務業企業大量使用，其主要目的在於建立強有力的供應商與顧客的關係。

在記錄顧客購買紀錄的資料中，最普遍的三個使用指標為RFM，即以「最近購買日（Recency）、購買頻率（Frequency）與購買金額（Monetary Amount）」為評量顧客忠誠度與顧客貢獻度時，RFM為最常使用的一個評估法，利用RFM指標將顧客量化評分，其目的在量化顧客消費行為，使其符合科學行銷公式應用。

直銷（direct selling）或稱「直接銷售」，則為一種沒有在固定零售點進行的面對面銷售。據美國直銷教育基金會的定義：「直銷是一種透過人員接觸（銷售員對購買者），不在固定商業地點，主要在家裏進行的消費性產品或服務的配銷方式」。

6.1 電話行銷

電話行銷（telemarketing）係經由專業且有銷售能力的人員，透過電話對潛在消費者進行說服以取得訂購的推廣方式。

成功的電話行銷人員除了須具備與一般行銷人員應具備的專業、誠懇、耐心與良好的溝通能力外，還必須具備清楚悅耳且能投射出友善人格的音質，對應答技巧、反應機智等亦須接受過完善的訓練。

除外，由於處在「人手一機」的現況下，部分企業已開始利用手機簡訊作為傳達產品和活動訊息的新管道。其運作方式通常係與電信業者合作，建立和消費者單向（純粹提供訊息）或雙向互動（收訊者也可鍵入代號回應）的溝通；甚至更有業者能在訊息大綱項目之下即顯示訊息內容，降低收訊者未打開簡訊便予以刪除的可能性。

但無論是採電話行銷或是手機簡訊傳達的行銷方式，近年受到電話詐騙事件層出不窮的影響，致造成對此種行銷方式的負面衝擊。因此，相關行銷人員必須致力於在電話或簡訊中提出令人安心的說辭與保證，才能順利推展電話行銷的工作。

6.2　郵購和型錄行銷

郵購行銷（direct-mail marketing）係由業者將信件、文宣小冊子、產品樣本等郵寄給消費者，然後希望消費者利用郵件或電話來訂購貨品。**若是郵寄型錄，則稱為「型錄行銷」**（catalog marketing）。這種推廣方式需要精確的名單，始能切中目標消費者。然而由於科技的進步與網路族群的興起，現在的郵購與型錄行銷公司亦開始在網路上設立郵購網站，為傳統郵購注入電子化的色彩。

6.3　電視與廣播行銷

電視行銷又稱為「電視購物」，泛指利用有線電視裡的特定頻道，藉由長時段播放商品資訊、產品使用說明與名人代言等行銷手法，推廣各類商品。除外，亦有廣播在空中對聽眾推銷商品。

廠商有時為了使行銷預算發揮最大的效益，乃透過會員制、地方性第四台廣告、網站等較低預算的方式，針對目標客層發布訊息，以吸引消費者上門買東西。此種行銷方式，稱為「小眾行銷」。除此之外，廠商有時將消費者區隔成不同的族群，例如學生族群、女性族群等，然後針對這些特定族群擬定行銷策略，這個方法係對特定行銷對象而言，則被稱為「分眾行銷」。

6.4　網路行銷

6.4.1 網路行銷的意義

「**網路行銷**」**係指企業或個人行銷者的各種訊息，係透過網際網路（Internet）的工具傳播給消費者，企業可以在網路上直接銷售商品，並與消費者做一對一的溝通；同時它的費用也較低廉，速度加快、地理距離不再受侷限，可涵蓋全球進行行銷推廣工作。**歸納言之，網路行銷的優點有：(1)可做即時性資訊的傳遞；(2)可提供豐富的視訊資訊；(3)由消費者主導，滿足多元化心理需求；(4)買賣雙方可以互動，不受銷售人員的干擾；(5)可全球化行銷；(6)可節省廣告費用，減少中間商，降低交易的成本。

6.4.2 網路行銷的優缺點

(1) **網路行銷的優點**：節省營運成本，減少傳統人事費用及店面的設置就可省下不少銷管費用。達成國際行銷，網際網路的無遠弗屆，因此全世界的人皆可藉由網路來下定單。由於網路推銷具有加乘的效果，效率高，效果快、整年全天候24小時行銷、業務可拓展至全世界、化被動行銷為主動、小公司也享有大公司的競爭優勢、沒有空間和時間的限制、互動性高、可即時網路行銷。

(2) **網路行銷的缺點**：在於費時，花費大，印刷郵遞成本高、感性的說服力大於資訊提供、單向、客戶被動接受、大型市場，一般大眾、不方便，時效有限制、資訊流通範圍小（區域性）、反應速度慢。

6.4.3 網路廣告的生動性與互動性

(1) 影響生動性之兩個主要變數是廣度與深度；而互動廣告則含有四個層次的互動，包括：內容互動、連結與查詢互動、社會互動、個人化互動。

(2) 知覺廣度是指在同一個時間點上，能夠感受到的知覺的感官數量；知覺深度則是指感官所接收到資訊的數量與資訊的品質，而媒體設備的優劣也會影響知覺深度，因此越先進的溝通媒體技術，會有越好的知覺深度表現。

(3) 五種知覺系統：方位、聽覺、視覺、觸覺及味覺五種。例如傳統媒體電視僅能提供視覺與聽覺兩方面的的知覺感受，但虛擬實境除了聽覺與視覺之外，尚能提供方位的知覺感受。

6.4.4 WWW互動廣告

WWW是一個虛擬，多對多溝通，提供了人與人以及人與電腦之間的互動，消費者所經驗的是遙距臨場。在虛擬的環境之下，提供了在實體環境較難具備的能力－心流。在這個互動的虛擬環境之下，消費者主動參與網路的瀏覽行為。

WWW互動廣告衡量方法：(1)因為WWW可以收集到消費者上網瀏覽的資料，所以用瀏覽廣告行為來當成互動廣告效果；(2)從態度面來衡量，亦即衡量消費者對廣告的態度，與衡量傳統廣告效果的方法類似；(3)搜尋屬性（指產品屬性品質的判別可以在使用前決定）或本身已明顯屬於搜尋產品，則提供第2層查詢與連結互動效果最好。

6.4.5 網路行銷組合的4Cs

網路行銷組合的4Cs即顧客需求（Customer needs）、成本（Cost）、便利（Convenience）、溝通（Communication）等四項。

由於製造商傳統上都是以企業為中心及銷售者之觀點來看行銷問題，故其往往著重在行銷4Ps（產品、價格、促銷、通路）上，而忽略了顧客是整個行銷服務的真正目的。然而在當今消費者為王、顧客至上的時代，製造商應試圖與消費者站在同一陣線上考慮問題。因此，**新策略必須以4Cs為核心戰略，亦即須以顧客為中心進行企業行銷活動之規劃與設計，包括：講求滿足顧客需求（Consumer's Needs）的方法，權衡顧客購買所願意支付的成本（Cost），懂得與顧客做雙向溝通（Communication）的途徑，符合顧客購買的便利性（Convenience）。**此4Cs的主要涵義如下：

(1) **消費者需求**：產品最好做到消費者指名購買，通路商就需進貨的地步。
(2) **成本**：消費者要的是以最低、最有利的價格取得商品，卻不見得是最低價，因此應朝相同品質，最低價格著手。
(3) **溝通**：以市調蒐集最有利的資訊，反饋給通路商，讓通路商及消費者可同時獲益。
(4) **便利性**：透過異業結盟等方式，擴大第一線通路布點。

4Ps所代表的是傳統上以製造商為核心的經營觀念，而當今管理學者則將其賦予新貌，使其與消費者為核心的4Cs相互對應：

(1) **產品（Products）與消費者需求（Consumers needs and wants）對應。**
(2) **價格（Price）與物超所值（Cost&value to satisfy needs&wants）對應。**

(3)**通路（Place）與便利性（Convenience to buy）對應。**
(4)**推廣（Promotion）與溝通（Communication with consumer）對應。**

除外，行銷傳統的4Ps和4Cs的觀念仍可適用在網路環境中，並且可再行加上七種元素，分別是：個人化、隱私、顧客服務、社群、網站、安全、銷售推廣等七種元素，以求周全。

6.4.6 網路行銷的廣告型態

網路廣告的型態大致可分為關鍵字搜尋、展現式（係指在瀏覽器上，爭取使用者的目光，如MSN圖式、提供個人化軟體）、分類目錄（便於消費者蒐尋，取代報紙的分類小廣告）、導引轉介（透過網路會員的註冊資料及行為模式，能夠精確取得深具潛力的客戶名單）、電子郵件直效行銷和置入式行銷等六類。

6.4.7 網路行銷成功的關鍵因素

(1)如何加強交易的安全性。
(2)強調網路購物所帶來的心理利益。
(3)有效降低產品預期與實際的差異程度。
(4)加強訂購付款的便利性。
(5)增強消費者WWW購物形式之傳統逛店購物樂趣。
(6)成為人人都記得的「入門網站」。
(7)針對某特定族群，提供該族群需要之產品/服務，成為「有特色」之網站。

6.5 多層次傳銷

多層次傳銷（Multi-Level Marketing）係直銷方式之一種。**其係指對參加推廣或銷售的組織或個人，該參加人給付公司一定的代價，以取得推廣、銷售商品或勞務及介紹他人參加的權利，並因而獲得佣金、獎金或其他經濟利益者而言。傳銷業業務之推廣通常係以3S原則進行：推薦（Sponsor）、零售（Sale）、服務（Service）。**

依公平交易法第8條規定：所稱給付一定代價，即是給付金錢、購買商品、提供勞務或負擔債務。**多層次傳銷的方式如果係以不正當的方式為之，即屬不正當的多層次傳銷，就是俗稱的「老鼠會」。**

第七節　影響推廣組合的因素

企業在資源有限的情況下，應該妥善地將資源用在比較重要的推廣工具上，也就是推廣組合內不同的工具所占的比重應該有所不同。以下幾點因素將會影響推廣組合的比重。

7.1　市場特性

消費者市場	消費者市場中的人數眾多，而且分布廣泛，因此廣告憑藉著能夠涵蓋廣大地理範圍的優勢，成為重要的推廣工具。這也是為什麼絕大多數電視、報章與雜誌上的廣告都是推廣消費品的原因。但是有些業者因其所服務的市場範圍有限，若應用大眾傳播媒體則顯得相當不划算，因此選擇在服務地區散發宣傳單或以看板來傳播相關產品資訊。
組織市場	組織市場的銷售對象（例如零售商、工廠、政府機構）數目不多，且每一次的購買量相當大，故而行銷人員比較容易確定推廣目標，並可適切地提供必要的服務，使得人員銷售成為普遍且有效的推廣工具。組織市場的廣告很少利用大眾媒體來傳達，因為這麼做會導致資訊傳達給太多不相干的人，造成行銷資源的浪費。因此，組織市場的廣告通常是刊登在產業通訊、專業刊物或同業名錄上。

7.2　產品特性

非標準化產品	此類產品（如特別訂做的物品、室內裝潢設計等服務）通常需要較詳細說明、技術支援與售後服務，因此，採人員銷售比較能符合顧客的需求。
高度標準化、簡單易懂的產品	此類產品，如日常用品、文具等，因為產品內容並不複雜，可以透過廣告有效且快速的溝通，在消費者市場中通常是採用廣告會比人員銷售來得重要且有效，而且這類產品也比較適合使用促銷的手法。

價格高的產品	價格愈高的產品，愈傾向採用人員銷售，畢竟高價品的獲利較易用來維持人員銷售昂貴的時間與人力成本，同時高價品的顧客比較需要安全感與個別服務。
流行性的產品	此類產品需要在比較短的時間內傳播產品資訊，因此廣告的角色就來得較為重要。

7.3　消費者的反應層級

消費者的購買行動無法一蹴可及，而必須經歷一連串的心理反應，才能產生購買行為，統稱為「消費者反應層級」（response stage），此乃行銷溝通的目標。其有下列三種模式。

7.3.1 AIDAS模式

AIDAS模式（AIDAS model）認為行銷人員與目標聽眾之溝通過程中，消費者在購買程序中皆會經歷注意（attention）、興趣（interest）、慾望（desire）、行動（action）及滿足（Satisfaction）等五個步驟的心理反應，稱為「AIDAS模式」，亦稱為「消費者行為之AIDAS公式」（AIDAS Formula）。這五種反應構成了推廣的目標，目標之間具有前後連貫的關係，而個別推廣活動該設定哪個目標，則必須根據產品特性、市場狀況、消費者對於產品及公司的印象等來決定。

(1) **注意（認知）階段**：消費者經由廣告的閱聽，逐漸對產品或品牌認識了解，也許是一個聳動的標題，或者是一連串的促銷活動，吸引目標族群中大多數閱聽眾的注意，諸如「知識使你更有魅力」、「科技始終來自於人性」等，都是強化消費者品牌認知的廣告。

(2) **興趣階段**：閱聽人注意到廣告主所傳達的訊息之後，對產品或品牌產生興趣。通常興趣的產生是由於廣告主提供某種「改善生活的利益」所致，比方說：「漢堡買一送一」、「四星期就可以使皮膚變得更白」等。千萬別忘了，消費者購買的是利益而非特色。

(3) **欲望階段**：消費者對廣告主所提供的利益如果有「擋不住的感覺」就會產生擁有該項產品的慾望；也就是一種將產品「據為己有」的企求。興趣與欲望有時只是一線之隔，如果掌握住消費者發生「興趣」的一刹那，使之轉化為「欲望」，廣告就成功了大半。

(4) **行動（購買）階段**：行動是整個廣告行銷活動中最重要的一環，潛在消費者對產品或品牌，縱使有了「認知」、「興趣」、與「慾望」，到最後卻沒有任何消費行為，對廣告主而言，可說是白忙一場。如何讓消費者真正採取購買之行動，才是所有廣告要追求的最終目的。

(5) **滿足（Satisfaction）**：客戶購買產品的目的，是為了獲得其對某種需求的滿足，亦即，客戶購買某家企業產品後的某種「滿足感」，才算是銷售的真正結束。要使客戶獲得「滿足感」，首先是要讓客戶感到貨真價實，同時要經由企業的售後服務，使客戶購買後有超值的感覺。

7.3.2 AISAS模式

AISAS模式指的是人們在網路購買階段，行為經過的順序。這種方法是改良於傳統的AIDAS法則，逐漸轉變成網路性質模式。AISAS模式是因應互聯網而生的新消費者生活型態，其中搜尋和分享，取代了傳統向用戶單方面傳遞資訊的方式。由於互聯網提供大量可靠的產品／服務評價訊息，相較於以前，新的消費模式不僅主動購買消費增加，消費的判斷也更理性。

(1) **注意（Attention）**：引起消費者注意。

(2) **興趣（Interest）**：讓消費者產生興趣。

(3) **搜索（Search）**：消費者主動搜尋。

(4) **行動（Action）**：消費者採取購買行動。

(5) **分享（Share）**：消費者上網分享心得或推薦。

7.3.3 效果層級模式

效果層級模式（hierarchy of effect model）認為行銷人員與目標聽眾之溝通過程中，消費者在購買程序中皆會經歷下列六個步驟：

(1) **知曉（awareness）**：其推廣目標為「提高產品知名度」；推廣手段（方式）為「強力密集的播放訊息、採取生動獨特的表現手法或藉代言人的鮮明旗幟，連結產品特性並帶動產品知名度」。

(2) **了解（knowledge）**：其推廣目標為「提供產品資訊」；推廣手段（方式）為「注重以文字、語言、圖案、畫面等說明產品的特性」。

(3) **好感（liking）**：其推廣目標為「提供產品資訊」；推廣手段（方式）為「沒有特定的方法，可以是感性、理性或是促銷吸引等」。

(4) **偏好（preference）**：其推廣目標為「強調本身相對於競爭者的優點」；推廣手段（方式）為「以比較式廣告（comparison advertising）最為明顯」。

(5) **信念（conviction）**：其推廣目標為「加強消費者的購買信念」；推廣手段（方式）為「由廣告強化消費者對產品品質的信念、提供消費者試用及熟悉產品的機會等」。

(6) **購買（purchase）**：其推廣目標為「促使消費者採取行動」；推廣手段（方式）為「折扣、累積點數、附送贈品、折價券、抽獎等，時常被用來引發消費者的購買行動」。

7.3.4 創新採用模式

創新採用模式（AIETA model）是指消費者在購買創新產品程序中皆會經歷知曉（awareness）、興趣（interest）、評估（evaluation）、試用（trial）、採用（adoption）等五個步驟。

牛刀小試
（　）│ 消費者行為之AIDA中，第二個A，係指：　(A)認知　(B)利益　(C)行 　　　│ 動　(D)興趣。　　　　　　　　　　　　　　　　　　　　**答 (C)**

7.4　公司的推廣策略

(1) **推的策略**：推的策略係專門針對中間商，例如製造商利用行銷人員將產品大力促銷給批發商，批發商再將產品「推」給零售商，之後再由零售商將產品銷售給最終消費者。在推的策略中，人員銷售相當重要。同時，為了鼓勵中間商購買或推展行銷活動，針對中間商的促銷也相當普遍。

(2) **拉的策略**：拉的策略係針對最終消費者，在手法上是以廣告與促銷提高消費者對產品的認識、興趣與需求，然後由消費者的需求造成零售商進貨的壓力，使得零售商向上游供應商採購相關的產品。顯然的，在拉的策略中，廣告與促銷比其他的推廣工具還來得重要。

7.5　可用資金與推廣的成本

在決定推廣組合時，資金是重要的考慮。若以每位溝通對象的平均接觸成本來看，廣告與促銷的費用較低，但以總成本來看，廣告與促銷之費用總額卻又顯

得相當昂貴，因此廣告與促銷較適合資金充分的廠商來使用。如果廠商的資金不足，則只好倚賴公共報導或地區性的媒體（如看板、地方廣播與電視）來進行宣傳。此外，人員銷售的薪資、獎金、教育訓練費用等也相當可觀，也比較適合資金較充分的廠商。

第八節　推廣預算的方法

決定推廣預算是重要的行銷決策，預算太高，可能造成行銷資源的浪費，而預算太少，則可能失去市場機會。一般來說，廠商決定推廣預算的方法有下列四種：

8.1　銷售百分比法

銷售百分比法（percentage of sales method）係以銷售額為基準，提撥某個百分比作為推廣的預算。 本項基準可能是公司去年的收入、今年的預期收入或是產業的總銷售額。此法的優點是簡易可行，且可讓公司同時考量推廣成本與利潤之間的平衡點，而且這種預算配置有助於管理者思考溝通成本、銷售價格及每單位獲利關係，因此本法普遍為各企業所採用。但其缺點則是將銷售額當成「因」，推廣預算當成「果」，顛倒了應有的因果關係；且未能考慮競爭環境的因素與產品生命週期與其特性，有失嚴謹。除外，根據此法，若銷售成績不理想就必須減少推廣費用，而在實際的策略應用上，也許需加強推廣，以刺激消費，本法就行不通。再者，當產業擁有高度進入障礙時，雖產品大賣，其推廣費用亦不必然就需要跟著水漲船高。

8.2　目標任務法

目標任務法（objective-and-task method）有三大步驟，第一，首先必須確定合理的推廣目標；第二，決定可以協助達到推廣目標的活動；第三，預估這些推廣活動所需的經費，以便計算出全盤的推廣預算。 這種方式將推廣預算建立在目標與任務的基礎上，相當合理。同時，它也促使行銷人員注重目標的設定與活動的執行間之關係。但是此法並未決定各目標間的優先順序，而是把所有目標都視為同等，故在執行上亦易遇到困難。例如該有哪些推廣活動？實行這些活動的總經費需要多少？這些問題恐不易回答與掌握。

8.3 跟隨競爭法

跟隨競爭法（competitive parity method）係指跟隨心目中之主要競爭對手的推廣預算來加以推估，編列本公司的推廣預算。此種方式固然可使推廣活動的規模與競爭對手不致於相差太遠，避免在競爭中敗陣下來。但是，此法卻存在著有二個問題：第一，跟隨法假設競爭者的策略及作法是對的，但這個假設有可能不成立；第二，每家企業的背景、資源、策略與所面對的市場狀況畢竟不相同，採用的推廣方式也應該會有所不同，因此，盲目地跟隨著競爭對手的作法並不恰當。

8.4 量力而為法

量力而為法（affortable method）係根據本身的財力來編列預算。亦即並未事前規劃推廣預算多少，而只要在能力範圍所及，有多少資源就用多少。由於公司的內部尚有其他單位或工作隨時需要費用，故行銷人員能夠分到多少推廣費用是個未知數，使得行銷人員針對推廣及其他行銷活動進行事前規劃時，無法做長期的推廣運作規劃。

第九節　其他行銷推廣手法

9.1 置入性行銷

9.1.1 置入性行銷的意義與條件

置入性行銷【又稱為產品置入（Product placement）、置入性廣告】是指產品或品牌廠商在大眾傳播媒體上非廣告的節目時段裡，以不突兀的方式將自己的產品或品牌呈現在節目內容裡，來影響觀眾對於該產品或品牌的態度。它是一種隱喻式的廣告手法，其係刻意將行銷事物以巧妙的手法置入既存媒體，以期藉由既存媒體的曝光率來達成廣告效果。例如主播台上的電腦商標、戲劇裡男女主角使用的物品等，是比較間接、潛移默化地產生效果。行銷事物和既存媒體不一定相關，一般閱聽人也不一定能察覺其為一種行銷手段。

商品置入行銷最為常見的是，電影或電視畫面出現的靜態擺設道具，或是演員所使用的商品，都有可能是刻意置入的，而要置入的商品必須付費給電影或電視製作單位。**「置入性行銷」是試圖在觀眾不經意、低涉入的情況下，建構意識知覺，減低觀眾對廣告的抗拒心理，讓觀眾在不知不覺中熟悉產品的形象，進而產生購買行為。**

根據美國行銷學會（American Marketing Association）對於廣告的定義，**置入性行銷具有4個條件：(1)付費購買媒體版面或時間；(2)訊息必須透過媒體擴散來展示與推銷；(3)推銷標的物可為具體商品、服務或抽象的概念（idea）；(4)須明示廣告主（sponsor）。**

9.1.2 置入性行銷的手法

置入性行銷的手法大致可以分成下列三種：

(1)螢幕畫面置入（Screen Placement）亦即視覺表現。例如：主播或演員身上的衣服、飾品，雖其未強調，但已產生吸引收視者注意的效果。

(2)腳本台詞置入（Script Placement）亦即聽覺呈現，寫入腳本，沒有畫面，只有聲音，卻能吸引聽者注意。

(3)戲劇情節置入（Plot Placement）將產品設計成戲劇情節的一部分，結合視覺與聽覺置入，增加其戲劇的真實感，此為這三種方法中最有效果的一種。

9.2 病毒式行銷

9.2.1 病毒式行銷的意義

病毒式行銷（Viral Marketing；又稱Advocacy Marketing）係指將行銷訊息像病毒般在網路上散播到網友電腦內，主要的傳播途徑為電子郵件，亦有從綁架瀏覽器的方式進行傳播。析言之，在網際網路中，消費者主動將產品優惠內容或有趣的訊息自發地轉寄給朋友，以聯繫朋友間情感的分享方式。此一行銷活動方式即是「病毒式行銷」。「引爆趨勢」作者Malcolm Gladwell提出病毒具有三項特質為：具有傳染性、小動作產生大的轉變、在短時間內的變異。病毒式行銷即符合病毒的該三項特質。

9.2.2 病毒行銷的目的

電子郵件行銷（Email Marketing）除了成本低廉的優點之外，更大的好處其實是能夠發揮「病毒式行銷」的威力，**利用網友「好康道相報」的心理，輕輕鬆鬆按個轉寄鍵就化身為廣告主的行銷助理，一傳十、十傳百，甚至能夠接觸到原本公司企業行銷範圍之外的潛在消費者。**病毒行銷就是在希望能奇蹟式的用低廉的行銷成本創造出一炮而紅的行銷結果。

9.2.3 病毒行銷成敗的因素

「病毒」、「環境」、「傳播者」是影響病毒行銷活動成敗的三個重要因素。成功關鍵是：病毒本身的傳染力強不強？亦即：行銷訊息的創意是否被傳播者認為有價值？換言之，所傳播的訊息內容須具備消費者所認同的「核心價值」。如果答案為「否」，即使經過百般包裝、添油加醋，消費者很快就會識破你的心機而將之封殺。

(1) **病毒是病毒行銷活動當中的主角**：病毒本身的創意、威力，能否引起話題、切中現代人的心理層面、引起群眾共鳴、存在資訊上的價值等特質，往往決定它是否能夠成功擴散。簡言之，訊息內容本身特質以適當的型態呈現，是創造成功病毒行銷的第一要件。

(2) **找出意見領袖成為傳播者**：網路上，總會有一群消息靈通人士、強烈自我主張人士、各領域行家、網路社群領袖，以及狂熱的分享主義者流連於網路資訊間。對於進行病毒行銷活動而言，行銷者應該依據行銷的訊息內容特質，找到對味的族群，打動他們的心，他們就會發揮社群力量，成為行銷活動的最佳業務員。

(3) **傳播環境的選擇**：採取病毒行銷的目的，大部分是希望在最低的成本上，在短時間內達到最大的行銷效果。因此選擇傳播環境、傳播途徑時，一定盡可能選擇具備低門檻又高效率的媒介。亦即：行銷者應該已經塑造好一個傳播環境，有利於大眾取得更多相關訊息資料、可以快速、方便複製訊息的方法、可以一次大量傳遞訊息、多元化的呈現型態滿足多元的傳播者。

9.3　交易行銷

交易行銷係指製造商為了促成零售商能當下交易，乃提供具有吸引力的交易條件或其他經濟誘因予零售商，其係著眼於該筆單一之交易能立即獲得的利潤。

因此，它是屬於短期導向的一種行銷手法，著重在短期交易的達成，以及注重一次交易所能立即獲得的利潤。

9.4 善因行銷

近年來，企業組織與非營利慈善公益團體共同為特定的社會公益目的，在商品行銷中附帶勸募慈善捐款的行為，此種結合了企業與非營利組織的新興行銷方式稱之為善因行銷（Cause-Related Marketing；CRM）。其特色是指明消費者與企業從事某種交易時（消費產品或服務），企業捐出特定金額給非營利機構。對雙方而言是一種雙贏的策略。

企業可透過對NPOs的捐贈，建立與顧客間更深層的信任以及關係，如此不但可以增進公司的形象，最終也可因此而獲利。因此，採行善因行銷的起源多由企業主動，合作企業的通路效果及媒體效應、豐富的資源、知名度及公益形象、雙方的理念或業務是否可以結合是決定合作對象的考慮因素。相對地，非營利組織若能了解企業的行銷思維，和企業有共通的語言，將有助於爭取到企業的支持，讓本身成為企業善因行銷的合作夥伴，如此達成企業與非營利組織雙贏互利的目標。

從消費者的觀點而言，消費者希望購買的不只是一個產品、一個服務，更期望能向企業購買一份社會責任。亦即在消費選擇多樣化的世代，消費者的需求除了產品所能提供的基本利益之外，對於社會和環境的附加價值往往也包含在消費者的購買決策考量之中。因此，企業為了滿足消費者在此方面的需求，以及提升公司品牌形象，企業莫不致力於進行善因行銷活動。舉例來說，例如7-11曾推行80元送一點種小樹；再如台新曾推出你刷卡他種樹的活動。即屬善因行銷的一種活動。

善因行銷唯有在消費者推論該善因行銷的主要動機是正面或非投機的（例如：單純對善因提供支持），而不是負面或投機的時候（例如：利用該善因以幫助增加該品牌的銷售額），這些策略才更有可能幫助消費者選擇該品牌。可見消費者對於企業支持善因行銷之動機認知，會影響企業參與善因行銷活動之成果。

9.5 事件行銷

事件行銷（Event Marketing）係指企業整合資源，透過企劃或創意，創造大眾關心的話題、議題，因而吸引媒體的報導與消費者的參與，進而達到提升企業形象，以及銷售商品的目的。 事件行銷之標的可以是產品，服務，思想，資訊等具有特殊事務特色主張的活動；事件可包括：現有的事件、節日慶典事件、創造新奇的事件、名人造勢、公益形象及商展等。

9.5.1 事件行銷的模式

事件行銷一般可以區分為「順勢而為」及「創造話題」兩種面向來分析，兩種模式各有其優缺點，操作方式亦不相同：

(1) **順勢而為模式**：藉由活動當時社會上所關注的焦點話題、新聞事件，或是搭配「即將」發生的各類事件，將活動順勢帶入話題中心，藉此引起媒體和大眾的關注。

(2) **創造話題模式**：此種模式是由企業本身策劃具有創意的行銷活動，引起媒體和社會大眾的興趣和關注，進而發揮口耳相傳的效果，達到企業宣傳及提升形象的目的。此種模式，企業將擁有較大的主控權，但活動的成敗與否，端看活動所創造的話題強度。

9.5.2 事件行銷成功的關鍵要素：

一個事件行銷的成功關鍵要素有以下三點：

(1) 藉由活動提升公司形象，並利用創造話題的方式，緊扣住社會動脈進而吸引媒體注意，達成行銷目的。

(2) 藉由獲得消費者好感的模式，達成產品的銷售目標，同時發揮活動的累積性及延續性效果。

(3) 活動的規劃是否符合成本效益，活動執行品質良窳與否。

9.5.3 常見的事件行銷類型

(1) **行銷性事件**：例如舉辦週年慶、簽唱會。

(2) **形象性事件**：提出能支援該形象訴求的具體議題、代言人或象徵。

(3) **公眾訴求性事件**：例如舉辦票選×××行動。

(4) **危機因應事件**：舉行危機處理之記者會。

(5) **凝聚性事件**：辦理公司尾牙聚餐。

9.6 體驗行銷

9.6.1 體驗行銷的意義

Schmitt定義體驗行銷為「**由個別顧客觀察或參與事件後，感受某些刺激而誘發動機產生認同或消費行為的思維，增加產品價值」**。亦即消費行為不僅是包含消費本身，更包含對體驗的追求。析言之，體驗行銷是一種注重給予消費者深刻並且難以取代的體驗經驗，進而吸引消費者的一再消費的一種行銷方式，重點為觸動顧客的情感與刺激其心思，進而強化消費者對其品牌的認同與忠誠度改變顧客的消費行為。

體驗是發生於對某些刺激（例如由購買前與購買後進行的行銷努力所提供）的回應的個別事件。**體驗包含整個的生活本質，通常是由事件中的直接觀察（或參與）造成，而不論該事件是真實的、如夢般的、或虛擬的。**因此，一位行銷人員需要提供正確的環境與場景，讓有興趣的顧客去體驗。再者，體驗通常不是自發而是誘發，而導致顧客體驗的刺激（所選擇的「體驗媒介」）係由行銷人員所掌控，亦即要提供何種體驗的型式。

在體驗行銷的架構下，消費者兼具理性和感性，淺顯來說，現在人所接觸的每件事，幾乎與娛樂、消費脫離不了關係，因而，**利用感官（Sense）、情感（Feel）、思考（Think）、行動（Act）、關聯（Relate）等五種策略體驗模組，重新以體驗來建構消費者與廠商、商品之間的微妙關係。**

9.6.2 體驗行銷中的五大策略（構面）

(1) **感官**：感官行銷訴求的目標，是創造知覺體驗的感覺，經由視覺、聽覺、觸覺、味覺與嗅覺。感官行銷可區分公司與產品、引發顧客動機、與增加產品價值。

(2) **情感**：情感行銷訴求顧客內在的感情與情緒，目標是創造情感體驗，其範圍由以溫和的正面心情與一個品牌連結、到歡樂與驕傲的強烈情緒。情感行銷運作需要的是，真正了解什麼刺激可以引起何種情緒，以及消費者自動參與遠景。

(3) **思考**：思考行銷訴求的是智力，目標是用創意的方式使顧客創造認知、問題解決的體驗。思考訴求經由驚奇、引起興趣、與挑起顧客作集中與分散的思考。

(4) **行動**：行動行銷的目標是影響身體的有形體驗、生活型態與互動。行動行銷藉由增加他們的身體體驗，指出做事的替代方法、替代的生活型態、與互動，豐富顧客的生活。

(5) **關聯**：關聯行銷包含感官、情感、思考、與行動行銷等層面。然而，關聯行銷超越個人人格、私人感情、因而加上「個人體驗」，而且與個人對他的理想自我、他人、或是文化產生關連。關聯活動案的訴求是為自我改進（例如，想要與未來的「理想自己」有關）的個人渴望。訴求的是要別人產生好感。讓人和一個較廣泛的社會系統產生關聯，因此建立強而有力的品牌關係與品牌社群。

9.6.3 體驗行銷的反思－低接觸服務

由於新科技的推陳出新，服務業已可經由電話、網際網路提供服務，因此產生了人與人、人與物的直接接觸較少或不直接接觸的「低接觸服務（Low-contact Services）」作業方式，甚至在傳統高接觸度服務，也可能轉為低接觸服務。這種情況的出現，使得企業企圖利用體驗行銷建立消費者與廠商、商品微妙關係的觀念勢須改變以求因應。

9.7　社會責任行銷

社會責任行銷（corporate societal marketing）係指企業除了商業部門及其促銷手法，應不再只是思圖眼前的短視近利，而是隱含著更為長遠規劃的策略性經營手法，就此而言，**過去企業體主要是用於營利性質的產品與服務時所採取的促銷手法，則是被擴大視為一種廣泛性的社會活動**，同時也從單純的工商營利部門擴及到政府以及其他的自願部門，藉以提供像是服務、理念等社會性產品的促銷。

9.8　大眾行銷與分眾行銷

「大眾行銷」係指不清楚目標市場的人口資料與消費習性，因此透過統計的方法，找出目標市場的特徵，根據目標市場大部分的共通性，來決定傳播的訊息及行銷的方法。簡言之，大眾行銷就是目標族群為一般大眾，企業採行大量生產、大量配銷及大量促銷產品給所有的消費者，例如透過電視廣告接觸消費者，一般的消費性產品都是採用這種方式行銷。

「分眾行銷」是透過周密的市場調查研究後，將產品的大類的目標消費群體進行細分，鎖定一個特定的目標消費群，然後推出這一特定群體最需要的細分產品，以適應這一特定群體的特定價格，再經由特定之行銷管道和傳播、促銷等方式進行產品行銷。分眾行銷的產生是由於消費者對差異化產品需求劇增。隨著人們收入的提高和物質生活水平的改善，整個社會的消費需求總量也在與日俱增。但值得注意的是：消費者需要的不再是泛泛的產品，而是一些能適合自己需求的個性化產品。雖然市場上的產品多如牛毛，不過傳統的大眾化行銷模式使得消費者要找到真正適合自己的產品還得要花點工夫。所以這時候，推出分眾化產品、進行分眾行銷，無疑就是企業的最好選擇。

9.9　個人化行銷

個人化行銷（individual marketing）係指針對個別消費者之需求設計、提供客製化的產品與服務。其又稱為一對一行銷（one-to-one marketing）、客製化行銷（customized marketing）或小眾行銷。個人化行銷立基的基礎在於雙向的互動，它不同於傳統行銷的單向告知；要做到完好的個人化行銷，其主要的前置功夫在顧客資料庫的掌握，如此才能深入了解顧客的購買行為模式。

《The one to one future》一書著作人Peppers和Rogers對於「一對一行銷」更進一步的提出，其主要觀念在於強調要依照顧客需求的差異性，給予適當的對待方式，並透過資訊科技與智慧型資料庫的協助，讓企業得以明確的辨識出目標族群，將特定的訊息即時傳遞給需要的對象。他們更進一步的認為可以把一對一行銷，稱為關係行銷或顧客關係管理，因其特徵乃是廠商與消費者的雙向訊息溝通。所以關係行銷、資料庫行銷、直效行銷、口碑行銷、目標行銷等都是一對一行銷的類似概念。對於這一些相似的說法，其實主要的觀念本身並未改變，出發點均由顧客的需求來發展個別與企業之間的關係。

9.9.1 個人化行銷的優勢

個人化（一對一）行銷就是針對不同的顧客屬性、偏好及消費能力等，提供不同的行銷方案與客製化服務。而今透過網路的應用，對於顧客資料的處理比以前容易，顧客不同屬性、偏好及消費能力等資料分類上，成本降低，且更能藉由這樣的資訊，深入瞭解個別消費者的生活方式及消費型態，企業可依此擬定各式各樣的商品與服務，掌握下列一對一行銷的優勢，就能賺取更多利潤並增加企業競爭力。

(1)**提高行銷成本效益**：一對一行銷是針對不同的潛在消費族群適合的行銷推廣，以提升每一行銷成本的邊際效益。

(2)**提升顧客滿意度與忠誠度**：一對一行銷的特性，是針對客戶的需求，提供個人化服務，有效減少了消費者購買前，蒐集資料比較的工作，如此量身訂做的服務，才能提升顧客的滿意度及建立忠誠度。

(3)**對顧客需求的改變，做迅速回應**：與顧客的即時性互動，企業可以迅速瞭解顧客需求，並做立即反應，即時的調整行銷方向。

9.9.2 個人化行銷經營階段的措施

(1)**客戶確認**：經由各種主動（如網路行銷方式）、被動（實體店面）的方式，與顧客接觸，大量蒐集顧客資料，並隨時更新，而這些資料的範圍包括顧客基本資料、偏好消費紀錄等，作為資料分析基礎。

(2)**資料區隔**：在蒐集完整顧客資料後，必需將資料轉為有用的資料庫，企業可依顧客各種不同屬性分門別類，以做為擬定行銷策略的依據。

(3)**市場互動**：良好的互動方式，可使企業隨時掌握顧客需求與市場動向，企業利用網路的特性，做好與顧客的互動，並降低以往利用免付費電話互動方式的成本。

(4)**客製化**：依各個不同市場區隔方式，對不同的市場區隔的顧客，採取不同的行銷策略，以符合顧客的獨特需求，建立起一對一行銷模式。

為使對「大眾行銷」與「一對一行銷」兩者之概念能完全釐清，茲將兩者之特徵分項列表如下：

大眾行銷	一對一行銷	大眾行銷	一對一行銷
一般的顧客	個別的顧客	顧客名字不清楚	清楚的顧客檔案
標準化的產品	顧客化的市場提供化	大量生產	顧客化生產
大量配銷	個別化配銷	大眾廣告	個別化訊息
大眾促銷	個別化誘因	單向訊息	雙向訊息溝通
規模經濟	範疇經濟	市場佔有率	顧客佔有率
所有的顧客	可獲利的顧客	顧客吸引	維繫顧客

9.10　一對一網路行銷

9.10.1.一對一網路行銷的定義

簡單來說，**一對一網路行銷係指透過網際網路的協助從事顧客關係的管理，其主要的目的在於吸引、維持和強化企業與顧客之間的關係，進而提升顧客的購買機率與企業的利潤。** 一對一網路行銷並強調企業必須針對不同顧客的需求提供其專屬的產品或服務，也就是要將產品或服務予以客製化，進而致力於顧客滿意度與顧客忠誠度的提昇，來提高企業的競爭力與獲利。因此，一對一網路行銷為企業藉由網路的協助，不管是由企業觀點（大量客製化）或是顧客觀點（客製化）來發展依顧客的需求而提供專屬的產品之過程。

9.10.2　一對一網路行銷的競爭優勢

一對一網路行銷方式不同於強迫性的傳統推銷，其競爭優勢在於一對一網路行銷是一種互動性的顧客關係模式，藉由了解顧客的真正需求，進而提出符合的行銷方案。因此，**一對一網路行銷是利用網路與一般傳統媒體，如報紙、電視、傳單、廣播等優勢，讓消費者可以在不自覺的狀況下，提高其消費量，最終讓企業提升獲利、利潤、與競爭力：**

(1)網路可以區隔出目標觀眾，並可以針對不同的人物刊登不同的廣告內容，提升行銷上的效率。

(2)網路可以即時的追蹤、記錄觀眾反應、與快速的回饋工作。

(3)網路具有較大的更改、替換廣告內容的彈性，並可以針對顧客反應作即時修改的工作。

(4)網路為一種互動式的媒介，藉由提供個人化的服務品質，亦可依顧客需求給予試用商品，例如：搜尋資料、軟體功能應用等。

(5)網路可以簡化累積消費者的使用經驗，並提高經分析、了解後，得以發掘顧客們的潛在需求加以推薦該項業務與服務。

在此我們可以了解到，網路可讓企業提升準確分析消費者需求的能力，進而讓企業所提出一對一行銷方案之成功率。

9.10.3　一對一網路行銷的執行限制

(1)**企業觀點：**由企業的觀點看來係指成本上的考量，企業會因為導入一對一網路行銷的成本過高而失敗。

(2) **科技觀點**：企業要思考導入科技的適用程度，當導入的科技並不適合該行銷的特性時，亦會增加企業的失敗機率。

(3) **隱私觀點**：企業要維護個人隱私的保密程度，因為在網路上隱密問題已經被大家視為成敗的重要因素，所以企業必須要致力於保障顧客的隱私。

(4) **使用者觀點**：企業在執行一對一網路行銷時，要考量到使用者的觀點，例如：蒐集到不正確的使用者資訊，則會導致分析出來的結果並不是消費者真正的需求，進而提高配合該資訊的行銷方案的失敗機率等。

9.11　利基行銷

利基（Niche）係指關鍵性、獨特性的核心技術（如創新設計、技術能力、行銷通路等），能讓企業能有所成就及發展，更足以凌駕他人。 利基行銷即是在找出市場的區隔所在，並以符合該市場需求條件之商品，集中所有資源去強打這個被鎖定的市場。但是小廠商採取利基行銷時，其遭遇的主要風險係「當面對資源豐富的大廠也進入此一市場時，小廠商所遭受的損失則較大」。

9.12　標竿行銷

標竿行銷（Benchmarketing）係以某個市場上已經存在的競爭者為比較基準的行銷方式，例如普騰這家公司於十幾年前提出一句很經典的「Sorry, Sony」行銷術語，到現在還是經常被產業與學術界拿來當作行銷的案例，近年來Audi一直宣稱他們的部分車種在歐洲市場無論在性能或銷售上都令雙B感覺到威脅，這樣的行銷方法就是希望讓那些原本沒有打算買Audi的亞洲買家去思考，為什麼歐洲的消費者願意買的車在亞洲的我們卻沒有給予適當的評價。當然要提出這樣的行銷方式需要先對自己的產品有一定的信心。

9.13　內部行銷

服務業在經濟體系所扮演的角色日益吃重，而製造業的重要性愈來愈不復當年時，昔日以產品為主體的行銷運作邏輯，已不足以應付服務業日益吃重的行銷需要。而在服務行銷逐漸受到重視時，愈來愈多學者發現：由於服務人員表現的優異與否，對於顧客滿意、企業興衰、乃至於行銷成敗影響厥偉；因此，以往產品行銷那種只以最終顧客為行銷對象的運作邏輯，顯然必須加以修正與調

整。亦即，**在服務行銷裡，行銷的目標對象不僅應包括付費的最終顧客，稱之為「外部顧客」，還應包括服務企業的員工，稱之為「內部顧客」。**

再者，時至今日，行銷的標的物已不再只局限於有形的產品，舉凡無形的服務、理念、地方、人物、乃至於政黨國家，在在都是行銷的標的物。此外，行銷運作也不再只針對外部顧客；隨著員工重要性的日益抬頭，行銷運作也被運用到內部顧客身上。因此，前者我們稱之為外部行銷，後者則稱之為內部行銷，而所謂的內部顧客係指公司的員工。

9.14　病患導向行銷

從病患的觀點來策劃及推動行銷活動，以服務及滿足各種特定病患的特定需求。

9.15　系統銷售

系統銷售係指廠商提供顧客「全方位解決方案（Total Solution）」的一種銷售方式。

經典範題

✅ 測驗題

(　　) **1** 下列何者屬於推廣組合（promotion mix）的範疇？　(A)公共關係　(B)促銷　(C)廣告　(D)以上皆是。

(　　) **2** 下有關廣告流程的階段，何者正確？　(A)設定目標→決定廣告預算→決定廣告訊息→決定廣告媒體→廣告效果評估　(B)設定目標→決定廣告媒體→決定廣告訊息→決定廣告預算→廣告效果評估　(C)設定目標→決定廣告媒體→決定廣告預算→決定廣告訊息→廣告效果評估　(D)設定目標→決定廣告訊息→決定廣告預算→決定廣告媒體→廣告效果評估。

(　　) **3** 廣告的目的在提醒消費者，不讓消費者對其品牌印象模糊或淡忘，並鼓勵顧客繼續購買本企業的產品，宜採何種廣告？　(A)競爭性廣告　(B)維持性廣告　(C)告知式廣告　(D)開創性廣告。

(　) **4** 廣告的訊息在傳達產品有哪些功能或特點，能為消費者帶來什麼樣的利益，此稱為：　(A)感性訴求　(B)理性訴求　(C)客觀訴求　(D)道德訴求。

(　) **5** 下列敘述何者有誤？　(A)印刷媒體的優點在涵蓋面廣、能容納相當多的資訊，有多人傳閱的機會　(B)廣電媒體的優點在電視的觸角非常廣泛，具有吸引力、感染力與說服力　(C)戶外媒體的缺點在無法針對目標市場傳遞訊息，廣告內容的表現方式受限　(D)網際網路的缺點在網路的使用者集中在年輕族群，而且瀏覽自主性相當強，訊息停留時間較長。

(　) **6** 下列有關促銷、廣告、人員銷售的特性比較，何者有誤？　(A)廣告通常比促銷活動時間來得長，活動較不具彈性　(B)人員銷售係屬長期、持續的活動，人數及任務固定，彈性不大　(C)促銷係短期的活動，有確定的結束日期，活動較不具彈性　(D)以上皆非。

(　) **7** 下列何者非企業建立良好公共關係之方式？　(A)發行出版品　(B)舉辦或贊助活動　(C)參與商業會議與商展　(D)公共報導。

(　) **8** 下列何者為直效行銷（direct marketing）所用的方法？　(A)電話行銷　(B)電視和廣播行銷　(C)型錄行銷　(D)以上皆是。

(　) **9** 下列有關影響推廣組合的敘述，何者有誤？　(A)流行性的產品宜採人員銷售較為有效　(B)價格愈高的產品，通常傾向採用人員銷售　(C)高度標準化、簡單易懂的產品，通常是採用廣告較為有效　(D)非標準化產品採人員銷售較能符合顧客的需求。

(　) **10** 有關消費者反應層級的步驟，下列何者正確？　(A)興趣→注意→慾望→行動　(B)興趣→慾望→注意→行動　(C)注意→興趣→慾望→行動　(D)注意→慾望→興趣→行動。

(　) **11** 某冷氣製造廠商，舉辦「買冷氣送小家電」活動，係屬於下列何種推廣組合？　(A)廣告　(B)促銷　(C)人員推銷　(D)公共報導。

(　) **12** 若產品的銷售範圍狹小，應採用：　(A)報紙廣告　(B)電視廣告　(C)人員推銷　(D)以上皆可。

(　) **13** 「東港黑鮪魚季」請行政院長站台義賣，將黑鮪魚的行銷推升到最高潮。此係採用下列哪一種行銷策略？　(A)人員銷售策略　(B)廣告促銷策略　(C)差別定價策略　(D)事件與公共關係策略。

( ) **14** 在促銷工具中不必付費，便可獲得報導而使消費者瞭解的係指：
(A)電視廣告　(B)人員推銷　(C)公共報導　(D)報紙廣告。

( ) **15** 廠商不只將產品或服務的屬性與利益傳送給顧客，也讓顧客獲得獨
特且有趣經驗的行銷方法，稱為：　(A)體驗行銷　(B)病毒行銷
(C)事件行銷　(D)客製化行銷。

( ) **16** 蔡依林代言麥當勞產品，表達出「我就是要健康吃個堡」，係屬於
何種溝通的訴求？　(A)理性訴求　(B)感性訴求　(C)道德訴求
(D)恐懼訴求。

( ) **17** 下列何者為大眾行銷的特徵？　(A)個別顧客　(B)雙向訊息　(C)顧
客占有率　(D)大眾廣告。

( ) **18** 行銷組合所形成的行銷活動系統，是以何者為中心？　(A)消費者
(B)勞動者　(C)行銷者　(D)生產者。

( ) **19** 假設某廣告主所訴求的產品市場有1,000,000個消費者，而其希望在第
一年內接觸到80%的消費者，若每個消費者平均展露五次所需的展
露效果為1.5，每千次展露的成本為100元，則第一年的廣告預算應
為：　(A)400,000元　(B)500,000元　(C)600,000元　(D)750,000元。

( ) **20** 重視大量生產、大量配銷及大量促銷產品給所有的購買者的行銷活
動，稱為：　(A)大量行銷　(B)分眾行銷　(C)利基行銷　(D)區隔
行銷。

( ) **21** 下列何者不是針對消費者所採用的促銷工具？　(A)來店禮　(B)現
金回饋　(C)優惠券　(D)銷售獎金。

( ) **22** 告知性廣告通常適用於：　(A)產品生命週期中的上市初期　(B)產
品生命週期中的成長期　(C)產品生命週期中的成熟期　(D)產品生
命週期中的衰退期。

( ) **23** 將行銷活動（例如廣告）導向最終使用者，引導他們向經銷商指名
認購，使經銷商向製造廠商訂購產品的促銷方式是：　(A)推的策
略　(B)拉的策略　(C)推拉策略　(D)非推拉策略。

( ) **24** 廣告企劃人員在選擇廣告媒體時，通常會注意各媒體觀眾（閱聽
眾）的數量，下列何者不是觀眾（閱聽眾）數量的衡量方法？
(A)廣告量　(B)觀眾數　(C)有效曝光的觀眾　(D)發行量。

（　）**25** 下列何者不是直效行銷（direct marketing）的通路？　(A)電視購物　(B)網路　(C)型錄　(D)批發商。

（　）**26** 企業為了與消費者達到溝通目的，運用廣告、促銷、公共關係、人員銷售與直效行銷等五項工具，與消費者進行溝通，這五項工具又稱為：　(A)溝通組合　(B)推廣組合　(C)廣告組合　(D)行銷組合。

（　）**27** 展示產品的品質、經濟性、價值與績效等訊息是對消費者進行：　(A)負面的情感訴求　(B)正面的情感訴求　(C)理性訴求　(D)道德訴求。

（　）**28** 調整市場、產品及行銷組合是那一階段所採行的行銷策略？　(A)上市期　(B)成長期　(C)成熟期　(D)衰退期。

（　）**29** 某食品製造廠商吸引更多的零售商經銷其產品，在電視上大做廣告促銷其產品，此種推廣策略是屬於：　(A)推式　(B)拉式　(C)人員推銷　(D)公共報導。

（　）**30** 企業透過贊助活動，努力推廣社會議題的行銷活動，例如某公司贊助動物園飼養瀕臨絕種動物，係指下列何者？　(A)置入性行銷　(B)善因行銷　(C)交易行銷　(D)公司社區服務。

（　）**31** 下列何者非屬行銷4P的內涵？　(A)產品　(B)定價　(C)商標　(D)促銷。

（　）**32** 下列有關廣告訊息之敘述，何者錯誤？　(A)廣告訊息應符合消費者的期望與需求　(B)廣告訊息應能提供消費者解決問題的方法　(C)廣告訊息無須結合品牌　(D)廣告訊息應可透過媒體傳達給消費者。

（　）**33** 下列何者為企業可以透過網路進行行銷活動的途徑？　(A)郵寄產品型錄　(B)刊登電視廣告　(C)創設實體店面　(D)參加網路社群。

（　）**34** 美國戴爾電腦（Dell Computer）公司為了降低個人電腦之售價而改變其銷售的形態，建立直接向消費者銷售的模式。其模式稱為：　(A)經銷商模式　(B)直銷模式　(C)代理商模式　(D)大賣場模式。

（　）**35** 企業如果想一對一銷售，以哪種推銷方式最有效果？　(A)看板　(B)電視廣告　(C)促銷　(D)人員銷售。

（　）**36** 有關公共關係的功能，下列何者有誤？　(A)協助產品重新定位　(B)數量折扣　(C)協助新產品的推廣　(D)解決企業危機。

（　）**37** 藉由一些事件的發生，來爭取公司產品的曝光率，稱為：　(A)事件行銷　(B)體驗行銷　(C)聲望行銷　(D)經驗行銷。

（　）**38** 請問Panasonic新上市的感溫冷氣強調「動就冷，不動就省」，是較屬於：　(A)比較性廣告　(B)提醒性廣告　(C)告知性廣告　(D)感性訴求廣告。

（　）**39** 行銷組合的要素，下列何者有誤？　(A)產品　(B)通路　(C)品質　(D)促銷。

（　）**40** 下列有關廣告特性之敘述，何者有誤？　(A)非人格化　(B)普及媒體　(C)高度大眾化的溝通方式　(D)能透過各種表達方式，吸引消費者注意。

（　）**41** 公司經由傳統的行銷組合，服務顧客的各項經常性工作，稱為：　(A)互動行銷　(B)外部行銷　(C)內部行銷　(D)關係行銷。

（　）**42** 在特定刊物將企業的重要新聞以文章的方式刊載出來，係利用下列何種公共關係的工具？　(A)記者招待　(B)專題文章　(C)公益活動　(D)新聞發布。

（　）**43** 阿飛和阿勇打算利用連續假期安排墾丁三日遊，他們在行前先上網預訂住宿的飯店，此係屬網路行銷中的何種商品？　(A)情報銷售　(B)互動式服務　(C)網路預約服務　(D)資訊提供。

（　）**44** 下列何者不是公關的主要任務？　(A)組織形象　(B)產品形象　(C)危機處理　(D)交際應酬。

（　）**45** 婚紗攝影公司經常在廣告中強調「燈光美、氣氛佳」，期使消費者能留下深刻的印象，此較屬於重視何種行銷決策的內涵？　(A)服務傳遞　(B)服務人員　(C)服務過程　(D)服務環境。

（　）**46** 有關廣告的特色，下列何者有誤？　(A)非人格化　(B)普及性　(C)公眾表達　(D)成本沒有彈性。

（　）**47** 對銷售人員得的激勵方法，可分為貨幣性及非貨幣性激勵，下列何者屬於非貨幣性激勵？　(A)固定薪資　(B)薪資提升　(C)升遷　(D)佣金。

(　　) **48** 下列何者並非行銷活動？　(A)公司進行財務預測　(B)百貨公司之換季跳樓大拍賣　(C)公司在其產品印上品牌商標　(D)董氏基金會告訴人們吸二手菸比抽菸還可怕。

(　　) **49** 在電視或電影畫面上出現演員使用某品牌商品的現象，謂之：(A)體驗行銷　(B)置入性行銷　(C)病毒式行銷　(D)數位行銷。

(　　) **50** 下列哪一種溝通方式所獲得的顧客回饋最為直接？　(A)直接郵寄　(B)人員溝通　(C)廣告溝通　(D)網路。

(　　) **51** 當銷售人員在展示會場遇到提出反對意見的顧客時，銷售人員不應有何種行為？　(A)善用溝通技巧化解顧客疑慮　(B)誠懇回答顧客的問題　(C)認真傾聽顧客的意見　(D)與顧客爭辯產品的優點。

(　　) **52** 下列何者是透過人員溝通的管道進行產品推廣活動？　(A)記者招待會　(B)郵購行銷　(C)網路行銷　(D)廣告。

(　　) **53** 下列何者較不可能是銷售人員尋找潛在顧客的方法？　(A)利用電話追蹤　(B)向現有顧客徵詢　(C)從供應商獲取名單　(D)從競爭對手處取得名單。

(　　) **54** 下列何者不屬於行銷活動？　(A)衛生署推廣戒菸有益健康　(B)便利商店商品折扣　(C)百貨公司的年終大拍賣　(D)公司進行財務規劃。

(　　) **55** 下列何者係屬於說服式廣告？　(A)家樂福天天最低價　(B)鑽石恆久遠、一顆永流傳　(C)到中油加油最好　(D)愛之味推出番茄汁，訴求番茄汁有豐富的茄紅素，對身體健康有很大幫助。

(　　) **56** 那一種推廣工具是最昂貴，也是最有效的推廣工具？　(A)宣傳報導　(B)促銷　(C)人員推廣　(D)廣告。

(　　) **57** 網路行銷所能夠創造的價值不包括下列何者？　(A)提升企業內部作業效率　(B)服務的提供　(C)線上訊息溝通　(D)能從不同的供應商取得共同的軟體。

(　　) **58** 企業的產品廣告，一般可分為三類，即告知性廣告、說服式廣告及：(A)商品廣告　(B)贊助式廣告　(C)產業廣告　(D)提醒式廣告。

(　　) **59** 下列有關直銷特徵之敘述，何者有誤？　(A)直接接觸消費者　(B)直銷不必受制時空因素　(C)直銷須投入大量資金　(D)可以全職或兼職。

（　）**60** 旅行社的廣告訴求明白告訴消費者，購買某項觀光產品會帶來何種權利與利益，這是一種：　(A)理性訴求　(B)感性訴求　(C)道德訴求　(D)情緒訴求。

（　）**61** 下列哪一項廣告媒體的市場展望，未來最被看好？　(A)平面媒體　(B)電視廣告　(C)網路廣告　(D)報紙廣告。

（　）**62** 下列哪一個產業之蓬勃發展，並非拜電子通訊技術發展所賜？　(A)網路商店　(B)便利商店　(C)電視購物　(D)電子銀行。

（　）**63** 製造商花費大量預算在廣告與促銷等刺激購買意願的活動上，以直接激起消費者需求的策略為：　(A)推的策略　(B)拉的策略　(C)廣度策略　(D)集中策略。

（　）**64** 隨著商業環境的改變，下列何者為未來商業發展的主要趨勢？　(A)發展電子商務網路化　(B)商品本上化　(C)銷售大量化　(D)商店趨向小型化。

（　）**65** 下列何者非現行網路廣告效果衡量方法與互動效果？　(A)用瀏覽廣告行為來當成互動廣告效果　(B)從地理性來衡量　(C)從搜尋屬性來衡量　(D)從態度面來衡量。

（　）**66** 財經媒體常稱目前為「三C時代」，所謂之「三C」係指：
(A)computer、consumer electronics、competitive advantage
(B)computer、communication、competitive advantage
(C)computer、consumer electronics、control system
(D)computer、consumer electronics、communication。

（　）**67** 行銷組合中之4P，包含Product、Price、Promotion與Place，此一觀念係由下列何者提出？　(A)McCarthy　(B)Drucker　(C)Maslow (D)Porter。

（　）**68** 廣告的種類依其銷售商品之目的，分為告知性廣告及：　(A)印象性廣告及強迫性廣告　(B)印象性廣告及說服性廣告　(C)提醒性廣告及自我性廣告　(D)提醒性廣告及說服性廣告。

（　）**69** 下列何種廣告之目的在改變或建立廣告受訊者對於產品屬性的認知，加強受訊者對於產品購買的意願？　(A)告知性廣告　(B)說服性廣告　(C)提示性廣告　(D)情感性廣告。

（　）**70** 企業推銷員經由「工廠批發商、零售商、消費者」的路線推銷產品，稱為：　(A)推式戰略　(B)拉式戰略　(C)廣域戰略　(D)遞進戰略。

（　）**71** 可配合顧客個別狀況，隨機應變的推廣活動為：　(A)公共關係　(B)廣告　(C)人員推銷　(D)宣傳報導。

（　）**72** 廣告是推廣組合（Promotion mix）最廣泛可見的構成要素。下列何者係屬其應用上的優點？　(A)容易測定廣告效果　(B)容易獲得立即的反應或行動　(C)具完成交易的能力　(D)延伸業務人員無法涵蓋之地點與時間。

（　）**73** 下列有關網路廣告生動性與互動性之敘述，何者有誤？　(A)廣度是指在同一個時間點上，能夠感受到的知覺的感官數量　(B)影響生動性的兩個主要變數是廣度與深度　(C)五種知覺系統包括方位、聽覺、視覺、觸覺及味覺五種　(D)知覺廣度係指感官所接收到資訊的數量與資訊的品質。

（　）**74** 銷售消費品的公司通常將大部分的促銷預算用於：　(A)人員推銷　(B)廣告　(C)公共關係　(D)銷售促進。

（　）**75** 下列關於廣告與產品生命週期關係之敘述，何者有誤？　(A)導入期以廣告與公共關係來打開產品知名度的效果最佳　(B)成熟期的產品可藉由廣告將產品重新定位　(C)邁入衰退期的產品大多只剩提醒式的廣告　(D)成長期階段所投入的廣告資金逐漸減少。

（　）**76** 下列有關行銷組合之敘述，何者有誤？　(A)推廣組合包括廣告、促銷、人員推銷及宣傳　(B)價格的下限是依照市場需求及消費者的價格認知來訂定　(C)包裝的大小、形狀、色系及品牌標誌是屬於產品決策　(D)完全以顧客為中心。

（　）**77** 下列何者非促銷（Promotion）的工具：　(A)公共關係　(B)人員銷售　(C)廣告　(D)包裝。

（　）**78** 必須經示範，消費者才會使用的產品，其行銷方式應採用下列那一種方式為宜？　(A)廣告　(B)銷售推廣　(C)人員推銷　(D)專業報導。

（　）**79** 企業為了增進其與社會大眾與政府的關係，應採用下列何種推廣工具？　(A)個人推銷　(B)產品廣告　(C)促銷活動　(D)公共關係。

(　　) **80** 某廠商採拉式策略，其行銷預算多數都配置在：　(A)廣告　(B)促銷活動　(C)人員銷售　(D)公共關係與報導。

(　　) **81** 花王一匙靈與多芬（Dove）洗髮精之廣告，請來消費者現身說法，說明他們在使用後之心得，這種性質的廣告係屬於下列那一種廣告？　(A)說服性廣告　(B)告知性廣告　(C)提醒性廣告　(D)以上皆非。

(　　) **82** 百貨公司換季特賣是行銷組合4P中之哪一項範圍？　(A)產品　(B)定價　(C)推廣　(D)通路。

(　　) **83** 3C整合的時代已經到來，下列何者不是3C的內容？　(A)通路　(B)通訊　(C)電腦　(D)消費性電子產品。

(　　) **84** 運用電子商務推動銷售交易之進行，係指下列何者？　(A)連鎖化　(B)多角化　(C)網路化　(D)全球化。

(　　) **85** 亞馬遜（Amazon）網路書店係屬於下列何種交易型態？　(A)B2B　(B)C2B　(C)B2C　(D)C2C。

(　　) **86** 對消費者來說，網路行銷所提供的好處為：　(A)資訊充足　(B)可滿足多元化心理需求　(C)不受銷售人員干擾　(D)以上皆是。

(　　) **87** 下列哪一種產品不適合採用多層次傳銷之方式經營？　(A)時常需重覆消費　(B)工業用品　(C)產品具獨特性　(D)健康美容類產品。

(　　) **88** 提醒性廣告一般用於　①導入期　②成長期　③成熟期　④衰退期。　(A)①②　(B)①③　(C)②③　(D)③④。

(　　) **89** 下列那一項不是傳銷業之3S原則？　(A)推薦（sponsor）　(B)零售（sales）　(C)服務（service）　(D)技巧（skill）。

(　　) **90** 「博客來網路書店」所販賣的書會比誠品、金石堂來得便宜乃是因為：　(A)營運成本低　(B)獨特的服務管道　(C)商品組合可多方兼顧　(D)充足的商品資訊。

(　　) **91** 網路行銷行銷組合4Cs指：　(A)顧客需求、成本、便利、客製化　(B)顧客需求、配銷、便利、溝通　(C)顧客需求、成本、便利、溝通　(D)顧客需求、成本、物流、溝通。

(　　) **92** www所提供的商業環境與傳統的商業環境差異有三，不包括下列何者？　(A)心流　(B)遙距臨場　(C)產品延伸　(D)消費者主動參與瀏覽行為。

(　　) **93** 經營網站，將資訊提供給有興趣的客戶並提供良好的服務，係將下列何者應用電子商務來達成？　(A)直效行銷　(B)價值鍊　(C)商業採購　(D)財務與服務。

(　　) **94** 雅虎網站上開闢雅虎股市，讓投資人可以上網查詢股票的成交價格，這是屬於何種電子商業的範疇？　(A)C to B　(B)B to B　(C)B to C　(D)C to C。

(　　) **95** 王先生因為雷射印表機壞掉而有一支碳粉匣無法使用，最後在網路上以1000元拍賣成交，此種商業行為係屬於何種電子商務之型態？　(A)B2C　(B)B2B　(C)C2C　(D)C2B。

(　　) **96** 系列有關「網路行銷」之敘述，何者有誤？　(A)藉由Internet以達到企業行銷的目的　(B)企業的各種訊息透過網際網路的工具傳播給消費者　(C)架設全球資訊網站為其主要的行銷管道　(D)權力將由賣方轉至買方。

(　　) **97** 如果從購買者的觀點來看，每一個行銷工具都是用來傳送某一種顧客利益，請問行銷組合4Ps中的Promotion應和顧客4Cs中的那一項相對應：　(A)cost to the customer　(B)communication　(C)convenience　(D)customer needs and wants。

(　　) **98** 利用DM、贈品的宣傳方式以吸引人潮，再經由會場人員詳細說明來激發消費者之購買意願，這樣的銷售方式是：　(A)多層次傳銷　(B)展示銷售　(C)訪問銷售　(D)網路購物。

(　　) **99** 就電子商務而言，「博客來網路書店」係屬於何種型態？　(A)B to B　(B)B to C　(C)C to C　(D)C to B。

(　　)**100** 對消費者提供充分的商品或商標廣告，以喚起其需要，吸引他們自動到商店來購買商品，稱為：　(A)拉式戰略　(B)推式戰略　(C)價格戰略　(D)路線戰略。

(　　)**101** 廠商不只將產品或服務的屬性與利益傳送給顧客，也讓顧客獲得獨特且有趣經驗的行銷方法，係屬下列何種行銷？　(A)體驗行銷　(B)病毒行銷　(C)事件行銷　(D)客製化行銷。

解答與解析

1 (D) 　　**2 (A)**

3 (B)。維持性廣告亦稱為提醒式廣告
（reminder advertising），當品牌已
經為多數目標消費者接受與肯定，
並產生品牌忠誠度時，廣告的目的
轉變為提醒消費者，不致讓消費者
對其品牌印象模糊或淡忘，並鼓勵
顧客繼續或長期性的購買本企業的
產品，藉廣告使顧客對產品建立信
心與好感。

4 (B)。理性訴求的訊息在於傳達產品
有哪些功能或特點，能為消費者帶
來什麼樣的利益等，它可能著重產
品的價格、品質、性能等，亦可能
強調產品對消費者健康、財富、知
識、個人成長、家庭和樂等方面的
好處。

5 (D) 　　**6 (C)** 　　**7 (C)**

8 (D)。直效行銷簡稱「直銷」。係指
針對個別消費者，以非面對面的方
式進行雙向溝通，以期能獲得消費
者立即回應與訂購產品的一種推廣
方式，主要的種類有郵購和型錄行
銷、電話行銷、電視和廣播行銷、
網路行銷、多層次傳銷等。

9 (A) 　　**10 (C)** 　　**11 (B)**

12 (C)。當產品或服務之內容愈複雜，
愈難以透過其他媒介向消費者說明
時，如果能夠派出經過完整訓練的
銷售人員，直接與消費者接觸，促
成交易的機會就愈高。實際上，人
員銷售並不只是在賣場裡進行產品
促銷活動，也會直接拜訪潛在消費
者以促成交易。

13 (D)

14 (C)。公共報導（publicity）係指透
過大眾傳播媒體，以「新聞報導的
方式」，免費地傳遞企業產品或服
務之訊息，讓社會大眾有所了解或
引發其興趣的推廣促銷活動。

15 (A) 　　**16 (A)**

17 (D)。廣告的目標在於勸說大眾，以
引發購買、增加品牌認知、或增進
產品的區別性。每則廣告由訊息與
傳遞訊息的媒介構成。廣告僅是全
部行銷策略中的一環。

18 (A) 　　**19 (A)**

20 (A)。大量行銷（mass marketing）
如可口可樂公司（Coca-Cola）僅對
一項產品作大量生產、配銷及推
廣，如此可以最低成本及價格，創
造最大潛在市場。

21 (D) 　　**22 (A)**

23 (B)。「廣告、銷售促進、公共關
係、人員銷售、直效行銷」等五種
不同型態推廣組合，分別具有推、
拉機能，而需求相互搭配與整體規
劃。藉由廣告或公共關係之推廣促
銷活動，只能將消費者「拉」
（pull）至產品或服務的賣場；若能
在賣場中藉由人員銷售與銷售促進
活動，則可以將商品「推」
（push）至消費者，而發揮最大的
銷售效果。

24 (A) 　　**25 (D)**

26 (B)。「廣告、銷售促進、公共關
係、人員銷售、直效行銷」等五種不
同型態之工具，合稱為推廣組合。

27 (C) 　　**28 (B)** 　　**29 (A)**

30 (B)。近年來，企業組織與非營利慈善公益團體共同為特定的社會公益目的，在商品行銷中附帶勸募慈善捐款的行為，此種結合了企業與非營利組織的新興行銷方式稱之為善因行銷。

31 (C)

32 (C)。廣告係對非特定之大眾提供相關產品或服務的資訊，讓消費者對於產品的特性、機能、定位、或「品牌」形象等內容，有進一步的認識、體會、認同，進而有興趣嘗試該企業所提供的產品或服務，以及購買使用，甚至更進一步持續重複採購。

33 (D)　34 (B)　35 (D)　36 (B)

37 (A)。事件行銷係指企業整合資源，透過企劃或創意，創造大眾關心的話題、議題，因而吸引媒體的報導與消費者的參與，進而達到提升企業形象，以及銷售商品的目的。

38 (C)。當品牌已經為多數目標消費者接受與肯定，並產生品牌忠誠度時，廣告的目的轉變為提醒（告知）消費者，不致讓消費者對其品牌印象模糊或淡忘，並鼓勵顧客繼續或長期性的購買本企業的產品，藉廣告使顧客對產品建立信心與好感。

39 (C)　40 (D)

41 (B)。外部行銷（external marketing）係指組織針對外部顧客的行銷活動，包含定位、定價、推廣等。

42 (B)　43 (C)

44 (D)。任何企業組織都不能自外於由許許多多公眾團體所共同塑造的環境之中。因此，如何在公眾的心目中建立公司及產品的良好聲譽與形象，成為企業經營的重要課題。

45 (D)　46 (D)

47 (C)。公關的主要任務包括樹立產品的信譽，建立良好的企業形象、搜集信息，為企業決策提供科學保證，以及危機處理，化解企業信任危機。

48 (A)

49 (B)。置入性行銷是一種隱喻式的廣告手法，其係刻意將行銷事物以巧妙的手法置入既存媒體，以期藉由既存媒體的曝光率來達成廣告效果。

50 (B)　51 (D)

52 (A)。(B)(C)(D)三者都是非人員銷售的推廣方法。

53 (D)　54 (D)

55 (A)。說服式廣告（persuasive advertising）」係指廠商為使自己品牌的產品，在競爭市場上能占有較大比例的銷售量，透過此類廣告，加強消費者品牌偏好、勸說品牌轉換、刺激消費者欲望與購買等，因此通常會強調品牌的特色與優點。

56 (C)　57 (D)　58 (D)　59 (C)

60 (A)。理性訴求的訊息在於傳達產品有哪些功能或特點，能為消費者帶來什麼樣的利益等，它可能著重產品的價格、品質、性能等，亦可能強調產品對消費者健康、財富、知識、個人成長、家庭和樂等方面的好處。

61 (C)

62 (B)。便利商店分布於街頭巷尾,這是一種規模較小,開在住家附近的店面,通常是24小時營業。它與電子通訊技術發展無關。

63 (B)　**64 (A)**　**65 (B)**　**66 (D)**

67 (A)。傑羅姆‧麥卡錫(E.Jerome McCarthy)於1960年在其《基礎行銷(Basic Marketing)》一書中第一次將企業的行銷要素,包括產品(Product)、價格(Price)、管道(Place)、促銷(Promotion)等四個基本策略的組合(由於這四個詞的英文字頭都是P),再加上策略(Strategy),故簡稱為4P's。

68 (D)　**69 (B)**

70 (A)。企業採取間接方式,透過廣告和公共宣傳促銷策略等措施吸引最終消費者,使消費者對企業的產品或服務產生興趣,從而引起需求主動去購買商品。其作用過程為:企業將消費者引向零售商,將零售商引向批發商,將批發商引向上游之生產企業。此即推式策略。

71 (C)

72 (D)。廣告係由特定的贊助者(如廠商)出資,藉由各種形式的資訊傳播媒介如報紙、雜誌、傳單、電視節目、看板、甚至車體等,對非特定之大眾提供相關產品或服務的資訊,讓消費者對於產品的特性、機能、定位、或品牌形象等內容,有進一步的認識、體會、認同,進而有興趣嘗試該企業所提供的產品或服務,以及購買使用,甚至更進一步持續重複採購。

73 (D)　**74 (B)**　**75 (D)**

76 (B)。很顯然價格的形成必須符合成本原則,價格應該高於成本,否則變成賣一個賠一個,哪有生產者願意繼續生產。

77 (D)

78 (C)。人員銷售係指透過人員溝通,以說服他人購買的過程,它是一種與消費者直接接觸的推廣促銷機能之一,其目的在於直接促成交易。

79 (D)

80 (A)。企業採拉式策略,係在透過廣告吸引最終消費者,使消費者對企業的產品或服務產生興趣,從而引起需求,主動購買商品。

81 (A)　**82 (C)**

83 (A)。「通路」(channel)是指將產品由供應商傳遞給消費者的管道而非產品。

84 (C)

85 (C)。B2C意即企業對個人,係指企業直接將商品(服務)推上網路,提供完整商品資訊與便利的介面,以吸引消費者選購。亦即透過便利的購物管道,提供訂製化的產品與服務。

86 (D)　**87 (B)**

88 (D)。提醒式廣告適用於產品生命週期的成熟期與衰退期,提醒的項目包括品牌的地位、利益、悠久的歷史、故事等。

89 (D)。多層次傳銷(Multi-Level Marketing)係直銷方式之一種。其係指對參加推廣或銷售的組織或個人,該參加人給付公司一定的代價,以取得推廣、銷售商品或勞務及介紹

他人參加的權利，並因而獲得佣金、獎金或其他經濟利益者而言。因此，傳銷業業務之推廣通常係以3S原則進行，即：推薦（sponsor）、零售（salers）、服務（service）。

90 (A)

91 (C)。4Cs係以顧客為中心進行企業行銷活動之規劃與設計，包括：講求滿足顧客需求（Consumer's Needs）的方法，權衡顧客購買所願意支付的成本（Cost），懂得與顧客做雙向溝通（Communication）的途徑，符合顧客購買的便利性（Convenience）。

92 (C)　93 (A)

94 (C)。B2C係指企業直接將商品（股票）推上網路，提供完整商品資訊與便利的介面，以吸引投資者買賣。

95 (C)　96 (C)　97 (B)

98 (B)。「展示」是藉著公開陳列物件（object），以達到與參觀者溝通的目的，具有主動積極的精神；而「陳列」則只是為使觀眾對物件產生興趣，而將物件經過設計的排列，並沒有「展示」中意圖傳達觀眾完整觀念的目的，是被動消極的行為。

99 (B)　100 (A)　101 (A)

☑ 填充題

一、不同型態推廣組合，分別具有推、拉機能，而需求相互搭配與整體規劃。拉、推策略之交互運用，有助於產品銷售績效的持續提升。 _____ 同時具有拉、推的功能。

二、廣告不做推廣商品或勞務，而是用來傳達組織的理念和精神、提供組織資訊、表達組織對某個事件的看法或是回應外界的批評等。此類廣告稱為 ____ 廣告。

三、當品牌已經為多數目標消費者接受與肯定，並產生品牌忠誠度時，通常採用 _____ 廣告。

四、訴求的訊息在於傳達產品有哪些功能或特點，能為消費者帶來什麼樣的利益等，稱為 ____ 訴求。

五、消費者行為之AIDA公式（AIDA Formula） 包含注意、興趣、 ____ 及行動等四個步驟。

六、促銷決策的流程依序為：決定促銷的目標、選擇適當的促銷工具、_____ 、促銷方案的測試、促銷方案的執行與控制。

七、 公司規模小或沒有足夠資金作廣告時，適用 _____ 的方法促銷。

八、 將欲傳送的訊息編成能由溝通管道收受的形式，如文字、語言或符號等之過程，稱為 ____ 。

九、 在同一個時間點上，能夠感受到的知覺的感官數量，稱為知覺 ____ 。

十、 消費者的反應效果層級模式認為消費者在購買程序中皆會經歷知曉、了解、喜愛、 ____ 、 ____ 、購買等六個步驟。

十一、 ____ 行銷是營利機構與非營利機構在互利的前提下，互相合作所進行的一種新型的行銷活動。

十二、 企業整合資源，透過企劃或創意，創造大眾關心的話題、議題，因而吸引媒體的報導與消費者的參與，進而達到提升企業形象，以及銷售商品的目的，此稱為 ____ 行銷。

解答

一、直效行銷。　　　二、機構。　　　三、維持性。

四、理性。　　　　　五、欲望。　　　六、擬定促銷方案。

七、人員銷售。　　　八、編碼。　　　九、廣度。

十、偏好、確信。　　十一、善因。　　十二、事件。

☑ 申論題

一、 請說明推廣的意義及其重要性。

　　解題指引：請參閱本章第一節1.1。

二、 何謂廣告？其有哪些特性？

　　解題指引：請參閱本章第二節2.1～2.2。

三、 何謂維持性廣告？其主要目的為何？

　　解題指引：請參閱本章第二節2.4.2。

四、 廣告訊息表現的方式相當多樣化，通常可分為哪幾種？請說明之。

　　解題指引：請參閱本章第二節2.5.2。

五、 何謂銷售促進？試舉五種對中間商促銷的方法。

　　解題指引：請參閱本章第三節3.1；3.4.2。

六、公共關係對企業經營有何重要性？企業建立公共關係的途徑有哪些？
　　請簡述之。
　　解題指引：請參閱本章第四節4.2；4.5。

七、請說明人員銷售的意義及其特色。
　　解題指引：請參閱本章第五節5.1～5.2。

八、何謂直效行銷？其主要的種類有哪些？請簡述之。
　　解題指引：請參閱本章第六節。

九、請簡要說明影響推廣組合的因素。
　　解題指引：請參閱本章第七節。

十、請說明消費者行為之AIDA公式（AIDA formula）的主要內容。
　　解題指引：請參閱本章第七節7.3.1。

十一、請說明廠商決定推廣預算的方法。
　　　解題指引：請參閱本章第八節。

十二、研訂一個完整、可行與有效的促銷方案，必須考量的因素有哪些？
　　　請說明之。
　　　解題指引：請參閱本章第三節3.3。

十三、請說明產品生命週期各階段較適宜的廣告措施。
　　　解題指引：請參閱本章第二節2.4.3。

十四、何謂置入性行銷？其條件為何？請詳細說明之。
　　　解題指引：請參閱本章第九節9.1。

十五、何謂病毒式行銷？其成敗的主要因素為何？
　　　解題指引：請參閱本章第九節9.2。

十六、何謂體驗行銷？並詳細說明其五大策略。
　　　解題指引：請參閱本章第九節9.6。

行銷的規劃、執行與控制

依據出題頻率區分，屬：**B**頻率中

課前提要

本章主要內容包括行銷組織的設計、行銷活動的計畫和執行、行銷績效的考核辦法、顧客滿意度分析。

第一節　行銷部門的組織結構

1.1　組織結構劃分的重要性與原則

行銷策略的運作與落實，必須由一群人來推動。對行銷主管來說，工作單位的劃分反映了企業需要哪方面的專業人才，以及各單位需要什麼以及多少資源配置；然對個別員工來說，工作單位代表了他的工作範圍、所應扮演的角色及所負擔的責任，並且界定了他與其他單位人員的差異及相互間的協調合作關係。如何將行銷部門劃分成不同的工作單位，然後將這一群人放在恰當的單位，使人盡其才，才盡其用，讓每個人都能發揮所長，又能促成單位之間的協調合作，是重要課題。因此行銷部門組織結構的設計，將會影響到行銷活動的績效。

行銷部門組織結構的設計，以能反映行銷策略的重點、快速回應市場的需求，有效達成行銷目標，因應市場激烈競爭為原則。

1.2　行銷組織結構的類別

行銷部門的基本組織結構有功能別、區域別、產品別及顧客別四大類。但企業可視其情況而採用混合的方式。

1.2.1 功能別行銷組織

功能別行銷組織係在高階行銷主管（如行銷總經理或副總經理）之下，依照行銷功能劃分為若干部門（參閱下圖）。常見的行銷部門如下：

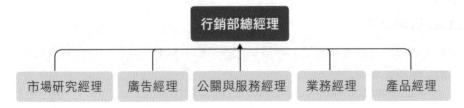

(1) **產品部門**：負責新產品開發、產品功能與屬性的規劃、品牌定位與管理等事項。
(2) **業務部門**：負責產品銷售規劃、行銷業務人員的訓練與管理等事項。
(3) **公關與服務部門**：負責對媒體與社區的公關事務、顧客關係管理等事項。
(4) **廣告部門**：負責媒體廣告、促銷活動等事項。
(5) **市場研究部門**：負責消費者調查、競爭者情報蒐集等事項。
功能別組織結構的優缺點如表列：

優點	能夠清楚界定各單位主管與員工所需要的專業背景，而且較能發揮功能的專業性。
缺點	1. 不同功能部門間可能為了爭取預算或爭寵而相互較勁，甚至因為立場或觀點不同而發生衝突。 2. 某些產品或市場由於缺乏責任歸屬，而容易被忽略。

1.2.2 區域別行銷組織

區域別行銷組織係根據不同的市場地理區域來劃分行銷組織（參閱下圖）。當企業的市場區域幅員廣大，且不同區域有不同的市場特性，需要發展不同的行銷策略來因應時，這種組織結構特別適用。區域別組織結構的優缺點如下：

| 優點 | 1. 能顧及各區域的顧客與競爭者特性,資源配置較為明確,在行銷策略上也較能迅速彈性地回應。
2. 各區域的負責人有當老闆的感覺,比較容易激發工作成就感。 |
| 缺點 | 1. 各地區的負責人可能因離總機構遠而不徹底貫徹總部的任務。
2. 各地區的負責人可能因羽毛豐滿而自立門戶或被競爭對手挖角。 |

1.2.3 產品別行銷組織

產品別行銷組織係以產品線或品牌來劃分部門,常用在銷售多種產品或品牌的公司(參閱下圖)。

產品別組織結構的優缺點如下:

| 優點 | 1. 行銷主管可以深入掌握產品專業知識與技術,並快速反應目標顧客的需求。
2. 即使是小品牌或新品牌,也因為有明確的負責主管而不會被忽略。
3. 經理人員可以有效整合組織內與該產品或品牌相關資源,而有助於相關產品或品牌的成長。 |
| 缺點 | 1. 這種組織結構容易造成同一個公司的產品在市場上互相殘殺。
2. 隨著產品或品牌增加,組織可能會越來越膨脹而造成行銷成本上漲。 |

1.2.4 顧客別行銷組織

行銷組織係依據顧客的類別加以劃分(參閱下圖)。當企業所面對的不同顧客群有不同的需求、購買決策考量或購買方式時,這種組織方式較為適用。顧客別組織結構的優缺點如下:

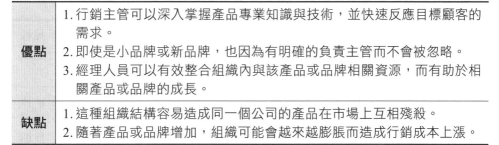

優點	顧客別行銷組織可讓經理人對於顧客的購買與消費行為有深入的了解，較容易針對顧客的不同需求，提供較大的價值與滿足，從而有助於帶來顧客長期的滿足感。
缺點	公司必須承擔萬一經理人自行創業或跳槽，則他在該顧客群體中所建立的人脈或資源可能隨之中斷的風險，甚至落入競爭對手手中。

1.3 銷售團隊的管理

1.3.1 銷售團隊的結構

(1) **當公司僅銷售一條產品線給一個產業，且顧客分佈在許多地方時：公司可使用地區式銷售團隊（territorial sales force structure）。** 在地區式銷售團隊結構下，每個銷售人員都分配有自己的責任區，並在區內銷售公司所有的各項產品或服務。其優點是：銷售人員為其區內銷售成績的好壞負完全責任、責任區的制度可鼓勵銷售人員積極地開拓當地的市場並建立商業關係。

(2) **當公司銷售多種產品線給許多類型的顧客時：公司可使用產品式銷售團隊編組、顧客式銷售團隊編組，或是二者之混合。**

產品式銷售團隊編組（product sales force structure）	銷售人員必須瞭解其公司的產品—特別是在產品種類繁多且複雜的情況。銷售人員依產品類型分配銷售範圍。
顧客式銷售團隊編組（customer sales force structure）	公司依顧客或工業產品線進行銷售團隊的編組。依大主顧與一般客戶、現有客戶與新開發客戶，分別配置專屬的銷售人員。其優點是可幫助公司更具顧客導向並與重要客戶建立更緊密的關係。
混合式銷售團隊編組（mix sales force structure）	公司銷售很多不同種類的產品，各式各樣的顧客又分散在廣大的地理區域，其銷售人員的組織結構通常同時使用數種編組方式。銷售人員可依顧客和地區、地區和產品、產品和顧客或以地區、產品和顧客等各種混合編組方式。

1.3.2 銷售團隊的設計策略

(1) **銷售團隊成員的成本：** 銷售人員是全公司最具生產性者，且是最昂貴的資產，因此，增加人員將使銷售額與成本同時上升。

(2) **銷售團隊規模減縮的傾向**：近年來，銷售團隊的規模有減縮的傾向，其主要原因乃是銷售科技的進步和併購風潮的興起。

(3) **使用「工作負荷法」（workload approach）決定銷售團隊編制的大小**：許多公司使用「工作負荷法」來決定其銷售團隊編制的大小。採用「工作負荷法」的公司係先將客戶分成不同規模、等級或其他影響銷售團隊規模因素的群體，然後再確定拜訪這些顧客的理想次數需要多少個銷售人員。

(4) **外勤與內勤銷售團隊的相互支援**：外勤人員四處巡迴拜訪顧客，內勤人員則在辦公室以電話洽談生意或接見來訪客人。為減少外勤銷售團隊的時間需求，許多公司都增加其內勤銷售團隊的規模，如技術支援人員、銷售助理、電話行銷人員等。

(5) **團隊銷售的成員組成**：過去一般公司大多採用一位銷售人負責一個顧客的方式來銷售，現在大多數的公司都使用團隊銷售（team selling）的方式專門服務大型且複雜的客戶。這類團隊可能包含公司各領域（如銷售、行銷、技術與支援服務、R & D、工程等）及各階層的專業人員。但此種方式確可能造成讓顧客感到混淆或不知找誰的困擾。

第二節　策略性行銷規劃

規劃（Planning）可分為策略規劃和行銷規劃二類。茲分述如下：

2.1 行銷策略

2.1.1 行銷策略的內容

(1) **產品策略**：產品策略包括有：品牌策略、包裝策略、功能策略、外型策略、產品線策略。

(2) **價格策略**：價格策略包括有：高價策略、低價策略、中價位策略、促銷價格策略、產品組合價格策略。

(3) **通路策略**：通路策略包括有：一階通路、二階通路、三階通路。

(4) **推廣策略**：推廣策略包括有：廣告策略、促銷策略、銷售人力組織策略、媒體公共報導策略、銷售激勵策略。

2.1.2 擬定策略考慮因素

行銷經理人在決定公司行銷策略之前，必須考慮並分析下列因素，然後尋找最佳利基所在，再作成決策始較妥當：

(1)潛在的消費者在那裡？

(2)行銷組合必須符合消費者之需求。

(3)要衡量公司對提供如此的行銷組合之資源能力的承受程度？

(4)公司的目標是什麼？

(5)對不可控制之變數有否審慎評估。

2.1.3 影響行銷策略的要素

行銷學者大衛・克朗溫斯（David Cravens）認為下列四項要素將會影響行銷人員在制定行銷策略時之程度與走向，因此行銷經理人必須先充分了解這四項要素：

(1)**市場狀況與產品生命週期**：這兩者都顯示出現有市場與產品的本質現況，當本質很有影響力時，想去改變本質用任何方法都會很困難。

(2)**競爭的情況**：競爭情況的程度不同與複雜度不同，都會有不同的相對應的行銷策略。

(3)**環境力量**：廠商依賴環境而生存與發展，因此，其策略也會因環境力量之變化而有不同。

(4)**組織的情況**：組織的規模、成長階段、資源的優劣勢等也會影響到行銷策略之決定。

2.1.4 市場專業化與產品專業化策略

(1)**市場專業化（market specialization）策略：所謂市場專業化策略，係指以多條產品線與產品組合，行銷於單一或很少數的市場，而成市場專家。**例如：某製造廠商專門以成人服裝市場為其主力市場，而產銷男仕所用之內衣、西服、襯衫等產品。採用市場專業化需具有以下條件，較易獲得成效：

　A.該市場的規模夠大，光是行銷於該市場，就已非常忙碌，無暇去開發其他市場。

　B.公司的資源與優勢亦只能著重在此型市場，而若想開發其他市場，未必會有勝算，而且投資風險過大，進入障礙也較高。

　C.該市場未來的發展潛力仍相當可觀，是處在成長與成熟期，而非日漸下坡的衰退期。

(2) **產品專業化**（Product specialization）：**所謂產品專業化策略，係指以單一或少數產品線，行銷於多種的不同區隔市場上，而形成某類產品的專家。**例如某製造商專門以生產女仕服裝為主，包括少女裝、淑女裝、孕婦裝等不同市場在內。產品專業化之條件如下：

　　A.對其他不同的產品線，在生產、設計與銷售上均缺乏競爭優勢。

　　B.這一類產品的不同市場規模已足夠大，無暇再去發展其它的新產品線。

茲將市場專業化與產品專業化之主要區別列表比較如下：

	市場專業化策略	產品專業化策略
產品線廣度	多條產品線（廣）	單一產品線（窄）
產品線深度	較淺	較深
目標市場	單一目標市場	多個目標市場
適用條件	1.市場的營業規模足夠大。 2.具有某市場之競爭優勢。	1.產品線的營業規模足夠大。 2.具有某產品專業化之競爭優勢。

2.2 策略規劃

正式的規劃具有甚多的優點，包括：(1)規劃能激發管理上前瞻性的思考；(2)它引導公司各部門的努力趨於一致；(3)它引導控制所需的績效標準的訂定；(4)它使公司的政策和目標更加明確；(5)它使公司對外界環境各種突發的發展，有更好的準備和對策；(6)它使各部門對其所負的職責和相互間的關係有更清楚的體認。

所謂策略規劃意指：界定公司的經營使命與主要競爭領域，維持並發展，使組織的目標、能力和變動的市場互相配合的管理性程序。包括發展出明確的公司宗旨、目標及標的、適合的事業組合與選擇一種可能的發展策略。

2.2.1 策略與策略規劃的意義

(1) **策略**（strategy）：策略是目標導向，須隨環境的變動而變動，必須有效整合組織內部資源，根據優先順序對資源做最佳配置。因此可以簡單說，策略是指一個組織為達成其組織目標所採取的綜合性計畫，以及能對其重要資源作適當的調配方式。

(2) **策略規劃（strategic planning）**：策略規劃是屬於重點及目標性質的規劃，其目的在決定一個組織的基本目的、基本政策、策略以及獲取、使用及處分資源的準則。它是一套系統化流程，組織在進行策略規劃時，首先必須先瞭解組織目前的使命，透過分析組織所面臨的內、外在環境，經過此一規劃，不但能確定組織的發展方向，亦能確定其特性與業務活動範圍，幫助組織因應多變的環境，全力投注於願景（vision）和最重要的工作，並確保組織所有成員的工作目標一致。

2.2.2 公司宗旨

一個明確的宗旨能提供組織成員，對機會、方向、意義和成就等各方面的共同體認。 宗旨的陳述應能很明確的指出公司營運的企業範圍（business domain）。所謂企業範圍，可以產品類、技術面、顧客群、需求面，或以上各類的組合來定義。

一個市場導向的公司宗旨，乃是將其企業定義為服務特定的顧客群或市場需求。在發展市場導向的公司宗旨時，管理當局應避免將企業範圍定得太寬或太窄，一種可行的方法，是以現有的產品為基礎，逐步列出漸高的產品層次，然後再決定一個具有市場機會且能力可及的層次，作為公司的企業範圍。

2.2.3 目標及標的

公司宗旨必須被轉化成每一管理階層特定的目標。每一位主管均有其自己的目標，並負責把它們完成，這便是大家所熟知的目標管理系統。

行銷策略必須被發展以支持這些行銷目標。每一個行銷策略，需要再被分解為各個明確的細部策略。譬如，加強產品的促銷需要更多的銷售人員和廣告，而此兩者又需要有更細部的策略。依照此種方式，企業的宗旨，在每一時期，均將以一序列獨特的目標來表現。

目標應儘可能轉化成特殊數字化的標的。例如「增加市場占有率」，便不如在兩年之內提高市場占有率為15%來得明確。管理者應利用這些加上多少和時間之獨特化的標的，來描述目標。將目標轉化成標的，將使計畫和控制變得更為容易。

2.2.4 事業組合計畫

事業組合分析是策略規劃的主要工具，此乃意指管理當局評估公司的各個「事業」，並加以適當的組合而形成整個公司。「事業」指的可能是公司的一個部門、一條生產線、單一產品或品牌。

事業組合分析乃在檢視以公司本身的條件，及當時的外界環境而言，那些事業是有利可圖的，那些又是公司較弱的，以決定公司對各個事業所應採取的做法和態度。它應該投入更多的資源於獲利性高的事業，而撤手較弱的事業；並隨時增加或加強成長中的事業，而放棄衰退的事業，以維持最佳的事業組合。

2.2.5 公司成長策略

策略規劃部但須評估目前現有的事業，而且亦應考慮公司未來的事業及該走的方向。一個公司可以進行三種不同層次的分析，而導出種種不同的成長策略。

(1) 第一層次的分析，乃就當前營運範圍加以考慮，希望在此範圍內，尋求可能的機會，我們稱之為密集的成長機會（intensive growth opportunities）。如果公司對現有產品和市場機會尚未發掘殆盡，那麼密集式成長是個可行的策略。

(2) 第二層次的分析，為在同一產業中，和現有行銷系統的其他階段整合，來發掘機會，我們稱之為整合的成長機會（integrative growth opportunities）。如果公司所屬的產業前途無量、遠景光明；或者公司能藉著向前、向後或水平的移動而增加利潤時，整合式成長便是一種可行的策略。整合式成長即將產業，由上游到下游的業務（原材料、零件製造、裝配與銷售等）皆予以整合在一個管理權控制下。它有三種整合方式：

向前垂直整合	一個公司若非僅經營一項業務，則可能是向前垂直整合（往下游發展），例如某一公司原來僅製造某項產品的零件，為了擴張業務，進行擴廠或併購下游廠商，以裝配該種產品。
向後垂直整合	向上游發展（向上游整合），例如某一企業係乳品加工業務，為了穩定鮮乳來源，自己開設養牛場。
水平整合	向競爭者尋求整合或併購，掌握競爭者之所有權或控制權。

(3) 第三層次的分析，則完全在原有產業之外去尋找機會，我們稱之為多角化的成長機會（diversified growth opportunities）。如果公司的行銷系統內，明顯的缺乏繼續成長的機會，或者行銷系統外，有更佳的機會時，那麼多

角化成長應是一種可行的策略。多角化並不意指公司可以利用任何的市場機會，而是仍應就其本身所具有的優點，謹慎的考慮和選擇顯現的機會。

2.3　行銷規劃

一個公司的策略計畫引導公司選擇所進入的事業，並為每個事業建立其各自的目標。而針對每個事業，公司尚需做更細部的規劃，來指引其努力的方向。當一個事業包含有好幾條生產線、好幾種產品、品牌或市場時，仍需分別為其建立各自的計畫。因此乃有所謂的事業計畫、產品計畫、品牌計畫和市場計畫等名稱。這些計畫均通稱為行銷計畫。就行銷計畫的組成要素和制定行銷預算的步驟說明如下：

一個行銷計畫應有那些內容呢？茲以產品和品牌計畫來說明。這二種計畫應包含執行摘要、市場現況分析、機會及威脅、目標及主要問題、行銷策略、行銷方案、預算和控制等各部分。

2.3.1 執行摘要（Executive Summary）

在行銷計畫的開頭，應以一小段篇幅介紹計畫的主要目標與建議事項。高層主管摘要之目的，乃在讓高階主管能很快的抓住計畫的主要重點，在「高層主管摘要」之後，應列出整個行銷計畫內容的目錄。

2.3.2 市場現況（Current marketing situation）分析

行銷計畫的第一個主要部分，乃在描述公司目標市場的特質，以及公司在市場內的地位。在這個部分，行銷規劃者不但要以大小、主要的區隔、消費者的需求和其他特殊的環境因素等各方面來描述其市場，並得評論公司主要的產品、辨明競爭情況和訂定產品的分配通路。析言之，本部分係針對目前市場的各種實際狀況，提出以下說明：

(1)**市場狀況**：A.外部市場成長。B.區隔市場成長。C.顧客的需求。D.消費者的購買行為。
(2)**產品狀況**：說明公司各產品的銷售量、價格成本與利潤。
(3)**競爭情況**：說明主要競爭對手的行銷策略、產品特質、銷售通路、價位、促銷活動、市場區隔、市場占有率等動態資料。
(4)**通路情況**：說明市場上通路變化的實況、分析各通路對本公司的重要性程度、分析公司對通路依賴的狀況。

(5) **總體環境情況**：說明經營環境中的政治、經濟、文化、社會、法令、人口等之變化。

2.3.3 威脅和機會（**Threats and Opportunities**）

這個部分要求各個主管展望並預測公司產品將面臨的主要威脅和機會，其目的乃在使主管們重視即將嚴重影響公司的一些重大發展，並儘所能的列出公司可能的威脅和機會。析言之，在了解市場與總體環境之後，必然會發現一些新的機會與潛在的難題。因此，此階段必須進一步加以分析及評估。

(1) **機會與威脅分析**：外在經營環境的變化，多少會呈現過去未有的新機會，同時，也可能帶來過去未來的新競爭威脅。在這個O/T分析裡，應認知：
　A.要分析機會與威脅的項目。
　B.要分析對公司影響的程度大小。
　C.要進一步分析其形成機會與威脅的原因與來源，如此，才能確切掌握問題的本質。

(2) **優勢與弱點分析**：機會與威脅分析是屬於外在的，而優勢與弱點則是企業內在的分析。在S/W分析裡行銷人員必須充分確認自己公司有哪些競爭上的優勢可發揮，有哪些弱點須採取長期性的補強或消除措施。

威脅是一種由外在環境的不利趨勢或特殊的事件而造成的挑戰（challenge），如果缺乏有效的行銷活動因應，公司將可能衰退甚至滅亡；企業的市場機會則指可吸引各公司的行銷活動的競技場。具備獨特性質的公司將因此得到競爭上的利益。做為一個主管，應該就每一個機會和威脅發生的可能性和對公司造成的影響加以評估。

2.3.4 目標和主要問題（**Objectives and Issues**）

企業的行銷目標是指在本計畫期內所要達到的目標，是行銷計畫的核心部分，對行銷策略和行動方案的擬定具有指導作用，例如某公司為A產品擬定的行銷計畫指出：「希望A產品明年度銷售達到5萬台，營業額達到6億元。」這即是屬於行銷計畫的「行銷目標」。行銷目標是在分析行銷現狀並預測未來的機會和威脅的基礎上確定的，一般包括財務目標和行銷目標兩類。其中財務目標由利潤額、銷售額、市場占有率、投資收益率等指標組成。市場行銷目標由銷售額、市場占有率、分銷網覆蓋面、價格水準等指標組成。

經過分析公司產品的市場威脅和機會後，主管們應開始設定各個目標和考慮影響目標的主要問題。目標最好能以數量化的標的表示，如此公司對於每一個計畫項目，將更有具體的觀念而樂於達成。例如，有一家公司的主管可能希望其產品能達到15%的市場占有率，稅前淨利為銷售額的20%，且為投資總額的25%以上。如果目前的市場占有率僅有10%，則現在最主要的問題是「如何提高市場占有率」，這位主管應考慮這個重要的問題，並以各種方法設法達成。析言之，行銷計畫必須要有目標，才會有行動指導目的。其目標可含下列二項：

(1)財務目標：包括：

　　A.預期年度投資報酬率多少？

　　B.預期現金流量額為多少？

　　C.預期年度淨利額多少？純益率多少？

(2)行銷目標：財務目標必須靠行銷目標的達成來支撐才會完成，而行銷目標則包括：

　　A.銷售成長率須多少？　　　　B.市場占有率應維持多少？

　　C.價位應訂為多少？　　　　D.品牌知名度應該提升多少？

　　E.銷售通路據點應該擴增多少？

　　F.須以達成財務目標為行銷目標的要求。

2.3.5 行銷策略（Marketing Strategies）

行銷策略是一種行銷邏輯觀念，各事業單位能夠藉著它而達成其行銷目標，行銷策略包括目標市場、行銷組合和行銷支出水準等各獨特的細部策略。在這個部分，公司主管必須發展一套理想的行銷策略或競爭計畫，以達成所設定的目標。析言之，行銷策略就是達成行銷計畫目標的途徑，包含下列依序的四項決策行動：

(1)先做市場區隔，鎖定目標市場。　(2)決定產品定位。

(3)研訂行銷組合作業。　　　　　　(4)決定行銷支出預算能力。

行銷策略的內容，可以目標市場、定位、產品線、價格、配銷通路、銷售人力、廣告、促銷、服務、研究開發等加以表達。

2.3.6 行銷方案（**Marketing program**）

行銷策略必須被轉化成實際的行銷方案（亦稱「行動方案」），使其可以回答下列問題：(1)什麼工作應該做？（what）；(2)什麼時候去？（when）；(3)什麼人負責做它？（who）；(4)需要花多少錢？（how much）。例如，一個主管若想加強銷售促進以提高市場占有率，則他必須擬定一套銷售促進的行銷方案，並列出各個提案之日期、參與人員和展示地點等等計畫。而在年度中，如果有新的機會或問題出現的話，行銷方案也可能必須跟著更動。

2.3.7 預算（**Budgets**）

有了行銷方案後，管理者將能擬定一個支持該方案的預算。預算本身主要是一份利潤和損失的計畫表。在收益的一方，顯示預期的銷售量和每單位產品的淨價；在費用的一方，則表明生產成本、實體配銷成本和行銷費用；收入和費用的差額即為預期的利潤。更高階的管理者將檢視預算案，而予批准或修正，經核准後的預算，即成為採購原料、生產排程、人力規劃和行銷活動所需費用的基礎。析言之，有了行銷目標、行銷策略及行銷行動方案之後，本階段應編製預估損益預計表。包括：(1)營業收入預估。(2)營業成本預估。(3)管銷費用預估。(4)純益預估。

2.3.8 控制（**Controls**）

管理所謂的控制，是指管理主體為了達到一定的組織目標，運用一定的控制機制和控制手段，對管理客體施加影響的過程。

計畫書的最後一個部分為控制，它用來監督整個計畫的進行。實務上，標的和預算都是按月或按季來制定。這表示，高階主管可以在每一段期間之後，查驗各單位的成果，並點出那些沒有達到預定目標的單位。這些落後的單位的主管，必須提出一個合理的解釋，並報告其將採取的改正行動。

第三節　行銷的執行

行銷工作在組織完成後，最重要的作即是要確實地付諸執行，有關行銷的運作，**學者Bonoma認為基本上可區分為下列四個層級：**

3.1 決策的制定

行銷中有許多不同的決策，包括產品的訂價、行銷通路選擇、促銷方法和產品的定位等，決策的制定應如何才能有效且正確，即是吾人應注意的重點。

3.2 制度的建立

這是為了日常行銷活動與方案能夠順利地推行，而建立的種種制度，例如：人員篩選、工作安排、資源分配、控制檢查與績效評估等；制度的建立是為了企業長遠的發展和對內部的控管需要。

3.3 方案的推動

行銷方案乃是針對某一個市場、商品或是一個特定目標，所發起一整體性的行銷活動，在方案執行時常會面臨兩個問題，一為資源的不足，另一為授權不充分；資源的不足將使行銷方案的各項開銷都必須花刀口上，以避免不必要的浪費。若是承辦人未得到充分的授權，則在領導公司人員時將會發生困難。

3.4 人員的執行

公司行銷的成功與否不只是與行銷人員有關，其他的部門諸如：財務、生產、會計和總務人員等，他們的行為和執行力也都會影響到績效。但不可諱言的仍然是以行銷人員為主軸，其中的人員執行力又可區分為：互動力、分配力、組織力和監督力等四項。

(1) **互動力**：是指行銷人員與公司內各部門產生互動，並能影響別人，讓其他部門協助自己，共同來完成行銷任務的能力。

(2) **分配力**：是指對公司各種資源，如預算、人力、時間等，作到最有效的分配。例如分配多少經費在廣告上、需要多少人力和費用來辦商展等。

(3) **組織力**：是對各種行銷方案的執行，能夠設立各種正式或非正式的組織，來協助完成的能力。例如成立正式化地區的小組進行業績競賽，亦利用非正式的學習會來分享銷售的技巧，彼此學習成長。

(4) **監督力**：這是一種對方案在執行時的監控督導能力，通常是對公司的年度計劃、行銷獲利力、行銷效率等；必須安排監督控制方法，以使人盡其職、權責相符。

第四節　行銷績效的評估

一般在衡量「績效」（Performance）時，內容包括了「效率」（Efficiency）和「效能」（Effectiveness）二項。**效率與效能二者皆為管理者所追求的績效之一，且亦皆為評估企業營運成果之主要指標。「前者」係指「資源的使用率」，即「產出與投入間的比率」關係，著重於將事情做好；「後者」則是著重於「目標或結果的達成率」，為實際達成和預期目標的比值。**茲分別說明如下：

4.1　效率

效率（efficiency）即「Do the things right（以正確的方法做事）」。**係指用相對少的資源，達成預定的產出，或是用相同的資源，創造更大的產出，例如運用不同的技術，投入較少的原料，卻能達到相同單位的產出，謂之效率提升。** 由於管理者所擁有的人力、財力與設備並非無限，因此，他必須注意資源使用的效率。由這個觀點觀之，效率也常被認為是「把事情做好」，亦即不浪費資源。就行銷而言，所謂效率，意為投入（input）與產出（output）兩者之間的比率。效率的評估可就下列四個項目來觀察：

銷售力效率 （sales-force efficiency）	此係指銷售人員個人所作之業績額、利潤額、新客戶數等與其個人之薪資成本兩相比較。
配銷效率 （distribution efficiency）	此係指現有的倉儲、運輸、各通路花費的成本是否具有經濟性與回饋性的成效而言。
促銷活動效率 （sales promotion efficiency）	係指投入的促銷活動支出與所得到之銷售額增加的回饋間成效。
廣告效率 （advertising efficiency）	係指投入的廣告成本與因其所得銷售額增加、或閱見率提高、或知名度提高、或形象建立等兩者間的成效。

4.2　效能

效能（effectiveness，**亦有稱為「效果」**）：即「Do the right things（做正確的事）」。**係指執行各項活動以達成預期目標的程度。** 生產的過程中，可以有多

種途徑來達成既定目標，並不一定要拘泥於某一項特定的途徑。只要能達到預定目標，就表示該項企業作為已經產生了達成既定目標的效果。通常「最大效果的行動，應該是最高效率的；反之，最大效率的行動，卻不代表最高效果。」因此，管理不僅是完成工作，達成組織的目標（有效能），另外，還要儘可能地以最有效率的方式完成（有效率）。成功的企業通常是能兼顧高效率與高效能，而不好的管理則常是無效率與無效能所致，或是雖有效能，但卻是用無效率的方式來達成。

就行銷而言，年度計畫效能之評估，係指對於年度計畫執行績效之查核，其可依下列五項工具進行：

銷售分析	實際銷售與預期銷售間差距的衡量與評估，此可利用其間價差與量差進行分析。
行銷費用對銷售額的分析	有時業績的成長可能係因促銷或廣告費用在某期間內大量增加的結果，因此，實際上利潤額可能並沒有增加。
財務分析	其重點在於分析下列的比率，以了解最終的經營成果：A.毛利率；B.純益率；C.投資報酬率；D.淨值報酬率；E.資產報酬率。
市場占有率分析	公司的實際銷售有成長並不能代表經營績效就良好，因為也許該產業正值高度成長期的階段，故必須再用市場占有率進行比較，才能表示是否仍對市場具有影響力。
顧客態度追蹤分析	此方面須做好下列二項：A.建立顧客抱怨與建議系統；B.進行顧客之調查與訪問。

牛刀小試

( )　運用不同的技術，投入較少的原料，卻能達到相同單位的產出，謂之：(A)效率　(B)效能　(C)效果　(D)綜效。　　**答 (A)**

由上所述吾人知道「行銷績效」（Marketing Performance）中，包含了「行銷效率」（Marketing Efficiency）與「行銷效能」（Marketing Effectiveness）兩大項，其內容分述如下：

4.3　行銷效率

與效率有關的內容包含以下五項：

銷售量（Sales）	公司各項產品的銷售總數量。
個人生產力（Productivity）	全公司的生產量／公司員工人數。
公司設施的利用率（Utilization）	指現在使用量／可供使用量。
耗用成本（Cost）	例如人事成本、促銷、廣告成本等。
利潤力（Profit）	指行銷所達成的利潤有多少。

4.4　行銷效能

與效能有關的內容包含以下五項：

市場占有率（Market Share）	產品在同性質市場上的銷售占有率。
顧客滿意度（Satisfaction）	消費者對產品使用後的滿意程度。
產品品質（Quality）	指能被顧客接受與認同的程度。
適時性（Timelyness）	產品上市的時機是否恰當，若太早或太晚則會造成不必要的損失。
正確性（Accuracy）	行銷的策略是否正確，往往要在事後才會確認，即在績效出來後即可判斷行銷策略的正確性了。

4.5　績效評估

(1) **建立績效衡量的標準**：建立周延、客觀與公平的績效衡量標準。
(2) **衡量實際工作的績效**：蒐集必要的資訊，以衡量員工實際的工作進度與績效。
(3) **比較實際工作績效與績效衡量標準間的差異**：若有差異，找出偏差所在及原因，以便採行修正的動作。
(4) **採取矯正行動**：管理者在矯正偏差時，最重要的原則是保持零缺點原則，採取措施來糾正實際結果與標準結果之間的偏差。

第五節　行銷控制的類別

行銷控制的類型可以從幾個構面來談，分別是由時間構面、管理層次、組織層次和作業層次的控制類型，茲分述如下：

5.1　時間構面控制的類型

事前控制 （Preliminary control）	**這種方法又稱「前向控制」。**與上述事後作法正好相反，公司可以利用一些計量的技術，如銷售預測、現金流量分析、資本預算評估和蒙地卡羅模擬等，在執行之前先作各種可能發生狀況的預估，並作糾正的行動。由於此種方式具有前置時間（Lead time），故較能掌握先機，以便順利地達到預定目標，它雖能減少偏差但卻無法完全排除錯誤。
事中控制 （Concurrent control）	**又稱之為「即時控制」。**這與事前和事後的方法均有不同，即不是在事前模擬可能發生的情況，以便預作準備；也不會在事情結束之後才作分析檢討。事中控制即是在方案推動的過程之中，隨時加以控制評估。若有突發事件或是當初沒有設想到的情境發生、同業的作法有重大的改變，凡此均是在行銷方案推動之中就必須要隨時作的反應，就是以回饋作基礎在方案進行過程中予以控制。
事後控制 （Post action control）	這是在行銷專案執行完畢之後，以整個方案中的各重要變數如銷售量、銷售金額、利潤率、顧客滿意度等為反饋之要件，依據事實各項數據作為負向回饋來控制，以便作為下一次方案規劃之參考；**故此種方式又稱之為「反饋控制」。**

5.2　組織層次控制的類型

若是從企業組織層次的角度觀察，Mintzberg認為經理人有三種不同的控制系統可以選擇：

官僚控制 （Bureaucratic control）	從企業內部使用管理控制系統，並配合以下技術，例如預算控制、統計報表、績效評估、標準作業程序等來進行。
市場控制 （Market control）	這是由績效控制的角度，採用下列評估標準，例如銷售數量、市場占有率、獲利率、顧客滿意程度等。例如我們可以市場占有率和獲利能力的數據來協助決定，公司應該淘汰那一些產品，應該保留那一些產品，即由市場來決定。
派閥控制 （Clan control）	這與前兩種都不同，這是採一種團體控制的方式，係由同一群的組織成員，彼此擁有著共同的文化、傳統、價值及承諾等信念，來完成一項共同的目標及理想。例如公司可以運用組織特有的文化來塑造員工的形象，並且在各個部門裡發展出它們特有的次文化，例如銷售部門的文化就和產品研發部門的文化有異，但在不違背大文化前提下，皆允許存在，並且可藉此來控制企業的運作。

牛刀小試

( )　由同一群的組織成員，彼此擁有著共同的文化、傳統、價值及承諾等信念，來完成一項共同的目標及理想，並可藉此來控制企業的運作，稱為：　(A)官僚控制　(B)市場控制　(C)派閥控制　(D)直接控制。　　**答 (C)**

5.3　作業層次控制的類型

Kotler認為行銷在實際的作業上可以區分為行銷計畫、獲利能力和行銷效率等方面。就務實的角度而言，就其內容可以作較為細部的區分，分述如下：

行銷計畫控制	行銷計畫係由公司最高管理當局和中階主管負責，主要係指行銷的年度計畫，其內容包含了銷售分析、市場占有率分析、費用對銷售的比率和財務分析等重要指標。其宗旨是在規劃出一年之中公司必須達成的銷售量和利潤目標，若未能達成則應加以診斷並找尋出適當的矯正辦法。

行銷獲利力控制	這是在行銷計畫控制中較為細部的控制方法，由公司的行銷人員負責，目的在檢視公司營業部門的經營績效是賺錢還是虧損。而所使用的方法包含了分析各種不同產品的目標市場、主要顧客群、經銷商的通路、獲利能力、投資報酬等，以決定該項產品與服務是否應該擴大經營。
行銷效率控制	如果獲利力分析結果顯示某些產品的獲利情況不良，此時即可用行銷效率來予以分析，謀求補救之道。其內容有銷售力效率、廣告效率、銷售促進效率和配銷效率等。分析效率低落的原因，並提出回饋與矯正的方法。

5.4 銷售分析

在行銷控制中，最常被評量的項目是銷售相關結果，包含「銷售量、銷售額及市場占有率」等。銷售分析通常由評量總體銷售開始，然後再進行細部分析。例如，台糖公司檢視「台糖蜆精」過去三年來在台灣市場的預期與實際銷售量情況，這就是一個總體的銷售分析，主要用來瞭解整體的銷售成果，如「去年的實際銷售量比目標銷售量多了20%，比前一年的實際銷售量增長了50%」等。不過，為了深入瞭解銷售成果，則需要細部分析。銷售細部分析是將銷售資料以銷售地區、包裝大小、顏色、顧客類型、價格、折扣方式、銷售方式、付款方式、訂貨數量、銷售人員或購買原因等因素來區別，然後比較不同類別的銷售成果，以瞭解行銷的效率（efficiency）。

在做完前述銷售分析時，並需針對下列三者做適切的分析，做為繼續下個行銷規劃的參據：

(1) **趨勢（trend）分析**：係指對於下一個週期在需求上成長或衰退比例之分析。
(2) **季節性因素（seasonality）分析**：是指在需求上可以預測的季節性變動分析。
(3) **隨機因素（random component）分析**：只可能偏離系統部分的變動分析。

5.5 行銷費用分析

在制定行銷策略規劃時，往往會編列預算以說明「什麼活動或項目預計要花費多少錢」，而這些行銷花費包含市場調查、廣告、促銷、人員銷售、物流、行政雜務等。行銷費用分析可以用來發現實際支出與預算支出的差異，瞭解行銷的效果（effectiveness）。

(1) **當實際支出超出預算支出時**：可能代表當初的預算不切實際、對開拓市場的困難程度過於樂觀、對環境或競爭者等因素的評估錯誤、行銷人員的執行方式不對或不夠純熟，或是行銷人員過度浪費等。
(2) **當實際支出低於預算金額時**：可能代表預算編列過於寬鬆、執行力不佳以致於該做的沒做、市場開拓比想像中容易、行銷人員使用更好的執行方法、行銷人員懂得自制與節約等。

第六節　消費者行為與消費者滿意度分析

6.1　消費者行為的意義

消費者行為係指人們取得、消費與處置各種產品的行為。易言之，它是指消費者在購買與使用財貨或享用勞務決策過程與行動。

6.2　消費者購買過程的參與者

發起者	提議進行購買的人，引起其他家庭成員感受到問題存在的人。
使用者	最終產品使用者，常是最初規劃購買之制定者。
影響者	在替代方案或購買決策上，提供意見與資訊，協助訂定詳細規格，以供參考或提供決策準則；簡言之，影響者在購買決策過程中，是對決策之下達有直接或間接影響力的人，專業技術人員或參考群體常是最重要影響者。所謂參考群體就是對個人的評價、期望或行為具有重大相關性實際存在的或想像中的個人或群體。消費者在現實生活或心理上都有歸屬某類人的渴望，其消費行為也受到這一群體的影響，這類群體就是消費者的參考群體。
決策者	具有決定權力之人，他決定要不要購買、買哪一品牌及在哪裡購買。
同意者	針對決策者所下的決策給予同意與否之最終決定權者。
採購者	實際進行採購，或安排或選擇供應商之人，他也常常成為決策者。
守門者	控制有關於產品或服務訊息流入的總機或門口秘書、櫃檯人員等（家庭成員）者。

6.3　消費者滿意的意義

消費者滿意（customer's satisfaction）是企業價值創造的要件，亦是所有行銷活動的重心。因此，企業唯有能了解消費者的需求內涵與消費活動的決策行為，才能確實掌握消費者的動向，為消費者提供滿足其需求的服務或產品。

由於消費者行為會受到其所得高低、教育水準、家庭結構、生活型態等因素的影響，因而不同的消費者對產品或服務的需求也會有所不同。雖然不同的消費者，會有不同的消費習性，但是，在規模經濟的考慮下，企業不可能為所有的消費者提供特定的、個人化的產品或服務。因而，將消費習性相似的消費者予以分群，然後針對不同類型群體之消費者，提供滿足他們所需的產品或服務，此即現代企業行銷活動中所謂「市場區隔」（market segmentation）的概念。

不論企業將廣大的消費者如何加以分群，行銷導向的企業經營最重要的目標之一就是讓消費者滿意。「消費者滿意」係指消費者知覺到的價值高於其所期望的價值，亦即企業提供的產品或服務，能夠符合消費者的期待。企業的產品或服務能否符合消費者所期待之評估指標之一：即「消費者是否重複購買？」此常被稱為「品牌忠誠度」（brand loyalty）。通常，消費者一旦滿足於某項產品或服務，重複採購使用的機會就會提高，企業因而獲利的可能性也跟著提高。

由於企業開拓一位新客戶所需的成本，遠高於留住一位舊客戶。要想留住舊客戶，就是讓舊客戶對提供的產品或服務能夠滿意，也就是創造「物超所值」的感覺。當然，消費者的需求不會是一成不變的，如何持續地掌握住消費者需求，提升其滿意程度，是行銷活動的核心挑戰。

6.4　消費者滿意度的衡量

消費者(顧客)對產品購前心理預期與購後實際感受的差異程度，稱為「消費者滿意度」，企業常用許多客觀的指標來衡量消費者滿意度，例如「產品不良率高低」、「維修服務時間久暫」或「維修據點的多寡」等，但這都只是維持消費者滿意的基本因素而已，若消費者與維修人員的互動方式不對，或者服務人員的態度不佳等，將使許多提升消費者滿意的努力，在那一刻全部失效。所以，提升消費者滿意程度是屬於企業整體性的營運目標，當消費者對企業所提供之產品或服務的要求愈高，可能出現的不滿意程度也愈高，因而不容易以絕對客觀的方式，來衡量消費者的滿意程度。

在提升消費者滿意的做法上，相當重視「現場及時的處理」。許多企業都相當重視消費者的抱怨處理，不讓消費者產生積怨而難以處理。實際上，重視消費者意見的企業，往往可以從各式消費者抱怨的內容中，找到如何提升服務品質與消費者滿意度的做法。所以，積極面對消費者的需求、用心搜尋影響消費者滿意的可能影響因素，然後全力改善既有的服務內容，就有機會讓消費者更滿意，從而創造更高的經營績效。在激烈競爭的市場環境下，只有用心對待消費者的企業，才有機會獲得消費者更多的認可與支持，據以提升企業經營的獲利能力。

6.5 消費者滿意度的分析

行銷的目的並不是將產品有效率地售出而獲利了事，而是要讓消費者滿意，並希望他們能重複購買，進而能夠口碑流傳。因此，對於以行銷導向或消費者至上自許的企業來說，消費者滿意度乃是行銷控制中不可忽略的項目。至於消費者滿意度分析，約有下列二種操作方式。

(1)設計某種機制，讓消費者有管道可隨時反應意見：例如在產品包裝、使用手冊內或公司網頁上提供消費者服務專線或電子郵件信箱，讓消費者可快速、方便地表達各類意見與感受，企業可透過這種方式判斷產品的表現與改進的方向。此法具有以下的優缺點：

優點	1.透過此種方法所蒐集到的意見，可以隨時發現問題、隨時改進。 2.並可避免消費者因向企業投訴無門而向外張揚（如直接找上媒體或消費者保護機構），導致企業形象受損。
缺點	此種方法所蒐集到的意見，通常是以批評居多，難以全面的評估顧客滿意度。

(2)進行消費者滿意度調查：這類調查首先必須確定顧客重視產品的哪些屬性，接著是衡量顧客對於這些項目的滿意度。

優點	1.所蒐集到的消費者反應較具全面性且可定期實施，以了解滿意度的發展趨勢。 2.可以用來比較不同區域、行銷人員或品牌之間的消費者滿意度的差異。

缺點	1.消費者滿意度調查常會出現一個盲點，亦即已流失的顧客或是未曾購買的潛在消費者往往難以接觸，因而無法得知他們的寶貴意見。 2.量化的消費者滿意度調查，由於深度往往不足，致無法看出消費者滿意或不滿意內在、真正的原因。

6.6　期望落差模式

期望落差模式（expectation disconfirmation model）係指消費者在購買物品前會對交易品質與消費利益產生期望。在使用產品後，消費者就可以感受到「產品表現」是否滿意，亦即是否符合他原先的期望。因此可知，期望落差模式乃決定於產品表現與期望的比較結果：

(1)**產品表現達到或超越期望**：滿意。

(2)**產品表現不如期望或低於期望**：不滿意。

6.7　顧客期望管理

6.7.1 顧客期望的意義

顧客期望（Customer Expectation）是指顧客希望企業提供的產品或服務能滿足其需要的水準，達到了這一期望，顧客會感到滿意，否則顧客即會不滿。顧客期望在顧客對產品或服務的認知中起著關鍵性的作用。顧客正是將預期質量與體驗質量加以比較，據以對產品或服務質量進行評估，期望與體驗是否一致已成為產品或服務質量評估的決定性因素。期望作為比較評估的標準，既能反映顧客相信會在產品或服務中發生什麼（預測），也能反映顧客想要在產品或服務中發生什麼（願望）。

6.7.2 顧客期望管理

所謂顧客期望管理，即是對前述之顧客期望進行有效的管理。它可通過以下幾方面工作：

(1)**確保承諾的實現性**：明確的產品或服務承諾（如廣告及人員推銷）和暗示的產品或服務承諾（如產品或服務設施外觀、產品或服務價格），都是企業所可以加以控制的，對之進行管理是管理期望的直接的可靠的方法。

(2) **重視產品或服務的可靠性**：在顧客對服務質量進行評估的多項標準中，可靠性無疑是最為重要的。提高服務可靠性能帶來較高的現有顧客保持率，增加積極的顧客口碑，減少招攬新顧客的壓力和再次服務的開支。

(3) **堅持溝通的經常性**：經常與顧客進行溝通，理解他們的期望，對服務加以說明，或是對顧客光臨表示感激，更多地獲得顧客的諒解。通過與顧客經常對話，加強與顧客的聯繫，可以在問題發生時處於相對主動的地位。

第七節　顧客價值

7.1 顧客認知（知覺）價值

Monroe（1991）首先提出**「顧客認知價值」是一種認知價值與認知利益與認知犧牲的抵換關係。** 換句話說，所謂「顧客知覺價值」即是顧客針對一項產品的所有價值與成本，相對於其他競爭者的產品之差異所做成的評價。在這個定義下，企業可藉由提供給顧客更多的認知利益或是減少顧客認知犧牲的方式，來提高顧客的認知價值。Liljander&Strandvik（1995）**提出在一特定事件中，顧客所認知的利益超越所認知的代價，則顧客將認知到高價值以及有較高的滿意度。** 在經過這種比較之後，將導致顧客產生關係價值的認知。儘管一個特定事件的價值可能被顧客認知為低的，但由於顧客從先前的許多特定事件中獲得許多利益，所以其關係價值可能仍是高；此乃因為整體關係價值是由許多特定事件價值（episodes value）所累積而成的。此觀念也可用於顧客關係中的滿意度，亦即關係價值將透過所認知的關係滿意度對顧客實際行為承諾、忠誠度造成影響。

綜合以上學者對於關係價值的定義，大致可歸納出其意義為顧客透過與企業的關係發展中，隨著時間產生許多有形和無形的淨利益，包括縮短交易時間、減少貨幣成本、降低心理成本、提昇產品品質等，這些利益使得顧客願意與企業維持長期的關係，不會因為某一特定事件而對關係產品不滿意或不信賴。顧客所體認到的關係價值會影響顧客的滿意度與忠誠度。

當顧客知覺（認知）價值低時，企業可採用「增加顧客的總價值」或「降低顧客購買的總成本」的二種方法，來提高顧客知覺價值。

7.2 顧客認知價值的衡量

Kotler（2005）認為顧客認知價值（customer perceived value，CPV）是由顧客評估取得該項產品所能獲得的「總利益」與所必須支付的「總成本」間之差距決定的。而顧客會向其主觀認知可以提供最大價值的公司進行購買，亦即顧客會向他所認知可提供最大顧客認知價值的公司購買產品。其中整體顧客知覺價值包括產品價值、服務價值、人員價值與形象價值；顧客為了取得該項產品所必須支付之「總成本」來源則是消費者付出的金錢（貨幣成本），另外還有他所付出的時間成本、精力成本以及心力成本。總括言之，影響顧客認知價值（顧客價值形成）的因素則包含以下三者：

(1) **顧客**：價值的大小係由顧客認知而定，係一種主觀的心理認知，非客觀的事實。
(2) **商品組合**：價值經由商品組合傳遞給顧客。
(3) **企業活動**：價值經由企業活動所創造，並由顧客之回饋得知價值是否形成顧客之決定。

7.3 顧客關係利益

關係利益指的是「相對於其他選擇對象，關係成員能從其伙伴身上得到更為優越的利益」。而若企業能從其關係成員獲得比其他成員相對較高的利益，如產品獲利性、顧客滿意度和產品績效等，企業將會更致力於建立、發展與維持與這些成員的關係，並進一步對關係做出承諾。在長期關係中，除了企業能獲得利益外，顧客也可從關係中獲得利益。

顧客的關係利益包括信賴利益（confidence benefits）、社會利益（social benefits）、特殊待遇利益（special treatment benefits）。

信賴利益	這是最重要的一類，包括在建立關係時，顧客的感覺。像是當某項東西弄錯時並不會產生重大的風險、在正確的工作執行時有更大的信心，有較高的能力信任服務的提供者、在購買時較無擔憂的情況、對於該預期之處有更多的瞭解，以及期待接受企業最高水準的服務等這些感覺。 對於服務的顧客而言，顧客常會面臨相當大的不確定性，而當不確定性及風險的程度高且不具有保證時，顧客信賴的培養就特別重要，因藉由信賴的建立，可降低或消除此種不確定性。

社會利益	涉及顧客和員工之間相互的認知，藉由得知服務提供者的姓名與其情誼，進而互相認識，並且受某種社會方面的關係羈絆。 Goodwin（1994）提出「服務社區」一詞，用以解釋通常發生在服務關係中的友誼經驗，認為它是一個增補於核心服務外，附加且未被要求的紅利。Price, Arnould & Hausman（1996）建議在一些服務中，或許可以發展提供者與顧客間的商業友誼。
特殊待遇 利益	指對大部分的顧客而言都享受不到的較好價格、折扣、或是特殊待遇；或者當有等待的情況發生時，他們卻可以享有額外的、以及較大部分顧客更為快速的服務。特殊待遇利益可分為經濟性利益與非經濟性利益。就經濟性利益而言，Peterson（1995）認為顧客與該企業持久的關係，可能從中獲得價格上的特殊優惠，此種金錢的節省是顧客關係交易的主要動機。

綜合上述論點的結果可知，顧客在長期關係中，除了得到核心服務，也得到其他重要的利益。如果顧客得到重要的關係利益，即使他們知覺核心服務較差時，他們仍有可能繼續維持和該企業的關係。因此，關係利益對關係價值有正向影響。

7.4 顧客終身價值

顧客終身價值（Customer Lifetime Value）是指預期顧客終身購買的未來獲利之淨現值。換言之，顧客終生價值是指每個顧客在未來可能為企業帶來收益之總和。每個顧客的價值都由三部分構成：
(1) **歷史價值**：到目前為止已經實現了的顧客價值。
(2) **當前價值**：如果顧客當前行為模式不發生改變的話，將來會給公司帶來的顧客價值。
(3) **潛在價值**：如果公司經由有效的交叉銷售可以激發顧客購買的積極性，或促使顧客會向別人推薦本公司產品和服務等，所可能增加的顧客價值。

7.5 顧客滿意度與顧客忠誠度

顧客滿意度係指顧客比較一項產品的知覺績效與期望績效後，所知覺到的愉悅或失落。申言之，顧客滿意度指的是在顧客心中，所認知的產品價值相對於「所預期的期望價值」的認知所決定，換言之，它是指顧客對一個產品可

感知的效果（或結果）與期望值相比較後，所形成的愉悅或失望的感覺狀態。顧客忠誠度則是指顧客對品牌或企業的忠誠，是行銷人員努力創造的目標，顧客忠誠度與其他的行銷績效或效果（如品牌知名度、品牌形象等）有一個基本的差異，也就是使用經驗，若消費者沒有事先購買或使用經驗，則忠誠度不可能存在。

企業創造利潤的方法有二種，一為增加新顧客以拓展市場占有率，一為培養顧客忠誠度，增加原有顧客的購買量及購買金額。 經研究發現，拓展市場占有率的策略成本過高且效果令人質疑，因此企業不能只重視拓展市場佔有率，也應該轉向重視關係、行銷與顧客建立良好的關係，培養忠誠的顧客才能創造利潤。

7.6　關係價值與忠誠度

提供給顧客的認知服務價值會影響顧客滿意度，顧客滿意度會影響顧客忠誠度，顧客忠誠度又會影響到企業的利潤與成長。而關係價值是特定事件認知價值的累積，由此可知關係價值會影響顧客忠誠度。

經典範題

☑ 測驗題

(　　) **1** 行銷部門的基本組織結構通常有四大類，但企業可視其情況而採用混合的方式。此四類為何？　(A)功能別、區域別、通路別及顧客別　(B)功能別、區域別、產品別及通路別　(C)功能別、區域別、產品別及顧客別　(D)通路別、區域別、產品別及顧客別。

(　　) **2** 行銷工作組織完成，就要確實的付諸執行，有關行銷的運作，學者Bonoma認為基本上可區分為四個層級，其次序下列何者正確？(A)決策的製定、方案的推動、制度的建立、人員的執行　(B)制度的建立、方案的推動、決策的製定、人員的執行　(C)制度的建立、決策的製定、方案的推動、人員的執行　(D)決策的製定、制度的建立、方案的推動、人員的執行。

(　　) **3** 與行銷效率有關者，下列何者有誤？　(A)顧客滿意度　(B)銷售量　(C)生產力　(D) 利潤力。

(　　) **4** 與行銷效果有關者，下列何者有誤？　(A)適時性　(B)銷售量　(C)顧客滿意度　(D)市場占有率。

(　　) **5** 從企業內部使用管理控制系統，並配合預算控制、統計報表、績效評估、標準作業程序等來進行者，稱為：　(A)官僚控制　(B)市場控制　(C)派閥控制　(D)間椄控制。

(　　) **6** 行銷管理的過程中，下列何者宜先進行？　(A)策略性行銷規劃　(B)行銷執行　(C)行銷控制　(D)視情況而定。

(　　) **7** 整合成長中，可考慮購併生產者或原料供應商是為：　(A)向後整合　(B)向前整合　(C)水平整合　(D)向中整合。

(　　) **8** 當顧客知覺價值（customer perceived value）低時，企業可採取二種方法提高顧客知覺價值：一是增加顧客的總價值，而另一個方法是什麼？　(A)降低顧客購買的總成本　(B)提供贈品　(C)增加廣告　(D)增加通路。

(　　) **9** 消費者行為分析的「六W」，為Who、How、Why、What、Where及：　(A)Whom　(B)When　(C)Want　(D)Which。

(　　) **10** 顧客對廠商提供的產品或服務，所要支付之總成本與所獲得之總利益間的差值，謂之：　(A)顧客利益　(B)顧客價值　(C)顧客知覺效益　(D)顧客評價。

(　　) **11** 透過積極的行銷活動以增加現有顧客對現有產品的購買數量，來提升組織現有產品在現有市場上的占有率，稱為：　(A)市場發展策略　(B)市場滲透策略　(C)產品發展策略　(D)多角化策略。

(　　) **12** 國內寬頻業者常根據中華電信所推出之產品或方案，進一步推出類似的產品或方案，就行銷策略而言，此為下列何種策略？　(A)市場領導者策略　(B)市場挑戰者策略　(C)市場追隨者策略　(D)市場利基者策略。

(　　) **13** 企業採用滲透策略（Penetration strategy）的目的是希望能：　(A)提高利潤　(B)提高聲望　(C)提高市場占有率　(D)提高品質。

（　）**14**「企業將資源投注於整體市場的拓展上，一旦市場逐漸擴大，業者本身就是最大的受益者。」上述策略之運用常見於：　(A)市場領導者　(B)市場追隨者　(C)市場利基者　(D)市場反應者。

（　）**15**量販店因為本身之經營規模大，設有自己的生鮮處理中心，作業流程，並保持食品鮮度，此強調了何種功能？　(A)重視衛生　(B)作業流程　(C)產銷整合　(D)垂直整合。

解答與解析

1 (C)　　**2 (D)**

3 (A)。與行銷效率有關的內容包括：銷售量、個人生產力、公司設施的利用率、耗用成本和利潤力。

4 (B)。與行銷效果有關的內容包括：市場占有率、顧客滿意度、產品品質、適時性和正確性。

5 (A)。市場控制是由績效控制的角度，採用銷售數量、市場占有率、獲利率、顧客滿意程度等評估標準來控制。派閥控制則是採一種團體控制的方式，係由同一群的組織成員，彼此擁有著共同的文化、傳統、價值及承諾等信念，來完成一項共同的目標及理想。

6 (A)

7 (A)。向後整合係指向上游發展（向上游整合），例如某一企業係乳品

加工業務，為了穩定鮮乳來源，自己開設養牛場。

8 (A)　　**9 (B)**　　**10 (B)**　　**11 (B)**

12 (C)。市場追隨者策略的核心是尋找一條避免觸動競爭者利益的發展道路。但追隨並不等於被動挨打，況且，追隨者通常又是挑戰者攻擊的目標，因此，追隨者尚要學會在不刺激強大競爭對手的同時保護好自己。此類廠商通常不會積極擴張市場占有率，而只是消極地維持目前市場占有率，故稱之為「市場追隨者」。

13 (C)　　**14 (A)**

15 (D)。垂直整合包括兩種，即向前垂直整合（往下游發展）與向後垂直整合（向上游整合）。

☑ 填充題

一、行銷部門的基本組織結構有功能別、區域別、產品別及 ＿＿＿＿＿ 等四大類。但企業可視其情況而採用混合的方式。

二、有關行銷的運作，學者Bonoma認為基本上可區分為決策的製定、制度的建立、＿＿＿＿＿＿、人員的執行等四個層級。

三、 Do the things right（以正確的方法做事）係為 ＿＿＿ 。

四、 Mintzberg認為經理人有官僚控制、市場控制、 ＿＿＿＿＿＿ 等三種不同組織
　　 層次的控制系統可以選擇。

五、 以預算、統計報表、績效評估、標準作業程序等來進行控制，是為 ＿＿＿
　　 控制。

六、 行銷計畫應包括右列各部分：高層主管摘要、市場現況分析、 ＿＿＿＿＿＿
　　 、目標及主要問題、行銷策略、行動方案、 ＿＿＿＿＿＿ 。

七、 機會與威脅分析是屬於 ＿＿＿ 的分析，而優勢與弱點則是企業 ＿＿＿ 的
　　 分析。

八、 指現有的倉儲、運輸、各通路花費的成本是否具有經濟性與回饋性的成效
　　 的評估，稱為 ＿＿＿ 效率評估。

九、 一個公司若為了擴張業務，進行擴廠或併購下游廠商，稱為 ＿＿＿ 整合。

十、 一個公司若為了擴張業務，向競爭者尋求整合或併購，掌握競爭者之所有
　　 權或控制權，稱為 ＿＿＿ 整合。

解答

一、顧客別。　　　　二、方案的推動。　　　三、效率。

四、派閥控制。　　　五、官僚。　　　　　　六、機會及威脅、預算和控制。

七、外在、內在。　　八、配銷。　　　　　　九、向前。

十、水平。

☑ 申論題

一、 請說明行銷組織結構的類型及各類的優缺點。
　　 解題指引：請參閱本章第一節1.2。

二、 行銷的運作依學者Bonoma的說法有四個層級，請簡要說明之。
　　 解題指引：請參閱本章第三節3.1～3.4。

三、 請說明行銷效率與行銷效能的衡量指標。
　　 解題指引：請參閱本章第四節4.3～4.4。

四、請說明行銷作業層次控制的類型。

解題指引：請參閱本章第五節5.3。

五、請說明消費者滿意度分析的主要內容。

解題指引：請參閱本章第六節6.5。

六、請說明經理人在擬定行銷策略時，須考慮那些因素？

解題指引：請參閱本章第二節2.1.2。

七、何謂市場專業化與產品專業化？其採用條件為何？請綜合說明之。

解題指引：請參閱本章第二節2.1.4。

八、影響行銷策略的要素有那些？請列舉說明之。

解題指引：請參閱本章第二節2.1.3。

NOTE

Chapter 13 行銷道德

依據出題頻率區分，屬：**C** 頻率低

課前提要

本章主要內容包括行銷道德的意義、判斷行銷道德的困難處、對行銷的批評觀點、行銷道德維護過程中，政府立法與執法機關、消費者團體、個別消費者、企業界與行銷人員應扮演何種角色。

第一節　行銷道德的基本概念

1.1　行銷道德的意義

行銷道德（marketing ethics）係指在政府法令規章或社會規範的約束下，行銷活動所應遵守的準則。

1.2　行銷道德產生歧義的原因

企業的某些行銷活動是否違背道德標準，也許在法律或社會大眾的觀點來看，也許很容易判斷。例如故意哄抬價格、販賣過期商品、產銷假酒等，都被公認為不道德。但是在更多時候，行銷道德的界線並非那麼明顯，不但社會群體中會有不同的看法，甚且在法令上也難有明確的規定可作為判斷的依據。**行銷道德判斷之所以會產生歧義，其主要的原因有如下幾端：**

(1) **區域文化或法律上的差異**：一個國家或區域的特有文化、價值觀、宗教、法律等因素，會造成對於某些事物的看法有異於其他國家或區域。例如某些行銷活動在一個國家或區域可能被認為符合道德標準，而在另一個國家或區域的社會大眾可能不認為這構成任何道德上的問題。

(2) **法律與道德的差異**：法律往往是最低標準的道德，法律所禁止的事項通常亦是道德所不允許，但是不道德的行為卻未必違法。例如宣傳「借錢是一種美德」觀念的廣告，雖被認為不道德，但卻沒有違法。因此，某件行銷活動是否有道德上的問題，要看我們是採取純法律的觀點，抑或是法律之外的觀點。

(3) **道德標準因事件的性質或情境而產生的差異**：不論是有意或無意，不少民眾的道德判斷標準會因事件的情境或性質（包括發生的原因、地點或業者的身分地位或事件規模等）而異。

(4) **不同群體道德標準的差異**：即使在同一個國家或區域，特定團體可會發展出其本身的次文化與價值觀念，因而對於某些行銷活動的道德判斷與其他團體不同。

(5) **法令或執法混淆了社會道德標準**：由於法令規定不夠完備或執法不夠徹底等原因，往往會造成積非成是，致使社會上的價值觀念與道德標準混亂不清。

(6) **後果的責任歸屬不清**：有時候，事件的後果由誰造成不易認定。產品使用一段時間後發現有瑕疵，到底是因為製造商的品質管理有問題？抑或是消費者的使用方式不當？還是行銷人員的解釋不夠清楚或示範不當致使消費者跟著犯錯？有時很難釐清，造成道德責任的歸屬難以判定。

1.3 行銷易遭受的批評

社會各界對行銷的批評或指責通常與產品、價格、配銷通路與推廣相關，茲分述其要點如下：

1.3.1 產品的原因

(1) **標示不符或不清楚**：製造商或進口廠商名稱、產品的用途、製造日期、到期日、成分、含量等，標示不清楚或與實際內容不符，導致消費者權益受損，甚至在不知情之下使用產品而導致影響健康。

(2) **成分不良**：有些加工食品添加化學藥物超出國家標準等，這些成分不良的產品，有威脅消費者健康與生命之虞。

(3) **份量不足**：實際的份量低於標示或承諾的份量，消費者認為有被廠商欺騙的嫌疑。

(4) **包裝過度**：許多消費者認為廠商經常將產品過度包裝，不但增加製造成本，而將其轉嫁予消費者負擔，且為環境帶來大量的垃圾，影響環保。

(5) **服務欠佳**：服務業業者的態度欠佳或是事故發生後處理不當，導致消費者與業者之間糾紛。

(6) **更換產品的速度太快**：有些廠商淘汰現有產品、推出新產品的速度太快，以致於消費者不得不忍痛丟棄狀況仍良好的產品，造成金錢與資源的浪費。

1.3.2 價格的原因

(1) **以低價為誘餌，吸引消費者上門**：某些廠商以低價為餌吸引消費者上門，然後設法促使消費者付出較高的價格購買。例如，瘦身美容業者先以低價說服消費者參加瘦身美容的課程，之後在服務期間利用各種藉口，慫恿消費者購買價格昂貴的美容物品或服務項目，使得整套服務的花費比消費者原先的預期高出若干倍。

(2) **售價偏高，或哄抬價格**：某些產品常被批評過度注重包裝、廣告、促銷等，廠商並將這些行銷活動的成本轉嫁由消費者負擔；而某些中間商亦被批評低買高賣，兩邊剝削；亦有某些行業漫天開價或趁人之危哄抬價格，經常引人詬病。

1.3.3 通路與推廣的原因

(1) **廣告誇大不實**：有時廠商的廣告不實，有時故意隱瞞重要資訊或顛倒黑白，甚至偽稱專家推薦或檢驗合格、賣弄似是而非的專業名詞，蒙蔽消費者，誘使他們購買，故常受消費者批評。

(2) **強迫式的推銷手法**：某些業務行銷人員表現非常積極，死纏活纏著消費者，造成消費者的壓力與苦惱。為了應付人情或避免一再受到干擾，有些消費者不得不「心不甘情不願」地忍痛購買其原本就不想要買的東西。而推銷產品的郵件或電話不斷，也讓消費者倍感干擾。

(3) **營業場所不夠安全、衛生**：與消費者息息相關的零售店或服務場所，在安全措施、環境衛生等方面經常引起社會人士的關注。

(4) **妨礙交通與景觀**：某些商店或路邊攤的招牌、廣告物等妨礙駕駛人的視線，使行人寸步難行；或隨便張貼不易撕掉的小型廣告，對景觀造成嚴重的破壞。

(5) **傷害某些群體**：某些廣告內容影射某件事情，致傷害到某些團體的自尊或痛處，或觸犯群體的禁忌，而致引起爭議。

(6) **對社會文化產生負面影響**：某些推廣活動的方式或內容不當，對社會的風氣、價值觀念、消費行為等產生不良影響。

牛刀小試

( )　行銷因產品的原因而遭受批評，不包括下列何者？　(A)包裝過度　(B)標示不符　(C)廣告誇大不實　(D)成分不良。　**答 (C)**

第二節　行銷道德的維護

行銷本質上並無所謂的好壞，它只是組織或產品的一種推廣工具，但是，由於行銷人員使用行銷這個工具時所使用的方法，卻決定了行銷的效用，也產生了所謂行銷道德的問題。但是因為行銷所牽涉的範圍甚為廣泛，行銷道德的維護若只冀望由行銷人員來負責，恐怕並不實際。事實上，消費者本身、消費者保護團體、或是政府機構，亦或多或少應該參與行銷道德維護的部分責任。以下說明維護行銷道德的過程中，各相關團體所應該扮演的角色。

2.1 政府機關

(1) **制定明確而完備的法令**：明確而完備的法令不但可避免廠商鑽法令漏洞，使消費者權益不至於受損，而且法令還具有教育與宣示的功能，使廠商與社會大眾了解何者為正確的行銷行為。由反面觀之，其亦可避免廠商在侵犯到消費者權益時，消費者與執法單位可以免除「於法無據」或「無法可管」的無奈。

(2) **公正認真的執法**：「徒法不足以自行」，政府單位相關執法人員若缺乏良好的素質或不能公正認真地執法，則再完備的法令規定亦形同虛設，如此將導致廠商忽視行銷道德，且無形中鼓勵業者越軌。再者，執法不力（如檢舉亦無用）亦會造成消費者對公權力的懷疑，久而久之，將會使得消費者只能忍受，導致他們對自身權益的冷漠。

(3) **落實消費者保護政策**：政府機構可以利用社會的龐大資源，辦理消費者諮詢服務、消費者申訴管道、宣導消費者權益觀念，亦可將有關觀念編入中小學教科書等，以便灌輸及落實消費者保護政策。

2.2 消費者保護團體

(1) **作為消費者代言人**：由於個別消費者的聲音不容易引起業者重視，消保團體為消費者的代言人，其角色之一就是在整合眾多消費者的聲音，甚至採取行動，替個別消費者與業者交涉，或安排雙方協商，解決爭議。

(2) **與業者溝通**：消保團體對引起消費糾紛的案例，除了可向消費者提供建議或警惕之外，亦會建議業者應該如何避免或處理糾紛。此外，亦可不時舉辦廠商座談會，與廠商面談消費者權益相關事宜。

(3) **教育消費者**：消費者保護團體（簡稱「消保團體」，如「消費者文教基金會」）可透過「消費者報導」雜誌、舉行記者會、辦理特別活動等，教育消費者購買、消費、申訴、保護自我權益等正確行為方式。

(4) **協助與督促政府**：消保團體的功能之一是協助與督促政府制定與執行攸關消費者保護的法律。

2.3 個別消費者

(1) **注重公德心**：消費者在服務場所內的行為往往影響場所的安全、衛生、品質等。其不當行為除了困擾相關業者外，甚至可能侵犯了其他的消費者的權益。因此，消費者若能維持公德心，無形中亦可協助業者維護其行銷道德。

(2) **採取行動維護權益**：消費者當本身的權益受到侵犯時，應該向有關業者反應、拒絕購買或向政府單位或消費者保護團體申訴。如果不採取任何行動，無形中等於鼓勵業者繼續犯錯。因此，不購買標示不明或有不良成分的產品或利用業者服務專線申訴不滿，除了在維護自己的權益外，亦可提醒業者維護行銷道德的重要性。

(3) **提升消費常識與心存警惕之心**：消費者應盡量提高自己購買與消費產品或服務的常識，對可能出現的買賣陷阱尤加強警惕。消費者豐富常識與高度警惕心，能夠大幅降低不良業者的生存空間，更可促使業者重視行銷道德。

2.4 企業界與行銷人員

政府法令與社會上大多數人的價值觀念、道德標準會成為「行銷道德的底線」，亦即最基本的行銷道德準則，但是，若只求不觸犯法令或社會道德準則，這只是消極的作為；事實上，廠商可以有更正面的心態或積極的作為，來維護其本身行銷道德，並回饋予社會。此積極的作為包括下列幾項：

正視消費者運動	在經濟與社會高度發展下，消費行為愈來愈形複雜，由於消費者往往是弱勢者，故而為了表達其消費權益的心聲，透過消保團體的力量來表達，乃是正常的現象。因此，消費者運動的興起為必然的趨勢。企業界應該從消費者運動的言論中了解環境的趨勢，將各種商業糾紛的案例作為珍貴的教材，並作為經營管理改進的參考。

落實消費者 至上的觀念	企業應該採取行銷導向、以客為尊的觀念，揚棄過去銷售導向觀念，亦即應該重視消費者的利益，透過顧客滿意來獲取利潤，使企業能夠永續經營。
推行社會行 銷觀念	依據社會行銷的觀念，廠商在滿足目標市場消費者需求，賺取利潤的同時，應該顧及社會與自然環境的利益。在消極方面，行銷活動的推行與結果，應避免不利於整體環境；在積極方面，企業應有「取之於社會，用之於社會」的觀念，回饋社會，例如投入關懷弱勢族群、贊助社會公益等活動。

經典範題

☑ 測驗題

(　　) **1** 行銷道德判斷之常會產生歧異，其主要的原因下列何者為非？
(A)區域文化或法律上的差異　(B)不同群體道德標準的差異　(C)法令規定太完備致無法斟酌　(D)道德標準因事件的性質或情境而產生的差異。

(　　) **2** 行銷易遭受批評，常因產品因素所造成。下列何者非屬產品上的原因？　(A)標示不符或不清楚　(B)包裝過度　(C)份量不足　(D)售價偏高。

(　　) **3** 行銷之所以易遭受批評，價格因素常為其原因。下列何者非屬價格上的原因？　(A)廣告誇大不實　(B)哄抬價格　(C)售價偏高　(D)以低價為誘餌，吸引消費者上門。

(　　) **4** 維護行銷道德的過程中，消費者保護團體所扮演的角色，下列何者有誤？　(A)教育消費者購買、消費、申訴、保護自我權益等正確行為方式　(B)公正認真的執法以保護消費者　(C)代表消費者與業者溝通　(D)協助與督促政府制定與執行攸關消費者保護的法律。

解答與解析

1 (C)

2 (D)。行銷易遭受批評的原因，在產品方面包括：標示不符或不清楚、成分不良、份量不足、包裝過度、服務欠佳及更換產品的速度太快。

3 (A)。行銷易遭受批評的原因，在價格方面包括：以低價為誘餌，吸引消費者上門及售價偏高或哄抬價格，致經常引人詬病。

4 (B)

☑ 填充題

一、 在政府法令規章或社會規範的約束下，行銷活動所應遵守的準則，稱為行銷 ____ 。

二、 社會各界對行銷的批評或指責通常與產品、 ____ 、配銷通路與推廣等相關。

三、 消費者息息相關的零售店或服務場所，在安全措施、環境衛生等方面經常引起社會人士的關注，此係 ____ 的原因，常易遭受社會各界的批評。

四、 行銷道德的維護除冀望行銷人員負責外，事實上，消費者本身、消費者保護團體、或是 _____ ，亦或多或少應該參與行銷道德維護的部分責任。

五、 廠商在滿足目標市場消費者需求，賺取利潤的同時，應該顧及社會與自然環境的利益。此種觀念稱為 _____ 觀念。

解答

一、道德。　　　　　二、價格。　　　　　三、通路。

四、政府機構。　　　五、社會行銷。

☑ 申論題

一、 何謂行銷道德？某個行銷活動是否觸犯道德問題常會有各種不同的看法，其原因安在？
解題指引：請參閱本章第一節1.1～1.2。

二、 哪些產品的原因，常會受到批評違反行銷道德？請說明之。
解題指引：請參閱本章第一節1.3.1。

三、 哪些產品因價格的原因，常會受到批評違反行銷道德？請說明之。
解題指引：請參閱本章第一節1.3.2。

四、 請說明消費者保護團體如何協助維護行銷道德？
解題指引：請參閱本章第二節2.2。

五、 請說明個別消費者如何監督業者維護行銷道德？
解題指引：請參閱本章第二節2.3。

課前提要

本章主要重點為決定進入哪些國外市場、決定如何進入這些市場及國際市場產品組合策略。

第一節　國際行銷的原因

美國和其他國家的一些大公司，早已進行大規模的國際行銷，而成為所謂的多國公司（multinational companies）。**分析企業從事國際行銷有除了下列兩個主要的原因外，尚包括：企業為了達到經濟規模需要較大的市場；企業為了反擊國外入侵者，而進入該入侵者之國內市場；因為主要顧客移到國外，而需要隨之進入國外市場；或國外市場比國內市場呈現更高的獲利機會。**

(1) **迫於國內市場機會不佳或環境的改變**：如國民生產毛額（GNP）太低或成長太慢、政府採取反企業措施（anti-business）或加重稅負、政府要求企業開拓國外市場以賺取外匯等，這就是所謂的推力（Push）。

(2) **受其產品在其他國家有更好的市場機會的吸引，而促使廠商投入國際貿易**：一方面不必放棄國內市場，而另一方面可以發掘國外的市場機會，即使增加額外的成本和困擾，仍然有利可圖，此即所謂拉力（Pull）。

第二節　從事國際行銷所需考慮的層次

國際行銷是否需要任何新的行銷原理？很顯然地，「設定行銷目標、選擇目標市場、市場定位和決定行銷組合、採行行銷控制」這些原理對國際行銷仍然適用。雖然國際行銷並不需要新的行銷原理，但因各國間之差距相當大，故從事國際行銷的人員需要充分去瞭解其各自的環境和市場情況，以便將各個國家的民眾對行銷刺激反應的不同，做適當的修正。

一個公司在計劃從事國際行銷時，必須考慮下列六個不同層次的決策。茲依序說明如下：

2.1 探索國際市場環境

<u>在決定是否進入國外市場時，企業必須先對國際市場的環境有一個徹底而完全的瞭解。</u>其中最重大而顯著的改變有下列數點：

(1)國際貿易和投資的快速成長，反映出世界經濟的國際化。

(2)美國支配世界經濟的地位逐漸減弱，以及在國際市場上發生國際收支逆差及美元幣值變動等問題。

(3)在國際市場上，歐盟的經濟力量快速增強。

(4)國際金融體系的建立，改善了通貨的兌換性（convertibility）。

(5)自1973年開始，世界所得流向產油國家。

(6)為保護國內市場，及對抗國外競爭者而設立的貿易障礙日漸增多。

(7)中國大陸、俄羅斯、印度、巴西（金磚四國）及阿拉伯國家逐漸開放門戶，而成為新的主要市場。

每一個國家均有其特性，值得國際行銷人員加以注意。一個國家對各種產品和勞務的需求程度，及其對外國廠商的吸引力，端視其經濟、政治、法律和文化環境而定。國際行銷畢竟與國內行銷有所不同，因此，國際行銷人員有必要深入了解下列事項：

2.1.1 國際貿易系統

一個公司在探索國外的市場環境時，必須要了解國際貿易系統中的限制和機會。在嘗試把產品賣到其他國家的過程中，業者需面對下列**各式各樣的貿易限制：**

關稅 （tariff）	它是最普遍的貿易限制，係外國政府針對進口產品所課徵的稅，其目的可能在增加政府稅收（財政性關稅）或保護本國企業（保護性關稅）。
配額 （quota）	出口廠商亦可能需要面對配額的限制，進口國家可能對某些允許進口的產品作數量上的限制，以達成降低外匯支出、保護本國工業和確保就業率的目的。
禁止進口 （embargo）	是配額的一個極端型式，完全禁止某些產品種類的進口。

外匯管制 （exchange control）	乃在管制外匯的數量及各國貨幣之間的匯率。
非關稅上的阻礙 （non-tariff barriers）	例如採取差別待遇以抵制某國公司的投標，或者建立產品標準，以抵制某國公司的產品等。

2.1.2 經濟環境

在考慮國外市場時，國際行銷人員必須對每一個國家的經濟環境加以研究，有下列兩個經濟特性，將影響一個國家對國際行銷業者的吸引力。

國家的產業結構	它影響國家對產品及勞務的需求，所得水準和就業水準等。產業結構有自足型經濟、原料出口型經濟、工業化中經濟型態、工業型經濟等四種型態。
國家的所得分配情形	所得分配常和一個國家的產業結構有關，但也受到政治系統的影響。國際行銷人員可以將各個國家區分為五個不同類型的所得分配型態：赤貧家計所得型態；均貧家計所得型態；貧富懸殊家計所得型態；貧、中、富混合家計所得型態；均富家計所得型態。每種型態的所得分配，都將影響其購買力。

2.1.3 政治、法律環境

各個國家的政治、法律環境也可能有很大的差異，國際行銷人員至少可以考慮下列四個因素，以決定其是否進入某一特定的國家以從事商業活動。

對國際交易的態度	有些國家一直藉著各種獎勵投資誘因及提供廠地，以吸引外國廠商的投資；相反的，有的則要求外國出口商遵從進口配額，凍結通貨，或規定管理階層必須有相當的比例由其本國人民擔任等。
政治穩定性	一個國家未來的穩定性，是另一項所需考慮的因素。政治環境情況將影響國際行銷財務方面的處理方式及所從事的商業活動的性質。
貨幣金融管制	有時外國政府可能凍結本國的貨幣，或禁止以之兌換外國的貨幣；除了貨幣管制外，浮動的外匯匯率也會給國際行銷業者帶來高度的風險。

政府政治 體制	係指各國政府是否建立有效率的制度，以協助外國公司的程度。這包括有效率的海關手續，提供足夠的市場資訊以及其他有助於企業經營的因素。

2.1.4 文化環境

每一個國家甚至在同一國家內的不同區域，均有其獨特的文化傳統、偏好、道德規範與禁忌，值得行銷人員加以瞭解和注意。因此，國際行銷人員在作行銷規劃前，須先瞭解各國消費者對各種產品的看法和可能使用的情形，不了解文化環境將減少企業成功的機會。企業的規範與行為亦隨著每一個國家而不同，企業的主管在和其他國家人員協商談判時，須事先取得這方面的資料。

2.1.5 國際貿易專用名詞

(1) **依商品的移轉方向區分：**

　A. 進口貿易：向國外採購商品輸入本國的貿易稱為進口貿易，又稱為輸入貿易或內銷。

　B. 出口貿易：貨物由本國輸出國外的交易，又稱為輸出貿易或外銷。

　C. 轉口貿易：貨品流通時會經過的2個以上的國家數，而且有過境有通關時，謂之。

(2) **依交易進行方式區分：**

　A. 直接貿易：指出口商直接將貨物輸出到進口商手中的貿易，並未假手第三人或經第三國。

　B. 間接貿易：指由第三者介入出口國業者與進口國業者間的交易稱為間接貿易。仲介之第三者在進/出口國以外國家，稱為三角貿易或仲介貿易。

　C. 轉換貿易：若貨物由進/出口國之業者直接交易，而貨款之支付由第三國業者來辦理融資，即非貨物之交易，而稱為轉換貿易或外匯之交易。

2.2 決定是否進入國外市場

企業通常在二種情形下開始其國際行銷業務。在某些情形下，是由國內出口商、外國進口商或外國政府直接派人前來請求公司外銷其產品；另一種情形，為企業主動考慮其國外行銷的可行性，其起因可能是公司的產能過剩或發現其他國家有更好的市場機會。

在開始國外業務時，企業應先界定其國際行銷的目標和政策。<u>**首先，它應先決定其國外銷售額占公司總銷售額的比例。其次，企業必須選擇其是在少數幾個國家或很多國家銷售。再者，企業必須考慮進入國家的類型，一個國家是否有業務上的吸引力，端視其產品、地理因素、所得與人口、政治氣候和其他因素而定。**</u>由於每一銷售者基於其本身的條件，故他可能會對世界上某些地區或國家有所偏愛。

■2.3　決定進入哪些國外市場

通常可依據下列各因素來評估各個待選國家的優先順序：<u>**(1)市場大小；(2)預估的市場成長情形；(3)企業營運成本；(4)競爭性利益；(5)風險大小；(6)資金的需求；(7)人才的供應；(8)獲利的程度。**</u>其目的就長期來說，乃在計算出那一個市場可以帶給企業最大的收益。

■2.4　決定如何進入這些市場

企業進入國際市場，選擇適當的市場進入模式對於國際化的實現，具有關鍵的影響性，因為「不同的進入模式代表不同程度的風險與潛在獲利機會，需求不同的配合條件」，企業若未能依據本身的目的與資源條件，選擇最低成本的進入方式，則國際化發展往往會功敗垂成。

<u>**一旦公司決定進入某一特定國家的市場後，它必須選擇一最佳的進入策略。包括出口（exporting）、合資（joint venturing）與海外直接投資（direct investment abroad）等層次漸深的三種策略可供選擇，而層次愈深的策略，其契約程度、風險和獲利性也愈大。**</u>

2.4.1 出口外銷

進入國外市場最簡單的方式為出口外銷。偶發性的出口（Occasional exporting）是一種被動的投入形式，公司只是有時候將其多餘的產品透過外國公司在其本地的代理商，而將商品運銷外；積極性的外銷（Active exporting）係指公司訂定一套詳細的計畫，經常性的將其產品運銷特定的國家。而不管是偶發性或積極性的出口，產品均在國內製造完成，只是為了外銷而可能做某些部分的修改，但也可能完全不用修改。在所有三種進入策略中，出口外銷的方式對公司產品線、組織、投資和公司的宗旨的影響最小。

公司可以用兩種方法出口其產品，它可以僱用獨立的國際行銷中間商（間接出口）或自己直接將產品賣給國外的購買者或進口商（直接出口）。對於剛開始從事出口業務的公司來說，普遍應用間接出口的方式。其原因：(1)它僅需要較少的投資，廠商不需發展海外的銷售力和聯絡機構；(2)它的風險較小，國際行銷中間商（可能是本地的出口商、代理商或合作的機構）能提供技術、經驗及服務，公司可減少犯錯。

2.4.2 合資

第二種進入國外市場的方法是與當地的企業合作設立產銷設施。 合資和出口不同，因為前者係以合夥的方式，在國外建立其生產設備。合資和直接投資亦不同，因為此種方式，公司和該國人民有合作的關係。合資的型態有下列四種：

(1) **授權（Licensing）**：授權是製造商投入國際行銷的一種比較簡單的方法，授權人（licensor）和國外的被授權人（lincensee）達成協議，由前者負責提供後者有關製造過程、商標、專利、貿易秘訣或其他有價值的事物，並收取費用或權利金。授權人只需冒很小的風險，即可進入市場，而被授權人不必從頭開始，就可獲得生產的專門技術。授權亦有其潛在的缺點，因公司對被授權者的控制能力，遠小於自行設廠生產。而且，即使被授權人經營的非常成功，公司也只能眼睜睜的看著他賺錢。還有，當合作契約終止後，被授權人可能成為公司的一個新的競爭者。

(2) **契約生產（Contract manufacturing）**：係指和當地的製造廠商，訂立生產產品的合約。契約生產的方式也有其缺點，它對製造程序的控制權較小，而且也喪失了由生產中所能得到的潛在利潤。但另一方面，它可以使公司在較小的風險下，較快的進入市場，而且有機可乘時，它還有和製造廠商建立合夥關係，甚至完全予以買斷的機會。

(3) **管理契約（Management contracting）**：此種方式乃由公司提供管理技術給一家願意提供資本的外國廠商，公司所輸出的不是產品而是管理上的服務。希爾頓便是利用這種方法，而經營其遍佈全球的旅館。管理契約是進入國外市場的一種低風險性的方法，而且在開始時就能獲得收入。但另一方面，如果公司的管理人才有限，而且又有更好的運用方法，或者公司能從事範圍更大的投資，而獲得較大的利潤時，則此種安排又非明智之舉了。而且，管理契約也使得公司在一段期間內，不能在當地另創自己的事業。

(4) **合資股權（Joint-ownership ventures）**：係指由公司和外國的投資者合資在當地創立事業，雙方並均擁有股權和控制權。此種方式可能是公司買入當地公司的部分股權；也可能是當地的公司買入公司在當地分公司的部分股

權；或者，是兩個公司合資，重頭開創一新的事業。就一個想進入國外市場的公司而言，合資股權的方式有其經濟上和政治上的理由。在經濟方面，公司可能因缺乏資金、原料或管理人才而無法單獨直接投資經營；在政治方面，有些國家規定外國公司必須與當地人民合資，始能進入該國市場。合資股權的方式亦有一些缺點，例如各合資者可能在投資、行銷及其他政策等各方面產生歧見。再者，此種方式，亦常使一個多國性公司無法依其全球性的規劃來執行其特定的生產和行銷政策。

2.4.3 直接投資

進入國外市場最深入的一種方式為在國外建立公司自己的裝配或製造設備。當一個公司逐漸由出口業務中累積國外行銷的經驗，而且預測海外的市場夠大時，直接投資（獨資）國外設廠有下列優點：

(1)公司可以獲得較低廉的勞力、原料、外國政府的投資獎勵並可以節省運費。

(2)由於公司創造了工作機會，可以獲得地主國人民較佳的印象。

(3)公司可以和當地的政府、顧客、原料供應商及配銷商發展較深厚的關係，藉以改良產品，使其更配合當地的行銷環境。

(4)因為公司對投資有完全的控制力，因此可以發展一套產銷政策以達到其進行長期國際行銷的目標。

(5)獨資企業可以在地理區位之選擇上較為獨立，而且在生產作業上保持較高的專屬性學習效果。

然而國外直接投資就必須自行擔負所有國際化投資之商業與財務風險。

2.5 決定行銷組合

不論是只在一個或同時進軍數個國外市場的公司，均必須決定如何調整其行銷組合以適應各個市場的情況。一種極端的情形為採用世界性「標準化的行銷組合（standardized marketing mix）」，此種方式乃在每一個市場均採用標準化之相同的產品、廣告、配銷通路和其他各行銷組合要素。這種做法，因為在各地均不需什麼重大的改變，因此所需的成本最低。另一個極端情形為「差異化顧客行銷組合（customized marketing mix）」，企業分別為其每一個目標市場，建立最適當的行銷組合，如此雖然所需成本較高，但企業希望能因此而獲得較高的市場占有率。介於這兩種極端之間，尚有很多可能的做法，例如在各個國家所使用的廣告主題，隨地方而改變。

當一個公司進入國外市場時，在產品、促銷、價格和配銷、通路等行銷組合方面，都可能需要作一些調整。

2.5.1 產品

國際行銷的產品策略若以「產品」與「推廣」兩個角度來觀察，可有以下五種策略：

(1) **直線延伸策略**（straight extension）：此即在國外市場銷售和國內相同的產品並使用同樣的促銷手段。但使用此策略時必須考慮國外的消費者是否使用這種產品，因為各國所使用的產品之種類及數量，常常有很大的差距。一般來說，此種策略仍很具誘惑力，因為它不需額外的研究發展費用，也不必增添製造設備、工具和修正促銷方案。但就長期來說，此種不事改變的作法，可能並不是很恰當的。

(2) **產品適應策略**（product adaptation）：係指設計並改善原有的產品，以迎合當地市場的特殊需求，但是其推廣促銷方式則延用原有的模式。例如像食品、家具、服飾等產品大都採此策略。

(3) **溝通適應策略**（communication adaptation）：此係指延用原有產品線，但改變其推廣溝通的表現方式與訴求內容，以適應當地特殊之民俗風情與消費者的價值觀。

(4) **雙重適應策略**（dual adaptation）：此係以新的產品與新的推廣方式，進入當地國市場，以全新面貌進擊該市場。

(5) **產品創新策略**：意指以全新的產品，去迎合當地國的市場，而這種產品在本身國內市場也尚未銷售。它是所需費用最高的一種策略，如果能成功，則所獲得的報償也最大。產品創新又可分為兩種方式：

復古式發明（backward invention）	為製造適合當地需要且早已為其市場接受的早期產品。此乃顯示該國際產品生命週期的存在，在不同階段的國家所需要的產品亦不同。
前瞻式創新（forward invention）	乃指創造一全新的產品以迎合另一個國家的需要。

2.5.2 促銷

公司可以採用和本國相同的促銷策略,或者在每一國外市場使用不同的促銷策略。由於各國國情有異,因而在選擇促銷策略時必須能順應各該外國市場的狀況。

2.5.3 價格

製造商常常以低於國內的價格外銷其產品,這可能是因為該國的物價和國民所得較低,或者也可能是因為廠商想藉著較低的售價,而提高其市場占有率;另外的一種可能則是想傾銷(dumping;係指廠商的外銷價格比內銷價格還低)在國內沒有銷路的貨品。

2.5.4 配銷通路

多國性行銷公司必須以整體通路(whole-channel)的觀點,將產品配銷給最終的消費者。

購買主國內的配銷通路的情形,各國之間的差異甚大,每個國家之中間商的型態及數目亦有顯著的不同;各國零售商規模大小和特質亦有所差異。這些都市在決定行銷通路時必須考慮的因素。

2.6　決定國際行銷組織

企業隨著經營狀態不同,至少可以用下列三種不同的組織方式,來管理它的國際行銷活動。但大多數的企業是由成立出口部門開始其國際行銷活動,再發展成國際部門,最後形成一個多國性的組織。

2.6.1 出口部門

一般情形下,很多廠商都以單純的外銷出口,開始其產品的國際行銷活動。當它的國外銷售額愈來愈大時,公司便會開始成立一個由銷售經理與數個助理人員組成的出口部門來承辦此外銷業務。而當其銷售額再增加時,則出口部門將更為擴大,增加各種行銷業務人員,以便更積極的從事國際行銷活動。若公司進一步擴充,採取合資或直接投資的方式時,則單純設置出口部門已無法應付此種業務的需要。

2.6.2 國際部門

有許多公司從事各種不同的國際行銷活動或冒險進行其他國際化發展，它可能出口外銷到某一國、在另一國授權、在第三國與人合資、而在第四國則設有分公司。若是如此，它遲早必須成立一個國際部門或分支機構，以處理所有的國際活動，確保公司在國際市場成長與發展。

2.6.3 多國性組織

有一些廠商為追求大幅度的成長，乃積極開發國外市場，朝向多國化發展；並已超越前述設置國際部門的階段，而成為一個多國性的組織。它們已揚棄屬於某一國之企業的觀念，積極地從事國際間的投資與冒險，自許為全球性的行銷者。公司的高階主管和幕僚人員所做的是全球性生產設備、行銷政策、財務流程和後勤系統的規劃工作；其全球各地的營業單位，均直接向總公司的最高總裁或執行委員會報告，而非向國際部門的總裁報告；公司訓練其主管人員處理全球性的業務，而非國內或國外而已；管理人員係由世界各國招募，零組件和原料以最低的價格向各地採購，投資亦在預期報酬率最高的地方進行，而不限制在固定那些國家。

2.7 國際市場定價策略

我族中心主義定價（ethnocentric pricing）	亦稱為「母國中心定價」，係指訂價政策是由母國總公司來協調及整合各國子公司的訂價策略，是一種集權的訂價管理哲學，各國子公司喪失訂價的決策自主權。
地主國中心主義定價（host country pricing）	是指各國子公司可以依照當地環境的狀況，自行調整其訂價方式，是一種分權的訂價管理哲學，各國子公司擁有自行訂價的決策自主權。
全球中心主義定價（geocentric pricing）	訂價政策是由各國子公司與母公司共同協商，一方面顧及當地的環境狀況，另一方面又能兼顧公司整體的策略目標。

第三節　經營管理組織導向的型態

在國際行銷管理與組織導向方面，其經營管理導向的型態有以下四種：

3.1　母國導向（home country orientation）

此亦稱為民族優越感導向（ethnocentrism orientation）。此種導向的組織，不論在觀念或實際作為上，均採取國內市場的那一套，而且其權力均集中於母國總公司，所謂授權是很難存在的。

3.2　地主國導向（host-country orientation）

又稱為「多元中心導向」（polycentric orientation）或「現地導向」。此係承認不同的國家或不同的市場有其不同的環境及需求，不可能將母國那一套一成不變的移植到海外去。因此，總公司對國際行銷活動，採取較放任的態度，由各當地事業組織自行擬具計畫及策略，而且雇用當地員工擔任高階職位。

3.3　地區導向（regional orientation）

又稱地區中心導向（region centric orientation）。在此觀念下，既不要求所有海外事業都遵行母國所採行的辦法，但也不放任各不同國家內的事業單位各行其是，而係採較為折衷方式。亦即視「地區」為其規畫與控制的單位，舉凡同一地區的各國市場，在產品、定價、推銷以及分配各方面，都以整個地區做為考慮的對象。

3.4　全球導向（global orientation）

亦稱「全球中心導向」（geocentric orientation）。此種觀念較地區導向更進一步，乃視整個世界為一個市場，然後予以區隔，進以選擇目標市場。在此導向下，不同的國界對於行銷努力不會構成嚴重限制。

第四節　國際行銷機會的分析

國際行銷經理的首要任務乃在發掘並評估國際行銷機會。行銷學者萊頓（Leighton）曾提出國際行銷機會分析的五個步驟如下：

4.1　環境分析

係對於目標市場的政治、經濟、社會、文化、法律等狀況進行探討。

4.2　估計市場潛在需要量

以現有市場為基礎，估計該市場未來五到十年之需求發展趨勢。

4.3　公司的銷售預測

此即在全產業的銷售量中，本公司可獲得多少比例的銷售或有多少的市場占有率。

4.4　計算獲利可能

根據所得銷售量，再預計管銷費用及產品成本，然後估算可得的利潤額。

4.5　權衡利益與風險因素

不能僅考慮經濟上的利益，在海外經營，政治的風險有時可能較經濟利益因素更為嚴重。

第五節　國際市場產品組合策略

國際市場產品組合係指企業在國際範圍內生產經營的全部產品的結構，它包括企業所有的產品線和產品項目。例如通信和電腦產品是日本電氣公司的基本產品組合。

國際企業要把產品打入國際市場，在競爭中求得生存與發展，必須分析、評價並調整現行的產品組合，實現產品結構的最優化。企業調整產品組合的方式有兩種：(1)產品線改進方式，增加或剔除某些產品項目，改變產品組合的深度；(2)產品線增減方式，增加或減少產品線，調整產品組合的廣度。

企業在調整產品組合，實現產品組合的最優化時，應充分考慮到各產品線的銷售額對利潤的貢獻，並要與競爭對手的產品組合策略進行比較。**一般來說，企業調整產品組合時，有下列策略可供選擇。**

5.1　擴大產品組合策略

擴大產品組合策略有兩種情況，即開拓產品組合的寬度和加強產品組合的深度。當企業在國際市場上的銷售額和盈利率開始下降時，就應該考慮增加產品線或產品項目的數量，開發有潛力的產品線或產品項目，彌補原有產品的不足，保持企業在國際市場上的競爭力。擴大產品組合，可以使企業充分利用自己的人、財、物資源。企業在一定時期的資源狀況是穩定的，而隨著經驗的積累、技術的發展或原有市場的飽和，企業就會形成剩餘的生產能力，開展新的生產線就可以充分利用剩餘生產能力。擴大產品組合還可降低企業的系統風險，避免因某一產品市場的衰竭而引發企業的滅頂之災，增強企業的抗風險能力。

5.2　縮減產品組合策略

當國際市場疲軟或原料能源供應緊張時，企業往往會縮減自己的產品線，放棄某些產品項目，這就是縮減產品組合策略。縮減產品組合策略要在客觀分析的基礎上，綜合考慮產品的市場潛力和發展前景來決定產品線的取捨。縮減產品組合策略不是要真正退出市場，而是通過縮小戰線，加強優勢來保持企業在國際市場上的競爭地位，這是一種以退為進的策略。縮減產品組合策略，可以使企業集中技術、財力扶持優勢產品線，提高產品競爭能力，獲得較高的投資利潤率；可以減少資源占用，優化投資結構，加速資金周轉；有利於企業生產的專業化，使企業向市場縱深發展，在特定市場贏得利益和信譽，避免滯銷產品破壞企業形象；保持企業蓬勃發展的勢頭。

5.3 產品線延伸策略

產品線延伸策略就是指企業全部或部分地改變企業原有產品線的市場地位。產品線延伸策略有3種方式：向下延伸、向上延伸和雙向延伸。（請參閱第六章第四節）

5.4 產品線現代化策略

產品線現代化策略就是用現代化的科學技術改造企業的生產過程，實現生產的現代化。在某種情況下，雖然產品組合的深度、寬度、長度都非常適應市場的需要，但產品線的生產形式卻可能已經過時，這時企業就要實行產品線現代化，提高企業的生產水準。此點在國際競爭中尤其重要。實行產品線現代化策略有下列二種方式：

(1) **漸進型改造方式**：逐步實行企業的技術改進。這樣做可以減少資金的占用水準，亦不需停產進行改造，但競爭對手可能很快就會察覺，並可立即採取措施與之對抗。企業必須綜合考慮企業的資源狀況、競爭能力及態勢，權衡利弊得失，俾能慎重決策。

(2) **休克型改造方式**：在短期內投入巨額資金，對企業的生產過程進行全面技術改造，甚至不惜短期內停止作業。這樣做可以緊跟國際技術水準，減少競爭對手數目。

第六節　政府間的合作方式

6.1 自由貿易區

自由貿易區（Free Trade Area）是指兩個或兩個以上的國家通過達成某種協定或條約消除相互之間的關稅和與關稅具有同等效力的其他措施、貿易配額和優先順序別的國際經濟一體化的組織。它可以吸引外資設廠，發展出口加工企業，允許和鼓勵外資設立大的商業企業、金融機構等促進區內經濟綜合、全面地發展。

6.2　關稅同盟

關稅同盟是指兩個或兩個以上國家締結協定，建立統一的關境，在統一關境內締約國相互間減讓或取消關稅，對從關境以外的國家或地區的商品進口則實行共同的關稅稅率和外貿政策。關稅同盟的主要特徵是：成員國相互之間不僅取消了貿易壁壘，實行自由貿易，還建立了共同對外關稅。

6.3　共同市場

共同市場是指兩個或兩個以上的國家或經濟體透過達成某種協議，不僅實現了自由貿易，建立了共同的對外關稅，還實現了服務、資本和勞動力的自由流動的國際經濟一體化組織。共同市場是在成員內完全廢除關稅與數量限制，建立統一的對非成員的關稅，並允許生產要素在成員間可以完全自由移動。

6.4　經濟聯盟

經濟聯盟是指不但成員國之間廢除貿易壁壘，統一對外貿易政策，允許生產要素的自由流動，而且在協調的基礎上，各成員國採取統一的經濟政策。

經典範題

✔ 測驗題

（　　）**1** 一個公司在計劃從事國際行銷時，必須考慮六個不同層次的決策，除決定進入哪些國外市場、決定國際行銷組織外，下列何者不在其中？　(A)探索國際市場環境　(B)決定是否進入國外市場　(C)決定如何進入這些市場　(D)決定生產組合。

（　　）**2** 決定進入哪些國外市場，通常可依據某些各因素來評估各個待選國家的優先順序，下列何者不在其中？　(A)市場大小　(B)風險大小　(C)資金大小　(D)預估的市場成長情形。

（　　）**3** 指尋求海外當地的合作夥伴，並以議定雙方共同出資設立海外經營據點，達到企業前往海外設廠經營的目的。係為企業進入國際市場的何種模式？　(A)技術授權　(B)連鎖加盟　(C)合資　(D)獨資。

(　)　**4** 下列何種進入國際市場的模式，必須自行擔負所有的國際化投資之商業與財務風險？　(A)技術授權　(B)連鎖加盟　(C)合資　(D)獨資。

(　)　**5** 發掘並評估國際行銷機會，下列何者步驟非屬行銷學者萊頓（Leighton）提出者？　(A)環境分析　(B)預測公司銷售　(C)估計市場潛在需要量　(D)考慮經濟利益。

(　)　**6** 廠商進入市場之合作方式可分為四種，下列何者不是？　(A)技術授權　(B)獨資經營　(C)契約製造　(D)管理契約。

(　)　**7** 下列何者不是國際行銷的產品策略？　(A)產品創新策略　(B)人力擴張策略　(C)產品適應策略　(D)直接延伸策略。

解答與解析

1 (D)

2 (C)。通常可依據下列各因素來評估各個待選國家的優先順序：(1)市場大小；(2)預估的市場成長情形；(3)企業營運成本；(4)競爭性利；(5)風險大小；(6)資金的需求；(7)人才的供應；(8)獲利程度。

3 (C)

4 (D)。獨資（直接投資）進入國外市場最深入的一種方式，為在國外建立公司自己的裝配或製造設備。當一個公司逐漸由出口業務中累積國外行銷的經驗，而且預測海外的市場夠大時，可考慮直接投資，在國外設廠生產。

5 (D)

6 (B)。合資的型態有四種，包括：技術授權、契約生產製造、訂定管理契約及合資股權等四種方式。

7 (B)。國際行銷的產品策略若以「產品」與「推廣」兩個角度來觀察，可有五種策略，包括：直線延伸策略、產品適應策略、溝通適應策略、雙重適應策略及產品創新策略。

☑ 填充題

一、 在國際行銷管理與組織導向方面，其經營管理導向的型態有母國導向、＿＿＿＿＿＿、地區導向與全球導向等四種。

二、 企業在計劃從事國際行銷時，必須考慮探索國際市場環境、決定是否進入國外市場、決定進入哪些國外市場、決定如何進入這些市場、決定生產組合、＿＿＿＿＿＿＿ 等六個不同層次的決策。

三、 由公司提供管理技術給一家願意提供資本的外國廠商，公司所輸出的不是產品而是管理上的服務，此種進入國際是長的策略稱為 ＿＿＿＿＿ 模式。

四、企業通常可依據下列因素來評估進入各個待選國家的優先順序。此包括：市場大小、預估的市場成長情形、　＿＿＿＿＿＿＿＿＿＿、競爭性利益、風險大小等。

五、迫於國內市場機會不佳或環境狀態的改變，如國民生產毛額太低或成長太慢、政府加重稅負、政府要求企業開拓國外市場以賺取外匯等，此即所謂企業進入國際市場的＿＿＿＿。

六、一個公司在探索國外的市場環境時，必須要了解國際貿易系統中的限制和機會。貿易限制包括有：關稅、＿＿＿＿、禁止進口、＿＿＿＿＿＿＿＿及其他非關稅上的阻礙。

七、一旦公司決定進入某一特定國家的市場後，它必須選擇一最佳的進入策略。包括＿＿＿＿、＿＿＿＿與＿＿＿＿＿＿＿＿＿等層次漸深的三種策略可供選擇，層次愈深的策略，其契約程度、風險和獲利性也愈大。

八、在國外市場銷售和國內相同的產品並使用同樣的促銷手段，此稱為＿＿＿＿＿＿＿策略。

解答

一、地主國導向。　　　　　　　　　二、決定國際行銷組織。

三、管理契約。　　　　　　　　　　四、企業營運成本。

五、推力。　　　　　　　　　　　　六、配額、外匯管制。

七、出口、合資、海外直接投資。　　八、直線延伸。

☑ 申論題

一、現代企業大多進行大規模之國際行銷，請說明其原因所在。
　　解題指引：請參閱本章第一節。

二、一個企業在計劃從事國際行銷時，必須考慮六個不同層次的決策，請列舉此六個不同層次的決策並簡要說明其意義。
　　解題指引：請參閱本章第二節2.1～2.6。

三、企業進入國際市場模式之選擇可以依市場進入廠商的資本投資高低，區分為那幾種形式？並簡要說明其意義。
　　解題指引：請參閱本章第二節2.4。

四、何謂直接出口模式？其優缺點何在？

解題指引：請參閱本章第二節2.4.1。

五、何謂合資模式？其優缺點何在？

解題指引：請參閱本章第二節2.4.2。

六、何謂直接投資模式？其優缺點何在？

解題指引：請參閱本章第二節2.4.3。

七、企業國際化的組織設計，隨著經營狀況而有所不同，大致可以分為三種結構，請詳細說明之。

解題指引：請參閱本章第二節2.6。

八、各個國家的政治、法律環境可能有很大的差異，國際行銷人員至少須考慮哪些因素，以決定其是否進入該國家以從事商業活動？請詳細說明之。

解題指引：請參閱本章第二節2.1.3。

九、國際行銷的產品策略若以「產品」與「推廣」兩個角度來觀察，可有五種策略，請逐一列舉並說明之。

解題指引：請參閱本章第二節2.5.1。

十、在國際行銷方面，其經營管理導向的組織型態有四種，請予列舉並說明之。

解題指引：請參閱本章第三節3.1～3.4。

後勤行銷 Market Logistics	又稱為「實體分配」。係指實體分配包括規劃、執行與控制物流的活動，即將原料、最終產品及資訊，由產地運送到消費端，以滿足顧客需求並且獲利的過程。 (1)後勤行銷的四個主要決策內容： 　　A.告知顧客，讓顧客滿意乃公司的核心價值。 　　B.決定最好的通路設計與網路策略，使產品能安全快速的送達顧客。 　　C.發展優越的銷售預測、倉儲管理、運輸管理與物料管理系統。 　　D.用最好的資訊系統、設備、政策與程序，執行任務。 (2)後勤行銷的目的：以最少的成本提供顧客最大的服務或顧客要求的目標服務水準。 (3)後勤行銷的主要功能： 　　A.訂單處理：快速、正確、彈性。 　　B.倉儲：發貨中心接受訂貨後，能迅速裝貨，快速運出。 　　C.存貨：避免存貨過多，造成持有成本增加與存貨過時的風險；亦避免存貨太少，造成顧客不滿意且須緊急補貨的現象。 　　D.運輸：準時送達，交貨迅速。
資料庫行銷	所謂資料庫行銷（data base marketing），亦稱為「客製化行銷」，是以資訊科技為基礎，配合POS資訊系統蒐集有關現有顧客及潛在顧客的大量資料，建立自己的顧客資料庫系統，以便行銷的進行。企業藉由收集顧客、潛在顧客的人口統計資料、興趣、偏好、購買行為和生活型態等資料來建立顧客資料庫。行銷人員可以使用統計分析和模式技術來分析資料庫內的資料，應用分析的結果來支援行銷計劃的決策。企業更可以藉著這些結果和消費者及潛在顧客接觸，追蹤銷售情形，建立顧客的忠誠度，並使他們願意再度購買產品或服務。資料庫行銷需把握下列三個主要的基本要素，方易成功：

資料庫行銷	(1)R：Recency，**最近消費時間。**係指最後一次購買起算至現在之時間，若最近購買日期離現時愈遠，則表示該顧客的購買行為可能改變。 (2)F：Frequency，**消費頻率。**係測量某一個時段內顧客所購買的次數。 (3)M：Monetary，**消費金額。**係指某時段內，顧客所購買之總金額。
銷售點系統	**銷售點系統（point of sales；POS）：是流通業最常使用的系統。系統機能隨著經營型態的轉變，也隨時更新。良好的銷售點系統，不但提供各個銷售據點的管理之用，更可提供總公司結算銷售狀態、提供配送中心正確的商品需求資料、甚至提供供應商詳細的產品銷售狀態等。**其內涵依序說明如下： (1)意義：所謂「銷售時點管理系統」，係指透過收銀機，利用電腦記錄、統計、傳送銷售資料，達到自動化管理，以「掌握每項產品的銷售情況」，使其達到確定「行銷策略」的目的。「狹義的POS」系統乃指利用收銀機做「賣場管理和分析」，而「廣義的POS」系統則是指「整體商店的資訊管理系統」。 (2)實施條件： 　　A.商品條碼的全面普及。　　B.健全的網路系統。 　　C.專業化管理。 (3)管理效益 　　A.暢銷品管理。　　　　　　B.滯銷品管理。 　　C.顧客關係管理。　　　　　D.存貨/訂貨管理。 　　E.特賣商品管理。
電子訂貨系統	**電子訂貨系統（Electronic Ordering System；EOS）係指將採購資料、商品資料透過電腦傳送至總公司。其主要機能係彙總所有門市營運的資料，以便即時掌握公司經營的動態，發揮訂貨採購的效率與效果，故其可以減少訂貨、送貨人工作業的失誤，並縮短作業時間。**
泛行銷 Metamarketing	指的是在「網際網路上的行銷」。基本上網路行銷有別於傳統大眾行銷，主要是其行銷溝通模式可為「一對一」或「多對多」，而傳統行銷卻只能為「一對多」。

極大化行銷 Maximarketing	**此為Stan Rapp與Thomas Collins在《Maximarketing》一書所提出。**它包含下列九大步驟： (1) 竭力擴展目標客戶。　(2) 充分運用媒體。 (3) 提升精算行銷效益。　(4) 知曉極大化。 (5) 強化廣告催化作用。　(6) 提升綜效。 (7) 加強廣告與銷售之連結。　(8) 建立顧客資料庫。 (9) 增加配銷通路。
口碑效應	**當消費者感受到企業提供某項商品或服務具有相當獨特的效益或價值時，可能會向親朋好友廣為推薦，而即所謂的「口碑效應（word of mouth effect）」，因而使該項商品或服務受到更多消費者的支持。**
網路外部效應	**若出現愈多消費者使用相同機能的產品或服務，而且產生都能因為使用該特定商品或服務而獲得更多好處的現象，則此一現象被稱之為「網路外部效應（network externality）」。**具有此類效益的產品或服務，消費者的使用人數需達到一定的規模，否則此類效益不太容易展現。因而在提供具有此類效益的產品或服務時，企業就必須擁有一種仔細規劃與設計獨特的營運模式，引導消費者與相關的團體參與，並融入企業的營運模式之中。不論是企業，或是使用者，都能因為良好的企業營運模式之設計與引導，而獲得更高的使用效益。
產銷協調 （配合）	(1)意義：對於生產機能而言，產能的充分運用是最主要的效率目標。由於多數生產線都可以同時生產多種機型的產品，加上產品生產所需的零組件採購、作業人力配置、設備保養維護等，都是投入產品生產之前的必要準備工作，都需要前置時間。因而，為了滿足市場需求與兼顧生產效能，生產與行銷之間需有許多的協調活動，謂之產銷協調。簡言之，「產銷協調活動，顧名思義就是讓行銷機能與生產機能，針對市場所需的產品，進行必要的協調工作，讓企業的產出都是符合當前市場所需的、以及降低不必要的成品庫存」。

產銷協調 （配合）	(2)主要目標：實際上，市場需求的數量預估，隨著預估時間的拉長而降低其準確性；生產計畫時程，也隨著時程的延伸而增加變數。加上可能出現的市場需求變動或產品生產的設備狀態、材料供應、人力供給等變動因素，導致可能無法準時交貨的現象。一旦無法準時交貨，必然造成顧客抱怨或下游用戶的營運不順利，因此如何維持準時交貨是產銷協調活動的主要目標。
4P TO 4C	製造商過去都是以企業為中心出發，走的是傳統的行銷4P【意即產品（Product）、價格（Price）、促銷（Promotion）、通路（Place）】，像經營者要生產什麼，產品期望獲得怎樣的利潤而制定策略，但其中忽略了顧客的想法、購買者的利益特徵，也忽略了顧客是整個行銷服務的真正目的。 在消費者為王的時代，製造商應試圖與消費者站在同一陣線上，制定新的策略，必須以下列4C為核心戰略。也就是以顧客為中心進行企業管銷活動之規劃設計，講求的是滿足： (1)**顧客需求（Consumer's Needs）**：產品最好能做到由消費者指名購買，通路商就不得不進貨。 (2)**成本（Cost）**：應朝品質好又最低價著手。 (3)**溝通（Communication）**：以市調蒐集最有利的資訊，反饋給通路商，讓通路商及消費者同時獲益。 (4)**便利（Convenience）**：採異業結盟方式，擴大第一線通路布點，以方便消費者購買。
夥伴關係管理 Partner relationship management； PRM	**夥伴關係管理主要係指利用網際網路，有效地管理並傳遞價值與企業有合作關係的夥伴廠商，包括配銷商、經銷商、加值經銷商、系統整合廠商及代理商等。** 雖然直接與顧客接觸的是通路商，但若通路商不能專業、有效地提供良好的行銷、銷售與顧客服務，顧客直接針對的目標還是產品與製造商本身，因此如何協助、強化與管理通路商，造成雙贏的局面，便是製造商與PRM所面臨最大的挑戰與任務。

紅海策略	**紅海策略係以「競爭」為中心。**1980年代企業奉為圭臬的波特（Porter）「競爭策略主流思考」係「以競爭為中心」的**「紅海策略」**。此即波特「低成本」、「差異化」或「集中化」等三種策略，以求提高公司績效；在產業架構不能改變的前提下，這「對所有競爭者是一種零和遊戲」。欲達到較佳獲利，常必須根據個別客戶的獨特需求客製化，將市場進一步細分，不過這樣的策略模式，企業雖然維持獲利，「整體市場並無法成長」。 **「紅色海洋」代表「所有現有企業」，這是「已知的市場空間」。**在紅色海洋，企業有公認的明確界線，也有一套共通的競爭法則，在這裡，企業試圖表現得比競爭對手更好，以掌握現有需求，控制更大的占有率。隨著市場空間愈來愈擁擠，獲利和市場成長展望愈來愈狹窄，**「割喉戰」（價格戰）把紅色海洋「染成一片血腥」。**而且，企業希望差異化，又要成本領導，是否可能？用競爭力公式（競爭力＝價值／成本）來看，追求價值的增加，另一方面降低成本，基本式是策略的兩難；選擇差異化，只能提高成本；選擇降價，就須大幅刪減成本。 上述「紅海策略」的困難取捨出現了公司究竟要市場成長、還是獲利？若要追求市場營收成長，由於市場競爭者眾，只能以較小的毛利換取較大的數量，接受低獲利的現實，個人電腦及周邊科技產品是最好的實例；或是忍受市場營收成長限制，在小市場維持獲利，將客製化做得非常徹底；但由於很難大量複製，市場成長空間較少；因此兼顧市場營收成長及獲利，不是非常困難就是不符實際。
藍海策略	**藍海策略係以「創新」為中心。**隨著愈來愈多行業供過於求，爭奪日益收縮的市場固然必要，卻不足以讓企業維持高效能。公司要想提高獲利，須真正超乎競爭，掌握新的獲利與市場成長機會；亦即必須創造「藍色海洋」。「藍色海洋」代表所有目前並不存在的市場，它是未知的市場空間，也是尚未開發的市場空間，企業應創造新的需求或有效擴大需求，使產業的框框變大，產生新的領域，新領域可能沒有競爭者存在或競爭者寡，使企業得以兼顧成長與獲利。

藍海策略	「藍海策略」邏輯的最大特色在於，「不僅公司營收可以成長，獲利也可以成長；最重要的關鍵是消費者得到最大價值」。其中秘訣是從顧客觀點著手，進行有價值的差異化、策略價模式與選擇性降低成本，為顧客創造最大效益，同時讓生產者產生最高獲利。 創造藍色海洋的成敗，完全取決於對策略的做法，陷於紅色海洋的公司只會延續傳統做法，即於在現有企業領域裡建立可以自保的地位。藍色海洋的創造者卻不把競爭當做標竿；相反的，他們遵循不同的策略理念，追求所謂的價值創新，這也是藍色海洋策略的基石，我們稱之為價值創新。因為這種策略不汲汲於打敗競爭對手，卻致力於為顧客和公司創造價值躍進，並因此開啟無人與這競爭的市場空間，把競爭變得無關緊要。而在價值創新本身，「價值」和「創新」的分量同樣重要。沒有創新的價值，容易專注於漸進式的創造價值。這種做法雖然可以改善價值，卻不足以在市場脫穎而出。沒有價值的創新，通常是由科技推動，屬於市場先驅或未來，經常超過顧客能夠接受和願意花錢購買的程度。因此，「價值創新」必須有別於科技創新和市場先驅。根據學者研究顯示，創造藍色海洋的成敗關鍵，並非尖端科技，也不是「進入市場的時機」，有時這些因素確實存在，不過大多數並非如此；只有創新與實用功效、價格和成本配合得恰到好處，才能達到價值創新。如果未能用這種方式把創新與價值緊密結合，科技創新者和市場先驅經常淪為為他人作嫁，白白便宜別人。 總結來說，依據Kim與Mauborgne「藍海策略」（Blue Ocean Strategy）一書中，他們主張藍海策略包括： (1)開創沒有競爭的新市場。 (2)提供顧客高價值與低成本的產品。 (3)創造新的需求，並透過成本控制追求持續領先。 (4)創建藍海成敗的關鍵是「創新與實用」、「價值與成本」二者的密切配合。

商品條碼	「商品條碼」就是商品身份證統一編號,其將商品的號碼數字,改以平行線條的符號代替,以便能讓裝有掃描閱讀器的機器閱讀,經過電腦解碼,將「線條符號的號碼」轉變為「數字號碼」而由電腦去運算,其主要是作為商品從製造、批發到銷售,這一連串作業過程的自動化管理符號。因此,它是商品流通於國際市場中,一種通行無阻的「共通語言」。
六個標準差 Six Sigma	**係摩托羅拉公司所提出改善產品品質的作法。意指企業追求零缺點(zero defect)產出的新品質思維,在統計的概念上,將六個標準差所代表的意義換成品質管理的說法為:「不論是生產、行銷、研究發展、財務、人事或資訊機能,都被要求每百萬次的作業中,品質合格率須達99.9997%以上,亦即每百萬個只能出現3.4次錯誤」,藉以維持全面的低失敗機率與維持產品或服務品質的穩定。**且嚴謹著實地面對每個階段程序,著手進行企業改造、並以提高顧客滿意度,改善作業流程、提升產能與作業效率作為品質提升的目標。
策略3C與3S	**策略3C指的是自家企業(Company)、顧客(Customer)和競爭者(Competitor);策略3S則是指集中(Syutyu)、選擇(Sentaku)、差異化(Sabetsuka)(策略3S的英文字意部分是以日文發音S開頭的首字縮寫)。**企業應以策略3C＋策略3S,來擬訂策略架構,訂定具體方向,創造對客戶而言最重要的核心價值,並根據營收基準與價值基準,衡量風險進行判斷評估。
4W's與4O's	當行銷人員研究一新的市場時,應先就四個問題提出疑問,此四個問題為4W's,而對應此四個問題的答案,即為4O's。 (1)4W's: 　　A.市場購買什麼(What)?　　B.為何購買(Why)? 　　C.購買者是誰(Who)?　　　D.如何購買(How)? (2)4O's: 　　A.購買客體(Object)。 　　B.購買目的(Objective)。 　　C.購買組織(Organization)。 　　D.購買組織的作業行為(Operation)。

樂活	**樂活是由音譯LOHAS（Lifestyles of Health and Sustainability 的縮寫）而來。LOHAS意為持續性的以健康的方式過生活。 H（Health）指的是重視健康與永續生存的生活型態。**例如近年逐漸被提倡的生機飲食法、營養補充品等，以及最近熱門的運動瑜珈或中醫、自然療法、個人成長的出版品等，都是現代人對於樂活身心靈健康的追求，但消費者的經濟利益則非其所關切的領域。 樂活族強調吃得健康、穿得簡單、關心世人、熱愛自然、追求心靈成長、減少浪費及污染，「有機」是樂活的基本元素。樂活族的特色是對環保議題相當關心，並身體力行消費對健康有益，且不會汙染環境的商品。多數的樂活族的生活價值觀和下列有關： (1)健康。　　　(2) 環境。　　　(3) 社會正義。 (4)個人發展。　　(5) 適可而止的生活態度。
供應鏈	供應鏈（Supply Chain）是指產品生產和流通過程中所涉及的「製造商、中間商及顧客」等成員經過與上游、下游成員的連接組成的網路結構。

Chapter 16

各類國民營試題解題指引

▶103年中華電信專業職（四）第一類專員

壹、四選一單選選擇題

( ) **1** 某金融機構提供服務給非營利的慈善團體、教會、大學，這些顧客是屬於： (A)中間商市場 (B)政府市場 (C)消費者市場 (D)機構市場。

( ) **2** 下列何者最適合當組織市場的區隔變數？ (A)公司員工的意見 (B)總經理的態度 (C)公司採購主管的生活型態 (D)公司所屬產業別。

( ) **3** 要刺激產品或服務的重複購買，以及讓顧客知道不久的將來會用到該產品與服務，最好是利用： (A)強化式廣告 (B)提醒式廣告 (C)告知式廣告 (D)說服式廣告。

( ) **4** 下列何者為無店面零售？ (A)自動販賣機 (B)便利商店 (C)照相器材行 (D)型錄展示店。

( ) **5** 廣告的五個重要決策為： (A)任務、動機、訊息、媒體、人 (B)任務、動機、媒體、人、衡量 (C)任務、金錢、訊息、媒體、衡量 (D)任務、金錢、人、媒體、衡量。

( ) **6** 廠商將商品在電影或電視情節中出現，這種作法稱為： (A)搭售廣告 (B)戶外廣告 (C)產品置入 (D)共同廣告。

( ) **7** 銀行信用卡刷卡的累積點數是屬於： (A)樣品派送 (B)來店禮 (C)常客方案 (D)聯合促銷。

( ) **8** 下列何者並非設計促銷活動方案的重要考量？ (A)促銷活動的參與者條件 (B)促銷活動的時機與期間 (C)促銷活動的誘因與規模 (D)促銷活動的心得與報告。

( ) **9** 製造商運用銷售團隊、推廣方式來引導中間商的支持與協助推廣產品給最終使用者，這種策略稱為： (A)推式策略 (B)拖式策略 (C)拉式策略 (D)拔式策略。

( )　**10** 下列何者並非服務差異化的工具？　(A)訂購的容易度　(B)運送與安裝　(C)產品耐用性　(D)顧客諮詢與訓練。

( )　**11** 產品處於成長階段，銷售量快速上升，購買者通常是下列何者？(A)落後者　(B)批准者　(C)早期採用者　(D)晚期採用者。

( )　**12** 某金融機構銷售人員的薪酬包括底薪、獎金與紅利，這種制度為：(A)底薪制　(B)佣金制　(C)混合制　(D)責任制。

( )　**13** 某金融機構欲建立合理的銷售團隊規模，根據顧客分類，決定須拜訪與互動的頻率，來決定所需的銷售人員數，此方法為下列何者？　(A)目標任務法　(B)工作負荷法　(C)銷售百分比法　(D)競爭對等法。

( )　**14** 創新的採用程序為：　(A)確認需求→收集資訊→評估可行方案→決策→購買後行為　(B)確認研究問題→設計研究方案→收集資料→分析與匯總報告→決策　(C)知曉→興趣→評估→試用→行動(D)開發審核→行前規劃→簡報與展示→克服異議→完成交易→後續工作與維繫。

( )　**15** 當公司將產品運往國外的子公司時，必需訂定價格，稱之為：(A)參考價格　(B)促銷定價　(C)移轉定價　(D)差別定價。

( )　**16** 消費者對來自不同國家的品牌、產品有獨特的態度與信念，這是：　(A)原產國知覺　(B)選擇性知覺　(C)認知失調　(D)不確定的知覺。

( )　**17** 企業在永續發展中提升消費者利益，致力友善環境與長期堅持，這是進行：　(A)漂白　(B)染黑　(C)漂綠　(D)染色。

( )　**18** 產品的最終用途、生產條件、配銷通路等的相關程度，稱為：(A)產品組合的深度　(B)產品組合的長度　(C)產品組合的一致性(D)產品組合的寬度。

( )　**19** 廠商經常推陳出新，以吸引消費者汰舊換新，此稱為：　(A)產品線現代化　(B)產品線特色化　(C)產品線刪減　(D)產品線一致化。

( )　**20** 某牌的登山外套在廣告促銷時，宣稱採用GORE-TEX的防水纖維，這種作法稱為：　(A)旗艦品牌　(B)私人品牌　(C)經銷商品牌(D)成分品牌。

（　）**21** 金融與法律服務是屬於：　(A)高搜尋品質服務　(B)高經驗品質服務　(C)高信任品質服務　(D)高抵制品質服務。

（　）**22** 高速鐵路公司促銷離峰時段的車票，這是因為服務業的：　(A)無形性　(B)變動性　(C)不可分割性　(D)易逝性。

（　）**23** 在提升服務業的效率上，廠商常要顧客共同生產，最好是利用：　(A)多雇用服務人員　(B)提升服務的品質　(C)利用自助服務科技　(D)多進行服務補救。

（　）**24** 設法讓組織的全體員工在服務客戶時都具有人人行銷的觀念與行動，這是：　(A)內部行銷　(B)外部行銷　(C)互動行銷　(D)整合行銷。

（　）**25** 廠商根據不同顧客訂定不同價格，這是：　(A)心理定價　(B)差別定價　(C)特殊事件定價　(D)犧牲打定價。

（　）**26** 某手機廠商設計出最高等級產品，認為消費者喜歡功能特殊、效能高的手機，此為：　(A)生產觀念　(B)產品觀念　(C)銷售觀念　(D)行銷觀念。

（　）**27** 全面行銷（holistic marketing）不包含下列哪一部份？　(A)內部行銷　(B)關係行銷　(C)渦輪行銷　(D)績效行銷。

（　）**28** 廠商聘用意見領袖或代言人，最好來自：　(A)初級群體　(B)次級群體　(C)仰慕群體　(D)疏離群體。

（　）**29** 謹慎招募6～10人，聚集以討論各種主題，此種作法稱為：　(A)街道攔阻法　(B)焦點團體法　(C)實地調查法　(D)固定樣本法。

（　）**30** 針對相同目標市場尋求相同策略的公司所成的集合為：　(A)策略聯盟　(B)策略網絡　(C)策略群組　(D)策略伙伴。

解答與解析　答案標示為#者，表官方曾公告更正該題答案。

1 (D)。組織市場又稱組織機構市場，指工商企業為從事生產、銷售等業務活動以及政府部門和非盈利性組織為履行職責而購買產品和服務所構成的市場。如公司、社會團體、政府機關、非營利性機構等銷售商品和服務的市場。

2 (D)。組織市場的區隔變數包括：地理位置、顧客業種、顧客購買數

量、產品的用途、主要的購買條件、購買策略、購買的重要性、顧客關係和顧客的採購習性。

3 (B)。提醒式廣告目的在提醒消費者，不致讓消費者對該企業的品牌印象模糊或淡忘。

4 (A)。在少部分的零售交易中，消費者無需到店面去購買。這種不需要實際店面的零售活動，稱為無店面零售（nonstore retailing）。包括：人員直銷、直效行銷、自動販賣機、網路銷售等。

5 (C)。廣告決策制定過程包括廣告目標確定（任務）、廣告預算決策（金錢）、廣告信息決策（訊息）、廣告媒體決策（媒體）和評估廣告效果（衡量）五項決策。

6 (C)。產品置入（Product Placement）是指產品或品牌廠商在大眾傳播媒體上非廣告的節目時段裡，以不突兀的方式將自己的產品或品牌呈現在節目內容裡，來影響觀眾對於該產品或品牌的態度。

7 (C)。飛行常客獎勵計畫（Frequent Flyer Program）亦是一種常客方案，它是許多航空公司給忠實乘客的一種獎勵方案，普遍的形式是：乘客們通過這個計畫累計自己的飛行里程，並使用這些里程來兌換免費的機票、商品和服務以及其他類似貴賓休息室或艙位升等之類的特權。

8 (D)。設計促銷活動方案的重要考量因素僅須考慮：促銷活動的參與者條件、促銷活動的時機與期間和促銷活動的誘因與規模三者即可。

9 (A)。推式策略即以直接方式，運用人員推銷手段，把產品推向銷售通路，其作用過程為：企業的推銷員把產品推薦給批發商，再由批發商推薦給零售商，最後由零售商推薦給最終消費者。

10 (C)。服務差異化是服務企業面對較強的競爭對手而在服務內容、服務通路和服務形象等方面採取有別於競爭對手而又突出自己特徵，以戰勝競爭對手，在服務市場立住腳跟的一種做法。目的是要通過服務差異化突出自己的優勢，而與競爭對手相區別。

11 (C)。早期採用者（Early Adopters）是受人尊敬的社會人士，是公眾意見領袖，他們樂意引領時尚、嘗試新鮮事物，但行為謹慎。

12 (C)。混合工資制也稱機構工資制，是指有幾種只能不同的工資結構組成的工資制度。結構薪酬的設計吸收了能力工資和崗位工資的優點，對不同工作人員進行科學分類，並加大了工資中活的部分，其各個工資單元分別對應體現勞動結構的不同形態和要素，因而較為全面地反映了按崗位、按技術、按勞務分配的原則，對調動職工的積極性、促進企業生產經營的發展和經濟效益的提高，在一定時期起到了積極的推動作用。

13 (B)。採用工作負荷法（workload approach）的公司先將客戶分成不同規模、等級或其他影響銷售團隊規模因素的群體，然後再確定拜訪這些顧客的理想次數需要多少個銷售人員。

14 (C)。採用程序係指一個個體由接受一項創新，到最後成為重覆購買的一連串心智歷程。

15 (C)。移轉定價（Transfer pricing）又名轉讓定價、移轉價格、轉移價格及國際轉撥計價等，是指利用關聯公司（related parties）進行，以減低稅金的商業行為，簡而言之是一種利用避稅港的主要方法。

16 (A)。原產國知覺（country-of-origin perceptions）係由一個國家所引發的心智上聯想與信念，強化國家形象可協助當地行銷業者進行出口、吸引外商與投資者前來投資，行銷者則利用原產國知覺，以最有利的方式來銷售產品與服務。

17 (C)。漂綠一詞通常被用在描述一家公司或單位投入可觀的金錢或時間在以環保為名的形象廣告上，而非將資源投注在實際的環保實務中。通常是為產品改名或是改造形象，像是把一片森林的影像放在一瓶有害的化學物上。環保人士經常用「漂綠」來形容長久以來一直是最大污染者的能源公司。

18 (C)。產品組合是指一個企業生產或經營的全部產品線、產品項目的組合方式，它包括四個變數：產品組合的寬度、產品組合的長度、產品組合的深度和產品組合的一致性。

19 (A)。產品線現代化策略就是用現代化的科學技術改造企業的生產過程，實現生產的現代化。在某種情況下，雖然產品組合的深度、寬度、長度都非常適應市場的需要，但產品線的生產形式卻可能已經過時，這時企業就要實行產品線現代化，提高企業的生產水平。這一點在國際競爭中尤為重要。

20 (D)。成分品牌化則打破了這一常規，其作用機制是：將成分從生產的後臺推到銷售的前臺，讓最終用戶對產品所含的某品牌成分產生印象乃至形成偏好。

21 (C)。服務品質是能夠一致符合顧客期望的程度。服務品質更是顧客期望的服務，和實際感受到的服務，相互比較的結果。依此觀點，金融與法律服務即是屬於一種高信任品質的服務。

22 (D)。服務的不可分割性造成服務具有不可儲存（易逝性）的性質，服務的產能也因此缺乏彈性，但卻無法如實體產品一般採用預先生產及存貨控制的方式加以調整。

23 (C)。顧客參與被定義為「顧客在服務之生產與傳遞過程的投入程度」，且依照顧客參與可將服務的生產分成企業生產、共同生產與顧客生產三種類型。顧客參與服務流程的終極形態係透過服務提供者的設備或系統讓顧客自行操作，員工的工作時間和努力均被顧客所取代，例如：以網路為基礎的服務、ATMs、自助加油站。

24 (A)。「內部行銷」是指公司管理階層將員工視為內部市場來經營，透過行政幕僚的服務，將公司對員工的關懷行銷給內部員工。員工若能心悅誠服、心滿意足接受公司的服

務後，願意提供高品質服務給消費者和顧客，與顧客間建立良好的互動關係，此即為「互動行銷」。

25 (B)。所謂差別定價是指企業以兩種或兩種以上不同反映成本費用的比例差異的價格來銷售一種產品或服務，即價格的不同並不是基於成本的不同，而是企業為滿足不同消費層次的要求而構建的價格結構。

26 (B)。產品概念之主體是產品。品牌產品在推出新產品的時候，往往為新產品設計一種概念，用以彰顯產品的優勢。例如，空調中的「雙頻」、「環繞風」等，都直接提示產品的突出優勢，這些形象的說法成了產品的最大賣點。

27 (C)。全方位或整體行銷觀念認為行銷方案、程序與活動的發展、設計與實施必須是環環相扣、相互關聯與依賴的。因此從事行銷工作或是學習行銷應該抱持著全面關照的整體主義。整體行銷的目的正是企圖調和所有複雜行銷活動的行銷哲學、方法論與架構；它包括關係行銷（顧客、行銷管道及伙伴）、整合行銷（含溝通組合、產品與服務、通路）、內部行銷（含行銷部門、高階管理者及其他部門）以及社會責任行銷（含倫理道德、環境、法令及社區）。

28 (C)。仰慕群體即崇拜群體，係指人們經常接受一些自己並非其中一員(非成員)的群體所影響，其中若人們很想加入的群體，則稱為仰慕群體，如球迷、影迷、歌迷、師長。

29 (B)。焦點團體是指以研究為目的，選取某些符合特定條件的成員所組成的團體來進行訪談。研究者以營造出自在的團體互動的氣氛，使參與團體的成員就研究者所欲討論的議題，表達他們的經驗、看法或觀點。隨著研究性質的不同，每一個焦點團體人數可彈性調整。

30 (C)。同一產業內追求類似策略的一群公司，他們在產業的價值鏈上擁有相似的環節，並擁有相似的能力與資源，即稱為「策略群組」。

貳、非選擇題

一、行銷通路的佈建是現代廠商爭取市場的必要決策。請說明廠商在評估通路方案時可用的評估準則。

解題指引 請參閱第十章第一節1.3與第二節。

二、金融產業業者常將市場分成消費金融客戶與企業金融客戶。這是所謂消費者市場與組織市場的區別。請說明組織市場（business market）的特性。

解題指引 請參閱第四章第六節6.1~6.3。

▶103年臺灣菸酒從業評價職位人員（訪銷員）

(　　)　**1** 行銷管理人員主要的職責在於瞭解目標顧客的需要，並發展出得以滿足顧客需要的行銷組合（marketing mix），下列有關行銷組合的內容敘述，何者正確？　(A)產品（product）、通路（place）、推廣（promotion）與溝通（communication）　(B)產品（product）、定價（price）、通路（place）與推廣（promotion）　(C)產品（product）、推廣（promotion）、通路（place）與公關（public relations）　(D)產品（product）、定價（price）、通路（place）與促銷（sales promotion）。

(　　)　**2** 消費者進行購買決策時所經歷的第一個步驟為：　(A)資訊蒐集（information search）　(B)可行方案評估（evaluation of alternatives）　(C)問題或需要確認（problem/need recognition）　(D)認知失調（cognitive dissonance）。

(　　)　**3** 生活型態（lifestyle）對消費者購買行為有著重要的影響，在行銷上，消費者生活型態通常是指消費者在AIO三方面的綜合表現，所謂AIO個別代表的是：　(A)活動（activity）、興趣（interest）、意見（opinion）　(B)態度（attitude）、興趣（interest）、意見（opinion）　(C)活動（activity）、興趣（interest）、機會（opportunity）　(D)態度（attitude）、興趣（interest）、機會（opportunity）。

(　　)　**4** 零售商和批發商購買商品的目的主要是要轉售獲利，其所構成的組織市場類型為：　(A)工業市場（industrial market）　(B)中間商市場（reseller market）　(C)服務與非營利組織市場（service and non-profit organization market）　(D)政府市場（government market）。

(　　)　**5** 組織市場內的「需求」乃是延伸自消費者對最終產品的需求，所以組織市場內的「需求」又稱之為：　(A)互惠需求（reciprocal demand）　(B)重購需求（rebuy demand）　(C)衍生需求（derived demand）　(D)系統購買（systems selling）。

（　）**6** 現在的市場大多為異質性的市場，因此多數的廠商都會採用目標市場行銷（target marketing）的做法，目標市場行銷包括三個步驟，簡稱為STP，所謂STP個別代表的是：　(A)市場搜尋（Searching）、選定市場（Targeting）、產品定位（Positioning）　(B)市場搜尋（Searching）、選定市場（Targeting）、推廣（Promotion）　(C)市場區隔（segmentation）、選定市場（Targeting）、推廣（Promotion）　(D)市場區隔（segmentation）、選定市場（Targeting）、產品定位（Positioning）。

（　）**7** 有效的市場區隔必須在規模上夠大或可獲利性夠高到值得公司加以服務的程度，此為有效市場區隔準則中的：　(A)可衡量性（measurability）　(B)足量性（substantiality）　(C)可接近性（accessibility）　(D)可行動性（actionability）。

（　）**8** 旅行社常將市場加以區隔為不同生活型態族群（如：休閒導向團、逛街採購導向團及探險導向團），請問生活型態變數為下列哪一種類型的市場區隔變數？　(A)人口統計變數　(B)地理變數　(C)心理統計變數　(D)行為變數。

（　）**9** 在商店內的人潮聚集處或是放在收銀機櫃台附近醒目的位置，以引發消費者臨時起意購買的衝動購買品（impulse goods），如口香糖、雜誌等，根據消費者的購買習慣，此類產品屬於下列哪一種類型的消費品？　(A)便利品（convenience goods）　(B)選購品（shopping goods）　(C)特殊品（specialty goods）　(D)忽略品（unsought goods）。

（　）**10** 日本許多的汽車製造商紛紛在原有平價房車的基礎上，再開發高階車款以攻入較高價的汽車市場，如Toyota推出Lexus，Nissan推出Infinite等，此乃下列何種產品線決策之應用？　(A)雙向延伸（two-way stretching）　(B)向上延伸（upward stretching）　(C)向下延伸（downward stretching）　(D)產品線填補（line filling）。

（　）**11** 許多的大型零售商會自行發展自家的品牌，比如統一超商（7-11）有御飯糰、思樂冰之外，另有販售各類產品的自營品牌7-select，好市多（COSTCO）也有自營品牌Kirkland，這些歸屬於零售商的自有品牌稱之為：　(A)製造商品牌（manufacturer brand）　(B)全國

性品牌（national brand） (C)中間商/配銷商品牌（distributor brand） (D)授權品牌（licensed brand）。

( ) **12** 根據消費者對新產品採納先後順序的不同，我們可將產品採納者分為五類，其中，對新產品的接受時間最早，具有勇於冒險、主動積極的個性，通常擁有較高的收入與教育程度的採納者稱之為：(A)倡議者（advocates） (B)創新者（innovators） (C)早期採納者（early adopters） (D)早期大眾（early majority）。

( ) **13** 服務（service）與實體產品存在著許多差異，比如實體產品通常在工廠生產，再配銷到市面上讓消費者購買與消費，但許多服務業者在生產服務的同時，消費者也同時在使用消費這些服務，例如：髮型師在修剪顧客頭髮的同時，這些顧客也同時在享用消費這些美髮的服務，這種生產與消費同時發生的特性，即為下列哪一種服務的特性？ (A)無形性（intangibility） (B)不可分割性（inseparability） (C)易變性（variability） (D)易消逝性／不可儲存性（perishability）。

( ) **14** 在服務業中，當員工在服務顧客時，表現出對顧客的理解、關懷與注意，這是屬於服務品質的哪一個面向？ (A)可靠性（reliability） (B)回應性/反應性（responsiveness） (C)信賴性／確保性（assurance） (D)同理心（empathy）。

( ) **15** 提供優惠給立即付款的顧客所採取的折扣方法稱之為： (A)數量折扣（quantity discounts） (B)現金折扣（cash discounts） (C)功能性折扣（functional discounts） (D)季節性折扣（seasonal discounts）。

( ) **16** 推廣組合（promotional mix）除了直效行銷（direct marketing）之外，尚包含一些要素，下列敘述何者正確？ (A)廣告（advertising）、人員推銷（personal selling）、服務（service）及公共關係（public relations） (B)廣告（advertising）、人員推銷（personal selling）、溝通（communication）及公共關係（public relations） (C)廣告（advertising）、人員推銷（personal selling）、促銷（sales promotion）及公共關係（public relations） (D)廣告（advertising）、人員推銷（personal selling）、溝通（communication）及促銷（sales promotion）。

（　）**17** 進行國際市場定價時，於各市場採取相同價格，稱為：　(A)我族中心主義定價（ethnocentric pricing）　(B)多國中心主義定價（ploycentric pricing）　(C)區域中心主義定價（regiocentric pricing）　(D)全球中心主義定價（geocentric pricing）。

（　）**18** 行銷環境是由個體環境與總體環境所組合而成，下列哪一項不是個體環境的分析要項？　(A)競爭者　(B)顧客　(C)人口統計　(D)供應商。

（　）**19** 透過調查法蒐集顧客行為，下列哪一項蒐集資料的單位成本最高？　(A)郵寄問卷　(B)電話訪談　(C)人員訪問　(D)網際網路。

（　）**20** 研究顯示，平均每個人一天約暴露在1500個廣告訊息中，但是大多數的廣告訊息則被接觸者所忽略掉。此為：　(A)選擇性注意　(B)選擇性扭曲　(C)選擇性記憶　(D)認知失調。

（　）**21** 下列哪一項說明是內部刺激所導致消費者需要產生的較佳例子？　(A)看到朋友新手機而有了換新手機的念頭　(B)看到大降價的促銷廣告　(C)為了送朋友生日禮物　(D)頭痛購買止痛劑。

（　）**22** 在賣場經常看到價格告示牌寫著：「原價500，特價300」。其中原來價格通常以特別顯目的方式標示，此一價格調整策略採取：　(A)心理定價　(B)滲透定價　(C)差別定價　(D)折扣定價。

（　）**23** 蘋果公司推出iPod或iPad產品後，市場熱賣。下列哪一項不符合新產品採用率大增的主因？　(A)相對優勢性高　(B)相容性高　(C)複雜性高　(D)可溝通性高。

（　）**24** 有關定位（positioning）的敘述，下列何者正確？　(A)定位是從競爭者分析加以進行　(B)產品定位之後，就不可以再改變　(C)產品特色越多越好，才有利於市場定位　(D)定位應該要清楚表達與競爭者的差異所在，差異性越大越能吸引目標市場的注意。

（　）**25** 在網際網路中，消費者主動將產品優惠內容或有趣的訊息自發地轉寄給朋友，以聯繫朋友間情感的分享方式。此一行銷活動方式是：　(A)病毒式行銷（viral marketing）　(B)事件行銷（event marketing）　(C)部落格行銷（blog marketing）　(D)聯盟行銷（affiliate marketing）。

解答與解析　答案標示為#者，表官方曾公告更正該題答案。

1 (B)。行銷組合包括產品（Product）、定價（Price）、通路（Place）以及推廣（Promotion），又稱為4Ps。

2 (C)。消費者進行購買決策的步驟依序為：問題或需要確認→資訊蒐集→可行方案評估→購買→購後行為（認知失調通常發生在此階段）。

3 (A)。在行銷學裡，生活型態（lifestyle）是指一個人的活動、興趣與意見等的綜合表現，這三個因素簡稱為AIO。「活動」包含工作、嗜好、娛樂、體育、社團等項目；「興趣」是指對家庭、休閒、服飾、食品、大眾傳播媒體等方面的愛好；「意見」則是對政治、社會、經濟、教育、文化等議題的看法。

4 (B)。組織市場中的購買者為各類型的組織機構，如工廠、零售業者、學校等。由於買賣雙方多數是商業機構，有些學者稱此類市場為business-business market或business market（商業市場）。

5 (C)。衍生需求（Derived demand）：係指對某種生產原料的需求，是來自於對製成品的需求。對麵粉的需求是來自於對麵包的需求即是。

6 (D)。企業的行銷活動便是透由STP程序，界定市場範圍與消費者對象，再透由4P規劃與執行，提供產品或服務以滿足消費者的需求，並實現企業價值創造的過程。

7 (B)。足量性（substantiality）係指每一個區隔後的市場規模，都需求大到有足以實現企業獲利的市場經營價值。

8 (C)。心理統計變數係指人格特質、風險偏好、社會階層、生活型態、價值觀等直接影響消費者行為的變數，這些變數直接影響消費者的心理狀態與消費行為。

9 (A)。便利品（convenience goods）又稱日用品。通常是價格比較低廉的、消費者不願意花費太多時間與精力去購買的消費品。

10 (B)。低級品市場的公司可以嘗試進入高級品市場，他們可能是受到高級品市場的高成長率或高利潤所吸引，或者僅是想把公司定位為完全產品線製造商，此種策略稱為向上延伸。

11 (C)。中間商品牌又稱「自有品牌」（Private Brand）或稱為「配銷商品牌」或「經銷商品牌」，係指「批發商或零售商將所售出的貨品，註明其本身標誌」。

12 (B)。創新者勇於接受新產品，通常比較年輕，且教育程度與收入較高，比較有能力處理較複雜的資訊，具備獨立判斷、主動積極、敢於冒險、具有內在導向與自信的特質。他們通常占採用者的極少數。

13 (B)。生產與消費的不可分割性意味著消費者必須參與服務的生產過程。消費者參與是指消費者必須提供資訊、時間、精力等，以便協助服務人員順利提供服務。例如病患必須填寫病歷，告訴醫生生病情況，以方便醫生診斷。

14 (D)。同理心係指服務人員能否站在顧客的角度思考、是否關懷他人

等。同理心能夠激發親和力，而親和力通常是透過眼神、笑容、談吐、肢體語言等表現出來，而且應該因時、因地、因人、因情況等，而用不同的方式來表現。

15 (B)。現金折扣（cash discounts）係指以現金付款而能獲得的價格折讓，此種折扣通常出現在工業品之交易上，供應商原來提供可以賒欠的交易，但提供2~5%不等的現金折扣，其目的在鼓勵顧客儘快支付貨款而設計（例如在30天內付款，就可以享受該折扣）。

16 (C)。企業有系統的推廣其產品或服務的活動形式，將之有系統的歸納，有五種不同性質的主要活動範疇，包括廣告、銷售促進（亦有稱為「促銷」）、公共關係、人員銷售、直效行銷，這五種活動統稱為推廣組合（promotion mix），又稱為「行銷溝通組合」。

17 (A)。亦稱為「母國中心定價」，係指訂價政策是由母國總公司來協調及整合各國子公司的訂價策略，是一種集權的訂價管理哲學，各國子公司喪失訂價的決策自主權。

18 (C)。個體環境（microenvironment）指與行銷部門及行銷功能比較有直接關係的因素，例如企業內部、廣告公司、中間商、消費者、競爭者等。不同公司通常會有不同的個體環境。

19 (C)。人員訪問係在詢問並紀錄受測者的反應，調查法為一種蒐集原始資料的方式，其優點為「多功能性」（versatility）。

20 (A)。人們每天透過視覺、聽覺、嗅覺、觸覺、味覺等，接觸到各式各樣的外在刺激，然而真正注意到的只占一小部分，此現象稱為「選擇性注意」。資訊之所以引起消費者注意，通常是因為與消費者的需求有關、資訊的內容或呈現方式與眾不同或有趣、資訊的刺激強度超過正常水準等。

21 (D)。內在刺激與一個人的生理、心理狀況有關，如飢餓、口渴、身心疲憊；外在刺激則包羅萬象，如電視上的廣告詞、業務人員的推薦等。

22 (A)。心理定價係指企業在定價時即可以利用消費者的心理因素，有意識地將產品價格定得高一些或低一些，以吸引或滿足消費者生理、心理、物質與精神等多方面需求，藉由消費者對企業產品之偏愛或忠誠度，擴大市場銷售，獲得最大效益。

23 (C)。當新產品愈能為消費者簡單地了解及操作（複雜性低），則對擴散作用就會愈快；反之，若新產品不易讓消費者了解與使用（複雜性高），則該產品需要一段相當長的時間，才能為消費者所熟悉與接納，如此它將不利於採用及達到擴散的效果。

24 (D)。差異化是定位最重要的前提。定位可以用來表現「質的差異」（例如不同的原料、設計、氣氛）或「量的差異」（知更多的原料、更精美的包裝、更持久的保證）所涉及的基礎（即差異所在）。

25 (A)。「引爆趨勢」作者Malcolm Gladwell提出病毒具有三項特質為：具有傳染性、小動作產生大的轉變、在短時間內的變異。病毒式行銷即符合病毒的該三項特質。

▶103年臺灣菸酒從業評價職位人員（賣場）

（　　）　**1** 部分金融機構與宗教團體發行認同卡，強調每筆刷卡消費金額提撥某一定比率，捐助該宗教團體從事社會公益活動之用。金融機構此一活動符合下列何種觀念？　(A)產品觀念　(B)銷售觀念　(C)行銷觀念　(D)社會行銷觀念。

（　　）　**2** 顧客針對一項產品的所有價值與成本，相對於其他競爭者的產品之差異所做成的評價是：　(A)顧客知覺價值　(B)顧客滿意度　(C)顧客忠誠度　(D)顧客權益。

（　　）　**3** 在規模龐大的企業中，採購單位建置完整。採購單位最高經理人的秘書，通常可扮演何種角色？　(A)影響者（influencer）　(B)把關者（gatekeeper）　(C)決策者（decider）　(D)購買者（buyer）。

（　　）　**4** 如果男性與女性對於基金投資的選購並無差異，則表示性別不符合哪一項有效區隔市場的條件？　(A)可衡量性（measurable）　(B)可接近性（accessible）　(C)可區別性（differentiable）　(D)足量性（substantial）。

（　　）　**5** 在消費品的分類中，冷門品（unsought goods）如火災保險、人壽保險或靈骨塔…等產品。此類產品通常主要依賴哪一種行銷手法達到銷售目的？　(A)人員銷售　(B)密集配銷通路　(C)降價促銷　(D)網路行銷。

（　　）　**6** 某飲料廠商在市場上的所有產品可區分為碳酸類、茶類、罐裝咖啡、乳品、酒類、機能性飲料等六大類飲料，各類別下有多種不同品牌產品。前述所有產品構成：　(A)產品類別　(B)產品組合　(C)產品線　(D)產品品項。

（　　）　**7** 下列何者不是品牌的命名原則？　(A)能夠暗示產品的特性、品質與利益　(B)容易發音、容易認得，不雅也無所謂　(C)可註冊登記受法律保護　(D)容易被翻譯為外國語言。

（　　）　**8** 金融機構經常對全體員工灌輸行銷導向與顧客服務的觀念，並訓練與激勵員工等作法，是屬於：　(A)外部行銷　(B)內部行銷　(C)互動行銷　(D)關係行銷。

（　）　**9** 購買襪子時，看到此一海報：「購買10雙以下，每雙售價100元；超過10雙，每雙售價75元。」這是屬於何種促銷定價方式？ (A)現金折扣　(B)數量折扣　(C)功能折扣　(D)促銷折扣。

（　）　**10** 銀行在行銷通路中，主要扮演哪一種角色？　(A)物流　(B)金流　(C)商品流　(D)資訊流。

（　）　**11** 網際網路上，果農提供消費者線上購物，透過郵寄或宅配方式，將農產品送達顧客手中。此一通路階層為：　(A)零階　(B)一階　(C)二階　(D)三階。

（　）　**12** 便利品在市場的涵蓋密度上，較適合採取哪一種？　(A)直銷　(B)獨家配銷　(C)選擇式配銷　(D)密集式配銷。

（　）　**13** 在產品組合上廣度相當窄，但產品線長度與深度較大，為消費者提供較為齊全的選擇。此一零售商類型是：　(A)購物中心　(B)百貨公司　(C)專賣店　(D)量販店。

（　）　**14** 金融機構贊助大學舉辦學術研討會，此一活動屬於：　(A)廣告　(B)促銷　(C)直效行銷　(D)公共關係。

（　）　**15** 政府的宣導廣告：「喝酒不開車，開車不喝酒」。此一廣告訴求是屬於哪一類？　(A)理性訴求　(B)感性訴求　(C)道德訴求　(D)恐懼訴求。

（　）　**16** 下列哪一種廣告媒體，具有成本低廉，傳播時可輕易突破國界，也可及時掌握廣告效果？　(A)電視　(B)報紙　(C)雜誌　(D)網際網路。

（　）　**17** 針對企業購買者市場，比較適合採取哪一種推廣方法？　(A)電視廣告　(B)降價促銷　(C)人員銷售　(D)公共報導。

（　）　**18** 下列何者不是促銷的特性？　(A)短期活動　(B)總成本低廉　(C)立即反應　(D)活動有彈性。

（　）　**19** 下列哪一項促銷活動主要針對通路商進行？　(A)免費樣品　(B)津貼獎金　(C)折價券　(D)贈品。

（　）　**20** 美食達人公司（85度C）進軍美國市場造成咖啡熱賣與麵包搶購，引起媒體報導。依Ansoff的產品-市場成長矩陣，其進軍美國是採取哪一種成長策略？　(A)市場滲透　(B)產品發展　(C)市場發展　(D)多角化。

（　）**21** 小廠商採取利基行銷（niche marketing）的主要風險為何？　(A)沒有規模經濟效果　(B)難以滿足所有不同顧客的需求　(C)面對資源豐富的大廠進入此一市場所遭受的損失較大　(D)產品毛利較低。

（　）**22** 在行銷組合要素中，哪一項最具有彈性調整的特性？　(A)產品　(B)價格　(C)通路　(D)推廣。

（　）**23** 大型量販店通常與銀行合作發行聯名卡，會員卡友在賣場內刷卡，享有銀行相關的優惠辦法。此一合作方式是屬於哪一種通路系統？　(A)水平行銷系統　(B)管理式垂直行銷系統　(C)契約式垂直行銷系統　(D)所有權式垂直行銷系統。

（　）**24** 當產品進入國際市場時，母國與地主國政府雙方簽訂免除彼此關稅與配額限制的合作協議。此一合作方式是：　(A)自由貿易區　(B)關稅同盟　(C)共同市場　(D)經濟聯盟。

（　）**25** 新產品的採用者通常屬於群體的意見領袖，對於新事物接受度很高，但購買決策比較謹慎。此一採用者類型是屬於：　(A)創新者　(B)早期採用者　(C)早期大眾者　(D)落後者。

（　）**26** 銀行機構以自動櫃員機取代櫃台人員的存取款、轉帳等服務，主要可解決服務業的哪一種特性？　(A)無形性　(B)不可分割性　(C)易變性　(D)不可儲存性。

（　）**27** 凌志（Lexus）汽車曾針對賓士汽車車主調查，詢問車主在與賓士相同的各項產品功能下，其所認知的各項功能價值，進而設計生產高品質又價格相對較低的汽車。此一定價方法採取：　(A)價值基礎定價　(B)成本基礎定價　(C)競爭基礎定價　(D)市場滲透定價。

（　）**28** 當產品生命週期處於衰退期，本公司產品市場占有率遠遠超過最大競爭對手。根據波士頓顧問群（BCG）模式的分析，公司對該產品應採取哪一種投資建議？　(A)建立（build）　(B)維持（hold）　(C)收割（harvest）　(D)撤資（divest）。

（　）**29** 產品線過度延伸，行銷人員未能做好市場區隔，容易導致什麼問題產生？　(A)自我蠶食（cannibalization）　(B)品牌稀釋（brand dilution）　(C)品牌聯想（brand association）　(D)品牌延伸（brand extension）。

（　）**30** 下列哪一個銷售促進方式是屬於非價格促銷？　(A)折價券　(B)買一送一　(C)折扣　(D)買千折百。

（　）**31** 消費者決策歷程中可能出現認知失調現象，請問此現象主要發生於哪一個階段？　(A)問題確認　(B)資訊搜尋　(C)方案評估　(D)購後評估。

（　）**32** Bic原子筆廠商導入拋棄式刮鬍刀時亦採用Bic品牌名稱，是屬於哪一種品牌策略？　(A)共同品牌　(B)產品線延伸　(C)品牌延伸　(D)品牌授權。

（　）**33** 一宣導廣告強調酒後駕車可能出現的危險後果，是採用何種訴求方式？　(A)性感訴求　(B)理性訴求　(C)幽默訴求　(D)恐懼訴求。

（　）**34** 下列何種屬於鼓吹式廣告（advocacy advertising）？　(A)強化消費者信念，確認自己做了正確的品牌決策　(B)強調自身品牌較競爭者優越處　(C)強調產品利益　(D)訴求企業落實綠色環保作為。

（　）**35** 牙膏廣告中強調「預防蛀牙」功效，依Maslow需求層級而論，是訴求消費者哪一種需求？　(A)安全　(B)社會　(C)自尊　(D)自我實現。

（　）**36** 進行品質評估時，餐廳食物口味是屬於哪一種品質類型？　(A)搜尋性品質　(B)經驗性品質　(C)信任性品質　(D)有形性品質。

（　）**37** 分析銷售數據時，比較公司各年度整體銷售表現，以了解銷售為增加、降低或維持平穩，稱為何種分析？　(A)趨勢分析　(B)週期分析　(C)季節性分析　(D)隨機因素分析。

（　）**38** 下列何者並非組織採購中之需求特色？　(A)衍生性需求　(B)無彈性需求　(C)聯合需求　(D)靜態需求。

（　）**39** 市場區隔中，國際菁英（global elite）族群是採取何種變數進行區隔？　(A)行為區隔　(B)人口統計區隔　(C)心理統計區隔　(D)利益區隔。

（　）**40** 依據產品生命週期概念，遭逢激烈競爭是屬於哪一個階段？　(A)導入期　(B)成長期　(C)成熟期　(D)衰退期。

( ) **41** 就Levi Strauss牛仔褲來說，面對眾多競爭替代品，且彼此間具有差異化，此種市場競爭結構稱為： (A)獨占（monopoly） (B)寡占（oligopoly） (C)獨占性競爭（monopolistic competition） (D)完全競爭（perfect competition）。

( ) **42** 下列何者不屬於心理定價法之應用？ (A)溢價定價（premium pricing） (B)參考價格定價（reference pricing） (C)天天都低價（everyday low price） (D)組合定價（bundle pricing）。

( ) **43** 當消費者具有下列何種特性時，意見領袖影響力最明顯？ (A)低產品涉入、低產品知識 (B)低產品涉入、高產品知識 (C)高產品涉入、低產品知識 (D)高產品涉入、高產品知識。

( ) **44** 購買產品時，廠商提供產品訓練是屬於產品的哪一種環節？ (A)附加補充屬性（supplemental features） (B)核心產品（core product） (C)經驗性利益（experiential benefits） (D)象徵性利益（symbolic benefits）。

( ) **45** 就促銷組合工具而言，公司發行年報之用意與下列何者相同？ (A)事件贊助 (B)提醒式廣告 (C)推式行銷 (D)忠誠者方案。

( ) **46** 下列哪一種行銷概念與資料庫行銷概念相同？ (A)關係行銷 (B)綠色行銷 (C)內部行銷 (D)無差異行銷。

( ) **47** 旅館訂位人員向顧客確認訂房記錄，是屬於下列哪一項服務品質構面？ (A)有形性 (B)可靠性 (C)回應性 (D)保證性。

( ) **48** 消費者決策深受眾多因素影響，下列何者屬於情境影響來源？ (A)時間 (B)生活型態 (C)意見領袖 (D)態度。

( ) **49** 產品生命週期四階段中，產業利潤達顛峰是哪一個階段？ (A)導入期 (B)成長期 (C)成熟期 (D)衰退期。

( ) **50** 奶粉市場分為嬰兒奶粉、成人奶粉和高齡奶粉，這是依照哪一種區隔變數區分市場？ (A)行為變數 (B)心理變數 (C)地理變數 (D)人口統計變數。

解答與解析 答案標示為#者，表官方曾公告更正該題答案。

1 (D)。社會行銷觀念強調在滿足顧客與賺取利潤的同時，企業應該維護整體社會與自然環境的長遠利益」。也就是，企業應講求「利潤、顧客需求、社會利益」三方面的平衡。

2 (A)。企業可藉由提供給顧客更多的認知利益或是減少顧客認知犧牲的方式，來提高顧客的認知價值。

3 (B)。通常購買中心裡越重要的人物，越需要由把關者來隔離外界的干擾。把關者有助於避免重要決策資訊外流，以及避免因外力的介入市造成決策過程有失理性客觀。

4 (C)。如果兩個被劃分出來的區塊在需求上是相同的，那就失去了市場區隔的基本目的。

5 (A)。在產品或服務特性較為複雜的情況時，供應商通常會選擇使用人員銷售。

6 (B)。產品組合（product mix）係指廠商提供給消費者所有產品線與產品項目之組合而言。

7 (B)。品牌的命名原則除題目所述(A)(C)(D)三者外，尚須考慮容易發音與易於傳播、能給予正面聯想、尊重文化與跨越地理限制及能夠預埋未來發展的管線需要等原則。

8 (B)。內部行銷的對象不但是前場的服務人員，還包括後場的員工（如企劃、維修、會計人員）。其原因係在於進入前場的消費者極可能有機會遇見後場的員工，故他們亦必須有正確的態度與消費者互動。

9 (B)。數量折扣係指不同的交易數量基礎之定價模式，通常購買的數量愈多金額愈大，折扣亦愈大。

10 (B)。金流係指企業之間，因為交易所出現的資金流動現象；與金流相關的資料，包括資金支付金額、時間、憑據、支付條件、支付對象、與交付方式等。

11 (A)。零階通路又稱為「直接通路」或簡稱為「直效行銷」，是由製造商直接向最終消費者推銷商品，不須經過任何的中間商機構（即：產品供應商→消費者）。

12 (D)。密集式配銷係指在一個銷售區域內儘量增加銷售通路的家數，以提高產品的能見度。由於便利品是經常購買的產品，價格不貴，風險不高，通常不需費太多時間與精力採購，消費者希望能就近方便購買，因此，便利品都是採用密集式配銷。

13 (C)。專賣店專門銷售某一種類的產品，在產品廣度上相當窄，可是產品線相當長，因此可以為消費者提供較為齊全的選擇。相較於其他店面零售商，專賣店通常提供較全面的服務，如諮詢、運送、組裝、售後服務等。

14 (D)。一般企業之公共關係，普通可以分為「對內和對外」兩大部分。「對內係指管理機構與員工之關係」，「對外係指公司與股東、顧客及社會大眾之關係」，對內係以員工為對象，在縮短管理機構與員

工間之距離，使全體員工了解一切，期能與事業打成一片。

15 (C)。道德訴求的訊息著眼於傳達社會規範，告訴大眾什麼是正確的或錯誤的行為，因此最常出現在公益廣告中。

16 (D)。網際網路之網路廣告成本低廉，並可突破國界，運用範圍相當廣泛；且它具有良好的互動性，廠商可以即時掌握廣告閱覽率及實際購買的情況，亦可藉由基本資料的填答，建立顧客資料庫，並了解消費者的偏好。

17 (C)。由於企業購買者市場（即組織市場）通常為專業購買，如果能夠派出經過完整訓練的銷售人員，直接與企業購買者接觸，促成交易的機會就愈高。

18 (B)。正確答案應為「提供額外的附加價值」。因促銷活動往往帶給消費者或中間商一些好處，如消費者可積點抵現金或換贈品、為中間商帶來人潮與商機，因此，在無形中增加了產品或服務的附加價值。

19 (B)。津貼與獎金係用來提升中間商的合作意願，或是感謝中間商配合執行某些推廣工作，所給予的獎勵。例如產品廣告津貼、陳列產品津貼、推銷獎金等。

20 (C)。市場發展（market development）係指企業利用既有的產品項目或產品線，拓展新的用途，進入「新的市場」，以達成企業成長的目的。

21 (C)。利基（Niche）係指關鍵性、獨特性的核心技術（如創新設計、技術能力、行銷通路等），能讓企業能有所成就及發展，更足以凌駕他人。利基行銷即是在找出市場的區隔所在，並以符合該市場需求條件之商品，集中所有資源去強打這個被鎖定的市場。

22 (B)。因價格係由廠商自行訂定，故在各種行銷組合要素中，價格乃最具有彈性調整的特性。

23 (A)。水平行銷系統產生的原因，主要是想結合合作雙方的資金、技術、人力、行銷等資源，而達到吸引更多顧客或提高獲利等雙贏的局面，特別是在異業結盟的時候，更是明顯。

24 (A)。自由貿易區（Free Trade Area），通常指簽署自由貿易協定同意消除關稅、貿易配額和優先順序別的一些國家的組合。

25 (B)。早期採用者對新產品的接納比大多數人早，但在態度上比創新者更小心翼翼。創新者與早期採用者通常是其他人的意見領袖，一般新產品上市時，都希望能獲得他們的青睞，以便能夠擴散產品口碑。

26 (C)。服務的績效或品質具有極大的差異，隨著服務提供者的不同，或提供服務的時間與地點不同、消費者都會有不同的感受。此即為易變性的特質。

27 (A)。「價值基礎定價」即為「知覺價值定價法」（perceived value pricing），它是以消費者對產品的知覺價值來定價，價位與知覺價值成正比，定價關鍵是購買者的知覺價值，而非銷售者的成本。當知覺價值高，就訂定較高的價格；當知覺價值低，則訂定較低的價格。

28 (C)。收割（harvest）策略之目的在旨在賺取現金，因此，為了取得短期的最大利潤，將可能需犧牲掉某些市場占有率，此策略適用於市場地位衰弱的「問題事業」與「落水狗事業」。

29 (A)。產品線延伸策略（Line extension strategy）：當公司在相同產品類別中，引進其他的商品，而且是採用原來的品牌名稱時，即是使用產品線延伸策略。

30 (B)。貨幣性促銷帶給消費者的利益偏向功利性，非貨幣性促銷則是提供消費者愉悅性利益。功利性利益又以金錢誘因、品質優勢、消費便利性及自我價值肯定為主；愉悅性是以自我價值肯定、娛樂性及發覺性為主。抽獎的功利性利益很低，免費禮物的愉悅性利益很高，而降價格折扣、折價券和現金回饋等都屬於功利性高的促銷方式。

31 (D)。認知失調意味著，當產品的實際表現大於預期，消費者就會覺得滿意；相反的，當實際表現小於預期，滿意度偏低。滿意度會影響日後的購買與推薦行為。

32 (C)。品牌延伸策略是將現有的品牌運用在新的產品之上，延伸的做法可以是新包裝、新容量、新款式、新口味、新配方等方式，如此可以收到槓桿的效果。

33 (D)。恐懼訴求（Fear Appeals）是指利用人們害怕的心理來製造壓力試圖改變人們態度或行為的方法。

34 (D)。公司可以表現對特定議題的觀點進行廣告，例如「訴求企業落實綠色環保作為」即是屬於鼓吹式的廣告（advocacy advertising）。

35 (A)。馬斯洛（Abraham Maslow）需求層級理論所謂的安全的需求，係指關心個人的身體安全，包括：生活和所處環境的秩序、穩定性、常規性、熟悉感、以及可控制性等。

36 (B)。對服務而言，服務品質必須在服務提供過程中評估，顧客的服務期望來自四個來源：口碑、個人需求、過去的經驗以及外部溝通。

37 (A)。趨勢（trend）分析係指對於下一個週期在需求上成長或衰退比例之分析；季節性因素（seasonality）分析是指在需求上可以預測的季節性變動分析；隨機因素（random component）分析則是是偏離系統部分的變動分析。

38 (D)。組織市場的需求特色除了是衍生需求、需求缺乏彈性及聯合需求外，購買數量與金額龐大和需求波動很大亦是。

39 (B)。人口統計區隔之變數，包括性別、年齡、所得、職業、教育水準、婚姻狀況、家庭組成、社會階層（國際菁英族群即屬此類）等因素之統稱。

40 (C)。新產品進入成熟期時，銷售成長已趨緩，因為此時產品已獲得大部分潛在購買者的接受，但因潛在競爭者認為有利可圖，陸續加入此市場從事競爭，使得產品利潤達到最高峰而後轉趨下降；或為了對抗競爭者，必須開始增加行銷費用，利潤因而減少。

41 (C)。獨占性競爭市場介於完全競爭與獨占市場之間，由於數目相當多的廠商生產類似但不同質（差異化）的產品，且廠商加入或退出市場十分容易，市場消息靈通但不完全，廠商加入或退出市場相當容易，雖然可以採「價格」從事競爭，但因產品替代性高，故多改以「非價格競爭」，為目前日常生活當中最常見的市場類型。

42 (A)。心理定價（psychological pricing）係基於考慮消費者對於價格的心理反應而決定某個產品的價位。

43 (C)。涉入的觀念，近年來經常被應用在分析消費者的購買行為上；產品涉入，可分為高涉入及低涉入。高產品涉入包含下列特性：(1)高價格、(2)高風險、(3)個人化的產品。低產品涉入則具備(1)低價格、(2)低風險、(3)標準化相互替代性高的產品。

44 (A)。廠商為了建立本身的競爭力，在市場上脫穎而出，往往需要超越消費者的期望，為產品增添獨特或競爭者所缺乏的屬性，這些屬性即稱為「附加產品」，或稱為產品的「附加補充屬性（supplemental features）」。

45 (A)。事件行銷之一乃是藉由活動當時社會上所關注的焦點話題、新聞事件，或是搭配「即將」發生的各類事件，將活動順勢帶入話題中心，藉此引起媒體和大眾的關注。事件贊助即屬此類。

46 (A)。資料庫行銷係指企業藉由收集顧客、潛在顧客的人口統計資料等建立顧客資料庫，並據以藉著這些結果和消費者及潛在顧客接觸，追蹤銷售情形，建立顧客的良好關係與忠誠度，使他們願意再度購買產品或服務。而關係行銷亦是在強調雙贏互惠的操作原則，並致力於與相關的利害關係人建立起長期的良好關係。

47 (B)。可靠性又稱「穩定性」。係指服務人員的態度、服務方式、問題處理技巧等是否能夠維持一致與精確的水準，否則易造成顧客的困擾與不滿。服務人員平時的訓練、公司的政策與規範等，是服務人員表現是否穩定的重要因素。

48 (A)。眼前和未來（時間）的環境，包括市場情況、廠商品牌等趨勢，往往會影響消費者的問題與需求察覺、產品規格的決定與選擇。

49 (#)。本題題目有瑕疵，成長期及成熟期，產業利潤皆可能達顛峰。

50 (D)。依消費者之性別、年齡（嬰兒、成人和高齡）、所得、職業、教育水準、婚姻狀況、家庭組成、社會階層等因素作區隔之變數，稱為人口統計變數。

▶103年臺灣菸酒從業評價職位人員（店頭行銷）

(　) **1** 「品牌與包裝」是屬於行銷組合4P的哪一項內涵？　(A)產品　(B)推廣　(C)定價　(D)通路。

(　) **2** 下列哪一項是以同質市場為概念基礎的行銷？　(A)個人化行銷　(B)集中化行銷　(C)區隔化行銷　(D)大量化行銷。

(　) **3** 在現有的產品線範圍內，增加更多產品項目，以提升該產品線的完整性。此為產品線管理的哪一項？　(A)產品線延伸　(B)產品線填補　(C)產品線縮減　(D)產品線調整。

(　) **4** 宏碁公司的產品品牌為「Acer」是以下哪一種品牌類型？　(A)製造商品牌　(B)私人品牌　(C)授權品牌　(D)中間商品牌。

(　) **5** 從產品概念層次來看，洗衣機具備定時、衣物不打結及脫水功能，是屬於哪一層次？　(A)核心產品　(B)基本產品　(C)期望產品　(D)擴大產品。

(　) **6** 大量強調品牌差異，鼓勵競爭者的顧客轉換品牌。是產品生命週期的哪一階段所應採取的推廣策略？　(A)導入期　(B)成長期　(C)成熟期　(D)衰退期。

(　) **7** 下列哪一項不是服務的特性？　(A)可分離性　(B)易變性　(C)易逝性　(D)無形性。

(　) **8** 家電和家具是屬於：　(A)便利品　(B)選購品　(C)特殊品　(D)冷門品。

(　) **9** 衣服一件$199或$299，是屬於哪一種定價？　(A)促銷定價　(B)名望定價　(C)心理定價　(D)組合定價。

(　) **10** 新產品初期，公司目標想要盡速佔有市場，應採取哪一種定價？　(A)市場吸脂定價　(B)市場滲透定價　(C)消費者導向定價　(D)成本加成定價。

(　) **11** 三十天內付款，可以享受百分之五的折扣，是屬於哪一種促銷定價？　(A)犧牲打定價　(B)數量折扣　(C)現金折扣　(D)功能折扣。

(　　)　**12** 豬肉批發價格上漲，滷肉飯便當也跟著漲價，這是基於哪一種因素？　(A)政府因素　(B)競爭因素　(C)通路因素　(D)成本因素。

(　　)　**13** 假設某家具工廠每個月的固定成本是$200,000，每張桌子的變動成本是$300，市場上每張桌子的售價是$500，請問損益平衡點是？　(A) 1000張　(B) 2000張　(C) 3000張　(D) 4000張。

(　　)　**14** 美國星巴克公司進入台灣市場，與統一集團旗下公司合作，在台灣開設經營Starbucks咖啡門市。星巴克公司採取的進入模式是哪一種？　(A)授權　(B)合資　(C)併購　(D)加盟。

(　　)　**15** 下列何者不是推廣工具？　(A)戶外看板　(B)贊助社區活動　(C)優惠特價方案　(D)悠遊卡。

(　　)　**16** 提供產品資訊，是哪一項推廣目標？　(A)知曉　(B)了解　(C)偏好　(D)好感。

(　　)　**17** 廣告或銷售人員的經常用語「早買早享用」，這是要達成哪一種推廣目標？　(A)好感　(B)偏好　(C)信念　(D)購買。

(　　)　**18** 對中間商的推廣策略，哪一種較為有效？　(A)人員銷售　(B)電視廣告　(C)新聞報導　(D)雜誌報導。

(　　)　**19** 紐巴倫（New Balance）運動鞋推出以「總統的慢跑鞋」為標題廣告，這是哪一種廣告？　(A)提醒式廣告　(B)說服式廣告　(C)告知式廣告　(D)道德性廣告。

(　　)　**20** 演唱會的座位不同票價也不同，這是哪一種定價？　(A)差別訂價　(B)掠奪性訂價　(C)利潤最大化訂價　(D)成本加成訂價。

(　　)　**21** 價格需求彈性大於1，在其他情況都不變的情形下，應採取哪一種價格措施，才能增加總收益？　(A)降價　(B)價格不變　(C)漲價　(D)都可以。

(　　)　**22** 下列哪一項不是針對消費者的促銷方式？　(A)特價品　(B)捐助公益活動　(C)津貼與獎金　(D)抽獎。

(　　)　**23** 下列哪一項不是企業建立公共關係的工具？　(A)出版品　(B)企業識別系統　(C)贊助活動　(D)愛用者回饋計畫。

（　　）**24** 企業對於綠色地球的贊助，這是一種：　(A)理念行銷　(B)危機處理　(C)交易促銷　(D)體驗行銷。

（　　）**25** 下列哪一項不是中間通路商的功能？　(A)提供儲存的功能　(B)減少交易次數與成本　(C)促進買賣交易的功能　(D)提供生產製造的功能。

（　　）**26** 食品加工廠將產品銷售給各地的批發商，批發商再賣給零售商，這是幾階通路型態？　(A)零階通路　(B)一階通路　(C)二階通路　(D)三階通路。

（　　）**27** 便利品較適合下列哪一種配銷方式？　(A)密集式配銷　(B)選擇式配銷　(C)獨家式配銷　(D)分散式配銷。

（　　）**28** 把產品與服務銷售給最終消費者的企業體，通常稱為：　(A)供應商　(B)批發商　(C)零售商　(D)製造商。

（　　）**29** 購買者是機構組成者稱為組織市場，下列何者不是組織市場的特色？　(A)通常是直接購買　(B)購買人數相對較多　(C)購買量變動很大　(D)購買者高度聚集。

（　　）**30** 下列何者是衍生需求？　(A)麵包廠對於麵粉的需求　(B)家庭對於製麵包機的需求　(C)吸菸者對於香菸的需求　(D)觀眾對於看電影的需求。

（　　）**31** 國語週刊的目標市場是：　(A)上班族　(B)公務員　(C)小學生　(D)大學生。

（　　）**32** 下列何者不是行銷支援機構？　(A)製造商　(B)批發商　(C)廣告公司　(D)運輸公司。

（　　）**33** 當零售商替製造商的產品打廣告，製造商會給零售商一些折扣。這是屬於：　(A)功能性折扣　(B)現金折扣　(C)推廣折讓　(D)換入折讓。

（　　）**34** 旅行社推出「機+酒」的組合售價，這是屬於：　(A)互補定價　(B)搭售定價　(C)拍賣定價　(D)全產品單一價格。

（　　）**35** 消費者免費專線是屬於哪一種行銷溝通工具？　(A)人員銷售　(B)促銷　(C)廣告　(D)公共關係。

(　　) **36** 下列哪一項不是網路行銷能提供的顧客價值？　(A)匿名性　(B)實體觸摸　(C)便利性　(D)社群歸屬感。

(　　) **37** Google是屬於哪一種網站類型？　(A)銷售網站　(B)搜尋引擎　(C)公司品牌網站　(D)自助服務網站。

(　　) **38** 贈送免費樣品的促銷方式，適合於產品生命週期的哪一階段？　(A)導入期　(B)成長期　(C)成熟期　(D)衰退期。

(　　) **39** 下列哪一項不是產品線填補（product line filling）策略的主要動機？　(A)增加利潤　(B)擴大上架空間，讓消費者有更多樣化選擇　(C)利用多餘產能　(D)填補市場空隙，避免競爭者有機可乘。

(　　) **40** 就競爭者分類而言，以相似價格販售特色與利益相近的產品給同樣客群稱為：　(A)產品競爭者（product competitors）　(B)一般競爭者（generic competitors）　(C)總預算競爭者（total budget competitors）　(D)品牌競爭者（brand competitors）。

(　　) **41** 電子化行銷（e-marketing）中，使用者可透過網際網路獲取資訊，以了解各種產品、價格與評價訊息等，是屬於下列哪一種特性？　(A)互動性（interactivity）　(B)易接近性（accessibility）　(C)連結性（connectivity）　(D)辨識性（addressability）。

(　　) **42** 行銷溝通過程中，消費者意見是屬於何種成分？　(A)發訊者　(B)收訊者　(C)回饋　(D)媒介。

(　　) **43** 一般而言，消費者對下列何種商品的價格敏感度較高？　(A)購買者對替代品知曉不多　(B)支出占消費者所得的比率低　(C)購買者無法儲存的產品　(D)成本高或經常性購買的商品。

(　　) **44** 除針對消費者外，製造商也會對通路中間商進行促銷，對於購買一定數量之通路商給予暫時性價格優惠稱為：　(A)合作廣告　(B)採購津貼　(C)銷售競賽　(D)銷售獎金。

(　　) **45** 相較於產品，服務業具有獨特特性，導致行銷挑戰，請問「服務場域中其他顧客角色影響服務品質」，是起因於下列哪一項服務特性？　(A)無形性　(B)生產與消費不可分割性　(C)易逝性　(D)異質性。

(　) **46** 某汽車品牌廣告訴求其為「極限操控車款」是屬於何種定位方式？
(A)品質／價格　(B)屬性／利益　(C)使用者　(D)競爭者。

(　) **47** 對消費者而言，選購產品常具有不同知覺風險，請問不當產品選擇
可能對消費者自我意識造成負面影響稱為：　(A)財務風險　(B)社
會風險　(C)心理風險　(D)功能風險。

(　) **48** 就消費者產品採用歷程來說，搜尋資訊以學習與產品有關之訊息稱
為：　(A)知曉　(B)興趣　(C)評估　(D)採用。

(　) **49** 針對消費者決策，下列何種觀點強調消費者購買決策深受行銷人員
之促銷活動影響？　(A)經濟觀點　(B)被動觀點　(C)認知觀點
(D)情緒觀點。

(　) **50** 下列哪一項消費者特質易促使其成為消費創新者？　(A)風險承受力
低　(B)強調內在導向　(C)消費者教條主義強　(D)低獨特性需求。

解答與解析　答案標示為#者，表官方曾公告更正該題答案。

1 (A)。品牌是產品或服務提供者與消費者之間溝通的重要標示，可協助消費者辨識商品的特性，也是方便消費者重複購買同一產品或服務的資訊媒介與辨識依據；包裝係指生產者為使產品便於陳列銷售，以及運送之安全，而設計產品外層之容器、盒或包裝紙的有關活動。故兩者皆屬於產品組合的範疇。

2 (D)。大量化行銷（mass marketing）大都僅對一項產品作大量生產、配銷與推廣，如此可以最低成本及價格，創造最大潛在市場。

3 (B)。產品線的加長也可以透過「產品線填滿（填補）決策」來完成，亦即以增加更多產品項目，以提升該產品線的完整性的方式來達成。

4 (A)。「製造商品牌」係指生產者本身所擁有，亦即製造商將自己所生產的產品掛上自己的品牌。

5 (C)。期望產品係指消費者在購買時所期望看到或得到的產品屬性組合。例如病患期望醫院有清潔的環境、醫生有耐心的看診態度等。

6 (C)。大量強調品牌差異，鼓勵競爭者的顧客轉換品牌。是產品生命週期「成熟期」的推廣策略。

7 (A)。選項(A)錯誤，應修正為「不可分離性」。因大多數的服務都是「生產與消費同時進行」而不可分割。

8 (B)。選購品係指消費者經過比較產品品質、價格、式樣與顏色等，再行購買的貨品，如傢俱、汽車、珠寶、電器用品等耐久性消費財。

9 (C)。心理定價（psychological pricing）係基於考慮消費者對於價格的心理反應而決定某個產品的價位。

10 (B)。新產品的導入期階段，採取低價（市場滲透定價）銷售，其主要

目的是想儘速占有市場。但在市場上生產者很多的情況下，有時企業甚至不惜以虧本的方式來定價，企圖迅速吸引大量消費者使用，並建立高市場占有率與消費者使用習慣及忠誠度，成為防止競爭者在短期內迅速跟進的策略。

11 (C)。現金折扣係指以現金付款而能獲得的價格折讓，此種折扣通常出現在工業品之交易上，供應商原來提供可以賒欠的交易，但提供2～5%不等的現金折扣，其目的在鼓勵顧客儘快支付貨款而設計。

12 (D)。因原料上漲而使得產品跟著上漲，即為成本推動的價格上漲。

13 (A)。損益平衡點銷售量＝固定成本÷（價格－變動成本）＝200,000÷（500－300）＝1,000（張）

14 (B)。進入國外市場的方法是與當地的企業合作設立產銷設施。合資和出口不同，因為前者係以合夥的方式，在國外建立其生產設備。合資和直接投資亦不同，因為此種方式，公司和該國人民有合作的關係。

15 (D)。悠遊卡是消費的工具。

16 (B)。將企業與產品訊息傳播給目標市場的活動。企業提供的各項產品或服務，需要透過各種管道讓消費者了解，激發消費動機或採購意圖，並引導消費者採取消費行動。

17 (C)。信念（conviction）之推廣目標為「加強消費者的購買信念」；其推廣手段（方式）則為「由廣告強化消費者對產品品質的信念、提供消費者試用及熟悉產品的機會等」。

18 (A)。因人員銷售成本最高、但最能與消費者直接接觸、唯一能夠直接促成交易的推廣促銷活動。通常，人員銷售只能同時面對較少數的消費者，並與消費者直接互動、溝通、傳達、與說服完成交易之相關活動。當消費者需要大量的產品採購（如中間商、組織採購）決策資訊時，人員銷售最能發揮功能。

19 (C)。告知性廣告（Informative Advertising）係在告訴市場有關一項新產品的推出。

20 (A)。差別定價係企業針對不同的消費群體，依據每一群體之需求特性而採取差別定價的策略。

21 (A)。產品定價亦須考慮需求的價格彈性，價格彈性係指消費者對價格的敏感度。若彈性大，則小幅度的價格變動就會造成需求的大幅度變動；彈性小則價格變動不太會影響產品的需求。通常當產品愈獨特或越不容易替代時，價格彈性越小，因此就愈適合訂定高價位以增進收益。

22 (C)。津貼與獎金係用來提升中間商的合作意願，或是感謝中間商配合執行某些推廣工作，所給予的獎勵。例如產品廣告津貼、陳列產品津貼、推銷獎金等。

23 (D)。企業建立公共關係的工具，除發行出版品、建立企業識別系統和舉辦或贊助活動外，尚有參與外界公私機構的活動即利用公共報導，讓社會大眾有所了解或引發其興趣的推廣促銷活動。

24 (A)。理念行銷係運用行銷的手法，宣導與說服社會大眾接受某一理念所展開的一連串行銷活動。

25 (D)。中間通路商的功能僅包括(A)(B)(C)三項。

26 (C)。二階通路係指產品供應商與消費者之間，存在著兩種形式的中間商（即：產品供應商→批發商或經銷商→零售商→消費者）。

27 (A)。由於便利品（如飲料、日常用品）是經常購買的產品，價格不貴，風險不高，通常不需費太多時間與精力採購，消費者希望能就近方便購買，因此，便利品都是採用密集式配銷。

28 (C)。零售商係指將商品與服務銷售給最終消費者的企業體，其種類相當多。零售商分為「店面零售商」與「無店面零售商」二大類。

29 (B)。組織市場購買人數相對較少。

30 (A)。衍生需求（Derived demand）係指對某種生產原料的需求，是來自於對製成品的需求。對麵粉的需求是來自於對麵包的需求即是。

31 (C)。廠商根據某些購買者特性將廣大的市場加以分類，然後決定針對某一群購買者提供某一種產品利益或特色，這一群購買者即稱為目標市場。國語週刊的目標市場即為小學生。

32 (A)。企業的人力、財務資源及專業知識有限，不可能完全由企業本身來處理，因此必須視需要找行銷支援機構來協助，行銷支援機構包括：銀行、批發商、廣告公司、物流（運輸）機構等。

33 (C)。交易折讓又稱「功能折扣」（functional discount）係製造商給予中間商的折扣，以鼓勵中間商執行某些管理功能，如廣告、促銷、儲藏、售後服務等，因此又稱為推廣（促銷）折讓（promotion allowances）。

34 (B)。配套式定價（bundle pricing）亦稱「成組產品定價」或「搭售定價」。係將幾種產品組合起來，並訂出較低的價格出售。

35 (D)。公共關係是以公眾（消費者）利益為前提，「以諒解信任」為目標，以配合協調為手段，以服務群眾為方針，以事業發展為目的。

36 (B)。實體觸摸必須銷費者親臨現場體驗，非網路行銷所能提供。

37 (B)。Google乃是一種搜尋引擎網站。

38 (A)。免費樣品這是一種試用品，係針對潛在的顧客來發放，讓他們來試用公司的產品，使他們對產品有所了解進而刺激未來的購買行為。

39 (B)。採用產品線填補的作法，其理由如下：(1)增加額外利潤；(2)滿足那些抱怨因產品項目太少，而少做很多生意的經銷商；(3)利用過剩的生產能量；(4)成為整條產品線的領導廠商；(5)填滿空隙以阻止競爭者的進入。

40 (D)。品牌競爭者之間的產品相互替代性較高，因而競爭非常激烈，各企業均以培養顧客品牌忠誠度作為爭奪顧客的重要手段。

41 (B)。係指區隔後的市場，可以透過各種行銷手法（網際網路）接近該消費者族群，藉以有效展開市場行銷活動，否則該區隔將毫無意義。

42 (C)。回饋是將訊息對收訊者的影響和效果,反應給發訊者。讓發訊者得以檢視其訊息的效果,是否被接收者所了解、相信及接受,進而作調整。

43 (D)。在經濟學理論中,價格敏感度表示為顧客需求彈性函數,即由於價格變動引起的產品需求量的變化。

44 (B)。採購津貼是製造商為了促使中間商密切合作,所推出的獎勵活動之一。

45 (B)。大多數的服務都是「生產與消費同時進行」而不可分割。有形產品則是廠商生產出來以後,將其銷售出去,購買者再消費(即生產與消費是分開的)。

46 (B)。不同的產品類各有不同的屬性,有些屬性是具體的特質(如材料、體積、顏色、價格),有些則屬無形(如美感、保證、服務速度),同時,個別屬性各有其功能(如車子的寬度具有承載的功能、電子感應鎖有防盜的功能),因屬

性與利益有密切的關聯,因此常被結合用來定位品牌。

47 (C)。消費者的每一次購買行為都有其購買目標,當消費者本身無法決定何種購買最能滿足自己的目標,或在購買之後其結果無法達到預期的目標,可能造成不利的結果,此即所謂的知覺風險。心理風險即是指消費者因購買不當產品而傷害自尊的風險。

48 (B)。消費者對新產品的採用過程在興趣(interest)階段時,會對該新產品開始覺得有趣、有用或值得一試,並開始蒐集產品資訊。

49 (B)。被動觀點強調消費者購買決策總是受到他自身的利益和行銷人員的促銷活動的影響。

50 (B)。「創新者」勇於接受新產品,通常比較年輕,且教育程度與收入較高,比較有能力處理較複雜的資訊,具備獨立判斷、主動積極、敢於冒險、具有內在導向與自信的特質,他們通常占採用者的極少數。

▶103年臺灣菸酒從業職員

一、(一)何謂差別訂價(Discriminatory Pricing)?

(二)差別訂價主要包括哪些類型?

(三)顧客通常厭惡價格上漲,歡迎價格下跌;然而顧客也會有相反的反應情形,請說明哪些情形下,顧客出現對價格變化的特殊反應?

(四)同時以上述訂價型態,解釋近期國內受到餿水油事件影響,消費者因抵制特定廠商乳品,而導致乳品市場重新洗牌,部分乳品業者因之進行價格調整,其可能反映的行銷策略為何?

解題指引

(一)請參閱第九章第四節4.4。

(二)同上。

(三)需求法則所描述的價格與需求量間存在著反向（負斜率）關係（在其他條件不變的情況下，價格漲時需求量減少，價格跌時需求量增加），但炫耀財與季芬財則為例外（價格越高、需求量越大），其需求曲線為正斜率。

(四)請自行發揮。

二、(一)請簡述侵略性行銷與防禦性行銷之各項策略。

(二)並依此兩種策略，解讀國內於今年夏天開始，各網路通訊業者推出4G（LTE）行動寬頻通訊服務，以提升行動上網傳輸速度時，所採取的行銷方式？

解題指引

(一)侵略性行銷請參閱第七章第四節4.3；防禦性行銷則請參閱4.1。

(二)各電信業者紛紛引進具競爭力的高、中、低價位帶完整產品線，滿足市場需求，推出各款式的4G智慧型手機及平板選擇，包含iPhone、HTC、SAMSUNG、Sony、LG、Nokia等消費者最愛的知名品牌，以搶食市場大餅。

三、隨著網路之普及，未來物聯網發展之趨勢，請闡述：

(一)網路行銷可達到哪些效果？

(二)網路行銷成功之關鍵因素為何？

(三)網路行銷有何缺點？

(四)網路行銷對通路策略有何影響？

解題指引

(一)網路行銷（On-line Marketing或E-Marketing）中之網路商店可以24小時甚至全年無休的營業，使消費者免於長途跋涉，能更悠閒的、方便的、輕鬆自在的上網購物。網路購物意願的探討不光只含交易成本理論對網際網路基本的價值：低成本、高互動、個人化、跨地域與不受時間限制的特性。

(二)網路行銷成功之關鍵因素有六項：(1)如何加強交易的安全性、(2)強調網路購物所帶來的心理利益、(3)有效降低產品預期與實際的差異程度、(4)加強訂購付款的便利性、及(5)增強消費者WWW購物形式之傳統逛店購物樂趣、(6)商業網站除了要盡快「卡位戰」，使自已成為人人都記得的「入門網站」外，切忌「一網要打盡」所有網路群，而是要針對某特徵族群，提供該族群需要之產品/服務，以免自己網站陷入「沒有特色」的網站，慘遭未生先死的命運。

(三)缺點：

1.由於網路電子商店容易設立與造假，若以消費者的角度來看，網路購物的知覺風險十分高。

2.對參與線上商務的商號與消費者雙方，保全顧慮是非常重要的。許多消費者對透過網際網路購買物品遲疑，因為他們相信他們的個人訊息不會保持隱私。

(四)網際網路應用將壓縮行銷通路中的中間商之利潤空間。由於供應商與購買者間之直接交易更為便捷，因此將降低或避免中間商（如金融保險業、旅行業、書店、平面傳播業等）之中介服務需求，中間商之服務收入勢必減少，故供應商與購買者對中間商之競爭影響已非僅止於「議價」，而逐漸包括「替代」之威脅，因此，網際網路應用可能壓縮報紙業、金融保險業、物流業、服務業等之利潤空間。

四、請闡述行銷管理上所謂「目標行銷（target marketing）」之三步驟（STP）：市場區隔（market segmentation），鎖定目標市場（market targeting）與定位（positioning）。

解題指引 請參閱第五章第一節1.3。

▶104年中華郵政電子商務行銷專業職（一）

一、近年來廠商無不推陳出新，提供新產品與新服務來滿足顧客。新產品（或服務）本身的特性會影響產品（或服務）的採用率，請問這些特性各為何？並以近年相關的APP服務為例，說明這些特性影響APP擴散的情形。

解題指引 影響產品（或服務）的採用率之說明請參閱第七章第三節3.4；並據以自行發揮這些特性影響APP擴散的情形。

二、訂價在今日的商業活動非常重要。訂價有所謂的三C，請說明這三C各為何？又廠商可運用哪些訂價技術來刺激顧客提早購買？請說明之。

解題指引 訂價的三C請參閱第九章第二節2.2.3；刺激顧客提早購買之訂價技術請參閱第四節4.1。

三、現今消費者市場所販售形形色色的產品或服務，如鞋子、手錶、車子、保險、餐飲或旅遊等，可以發現大多數的市場都充滿著異質性（heterogeneous）的需求，為了能更精準的提供產品或服務以滿足消費者的需求，便有了市場區隔（market segmentation）觀念的提出。據此，請回答下列問題：

(一)請說明消費者市場常見的區隔變數主要有哪四大類？

(二)在行銷實務上，廠商如何應用此四大類變數進行市場區隔？請個別舉例加以說明。

(三)在進行完市場區隔之後，廠商通常會根據哪五個條件來衡量各個區隔（segment）是否是有效的區隔？

解題指引 茲依序擬答如下：

(一)請參閱第五章第一節1.4.2前四種（地理、人口統計、心理、行為）區隔變數加以闡述。

(二)請參閱該節所述，自行舉例說明之。

(三)請參閱第五章第一節1.6闡述之。

四、當一個新產品決定要進入市場上銷售，此時該產品便會開始歷經產品
　　生命週期的幾個重要階段，即導入期（introduction）、成長期
　　（growth）、成熟期（maturity）及衰退期（decline），不同階段競爭
　　環境與目標市場的反應皆有所不同，行銷人員也必須對應提出不同而
　　適切的行銷策略。據此，請回答下列問題：

　　(一)當新產品進入市場後，廠商必然非常關切其在市場上的擴散
　　　　（diffusion）速度，以及消費者的採納（adoption）情形，
　　　　請問：

　　　　1.根據消費者對新產品的採納速度，可依其先後將這些採納者
　　　　　（adopters）分為哪五類？

　　　　2.另外，請舉例說明新產品的哪五項特徵會影響其在市場上的擴
　　　　　散速度？未舉例說明不計分。

　　(二)舉一個您認為目前在台灣市場上是位於成熟期的產品或服務，說
　　　　明您如何判斷該產品或服務是處於成熟期？並請進一步說明其應
　　　　該採取之對應的產品（product）、價格（price）、通路（place
　　　　distribution）及推廣（promotion）等4P相關行銷策略分別為何？

　解題指引　茲依序擬答如下：
　(一)1.請參閱第七章第三節3.2；2.請參閱第七章第三節3.4。
　(二)請自行依所知選擇市場上是位於成熟期的產品或服務，並參閱第七
　　　章第五節5.4提出相關行銷策略。

▶105年中華郵政專業職(一)／郵儲業務甲職階人員

一、當設計行銷活動時，公司必須考量服務的四種特性：無形性
　　（intangibility）、不可分割性（inseparability）、變異性（variability）
　　以及易消逝性（perishability）。請說明其意義並舉例說明之。

　解題指引　請參閱第八章第二節。

二、請依序回答下列問題：

　　(一)何謂善因行銷(cause-related marketing)？

　　(二)請舉兩個例子以說明企業從事善因行銷的做法。

　　(三)請評論善因行銷的優缺點。

　　解題指引 請參閱第十一章第九節9.4。

▶105年中華郵政營運職職階人員

一、近年來，廠商無不設法增加通路，以爭取更多銷售機會與管道，如此一來不免產生通路衝突。何謂通路衝突(channel conflict)？有哪些衝突類別？請說明廠商可採用的衝突管理機制。

　　解題指引 茲依序回答如下：

　　(一)通路衝突的意義：請參閱第十章第五節5.1。

　　(二)衝突類別：（同上）

　　(三)廠商可採用的衝突管理機制：請參閱第十章第五節5.5。

二、行銷溝通組合（marketing communication mix）的工具有哪些？在設定行銷溝通組合的搭配時，應考量的因素有哪些？請詳加說明之。

　　解題指引 茲依序回答如下：

　　(一)行銷溝通組合的工具：請參閱第十一章第一節1.3。

　　(二)設定行銷溝通組合(整合行銷)搭配時應考量的因素：

　　　　1.工業產品製造商應強調人員銷售。

　　　　2.消費產品製造商組合採下列方式：

　　　　　(1)推式策略—人員銷售。

　　　　　(2)式策略—廣告、銷售促進。

　　　　3.最適組合應考量下列因素：

　　　　　(1)相互間的影響。

　　　　　(2)要能產生綜效。

　　　　　(3)其它行銷組合要素的相互影響。

　　　　　(4)最佳組合會受不同市場力量的影響。

　　4.滿意組合：
　　　(1)對每一組合方案做成本—價值分析。
　　　(2)評估廣告和銷售促進應如何配合，才有較佳結果。
　　　(3)策略應考量廣告和銷售促進的不同目的。
　　　(4)最主要考量是對品牌淨值強化的影響。

▶105年臺灣菸酒從業職員

一、建立良好的顧客關係需要的不只是發展一項好產品、訂出吸引人的價
　　格，以及讓目標顧客可以購買得到。公司也必須向顧客溝通其價值主
　　張，這樣的行銷溝通組合，是公司用以具說服力地溝通顧客價值與建
　　立顧客關係的特定推廣組合工具。請條列並解釋溝通顧客價值的五大
　　推廣組合工具。

　　解題指引 請參閱第十一章第一節1.3。

二、雖然有許多方法可以區隔一個市場，但並非所有的區隔化均是有效
　　的。例如，所有食鹽的顧客每月均購買等量的食鹽，且相信所有的食
　　鹽都一樣，而願付價格也一樣，則區隔此市場是毫無助益的。因此市
　　場區隔要有用，必須具備哪五項條件？並請簡要說明其意義。

　　解題指引 請參閱第五章第一節1.6。

三、公司在設計其產品通路時必須決定通路夥伴的數量，通常有三種策略
　　可以選擇，即密集性配銷(intensive distribution)、獨家配銷(exclusive
　　distribution)及選擇性配銷(selective distribution)，請說明三種策略各
　　有何不同？

　　解題指引 請參閱第十章第二節2.1~2.3。

四、消費性產品（consumer product）可分為便利品、選購品、特殊品及非追求品（unsought product），公司可依不同產品特性採取不同行銷方式。請說明「便利品」、「選購品」、「非追求品」的特性，並各舉出三項產品。

解題指引 請參閱第六章第二節2.2。

▶105年臺灣菸酒從業評價職位人員（訪銷員）

( )　1 行銷組合（marketing mix）的4P所對應的4C，下列何者正確？ (A)價格（price）→解決方案（customer solution）　(B)價格（price）→成本（cost）　(C)價格（price）→便利性（convenience）　(D)價格（price）→溝通（communication）。

( )　2 Flickr在全台選出五大爆紅的熱門景點之一的台南「水晶教堂」，是雲嘉南風景區以「婚紗攝影」為主題設計的景點。該場地最符合下列何種行銷所創造的效用（utility）？　(A)形式效用（form utility）　(B)時間效用（time utility）　(C)資訊效用（information utility）　(D)擁有權效用（possesion utility）。

( )　3 在夏天火鍋店進行促銷，最接近下列何種市場需求（market demand）？　(A)負需求（negative demand）　(B)飽和需求（full demand）　(C)波動需求（irregular demand）　(D)有害需求（unwholesome demand）。

( )　4 某大銀行的信用卡申請書中提到「貴行及上開公司依法得進行交互運用之資料範圍限於申請人之基本資料內」，例如某大關係企業的人壽保險，最符合顧客關係管理（customer relationship management）中的：　(A)擴大銷售（up-selling）　(B)交叉銷售（cross-selling）　(C)下調銷售（down-selling）　(D)平行銷售（parallel-selling）。

(　　) **5** 宏佳騰機車焦點篇廣告中，字幕顯示「剛才有外星人排隊買珍奶」，但大部分民眾在第一次觀賞時卻沒有注意到廣告中有外星人，是因為：　(A)選擇性注意（selective attention）　(B)選擇性曲解（selective distortion）　(C)選擇性記憶（selective retention）　(D)選擇性意圖（selective intention）。

(　　) **6** 新聞報導「素有台北華爾街之稱的南京東路商辦後市看漲。」根據組織市場中的購買者特色，最有可能的原因是：　(A)購買者數目較少　(B)購買者的地理集中　(C)買賣雙方關係密切　(D)購買者需求波動很大。

(　　) **7** 某公司規定其電腦招標「採規格標，依各廠商標價排序，自最低標價起排序。」最接近何種購買決策的形態？　(A)直接再購（straight rebuy）　(B)修正再購（modified rebuy）　(C)全新購買（new task）　(D)系統銷售（system selling）。

(　　) **8** 我國進行原油提煉以生產汽油、柴油的台灣中油公司、台塑石化公司，在該產業結構（industry structure）中屬於：　(A)完全競爭（perfect competition）　(B)壟斷競爭（monopolistic competition）　(C)完全寡頭壟斷（perfect oligopoly）　(D)完全壟斷（monopoly）。

(　　) **9** 王品集團旗下有王品牛排與陶板屋和風創作料理兩品牌，最屬於下列何種產品替代性（product substitutability）？　(A)品牌競爭（brand competition）　(B)產業競爭（industry competition）　(C)形式競爭（form competition）　(D)一般競爭（generic competition）。

(　　) **10** 目標市場行銷（target marketing）STP三步驟中，P指的是：　(A)定位（positioning）　(B)推廣（promotion）　(C)定價（price）　(D)通路（place）。

(　　) **11** 根據創新擴散模式（diffusion of innovation），趕在2015年1月1日參訪剛開幕的奇美博物館的民眾，最可能屬於：　(A)落伍者（laggards）　(B)早期大眾（early majority）　(C)晚期大眾（late majority）　(D)創新者（innovator）。

（　） **12** 產品生命週期（product life cycle）如呈現ㄈ字型（高原型），而非倒U或倒V字型，表示其銷售額尚未進入何階段？　(A)導入期（introduction stage）　(B)成長期（growth stage）　(C)成熟期（maturity stage）　(D)衰退期（decline stage）。

（　） **13** 下列何者非屬Aaker所提出的品牌權益模式（brand equity model）？(A)品牌忠誠度　(B)品牌知名度　(C)品牌聯想　(D)品牌知識。

（　） **14** 根據Kelly所提出的品牌共鳴模式（brand resonance model），金字塔的最頂層為下列何者？　(A)特點（salience）　(B)表現（performance）　(C)意象（imagery）　(D)共鳴（resonance）。

（　） **15** 將舊有品牌注入新生命的行銷行為是：　(A)品牌強化（brand reinforcement）　(B)品牌復興（brand revitalization）　(C)品牌稽核（brand audit）　(D)品牌組合（brand portfolio）。

（　） **16** 將所訂出的價位以奇數，例如5及9，是屬於下列何種心理訂價法？(A)威望訂價法（prestige pricing）　(B)畸零訂價法（odd-even pricing）　(C)犧牲打訂價法（lose leaders pricing）　(D)習慣訂價法（customary pricing）。

（　） **17** 機車網購有所謂的領牌車，是經銷商為了達到月或季的業績量，以便獲得原廠的業績獎金。在此情況下，原廠對於經銷商具有何種通路權力（channel power）？　(A)專業權力（expert power）　(B)認同權力（referent power）　(C)獎賞權力（reward power）　(D)懲罰權力（coercive power）。

（　） **18** AIDA消費者反應層級模式中，I指的是：　(A)資訊（information）(B)創新（innovation）　(C)興趣（interest）　(D)詢問（inquiry）。

（　） **19** 微軟OneDrive透過Facebook、Twitter等社群網站，宣傳免費享有1年100GB的資格。內容寫著「Drop the box — move your photos, music, and docs to OneDrive。」此行銷活動最接近下列何種形式的網路廣告？　(A)電子折價券　(B)網路互動遊戲　(C)電子郵件行銷(D)病毒式行銷。

(　　) **20** 何者為行銷研究的第一步？　(A)訂定研究計畫和蒐集訊息　(B)解釋數據資料和決定研究類型　(C)實施研究計畫　(D)定義問題和研究目的。

(　　) **21** 以現有的品牌名稱去經營新開發的產品類別，稱為：　(A)共同品牌　(B)品牌延伸　(C)產品線擴展　(D)自用品牌。

(　　) **22** 當新產品完成市場測試後，接下來可進行下列哪一階段？　(A)發展概念　(B)行銷方案分析　(C)產品上市　(D)商業分析。

(　　) **23** 產品生命週期（product life cycle）中，下列哪一個階段，企業會面臨到較高市佔率和較高利潤的拉鋸？　(A)產品成長期　(B)產品衰退期　(C)商業化　(D)產品導入期。

(　　) **24** 行銷策略是由行銷者對消費者進行廣告和促銷等推廣活動，讓消費者向中間商要求訂購產品，使中間商不得不向行銷者訂購。　(A)直接　(B)垂直整合　(C)推式　(D)拉式。

(　　) **25** 是指企業從開發產品到生產銷售產品時，不只創造利潤同時也注重環境的維護。　(A)唯物主義　(B)環境永續性　(C)資本主義　(D)消費主義。

解答與解析　答案標示為#者，表官方曾公告更正該題答案。

1 (B)。行銷4P理論是從生產者觀點出發，行銷4C理論則是站在消費者角度出發。兩者兩兩相互對應：
(1)產品（Product）　顧客需求（Consumer needs）。
(2)價格（Price）　成本（Cost）。
(3)通路（Place）　便利性（Convenience）。
(4)促銷（Promotion）　溝通（Communication）。

2 (A)。形式效用係指企業把原料或零件組合在一起，而創造了某種形式供人使用。雖然形式效用主要經由生產活動完成，然而，行銷活動也

可以影響形式效用，例如透過對消費者的調查，行銷者可以協助生產者決定保養品的成分、包裝、色系等。

3 (C)。波動需求（不規則需求）是指某些物品或者服務的市場需求在不同季節，或一周不同日子，甚至一天不同時間上下波動很大的一種需求狀況。如運輸業、旅游業、娛樂業都有這種情況。

4 (B)。交叉銷售是在說服現有的顧客去購買另一種產品，亦是根據客人的多種需求，在滿足其需求的基礎

上實現銷售多種相關的服務或產品的營銷方式。

5 (A)。人們每天透過視覺、聽覺、嗅覺、觸覺、味覺等，接觸到各式各樣的外在刺激，然而真正注意到的只占一小部分，此現象稱為「選擇性注意」。資訊之所以引起消費者注意，通常是因為與消費者的需求有關、資訊的內容或呈現方式與眾不同或有趣、資訊的刺激強度超過正常水準等。

6 (B)。有不少組織市場中的購買者出現地理集中的現象，形成原因有配合生產條件（如天候與土壤因素造成）、接近市場（如廣告公司集中在台北，以就近服務大企業及外商）、政府的規劃與政策鼓勵（如設立新竹與台南科學園區）。

7 (C)。全新購買（new task）又稱為新任務採購，係指前所未有的採購。由於對產品及供應商缺乏經驗與資訊，全新購買的不確定性與風險相當高。

8 (C)。由少數幾家廠商生產同質或異質的產品，彼此互相競爭又互相依賴，通常需要投入大量資本、技術及專業知識在產業上的一種市場類型，稱為「寡頭壟斷」，但產業結構中只有兩家廠商從事競爭，則稱為「完全寡頭壟斷」。

9 (C)。相同企業，提供產品形式不同，但能產生替代作用，提供消費者不同選擇的競爭，稱為形式競爭（form competition）。

10 (A)。目標市場行銷包括三個步驟：市場區隔（Segmentation）、選定目標市場（Targeting）、市場定位（Positioning），此三個步驟簡稱為STP程序。

11 (D)。創新者勇於接受新產品，通常比較年輕，且教育程度與收入較高，比較有能力處理較複雜的資訊，具備獨立判斷、主動積極、敢於冒險、具有內在導向與自信的特質。他們通常占採用者的極少數。

12 (D)。產品生命週期進入衰退期時，產品不再受到歡迎，市場開始萎縮，因此，銷售額快速下滑，利潤微薄，甚至會有虧損現象，應為ㄟ型了。

13 (D)。Aaker所提出的品牌權益模式除了(A)(B)(C)三者外，另包括知覺品質與其他專屬品牌資產。

14 (D)。Kelly所提出的品牌共鳴模式（brand resonance model），金字塔的最頂層為共鳴（resonance），係外部品牌建立的頂點。

15 (B)。品牌復興（brand revitalization）亦稱為品牌激活。品牌激活是指運用各種可利用的手段來扭轉品牌的衰退趨勢並幫助其重振雄風贏得消費者的信任。

16 (B)。畸零定價係不採用整數，而是以畸零的數字來定價，其主要目的是讓消費者在心理感覺上會將價格歸類在較便宜的區間範圍內。

17 (C)。獎賞權力係指擁有足以給其他通路成員聽從「只要聽話的，就給甜頭」的權力者，即握有此種權力。例如若零售商遵照建議進貨、陳設商品、進行促銷活動等，製造

商就給予進貨折扣與陳列津貼等優惠，則該製造商即擁有此種權力。

18 (C)。AIDA模式認為行銷人員與目標聽眾之溝通過程中，消費者在購買程序中皆會經歷注意（attention）、興趣（interest）、慾望（desire）及行動（action）等四個步驟的心理反應，稱為「AIDA模式」。

19 (D)。病毒式行銷係指在網際網路中，消費者主動將產品優惠內容或有趣的訊息自發地轉寄給朋友，以聯繫朋友間情感的分享方式。此一行銷活動方式即是「病毒式行銷」。

20 (D)。行銷研究首先應先決定行銷研究的主題，尤其是要消費者行為的部分與本向研究的目的加以釐清。正確的界定行銷研究之目的與問題，有助於研究方法與工具的採用及行銷研究經費的確認，這是成功展開行銷研究的第一步。

21 (B)。品牌延伸策略是將現有的品牌運用在新的產品之上，延伸的做法可以是新包裝、新容量、新款式、新口味、新配方等方式，如此可以收到槓桿的效果。

22 (C)。產品原型通過測試並已擬妥行銷組合後，產品開發的工作就進入上市階段。

23 (A)。在產品成長期階段，由於之前的推廣活動與通路鋪貨開始產生效益，產品打開了知名度並獲得消費者的接納，銷售額快速增加，公司的實質利潤亦隨著增加。

24 (D)。企業透過廣告和公共宣傳促銷策略等措施吸引最終消費者，使消費者對企業的產品或服務產生興趣，從而引起需求，主動去購買商品。其作用過程為：企業將消費者引向零售商，將零售商引向批發商，將批發商引向上游之生產企業。

25 (B)。由於現代的人們體認到經濟發展問題和環境問題是不可分割的，經濟的發展損害了地球的環境及資源，而環境的惡化也破壞了經濟發展。為了改善地球環境，並為人類的福祉謀取一條最適宜的道路，永續發展的理念可為此兩難困境提供可能的解決方案。

▶105年臺灣菸酒從業評價職位人員（免稅店）

(　) **1** 關於行銷組合（marketing mix）的4P，下列何者正確？　(A)產品（product）、價格（price）、促銷（promotion）、包裝（package）　(B)產品（product）、價格（price）、權力（power）、包裝（package）　(C)產品（product）、價格（price）、促銷（promotion）、通路（place）　(D)產品（product）、價格（price）、權力（power）、通路（place）。

(　) **2** 行銷組合（marketing mix）的4P所對應的4C，下列何者正確？　(A)價格（price）→解決方案（customer solution）　(B)價格（price）→成本（cost）　(C)價格（price）→便利性（convenience）　(D)價格（price）→溝通（communication）。

(　) **3** 在夏天火鍋店進行促銷，最接近下列何種市場需求（market demand）？　(A)負需求（negative demand）　(B)飽和需求（full demand）　(C)波動需求（irregular demand）　(D)有害需求（unwholesome demand）。

(　) **4** 某大銀行的信用卡申請書中提到「貴行及上開公司依法得進行交互運用之資料範圍限於申請人之基本資料內」，例如某大關係企業的人壽保險，最符合顧客關係管理（customer relationship management）中的：　(A)擴大銷售（up-selling）　(B)交叉銷售（cross-selling）　(C)下調銷售（down-selling）　(D)平行銷售（parallel-selling）。

(　) **5** 依據涉入程度的高低，一般民眾購買預售屋的決策最接近下列何者？　(A)廣泛決策（extensive decision making）　(B)例行決策（routine decision making）　(C)有限決策（limited decision making）　(D)無限決策（unlimited decision making）。

(　) **6** 行銷學所指的生活型態（life style）AIO中，A指的是：　(A)行動（actions）　(B)活動（activities）　(C)主角（actors）　(D)態度（attitudes）。

（　）　**7** 宏佳騰機車焦點篇廣告中，字幕顯示「剛才有外星人排隊買珍奶」，但大部分民眾在第一次觀賞時卻沒有注意到廣告中有外星人，是因為：　(A)選擇性注意（selective attention）　(B)選擇性曲解（selective distortion）　(C)選擇性記憶（selective retention）　(D)選擇性意圖（selective intention）。

（　）　**8** 新聞報導「素有台北華爾街之稱的南京東路商辦後市看漲。」根據組織市場中的購買者特色，最有可能的原因是：　(A)購買者數目較少　(B)購買者的地理集中　(C)買賣雙方關係密切　(D)購買者需求波動很大。

（　）　**9** 王品集團旗下有王品牛排與西堤牛排兩品牌，最屬於下列何種產品替代性（product substitutability）？　(A)品牌競爭（brand competition）　(B)產業競爭（industry competition）　(C)形式競爭（form competition）　(D)一般競爭（generic competition）。

（　）　**10** 某公司從生產不鏽鋼鍋具本業，擴展到生產不鏽鋼原料轉賣其他廠商，最屬於下列何種情況？　(A)向後整合（backward integration）　(B)向前整合（forward integration）　(C)購併（merger and acquisition）　(D)防禦（defense）。

（　）　**11** 下列何者為消費者市場的區隔變數（segmentation variable）中的人口統計變數（demographic variable）？　(A)人口密度　(B)所得　(C)人格　(D)價值觀。

（　）　**12** 汽車最屬於下列何種消費品（consumer goods）？　(A)日常用品（staple goods）　(B)衝動購買品（impulse goods）　(C)緊急用品（emergency goods）　(D)選購品（shopping goods）。

（　）　**13** 產品組合（product mix）中，用來表示個別產品的規格或樣式多寡，稱之為：　(A)廣度（width）　(B)長度（length）　(C)深度（depth）　(D)一致性（consistency）。

（　）　**14** 若將產品線延伸到比較高價、高品質的產品，稱之為：　(A)向上延伸（upward stretch）　(B)向下延伸（downward stretch）　(C)雙向延伸（two-way stretch）　(D)產品線填補（line filling）。

（　）**15** 喜餅禮盒做成珠寶箱的樣式，是屬於：　(A)初級包裝（primary package）　(B)次級包裝（secondary package）　(C)三級包裝（tertiary package）　(D)運送包裝（shipping package）。

（　）**16** 根據創新擴散模式（diffusion of innovation），趕在2015年1月1日參訪剛開幕的奇美博物館的民眾，最可能屬於：　(A)落伍者（laggards）　(B)早期大眾（early majority）　(C)晚期大眾（late majority）　(D)創新者（innovator）。

（　）**17** 品牌為商品與服務所帶來的附加價值，稱之為：　(A)品牌識別（brand identity）　(B)品牌意義（brand meaning）　(C)品牌聯結（brand bonding）　(D)品牌權益（brand equity）。

（　）**18** 根據Kelly所提出的品牌共鳴模式（brand resonance model），理性模式的第一步驟為下列何者？　(A)識別（identity）　(B)意涵（meaning）　(C)反應（response）　(D)關係（relationship）。

（　）**19** 根據服務三角形（service triangle），牽涉到前場與後場員工間的行銷，稱之為：　(A)內部行銷　(B)外部行銷　(C)互動行銷　(D)服務行銷。

（　）**20** 下列何者非屬顧客體驗行銷（experience marketing）的構面？　(A)情緒　(B)思考　(C)行動　(D)回饋。

（　）**21** 新產品上市為求擴大市場佔有率，以低價促銷的定價策略稱之為何？　(A)現行價格定價（going rate pricing）　(B)競標定價（sealed-bid pricing）　(C)吸脂定價（market-skimming pricing）　(D)滲透定價（market-penetration pricing）。

（　）**22** 將所訂出的價位以奇數，例如5及9，是屬於下列何種心理訂價法？　(A)威望訂價法（prestige pricing）　(B)畸零訂價法（odd-even pricing）　(C)犧牲打訂價法（lose leaders pricing）　(D)習慣訂價法（customary pricing）。

（　）**23** 連鎖體系的特許加盟店是屬於下列何種通路？　(A)水平式行銷系統（horizontal marketing system）　(B)管理式垂直行銷系統（administered VMS）　(C)所有權式垂直行銷系統（corporate VMS）　(D)契約式垂直行銷系統（contractual VMS）。

（　）**24** Big City遠東巨城購物中心地下一樓有愛買、c!ty'super、UNIQLO、無印良品、大創百貨等店，一樓有遠東 SOGO百貨。根據此敘述，此二樓層欠缺下列何種零售商（retailer）？　(A)便利商店　(B)超級市場　(C)百貨公司　(D)量販店。

（　）**25** AIDA消費者反應層級模式中，第一個 A指的是：　(A)注意（attention）　(B)察覺（awareness）　(C)行動（action）　(D)採用（adoption）。

（　）**26** 要消費者不假思索回想最近所看到的汽車廣告，是屬於何種廣告效果的評估方式？　(A)無輔助回想測試（unaided recall test）　(B)輔助回想測試（aided recall test）　(C)辨識測試（recognition test）　(D)組合測試（portfolio test）。

（　）**27** 微軟OneDrive透過Facebook、Twitter等社群網站，宣傳免費享有 1年 100GB 的資格。內容寫著「Drop the box — move your photos, music, and docs to OneDrive。」此行銷活動最接近下列何種形式的網路廣告？　(A)電子折價券　(B)網路互動遊戲　(C)電子郵件行銷　(D)病毒式行銷。

（　）**28** 「服務並非固定形體，看不到、摸不到，以感受為主」，意指服務具備下列何種特性？　(A)無形性（intangibility）　(B)不可分割性（inseparability）　(C)易變性（variability）　(D)不可儲存性（perishability）。

（　）**29** 根據滿意度中期望落差理論，當顧客認知的服務小於期望的服務，顧客會產生：　(A)不滿意　(B)滿意　(C)愉悅　(D)重複購買。

（　）**30** 下列何者不是顧客導向的意涵？　(A)著眼在市場，重視現有顧客、潛在顧客和競爭者　(B)只注重產品的研發與生產　(C)強調跨部門或職能的協調合作，以便為顧客創造價值　(D)服務顧客不只是客服部門的責任，而是公司整體員工的責任。

（　）**31** 根據安索夫矩陣（Ansoff Matrix）的定義，公司用現有的產品在某一現有市場經營的策略，稱為：　(A)多角化　(B)市場發展　(C)產品發展　(D)市場滲透。

（　）**32** 下列哪一個因素被歸類為行銷環境中的個體環境？　(A)供應商　(B)政治　(C)人口組成　(D)科技發展。

（　）**33** 提供組織一個有系統的資料蒐集、分析以及實際行銷狀況數據報告的活動，稱為：　(A)產品研發　(B)獨家代理　(C)市場調查　(D)商業化。

（　）**34** 下列何者為行銷研究的第一步？　(A)訂定研究計畫和蒐集訊息　(B)解釋數據資料和決定研究類型　(C)實施研究計畫　(D)定義問題和研究目的。

（　）**35** 是將市場細分為許多小市場，並評估各個市場的吸引力，然後選擇一個或多個市場進入的過程。　(A)細分市場　(B)大規模行銷　(C)差異化　(D)目標行銷。

（　）**36** 洗髮精將其市場區隔為輕、中、重度的產品使用者，這是根據下列哪一個變數當區隔變數？　(A)使用心理　(B)使用利益　(C)使用場合　(D)使用頻率。

（　）**37** 以冷氣機為例，根據產品層次的定義，下列哪一項可被視為附加產品？　(A)功能　(B)品牌　(C)省電效能　(D)保固。

（　）**38** 被定義為產品的一個名稱、標誌、圖案、設計，或是一組以上的組合，目的在使顧客能識別出與競爭產品的不同。　(A)架構　(B)品牌　(C)典範　(D)文化。

（　）**39** 以現有的品牌名稱去經營新開發的產品類別，稱為：　(A)共同品牌　(B)品牌延伸　(C)產品線擴展　(D)自用品牌。

（　）**40** 新產品開發的第一個步驟是：　(A)產生創意　(B)創意篩選　(C)市場測試　(D)發展概念。

（　）**41** 產品生命週期（product life cycle）中，下列哪一個階段，企業會面臨到較高市佔率和較高利潤的拉鋸？　(A)產品成長期　(B)產品衰退期　(C)商業化　(D)產品導入期。

（　）**42** 產品生命週期（product life cycle）中，下列哪一個階段，產品的銷售成長會趨緩且利潤開始逐漸下降？　(A)產品導入期　(B)產品成長期　(C)產品成熟期　(D)產品衰退期。

（　）**43** 消費者感受到的產品價值即為設定產品價格時的 ＿＿＿＿＿ 。　(A)下限　(B)上限　(C)固定成本　(D)變動成本。

(　　) **44** 下列哪一種定價方法是基於產品或服務的生產、銷售、風險等各項成本做綜合考量來設定價格？　(A)價值導向　(B)變動成本　(C)成本導向　(D)競爭導向。

(　　) **45** 下列哪一項是影響定價決策的外部因素？　(A)競爭者　(B)公司策略　(C)財務目標　(D)行銷目標。

(　　) **46** _____ 配銷方式是指盡可能地把產品陳列在最多的銷售據點。(A)選擇式　(B)密集式　(C)獨家　(D)地方。

(　　) **47** 在行銷溝通工具中，_____ 是指在短時間內提供誘因，鼓勵消費者購買產品或服務。　(A)廣告　(B)公共關係　(C)個人銷售(D)促銷。

(　　) **48** _____ 行銷策略是由行銷者對消費者進行廣告和促銷等推廣活動，讓消費者向中間商要求訂購產品，使中間商不得不向行銷者訂購。　(A)直接　(B)垂直整合　(C)推式　(D)拉式。

(　　) **49** 下列哪一種廣告預算類型是根據公司營業額直接設定的？　(A)銷售百分比法　(B)量力而為法　(C)對付競爭法　(D)目標任務法。

(　　) **50** _____ 是指企業從開發產品到生產銷售產品時，不只創造利潤同時也注重環境的維護。　(A)唯物主義　(B)環境永續性　(C)資本主義　(D)消費主義。

解答與解析　答案標示為#者，表官方曾公告更正該題答案。

1 (C)。行銷組合指的是企業在選定的目標市場上，綜合考慮環境、能力、競爭狀況對企業自身可以控制的因素，加以最佳組合和運用，以完成企業的目標與任務。

2 (B)。行銷4P理論是從生產者觀點出發，行銷4C理論則是站在消費者角度出發。兩者兩兩相互對應：
(1) 產品（Product）顧客需求（Consumer needs）。
(2) 價格（Price）成本（Cost）。

(3) 通路（Place）便利性（Convenience）。
(4) 促銷（Promotion）溝通（Communication）。

3 (C)。波動需求（不規則需求）是指某些物品或者服務的市場需求在不同季節，或一周不同日子，甚至一天不同時間上下波動很大的一種需求狀況。如運輸業、旅游業、娛樂業都有這種情況。

4 (B)。交叉銷售是在說服現有的顧客去購買另一種產品，亦是根據客人的多種需求，在滿足其需求的基礎上實現銷售多種相關的服務或產品的行銷方式。

5 (A)。在購買較為昂貴、重要、了解有限、高涉入的產品時，消費者的決策過程比較冗長複雜，通常會經歷前述的購買決策過程的五個決策階段，此即屬於廣泛決策。例如在購買汽車時即是屬於此類。

6 (B)。活動（activity）包含工作、嗜好、娛樂、體育、社團等項目。

7 (A)。人們每天透過視覺、聽覺、嗅覺、觸覺、味覺等，接觸到各式各樣的外在刺激，然而真正注意到的只占一小部分，此現象稱為「選擇性注意」。資訊之所以引起消費者注意，通常是因為與消費者的需求有關、資訊的內容或呈現方式與眾不同或有趣、資訊的刺激強度超過正常水準等。

8 (B)。有不少組織市場中的購買者出現地理集中的現象，形成原因有配合生產條件（如天候與土壤因素造成）、接近市場（如廣告公司集中在台北，以就近服務大企業及外商）、政府的規劃與政策鼓勵（如設立新竹與台南科學園區）。

9 (A)。品牌競爭（brand competition）是指滿足相同需求的、規格和型號等相同的同類產品的不同品牌之間在質量、特色、服務、外觀等方面所展開的競爭。

10 (A)。向後整合亦稱「向上整合」。係指向產業的上游（原料）方向整合，即下游購併上游，下游的公司可因而掌握上游的原料，獲得穩定而便宜的供貨來源。

11 (B)。人口統計變數包括：性別、年齡、所得、職業、教育水準、婚姻狀況、家庭組成、社會階層等因素之統稱。

12 (D)。選購品為消費者經過比較產品品質、價格、式樣與顏色等，再行購買的貨品，如傢俱、汽車、珠寶、電器用品等耐久性消費財。

13 (C)。深度係指個別產品有多少種規格或樣式。例如某品牌牙膏具有多種口味與香型，即構成了該牙膏的深度。

14 (A)。向上延伸係指低級品市場的公司嘗試進入高級品市場，他們可能是受到高級品市場的高成長率或高利潤所吸引，或者僅是想把公司定位為完全產品線製造商。

15 (B)。次級包裝亦稱為外層包裝，係在內層包裝之外的包裝，如裝香水瓶的紙盒。

16 (D)。創新者勇於接受新產品，通常比較年輕，且教育程度與收入較高，比較有能力處理較複雜的資訊，具備獨立判斷、主動積極、敢於冒險、具有內在導向與自信的特質。他們通常占採用者的極少數。

17 (D)。品牌權益並非由企業自己認定，而必須從顧客的角度來判斷，此即所謂的「顧客基礎的品牌權益」觀念。析言之，當一個品牌可令人回味再三，甚至受到心坎裡，則品牌價值非凡；反之，若一個品牌形象不佳、無人聞問，或是無法

凝聚顧客的忠誠度，則該品牌將毫無價值可言。

18 (A)。品牌共鳴模式四個步驟依序為：
(1)品牌識別（identity）。
(2)品牌意涵（meaning）。
(3)品牌反應（response）。
(4)品牌關係（relationship）。

19 (A)。內部行銷的對象不但是前場的服務人員，還包括後場的員工（如企劃、維修、會計人員）。其原因係在於進入前場的消費者極可能有機會遇見後場的員工，故他們亦必須有正確的態度與消費者互動。

20 (D)。顧客體驗行銷的五大構面除情緒、思考、行動外，另兩個是感官與關聯。

21 (D)。滲透定價係著眼於市場的需求彈性大，認為降價可增加銷售量，並以減低生產成本，或係根據成本定價，使售價接近成本，讓競爭者無利可圖，知難而退出市場甚或無法生存。

22 (B)。畸零訂價係不採用整數，而是以畸零的數字來訂價，其主要目的是讓消費者在心理感覺上會將價格歸類在較便宜的區間範圍內。

23 (D)。契約式垂直行銷系統中，通路成員之間的作業受契約的規範，但是製造商與中間商並不屬於同一個所有權。這種系統的形成可能由批發商、零售商或製造商發起。

24 (A)。便利商店分布於街頭巷尾，是一種規模較小，開在住家附近的店面，通常是24小時營業。銷售週轉率高的產品，因為賣的是便利，商品單價高、選擇有限，但是因為距離住家近，非常方便。

25 (A)。第一個A是「認知」，係指的是消費者經由廣告的閱聽，逐漸對產品或品牌認識了解，也許是一個聳動的標題，或者是一連串的促銷活動，吸引目標族群中大多數閱聽人的注意。

26 (A)	27 (D)	28 (A)	29 (A)
30 (B)	31 (D)	32 (A)	33 (C)
34 (D)	35 (D)	36 (D)	37 (D)
38 (B)	39 (B)	40 (A)	41 (A)
42 (C)	43 (B)	44 (C)	45 (A)
46 (B)	47 (D)	48 (D)	49 (A)
50 (B)			

▶106年桃園大眾捷運公司新進人員

（　）　**1** 公司使命的界定範圍越小、或越產品導向，可能會造成下列哪一種結果？　(A)讓企業內部失去求新求變的動力　(B)較容易掌握環境與消費需求的變化　(C)無法轉換事業跑道　(D)容易陷入「行銷近視症」的陷阱。

（　）　**2** 下列何者是指在交換的過程中，對交換的對手而言具有價值，並可在市場上進行交換的任何標的？　(A)商標　(B)產品　(C)價格　(D)有形商品。

（　）　**3** 廠商採用品牌延伸策略時，希望獲得何種成效？　(A)希望成為領導品牌　(B)希望新產品延用知名品牌，以延伸消費者對原有品牌形象到新產品　(C)希望能打擊競爭者的品牌　(D)希望創造新的產品品牌形象價值。

（　）　**4** 若目前的銷售成績和市場佔有率反應的是過去的績效，那麼下列何者反應的是未來績效？　(A)顧客權益　(B)顧客佔有率　(C)獲利性　(D)產品價值。

（　）　**5** 根據安索夫（Ansoff）成長矩陣，下列何者屬於多角化發展策略的作法？　(A)透過降低價格，擴大市場佔有率　(B)透過新產品上市，開發新市場　(C)提高價格，進入高階市場　(D)透過國際化策略，進入海外市場。

（　）　**6** 在判斷產品品質時，以下哪一種線索不是內生（Intrinsic）線索？　(A)風格　(B)顏色　(C)味道　(D)價格。

（　）　**7** 當企業從事產品線向下延伸時，下列何者是它可能面臨的獲利？　(A)損失產品形象　(B)挑起同行競爭　(C)阻止低價競爭者向上擴張　(D)導致品牌名稱失去原有的特定意義。

（　）　**8** R-F-M公式，有助直效行銷的人員找出最願意購買的顧客，M代表的是？　(A)購買金額　(B)購買次數　(C)最近一次購買時間　(D)特性。

（　）　**9** 在顧客關係管理中，下列何者是發展與建立顧客關係的主要關鍵？　(A)顧客選擇及產品的提供　(B)顧客價值及顧客滿意度　(C)產品性能及顧客價值　(D)顧客期望及顧客滿意。

（　）　**10** 在公司所有部門中，哪個部門對公司的策略制訂具有重要性的影響？　(A)人力資源　(B)資訊　(C)行銷　(D)會計。

（　）　**11** 一般而言，消費者對下列哪一種產品的涉入程度最高？　(A)牙膏　(B)零食　(C)車子　(D)汽水。

（　）**12** 消費品依據以下何者，可被區分為日常用品、選購品、特殊品等？
　　　(A)產品的產品屬性　(B)消費者的所得　(C)消費者的購買動機
　　　(D)消費者的生活型態。

（　）**13** 兩個或以上屬於不同廠商的知名品牌，一起出現在產品上，其中一
　　　個品牌採用另一個品牌作為配件，稱為何種品牌策略？　(A)混合
　　　品牌　(B)品牌延伸　(C)品牌聯想　(D)共同品牌。

（　）**14** 推廣（Promotion）中說服的目標為何？　(A)建立品牌形象　(B)建
　　　立顧客忠誠度　(C)提醒消費者要去哪裡購買產品　(D)刺激消費者
　　　購買產品的意願與行動。

（　）**15** 若想要同時提升現有顧客的成長潛力與銷售額，該採用下列何種手
　　　法？　(A)目標群銷售　(B)顧問式銷售　(C)人員銷售　(D)交叉
　　　銷售。

（　）**16** 在電子商務及網路行銷盛行的情況下，下列何者是業者及消費者最
　　　關心的事情？　(A)使用者隱私權　(B)隨時收到新產品訊息　(C)網
　　　路色情　(D)資訊泛濫。

（　）**17** 消費者的心理因素對其購買決策的影響很大，下列何者並不屬於心
　　　理因素？　(A)社會角色　(B)動機　(C)認知　(D)信念。

（　）**18** 下列何種產品類型消費者的購買頻次較少，但通常每次都會仔細比
　　　較其耐久性、品質、價格與產品風格？　(A)便利品　(B)特殊品
　　　(C)選購品　(D)非主動搜尋品。

（　）**19** 廠商在原有之商品下推出新的品牌名稱，如P&G推出沙宣、飛柔、
　　　潘婷、海倫仙度絲等，此為品牌策略中之何種策略？　(A)多品牌
　　　(B)產品線延伸　(C)品牌延伸　(D)新品牌。

（　）**20** 下列何種類型的廣告媒體較具有「選擇目標市場的能力」？　(A)捷
　　　運車廂　(B)雜誌　(C)電視　(D)廣播。

（　）**21** 顧客滿意指的是在顧客心中，所認知的產品價值相對於下列何者的
　　　認知所決定？　(A)取得產品的成本　(B)失去使用其他產品的成本
　　　(C)所預期的期望價值　(D)競爭者產品的成本。

(　) **22** 當行銷人員以數個市場區隔為目標市場，並分別為其設計行銷組合時，他是在執行？　(A)理念行銷　(B)無差異行銷　(C)差異化行銷　(D)集中行銷。

(　) **23** 通常較低價，有眾多的零售點，滿足消費者追求的便利性，是指下列何者選項？　(A)便利品　(B)特殊品　(C)選購品　(D)非主動搜尋品。

(　) **24** 高涉入廣告最可能採取何種訊息表現方式？　(A)生活片段　(B)幽默好玩　(C)產品示範　(D)超現實想像。

(　) **25** 顧客關係管理其最終目的為何？　(A)提升銷售總額　(B)建立可信賴的資料庫　(C)提升市場佔有率　(D)創造高的顧客權益。

解答與解析　答案標示為#者，表官方曾公告更正該題答案。

1 (D)。產品觀念指的是指企業在擬定策略時，過於迷戀自己的產品，多數組織不適當地把注意力放在產品上或技術上，而不是市場。即致力於生產優質產品，並不斷精益求精，卻不太關心產品在市場是否受歡迎，不關注市場需求變化，過於重視生產，就會忽略行銷。因而會引發出行銷近視症。

2 (B)。產品（Product）是用來滿足人們需求和欲望的物體或無形的載體。消費者購買的不只是產品的實體，還包括產品的基本效用和利益。

3 (B)。品牌延伸策略所帶來的好處包括：(1)可使企業經營的市場擴大，且新產品可維持品牌的新鮮感；(2)具有廣告行銷上的綜效，利用原有品牌的知名度，鼓勵消費者作嘗試性購買，以降低產品上市而失敗的風險；(3)滿足不同分眾市場消費者需求，創造市場佔有率最大化；(4)延伸品牌其有與原品牌高度的聯想效果，可強化原品牌的核心利益。

4 (A)。顧客權益（customer equity）係指企業所有顧客（包括現有顧客與潛在顧客群）的終生價值。顧客終其一生可能因自身的再購行為或介紹他人購買，而為企業的未來帶來無限利益。

5 (B)。企業在「新市場」上同時推出「新產品」，以達成企業成長謂之多角化。如果公司的行銷系統內，明顯地缺乏繼續成長的機會，或者行銷系統外，有更佳的機會時，那麼多角化成長應是一種可行的策略。

6 (D)。內生線索指產品的實體屬性，如功能、樣式、顏色、大小、風格等，受限於個別產品的屬性。

7 (C)。許多公司原先在市場上發展高級品，然後漸漸向下延伸其產品。公司可以透過向下延伸以妨礙或攻

擊競爭者，或是進入市場上快速成長的區隔市場。

8 (A)。RFM即最近購買日（Recency）、購買頻率（Frequency）與購買金額（Monetary Amount）。

9 (B)。顧客價值係指顧客對廠商提供的產品或服務，所要支付之總成本與所獲得之總利益間的差值；顧客滿意係指顧客對一個產品可感知的效果（或結果）與期望值相比較後，所形成的愉悅或失望的感覺狀態。

10 (C)。一個公司的策略計畫引導公司選擇所進入的事業，並為每個事業建立其各自的目標，這是行銷部門的主要職責之一，而針對每個事業，公司尚需做更細部的規劃，來指引其努力的方向。當一個事業包含有好幾條生產線、好幾種產品、品牌或市場時，仍需分別為其建立各自的計畫。

11 (C)。涉入程度係指對購買行動或產品的注重、在意、感興趣的程度。一般而言，購買重要、昂貴、複雜的產品時，涉入程度相當高。相反地，購買較不重要、便宜、簡單的產品，涉入程度比較低。

12 (C)。消費者的消費行為是受動機所支配，指引購買活動去滿足某種需要的內部驅動力。

13 (D)。共同品牌係指兩個或以上屬於不同廠商的知名品牌，一起出現在產品上，其中一個品牌採用另一個品牌作為配件，稱為共同品牌策略。例如長榮航空與花旗銀行的聯名卡。

14 (D)。推廣係將企業與產品訊息傳播給目標市場的活動。企業提供的各項產品或服務，需要透過各種管道讓消費者了解，激發消費動機或採購意圖，並引導消費者採取消費行動。

15 (D)。交叉銷售是在說服現有的顧客去購買另一種產品，亦是根據客人的多種需求，在滿足其需求的基礎上實現銷售多種相關的服務或產品的行銷方式。

16 (A)。隱私權係指個人人格上的利益不受不法僭用或侵害，個人與大眾無合法關聯的私事，亦不得妄予發布公開，故在電子商務及網路行銷盛行的情況下，使用者隱私權是業者及消費者最關心的事情。

17 (A)。社會角色是消費者購買決策的社會影響因素。

18 (C)。選購品為消費者經過比較產品品質、價格、式樣與顏色等，再行購買的貨品，如傢俱、汽車、珠寶、電器用品等耐久性消費財。

19 (A)。多品牌策略（Multi-brands strategy）是公司在相同產品的領域中，開發出不同的品牌來相互競爭，原因是它們的市場是可以區隔開的，如此才不致發生自己打自己的情況。

20 (B)。因雜誌廣告的對象固定，而非社會一般大眾，故較具有「選擇目標市場的能力」。

21 (C)。顧客滿意係指顧客對一個產品可感知的效果（或結果）與期望值相比較後，所形成的愉悅或失望的感覺狀態。

22 (C)。差異化行銷係指企業在多個市場區隔中經營，並且為每一個市場區隔分別設計不同的行銷方案。

23 (A)。便利品又稱日用品。通常是價格比較低廉的、消費者不願意花費太多時間與精力去購買的消費品。

24 (C)。高產品涉入包含高價格、高風險、個人化的特性；低產品涉入則是產品具備低價格、低風險、標準化相互替代性高特性。

25 (D)。顧客關係管理（CRM）能提供有始有終的顧客服務，希能創造高的顧客權益，達成提昇顧客滿意度及顧客忠誠度之最終目的。

▶107年中華郵政營運職職階人員

一、線上行銷溝通(online marketing communication)已成為行銷人員達成溝通與銷售目的的重要方式，請回答下列問題：

(一) 請列舉目前主要的線上行銷溝通管道。

(二) 請依線上行銷溝通解釋O2O營銷模式。

解題指引 (一)目前主要的線上行銷溝通管道係藉由數位科技來達成行銷的目的，例如online marketing、web marketing、internet marketing、E marketing等都是。

(二)請參閱第十章第八節8.3。

二、為提高銷售績效，業者常採用交叉銷售(cross-selling)手法，說服現有顧客採購其他商品或服務，請回答下列問題：

(一) 請說明客戶關係管理與交叉銷售間關聯性。

(二) 請分析妨礙交叉銷售執行的因素？

解題指引 (一)請參閱請參閱第十一章第三節3.6.1；第八章第四節4.5。

(二)請參閱請參閱第十一章第三節3.6.3。

▶107年臺灣菸酒從業評價職位人員

( ) **1** 行銷觀念的演進,下列敘述何者正確? (A)行銷觀念時期容易產生「行銷近視症」 (B)產品觀念時期,以滿足顧客需求為目的 (C)銷售觀念時期,消費者容易產生「認知失調」 (D)生產觀念時期,以改良產品品質及強力促銷為主。

( ) **2** 美商亞培公司針對不同病患推出不同的配方,如:針對腎臟病患者(未洗腎)推出「腎補納」,針對糖尿病患者推出「葡勝納」,是屬於何種目標市場的涵蓋策略? (A)無差異行銷 (B)差異化行銷 (C)集中式行銷 (D)關係行銷。

( ) **3** 推廣組合是指 (A)產品、價格、通路、促銷 (B)產品、人員、實體呈現、作業流程 (C)廣告、人員銷售、促銷、公共關係 (D)產品、價格、直效行銷、廣告。

( ) **4** 根據有效市場區隔的條件,以下敘述何者正確? (A)「足量性」指區隔後的次級市場,其銷售潛量與規模大小足以讓企業有利可圖 (B)「可行動性」指廠商能透過各種媒體提供行銷訊息給區隔後的次級市場 (C)「可接近性」指市場大小能具體而準確的估算 (D)「可衡量性」指擬定的行銷方案可有效吸引該次級市場的消費者。

( ) **5** 便利商店為了滿足消費者即時性與便利性的需求,不斷推出各種創新商品與服務,因此便利商店的經營理念符合下列哪種行銷管理觀念? (A)生產導向觀念 (B)產品導向觀念 (C)銷售導向觀念 (D)行銷導向觀念。

( ) **6** 企業進行目標行銷時,正確的步驟為? (A)市場定位→市場區隔→目標市場選擇 (B)市場區隔→市場定位→目標市場選擇 (C)市場區隔→目標市場選擇→市場定位 (D)目標市場選擇→市場區隔→市場定位。

( ) **7** 下列何者為產品生命週期的順序 (A)成熟期→衰退期→成長期→導入期 (B)導入期→成長期→成熟期→衰退期 (C)成長期→成熟期→導入期→衰退期 (D)衰退期→導入期 →成熟期→成長期。

（　） **8** 對廠商而言，唯一可產生收益的行銷組合要素是？　(A)定價　(B)推廣　(C)產品　(D)通路。

（　） **9** 以下哪一項是屬於定性（質性）的衡量方法？　(A)實驗設計　(B)使用者深度訪談　(C)資料庫分析　(D)問卷調查。

（　） **10** 佐丹奴Giordano先推出低價休閒服飾，而後逐漸推出高價位的仕女精品牌服飾Girodano ladies，此為哪一種延伸策略？　(A)向下延伸　(B)向上延伸　(C)雙向延伸　(D)更新策略。

（　） **11** 企業針對不同的產品項目，冠上不同的品牌名稱，例如金車企業推出：伯朗咖啡、波爾茶、健酪乳酸飲料、噶瑪蘭黑麥汁，這樣的品牌命名策略是為？　(A)單一家族品牌　(B)產品線家族品牌　(C)混合品牌　(D)個別品牌。

（　） **12** 宜蘭國際童玩藝術節吸引了大批的觀光人潮，使得新聞媒體爭相報導，也帶來龐大的商機。以上敘述，提到了哪一項促銷工具？　(A)廣告　(B)銷售推廣　(C)人員銷售　(D)公共關係。

（　） **13** TOYOTA總代理和泰汽車以「我的幸福里程樹」微電影，喚起民眾一起守護環境，和泰汽車與TOYOTA全體經銷商展開了一車一樹的活動，於2017年4月起，每售出一台TOYOTA新車，就為車主在台灣沿海種一棵樹，奪下台灣當年第二季YouTube最成功廣告冠軍，建立了企業的良好形象，也吸引了不少消費者前來購買汽車，是屬於　(A)拉式策略　(B)推式策略　(C)開放策略　(D)封閉策略。

（　） **14** 下列目標市場，其區隔結構的吸引力何者較大？　(A)區隔內的供應商有能力任意調整原料價格　(B)區隔內無替代品存在　(C)區隔內的消費者擁有很強的議價能力　(D)區隔內包含很多強而有力的競爭者。

（　） **15** 下列何種訂價法是屬於「競爭導向」訂價法？　(A)投資報酬率訂價法　(B)差別訂價法　(C)追隨領袖訂價法　(D)心理訂價法。

（　） **16** 保護產品的包裝，啟用產品時即可丟棄。它兼具促銷的功能，包括外觀的設計與產品說明。此為哪一包裝層次？　(A)基本包裝　(B)次級包裝　(C)裝運包裝　(D)以上皆非。

(　　) **17** 某企業的產品組合中，包括洗衣粉、洗碗精與牙膏三條產品線，各產品線的產品項目如下：洗衣粉系列：小蘇打配方洗衣粉、橘油配方洗衣粉、無患子配方洗衣粉。洗碗精系列：檸檬配方洗碗精、綠茶配方洗碗精系列。牙膏系列：薄荷牙膏、鹹味牙膏、葉綠素牙膏、加氟牙膏。請問，該公司產品組合之「廣度」為何？　(A)2　(B)3　(C)4　(D)9。

(　　) **18** 下列何種狀況不適合採高價吸脂的訂價方式？　(A)商品具有高度流行性　(B)市場進入障礙低的產品　(C)產品具有高度創新性　(D)生產技術大幅領先競爭者的產品。

(　　) **19** 春節假日，許多消費者到果園體驗採果趣，此為通路階層中的　(A)零階通路　(B)一階通路　(C)二階通路　(D)三階通路。

(　　) **20** 若企業欲提高產品形象、提高利潤，且擁有最大的通路控制力，可採用何種通路策略？　(A)密集式配銷　(B)選擇性配銷　(C)獨家式配銷　(D)選擇性商流。

(　　) **21** 使用標準作業流程SOP，可以改善下列何種服務特性的缺失？　(A)無形性　(B)不可分離性　(C)易變性　(D)易消逝性。

(　　) **22** 企業推動「綠色行銷」必須符合3R原則，所謂的3R，下列何者為非？　(A)拒絕（Reject）　(B)減量（Reduce）　(C)回收（Recycle）　(D)再利用（Reuse）。

(　　) **23** 廣告決策的5M，除了媒體（Media）、訊息（Message），尚有三項，下列何者為非？　(A)使命（Mission）　(B)金錢（Money）　(C)衡量（Measurement）　(D)市場（Market）。

(　　) **24** 美國蘋果公司針對果粉（蘋果迷）於2017年下半季同時推出iPhone 8、iPhone 8 Plus與 iPhone X，有預算考量或喜歡單手操控性的人，可選擇iPhone 8；追求雙鏡頭相機功能與大螢幕的人，適合iPhone 8 Plus；若預算充足，同時追求大螢幕、合手尺寸、相機功能，又不怕嘗試最新技術，當然就是非iPhone X莫屬了，這種鎖定顧客品牌忠誠度的市場區隔方式是運用哪一種區隔變數？　(A)地理變數　(B)人口統計變數　(C)心理變數　(D)行為變數。

（　）**25**「百貨公司」與「專賣店」的比較，下列何者正確？　(A)專賣店的產品線之廣度較窄　(B)百貨公司的產品線之深度較深　(C)專賣店多以專櫃方式經營　(D)百貨公司的目標消費群為特定需求者。

（　）**26**「服務金三角」是指下列哪三者的互動關係？　(A)企業、供應商、員工　(B)供應商、員工、顧客　(C)企業、顧客、供應商　(D)企業、員工、顧客。

（　）**27**下列何者為「物流」最主要的核心機能？　(A)倉儲保管　(B)運輸配送　(C)加工製造　(D)裝卸搬運。

（　）**28**在PZB服務品質模式中，顧客期望與體驗後的服務缺口，是指顧客接受服務後在知覺上的差距，屬於第幾個缺口？　(A)缺口1　(B)缺口2　(C)缺口3　(D)缺口5。

（　）**29**以下何者不是供應鏈（SupplyChain）成員？　(A)顧客　(B)製造商　(C)競爭者　(D)中間商。

（　）**30**「幫助顧客並提供顧客即時的服務」，是屬於服務品質評估的那一個構面？　(A)反應性　(B)關懷性　(C)可靠性　(D)有形性。

（　）**31**顧客對產品購前心理預期與購後實際感受的差異程度，稱為？　(A)服務品質　(B)顧客忠誠度　(C)顧客滿意度　(D)顧客需求。

（　）**32**下列何者是4P策略中通路策略所對應的4C內容？　(A)Customer needs　(B)Cost　(C)Communication　(D)Convenience。

（　）**33**行銷思維的演進最後一個階段進入全面行銷觀念，下列何者不是全面行銷觀念的主要組成？　(A)關係行銷　(B)整合行銷　(C)外部行銷　(D)績效行銷。

（　）**34**企業應用現代化資訊科技蒐集、處理及分析顧客資料，以找出顧客的購買模式與購買群體，並制定有效的行銷策略來滿足顧客的需求，此方法稱為　(A)行銷企劃　(B)知識管理　(C)顧客關係管理　(D)供應鏈管理。

（　）**35**下列敘述何者為非？　(A)顧客知覺價值指的是某一潛在顧客評估一項提供物相對於各種選項之所有利益與原本間的差距　(B)總顧客利益是指顧客考慮產品、服務、人員、形象等因素上，對某一市場

提供物在經濟、功能與心理層面上之整體利益　(C)總顧客成本是指顧客對於某一市場提供物進行評估、取得、使用與處置時所帶來的整體預期成本　(D)行銷人員唯有透過提升顧客利益方能提升顧客知覺價值。

(　　) **36** 企業進行市場區隔時，可針對現行市場上會遭遇的五種競爭力量來評估，下列何者不是此五力分析的項目？　(A)現在競爭者的競爭力　(B)上游供應商的議價能力　(C)替代品的威脅力　(D)企業的政策執行力。

(　　) **37** 下列何者不是顧客抱怨處理的重點？　(A)耐心傾聽、記錄抱怨要點　(B)以誠懇態度透過協商或談判的方式儘量延緩處理顧客抱怨　(C)主動給予合理的補償　(D)後續追蹤顧客對處理結果的滿意度。

(　　) **38** 商品所有權由賣方移轉至買方手中，所產生的效用為　(A)原始效用　(B)形式效用　(C)空間效用　(D)占有效用。

(　　) **39** 消費者的決策過程中，第三個步驟為　(A)方案評估　(B)資訊蒐集　(C)購買決策　(D)需求認知。

(　　) **40** 利用企業整合本身的資源，透過企劃力與創意性的活動或事件，使成為大眾關心的話題、議題，因而吸引媒體的報導與消費者的參與，以達成銷售的目的，此行銷方式稱為　(A)關係行銷　(B)整合行銷　(C)事件行銷　(D)置入性行銷。

(　　) **41** 依「經營型態」區分，擁有商品所有權，不僅為關係企業內的公司配送商品，也為其他企業配送商品的物流中心為　(A)營業型物流中心　(B)封閉型物流中心　(C)中立型物流中心　(D)專用型物流中心。

(　　) **42** 下列有關「複合式經營」的優點，何者正確？　(A)分散風險　(B)無法與消費者生活結合　(C)無法創造商品與服務的附加價值　(D)定位清楚。

(　　) **43** 根據創新擴散模式（Diffusion of Innovation），新產品購買者類型較依賴團體規範及價值觀，對當地社會較為關切，通常會成為意見領袖者是指　(A)創新者　(B)早期採用者　(C)早期大眾　(D)晚期大眾。

（　）**44** 現代商業活動範圍中，將各項商品、價格與市場的銷售資料，蒐集評估所形成的系統，稱之為何？　(A)物流系統　(B)金流系統　(C)商流系統　(D)資訊流系統。

（　）**45** 網際網路科技的發展，提供買賣雙方的議價空間，可提供買方量身訂作的價格，助長何種定價策略的發展？　(A)配套定價　(B)市場滲透定價　(C)差別定價　(D)高價吸脂定價。

（　）**46** 根據服務三角形（Service Triangle）的觀念，任何企業存在著三種不同的行銷作為，以下何者有誤？　(A)外部行銷：企業針對外部顧客所設定的承諾　(B)內部行銷：員工針對店內顧客的行銷活動　(C)互動行銷：員工以專業的能力為顧客提供服務　(D)外部行銷：包括企業定位、定價與推廣等策略。

（　）**47** 下列名詞定義何者有誤？　(A)品牌打造是給予產品或服務一個品牌權力，是創造產品間差異化的方法　(B)品牌權益是指品牌在消費者心中，給予產品及服務的附加價值　(C)品牌知識包括消費者對該品牌有關的所有想法、感情、形象、經驗、信念等　(D)品牌承諾指的是消費者對品牌應該是什麼所表達的期望。

（　）**48** 銷售人員管理之步驟有　A.決定銷售人員的人數與工作　B.招募、甄選與訓練　C.設定銷售的目標　D.監督和評估　E.激勵與報酬，以上步驟正確的順序為？　(A)A.B.C.D.E.　(B)C.A.B.E.D.　(C)C.A.B.D.E.　(D)A.B.C.E.D.。

（　）**49** 企業訂價時企業目標愈明確，訂價就愈容易，下列敘述何者為非？　(A)追求生存為公司主要目標時，只要價格大於平均固定成本公司就會繼續維持　(B)以市場滲透訂價法來追求市場占有率最大化　(C)開發新技術的企業都偏好設定高價位來榨取市場　(D)產品品質的領導者，致力成為買得起的奢華，也就是產品品質高、價格稍高但還在消費者負擔範圍內為其訂價考量。

（　）**50** 產品的根本利益或效用，即滿足消費者購買產品時，內心真正想要滿足的需求，稱之為？　(A)基本產品　(B)核心產品　(C)期望產品　(D)潛在產品。

解答與解析　答案標示為#者，表官方曾公告更正該題答案。

1 (C)。銷售觀念時期，企業賣的是手上既有的東西，而未必是消費者真正需要的東西，因此消費者容易產生「認知失調」。

2 (B)。差異行銷係配合不同區隔市場的需求，分別提供齊全的產品線供二個以上不同區隔市場消費者選擇。

3 (C)。企業有系統的推廣其產品或服務的活動形式，將之有系統的歸納，有四種不同性質的主要活動範疇，包括廣告、促銷、公共關係、人員銷售等四種活動統稱為推廣組合。

4 (A)。係指每一個區隔後的市場規模，都需求大到有足以實現企業獲利的市場經營價值。

5 (D)。行銷導向係指以消費者為主體，強調消費者的需求與滿足感，亦即先考慮消費者的需求，然後提供符合其利益的產品以創造消費者的滿足感。

6 (C)。目標市場行銷包括三個步驟：第一個步驟是進行「市場區隔」，選擇合適的基礎變數，將消費者區分為不同群體；第二個步驟是「選定目標市場」，選擇一個或數個區隔群體，做為企業的目標市場；第三個步驟是「市場定位」，發展產品或服務的特質，並配合其他行銷組合，以達到企業在該目標市場的競爭優勢。

7 (B)。產品生命週期代表的是一產品銷售歷史之各階段，各階段會有其銷售機會、困難和相對的行銷策略

與獲力能力等特點，能幫助企業判斷出產品正處於哪個階段，而企業又應訂定什麼樣的行銷策略。

8 (A)。對企業而言，價格是行銷組合中唯一能夠產生銷貨收入的要素。

9 (B)。「定性」的衡量方法係在「沒有歷史資料」或「突發性情況」下，運用具「無法量化」知識的「個人的意見」，以判斷來預測未來結果。定性預測法包括：使用者深度訪談、專家意見法、德爾菲法、行銷研究和類比法等。

10 (B)。向上延伸係指低級品市場的公司嘗試進入高級品市場，他們可能是受到高級品市場的高成長率或高利潤所吸引，或者僅是想把公司定位為完全產品線製造商。

11 (D)。個別品牌係指生產者將每種產品各使用不同的品牌名稱，即每一種產品有特定的品牌名稱。

12 (D)。公共關係的主要內容包括公共報導、出版刊物、贊助活動、舉辦公益活動等，而公共報導即是透過大眾傳播媒體，以新聞報導的方式，免費地傳遞企業產品或服務之訊息，讓社會大眾有所了解或引發其興趣的推廣促銷活動。

13 (A)。「拉式策略」係指企業採取間接方式，透過廣告和公共宣傳促銷策略等措施吸引最終消費者，使消費者對企業的產品或服務產生興趣，從而引起需求，主動去購買商品。

14 (B)。市場區隔如有潛在或可行的替代品時，則該市場吸引力就不高，

因其產品之訂價須與替代品比價，而無法提高利潤。

15 (C)。追隨領袖訂價法係指企業價格的制定，主要以對市場價格有影響的競爭者的價格為依據，根據具體產品的情況稍高或稍低於競爭者。競爭者的價格不變，實行此目標的企業也維持原價，競爭者的價格或漲或落，此類企業也相應地參照調整價格。一般情況下，中小企業的產品價格定得略低於行業中占主導地位的企業的價格。

16 (B)。亦稱為外層包裝，係在內層包裝之外的包裝，如裝香水瓶的紙盒即是。

17 (B)。廣度又稱為「寬度」，係指產品線的數目。亦即指產品線內不同系列產品別的數量。

18 (B)。企業為了快速回收開發產品與拓展市場之投資，採取相對高價的定價方式，亦即在新產品上市初期，採取高價位之訂價策略，企圖很快的從市場銷售中獲利，並回收所有的投資，謂之「吸脂定價」。

19 (A)。零階通路又稱為「直接通路」，係指由製造商直接賣向最終消費者推銷商品，不須經過任何的中間商機構（即：產品供應商-->消費者）。例如直銷、郵購、網路商店等即是。

20 (C)。獨家式配銷係指廠商刻意限制中間商的數目，在各個銷售區域只有一家（或極少數幾家）中間商。採取獨家式配銷的產品大多是特殊產品，如非常昂貴的服飾、汽車、珠寶、手錶等商品。

21 (C)。建立服務標準作業規範（SOP），如銀行機構以自動櫃員機取代櫃台人員的存取款、轉帳等服務，能大幅降低服務品質的易變性。

22 (A)。「綠色行銷」所堅持的基本精神在於將「環保概念」落實於行銷活動中，例如產品的包裝設計、廢棄物管理，以及無污染性的產品製造。

23 (D)。廣告的五個M為：
(1) 使命（Mission）。
(2) 金錢（Money）。
(3) 訊息（Message）。
(4) 媒體（Media）。
(5) 衡量（Measurement）。

24 (D)。行為變數係指消費者對於產品的購買時機、使用場合、追求利益、使用者狀態、使用頻率、品牌忠誠度、購買準備階段、對產品的態度等變數。

25 (A)。百貨公司產品種類繁多、樣式齊全；專賣店只是專門販售某一類型的產品。故專賣店的產品線之廣度較窄。

26 (D)。「服務金三角」的觀點認為服務策略、服務人員和服務組織構成了以顧客為核心的三角形框架，即形成了「服務金三角」。簡言之，服務金三角就是組織、員工、顧客三者之間的內部行銷、外部行銷和互動行銷的互相整合。

27 (B)。物流包括實體產品從供應商至顧客之供應鏈管理，乃至反向之產品退件以及產品服務與棄置等。將物品快速地由某一個地點運送至顧客所指定的地點，加速物品的流通效率，故「運輸配送」乃是物流業提升競爭力最主要的核心機能。

28 (D)。缺口五係指消費者的觀感，而這觀感的形成與服務業者的服務品質認知與作為有關。當認知的服務優於預期的服務，是正面的服務品質，反之則是負面的服務品質。

29 (C)。供應鏈是指產品生產和流通過程中所涉及的「製造商、中間商及顧客」等成員經過與上游、下游成員的連接組成的網路結構。

30 (A)。反應性係指服務人員能主動協助顧客與迅速回應顧客要求的能力。當顧客有所提問、要求或訴怨時，服務人員的回應速度經常被用來判斷服務人員的專業、熱心與誠意。

31 (C)。行銷的目的並不是將產品有效率的售出而獲利了事，而是要讓消費者（顧客）滿意，並希望他們能重複購買，進而能夠口碑流傳。

32 (D)。行銷4P理論是從生產者觀點出發，行銷4C理論則是站在消費者角度出發。兩者兩兩相互對應，通路（Place）係對應便利性（Convenience）。

33 (C)。全面行銷包括關係行銷、整合行銷、內部行銷及社會責任行銷。

34 (C)。顧客關係管理旨在確保顧客的忠誠度並降低流失率它亦可協助企業有效掌握與客戶間的互動，即時傳遞資訊給客戶，快速回應顧客需求，主動提供客戶知識與資源等。

35 (D)。所謂「顧客知覺價值」即是顧客針對一項產品的所有價值與成本，相對於其他競爭者的產品之差異所做成的評價。在這個定義下，企業可藉由提供給顧客更多的認知利益或是減少顧客認知犧牲的方式，來提高顧客的認知價值。

36 (D)。五力分析的項目除了(A)(B)(C)三者外，尚包括：潛在進入廠商的威脅與與下游購買者的議價能力。

37 (B)。應以誠懇態度透過協商或談判的方式儘速處理顧客抱怨。

38 (D)。占有效用係指當消費者接受某個產品的價格以及付款條件，在購買之後，他們就有了該產品的擁有權，可以合法的占有及使用該產品。

39 (A)。消費者的決策過程中，依序為：問題察覺、資訊蒐集、方案評估、購買、購後行為等五個步驟。

40 (C)。事件行銷之標的可以是產品，服務，思想，資訊等具有特殊事務特色主張的活動；事件可包括：現有的事件、節日慶典事件、創造新奇的事件、名人造勢、公益形象等。

41 (A)。營業型物流中心又稱為「混合型物流中心」。係指擁有商品的所有權，並從事商品銷售的物流中心；這一類型的物流中心，不僅為同一關係企業內之公司配送商品，也為其他企業配送商品。

42 (A)。複合的經營可以減輕管銷、人事費用與房租的負擔，可分散風險。

43 (B)。早期採用者對新產品的接納比大多數人早，但在態度上比創新者更小心翼翼。一般新產品上市時，都希望能獲得他們的青睞，以便能夠擴散產品口碑。

44 (D)。資訊流係指企業內與企業間的資料、資訊傳輸與流通的現象。

45 (C)。差別定價係企業針對不同的消費群體，依據每一群體之需求特性而採取差別定價的策略。

46 (B)。根據服務三角形的觀念，內部行銷是指組織灌輸全體員工行銷導向與顧客服務的觀念，並訓練與激勵員工，以便他們切實了解企業本身的形象與工作如何影響顧客滿意度與企業形象等。

47 (D)。品牌承諾是一個品牌給消費者的所有保證，包含產品承諾，又高於產品承諾。一個整體的產品概念包括三個方面：核心產品、形式產品、延伸產品，一個產品在這三個方面的標準就是產品承諾。

48 (B)。銷售人員管理之步驟：(1)設定銷售的目標→(2)決定銷售人員的人數與工作→(3)招募、甄選與訓練→(4)激勵與報酬→(5)監督和評估。

49 (A)。成本導向定價係以「成本」與「利潤」為定價的主要考量因素，一般來說，若追求生存為公司的主要目標時，此時，只要價格大於平均「變動」成本時，公司就會繼續維持原先的訂定價方法。

50 (B)。核心產品係指產品能為消費者帶來什麼樣的好處或能為他們解決什麼樣的問題。

▶108年中華郵政電子商務行銷專業職（一）

一、中華郵政作為服務業的相關產業之一，不僅重視本質業務的專業性，也強調運用服務行銷手段強化經營績效。因此在進行行銷規劃與行為時，必須考量到服務業的特質。一般而言，服務業具有四項特質，而使得服務業與製造業在行銷策略與管理有所不同。請說明服務業最主要的四項特質為何？並說明各項特質的內涵。

<u>解題指引</u> 請參閱第八章第二節2.1。

二、市場區隔是目標市場行銷重要的一環。由於市場具備多種樣態，公司必須評估不同的市場區隔，並決定服務哪一個或哪一些目標市場。請回答下列問題：

（一）目標市場可以被界定得很廣泛或很狹義。依據同質或異質市場的概念，行銷人員對市場的行銷作法可以區分為大量化行銷（mass marketing）、區隔化行銷（segment marketing）、集中化行銷（concentrated marketing）、以及個人化行銷（individual marketing）。請分別說明這四種方式的內容為何？

(二)市場區隔必須是有效的,目標市場行銷才能發揮效果。請說明有效的市場區隔必須滿足哪五項準則?

解題指引 茲依序回答如下:

(一)請參閱第五章第一節1.8、3.1.3及3.1.4。

(二)請參閱第五章第一節1.6。

三、現今網路環境相當錯綜複雜,身為一個電子商務經營者,除了最基本的電子商務平台功能健全、隨時掌握數據變化並從中嗅出端倪、透過數據佐證不斷優化使用者(消費者)流程以達到服務最佳的轉換率,並且不斷提升,才能在這競爭的環境中佔有一席之地。

除了服務本身的平台外,社群也是影響要素之一,剛開始社群行銷強調分享與互動,主要KPI(關鍵績效指標,Key Performance Indicators)是觸及率/互動率(Reach/Engagement Rate)。

到了2016開始流行「社群變現」這個名詞,主要KPI是導購轉換率(Conversion Rate)。

但社群觸及率在各種內容媒體推陳出新、不斷演化的情況下,產生劇烈變化,加上影視內容、手機遊戲、動漫與文學娛樂等令消費者眼花撩亂、不斷增加停留時間的娛樂內容,品牌商經營的社群平台內容再也無法吸引消費者的眼球,因此,2017下半年後,出現了「社群紅利下降」現象。

請問何謂「社群紅利下降」現象?其影響效應為何?

解題指引 茲依序回答如下:

(一)由於「社群」可以是指一群人,也可以指一群人聚集的地方。並不是單指某一特定管道。所以Facebook、PTT、推特、Youtube、Instagram等,這些有人群聚集的平台,都可稱為「社群」。社群紅利下降代表品牌商努力經營的粉絲,因這個社群幾乎沒人看公眾號內容而失去價值,而出現「社群紅利下降」的現象。

(二)因為「社群紅利下降」而使社群變現能力亦隨之趨弱,導致投資報酬率(ROI)更難以平衡經營成本。至於社群變現的能力下降其原因可能來自於流量的問題或是「行銷碎片化」的問題。

所謂行銷碎片化是隨著廣告與數位化的出現，以及行銷管道增加（例如：臉書、Line、IG等），客群分散到不同的管道，導致業主在行銷策略上盲目操縱，忘了各個社群經營的核心理念。

由於導購轉換率（CVR）重點乃是在「切換成功的訪客」佔「全部訪客」的比例。為提升VCR，社群行銷應可採用效益分析工具以求達到下列三個目的：

1.協助企業獲取網站的各項關鍵績效指標（KPI）。

2.探索訪客的偏好習性，且有助於企業了解網站營運及行銷活動的表現。

3.對企業而言是很重要的優化工具與持續改善的行銷利器。

四、現今電子商務市場環境相當競爭，除了熟知兵家必爭的電子商務實務操作外，也應對於消費者行為路徑掌握得宜並適時應用、隨時調整以求不斷提升成效。

過去消費者購買行為路徑為AIDAS（※註一），因受到數位行銷快速發展影響，改變了行銷的作法；因此2004年，日本電通公司關西本部的互動媒體傳播局，提出AISAS此一數位時代的新消費行為模式，主張現代生活者的消費行動，可以AISAS（※註二）模式做為代表。自2008年Facebook中文版上市、後續社群崛起、及評價機制等影響，又再次改變了用戶行為消費模型，衍生出強調互動行銷重要性的新模型，透過品牌感知讓消費者產生興趣，進而與品牌產生共鳴、聯結，請問此模型為何？請回答包含縮寫、縮寫字母代表單字及其涵義。

※註一：

A（Attention）：引起消費者注意

I（Interesting）：讓消費者產生興趣

D（Desire）：引發消費者欲望

A（Action）：消費者採取購買行動

S（Satisfaction）：消費者達到滿意

※註二：

A（Attention）：引起消費者注意

I（Interesting）：讓消費者產生興趣

S（Search）：消費者主動搜尋
A（Action）：消費者採取購買行動
S（Share）：消費者上網分享心得或推薦

解題指引 請參閱第十一章第七節7.3.1及7.3.2。

▶108年中華郵政營運職職階人員

一、每一位消費者對於新產品採納時間相異，有些人傾向於在第一時間採納新產品，有些人則需要很久的時間，才願意接受新產品。請針對新產品的採納，回答下列問題：

(一)新產品的哪些因素，會影響新產品的採用？

(二)請依據創新的採納時間，將消費者進行分類：（以繪圖表示）

(三)從一開始聽到新產品訊息，到接受新產品的過程，可以區分成哪些階段？請列出並簡要說明。

解題指引 茲依序回答如下：

(一)請參閱第七章第三節3.4。

(二)請參閱第七章第三節3.2。

(三)請參閱第七章第三節3.1。

二、大眾行銷（mass marketing）與區隔行銷（segmentmarketing），是兩種不同的作法。請針對大眾行銷與區隔行銷，回答下列問題：

(一)何謂大眾行銷（mass marketing）？

(二)請舉一個例子說明大眾行銷？

(三)請說明有哪些特徵可以用來區隔消費市場（將顧客區分為不同區隔），並簡要解釋之。

解題指引 茲依序回答如下：

(一)請參閱第十一章第九節9.8。

(二)例如蘋果電腦剛推出iPhone智慧型手機時，將整個市場當作一個市場來看待。企圖透過單一行銷組合來滿足單一市場的需求，故最早只有iPhone2.5G一個型號上市，後來因消費者喜好多元，單一個型

號並無法滿足多元的消費者，市場因此也大有限制而影響利潤，才逐漸又依記憶體種類、外觀顏色做出高低階機種等不同區隔，進行大眾行銷。

(三)請參閱第五章第三節2.4。

▶108年臺北捷運公司新進專員

一、請解釋何謂品牌價值（brand value）與品牌形象（brand image）？並說明其異同。

　　解題指引 請參閱第6章第四節4.19。

二、在制訂行銷策略時，區隔消費者市場的基礎有哪些？請分別說明並舉例之。

　　解題指引 請參閱第5章第一節1.4。

三、影響購買者行為的因素有哪些？請分別說明並舉例之。

　　解題指引 請參閱第四章第六節6.8。

四、在定價策略中，何謂「市場滲透定價法（market-penetration pricing）」與「市場吸脂定價法（market-skimming pricing）」？兩者使用的時機分別為何？

　　解題指引 請參閱第九章第四節4.1。

五、行銷研究的資料來源可分為次級資料（secondary data）與初級資料（primary data），其所指為何？其中初級資料通常經過哪些途徑來蒐集？

　　解題指引 請參閱第三章第四節4.3。

▶108年臺灣菸酒從業職員

一、 近年來常聽到B2B、B2C二詞。有關組織市場（business market）與消費者市場（consumer market），請回答下列問題：

(一) 請列出此兩種市場在(1)購買類型、(2)決策過程的差異。

(二) 請針對您於上列(一)中所列差異處，舉例說明之。

解題指引 請參閱第一章第一節1.5。

二、 行銷溝通組合（Marketing communication mix）是企業進行行銷推廣的重要活動。請回答下列問題：

(一) 行銷溝通的工具有哪些？

(二) 對於以拉式策略（pull strategy）為主的廠商相較於以推式策略（push strategy）為主的廠商，行銷溝通組合有何差異？

(三) 請說明行銷溝通組合必須整合的重要性。

解題指引 請參閱第十一章第一節1.1、1.3。

三、 市場區隔是企業依據消費者的某些特徵（如收入），將消費者市場細分為若干不同需求的小市場，以利其執行目標行銷策略。請說明消費者之哪些特徵可用來進行市場區隔？

解題指引 請參閱第五章第一節1.4。

四、 不論行銷通路的設計與管理多麼完善，通路衝突總會存在。瞭解引起行銷通路衝突的原因及類型，將有助於解決行銷通路衝突的問題。請說明：

(一) 引起行銷通路衝突的可能原因為何？

(二) 行銷通路衝突有哪些類型？

解題指引 請參閱第十章第五節5.1、5.2。

▶108年臺灣菸酒從業評價職位人員

(　) **1** 服務業廠商常需不斷對員工訓練與激勵，此為： (A)內部行銷 (B)外部行銷 (C)互動行銷 (D)整合行銷。

(　) **2** 小明看了一個小時電視節目，記住所偏愛品牌的優點，忘掉其他競爭品牌的優點，此為： (A)歸因 (B)選擇性注意 (C)選擇性記憶 (D)知覺。

(　) **3** 一般廠商在進行採購時，參與決策的所有成員稱為： (A)利潤中心 (B)成本中心 (C)責任中心 (D)採購中心。

(　) **4** 某廠商利用海外廉價勞工優勢，達成降低成本、大量配銷，這觀念可稱為： (A)銷售觀念 (B)行銷觀念 (C)生產觀念 (D)產品觀念。

(　) **5** 某超商連鎖業者強調所販售咖啡是採用特別咖啡豆品種，此種作法稱為： (A)成分品牌法 (B)戰鬥品牌法 (C)品牌沿用 (D)品牌變體策略。

(　) **6** 消費者會經常性、立即且不願付出太多心力購買的產品是： (A)選購品 (B)忽略品 (C)便利品 (D)特殊品。

(　) **7** 某廠商提供顧客所有產品線或產品項目的集合，常稱為： (A)行銷組合 (B)產品組合 (C)促銷組合 (D)產品生命週期。

(　) **8** 某廠商推出咖啡機與咖啡膠囊，並將咖啡機訂較低價格，這種作法是： (A)專屬品訂價 (B)兩階段訂價 (C)選購品訂價 (D)促銷訂價。

(　) **9** 針對顧客於離峰時段的需求進行促銷或將特定時段價格給予優惠，通常可管理服務的哪一個特性？ (A)易逝性 (B)無形性 (C)變化性 (D)不可分割性。

(　) **10** 下列何者不是訂價的三個重要因素之一？ (A)公司的成本 (B)競爭者與競爭品 (C)顧客的知覺價值 (D)通路成員的知覺利潤。

(　) **11** 在檢視產品時，消費者拿來與售價做比較的是： (A)參考價格 (B)廠商的目標成本 (C)差別訂價 (D)殖利訂價。

(　) **12** 差別訂價是：　(A)銷售者提供更長的付款期限　(B)百貨公司以知名品牌較低售價來吸引人潮　(C)某表演團體在表演觀賞的區域位置，分別訂定不同的價格　(D)某通路業者將價格提高後，再以特惠價格來銷售。

(　) **13** 下列何者不是通路成員的服務產出？　(A)產品品質　(B)等待與運送時間　(C)產品多樣化　(D)服務支援。

(　) **14** 在設計促銷活動方案時，必須考量的因素中，下列何者錯誤？(A)誘因大小、參與者條件　(B)活動期間與促銷時機　(C)促銷活動管理成本與配送工具　(D)銷售人員獎金與佣金。

(　) **15** 某知名飲料公司在不同地區，售予裝瓶配銷商濃縮糖漿，由其加入相關配料，再裝瓶上市賣給在地的零售商，這是屬於：　(A)製造商贊助的零售業者加盟　(B)製造商贊助的批發業者加盟　(C)服務企業贊助的零售業者加盟　(D)批發商贊助的自願連鎖。

(　) **16** 某大型量販業者在其店內販售自行製造的K品牌商品，此K品牌稱為：　(A)無品牌　(B)私有品牌　(C)個別品牌　(D)全國性品牌。

(　) **17** 進行溝通策略時，人員溝通管道不包括：　(A)鼓吹者管道　(B)專家管道　(C)社交管道　(D)付費媒體管道。

(　) **18** 行銷溝通組合中，具備引人注意、誘因與邀約效果的是：　(A)廣告　(B)促銷活動　(C)公共關係與報導　(D)事件與體驗。

(　) **19** 在產品生命週期的導入期，最具成本效益的溝通工具是：　(A)廣告　(B)促銷活動　(C)人員銷售　(D)電話推銷。

(　) **20** 某廠商採拉式策略，其行銷預算多數都配置在：　(A)廣告　(B)促銷活動　(C)人員銷售　(D)公共關係與報導。

(　) **21** 在編列廣告預算時，下列何者可以不予考慮？　(A)電視台頻道數　(B)市場佔有率狀況　(C)競爭情勢　(D)廣告頻率。

(　) **22** 某直銷業者與電視台合作，推出「特定品牌」劇場，在特定時段露出，這種作法為：　(A)置入式廣告　(B)購買點廣告　(C)場所廣告　(D)關鍵字優化。

（　）　**23** 銷售團隊的設計，通常會以何種方法來決定規模大小？　(A)目標任務法　(B)工作負荷法　(C)競爭對等法　(D)銷售百分比法。

（　）　**24** 下列何者屬於消費品的「便利品」？　(A)汽車　(B)飲料　(C)傢俱　(D)零件。

（　）　**25** 下列何者不是行銷組合（marketing mix）要素之一？　(A)通路　(B)價值　(C)價格　(D)產品。

（　）　**26** 業者在有效市場中，決定經營的市場，是指下列哪一個市場？　(A)大眾市場　(B)滲透市場　(C)目標市場　(D)小眾市場。

（　）　**27** 「個人來源」是消費者購買產品時主要參考資訊來源之一。下列何者屬於「個人來源」？　(A)熟人　(B)網站　(C)經銷商　(D)包裝。

（　）　**28** 下列何者是企業進入國際市場的可能原因？　(A)國內市場比國外市場呈現更高的獲利機會　(B)經營容易且安全　(C)提高對單一市場的依賴　(D)國外市場比國內市場呈現更高的獲利機會。

（　）　**29** 下列何者是區隔消費者市場的人口統計變數？　(A)所得　(B)購買時機　(C)購買地點　(D)使用頻率。

（　）　**30** 下列何者是「工業品」？　(A)家電　(B)衣服　(C)飲料　(D)原料。

（　）　**31** 下列何者不是零售商店？　(A)藥妝店　(B)百貨公司　(C)大盤商　(D)便利商店。

（　）　**32** 有關產品「標籤（label）」所呈現的功能，下列敘述何者錯誤？　(A)標籤可以透過具吸引力的圖案達到推廣產品的效果　(B)標籤有助於辨識產品或品牌　(C)標籤無法區分產品等級　(D)標籤可敘述產品的訊息。

（　）　**33** 「經由消費者的行動裝置（如手機、智慧型手機或平板電腦）來行銷，是線上行銷的一種特殊形式」，是指下列哪一類的行銷溝通模式？　(A)行動行銷　(B)促銷　(C)廣告行銷　(D)事件行銷。

（　）　**34** 大多數公司對消費者均會提供現金折扣、功能性折扣、季節性折扣或數量折扣。消費者因為大量購買而獲得價格減讓，是指下列何者？　(A)現金折扣　(B)功能性折扣　(C)數量折扣　(D)季節性折扣。

（　）**35** 有關「私有品牌（private-label brand）」的敘述，下列何者正確？
(A)私有品牌是製造商自行發展的品牌　(B)私有品牌不是零售商自行發展的品牌　(C)私有品牌不是批發商自行發展的品牌　(D)私有品牌又稱為經銷商品牌。

（　）**36** 由製造商直接銷售給最終消費者，是指下列哪一種通路型態？
(A)代理商　(B)零階通路　(C)二階通路　(D)經銷商。

（　）**37** 有關企業「促銷」活動，下列敘述何者正確？　(A)企業促銷活動大部分是長期的　(B)企業促銷活動是進行通路佈局　(C)企業促銷活動是提供消費者購買的誘因　(D)促銷不是行銷組合要素之一。

（　）**38** 公司常採用各種行銷公關工具，來協助企業或產品的推廣並塑造形象。下列何者不是公司常用的行銷公關工具？　(A)展覽　(B)定價　(C)新聞　(D)演講。

（　）**39** 下列敘述何者正確？　(A)利潤顧客是指預期顧客終身購買的未來獲利之淨現值　(B)顧客知覺價值是指預期顧客終身購買的未來獲利之淨現值　(C)顧客終身價值是指預期顧客終身購買的未來獲利之淨現值　(D)企業工程價值是指預期顧客終身購買的未來獲利之淨現值。

（　）**40** 社會因素是影響消費者購買行為的很多因素之一。下列何者不是影響消費者購買行為的社會因素？　(A)消費者生活型態　(B)家庭　(C)參考群體　(D)社會地位。

（　）**41** 有關消費者購買決策程序或步驟的順序，下列何者正確？　(A)問題確認→資訊蒐集→方案評估→購買決策→購後行為　(B)問題確認→方案評估→資訊蒐集→購買決策→購後行為　(C)問題確認→資訊蒐集→購買決策→方案評估→購後行為　(D)問題確認→方案評估→購買決策→資訊蒐集→購後行為。

（　）**42** 消費者購買之主要資訊來源可分為個人來源、商業來源、公共來源、經驗來源。下列何者屬於「商業來源」？　(A)經驗　(B)消費者評鑑機構　(C)廣告　(D)朋友。

（　）**43** 消費者的購買決策深受其心理因素運作過程的影響，下列何者不是消費者主要的心理因素？　(A)動機　(B)年齡　(C)學習　(D)記憶。

（　） **44** 企業市場的特性不同於消費者市場，下列何者屬於企業市場的特性？　(A)企業購買是衍生性需求　(B)非專業化採購　(C)購買量小　(D)非直接向製造商購買。

（　） **45** 有關公司「品牌」的敘述，下列何者錯誤？　(A)品牌可以是一個名稱　(B)品牌可以是一個標誌　(C)品牌不可以是一個符號　(D)消費者可由品牌辨認不同賣者的產品。

（　） **46** 有關「產品」的敘述，下列何者錯誤？　(A)產品係指任何被提供到市場上可以滿足消費者需要與欲求的東西　(B)地點是可行銷的產品之一　(C)事件是可行銷的產品之一　(D)人物不是可行銷的產品之一。

（　） **47** 顧客知覺價值（customer-perceived value）是由顧客評估取得該項產品所能獲得的「總利益」與所必須支付的「總成本」間之差距決定的。下列何者屬於顧客為了取得該項產品所必須支付之「總成本」來源？　(A)服務人員的態度　(B)業者的形象　(C)商家提供的服務　(D)消費者付出的金錢。

（　） **48** 下列何者是顧客比較一項產品的知覺績效與期望績效後，所知覺到的愉悅或失落？　(A)顧客知覺信任　(B)顧客滿意度　(C)顧客忠誠度　(D)顧客知覺價值。

（　） **49** 下列何者不是企業進入國際市場的模式？　(A)間接出口　(B)合資　(C)進口　(D)直接出口。

（　） **50** 下列何種溝通預算配置有助於管理者思考溝通成本、銷售價格及每單位獲利關係？　(A)量入為出法　(B)銷售百分比法　(C)競爭對等法　(D)目標任務法。

解答與解析　答案標示為#者，表官方曾公告更正該題答案。

1 (A)。簡而言之，廠商VS.員工稱為內部行銷，廠商VS.顧客稱為外部行銷、員工VS.顧客稱為互動行銷。

2 (C)。對於大部分之所學易於忘記，只保留與其態度、信念相符者。此稱為選擇性記憶（Selective retention）。

3 (D)。組織採購中心是指組織在進行採購時，參與購買決策過程的所有成員。

4 (C)。生產觀念是一種最古老的經營哲學。因在物質較為匱乏的時代裡，由於多數企業無法提供足夠的產能滿足市場需求，因此企業營運重心集中在尋求降低成本、大量配銷，而不太注意到產品功能是否真的能滿足消費者的需求。

5 (A)。成分品牌係指供應商為其下游產品中必要的原料、成分和部件，建立其品牌資產的過程。易言之，成分品牌是指產品中某項必不可缺的成分本身即擁有自己的品牌。

6 (C)。又稱為日用品，通常是價格比較低廉的、消費者不願意花費太多時間與精力去購買的消費品。

7 (B)。產品組合（product mix）係指廠商提供給消費者所有產品線與產品項目之組合而言，產品組合的構面包括廣度、長度、深度以及一致性。

8 (A)。專屬品訂價係指一定要互相搭配使用的東西（本體＋消耗品）。不買以後無法使用，題目所述即為專屬品訂價。

9 (A)。易逝性是指服務業的一項特質是其產能無法像有形的物質或成品可以儲存起來供日後使用。

10 (D)。影響訂價的三個重要因素為(A)(B)(C)三者，合稱產品訂價3C。

11 (A)。所謂參考價格（Reference price）係指消費者對其他相關產品定價的印象，以作為購買本公司產品的參考。

12 (C)。差別定價係企業針對不同的消費群體，依據每一群體之需求特性而採取差別定價的策略。亦即對需求彈性較低的客群，訂定較高的產品價格；反之，對需求彈性較高的客群，則以低價銷售。

13 (A)。產品品質是生產廠商的責任，品質好壞也掌控在生產者手中，非通路成員。通路成員所需要的通路服務產出水準，包括批量大小、等待與運送時間、產品多樣化、空間便利性、服務支援等。

14 (D)。設計促銷活動方案時必須考量的因素除題目(A)(B)(C)所述者外，尚需考慮「媒體的分配」，必須考量促銷費用應如何適切地分配於各種媒體，以求達到最大的告知與吸引效果。

15 (B)。製造商贊助的批發業者加盟係由於批發業者通常向製造商購買大量商品後，再進行簡易加工與分裝，轉賣給中盤批發商、零售商。

16 (B)。私有品牌係指「批發商、大型量販業者或零售商將所售出的貨品，註明其本身標誌」。

17 (D)。付費媒體係指產品透過付費機制買來的媒體管道。付費機制包括每次點擊付費廣告（PPC）、社交媒體廣告與原生廣告等。

18 (B)。促銷係指在一定期間內針對消費者或中間商，希望能夠刺激其購買的一種推廣工具。

19 (A)。因為剛進入市場，產品知名度低，消費者的喜好與接受程度比較低，以廣告與配合公共關係來打開產品知名度的效果最佳。

20 (A)。企業採拉式策略，係在透過廣告吸引最終消費者，使消費者對企業的產品或服務產生興趣，從而引起需求，主動購買商品。

21 **(A)**。由於廣告預算收益只能在市場占有率的增長或者利潤率的提高上最終反映出來，企業在編列廣告預算時，特別需要加以考慮的因素，除了(B)(C)(D)三者外，另需考慮「在產品生命週期中所處的階段」及產品替代性」。

22 **(A)**。置入式廣告是一種隱喻式的廣告手法，其係刻意將行銷事物以巧妙的手法置入既存媒體，以期藉由既存媒體的曝光率來達成廣告效果。

23 **(B)**。銷售團隊係依據「工作負荷法」，衡量目標銷售量、銷售區域的大小、銷售人員的素質水平等因素進行評估，以便確定銷售組織的規模大小。

24 **(B)**。便利品通常是價格比較低廉的、消費者不願意花費太多時間與精力去購買的消費品。

25 **(B)**。價值是商品的一個重要性質，它代表該商品在交換中能夠交換得到其他商品的多少，價值通常經由貨幣來衡量，成為價格。行銷組合要素除了(A)(C)(D)三者外，另一為「推廣」。

26 **(C)**。廠商根據某些購買者特性將廣大的市場加以分類，然後決定針對某一群購買者提供某一種產品利益或特色，這一群購買者即稱為目標市場。

27 **(A)**。外部資訊蒐集的個人來源，包括家庭、朋友、鄰居及熟人。

28 **(D)**。企業進入國際市場的可能原因可能是因為主要顧客移到國外，或國外市場比國內市場呈現更高的獲利機會。

29 **(A)**。人口統計變數包括性別、年齡、所得、職業、教育水準、婚姻狀況、家庭組成、社會階層等。

30 **(D)**。工業品主要是為達成後續之加工組裝後再銷售之目的，以創造更高價值的產品或服務，如包含原料、加工材料、零組件等皆是。

31 **(C)**。零售店與便利商店功能類似，但缺乏便利商店的全天候營運與高效能的管理能力，此為傳統零售通路的基本成員，但因競爭力逐漸降低，多數已被便利商店所取代。

32 **(C)**。標籤係指任何有關一種產品的圖案、文字、說明、附隨於該產品而銷售給顧客的紙卡或牌子。

33 **(A)**。行動行銷就是網路行銷的延伸，係一種利用無線媒體與消費者溝通並促銷其產品、服務或理念，藉此創造利潤的行銷方式。

34 **(C)**。數量折扣係指不同的交易數量基礎之定價模式，例如每個100元的東西，若一次購買10個，則其總價只需900元。通常購買的數量愈多金額愈大，折扣亦愈大。

35 **(D)**。中間商品牌又稱「私有品牌」或稱為「配銷商品牌」或「經銷商品牌」，係指批發商、大型量販業者或零售商將所售出的貨品，註明其本身標誌。

36 **(B)**。零階通路又稱為「直接通路」是由製造商直接向最終消費者推銷商品，不須經過任何的中間商機構，例如直銷、郵購、網路商店等，消費者直接向產品供應商訂貨付款，並取得所需的產品，皆屬此類。

37 (C)。促銷是屬於短期的激勵措施，以刺激商品及服務的購買或銷售。提供額外的動機給消費者，以刺激達成短期銷售目標。

38 (B)。公司常用的行銷公關工具除(A)(C)(D)三者外，尚可以發行出版品、參與外界公司機構的活動、舉辦或贊助活動、公共報導等，做為行銷公關的工具。

39 (C)。顧客終身價值（Customer Lifetime Value）是指每個顧客在未來可能為企業帶來收益之總和。

40 (A)。生活型態是指一個人的活動、興趣與意見等的綜合表現，這三個因素簡稱為AIO（activity、interest、opinion）。

41 (A)。消費者購買決策程序（步驟、過程）的順序即為(A)所述。

42 (C)。商業來源包括廣告、銷售人員、經銷商、包裝及展示等。

43 (B)。消費者主要的心理因素包括動機、知覺、學習、信念與態度等。

44 (A)。企業市場的特性包括是一種衍生性需求、購買數量與金額龐大、需求波動很大、需求缺乏彈性等。

45 (C)。品牌（Brand）是一個相當複雜的概念，它可以是一個名稱（Name）、一個標誌(mark)、一個符號（Symbol）、或設計（Design）」，或是「以上四項的組合」。

46 (D)。站在行銷學的角度而言，政治人物、影歌星、學校、廟宇、政府機關為了塑造本身的形象，爭取市場的認同，皆可當成一種產品，以行銷4P的方式加以處理。

47 (D)。顧客知覺價值包括產品價值、服務價值、人員價值與形象價值；顧客為了取得該項產品所必須支付之「總成本」來源是消費者付出的金錢（貨幣成本），另外還有他所付出的時間成本、精力成本以及心力成本。

48 (B)。換言之，顧客滿意度是指顧客對一個產品可感知的效果（或結果）與期望值相比較後，所形成的愉悅或失望的感覺狀態。

49 (C)。企業一旦決定進入某一特定國家的市場後，它必須選擇一最佳的進入策略。包括出口、合資與海外直接投資等層次漸深的三種策略可供選擇，而層次愈深的策略，其契約程度、風險和獲利性也愈大。

50 (B)。銷售百分比法係以銷售額為基準，提撥某個百分比作為推廣的預算。本項基準可能是公司去年的收入、今年的預期收入或是產業的總銷售額。

▶109年臺灣菸酒從業職員

一、口罩的行銷議題：未有疫情前，一般藥妝店、藥局、超商販售的口罩有很多種，有些是一盒50片（如166元），有些是一盒20片，也有二片或單片販售的，醫院自動販賣機販售口罩，售價大約是10元或15元。請從行銷組合（marketing mix）4P的內涵，說明未有疫情之前，一般口罩業者的行銷組合策略。

解題指引 請參閱第五章第六節。

二、新型冠狀病毒疫情108/12起在中國武漢爆發，迄109/3/5已擴及30國。封城、停課、停工已大大影響全球經濟，目前還無法預測此疫情何時落幕。一般企業常面對總體環境（macro-environment）有哪些影響力量？新型冠狀病毒疫情是屬於哪一種影響力量？哪些產業將會重挫？哪些產品反而熱銷？您建議企業在此大環境激烈變動下，如何加強數位行銷（digital marketing）？

解題指引 請參閱第二章第三節3.5、第四節4.3及第一章第五節5.8。

三、近年來各種通路此起彼落。就廠商而言，與通路成員發生衝突是經常有的情事。請分別說明衝突可能的原因，以及管理此衝突的機制或做法。

解題指引 請參閱第十章第五節5.2、5.5。

四、近年來網路興盛，各種應用軟體普遍，造就線上行銷研究的進行。請說明線上研究的優點與缺點，及使用線上研究的建議。

解題指引 請參閱第一章第五節5.9。

▶110年中華郵政專業職(一)／郵儲業務甲職階人員

一、若從古典制約的觀點探討消費者學習，學習的效果不僅依賴重複配對，也需視消費者對刺激的類化能力。請回答下列問題：

(一)何謂刺激類化（stimulus generalization）？

(二)刺激類化在產品管理與品牌策略決定上有許多應用，請列出兩種應用作法並分別舉例說明之。

解題指引

(一)請參閱第六章第四節4.12。

(二)刺激類化應用舉例：

　　1.品牌延伸：請參閱第六章第四節4.10。

　　2.合品牌：請參閱第六章第四節4.11。

二、消費者知覺的組成包含：感覺投入、絕對閾、差異閾及下意識知覺。請回答下列問題：

(一)何謂絕對閾（absolute threshold）？

(二)何謂差異閾（differential threshold）？

(三)當產品進行正面或負面改變時，宜如何應用差異閾概念？

解題指引 請參閱第四章第四節4.2.2(1)及(6)。

三、廠商在行銷接單後，常面臨實體配送（或稱物流；physical distribution）問題的挑戰，甚至延伸至整個供應鏈，請回答下列問題：

(一)廠商的實體配送作業，有哪些重要決策？請分別說明之。

(二)承第(一)小題所述之決策，對廠商而言，考量重點為何？

解題指引 請參閱第十章第九節9.2.6。

四、近年來，市場競爭激烈，產品生命週期縮短，迫使廠商必須考量產品組合管理的問題。請回答下列問題：

(一)何謂產品組合（product mix or product assortment）？請舉例說明之。

(二)根據產品組合構面，可讓廠商採取哪些方式來延伸業務？請分別說明之。

解題指引 請參閱第六章第三節3.1及4.10。

▶111年臺灣菸酒從業職員

一、推廣（promotion）是行銷人員欲將公司的產品或服務透過某特定溝通方式接觸目標顧客，並進而影響及說服目標顧客，引起顧客做出有利產品或服務的行銷活動反應。請回答下列問題：

(一)請說明推廣組合（promotional mix）包含哪幾大類？

(二)這些推廣類別有何差異？

解題指引 請參閱第十一章第一節1.3。

二、目標市場行銷有三個步驟，簡稱為STP，包括市場區隔（segmentation）、選擇目標市場（targeting）及定位（positioning）。請回答下列問題：

(一)說明區隔市場有哪四大區隔變數？並各舉一例說明。

(二)在選擇目標市場時，應考慮哪些因素？

解題指引 (一)請參閱第五章第一節1.4；(二)請參閱第五章第三節3.2。

三、為了達成通路目標，行銷管理人員必須決定通路的長度（階層）與廣度（市場涵蓋面）。請回答下列問題：

　　(一)說明通路的長度是什麼？並舉例說明。

　　(二)通路廣度的決策主要包含哪三種策略選擇？並說明其特性及適用狀況。

　　<u>解題指引</u> 請參閱第十章第三節3.1及3.4。

四、推廣計畫是基於某一特定的推廣目標並針對特定的消費對象，所設計一份包括溝通主題及溝通方法及推廣組合的計畫。請說明並解釋一個有效的推廣計畫應該考慮哪些因素而形成。

　　<u>解題指引</u> 請參閱第十一章第一節1.3.3。

▶111年臺灣菸酒從業評價職位人員

(　　) 1 企業與顧客溝通的過程中所有可能降低訊息清晰度與正確性的要素都可被稱為下列何者？　(A)回饋　(B)不協調　(C)雜訊　(D)分心。

(　　) 2 顧客對於索尼（SONY）所生產的電視所具備的高度品牌認同與市場需求，是索尼公司所具備的：　(A)優勢　(B)劣勢　(C)機會　(D)威脅。

(　　) 3 透過觀察或是經由問卷直接從受測者端收集到的資料稱為下列何者？　(A)次級資料　(B)二手消息　(C)間接資料　(D)初級資料。

(　　) 4 下列哪一個商品最有可能採用「年紀」作為市場區隔變數？　(A)洗衣機　(B)立頓紅茶　(C)樂高積木　(D)地毯。

(　　) 5 在購買決策制定過程中，消費者針對本身記憶中能夠滿足當前需求的產品或服務進行資訊的搜尋，稱為下列何者？　(A)內部搜尋　(B)外部搜尋　(C)喚醒集合　(D)購後行為。

(　　) 6 對消費者而言，下列哪一個產品或服務的相關資訊來源是賣方企業較難以掌握的？　(A)銷售人員的話術　(B)電視廣告　(C)商品包裝上呈現的資訊　(D)消費者友人對該產品或服務的意見。

(　) 　**7** 企業從國外購入製造某項商品所需原物料的行為稱之為何？　(A)進口　(B)出口　(C)外包　(D)傾銷。

(　) 　**8** 一般而言，瓶裝水可被歸類為下列哪一種類型的消費品？　(A)便利品（convenience product）　(B)選購品（shopping product）(C)特殊品（specialty product）　(D)冷門品（unsought product）。

(　) 　**9** 下列何者不屬於新產品開發的步驟？　(A)試銷　(B)概念篩選(C)商業分析　(D)競爭者分析。

(　) **10** 下列哪一種服務提供者最難與消費者建立緊密的一對一關係？(A)律師　(B)諮商師　(C)電器維修人員　(D)家庭醫師。

(　) **11** 下列何者屬於「低接觸（Low-Contact）」型服務的提供者？(A)兒童課輔老師　(B)網頁設計師　(C)健身房教練　(D)醫療照護人員。

(　) **12** 下列何者需求的價格彈性較低？　(A)休旅車　(B)看醫生　(C)緊急外科手術　(D)桌上型電腦。

(　) **13** 有關目標市場（Target Market）定義，下列敘述何者正確？　(A)包含數量龐大的顧客　(B)企業組織透過各類行銷活動所想要瞄準的顧客群　(C)具備相同人口統計學特徵的顧客群　(D)就是銷售人員手中的潛在顧客清單。

(　) **14** 績效評估的第一個步驟為何？　(A)採取矯正行動　(B)評估實際績效　(C)比較實際績效與績效標準之間的差異　(D)建立績效標準。

(　) **15** 下列何者不是行銷計畫（Marketing Plan）的元素？　(A)環境分析（Environmental Analysis）　(B)產品規格（Product Specification）(C)行銷策略（Marketing Strategies）　(D)執行摘要（Executive Summary）。

(　) **16** 下列何者不是行銷研究所涵蓋的步驟？　(A)界定研究問題　(B)資料分析　(C)認識消費者　(D)提出研究報告。

(　) **17** 下列哪一類商品最有可能採取無差異化行銷（Undifferentiated Marketing）？　(A)腳踏車　(B)桌上型電腦　(C)筆記型電腦(D)食鹽。

( ) **18** 常見的市場區隔變數可以分為下列哪四大類？ (A)人口統計變數、地理變數、宗教變數、收入變數 (B)地緣政治變數、收入變數、行為變數、心理變數 (C)人口統計變數、地理變數、心理變數、行為變數 (D)態度變數、生活型態變數、行為變數、性別變數。

( ) **19** 購入一台全新的Infiniti之後，小明在路上看到一台Lexus新車並開始在心裡想著自己是否做出錯誤的購買決策。請問：小明正在經歷下列何項所描述的過程？ (A)內部搜尋 (B)方案評估 (C)認知失調 (D)問題確認。

( ) **20** 某公司在市場上所販售的商品單價由100元漲到120元後發現，該商品的銷售量下跌了百分之四十，則這項商品的價格彈性為何？ (A)-4 (B)-2 (C)-1/2 (D)4。

( ) **21** 企業在市場上推出過往未曾出現的全新商品（例如蘋果電腦推出第一隻iPhone），通常具備有下列哪一個特徵？ (A)比市場上的既有產品價格更低 (B)至少有兩種新的產品特色 (C)提供消費者創新的效益 (D)比市場上的既有產品價格更高。

( ) **22** 在建立促銷目標時，行銷人員最需要考量的是下列何者？ (A)舉辦能夠提高顧客需求的行銷活動 (B)聚焦在顧客身上 (C)避免與競爭對手採用相同的促銷手法 (D)促銷目標應該與企業本身的整體目標一致。

( ) **23** 「產品要成功銷售，公司必須先確認目標顧客之需求，並提供較競爭者更能滿足顧客需求之產品。」符合行管理導向中哪一種概念？ (A)生產概念 (B)產品概念 (C)銷售概念 (D)行銷概念。

( ) **24** 有關一份清楚的使命宣言，下列敘述何者正確？ (A)包含目標越多越好 (B)清楚定義公司主要之競爭領域 (C)短期觀點 (D)敘述越長越好。

( ) **25** 有關策略，下列敘述何者錯誤？ (A)策略是目標導向的 (B)策略不應隨環境而變動 (C)策略須有效整合組織內部資源 (D)策略須根據優先順序對資源做最佳配置。

（　）**26** 參考次級資料時，需確認蒐集資料的單位是否立場偏頗，此為評估次級資料是否符合下列何種條件？　(A)攸關性　(B)正確性　(C)即時性　(D)公正性。

（　）**27** 人們常常會用自己所擁有的東西來向別人展現自己是怎樣的人，此即下列何種因素對消費行為的影響？　(A)次文化　(B)家庭　(C)自我概念　(D)態度。

（　）**28** A公司針對青少年、中壯年人及老年人分別設計不同的行銷組合，此為下列何種目標市場選擇策略？　(A)無差異行銷策略　(B)差異化行銷策略　(C)集中（利基）行銷策略　(D)個體行銷策略。

（　）**29** 行銷策略的四個主要步驟，依序為下列何者？　(A)差異化→定位→市場區隔→選定目標市場　(B)選定目標市場→差異化→定位→市場區隔　(C)選定目標市場→市場區隔→差異化→定位　(D)市場區隔→選定目標市場→差異化→定位。

（　）**30** A公司針對特定產品項目增加不同容量及口味，此為增加產品組合之何種面向？　(A)長度　(B)寬度　(C)深度　(D)一致性。

（　）**31** 新產品的採用者分為五種類型，下列何種類型的採用者通常是社群內的意見領袖，他們採用新產品的速度較快但也很謹慎？　(A)創新者（innovators）　(B)早期採用者（early adopters）　(C)早期大眾（early majority）　(D)晚期大眾（late majority）。

（　）**32** 服務品質高度仰賴服務人員與顧客接觸過程之互動品質，此屬於服務行銷之何種類型？　(A)外部行銷　(B)內部行銷　(C)互動行銷　(D)社會行銷。

（　）**33** 有關理想的品牌名稱命名原則，下列敘述何者錯誤？　(A)品牌名稱應該要能突顯產品的利益與品質　(B)品牌名稱應盡量使用艱澀的字彙　(C)品牌名稱應該具有獨特性　(D)品牌名稱應該要容易翻譯成外國語言。

（　）**34** 現今有許多零售通路紛紛推出自己的品牌產品，屬於下列何種品牌歸屬？　(A)製造商品牌（manufacturer's brand）　(B)私有品牌（private brand）　(C)授權品牌（licensed brand）　(D)共同品牌（co-brand）。

（　　）**35** A公司將口罩、除菌濕巾和酒精組合成套組，然後以較優惠的價格銷售，此類訂價策略屬於下列何者？　(A)產品附件訂價（optional product pricing）　(B)後續產品訂價（captive-product pricing）　(C)副產品訂價（by-product pricing）　(D)產品配套訂價（product bundle pricing）。

（　　）**36** 通路成員可以協助收集市場環境中潛在及現有顧客、競爭者和參與者的資訊，此為通路成員之提供之何種行銷通路流向（marketing flows）？　(A)實體流（physical flow）　(B)所有權流（title flow）　(C)資訊流（information flow）　(D)推廣流（promotion flow）。

（　　）**37** 下列何種通路形式，每筆交易成本（cost per transaction）及銷售的附加價值（value-add of sale）最高？　(A)網路（internet）　(B)電話行銷（telemarketing）　(C)零售商店（retail stores）　(D)銷售團隊（sales force）。

（　　）**38** 若製造商獲得中間商的敬重，並且以能跟該製造商合作為榮，意味者製造商擁有下列何種通路權力？　(A)強制權（coercive power）　(B)獎賞權（reward power）　(C)專業權（expert power）　(D)參考權（referent power）。

（　　）**39** 公司官網、公司部落格、公司的社群網站或品牌社群等屬於下列何種媒體類型？　(A)付費媒體（paid media）　(B)自有媒體（owned media）　(C)贏得媒體（earned media）　(D)共用媒體（shared media）。

（　　）**40** 有關波士頓顧問公司所提出的BCG矩陣，下列敘述何者錯誤？　(A)橫軸代表相對市場佔有率（relative market share）　(B)縱軸代表市場成長率（market growth rate）　(C)矩陣中四個類別分別為明星事業（stars）、金牛事業（cash cows）、問題事業（question marks）及落水狗事業（dogs）　(D)各策略事業單位在矩陣上的位置，是固定不變的。

（　　）**41** 下列何者屬於市場導向（market oriented）之使命宣言？　(A)我們製造化妝品　(B)我們經營折扣商店　(C)我們提供線上社交網路　(D)我們為全世界的運動員帶來靈感與創新。

（　）　**42** 下列何者不是市場刮脂定價法（marketing-skimming pricing）的適用情況？　(A)產品的品質與形象能支持較高的價格　(B)有足夠的購買者願意以較高的價格購買產品　(C)少量生產的成本不會過高　(D)競爭者能輕易以較低價格進入市場。

（　）　**43** 行銷資訊的蒐集可透過不同方式來接觸受訪者，其中最具彈性、可蒐集資訊量多，但訪員影響的控制（control of interviewer effects）較差的是何種接觸方式？　(A)郵寄問卷　(B)電話訪問　(C)人員訪談　(D)觀察研究。

（　）　**44** 依據產品的分類，下列何者為適合採用低價策略及密集性配銷的產品類別？　(A)便利品（convenience product）　(B)選購品（shopping product）　(C)特殊品（specialty product）　(D)冷門品（unsought product）。

（　）　**45** 下列何者不屬於垂直通路衝突？　(A)製造商與批發商間的衝突　(B)批發商與零售商間的衝突　(C)廠商介入通路經營　(D)個別加盟業者的行為影響到其他加盟店的形象。

（　）　**46** 當消費者不信任A公司，既便A公司的廣告內容沒有任何不實訊息，也提供了佐證資訊，消費者仍然認為該廣告內容是有疑慮的，此屬於下列何種知覺過程？　(A)選擇性注意（selective attention）　(B)選擇性扭曲（selective distortion）　(C)選擇性保留（selective retention）　(D)潛意識知覺（subliminal perception）。

（　）　**47** 有關訂價時的考量因素，下列何者非屬之？　(A)價格下限為產品成本　(B)價格上限為競爭者的價格　(C)需考慮外部因素如市場需求　(D)需考慮內部因素如行銷策略和目標。

（　）　**48** 下列何者非屬會導致顧客價格敏感度較低的因素？　(A)產品具獨特性　(B)購買者容易比較替代品的品質　(C)支出費用占購買者整體收入的比率低　(D)無法儲存的商品。

（　）　**49** 差別取價、預約制度、培養離峰時段需求等作法可改善因服務的何種特性，而導致需求波動大時會產生的問題？　(A)無形性（intangibility）　(B)不可分割性（inseparability）　(C)變異性（variability）　(D)易消逝性（perishability）。

(　) **50** 下列何種垂直行銷系統是透過單一所有權來整合所有的生產與配銷活動？　(A)企業式垂直行銷系統（corporate VMS）　(B)契約式垂直行銷系統（contractual VMS）　(C)加盟系統（franchising system）　(D)管理式行銷系統（administered VMS）。

解答與解析　答案標示為#者，表官方曾公告更正該題答案。

1 (C)。由於溝通過程中易產生雜訊，或被噪音所干擾，因此在傳送資訊的過程，使得收到的訊息在意義上儘可能符合訊息原意，以免造成誤解。

2 (A)。優勢係企業在做內部環境SW分析時，分析其內部競爭力之所在及其可用資源。

3 (D)。行銷研究的資料來源，可分為初級資料（指為特定目的而建立的原始資料，取得成本較高）與次級資料（指已經存在、非原始的資料，取得成本相對較低）。

4 (C)。消費者市場區隔有「地理區隔、人口統計、心理和行為」四種變數。人口統計變數包括性別、年齡（紀）、所得、職業、教育水準、婚姻狀況、家庭組成、社會階層等因素，樂高積木是孩童的玩具，故會採用「年紀」作為市場區隔變數。

5 (A)。內部搜尋係指從記憶中獲取資訊，來自消費者本身購買與使用產品的經驗或產品資訊。產品資訊包含品牌名稱、品牌屬性、整體評價、使用經驗等。

6 (D)。一般而言，消費者從商業來源接收到最多的產品資訊，這是賣方行銷人員可以掌握的；然而最有效的資訊展露則來自消費者個人的來源，例如消費者友人對該產品或服務的意見，但卻是賣方企業較難以掌握。

7 (A)。進口貿易係指企業向國外採購商品輸入本國的貿易，又稱為輸入貿易或內銷。

8 (A)。便利品又稱為日用品，通常是價格比較低廉的、消費者不願意花費太多時間與精力去購買的消費品。

9 (D)。新產品開發的步驟：確認市場機會→構想篩選→概念發展與測試→行銷方案與商業分析→產品發展與測試→市場測試（試銷）→上市。

10 (C)。一對一市場行銷之目的是希望與消費者建立更緊密的關係，記得每一位顧客的喜好，並可隨時把上一次與進行到一半的話再接回來。

11 (B)。由於科技之進步，經由電話、網際網路就可產生服務，甚至在傳統高接觸度服務顧客的行業，也可能轉為低接觸服務。

12 (C)。需求的價格彈性一般用來衡量需求的數量隨商品價格的變動而變化的彈性。通常來說，因為財貨價格的下跌會導致需求量的增加，反之商品價格的上升會減少需求量；所以一

般情況下價格與需求量成反比，需求的價格彈性係數為負數。

13 (B)。廠商根據某些購買者特性將廣大的市場加以分類，然後決定針對某一群購買者提供某一種產品利益或特色，這一群購買者即稱為目標市場。

14 (D)。績效評估的第一個步驟是在建立周延、客觀與公平的績效衡量標準。

15 (B)。以產品和品牌計畫來說，行銷計畫計畫應包含執行摘要、市場現況分析、機會及威脅、目標及主要問題、行銷策略、行動方案、預算和控制等各部分。

16 (C)。行銷研究的程序包括「界定研究問題、確定研究目標、擬定研究計畫（包括研究設計與研究方法）、資訊的蒐集和分析、提出研究報告」等五個步驟。

17 (D)。所謂無差異化行銷，意即：儘管市場中存在著需求的差異，但企業卻對所有消費者一視同仁，而以同一市場的觀念規劃行銷，並以共通性的產品提供給消費者選用。

18 (C)。市場區隔的目的在滿足消費者差異化的需求，提高行銷活動的績效，通常是以「人口統計變數、地理變數、心理變數、行為變數」為基礎進行區隔。

19 (C)。當個體知覺到本身有兩個以上的態度、或態度與行為之間的不一致，就會產生認知失調，它會造成個體不舒服的感覺。

20 (B)。價格彈性＝需求量變動的百分比／價格變動的百分比。因此本題價格彈性為－2。

21 (C)。創新產品通常是指因科技進步或是為了滿足市場上出現的新需求而創造的產品，然而新產品開發耗資龐大，而且難以保證成功，為了降低風險、提高成功的機會，新產品開發必須「具有明顯的新特徵和新性能，能夠提供消費者創新的效益」，並經過嚴謹、合理的過程，才能夠上市。

22 (D)。促銷策略首在建立促銷目標，促銷目標應該與企業本身的整體目標一致，且須由消費者、零售商及組織銷售人員不同的角度來加以考量。

23 (D)。行銷概念（導向）係指以消費者為主體，強調消費者的需求與滿足感，據以提供符合其利益的產品以創造消費者的滿足感。

24 (B)。所謂策略規劃意指：界定公司的經營使命與主要競爭領域，維持並發展，使組織的目標、能力和變動的市場互相配合的管理性程序。

25 (B)。所謂策略，是以目標為導向，必須隨環境的變動而變動，且能有效整合組織內部資源，根據優先順序對資源做最佳配置。因此可以簡單說，策略是指一個組織為達成其組織目標所採取的綜合性計畫，以及能對其重要資源作適當的調配方式。

26 (D)。由於次級資料是他人所提供，因此在使用次級資料前，必須先清

楚了解提供資料的單位是否公正客觀，立場有無偏頗。

27 (C)。消費者對企業或產品所發展出來的自我概念，會形成企業形象或品牌形象，進而影響消費者態度、購買意願與行為等，因此，企業應該對消費者自我概念的形成與結果應特別關注。

28 (B)。差異行銷係配合不同區隔市場的需求，分別提供齊全的產品線供二個以上不同區隔市場消費者選擇，其主要目的在設法達成競爭優勢。

29 (D)。目標市場行銷有三個步驟，簡稱STP：市場區隔、選定目標市場、定位。但因定位的基礎在差異化，故有的書寫成「市場區隔→選定目標市場→差異化→定位」四個步驟。

30 (C)。產品組合的深度係指個別產品有多少種規格或樣式，例如某品牌牙膏具有多種口味與香型，即構成了該牙膏的深度。

31 (B)。這些消費者對新產品的接納比大多數人早，但在態度上比創新者更小心翼翼。創新者與早期採用者通常是其他人的意見領袖，一般新產品上市時，都希望能獲得他們的青睞，以便能夠擴散產品口碑。

32 (C)。互動行銷是指服務人員以專業知識及互動技巧，為個別消費者提供服務。在互動過程中，消費者除了重視服務成果，還關心服務人員的禮貌與熱誠等。

33 (B)。為品牌取名，應遵循簡潔的原則，忌用艱澀的字彙。

34 (B)。「私有品牌」或稱為「配銷商品牌」或「經銷商品牌」，係指「批發商、大型量販業者或零售商將所售出的貨品，註明其本身標誌」，例如統一超商（7-11）的御飯糰，好市多（COSTCO）的Kirkland。

35 (D)。配套式定價亦稱「成組產品定價」或「搭售定價」。係將幾種產品組合起來，並訂出較低的價格出售，例如手機業者以搭配門號銷售手機即是配套式定價的方式。

36 (C)。通路成員之間可以協助收集市場環境中潛在及現有顧客、競爭者和參與者資訊的流程。

37 (D)。銷售團隊（人員直銷）最大的優點是可以在顧客最適當的時間與地點推展產品，同時銷售人員可以提供更專注的服務；但是人員銷售容易給顧客帶來壓迫感，甚至引起反感；

38 (D)。參考權是指通路中的某位成員靠著他的名望、地位、人情等因素，使得通路中的其他廠商願意與之合作。

39 (B)。指媒體是由某一個品牌或一個公司所擁有。自有媒體的其中一個好處是，品牌的行銷團隊幾乎可以百分百控制內容的製作，以至內容發佈的時間。

40 (D)。BCG矩陣實際上是一個2乘2的矩陣，橫軸是相對市場佔有率，縱軸是市場預期增長率，再加上兩軸各自的分界而成。當市場佔有率及（或）市場預期增長率產生劇烈變

化時，各策略事業單位在矩陣上的位置會隨之改變。

41 (D)。企業要發展出可長可久的使命宣言，有賴於其產品本身的寬廣深邃程度，公司所擬出的使命必須要能廣泛的涵蓋其經營的業務活動，要能廣泛地表達出公司的宗旨，也同時必須引導公司的企劃、服務與活動。

42 (D)。刮脂定價係對需求彈性及競爭性均低的產品，訂定較高的價格，爭取願付高價的產品需求者的購買意願，獲取高額利潤。採此法定價的先決條件之一必須市場容納的潛量有限，不足以吸引競爭者以較低的價格進入市場。

43 (C)。人員訪談係在詢問並紀錄受測者的反應，其優點為最具彈性、可蒐集資訊量多，但訪員影響的控制較差，且蒐集資料的單位成本亦較高為其缺點。

44 (A)。日用品。通常是價格比較低廉的、消費者不願意花費太多時間與精力去購買的消費品，適合採用低價策略及密集性配銷銷售。

45 (D)。垂直通路是指上下游廠商間的衝突，包括「製造商與批發商間的衝突」、「批發商與零售商間的衝突」及「廠商介入通路經營」的衝突。個別加盟業者的行為影響到其他加盟店的形象屬於「水平通路衝突」。

46 (B)。當人們注意到某個資訊之後，會對它加以解釋，可是卻可能歪曲了該資訊的原意，此現象稱為「選擇性扭曲」

47 (B)。價格上限的常用例子如政府醫療服務、房東能向房客收取的租金的上限。

48 (B)。影響價格敏感度的產品因素之一為「替代品的多寡（非「品質的優劣」）」，若替代品越多，消費者的價格敏感度越高，替代品越少，消費者的價格敏感度越低。

49 (D)。服務業常常針對顧客於離峰時段的需求進行促銷或將特定時段的價格給予優惠，即是屬於此種特性。因為無形服務無法像有形產品一樣，將多餘的存貨儲存起來。

50 (A)。企業式垂直行銷系統它是一種整合式垂直行銷系統，其通路成員從生產者至配銷者均結合成同一所有權。以統一企業為例，除原本的食品製造外，旗下的捷盟物流、統一超商等上、中、下游均統一企業所有。

▶111年台灣糖業新進工員

壹、單選題

( ) **1** 在行銷管理取向演進過程中，業者認為消費者自會偏愛高品質，具有創新屬性的產品，因此行銷重點在於致力於產品連續改良，是屬於何種概念？ (A)銷售概念（selling concept） (B)產品概念（product concept） (C)社會行銷概念（societal marketing concept） (D)生產概念（production concept）。

( ) **2** 下列哪一個企業使命界定方式是採用市場導向？ (A)我們舉辦線上會議 (B)我們銷售咖啡和餐點 (C)我們經營折扣商店 (D)我們創造一個讓人們無論到何處均能享有歸屬感的世界，不只是旅行，而是感受生活。

( ) **3** 以女性做為空中瑜珈運動的主要客群，是採用何種區隔變數？ (A)心理統計變數 (B)人口統計變數 (C)利益區隔變數 (D)行為區隔變數。

( ) **4** 定價策略中，廠商基於主要對手策略、成本、價格、產品等因素，以設定自己產品價格，屬於何種策略？ (A)成本基礎定價法（cost-based pricing） (B)消費者價值基礎定價法（customer value-based pricing） (C)競爭基礎定價法（competition-based pricing） (D)附加價值定價法（value-added pricing）。

( ) **5** 採用既有品牌於新產品類別，稱為何種品牌發展策略？ (A)產品線延伸（product line extension） (B)品牌延伸（brand extension） (C)新品牌（new brands） (D)多元品牌（multibrands）。

( ) **6** 市場研究中，利用問卷問題瞭解消費者知識、態度、偏好和購買行為，以收集初級資料，屬於何種方法？ (A)實驗法（experimental research） (B)調查研究法（survey research） (C)觀察研究法（observational research） (D)焦點團體訪談法（focus group interviewing）。

( ) **7** 戲院推出電影票券，消費者購買一套票券可以觀賞幾場電影，而票券價格低於這幾場電影單價加總，請問此定價屬於何種策略？ (A)產品組合定價（product-bundling pricing） (B)產品線定價

（product-line pricing）　(C)兩段定價（two-part pricing）　(D)副產品定價（by-product pricing）。

(　)　**8** 服務業採用預訂系統（reservation systems）是為了解決哪一種服務特性產生的問題？　(A)不可分割性（inseparability）　(B)品質變異性（variability）　(C)無形性（intangibility）　(D)易逝性（perishability）。

(　)　**9** 行銷標的類別眾多，請問商展（trade show）是屬於何種類別？(A)產品　(B)服務　(C)地方　(D)事件。

(　)　**10** 下列哪一種情況適合採用市場滲透定價法（market-penetration pricing）？　(A)產品品質與形象優異，足以吸引消費者高價採購　(B)存有進入障礙，抑制競爭者進入市場　(C)市場價格敏感度低(D)產品製造與配銷成本得以隨銷售量提高而大幅降低。

(　)　**11** 業者進行廣告溝通時，目標相當多元化，請問下列何者是提醒式廣告（reminder advertising）的目標之一？　(A)建議產品新用途(B)在淡季時，確保品牌仍能存留在消費者心中　(C)說服消費者立即採購　(D)鼓勵品牌轉換。

(　)　**12** 下列哪一項因素會提高消費者價格敏感度？　(A)替代品或競爭品較少　(B)不容易比價　(C)認為高價具有正當性　(D)消費者容易改變購買習慣。

(　)　**13** 價格折扣方式眾多，請問下列何者屬於數量折扣（quantity discount）類型？　(A)服飾品牌買三件打七折　(B)溫泉旅館夏季降價促銷　(C)電器用品付現金購買享有折扣　(D)航空公司淡季票價促銷。

(　)　**14** 關於通路階層，品牌商於官網販售商品於消費者，屬於幾階通路？(A)三階　(B)二階　(C)一階　(D)零階。

(　)　**15** 請問對業者來說，產品生命週期哪一個階段每位顧客成本（cost per customer）最高？　(A)成熟期　(B)衰退期　(C)導入期　(D)成長期。

(　)　**16** 以馬斯洛需求理論中，口渴喝水、天冷穿衣是屬於哪一項需求？(A)愛與關懷需求　(B)安全需求　(C)自我實現需求　(D)生理需求。

(　　) **17** 全家便利商店舉辦「全家小小店長」活動，成功強化了「全家就是你家」的親切形象，也成功吸引消費者的關注及參與，這是屬於行銷組合中的？　(A)產品　(B)價格　(C)通路　(D)推廣。

(　　) **18** 當消費者一走出大門，發現外面正下著滂沱大雨，寸步難行，決定要買把傘，這是消費者購買決策中的哪一個過程？　(A)問題查覺　(B)方案評估　(C)購後行為　(D)資訊蒐集。

(　　) **19** 顧客容易產生抱怨或不滿意的回饋，通常是在購買決策中的哪一個過程？　(A)方案評估　(B)購後行為　(C)購買　(D)問題查覺。

(　　) **20** 我們在購買商品時，會因不同商品而有不同的涉入程度，請問鑽石屬於什麼涉入程度的商品？　(A)高涉入商品　(B)中涉入商品　(C)低涉入商品　(D)不涉入商品。

(　　) **21** 在市場中常見199元或1,999元的銷售價格，這是何種定價方法？　(A)尾數定價法　(B)聲望定價法　(C)整數定價法　(D)吸脂定價法。

(　　) **22** 購買商品時，我們心中會浮現出幾個品牌選項，這些品牌的集合，我們稱為？　(A)喚起集合　(B)品牌總合　(C)品牌信念　(D)產品屬性。

(　　) **23** 由於疫情的突發，外送平台開始興起，以外送平台提供的服務，我們可稱其為4P中哪一項行銷組合的延伸？　(A)產品　(B)價格　(C)通路　(D)推廣。

(　　) **24** 在接受服務過程，同樣的服務流程，但為何服務人員不同就有不同感受，這是因為服務具有什麼特性？　(A)不可分割性　(B)不可儲存性　(C)易變性　(D)無形性。

(　　) **25** 在制定行銷策略時，通常行銷人員會進行STP分析，請問創造差異化、建立競爭優勢是STP中哪一個步驟最主要的分析目的？　(A)市場區隔　(B)目標市場選擇　(C)市場定位　(D)區隔變數。

解答與解析　答案標示為#者，表官方曾公告更正該題答案。

1 (B)。產品概念的經營理念係指廠商以既有技術導引產品功能的變化，並以優於消費者的技術知識，引領消費者的消費趨勢與方向，企業主基本上認為只要產品夠好，就一定會有人買。

2 (D)。市場導向亦稱為行銷導向，係指以消費者為主體，強調消費者的需求與滿足感，亦即先考慮消費者的需求，然後提供符合其利益的產品以創造消費者的滿足感。

3 (B)。性別、年齡、所得、職業、教育水準、婚姻狀況、家庭組成、社會階層等因素統稱為「人口統計變數」。

4 (C)。企業經由研究競爭對手的生產條件、成本、價格及服務狀況等因素，考量自身的競爭實力，以設定自己產品價格，稱為競爭基礎定價法。

5 (B)。企業採取品牌延伸策略時，可以品牌名稱是現有或新的，作為縱軸；以產品類別是現有或是新的作為橫軸；區分為四種不同的品牌策略，分別是產品線延伸、多品牌、品牌延伸和新品牌策略。

6 (B)。調查研究法係指透過嚴格的抽樣設計，利用問卷問題瞭解消費者知識、態度、偏好和購買行為來尋找事實的一種初級資料蒐集的方法。這種方式可以應用在大地區的調查，成本也較低；但缺點則是問卷的回收率可能偏低。

7 (A)。企業生產多種產品時，產品定價可能會產生連動效應，亦即其中一個產品的定價可能會影響其他產品的銷售量。因此，企業必須注意產品間相似性、互補性等關係，作為產品組合定價時的參考。

8 (D)。易逝性亦稱為不可儲存性，是指服務業的一項特質是其產能無法像有形的物質或成品可以儲存起來供日後使用，造成供應與需求的落差。

9 (D)。事件行銷之標的可以是產品，服務，思想，資訊等具有特殊事務特色主張的活動；事件可包括：現有的事件、節日慶典事件、創造新奇的事件、名人造勢、公益形象及商展等。

10 (D)。滲透定價係著眼於市場的需求彈性大，認為降價可增加銷售量，並以減低生產成本，或係根據成本定價，使售價接近成本，讓競爭者無利可圖，知難而退出市場甚或無法生存。

11 (B)。提醒式廣告使用時機係在品牌已經為多數目標消費者接受與肯定，並產生品牌忠誠度時，廣告的目的轉變為提醒消費者，不致讓消費者對其品牌印象模糊或淡忘，並鼓勵顧客繼續或長期性的購買本企業的產品，藉廣告使顧客對產品建立信心與好感。

12 (D)。購買成本高或經常性購買的商品，價格敏感度越高，消費者容易改變購買習慣；反之則低。

13 (A)。數量折扣係指不同的交易數量基礎之定價模式，通常購買的數量愈多金額愈大，折扣亦愈大。

14 (D)。零階通路是由製造商直接向最終消費者推銷商品，不須經過任何的中間商機構，例如直銷、郵購、網路商店等即是此類。

15 (C)。新產品由於一開始的銷售量不大，無法發揮規模經濟，單位生產成本比較高，又為了打開知名度與建立通路，需要龐大的推廣與配銷費用，因此獲利不易，故通常售價較高。

16 (D)。生理需求是人類首要的基本需求，目的在維持生命延續，包括食物、水、空氣、房屋、衣服、性等，皆屬此方面的需求。

17 (D)。推廣係將企業與產品訊息傳播給目標市場的活動。企業提供的各項產品或服務，需要透過各種管道或活動讓消費者了解，激發消費動機或採購意圖，並引導消費者採取消費行動。

18 (A)。問題察覺係指消費者的實際狀況與其預期的或理想的狀況有落差，也因為有這種落差，消費者才會產生購買動機。

19 (B)。當產品的實際表現大於預期，消費者就會覺得滿意；相反的，當實際表現小於預期，滿意度偏低。不滿意的消費者，有些可能自認倒霉而悶不吭聲，頂多下回不再購買；有些則可能採取積極的對立行動，如對外散播不滿訊息、要求公司補償、向新聞媒體申訴等，「購後行為」表現的階段。

20 (A)。涉入程度的高低，並不是完全取決於產品本身，消費者的知覺風

險、對產品的了解、購買動機、產品的使用情境等也決定了涉入程度。其中，「知覺風險」係指消費者認為因決策錯誤所帶來的損失程度（包含金錢、時間、個人形象、社會關係等），知覺風險越大，涉入程度越高。

21 (A)。尾數定價法係不採用整數，而是以畸零的數字來定價，其主要目的是讓消費者在心理感覺上會將價格歸類在較便宜的區間範圍內。

22 (A)。經過資訊蒐集之後，雖然市場上有許多品牌，構成了可以選擇的「總集合（total set）」，但消費者所知道的品牌可能只是其中的一部分，稱之為「知曉集合（awareness set）」，其中可能有幾種品牌符合消費者初步的篩選標準，從而形成了可接受的「喚起集合（evoked set）」。

23 (C)。外送服務原本是消費者透過電話訂購，由該餐廳派出服務員將物品送達並支付現金，近年由於網路與App發達，特別是新冠疫情的突發，外送平台開始興起，以外送平台提供服務點餐服務。

24 (C)。易變性係指服務的績效或品質具有極大的差異，隨著服務提供者的不同，或提供服務的時間與地點不同、消費者都會有不同的感受。

25 (C)。市場定位係就所選定的目標市場，依照企業本身的資源與能力來選定適合的市場定位，並透過行銷組合來發展與傳達所選定的定位概念。

貳、複選題

(　) **26** 現今社會中，行銷媒體類別多元化，請問社群媒體的優點有哪些？ (A)成本較低　(B)可塑造消費者參與度與黏著性　(C)具有極高可信度　(D)具有高度選擇性（high selectivity）。

(　) **27** 下列何者屬於聯合品牌（co-branding）案例？　(A)迪士尼將卡通商標給予其他業者產品使用　(B)星巴克與Stanley聯名隨行杯 (C)Gucci與Adidas聯名服飾　(D)美國運通與長榮航空簽帳白金卡。

(　) **28** 服務業除注重提升服務品質之外，也強調內部行銷（internal marketing）的重要性，請問下列哪些為內部行銷措施？　(A)提升服務員工對公司品牌所抱持的正向信念　(B)執行消費者忠誠會員方案　(C)對消費者進行廣告宣傳　(D)對服務員工實施激勵措施，以提高服務意願。

(　) **29** 就行銷組合工具來說，下列何者屬於通路相關成分？　(A)折扣 (B)物流　(C)存貨　(D)廣告。

(　) **30** 當公司想獲得目標市場中消費者購買行為相關資料時，下列何者屬於次級資料（secondary data）類別？　(A)公司自行設計問卷對目標市場中消費者進行的調查資料　(B)網路搜尋引擎查得的參考資料　(C)商業線上資料庫查詢結果　(D)政府公開出版的統計數據。

(　) **31** 就零售類別而言，下列何者屬於無店鋪直接零售（non-store direct retailing）？　(A)電話行銷　(B)型錄行銷　(C)品牌直營店　(D)品牌旗艦店。

(　) **32** 就產品生命週期而言，下列何者為成長期的特徵？　(A)利潤為負 (B)銷售量達顛峰　(C)採購者屬於早期採用者　(D)行銷的主要目的在於擴大市場佔有率。

(　) **33** 就消費品類別來說，下列何者為選購品（shopping goods）特徵？ (A)消費者進行較多品牌間比較　(B)消費者經常性採購　(C)多採用選擇性配銷　(D)消費者涉入程度較高。

(　) **34** 就市場區隔變數而言，下列何者屬於行為區隔變數？　(A)時機 （occasions）　(B)使用率（usage rate）　(C)使用者階段（user status）　(D)生活型態（lifestyle）。

(　　) **35** 有效的市場區隔需符合哪些原則？　(A)可衡量性　(B)可接近性　(C)足量性　(D)喜好性。

(　　) **36** 品牌是極重要的產品屬性之一，品牌是由名稱與標誌組成，品牌可透過四大構面來分析（簡稱AFBP），除了屬性及功能外，應再包括哪二項構面？　(A)文字　(B)利益　(C)個性　(D)價值觀。

(　　) **37** 新產品進入市場中，消費者的採用會歷經知曉、____、評估、____跟採用五個過程，請就下列選項分別為空白處填入另外二個過程。　(A)興趣　(B)試用　(C)廣告　(D)分享。

(　　) **38** 顧客關係的維持一向被企業重視，因為好的顧客關係能為企業創造什麼效益？　(A)口碑行銷效益　(B)顧客忠誠效益　(C)主要利潤效益　(D)長期互惠效益。

(　　) **39** 影響消費者購買行為的個人心理因素有哪些？　(A)動機　(B)知覺　(C)學習　(D)信念與態度。

(　　) **40** PZB服務品質模式中，發生在服務業者端的缺口包括哪些？　(A)缺口一：消費者知識缺口　(B)缺口二：品質規格缺口　(C)缺口四：外部溝通缺口　(D)缺口五：認知服務缺口

解答與解析　答案標示為#者，表官方曾公告更正該題答案。

26 (ABD)。社群媒體的優點，除了(A)(B)(D)三者外，尚有下列三項優點：
(1) 透過即時、頻繁的互動，企業更容易建立品牌形象，成功增加曝光率。
(2) 訊息傳播快速，可以即時更新資訊。
(3) 透過社群平台將受眾分類，提升客戶管理的效率。

27 (BCD)。聯合品牌係指當二個公司形成聯盟共同努力，創造行銷共同效用。簡單的說，品牌結合的策略對現有產品可能產生兩種助益：第一是對產品核心價值的助益，第二是對產品延伸價值的助益。例如題目所述(B)(C)(D)三者即是聯合品牌的案例，再如國泰世華銀行與太平洋SOGO百貨的聯名卡亦是。

28 (AD)。內部行銷的目的乃培養專業與快樂的員工，使他們能夠提供顧客優質的服務，進而創造或留住顧客。必須強調的是，內部行銷的對象不但是前場的服務人員，還包括後場（如企劃、維修、會計人員）的員工。

29 (BC)。實體配送亦稱為「物流」，它包含了「訂單處理、倉儲、存貨控制、運輸、搬運」等五個通路相關的成分。

30 (BCD)。初級資料係為特定目的而建立的原始資料，故取得成本較高，次級資料係已經存在、非原始的資料，故取得成本相對較低。

31 (AB)。無店鋪直接零售包括(A)(B)兩者外，其他尚有：人員直銷、直效行銷、自動販賣機、直接郵售、展示販賣、網路商店、外送平台等方式。

32 (CD)。此階段廠商開始產生效益，產品採購者係屬於早期的採用者。銷售額快速增加，公司的實質利潤亦隨著增加。這時行銷的主要目的在於擴大市場佔有率，廠商開始尋找新的市場或外移至成本較低的國家或地區生產。

33 (ACD)。選購品係指消費者通常會經過比較產品品質、價格、式樣與顏色等，再行購買的貨品，如傢俱、汽車、珠寶、電器用品等耐久性消費財。

34 (ABC)。市場區隔變數的項目相當多，除題目所述(A)(B)(C)三者外，尚包括：使用場合、追求利益、使用者狀態、品牌忠誠度、購買準備階段、對產品的態度等變數。

35 (ABC)。有效的市場區隔需符合的原則除題目所述(A)(B)(C)三者外，尚包括：可實踐性。其係指每一個區隔後的市場，企業在考慮本身的目標、資源與優勢等條件下，有可能針對該市場特性設計規劃不同的行銷策略，以展開必要的行銷活動。

36 (BC)。利益主要是代表著「以上屬性或功能提供消費者什麼好處，或是解決什麼問題？」；個性對消費者而言，就是綜合屬性、功能與利益，而賦予這個品牌擬人化或人格化的描述，也等於是在消費者心目中建立的品牌形象或定位。

37 (AB)。新產品進入市場中，消費者對新產品的採用過程依序為「知曉、興趣、評估、適用、採用」五個步驟。

38 (ABCD)。企業顧客關係行銷重視與消費者建立長期互惠、穩定而長期的關係，可收題目所述四項效益，進而創造顧客與企業雙方價值。

39 (ABCD)。影響消費者購買行為之內部心理因素，除了題目所述四外，尚包括：人格、自我概念及生活型態等。

40 (ABC)。根據PZB模式，服務品質優劣的衡量取決於消費者所「預期的服務」與「認知的服務」之間的差距（缺口五），它是一種消費者的觀感，而這觀感的形成與服務業者的服務品質認知與作為有關。當認知的服務優於預期的服務，是正面的服務品質，反之則是負面的服務品質。

參、非選擇題

一、行銷通路是行銷組合中重要的成分之一，請回答下列問題：

(一)何謂行銷通路？

(二)行銷通路成員可發揮的功能有哪些？

解題指引 請參閱第十章第一節1.1及1.2。

二、市場可分為工業品市場（business market）與消費者市場（consumer market），請回答下列問題：

(一)何謂工業品市場？

(二)相較於消費者市場，就需求方面，工業品市場具有哪些特徵？

解題指引 請參閱第四章第六節6.1及6.2。

▶112年桃園國際機場新進從業人員

壹、選擇題

(　) 1 馬斯洛的需要階層理論的第三階層為　(A)安全的需要　(B)社會的需要　(C)生理的需要　(D)自我實現的需要。

(　) 2 顧客不易對產品的價值與成本作正確或客觀的判斷，顧客多半根據什麼來作判斷？　(A)人性價值　(B)生命價值　(C)知覺價值　(D)剩餘價值。

(　) 3 依產品/市場擴張矩陣作分析，對於既有產品及新市場，應採取何種策略　(A)多角化　(B)市場開發　(C)產品開發　(D)市場滲透。

(　) 4 一般而言，企業會對人數不多卻具有高度利潤貢獻力之顧客建立良好關係，此往往是指哪一種價位之市場？　(A)低價市場　(B)中價位市場　(C)高價市場　(D)所有價位市場。

(　) 5 定位宣言須先載明本公司產品隸屬何種產品類別，然後顯示其與同一類產品中其他品牌的　(A)通路地點　(B)產品類別　(C)差異處　(D)價格。

(　　) **6** 產品線乃由一組高度相關的產品所組成的，因為：　(A)這組產品功能相似，且提供相似的利益　(B)這組產品都訂定相同的價格　(C)這組產品使用相同創意　(D)這組產品都使用相同原料。

(　　) **7** 若公司只以一套行銷組合提供整個大市場，亦即此公司注重所有消費者共同的需要，此稱之為　(A)無差異　(B)差異化　(C)集中化　(D)微型行銷。

(　　) **8** 下列何者是指產品線（product line）規劃裡，同一產品類型裡，可供顧客選擇的產品型式多寡？　(A)廣度（width）　(B)深度（depth）　(C)產品組合（product mix）　(D)一致性（consistency）。

(　　) **9** 台灣啤酒在以往的市調顯示，品牌形象多以老舊為主，難以獲得年輕族群的青睞。基於此，台灣啤酒決定鎖定18至29歲的年輕族群，並以「台灣尚青，有青才敢大聲」為廣告Slogan，並搭配伍佰為代言人。台灣啤酒採取了何種策略？　(A)重新定位　(B)功能調整　(C)樣式調整　(D)產品一致性。

(　　) **10** 關於促銷定價方式，下列敘述何者有誤？　(A)促銷定價是屬於短期調整價格的方式　(B)百貨公司週年慶是屬於犧牲打方式　(C)顧客大量購買某商品時，商品的單價可以打折，這是屬於數量折扣　(D)許多商店擺出「全店二折起」的海報，是屬於犧牲打方式。

(　　) **11** 在產品生命週期（product life cycle）中，若新產品滿足市場，表示開始步入產品生命週期的哪一階段？此一階段銷售量會急遽攀升，許多競爭者會先後進入市場。　(A)導入期（introduction stage）　(B)成長期（growth stage）　(C)成熟期（maturity stage）　(D)（decline stage）。

(　　) **12** 地區型複合式連鎖藥局、屈臣氏、康是美的堀起，造成傳統社區藥局客戶的流失，其主要的原因？　(A)連鎖藥局的定價比較低　(B)連鎖藥局多在住宅區，靠近住家　(C)連鎖藥局的競爭優勢源自於加盟總部提供的無形和有形資產　(D)傳統社區藥局更能貼近顧客的需求。

( ) **13** 公共關係部門所負責的功能不包含下列哪一項？ (A)新產品公共報導 (B)建立媒體關係 (C)促銷 (D)遊說。

( ) **14** 有一些小型公司以有限的資源集中服務其他競爭者所忽略或不重視的區隔市場，此稱之為 (A)無差異 (B)差異化 (C)集中化 (D)微型行銷。

( ) **15** 下列哪一個不是有效區隔的條件？ (A)可衡量性 (B)足量性 (C)可接近性 (D)可負擔性。

( ) **16** 人類傾向以能夠支持既有信念的方式來解釋所獲得的資訊，此稱為 (A)選擇性扭曲 (B)選擇性注意 (C)選擇性記憶 (D)選擇性遺忘。

( ) **17** 若以價格與利益來顯示產品的價值主張，下列哪一個不是致勝的價值主張？ (A)低利益、低價格 (B)相同利益、低價格 (C)高利益、高價格 (D)相同利益、高價格。

( ) **18** 以下關於產品組合（product mix）的相關概念何者正確？ (A)產品組合的深度（depth）是指公司提供產品線的總數 (B)產品組合的廣度（width）是指公司產品線之間在生產、配銷、用途等各方面的一致性 (C)產品組合的長度（length）是指公司每一條產品線有多少款式與規格 (D)產品組合（product mix）是指公司所有產品線與產品組合的集合。

( ) **19** 以下哪一因素是導致價格敏感低的因素？ (A)購買者對替代品知曉不多 (B)當支出佔消費者所得的比率高 (C)替代品間的品質容易比較 (D)購買者容易儲存產品。

( ) **20** 新產品發展流程中，概念測試（concept tests）的作用為何？ (A)發展適當的促銷方法 (B)刪除不適宜的創意以及預測消費者的接受度 (C)估算新產品的銷售數量 (D)評估試銷的期間。

解答與解析 答案標示為#者，表官方曾公告更正該題答案。

1 (B)。社會的需要係指人們會尋求溫暖、滿足的人際關係、以及家人的愛和關懷，包括愛、情感、歸屬感與接納。

2 (C)。係指消費者對企業提供的產品或服務所具有的主觀價值感覺。影響知覺價值的兩個主要因素，乃是消費者對購買產品時所感知的利與不利的衡量。

3 (B)。市場開發（market development）係指企業利用既有的產品項目或產品線，拓展新的用途，進入新的市場，以達成企業成長的目的。

4 (C)。高價市場係指需求彈性及競爭性均低的產品市場，企業訂定較高的價格，期能建立高級產品的形象，爭取願付高價的產品需求者的購買意願，或對人數不多卻具有高度利潤貢獻力之顧客建立良好關係，或是企業為了快速回收開發產品與拓展市場之投資，採取相對高價的定價方式。

5 (C)。當企業為了因應市場競爭，必須爭取目標市場的注意與認同，因此有必要清楚告知市場消費者「本企業產品和其他品牌或替代品有什麼不同？優點在哪裡？」亦即企業的「定位宣言」必須載明本公司產品隸屬何種產品類別，然後顯示其與同一類產品中其他品牌的差異處，否則清楚定位將難以進行。

6 (A)。產品線是指一群相關的產品，這類產品可能功能相似，經過相同的銷售途徑，或在同一價格範圍內，銷售給同一顧客群。

7 (A)。儘管市場中存在著需求的差異，但企業卻對所有消費者一視同仁，而以同一市場的觀念規劃行銷，並以共通性的產品提供給消費者選用，稱為無差異行銷。

8 (B)。每一生產產品項目內，個別產品有多少種規格或樣式，稱為產品組合的深度。例如某品牌牙膏具有多種口味與香型，即構成了該牙膏的深度。

9 (A)。在大環境競爭情勢、消費者需求變化的情況下，任何品牌都可能需要「重新定位」。重新定位係在改變產品、商店或組織本身在顧客心目中的形象或定位，它亦常是擴大潛在市場的良好策略之一。

10 (B)。直接在產品定價上打折，讓買方可以較低的價格購買，稱為「促銷折扣」。促銷折扣經常藉由某種名目來進行，如週年慶、母親節、情人節、清倉大拍賣的特惠活動，促銷折扣有時亦會透過折價券來實施。

11 (B)。由於之前的推廣活動與通路鋪貨開始產生效益，產品採購者係屬於早期的採用者。處此時期，銷售額會快速增加，公司的實質利潤亦隨著提高，許多競爭者會先後進入市場。

12 (C)。連鎖店系統由於具有規模經濟的效益，採購成本大幅降低，且每家連鎖店所負擔的廣告促銷分攤成本跟著降低，加盟總部藉著強大連鎖的力量，可以建立有利與堅強的形象，有助於事業的競爭優勢。

13 (C)。企業公共關係部門的職責包括控管輿論、新聞、評價等會影響公司利益的事物，主要工作是維護品牌形象。促銷部門則是負責在一定期間內針對消費者或中間商，希望能夠刺激其購買的一種推廣工具。因此，此兩部門工作性質截然不同，功能自然不同。

14 (C)。當企業行銷資源有限，無法進入多個區隔市場時，便選擇專注於某一最具潛力的次市場，提供其競爭力的產品以滿足該區隔市場消費者的需求，此即「集中行銷」策略。

15 **(D)**。有效區隔的條件除了(A)(B)(C)三者外，尚包括「可區隔性（亦稱為異質性）」及「可實踐性」兩者。

16 **(A)**。當人們注意到某個資訊之後，會對它以能夠支持既有信念的方式來解釋該獲得的資訊，但卻可能歪曲了該資訊的原意，這種現象稱為「選擇性扭曲」。

17 **(D)**。高價格的價值主張，必需產品有高利益，始能獲得消費者之青睞，否則將乏人問津。

18 **(D)**。產品組合是指一個企業生產或經營的全部產品線、產品項目的組合方式，它包括四個變數：產品組合的寬度、產品組合的長度、產品組合的深度和產品組合的一致性。

19 **(A)**。替代品係指能夠滿足消費者同樣需要的產品，包括不同類產品、不同品牌的競產品和同一品牌的不同價位的產品。替代品愈多，消費者的價格敏感度愈高，替代品愈少，消費者的價格敏感度愈低。電器用品、手機、電腦的價格大戰，即是因為替代品多的原因。

20 **(B)**。概念測試的作用在刪除不適宜的創意以及預測消費者的接受度，其結果將對選擇最受歡迎的產品概念有所助益，並可就該新產品提出改善建議，以提升新產品上市的成功率。

貳、非選擇題

一、請詳細說明並解釋消費者市場的主要區隔變數有哪四大項？

解題指引 請參閱第五章第一節1.4。

二、請說明消費性產品包含哪四種類型並列舉一些例子？

解題指引 請參閱第六章第二節2.2。

三、請說明行銷人員可以使用哪五項要件來確保其所設定的區隔市場是有效的？

解題指引 請參閱第五章第一節1.6。

一試就中，升任各大
國民營企業機構
高分必備，推薦用書

共同科目

2B811121	國文	高朋·尚榜	590元
2B821131	英文	劉似蓉	650元
2B331131	國文(論文寫作)	黃淑真·陳麗玲	470元

專業科目

2B031131	經濟學	王志成	620元
2B041121	大眾捷運概論（含捷運系統概論、大眾運輸規劃及管理、大眾捷運法 👑 榮登博客來、金石堂暢銷榜	陳金城	560元
2B061131	機械力學(含應用力學及材料力學)重點統整＋高分題庫	林柏超	430元
2B071111	國際貿易實務重點整理+試題演練二合一奪分寶典 👑 榮登金石堂暢銷榜	吳怡萱	560元
2B081131	絕對高分! 企業管理(含企業概論、管理學)	高芬	650元
2B111081	台電新進雇員配電線路類超強4合1	千華名師群	650元
2B121081	財務管理	周良、卓凡	390元
2B131121	機械常識	林柏超	630元
2B161131	計算機概論(含網路概論) 👑 榮登博客來、金石堂暢銷榜	蔡穎、茆政吉	630元
2B171121	主題式電工原理精選題庫	陸冠奇	530元
2B181131	電腦常識(含概論) 👑 榮登金石堂暢銷榜	蔡穎	近期出版
2B191121	電子學	陳震	650元
2B201121	數理邏輯(邏輯推理)	千華編委會	530元
2B211101	計算機概論(含網路概論)重點整理+試題演練	哥爾	460元

2B251121	捷運法規及常識(含捷運系統概述) 👑 榮登博客來暢銷榜	白崑成	560元
2B321131	人力資源管理(含概要)　👑 榮登金石堂暢銷榜	陳月娥、周毓敏	近期出版
2B351131	行銷學(適用行銷管理、行銷管理學) 👑 榮登金石堂暢銷榜	陳金城	590元
2B421121	流體力學（機械）‧工程力學（材料）精要解析	邱寬厚	650元
2B491121	基本電學致勝攻略　👑 榮登金石堂暢銷榜	陳新	690元
2B501131	工程力學(含應用力學、材料力學) 👑 榮登金石堂暢銷榜	祝裕	630元
2B581111	機械設計(含概要)　👑 榮登金石堂暢銷榜	祝裕	580元
2B661121	機械原理(含概要與大意)奪分寶典	祝裕	630元
2B671101	機械製造學(含概要、大意)	張千易、陳正棋	570元
2B691121	電工機械(電機機械)致勝攻略	鄭祥瑞	590元
2B701111	一書搞定機械力學概要	祝裕	630元
2B741091	機械原理(含概要、大意)實力養成	周家輔	570元
2B751111	會計學(包含國際會計準則IFRS) 👑 榮登金石堂暢銷榜	歐欣亞、陳智音	550元
2B831081	企業管理(適用管理概論)	陳金城	610元
2B841131	政府採購法10日速成👑榮登博客來、金石堂暢銷榜	王俊英	630元
2B851121	8堂政府採購法必修課：法規+實務一本go！ 👑 榮登博客來、金石堂暢銷榜	李昀	500元
2B871091	企業概論與管理學	陳金城	610元
2B881131	法學緒論大全(包括法律常識)	成宜	690元
2B911131	普通物理實力養成　👑 榮登金石堂暢銷榜	曾禹童	650元
2B921101	普通化學實力養成	陳名	530元
2B951131	企業管理(適用管理概論)滿分必殺絕技	楊均	630元

以上定價，以正式出版書籍封底之標價為準

歡迎至千華網路書店選購
服務電話(02)2228-9070

千華網路書店

更多網路書店及實體書店

博客來網路書店　　PChome 24hr書店　　三民網路書店

MOMO 購物網　　金石堂網路書店　　誠品網路書店

查詢實體書店

千華會員享有最值優惠!

立即加入會員

會員等級	一般會員	VIP 會員	上榜考生
條件	免費加入	1. 直接付費 1500 元 2. 單筆購物滿 5000 元	提供國考、證照相關考試上榜及教材使用證明
折價券	200 元	500 元	
購物折扣	·平時購書 9 折 ·新書 79 折 (兩周)	·書籍 75 折　·函授 5 折	
生日驚喜		●	●
任選書籍三本		●	●
學習診斷測驗(5科)		●	●
電子書(1本)		●	●
名師面對面			

facebook

公職 · 證照考試資訊

專業考用書籍 ｜ 數位學習課程 ｜ 考試經驗分享

f 千華公職證照粉絲團

按讚送E-coupon

Step1. 於FB「千華公職證照粉絲團」按讚

Step2. 請在粉絲團的訊息，留下您的千華會員帳號

Step3. 粉絲團管理者核對您的會員帳號後，將立即回贈e-coupon 200元。

壹佰圓

千華 Line@ 專人諮詢服務

☑ 有疑問想要諮詢嗎？歡迎加入千華LINE@！

☑ 無論是考試日期、教材推薦、勘誤問題等，都能得到滿意的服務。

☑ 我們提供專人諮詢互動，更能時時掌握考訊及優惠活動！

學習方法 系列

如何有效率地準備並順利上榜，學習方法正是關鍵！

榮登金石堂暢銷排行榜

—— 連三金榜 黃禕 ——

翻轉思考 破解道聽塗說	適合的最好 調整習慣來應考	一定學得會 萬用邏輯訓練

三次上榜的國考達人經驗分享！

運用邏輯記憶訓練，教你背得有效率！

記得快也記得牢，從方法變成心法！

作者線上分享

網路書店

作者在投入國考的初期也曾遭遇過書中所提到類似的問題，因此在第一次上榜後積極投入記憶術的研究，並自創一套完整且適用於國考的記憶術架構，此後憑藉這套記憶術架構，在不被看好的情況下先後考取司法特考監所管理員及移民特考三等，印證這套記憶術的實用性。期待透過此書，能幫助同樣面臨記憶困擾的國考生早日金榜題名。

最強校長 謝龍卿

榮登博客來暢銷榜

作者線上分享

經驗分享＋考題破解

帶你讀懂考題的know-how！

open your mind！

讓大腦全面啟動，做你的防彈少年！

108課綱是什麼？考題怎麼出？試要怎麼考？書中針對學測、統測、分科測驗做統整與歸納。並包括大學入學管道介紹、課內外學習資源應用、專題研究技巧、自主學習方法，以及學習歷程檔案製作等等。書籍內容編寫的目的主要是幫助中學階段後期的學生與家長，涵蓋普高、技高、綜高與單高。也非常適合國中學生超前學習、五專學生自修之用，或是學校老師與社會賢達了解中學階段學習內容與政策變化的參考。

國家圖書館出版品預行編目(CIP)資料

(國民營事業)行銷學(適用行銷管理、行銷管理學)/陳金
城編著. -- 第十一版. -- 新北市 ：千華數位文化股
份有限公司, 2024.01
　　面 ；　　公分
ISBN 978-626-380-256-8 (平裝)

1.CST: 行銷學

496　　　　　　　　　　　113000267

[國民營事業]

行銷學(適用行銷管理、行銷管理學)

編　著　者：陳　金　城

發　行　人：廖　雪　鳳

登　記　證：行政院新聞局局版台業字第 3388 號

出　版　者：千華數位文化股份有限公司

地址／新北市中和區中山路三段 136 巷 10 弄 17 號

電話／ (02)2228-9070　　傳真／ (02)2228-9076

郵撥／第 19924628 號　千華數位文化公司帳戶

千華公職資訊網：http://www.chienhua.com.tw

千華網路書店：http://www.chienhua.com.tw/bookstore

網路客服信箱：chienhua@chienhua.com.tw

法律顧問：永然聯合法律事務所

編輯經理：甯開遠

主　　編：甯開遠

執行編輯：廖信凱

校　　對：千華資深編輯群

排版主任：陳春花

排　　版：林蘭旭

出版日期：2024 年 1 月 20 日　　　第十一版／第一刷

本書如有勘誤或其他補充資料，
將刊於千華公職資訊網　http://www.chienhua.com.tw
歡迎上網下載。